UG 产品造型及3D打印实现

CAD/CAM/CAE 技术联盟◎编著

清華大学出版社
北 京

内 容 简 介

《UG 产品造型及 3D 打印实现》主要介绍了基于 UG NX 10 软件建模，通过 3D 打印机和 3D 打印软件打印模型，并对模型进行优化修补得到最终模型的过程。全书共 8 章，第 1 章主要介绍 3D 打印的基本概念；第 2 章主要介绍 UG 软件的建模基础；第 3 章主要介绍生活用品的建模及打印过程；第 4 章主要介绍电器类产品的建模及打印过程；第 5 章主要介绍机械产品的建模及打印过程；第 6 章主要介绍曲面造型的建模及打印过程；第 7 章主要介绍飞机的建模及打印过程；第 8 章主要介绍减速器中各个零件的建模及打印过程。

本书适合关注 3D 打印的人士阅读，也适合工艺设计和机械设计的读者学习使用，还可用作职业培训、职业教育的教材。

图书在版编目（CIP）数据

UG 产品造型及 3D 打印实现/CAD/CAM/CAE 技术联盟编著. —北京：清华大学出版社，2018
ISBN 978-7-302-50601-0

Ⅰ. ①U… Ⅱ. ①C… Ⅲ. ①工业产品-产品设计-计算机辅助设计-应用软件 Ⅳ. ①TB472-39

中国版本图书馆 CIP 数据核字（2018）第 150589 号

责任编辑：杨静华
封面设计：杜广芳
版式设计：魏　远
责任校对：马子杰
责任印制：宋　林

出版发行：清华大学出版社
　网　　址：http://www.tup.com.cn，http://www.wqbook.com
　地　　址：北京清华大学学研大厦 A 座　　**邮　　编**：100084
　社 总 机：010-62770175　　**邮　　购**：010-62786544
　投稿与读者服务：010-62776969，c-service@tup.tsinghua.edu.cn
　质 量 反 馈：010-62772015，zhiliang@tup.tsinghua.edu.cn
印 装 者：北京密云胶印厂
经　　销：全国新华书店
开　　本：203mm×260mm　　**印　　张**：23.25　　**字　　数**：686 千字
版　　次：2018 年 9 月第 1 版　　**印　　次**：2018 年 9 月第 1 次印刷
定　　价：69.80 元

产品编号：064167-01

前　言

Preface

3D打印技术出现在20世纪90年代中期，实际上是利用光固化和纸层叠等技术的最新快速成型装置。它与普通打印工作原理基本相同，打印机内装有液体或粉末等“打印材料”，与计算机连接后，通过计算机控制把“打印材料”一层层叠加起来，最终把计算机上的蓝图变成实物。

有关3D打印的新闻近来在媒体上经常出现，如3D打印零件、3D打印房屋、3D打印器官的新闻不停地刷新着民众对3D打印的认识。有人把3D打印称作一场新的革命，这种提法并不过分，3D打印在未来对人们的生活方式将产生重要的影响。世界各国都在投入巨资发展3D打印。在2014年美国的国情咨文中，前总统奥巴马煞费笔墨地谈论了3D打印的重要性，让产业工人重视3D打印技术，学习这项有可能颠覆工业的新技术。日本政府在2014年预算案中划拨了40亿日元，将由经济产业省组织实施以3D成型技术为核心的制造革命计划。2014年6月，韩国政府宣布成立3D打印工业发展委员会，并批准了一份旨在使韩国在3D打印领域争取领先位置的总体规划，该规划的目标包括到2020年培养1000万名创客（Maker），并在全国范围内建立3D打印基础设施。2015年2月28日，我国工信部联合发改委、财政部发文，制订了我国未来关于3D打印的战略发展规划。该规划指出，到2016年，初步建立较为完善的增材制造（3D打印）产业体系，整体技术水平与国际保持同步，在航空航天等直接制造领域达到国际先进水平，在国际市场上占有较大的市场份额。

UG是Siemens PLM Software公司推出的一个集成化的CAD/CAM/CAE系统软件，它为工程设计人员提供了非常丰富、强大的应用工具，使用这些工具可以对产品进行设计（包括零件设计和装配设计）、工程分析（有限元分析和运动机构分析）、绘制工程图、编制数控加工程序等。目前，UG软件应用较广泛的版本是UG NX 10，随着版本的不断升级和功能的不断扩充，进一步扩展了其应用范围，并向专业化和智能化发展。

UG软件因其强大的三维设计能力目前在工业设计和3D造型领域是得到最广泛应用的CAD/CAM/CAE软件之一，其功能强大的各种插件更是在产品设计阶段众多仿真实验中得到广泛的应用。本书主要描述利用UG软件各种强大的3D造型功能，设计并将设计的3D零件利用3D打印机快速打印成所需零件的原理过程。第1章主要介绍3D打印概念；第2章主要介绍UG软件的建模基础；第3章主要介绍生活用品的建模及打印过程；第4章主要介绍电器类产品的建模及打印过程；第5章主要介绍机械产品的建模及打印过程；第6章主要介绍曲面造型的建模及打印过程；第7章主要介绍飞机的建模及打印过程；第8章主要介绍减速器中各个零件的建模及打印过程。

本书提供了极为丰富的学习配套资源，可通过扫描书中和封底二维码下载查看。扫描书后刮刮卡二维码，即可绑定书中二维码的读取权限，再扫描书中二维码，即可在手机中观看对应教学视频。充分利用碎片化时间，随时随地提升。需要强调的是，书中给出的是实例的重点步骤，详细操作过程还需读者通过视频来仔细领会。

本书由CAD/CAM/CAE技术联盟主编。CAD/CAM/CAE技术联盟是一个CAD/CAM/CAE技术研讨、工程开发、培训咨询和图书创作的工程技术人员协作联盟，包含20多位专职和众多兼职CAD/CAM/CAE工程技术专家。

在本书的写作过程中，赵志超、张辉、赵黎黎、朱玉莲、徐声杰、张琪、卢园、杨雪静、孟培、闫聪聪、李兵、甘勤涛、孙立明、李亚莉、王敏、宫鹏涵、左昉、李谨、刘昌丽、康士廷、胡仁喜、王培合等参与了具体章节的编写或为本书的出版提供了必要的帮助，在此对他们的付出表示真诚的感谢。

由于时间仓促，加上编者水平有限，书中不足之处在所难免，还请广大读者批评指正，编者将不胜感激。

编　者

目　录

Contents

Note

Note

第1章

3D打印概述

3D打印是科技融合体模型中最新的高“维度”的体现之一，近些年来3D打印机逐渐进入人们的视野。所谓“3D打印机”，就是打印三维立体物件的机器，听起来很玄妙，其实已经存在很久了。3D打印机是快速成型技术的一种机器，它是一种以数字模型文件为基础，运用粉末状金属或塑料等可粘合材料，通过逐层打印的方式来构造物体的技术。过去其常在模具制造、工业设计等领域被用于制造模型，现正逐渐用于一些产品的直接制造，意味着这项技术正在逐渐普及。

3D打印机能打印出汽车、步枪甚至房子，听起来不可思议，那么3D打印机的原理是什么呢？本章将对此进行简要探讨。

任务驱动&项目案例

1.1　3D打印基本简介

Note

3D打印（3D printing）技术又称三维打印技术，是一种以数字模型文件为基础，运用粉末状金属或塑料等可粘合材料，通过逐层打印的方式来构造物体的技术。它无须机械加工或任何模具，就能直接从计算机图形数据中生成任何形状的零件，从而极大地缩短产品的研制周期，提高生产率和降低生产成本。灯罩、身体器官、珠宝、根据球员脚型定制的足球靴、赛车零件、固态电池以及为个人定制的手机、小提琴等都可以用该技术制造出来。

1.1.1　3D打印发展历史

3D打印技术的核心制造思想起源于19世纪末的美国，20世纪80年代已有雏形，其学名为“快速成型”（SLS）。1979年，类似过程由RF. Housholder获得专利，但没有被商业化。在20世纪80年代中期，SLS被美国德克萨斯州大学奥斯汀分校的Deckard博士开发出来并获得专利。到20世纪80年代后期，3D打印技术发展成熟并被广泛应用。

1995年，麻省理工学院创造了“3D打印”一词，当时的毕业生Jim Bredt和Tim Anderson修改了喷墨打印机方案，变为把约束溶剂挤压到粉末床的解决方案，而不是把墨水挤压在纸张上的方案。

在此之前，3D打印机数量很少，大多集中在“科学怪人”和电子产品爱好者手中，主要用来打印像珠宝、玩具、工具、厨房用品之类的东西，甚至有汽车专家打印出了汽车零部件，然后根据塑料模型去订制真正市面上买到的零部件。

人们可以在一些电子产品商店购买到这类打印机，工厂也在进行直接销售。不过物以稀为贵，一套3D打印机的价格从一般的750美元到上等质量的27000美元不等。

科学家们表示，3D打印机的使用范围还很有限，不过在未来的某一天人们一定可以通过3D打印机打印出更多更实用的物品。

2005年，市场上首个高清晰彩色3D打印机Spectrum Z510由ZCorp公司研制成功。

2010年11月，世界上第一辆由3D打印机打印而成的汽车Urbee问世。

2011年6月6日，发布了全球第一款3D打印的比基尼。

2011年7月，英国研究人员开发出世界上第一台3D巧克力打印机。

2011年8月，南安普敦大学的工程师们开发出世界上第一架3D打印的飞机。

2012年11月，苏格兰科学家利用人体细胞首次用3D打印机打印出人造肝脏组织。

2013年10月，全球首次成功拍卖一款名为“ONO之神”的3D打印艺术品。

2013年11月，美国德克萨斯州奥斯汀的3D打印公司“固体概念”（SolidConcepts）设计制造出3D打印金属手枪。

3D打印带来了世界性制造业革命，以前是部件设计完全依赖于生产工艺能否实现，而3D打印机的出现，将会颠覆这一生产思路，这使得企业在生产部件时不再考虑生产工艺问题，任何复杂形状的设计均可以通过3D打印机来实现。它无须机械加工或模具，就能直接从计算机图形数据中生成任何形状的物体，从而极大地缩短了产品的生产周期，提高了生产效率。尽管仍有待完善，但3D打印技术市场潜力巨大，势必成为未来制造业的众多突破技术之一。

1.1.2　3D打印的应用领域

利用3D打印机，工程师可以验证开发中的新产品，把手中的CAD数字模型用3D打印机制造成实体模型，可以方便地对设计进行验证并及时发现问题，相比传统的方法可以节约大量的时间和成本。

3D打印机也可以用于小批量产品的生产，这样就可以快速地把产品的样品提供给客户，或进行市场宣传，不用等模具制造好后才制造成品，对于某些小批量定制的产品甚至连模具的成本都可以省去，如电影中用到的各种定制道具。如图1-1所示，左边的是某工艺品的原型，右边的是3D打印出来的复制品，从造型上看，两者基本上没有什么差别。如图1-2所示，电影《机械公敌》中的奥迪RSQ汽车就是使用3D打印制作的。

图1-1　3D打印与实物对比

图1-2　3D打印制作的奥迪RSQ汽车

至于家用和个人市场方面，3D打印的应用就因人而异了，不过要推广开来的话可是困难重重。首先目前个人用3D打印机并不便宜，价格从几千到几万都有。其次，3D打印的原材料也不便宜，这些材料的价格便宜的几百元一公斤，最贵的要四万元左右。

1.1.3　3D打印技术五大发展趋势

在近几年中，更多的资本、更多的公司、更多的创意都涌向了3D打印领域。据此，行业也对未来3D打印发展前景进行了预测，认为未来一年3D打印的以下五大发展趋势值得关注。

1. 更好更快更廉价

企业家正从各方面涌向3D打印领域。在未来，3D打印不仅是一种打印、扫描和共享内容的新方式，而且还将增加打印的精密度、规模以及更好的选择材料，而且打印成本也将下降。总体而言，功能性材料将进入市场，而且还将出现更加先进的打印程序，不久的将来将会看到更加先进的3D打印机走向市场。一些初创型企业也会研发出更快、更便宜的3D打印设备。

2. 传统公司需要创新和改进

为了维持自己在快速增长的3D打印行业内的统治地位，传统的3D Systems公司和Stratasys公司

都将执行简单的战略，即要么收购对方，要么阻击对方。然而这种并购并不一定会产生效果，毕竟，整合业务或业务并购都非常困难，因此这样的措施或许还会适得其反。随着惠普等公司进入3D打印市场，再加上一些初创企业的冲击，促使传统的3D打印巨头急需加速内部创新，并努力推出更好更便宜的解决方案，从而增加他们的市场份额。对这些公司而言，需要改进的两大重要领域就是3D打印速度和材料价格。

Note

3. 3D照相馆的崛起

一些公司已经开设了一些小规模的店内3D大头照拍摄馆。简单的3D扫描设备和软件将会越来越普及，而且消费成本也会越来越低，甚至还会出现一些便携式的3D拍摄设备。以后还将有更多的新企业开设3D照相馆。更为重要的是，这些扫描和拍照工具将为大规模的定制化拍摄奠定基础，并能够让更多的公司为每一个客户拍摄定制化的3D照片。

4. 医疗神器

3D打印技术最具潜力的应用将体现在医疗健康领域。人们已经看到植入颅骨和面部的假体材料、低成本的假肢、可更换的气管等诸多3D打印产品。未来，在此领域还将涌现更多的新创意。尽管打印完全功能的器官还需要一段时间，但是，为个别患者定制打印某种器官的案例将会出现。医生们也因为有了强大的3D打印工具感到更加方便，并能够获得更好的体验，与此同时，人们的生活也会因此而更加美好。

1.1.4 发展前景

1. 价格因素

大多数桌面级3D打印机的售价在2万元人民币左右，一些廉价品价格可以低到6000元。但是这些廉价的3D打印机虽然价格低，但质量很难保障。

对于桌面级3D打印机来说，由于仅能打印塑料产品，因此使用范围非常有限，而且对于家庭用户来说，3D打印机的使用成本仍然很高。因为在打印一个物品之前，用户必须要懂得3D建模，然后将数据转换成3D打印机能够读取的格式，最后再进行打印。

2. 原材料

3D打印不是一项高深艰难的技术，它与普通打印的区别就在于打印材料。

据了解，以色列的Object是掌握最多打印材料的公司。它已经可以使用14种基本材料并在此基础上混搭出107种材料，两种材料的混搭使用、上色也已经成为现实。但是，这些材料种类与人们生活的大千世界里的材料相比，还相差甚远，而且价格很高。

3. 社会风险成本

如同核反应既能发电，又能破坏一样。3D打印技术在初期就让人们看到了一系列隐患，而未来的发展也会令不少人担心。如果任何物体都能彻底复制，想到什么就能制造出什么，听上去很美的同时，也着实让人恐惧。

4. 著名的3D打印悖论

3D打印是一层层地来制作物品，如果想把物品制作得更精细，则需要每层厚度减小；如果想提高打印速度，则需要增加层厚，而这势必影响产品的精度质量。若生产同样精度的产品，同传统的大

规模工业生产相比，没有成本上的优势，尤其是在考虑到时间成本和规模成本之后。

5. 整个行业没有标准，难以形成产业链

21 世纪 3D 打印机生产商是百花齐放。3D 打印机缺乏标准，同一个 3D 模型用不同的打印机打印，所得到的结果是大不相同的。

此外，打印原材料也缺乏标准，3D 打印机厂商都想让消费者买自己提供的打印原料，这样他们能获取稳定的收入。这样做虽然可以理解，毕竟普通打印机行业也走这一模式，但 3D 打印机生产商所用的原料一致性太差，从形式到内容千差万别，这让材料生产商很难进入，研发成本和供货风险都很大，难以形成产业链。

表面上是 3D 打印机捆绑了 3D 打印材料，事实上却是材料捆绑了打印机，非常不利于降低成本和抵抗风险。

6. 意料之外的工序：3D 打印前所需的准备工序，打印后的处理工序

很多人可能以为 3D 打印就是在计算机上设计一个模型，不管多复杂的内面、结构，摁一下按钮，3D 打印机就能打印一个成品。这个印象其实不正确。真正设计一个模型，特别是一个复杂的模型，需要大量的工程、结构方面的知识，需要精细的技巧，并根据具体情况进行调整。用塑料熔融打印来举例，如果在一个复杂部件内部没有设计合理的支撑，打印的结果很可能是会变形的。后期的工序也通常避免不了。媒体将 3D 打印描述成打印完毕就能直接使用的神器。可事实上制作完成后还需要一些后续工艺：或打磨，或烧结，或组装，或切割，这些过程通常需要大量的手工工作。

7. 缺乏杀手锏产品及设计

都说 3D 打印能给人们巨大的生产自由度，能生产前所未有的东西。可直到现在，这种“杀手”级别的产品还很少，几乎没有。做些小规模的饰品、艺术品是可以的，做逆向工程也可以的，但要谈到大规模工业生产，3D 打印还不能取代传统的生产方式。如果 3D 打印能生产别的工艺所不能生产的产品，而这种产品又能极大提高某些性能，或能极大改善生活的品质，这样或许能更快地促进 3D 打印机的普及。

1.2　3D 打印机

说到 3D 打印，就不得不提 3D 打印机。3D 打印机又称三维打印机，是一种累积制造技术，通过打印一层层的粘合材料来制造三维的物体。现阶段三维打印机被用来制造产品，销售逐渐扩大，价格也开始下降。

3D 打印机（3D printers）是可以“打印”出真实的 3D 物体的一种设备，由一位名为恩里科·迪尼（Enrico Dini）的发明家设计的。3D 打印机不仅可以“打印”出一幢完整的建筑，如图 1-3 所示，甚至可以在航天飞船中给宇航员打印任何所需的物品的形状。2014 年，美国“太空制造”公司为国际空间站提供了一台 3D 打印机，供宇航员在太空中直接生产零部件，无须再从地球运输零部件。

1. 家用 3D 打印机

德国发布了一款目前最高速的纳米级别微型 3D 打印机——Photonic Professional GT。这款 3D 打

Note

印机能制作纳米级别的微型结构，以最高的分辨率、快速的打印速度，打印出不超过人类头发直径的三维物体。

图 1-3 3D 打印埃菲尔铁塔

2. 最小的 3D 打印机

据了解，世上最小的 3D 打印机来自维也纳技术大学，由其化学研究员和机械工程师研制。这款迷你 3D 打印机只有大装牛奶盒大小，重量约 3.3 磅（约 1.5 千克），造价 1200 欧元（约 1.1 万元人民币）。相比于其他的 3D 打印技术，这款 3D 打印机的成本大大降低。研发人员还在对打印机进行材料和技术的进一步实验，以使之能够早日面世。

3. 最大的 3D 打印机

华中科技大学史玉升科研团队经过十多年努力，实现重大突破，研发出全球最大的 3D 打印机。这一 3D 打印机可加工零件最大长宽尺寸均达到 1.2 米。从理论上说，只要长宽尺寸小于 1.2 米的零件（高度无须限制），都可通过这部机器打印出来。这项技术将复杂的零件制造变为简单的由下至上的二维叠加，大大降低了设计与制造的复杂度，让一些传统方式无法加工的奇异结构制造变得快捷，一些复杂铸件的生产周期由传统的 3 个月缩短到 10 天左右。

大连理工大学参与研发的最大加工尺寸达 1.8 米的世界最大激光 3D 打印机已进入调试阶段，其采用“轮廓线扫描”的独特技术路线，可以制作大型工业样件及结构复杂的铸造模具。这种基于“轮廓失效”的激光 3D 打印方法已获得两项国家发明专利。该激光 3D 打印机只需打印零件每一层的轮廓线，使轮廓线上砂子的覆膜树脂碳化失效，再按照常规方法在 180℃加热炉内将打印过的砂子加热固化和后处理剥离，就可以得到原型件或铸模。这种打印方法的加工时间与零件的表面积成正比，大大提升打印效率，打印速度可达到一般 3D 打印机的 5～15 倍。

4. 彩印 3D 打印机

这种类型的 3D 打印机新产品“ProJet x60”系列于 2013 年 5 月上市。ProJet 品牌主要是使用光硬化性树脂的类型，包括用激光硬化光硬化性树脂液面的类型、从喷嘴喷出光硬化性树脂后照射光进行硬化的类型（这种类型的造型材料还可以使用蜡）、向薄膜上的光硬化性树脂照射经过掩模的光的类型。高端机型 ProJet 660Pro 和 ProJet 860Pro 可以使用 CMYK（青色、洋红、黄色、黑色）4 种颜色的粘合剂，实现 600 万色以上的颜色（ProJet 260C 和 ProJet 460Plus 使用 CMY 3 种颜色的粘合剂）。

1.3 3D 打印的材料

3D 打印存在着许多不同的技术。它们的不同之处主要为材料的类型不同，并以不同层的方式创建部件，如表 1-1 所示。3D 打印常用的材料有尼龙玻纤、耐用性尼龙材料、石膏材料、铝材料、钛合金、不锈钢、镀银、镀金、橡胶类材料。

表 1-1 打印材料

类 型	累积技术	基本材料
挤压	熔融沉积式（FDM）	热塑性材料，共晶系统金属、可食用材料
线	电子束自由成形制造（EBF）	几乎任何合金
粒状	选择性激光熔化成型（SLM）	钛合金，钴铬合金，不锈钢，铝
	直接金属激光烧结（DMLS）	几乎任何合金
	电子束熔化成型（EBM）	钛合金
	选择性激光烧结（SLS）	热塑性塑料、金属粉末、陶瓷粉末
	选择性热烧结（SHS）	热塑性粉末
光聚合	数字光处理（DLP）	光硬化树脂
	立体平版印刷（SLA）	光硬化树脂
层压	分层实体制造（LOM）	纸、金属膜、塑料薄膜
粉末层喷头三维打印	石膏 3D 打印	石膏

下面介绍常用的几种 3D 打印材料。

1. 工程塑料

工程塑料是指被用做工业零件或外壳材料的工业用塑料，是强度、耐冲击性、耐热性、硬度及抗老化性均优的塑料。工程塑料是当前应用最广泛的一类 3D 打印材料，常见的有 Acrylonitrile Butadiene Styrene（ABS）类材料、Polycarbonate（PC）类材料、尼龙类材料等。ABS 材料是 Fused Deposition Modeling（FDM，熔融沉积造型）快速成型工艺常用的热塑性工程塑料，具有强度高、韧性好、耐冲击等优点，正常变形温度超过 90℃，可进行机械加工（钻孔、攻螺纹）、喷漆及电镀等。

2. 光敏树脂

光敏树脂即 Ultraviolet Rays（UV）树脂，由聚合物单体与预聚体组成，其中加有光（紫外光）引发剂（或称为光敏剂）。在一定波长的紫外光（250～300nm）照射下能立刻引起聚合反应完成固化。光敏树脂一般为液态，可用于制作高强度、耐高温、防水材料。目前，研究光敏材料 3D 打印技术的主要有美国 3Dsystem 公司和以色列 Object 公司。常见的光敏树脂有 Somos NEXT 材料、树脂 Somos11122 材料、Somos19120 材料和环氧树脂等。

3. 橡胶类材料

橡胶类材料具备多种级别弹性材料的特征，这些材料所具备的硬度、断裂伸长率、抗撕裂强度和拉伸强度，使其非常适合于要求防滑或柔软表面的应用领域。3D 打印的橡胶类产品主要有消费类电子产品、医疗设备以及汽车内饰、轮胎、垫片等。

4. 金属材料

近年来，3D 打印技术逐渐应用于实际产品的制造，其中，金属材料的 3D 打印技术发展尤其迅速。在国防领域，欧美发达国家非常重视 3D 打印技术的发展，不惜投入巨资加以研究，而 3D 打印金属零部件一直是研究和应用的重点。3D 打印所使用的金属粉末一般要求纯净度高、球形度好、粒径分布窄、氧含量低等。目前，应用于 3D 打印的金属粉末材料主要有钛合金、钴铬合金、不锈钢和铝合金材料等，此外还有用于打印首饰用的金、银等贵金属粉末材料。

1.4 3D 打印步骤

首先要有三维模型数据，如动物模型、人物或者微缩建筑等。然后通过 SD 卡或者 U 盘将它复制到 3D 打印机中，进行打印设置后，打印机就可以把它们打印出来，3D 打印机的工作原理和传统打印机基本一样，都是由控制组件、机械组件、打印头、耗材和介质等架构组成的，打印原理是一样的。3D 打印机主要是打印前在计算机上设计了一个完整的三维立体模型，然后再进行打印输出。

三维模型数据的获得方式简单来讲有以下 3 种。

☑ 通过三维软件建模获得。

☑ 通过扫描仪扫描实物获得其模型数据。

☑ 通过拍照的方式拍取实物多角度照片，然后通过相关软件将照片数据转换成模型数据。

3D 打印与激光成型技术一样，采用了分层加工、叠加成型来完成 3D 实体打印。每一层的打印过程分为两步，首先在需要成型的区域喷洒一层特殊胶水，胶水液滴本身很小，且不易扩散。然后是喷洒一层均匀的粉末，粉末遇到胶水会迅速固化黏结，而没有胶水的区域仍保持松散状态。这样在一层胶水一层粉末的交替下，实体模型将会被“打印”成型，打印完毕后只要扫除松散的粉末即可“刨”出模型，而剩余粉末还可循环利用。

1. 三维设计

三维打印的设计过程是：先通过计算机建模软件建模，再将建成的三维模型“分区”成逐层的截面，即切片，从而指导打印机逐层打印。设计软件和打印机之间协作的标准文件格式是 STL 文件格式。一个 STL 文件使用三角面来近似模拟物体的表面。三角面越小，其生成的表面分辨率越高。PLY 是一种通过扫描产生的三维文件的扫描器，其生成的 VRML 或者 WRL 文件经常被用作全彩打印的输入文件。

2. 打印过程

打印机通过读取文件中的横截面信息，用液体状、粉状或片状的材料将这些截面逐层地打印出来，再将各层截面以各种方式粘合起来从而制造出一个实体。这种技术的特点在于其几乎可以制造出任何形状的物品。打印机打出的截面的厚度（即 Z 方向）以及平面方向（即 X-Y 方向）的分辨率是以 dpi（像素每英寸）或者微米来计算的。一般的厚度为 100 微米，即 0.1 毫米，也有部分打印机如 Objet Connex 系列还有三维 Systems' ProJet 系列可以打印出 16 微米厚度的一层。而平面方向则可以打印出跟激光打印机相近的分辨率。打印出来的“墨水滴”的直径通常为 50～100 微米。用传统方法制造出一个模型通常需要数小时到数天，时长根据模型的尺寸以及复杂程度而定。而用 3D 打印的技术则可以将时间缩短为数个小时，当然其是由打印机的性能以及模型的尺寸和复杂程度决定的。传统的制造

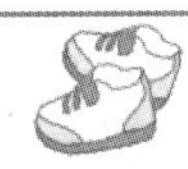

技术如注塑法可以以较低的成本大量制造聚合物产品，而 3D 打印技术则可以以更快、更有弹性及更低成本的办法生产数量相对较少的产品。一个桌面尺寸的 3D 打印机就可以满足设计者或概念开发小组制造模型的需要。

3. 制作完成

3D 打印机的分辨率对大多数应用来说已经足够（在制作弯曲的表面时可能会比较粗糙，像图像上的锯齿一样），要获得更高分辨率的物品可以采用如下方法：先用当前的 3D 打印机打出稍大一点的物体，再稍微经过表面打磨即可得到表面光滑的“高分辨率”物品。有些技术可以同时使用多种材料进行打印。有些技术在打印的过程中还会用到支撑物，如在打印出一些有倒挂状的物体时就需要用到一些易于除去的材料（如可溶的材料）作为支撑物。

1.5　3D 打印技术

快速成型技术从出现以来，出现了十几种不同的方法。本书仅介绍目前工业领域较为常用的工艺方法，目前占主导地位的快速成型技术共有如下 6 类。

1.5.1　FDM 打印技术

熔积成型法（Fused Deposition Modeling，FDM）是将丝状的热熔性材料加热融化，同时三维喷头在计算机的控制下，根据截面轮廓信息，将材料选择性地涂敷在工作台上，快速冷却后形成一层截面。一层成型完成后，机器工作台下降一个高度（即分层厚度）再成型下一层，直至形成整个实体造型，打印原理如图 1-4 所示。

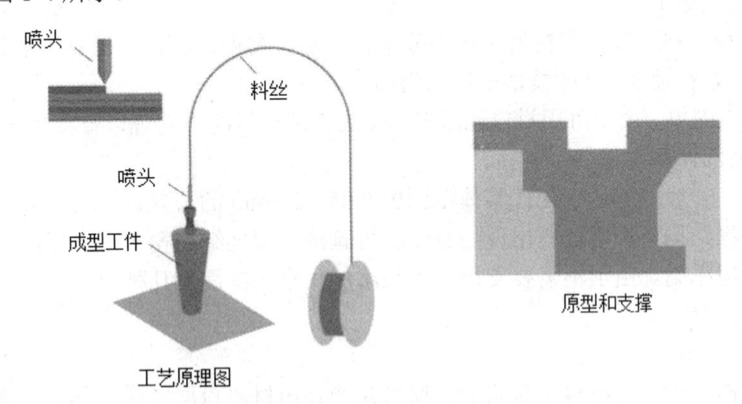

图 1-4　FDM 打印原理

FDM 技术的优点如下。

（1）操作环境干净、安全，材料无毒，可以在办公室、家庭环境下进行，没有产生毒气和化学污染的危险。

（2）无须激光器等贵重元器件，因此价格便宜。

（3）原材料为卷轴丝形式，节省空间，易于搬运和替换。

（4）材料利用率高，可备选材料很多，价格也相对便宜。

FDM 技术的缺点如下。

（1）成型后表面粗糙，需后续抛光处理。最高精度只能达到 0.1mm。

（2）因为喷头做机械运动，速度较慢。

（3）需要材料作为支撑结构。

Note

1.5.2 SLS 打印技术

选择性激光烧结（Selective Laser Sintering，SLS）技术采用铺粉将一层粉末材料平铺在已成型零件的上表面，并加热至恰好低于该粉末烧结点的某一温度，控制系统控制激光束按照该层的截面轮廓在粉层上扫描，使粉末的温度上升到熔化点，进行烧结并与下面已成型的部分实现粘结。一层完成后，工作台下降一层厚度，铺料辊在上面铺上一层均匀密实的粉末，进行新一层截面的烧结，直至完成整个模型，原理如图 1-5 所示。

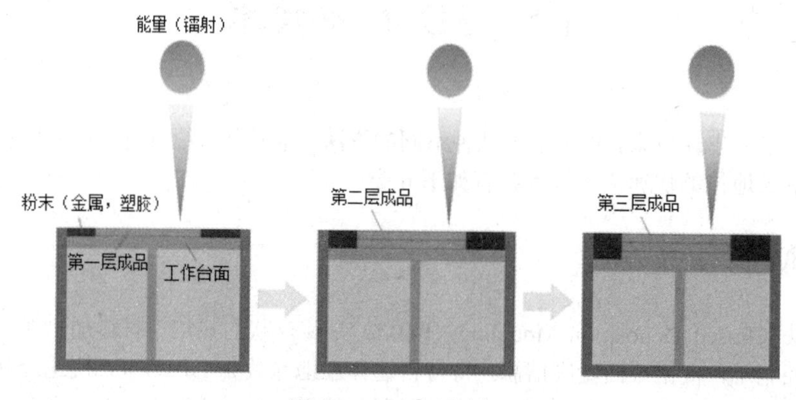

图 1-5　SLS 打印原理

SLS 技术的优点如下。

（1）可用多种材料。其可用材料包括高分子、金属、陶瓷、石膏、尼龙等多种粉末材料。特别是金属粉末材料，是目前 3D 打印技术中最热门的发展方向之一。

（2）制造工艺简单。由于可用材料比较多，该工艺按材料的不同可以直接生产复杂形状的原型、型腔模三维构建或部件及工具。

（3）高精度。一般能够达到工件整体范围内 0.05～2.5mm 的公差。

（4）无须支撑结构。叠层过程出现的悬空层可直接由未烧结的粉末来支撑。

（5）材料利用率高。由于不需要支撑，无须添加底座，在常见几种 3D 打印技术中材料利用率最高，且价格相对便宜。

SLS 技术的缺点如下。

（1）表面粗糙。由于原材料是粉状的，原型建造是由材料粉层经过加热熔化实现逐层粘结的，因此，原型表面严格来讲是粉粒状的，表面质量不高。

（2）烧结过程有异味。SLS 工艺中粉层需要激光使其加热达到熔化状态，高分子材料或者粉粒在激光烧结时会挥发异味气体。

（3）无法直接成型高性能的金属和陶瓷零件，成型大尺寸零件时容易发生翘曲变形。

（4）加工时间长。加工前，要有 2 小时的预热时间；零件构建后，还需 5～10 小时时间冷却才能将模型从粉末缸中取出。

（5）由于使用了大功率激光器，除了本身的设备成本，还需要很多辅助保护工艺，整体技术难

度较大，制造和维护成本非常高，普通用户无法承受。

1.5.3 SLA 打印技术

光固化法（Stereo Lithography Apparatus，SLA）是目前应用最为广泛的一种快速原型制造工艺。在液槽中充满液态光敏树脂，其在激光器所发射的紫外激光束（SLA 与 SLS 所用的激光不同，SLA 用的是紫外激光，而 SLS 用的是红外激光）照射下，会快速固化。在成型开始时，可使升降工作台处于液面以下刚好一个截面层厚的高度。通过透镜聚焦后的激光束，按照机器指令将截面轮廓沿液面进行扫描。扫描区域的树脂快速固化，从而完成一层截面的加工过程，得到一层塑料薄片。然后，工作台下降一层截面层厚的高度，再固化另一层截面，原理如图 1-6 所示。这样层层叠加构成建构三维实体。

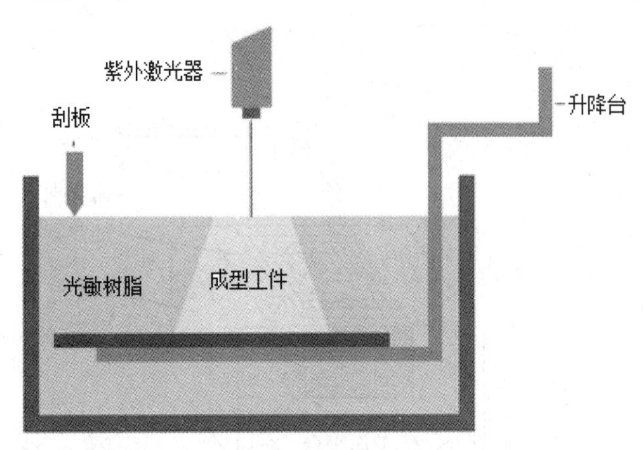

图 1-6　SLA 打印原理

SLA 技术的优点如下。

（1）发展时间最长，工艺最成熟，应用最广泛。在全世界安装的快速成型机中，光固化成型系统约占 60%。

（2）成型速度较快，系统工作稳定。

（3）具有高度柔性。

（4）精度很高，可以达到微米级别。

（5）表面质量好，比较光滑，适合做精细零件。

SLA 技术的缺点如下。

（1）需要设计支撑结构。支撑结构需要未完全固化时去除，容易破坏成型件。

（2）设备造价高昂，而且使用和维护成本都较高。SLA 系统需要对液体进行操作的精密设备，对工作环境要求苛刻。

（3）光敏树脂有轻微毒性，对环境有污染，对部分人体皮肤会造成过敏反应。

（4）树脂材料价格贵，成型后强度、刚度、耐热性都有限，不利于长时间保存。

（5）由于是树脂材料，温度过高会熔化，工作温度不能超过 100℃。且固化后较脆，易断裂，可加工性不好。成型件易吸湿膨胀，抗腐蚀能力不强。

1.5.4 LOM 打印技术

纸叠层制造（Lamited Object Manufacturing，LOM）技术是利用分层叠加原理制成原型或模型。

其基本原理是将涂有热熔胶的纸铺在工作台上，先用加热辊施压使纸张与工作台上模型架粘合，然后用激光（或尖刀）在第一层纸上切割出模型平面轮廓，制好第一层后，转动送纸器，按上述原理加工第二层，直至加工好模型为止。用纸张做的模型还要进行封蜡、油漆、防潮处理等后处理工序。这种制造技术的优点是工作可靠，模型支撑性好，有类似木质外观，更适合于制造外形结构复杂、内部结构简单的零件；缺点是前后处理费时费力且不能制造中空结构件。

LOM 工艺的基本原理如图 1-7 所示。先将单面涂有热熔胶的纸片通过加热辊加热粘接在一起，位于上方的激光器按照 CAD 分层模型获得数据，用激光束将纸切割成所制零件的内外轮廓，然后新的一层纸再叠加在上面，通过热压装置和下面已切割层粘合在一起，激光束再次切割，这样反复逐层切割—粘合—切割，直到整个零件模型制作完成。此方法只需切割轮廓，特别适合制造实心零件。一旦零件完成，多余的材料必须手动去除，过程可以通过用激光在三维零件周围切割一些方格形小孔而简单化。

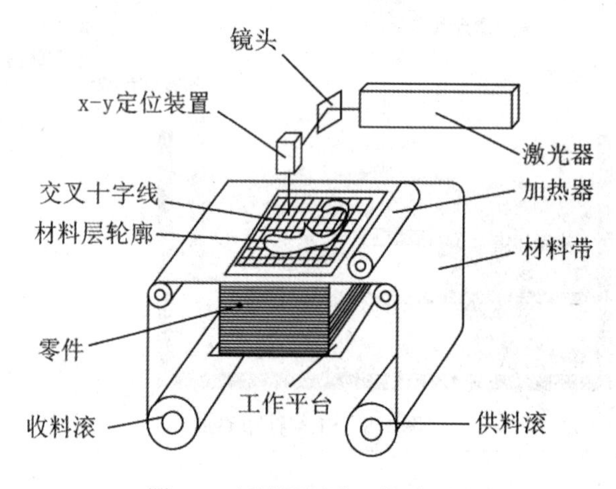

图 1-7　纸叠层制造工艺原理图

LOM 技术的优点如下。

（1）无须设计和构建支撑。

（2）激光束只是沿着物体的轮廓扫描，无须填充扫描，成型效率高。

（3）成型件的内应力和翘曲变形小，制造成本低。

LOM 技术的缺点如下。

（1）材料利用率低。

（2）表面质量差。

（3）后处理难度大，尤其是中空零件的内部残余废料不易去除。

（4）可以选择的材料种类有限，目前常用的主要是纸。

（5）对环境有一定的污染。

LOM 工艺适合制作大中型原型件，翘曲变形小和形状简单的实体类零件。通常用于产品设计的概念建模和功能测试零件，且由于制成的零件具有木质属性，特别适用于直接制作砂型铸造模。

1.5.5　DLP 打印技术

DLP 激光成型技术和 SLA 立体平版印刷技术比较相似，不过它是使用高分辨率的数字光处理器（DLP）投影仪来固化液态光聚合物，逐层地进行光固化，由于每层固化时通过幻灯片似的片状固化，

因此速度比同类型的 SLA 立体平版印刷技术速度更快。该技术成型精度高，在材料属性、细节和表面光洁度方面可匹敌注塑成型的耐用塑料部件。

1.5.6 UV 打印技术

UV 紫外线成型技术和 SLA 立体平版印刷技术比较类似，不同的是它利用 UV 紫外线照射液态光敏树脂，一层一层由下而上堆栈成型，成型的过程中没有噪声产生，在同类技术中成型的精度最高，通常应用于精度要求高的珠宝和手机外壳等行业。

1.6 3D 打印机的分类

1. 按市场定位分

目前国内还没有一个明确的 3D 打印机分类标准，但是可以根据设备的市场定位将其简单分为 3 类：个人级、专业级和工业级。

（1）个人级 3D 打印机

国内各大电商网站上销售的个人 3D 打印机，如图 1-8 所示。大部分国产的 3D 打印机都是基于国外开源技术延伸生产的，由于采用开源技术，技术成本得到了很大的压缩，因此售价在 3 千至 1 万元不等，十分有吸引力。国外进口的品牌个人 3D 打印机价格都在 2 万至 4 万元之间。

图 1-8 个人 3D 打印机

这类设备都属于熔丝堆积技术（以 FDM 技术为代表），设备打印材料都以 ABS 塑料或者 PLA 塑料为主，主要满足个人用户生活中的使用要求，因此各项技术指标都并不突出，优点在于体积小巧，性价比较高。

（2）专业级 3D 打印机

专业级的 3D 打印机如图 1-9 所示，可供选择的成型技术和耗材（塑料、尼龙、光敏树脂、高分

Note

子、金属粉末等）比个人级3D打印机要丰富很多。设备结构和技术原理更先进，自动化程度更高，应用软件的功能以及设备的稳定性也是人个级3D打印机望尘莫及的，这类设备售价都在十几万元至上百万元人民币。

（3）工业级3D打印机

工业级3D打印机如图1-10所示。工业级的设备除了要满足材料上的特殊性、制造大尺寸的物件等要求，更关键的是物品制造后需要符合一系列的特殊应用标准，因为这类设备制造出来的物体是直接应用的。

图1-9　专业级3D打印机

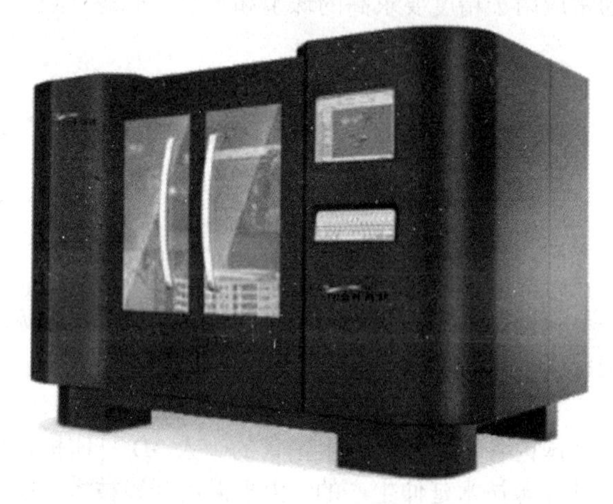

图1-10　工业级3D打印机

如飞机制造中用到的钛铝合金材料，就需要对物件的刚性、任性、强度等参数有一系列的要求，由于很多设备是根据需求定制的，因此价格很难估量。

2. 按原材料分

3D打印机与传统打印机最大的区别在于，它使用的“墨水”是实实在在的原材料，堆叠薄层的形式有多种多样，可用于打印的介质种类多样，从繁多的塑料到金属、陶瓷以及橡胶类物质。根据使用的介质不同可以分为喷墨3D打印机、粉剂3D打印机和生物3D打印机。

（1）喷墨3D打印机

部分3D打印机使用喷墨打印机的原理进行打印。Objet公司是以色列的一家3D打印机生产企业，其生产的打印机是利用喷墨头在一个托盘上喷出超薄的液体塑料层，并经过紫外线照射而凝固。此时，托盘略微降低，在原有薄层的基础上添加新的薄层。另一种方式是熔融沉淀型。总部位于尼阿波利斯的Stratasys公司应用的就是这种方法，具体过程是在一个打印机头里将塑料熔化，然后喷出丝状材料，从而构成一层层薄层。

（2）粉剂3D打印机

粉剂3D打印是利用粉剂作为打印材料，这些粉剂在托盘上被分布成一层薄层，然后喷出的液体粘结而凝固。在一个被称为激光烧结的处理程序中，通过激光的作用，这些粉剂可以熔融成想要的样式，德国的EOS公司把这一技术应用于他们的添加剂制造机之中。据了解，瑞典的Arcam公司通过真空中的电子束将打印机中的粉末熔融在一起，用于3D打印。

为了制作一些内部空间和结构复杂的构件，凝胶以及其他材料被用来做支撑，或者空间预留出来，用没有熔融的粉末填满，填充材料随后可以被冲洗或吹掉。现在，能够用于3D打印的材料范围非常广泛，塑料、金属、陶瓷以及橡胶等材料都可用于打印。

（3）生物 3D 打印机

一些研究人员开始使用 3D 打印机去复制一些简单的生命体组织，如皮肤、肌肉以及血管等。有可能，大的人体组织如肾脏、肝脏甚至心脏，在将来的某一天也可以进行打印，如果生物打印机能够使用病人自己的干细胞进行打印的话，那么在进行器官移植后，其身体将不会对打印出来的器官产生排斥。

食物也可以被打印。康奈尔大学的研究人员已经成功打印出了蛋糕。几乎每个人都同意，这个制造食品的终极武器将会打印出巧克力来。

1.7　常用 3D 打印软件

目前 3D 打印软件很多，有些公司的 3D 打印机配有自行研发的软件，也有可以通用的 3D 打印软件，下面介绍几款常用软件。

1. Cura 软件

Cura 是 Ultimaker 公司设计的 3D 打印软件，使用 Python 开发，集成 C++开发的 CuraEngine 作为切片引擎。由于其有切片速度快、切片稳定、对 3D 模型结构包容性强、设置参数少等诸多优点，拥有越来越多的用户群。Cura 软件更新得比较快，几乎每隔两个月就会发布新版本，其版本号一般为“年数.月数”，如 Cura14.09 就表示该版本是 2014 年 9 月发布的。

Cura 的主要功能有：载入 3D 模型进行切片，载入图片生成浮雕并切片，连接打印机打印模型。

Cura 软件的优点在于兼容性非常高。虽然它可以兼容多款打印机，但是 Ultimaker3D 打印机的兼容表现是最好的。因此这款软件主要应用于 Ultimaker3D 打印机。Cura 既可以进行切片，也有 3D 打印机控制接口。由于 Cura 使用 Python 开发，汉化比较方便，所以国内出现很多汉化版本。

软件界面提供了支撑和可解决翘边的平台附着类型，能够帮助客户尽可能地成功打印。另外根据不同的参数设置，软件计算的打印完成时间也不同。

Cura 软件具有以下优势功能。

（1）自动切片。打开一个文件时，Cura 自动切片，显示预计时间和预估米数。并且参数修改后，切片自动进行，预计时间和预计米数也将变化。

（2）浮雕功能。3D 打印是三维打印，打印前需要建立一个三维的立体模型，浮雕功能可以实现二维平面的三维打印。选中一张图片，直接拖入 Cura 的操作界面，还可以设置高度和深度，一键生成三维模型，非常简便。

2. Magics 软件

Magics 是一个强大的 STL 文件自动化处理工具，可以对 STL 文件进行浏览、测量和修补，还可以对 STL 文件进行分割、冲孔、布尔运算、生成中心腔体等操作，并进行表面缺陷、零件冲突检测。Magics 是一个能很好满足快速成型工艺要求和特点的软件，此软件可提供在一个表面上同时生成几种不同支撑类型，以及不同支撑结构的组合支撑类型，并可以快速地对含有各种错误的 STL 文件进行修复，使文件格式转换过程中产生的损坏三角面片得以修复。除此之外，Magics 软件兼容所有主要的 CAD 文件格式，例如 IGES、VDA 和 STL，结合 STL 修改器，Magics 可以让用户输出任何文件给快速成型系统。

Note

Magics 软件具有如下功能。

（1）三维模型的可视化。在 Magics 中可方便清楚地观看 STL 零件中的细节，并能测量、标注等。

（2）STL 文件错误自动检查和修复。

（3）Magics 能够接受 PROE、UG、CATIA、STL、DXF、VDA*或 IGES*、STEP 等格式文件，还有 ASC 点云文件、SLC 层文件等，并转换成 STL 文件，直接进行编辑。

（4）functionty 能够将多个零件快速而方便地放在加工平台上，可以从库中调用各种不同加工机器的参数，放置零件。底部平面功能能够在几秒钟内将零件转为所希望的成型角度。

（5）分层功能。可将 STL 文件切片，能输出不同的文件格式（如 SLC、CLT、F&S、SSL），并能够快速简便地执行切片校验。

（6）STL 操作。直接对 STL 文件进行修改和设计操作，包括移动、旋转、镜像、阵列、拉伸、偏移、分割、抽壳等操作。

即使是非常复杂的零件也能通过偏置功能方便地抽出薄壳，因为在成型过程中产生的内部应力较少，所以做出的零件更精确，并且成型速度更快。

☑ 能够沿着设定的路径分割零件。

☑ 能把面拉成实体。

☑ 三角缩减使 STL 文件大小更趋向合理化。

☑ 布尔操作。

☑ 能创建 STL 格式体素（如球体、圆柱体、立方体、四面体、棱柱体）。

☑ Z 轴补偿提高了零件在竖直方向的精度。

（7）支撑设计模块。能在很短的时间内自动设计支撑。支撑可选多种形式，例如经常采用点状支撑，可使支撑容易去除，并能保证支撑面的光洁度。

3. RPdata 软件

西安交通大学研发的 RPdata 数据处理软件，是在基于 Windows 环境的基础上，切实考虑快速成型技术的实际需要，经过大量的程序改进、优化制作的 Windows 软件，并且增加了多模型制作模块。采用了面向对象的程序设计方法及基于 OpenGL 的图形处理功能，功能强大、界面友好。

4. Makerware 软件

Makerware 是针对 Makerbot 机型专门设计的 3D 打印控制软件，但也支持其他 3D 打印机产品。目前，国内还没有比较完整的汉化版本，全英文界面，对于非英文用户，还是不太容易上手。但是由于 Makerware 本身软件的设计比较简单，操作起来比较直观，因此，对于基础 3D 打印机用户而言，使用起来没有特别大的困难。

Makerware 的主界面相对简洁直观。界面上左方的按钮主要是对模型进行移动和编辑，上方按钮主要是对模型的载入保存和打印。

值得注意的是，Makerware 的支撑是自动生成的，虽然可以为初学者提供便利，但限制了用户的编辑自由性。同一打印对象，Makerware 的切片速度略慢一些，并且完成速度达到 64%后，切片容易出现错误，导致不能完成切片。

Makerware 具有以下优势功能。

（1）查看便捷。Makerware 载入模型文件后，左键选中，滑动鼠标，可以很方便地从不同角度查看模型。

（2）预览功能。虽然这不是一个 Makerware 独有的功能，Flashprint 在切片后也有预览的功能，但是 Flashprint 需要在文件保存后才能预览；而 Makerware 在切片后，选中预览功能，可以直接预览，方便使用者修改。在这点上，Makerware 的设计者考虑到了使用者的舒适度，非常人性化。

5. Flashprint 软件

Flashprint 是闪铸科技针对 Dreamer（梦想家）机型专门研发的软件。自 Dreamer 机型开始，闪铸科技在新产品上均使用该软件，现在覆盖机型包括 Dreamer、Finder 和 Guider。

在首次启动 Flashprint 时，用户需要根据提示对所用机型进行选择。Flashprint 在界面上默认为中文界面，但是，可以根据需要改成其他语言界面。并且闪铸为了能够让用户获得更好的用户体验，在出厂之前针对用户的语言习惯进行了语言设置。

就支撑而言，Flashprint 有自动生成支撑和手动编辑支撑，并提供了线状支撑和树状支撑两种方案。树状支撑是闪铸科技独有的支撑方案，很大程度上解决了支撑难以去除的难题。另外，相比线状支撑，树状支撑能够很大程度上节省耗材。用户还可以手动添加支撑和修改支撑，对于 3D 打印用户来说，在使用方面的操作性大大提高。

Flashprint 具有以下优势功能。

（1）浮雕功能。Flashprint 的浮雕功能和 Cura 一样很简便，可以一键生成。

（2）切割功能。当打印模型的尺寸超过打印机打印的尺寸时，可以使用切割功能。同时，为了更方便打印，也可以将模型切割再打印。这样打印的成功率可以大大增加。使用切割功能还可以有效地减少支撑的数量，从而节省耗材。切割方向可以根据用户自己的需求进行设置，操作也非常简便，即使首次使用，也可以轻松上手。

6. XYZware 软件

XYZware 可以导入.stl 格式的 3D 模型文件，并导出为三纬 da Vinci 1.0 3D 打印机专有格式。.3w 格式是经过 XYZware 切片后的文件格式，可以直接在三纬 da Vinci 1.0 上进行打印，从而省去每次打印需要对 3D 模型做切片的步骤。

XYZware 界面左侧一列为查看和调整 3D 数字模型的操作选项。可以设置顶部、底部、前、后、左、右 6 个查看视角。选中模型后还可以进行移动、旋转、缩放等操作，注意，调整好的模型需要先保存再进行切片。

XYZware 具有以下优势功能。

（1）细致易用。三纬 da Vinci 1.0 3D 打印机的打印软件 XYZware 能够起到查看、调整、保存 3D 模型的作用，并且对 3D 模型切片，转换为 3D 打印机能够识别的数字模型。

（2）高级选项。在高级选项中，可以设置更为详细的打印参数。3D 密度决定了模型内部蜂窝状结构的多少，密度越高，蜂窝状结构越多，成品的强度越好。

本书主要介绍如何利用 Cura、Magics 和 RPdata 软件进行模型的 3D 打印。

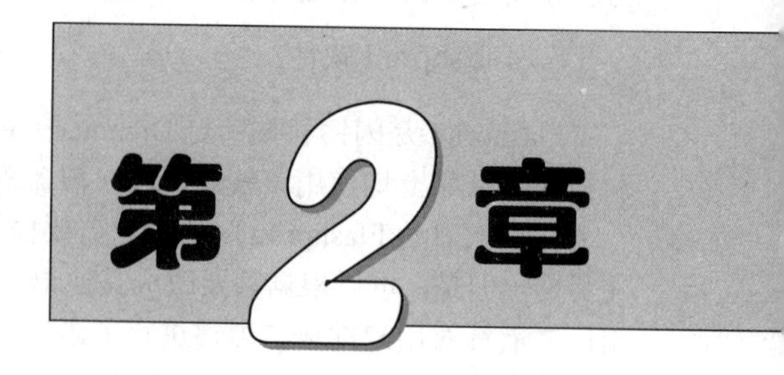

UG NX 10基础

基础环境模块是UG软件中其他所有模块的基本框架，也是启动UG软件时运行的第一个模块。它为其他UG模块提供了统一的数据支持和交互环境，从中可以执行打开、创建、保存、屏幕布局、视图定义、模型显示、分析部件、调用在线帮助和文档、执行外部程序等操作。

任务驱动&项目案例

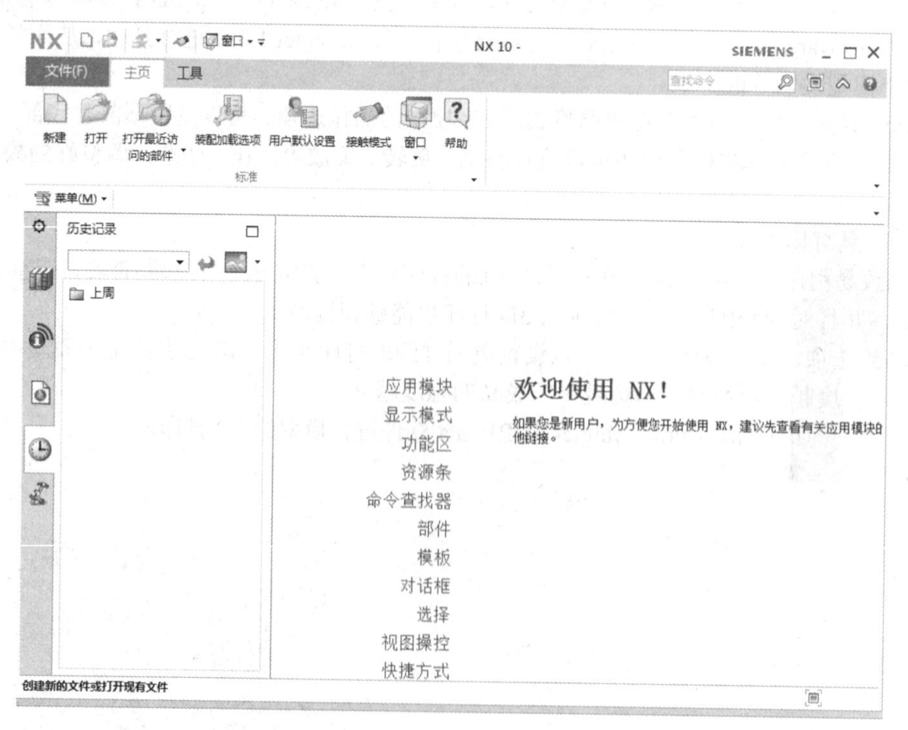

Note

2.1　UG NX 10 的启动与工作界面

本节主要介绍 UG NX 10 中文版的启动方法及界面组成。

2.1.1　UG NX 10 的启动

启动 UG NX 10 中文版有下面 4 种方法。

☑ 在桌面上双击 UG NX 10 的快捷方式图标，即可启动 UG NX 10 中文版。

☑ 单击桌面左下角的“开始”按钮，在弹出的菜单中选择“所有程序”→Siemens NX 10.0→NX 10 命令，启动 UG NX 10 中文版。

☑ 在桌面下方的快速启动栏中单击 UG NX 10 的快捷方式图标（前提是之前已将其快捷方式图标通过拖动的方式添加到快速启动栏中），即可启动 UG NX 10 中文版。

☑ 在 UG NX 10 的安装目录中的 UGII 子目录下双击 ugraf.exe 文件图标，即可启动 UG NX 10 中文版。

UG NX 10 中文版的启动界面如图 2-1 所示。

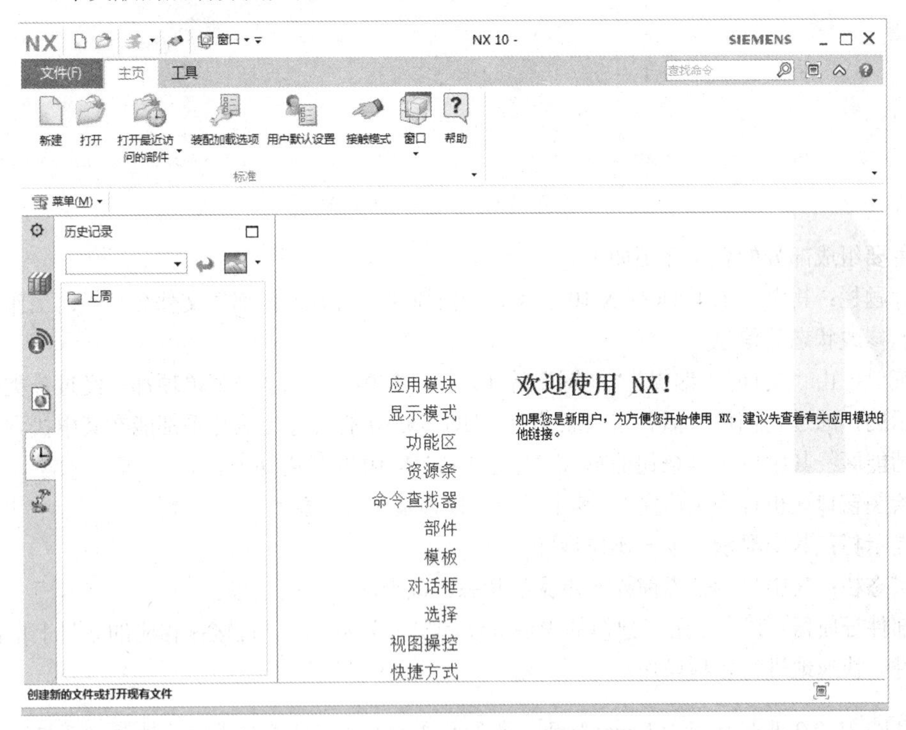

图 2-1　UG NX 10 中文版的启动界面

2.1.2　UG NX 10 的工作界面

UG NX 10 在界面上倾向于 Windows 风格，功能强大，设计友好。在创建一个部件文件后，即可

Note

进入 UG NX 10 的工作界面（也可称为主界面），如图 2-2 所示。

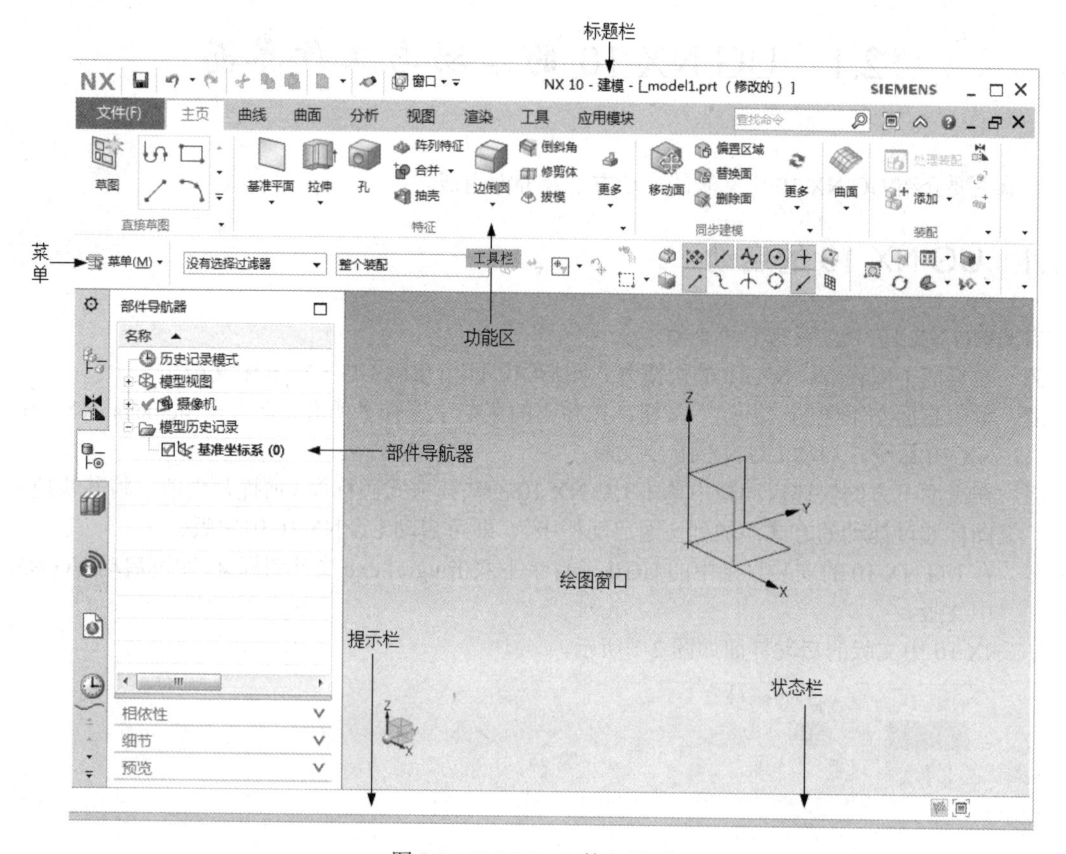

图 2-2　UG NX 10 的主界面

其中主要组成部分的含义介绍如下。

☑　标题栏：其中显示了 UG NX 10 版本、当前模块、当前工作部件文件名、当前工作部件文件的修改状态等信息。

☑　菜单：由“文件”“编辑”“视图”等 13 个菜单项组成，这些菜单项都是经过分类并固定显示的，通过它们可激活各层级联菜单，UG NX 10 的所有功能几乎都能在其中找到。

☑　功能区：其中以工具按钮的形式集中了 UG NX 10 的常用功能。

☑　绘图窗口（也称为工作区）：其中显示了模型及相关对象。

☑　提示栏：其中显示了下一操作步骤。

☑　状态栏：其中显示了当前操作步骤的状态，或当前操作的结果。

☑　部件导航器：其中显示了建模的先后顺序和父子关系，可以直接在相应的条目上单击鼠标右键，快速地进行各种操作。

提示： UG 从 9.0 开始使用 Ribbon 界面，很多用户不太习惯使用此界面，选择“菜单”→“首选项”→“用户界面”命令，打开“用户界面首选项”对话框，选择“布局”选项卡，选中“经典工具条”单选按钮，如图 2-3 所示，单击“确定”按钮，界面恢复到经典界面，如图 2-4 所示。

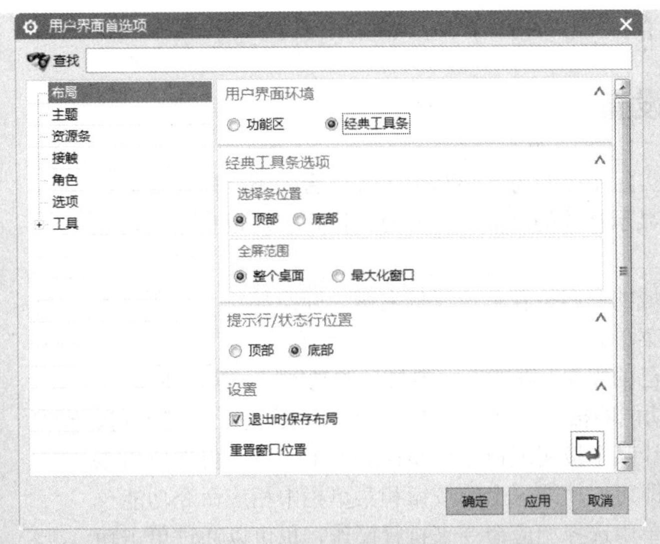

图 2-3　“布局”选项卡

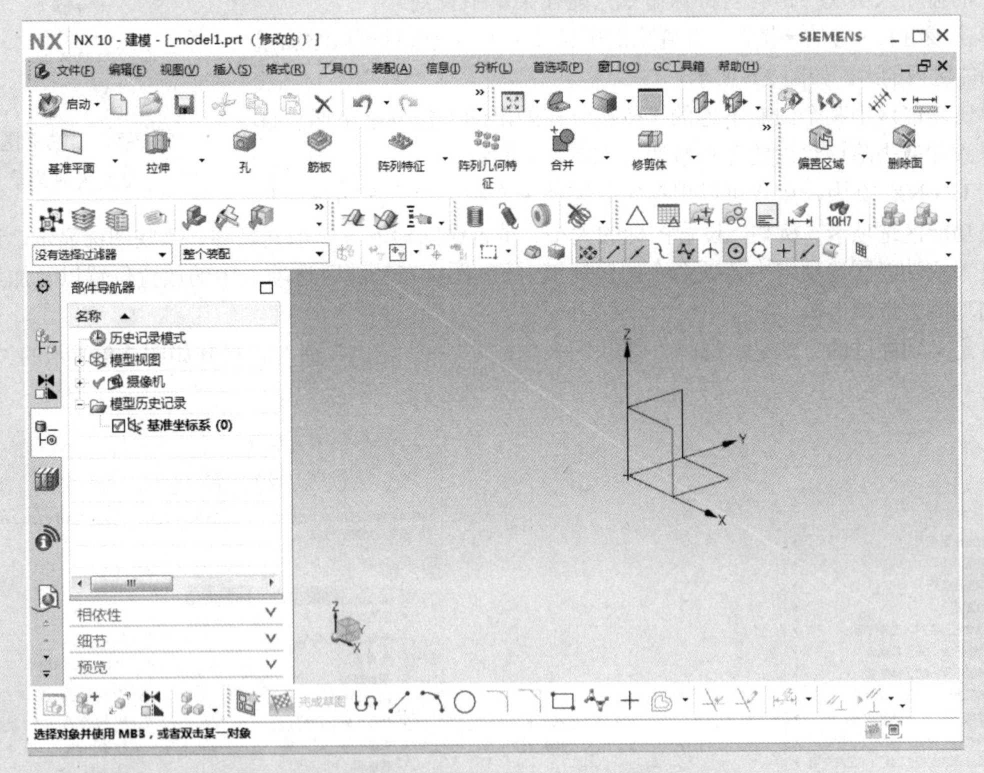

图 2-4　UG NX 10 经典界面

2.2　系统的基本设置

在使用 UG NX 10 中文版进行建模之前，首先要对其进行系统设置。下面就将功能区、环境和默

认参数的设置作一简介。

2.2.1 功能区设置

Note

UG NX 10 根据实际使用的需要将常用工具组合为不同的功能区，进入不同的模块就会显示相关的功能区。同时，用户也可以自定义功能区的显示/隐藏状态。

在功能区上方区域的空白位置单击鼠标右键，弹出如图 2-5 所示的“功能区”设置快捷菜单。

用户可以根据自己的需要，设置界面中显示的功能区，以方便操作。设置时，只需在相应功能的按钮选项上单击，使其前面出现一个勾即可。如要取消设置，不想让某个按钮或命令出现在界面上，只要再次单击该选项，去掉前面的勾即可。功能区上的按钮和菜单栏中相应命令功能一致，用户既可以在菜单中选择相应命令来执行操作，也可以通过单击功能区上的按钮来实现（但有些特殊命令只能在菜单中找到）。

单击该组右下方的▾按钮，在弹出的下拉菜单中通过选择可以添加或去除功能区内的组，如图 2-6 所示。

单击功能区中某个组右下方的▾按钮，在弹出的下拉菜单中通过选择可以添加或去除该组内的工具按钮，如图 2-7 所示。

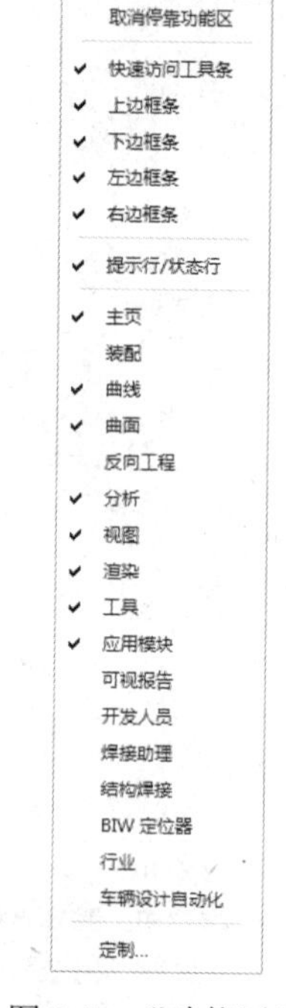

图 2-5 “功能区”设置快捷菜单

在 UG NX 10 中，用户可以根据实际需要来定制工作界面的布局和自定义功能区选项卡。例如，设置图标的大小、是否在图标下方显示其名称、哪些图标显示、设置和改变菜单或功能区选项卡中各项命令的快捷键、控制图标在功能区选项卡中的放置位置以及加载自己开发的功能区选项卡等。

自定义功能区的方法是：选择“菜单”→“工具”→“定制”命令，打开如图 2-8 所示的“定制”对话框。

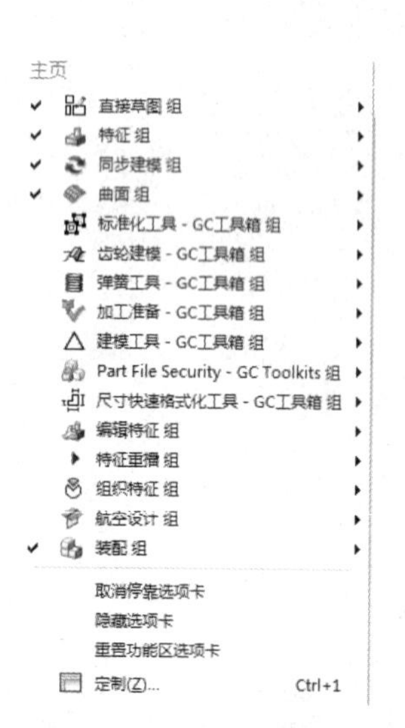

图 2-6 添加或删除组

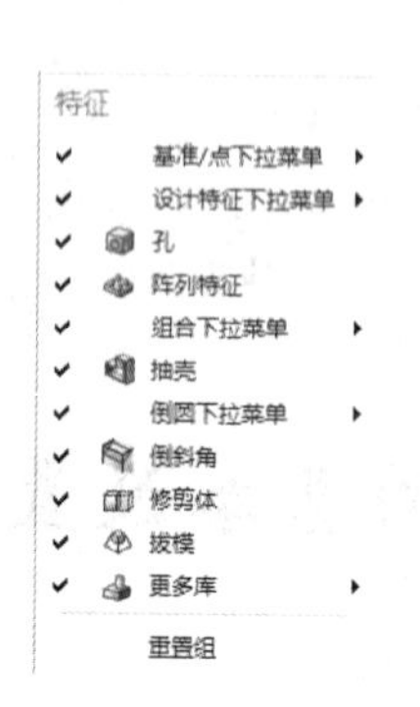

图 2-7 添加或删除按钮

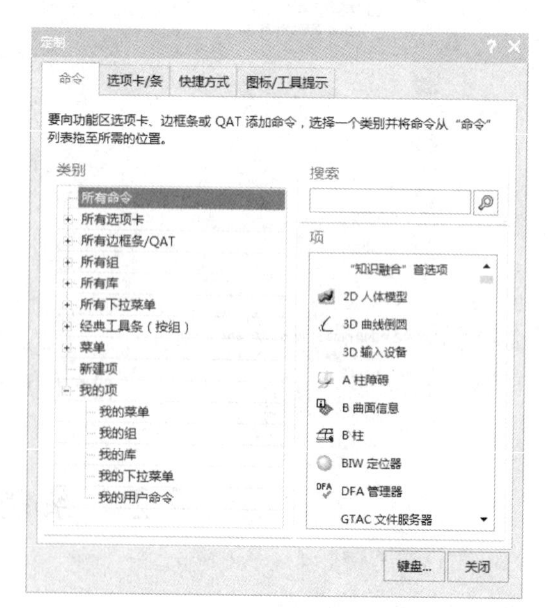

图 2-8 “定制”对话框

该对话框中包括“命令”“选项卡/条”“快捷方式”“图标/工具提示”4个选项卡，选择相应的选项卡后，通过设置相关的某些选项，就可以进行相关功能区的设置。

完成功能区选项卡的自定义后，要执行某项操作时，再也不用频繁地在多个选项卡中寻找、单击所需图标，只需在自定义选项卡中单击一次即可，从而节省了更多的时间，大大提高了设计效率。

2.2.2 默认参数设置

在UG NX 10环境中，操作参数一般都可以修改。大多数的操作参数，如图形尺寸的单位、尺寸的标注方式、字体的大小以及对象的颜色等，都有默认值。这些参数的默认值都保存在默认参数设置文件中，当启动UG NX 10时，系统会自动调用默认参数设置文件中的默认参数。UG NX 10提供了修改默认参数的多种方法，用户可以根据自己的习惯预先设置默认参数的默认值，以提高设计效率。

选择“菜单”→“文件”→“实用工具”→“用户默认设置”命令，打开如图2-9所示的“用户默认设置”对话框。

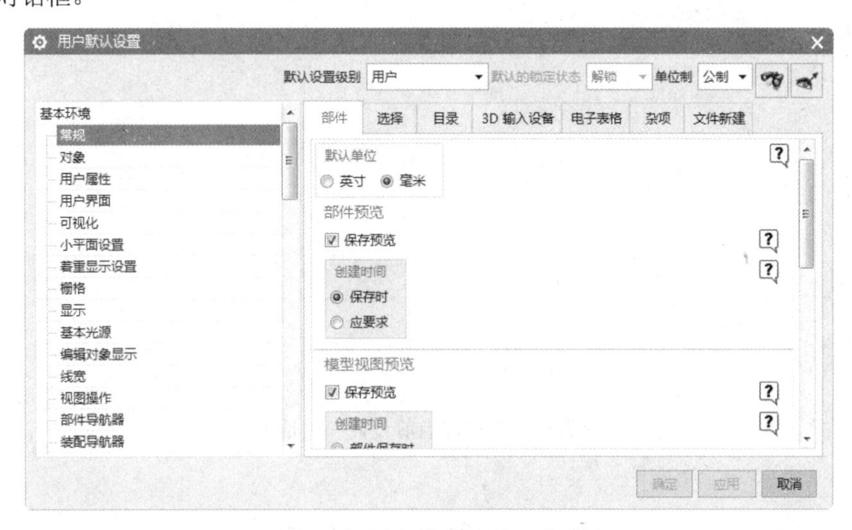

图2-9 “用户默认设置”对话框

在该对话框中可以设置参数的默认值、查找所需默认设置的作用域和版本、把默认参数以电子表格的形式输出、升级旧版本的默认设置等。

下面介绍如图2-9所示对话框中各主要选项的用法。

1. 查找默认设置

单击“查找默认设置”按钮，打开如图2-10所示的“查找默认设置”对话框。在“输入与默认设置关联的字符”文本框中输入要查找的默认设置，单击“查找”按钮，即可将找到的默认设置在“找到的默认设置”列表框中列出其作用域、版本、类型等。

2. 管理当前设置

单击“管理当前设置”按钮，打开如图2-11所示的“管理当前设置”对话框。在该对话框中，可以实现对默认设置的新建、删除、导入、导出和以电子表格的形式输出默认设置。

Note

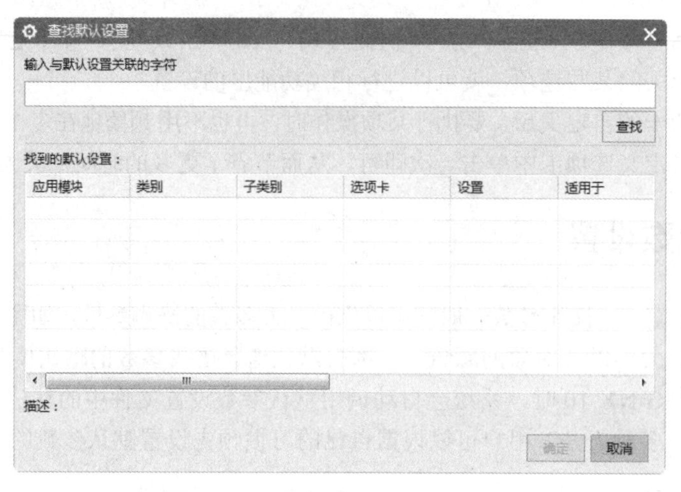

图 2-10 “查找默认设置”对话框

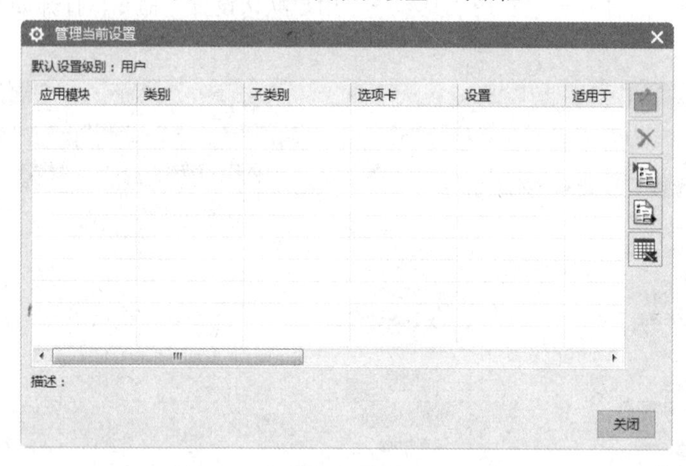

图 2-11 “管理当前设置”对话框

2.3 鼠标+键盘

在绘图过程中结合鼠标和键盘可以大大提高绘图速度。

2.3.1 鼠标

- ☑ 鼠标左键：可以通过对话框中的菜单或选项来选择命令或选项，也可以单击对象在图形窗口中选择对象。
- ☑ Shift+鼠标左键：在列表框中选择连续的多项。
- ☑ Ctrl+鼠标左键：选择或取消选择列表中的多个非连续项。
- ☑ 双击鼠标左键：对某个对象启动默认操作。
- ☑ 鼠标中键：循环完成某个命令中的所有必需步骤，然后单击“确定”按钮。
- ☑ Alt+鼠标中键：关闭当前打开的对话框。

- ☑ 鼠标右键：显示特定于对象的快捷菜单。
- ☑ Ctrl+鼠标右键：单击图形窗口中的任意位置，弹出视图菜单。

2.3.2 键盘

- ☑ Home 键：在正三轴测视图中定向几何体。
- ☑ End 键：在正等测图中定向几何体。
- ☑ Ctrl+F 键：使几何体的显示适合图形窗口。
- ☑ Alt+Enter 键：在标准显示和全屏显示之间切换。
- ☑ F1 键：查看关联的帮助。
- ☑ F4 键：查看信息窗口。

2.4 文件操作

本节将介绍文件的相关操作，其中包括新建文件、打开和关闭文件、保存文件、导入/导出文件等。这些操作可以通过如图 2-12 所示的“文件”菜单来完成。

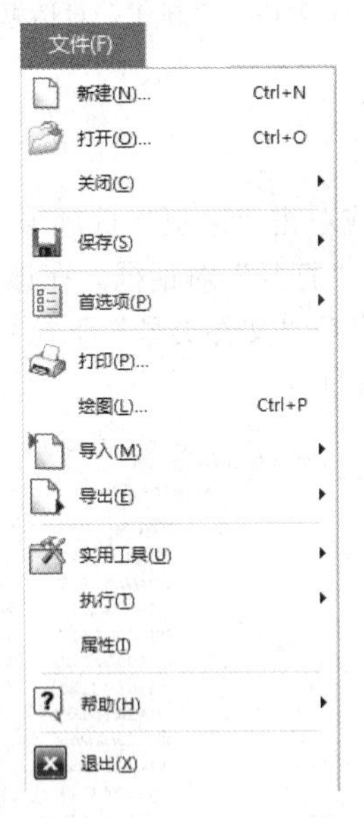

图 2-12 “文件”菜单

2.4.1 新建文件

选择“文件”→“新建”命令，或单击“主页”选项卡“标准”面组中的“新建”按钮，或者按 Ctrl+N 快捷键，打开如图 2-13 所示的“新建”对话框。

在“模板”选项组中选择适当的模板，然后在“新文件名”选项组的“文件夹”文本框中设置新建文件的保存路径，并在“名称”文本框中输入文件名，然后单击“确定”按钮即可。

Note

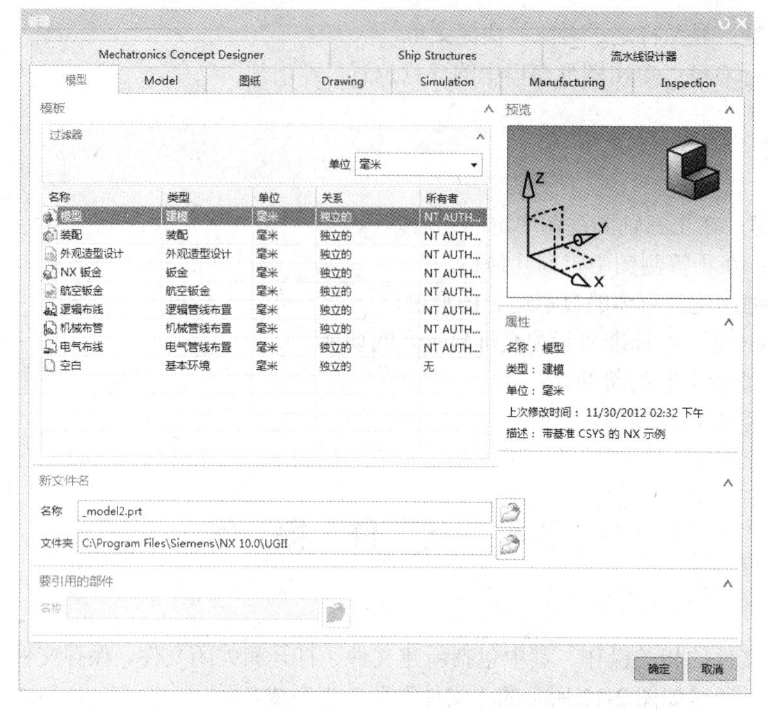

图 2-13 “新建”对话框

2.4.2 打开文件

选择“文件”→“打开”命令，或单击“主页”选项卡“标准”组中的“打开”按钮，或按Ctrl+O快捷键，弹出如图2-14所示的“打开”对话框。在该对话框中列出了当前目录下的所有有效文件（这里所指的有效文件是根据用户在“文件类型”下拉列表框中的设置来决定的），从中选择所需文件，然后单击OK按钮，即可将其打开。

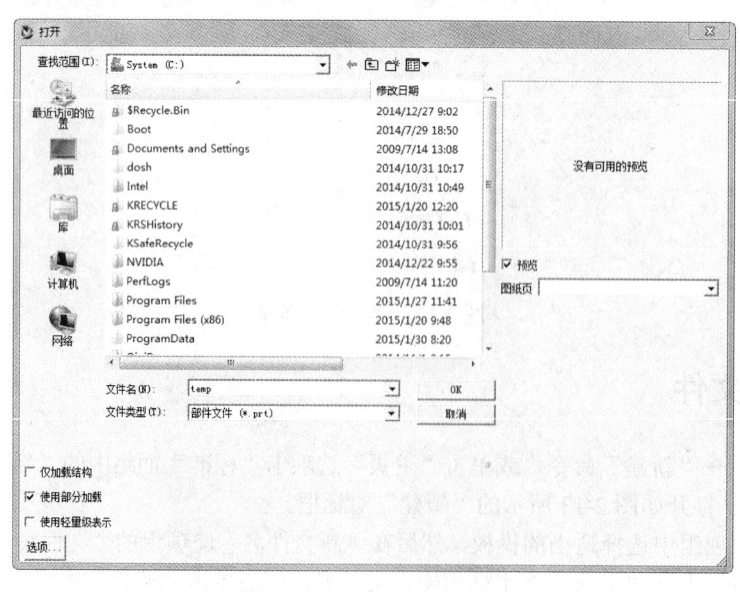

图 2-14 “打开”对话框

Note

另外，选择“文件”→“最近打开的部件”命令，可有选择性地打开最近打开过的文件。

2.4.3 关闭文件

选择“文件”→“关闭”命令，在弹出的子菜单中选择相应的命令，即可将文件关闭，如图 2-15 所示。

例如，选择“文件”→“关闭”→“选定的部件”命令，弹出如图 2-16 所示的“关闭部件”对话框，从中选取要关闭的文件，然后单击“确定”按钮即可。

图 2-15 “关闭”命令

图 2-16 “关闭部件”对话框

“关闭部件”对话框中主要选项的含义介绍如下。

☑ 顶层装配部件：在文件列表框中只列出顶层装配文件，而不列出装配中包含的组件。
☑ 会话中的所有部件：在文件列表框中列出当前进程中所有载入的文件。
☑ 仅部件：仅关闭所选择的文件。
☑ 部件和组件：如果所选择的文件是装配文件，则会一同关闭所有属于该装配文件的组件文件。
☑ 关闭所有打开的部件：单击该按钮，弹出“关闭所有文件”警告对话框，提示用户已有部分文件做了修改，并给出多个选项让用户进一步确定，如图 2-17 所示。

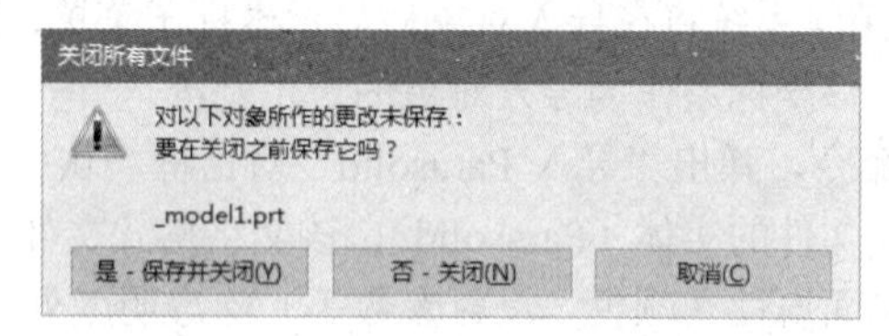

图 2-17 “关闭所有文件”对话框

其他的命令与之相似，只是关闭之前再保存一下，此处不再赘述。

2.4.4 导入和导出文件

1. 导入文件

选择“文件”→“导入”命令，在弹出的子菜单中提供了 UG 与其他应用程序文件格式的接口，

Note

如图 2-18 所示。其中常用的有“部件”、Parasolid、CGM、IGES、AutoCAD DXF/DWG 等，其功能分别介绍如下。

（1）部件：选择该命令，弹出如图 2-19 所示的“导入部件”对话框。通过该对话框，可以将已存在的零件文件导入到目前打开的零件文件或新文件中，也可以导入 CAM 对象等。

图 2-18 “导入”子菜单

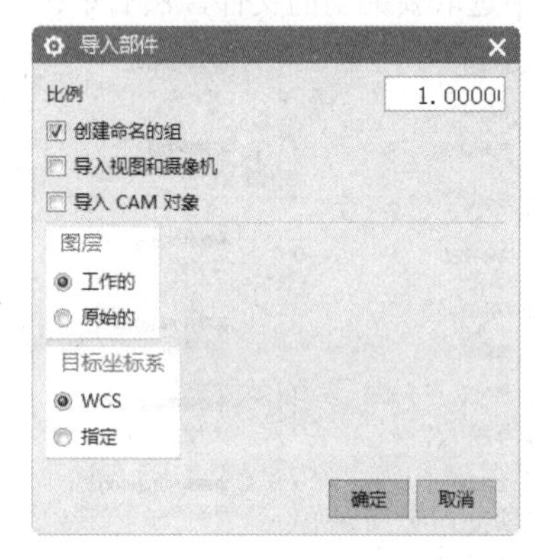

图 2-19 “导入部件”对话框

- ☑ 比例：该文本框用于设置导入零件的大小比例。如果导入的零件含有自由曲面，系统将限制比例值为 1。
- ☑ 创建命名的组：选中该复选框后，系统会将导入的零件中的所有对象创建为群组，该群组的名称即是该零件文件的原始名称，并且该零件文件的属性将转换为导入的所有对象的属性。
- ☑ 导入视图和摄像机：选中该复选框后，导入的零件中若包含用户自定义布局和查看方式，则系统会将其相关参数和对象一同导入。
- ☑ 导入 CAM 对象：选中该复选框后，若零件中含有 CAM 对象则将一同导入。
- ☑ 工作的：如果选中该单选按钮，则导入零件的所有对象将属于当前的工作图层。
- ☑ 原始的：如果选中该单选按钮，则导入的所有对象还是属于原来的图层。
- ☑ WCS：选中该单选按钮，在导入对象时将以工作坐标系为定位基准。
- ☑ 指定：选中该单选按钮，系统将在导入对象后显示坐标子菜单，采用用户自定义的定位基准，定义之后，系统将以该坐标系作为导入对象的定位基准。

（2）Parasolid：选择该命令，弹出“导入 Parasolid”对话框，从中可以导入*.x_t 格式文件，允许用户导入含有适当文字格式文件的实体（Parasolid），该文字格式文件含有用于说明该实体的数据。导入的实体密度保持不变，表面属性（颜色、反射参数等）除透明度外，保持不变。

（3）CGM（Computer Graphic Metafile）：选择该命令，可以导入 CGM 文件，即标准的 ANSI 格式的计算机图形元文件。

（4）IGES（Initial Graphics Exchange Specification）：选择该命令，可以导入 IGES 格式文件。IGES 是可在一般 CAD/CAM 应用软件间转换的常用格式，可供各 CAD/CAM 相关应用程序转换点、线、曲面等对象。

（5）AutoCAD DFX/DWG：选择该命令，可以导入 DFX/DWG 格式文件。可以将其他 CAD/CAM 相关应用程序导出的 DFX/DWG 文件导入到 UG 中，操作与 IGES 相同。

2. 导出文件

选择“文件”→“导出”命令，可以将 UG 文件导出为除自身外的多种文件格式，包括图片、数据文件和其他各种应用程序文件格式。

2.4.5 文件操作参数设置

1. 装配加载选项

选择“菜单”→“文件”→“选项”→“装配加载选项”命令，弹出如图 2-20 所示的“装配加载选项”对话框。

（1）加载：用于设置加载的方式。

☑ 按照保存的：用于指定载入的零件目录与保存零件的目录相同。

☑ 从文件夹：指定加载零件的文件夹与主要组件相同。

☑ 从搜索文件夹：利用该对话框下方的“显示会话文件夹”按钮进行搜索。

（2）加载：用于设置零件的载入方式。

（3）使用部分加载：取消选中该复选框时，系统会将所有组件一并载入；选中该复选框时，系统仅允许用户打开部分组件文件。

（4）允许替换：选中该复选框，当组件文件载入零件时，即使该零件不属于该组件文件，系统也允许用户打开该零件。

（5）失败时取消加载：用于控制当系统载入发生错误时，是否中止载入文件。

2. 保存选项

选择“菜单”→“文件”→“选项”→“保存选项”命令，弹出如图 2-21 所示的“保存选项”对话框，在其中可以进行相关参数设置。

图 2-20 “装配加载选项”对话框

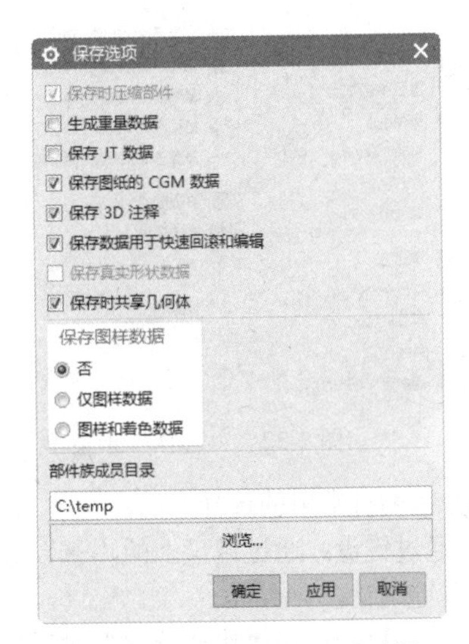

图 2-21 “保存选项”对话框

（1）保存时压缩部件：选中该复选框后，保存时系统会自动压缩零件文件。文件压缩需要花费

较长时间，所以一般用于大型组件文件或是复杂文件。

（2）生成重量数据：用于更新并保存元件的重量及质量特性，并将其信息与元件一同保存。

（3）保存图样数据：用于设置保存零件文件时，是否保存图样数据。

☑ 否：表示不保存。

☑ 仅图样数据：表示仅保存图样数据，而不保存着色数据。

☑ 图样和着色数据：表示全部保存。

Note

2.5 对象的操作

UG 建模过程中的点、线、面、图层、实体等被称为对象，三维实体的创建、编辑过程实质上也可以看作是对对象的操作过程。本节就来介绍对象的各种操作。

2.5.1 选择对象

在 UG 的建模过程中，对象的选择可以通过多种方式来实现。选择“菜单”→“编辑”→“选择”命令，弹出如图 2-22 所示的子菜单，其中部分命令介绍如下。

☑ 最高选择优先级-特征：其选择范围较为特殊，仅允许特征被选择，像一般的线、面是不允许选择的。

☑ 最高选择优先级-组件：该命令多用于装配环境下对各组件的选择。

☑ 全选：选择视图中所有对象。

当绘图窗口中有大量可视化对象可供选择时，系统会弹出如图 2-23 所示的“快速拾取”对话框来依次遍历可选择对象。其中的数字表示对象的顺序。对话框中的对象与工作区中的对象一一对应，当对话框中的对象高亮显示时，对应的对象也会在工作区中高亮显示。

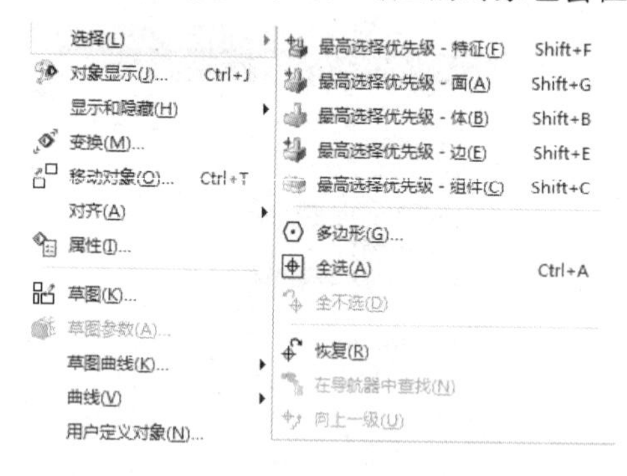

图 2-22 “选择”子菜单

图 2-23 “快速拾取”对话框

下面介绍两种常用的选择方法。

（1）通过键盘：通过键盘上的“→”等方向键移动高亮显示区来选择对象，然后按 Enter 键或单击鼠标左键确认。

（2）移动鼠标：在“快速拾取”对话框中移动鼠标，高亮显示数字也会随之改变，确定对象后单击鼠标左键确认即可。

如果要放弃选择，单击“快速拾取”对话框中的“关闭”按钮或按 Esc 键即可。

Note

2.5.2 编辑对象显示

进入建模模块中，选择“菜单”→“编辑”→“对象显示”命令或者按 Ctrl+J 快捷键，弹出如图 2-24 所示的“类选择”对话框。

通过该对话框，可选择各种各样的对象，一次可选择一个或多个。其中主要选项介绍如下。

（1）对象。

☑ 选择对象：用于选取对象。

☑ 全选：用于选取所有的对象。

☑ 反选：用于选取在绘图工作区中未被用户选中的对象。

（2）其他选择方法。

☑ 根据名称选择：用于输入预选取对象的名称，可使用通配符“?”或“*”。

☑ 选择链：用于选择首尾相接的多个对象。选择方法是：首先单击对象链中的第一个对象，然后单击最后一个对象，使所选对象呈高亮度显示，最后确定，结束对象的选择。

☑ 向上一级：用于选取上一级的对象。当选取了含有群组的对象时，该按钮才被激活。单击该按钮，系统将自动选取群组中当前对象的上一级对象。

（3）过滤器。该选项组主要用于限制要选择对象的范围。

☑ 类型过滤器：在“类选择”对话框中，单击“类型过滤器”按钮，打开如图 2-25 所示的“按类型选择”对话框，从中可设置在对象选择中需要包括或排除的对象类型。选择对象类型后单击“细节过滤”按钮，还可以做进一步限制，如图 2-26 所示。

☑ 图层过滤器：在“类选择”对话框中，单击“图层过滤器”按钮，打开如图 2-27 所示的“根据图层选择”对话框，从中可以设置在选择对象时需包括或排除的对象所在层。

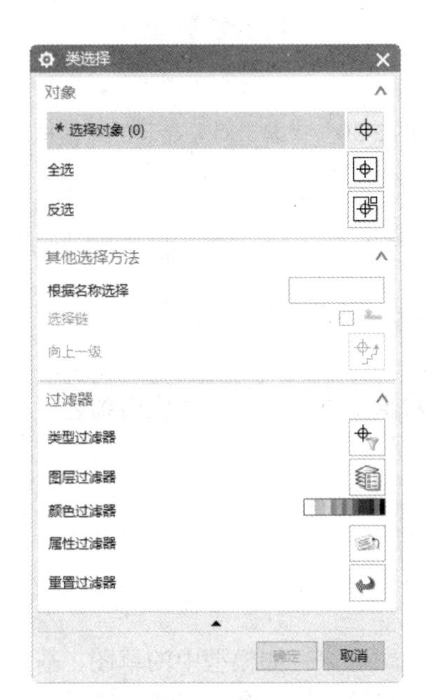

图 2-24 “类选择”对话框

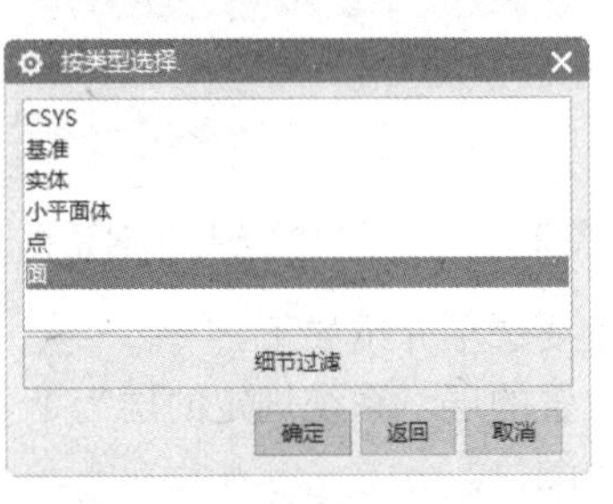

图 2-25 “按类型选择”对话框

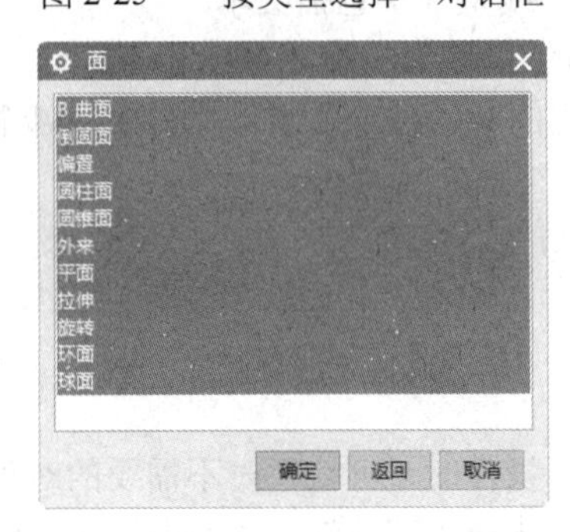

图 2-26 “细节过滤器——面”对话框

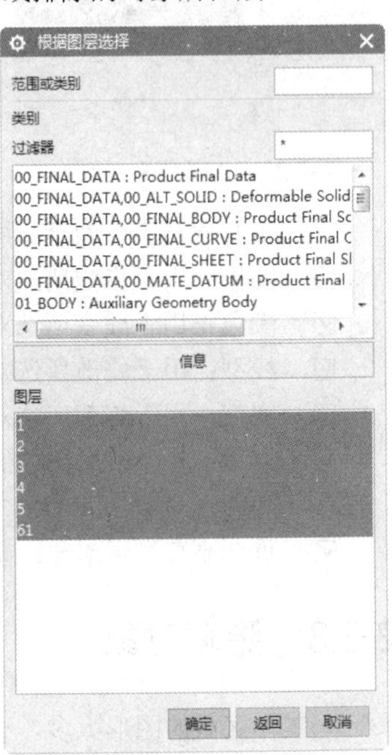

图 2-27 “根据图层选择”对话框

☑ 颜色过滤器：在“类选择”对话框中，单击“颜色过滤器”按钮，打开如图 2-28

Note

所示的“颜色”对话框，从中可以通过指定的颜色来限制选择对象的范围。

☑ 属性过滤器：在“类选择”对话框中，单击“属性过滤器”按钮，弹出如图 2-29 所示的“按属性选择”对话框，从中可按对象线型、线宽或其他自定义属性进行过滤。

☑ 重置过滤器：在“类选择”对话框中，单击“重置过滤器”按钮，可恢复成默认的过滤方式。

选择要编辑的对象后，弹出如图 2-30 所示的“编辑对象显示”对话框，在其中可对所选对象的图层、颜色、透明度或者着色状态等参数进行设置，然后单击“确定”按钮，即可完成编辑并退出对话框（单击“应用”按钮，则不用退出对话框，接着进行其他操作）。

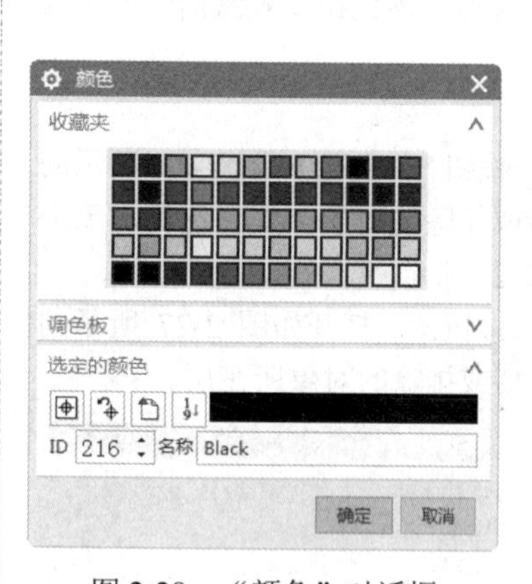

图 2-28 “颜色”对话框

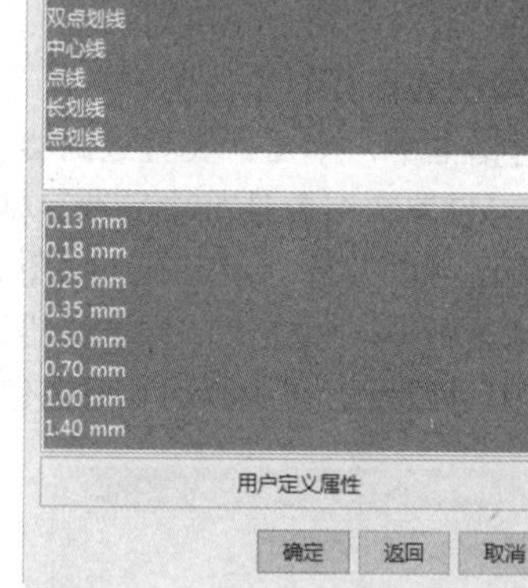

图 2-29 “按属性选择”对话框

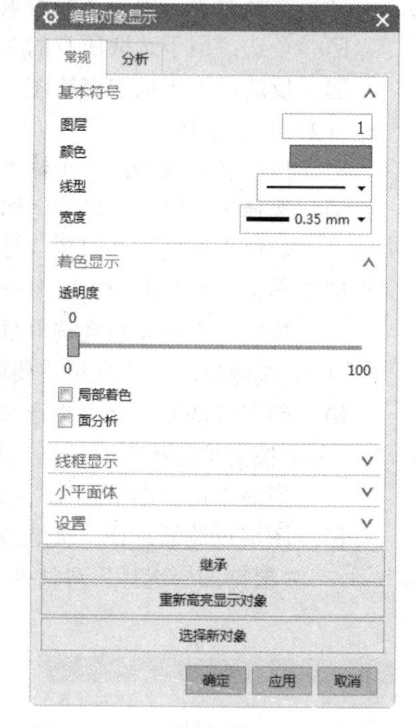

图 2-30 “编辑对象显示”对话框

“编辑对象显示”对话框中的主要选项介绍如下。

☑ 图层：用于指定所选对象放置的层。系统规定的层为 1～256 层。

☑ 颜色：用于改变所选对象的颜色。

☑ 线型：用于修改所选对象的线型（不包括文本）。

☑ 宽度：用于修改所选对象的线宽。

☑ 继承：单击该按钮，在弹出的对话框中要求选择需要从哪个对象上继承设置，并应用到之后的所选对象上。

☑ 重新高亮显示对象：重新高亮显示所选对象。

2.5.3 隐藏对象

当工作区内的图形太多，不便于操作时，可将暂时不需要的对象隐藏起来，如模型中的草图、基准面、曲线、尺寸、坐标、平面等。选择“菜单”→“编辑”→“显示和隐藏”命令，在弹出的子菜单中提供了隐藏和取消隐藏等功能命令，如图 2-31 所示。

其中部分命令的功能说明如下。

☑ 显示和隐藏：选择该命令，弹出如图 2-32 所示的“显示和隐藏”对话框。单击“显示”或“隐藏”栏中的➕或➖按钮，即可显示或隐藏所选的对象。

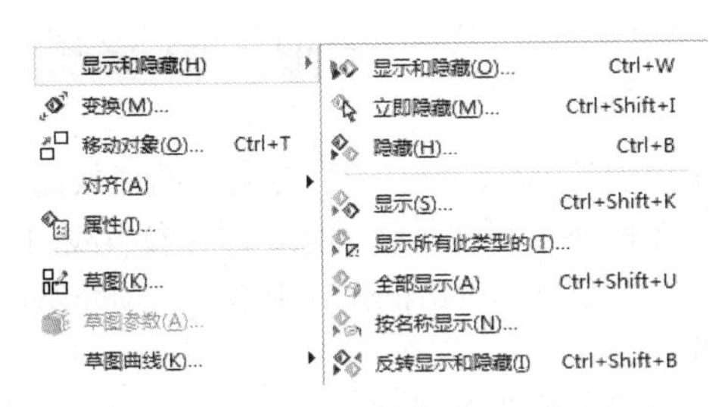

图 2-31 “显示和隐藏”子菜单

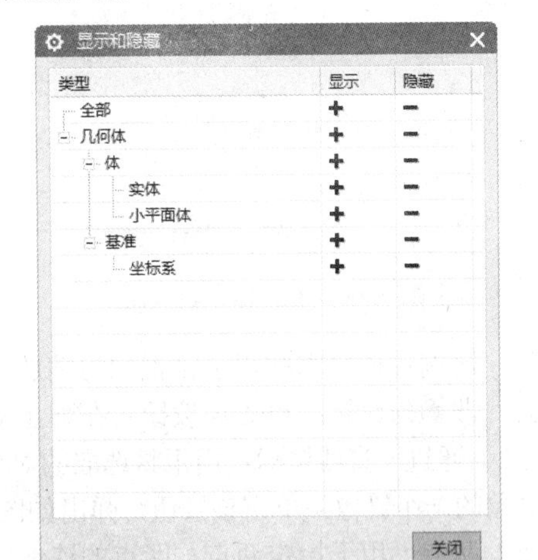

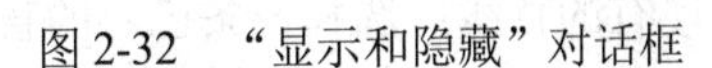

图 2-32 “显示和隐藏”对话框

☑ 隐藏：选择该命令，在弹出的对话框中通过类型选择需要隐藏的对象（或是直接选取），然后单击“确定”按钮，即可将其隐藏。

☑ 反转显示和隐藏：用于反转当前所有对象的显示或隐藏状态，即显示的全部对象将会隐藏，而隐藏的将会全部显示。

☑ 显示：用于将所选的隐藏对象重新显示出来。选择该命令，通过弹出的“类选择”对话框在工作区中选择需要重新显示的对象（当前处于隐藏状态），然后单击“确定”按钮即可。

☑ 显示所有此类型的：用于重新显示某类型的所有隐藏对象。选择该命令，弹出如图 2-33 所示的“选择方法”对话框，其中提供了 5 种过滤方式，即“类型”“图层”“其他”“重置”“颜色”。

☑ 全部显示：选择该命令，将重新显示所有在可选层上的隐藏对象。

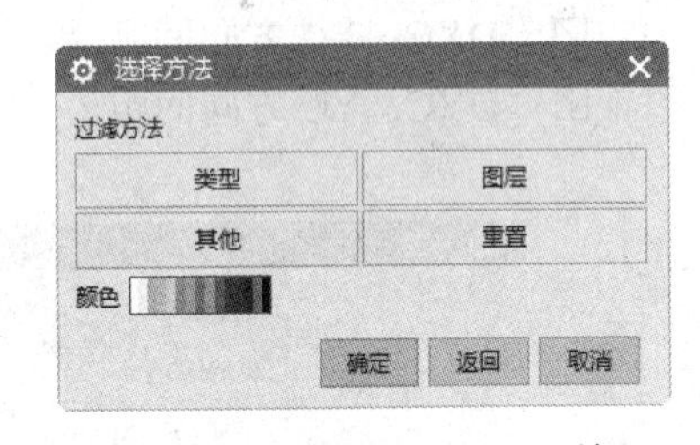

图 2-33 “选择方法”对话框

2.5.4 对象变换

选择“菜单”→“编辑”→“变换”命令，弹出“变换”对话框（类似与“类选择”对话框）。选择对象后单击“确定”按钮，弹出如图 2-34 所示的“变换”对话框。在该对话框中，可将所选对象以“比例”“通过一直线镜像”“矩形阵列”“圆形阵列”“通过一平面镜像”或者“点拟合”等方式进行变换。可变换的对象包括直线、曲线、面、实体等。

1. 变换 1

该对话框中部分选项的功能介绍如下。

（1）比例：用于将选取的对象相对于指定参考点成比例地缩放尺寸。选取的对象在参考点处不移动。

单击该按钮，在弹出的“点”对话框中选择一参考点后，弹出如图 2-35 所示的“变换”对话框。其中主要选项介绍如下。

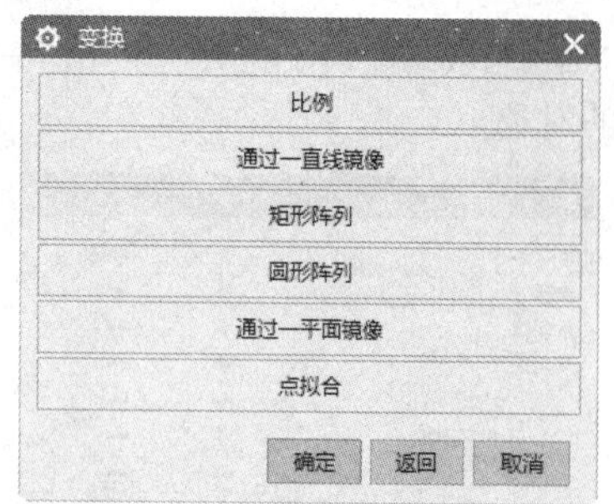

图 2-34　“变换”对话框

图 2-35　单击“比例”按钮时弹出的“变换”对话框

☑　比例：该文本框用于设置均匀缩放。

☑　非均匀比例：单击该按钮，在弹出的对话框中可设置 XC、YC、ZC 方向上的缩放比例。

（2）通过一直线镜像：用于将选取的对象相对于指定的参考直线进行镜像，即在参考线的另侧建立源对象的一个镜像。单击该按钮，弹出如图 2-36 所示的“变换”对话框。其中主要选项介绍如下。

☑　两点：用于指定两点，两点的连线即为参考线。

☑　现有的直线：选择一条已有的直线（或实体边缘线）作为参考线。

☑　点和矢量：先用点构造器指定一点，然后在矢量构造器中指定一个矢量，通过指定点的矢量即为参考直线。

（3）矩形阵列：用于将选取的对象从指定的阵列原点开始，沿坐标系 XC 和 YC 方向（或指定的方位）建立一个等间距的矩形阵列。系统先将源对象从指定的参考点移动或复制到目标点（阵列原点），然后沿 XC、YC 方向建立阵列。

单击该按钮，指定阵列原点和目标点后，弹出如图 2-37 所示的“变换”对话框。其中主要选项介绍如下。

☑　DXC：XC 方向间距。

☑　DYC：YC 方向间距。

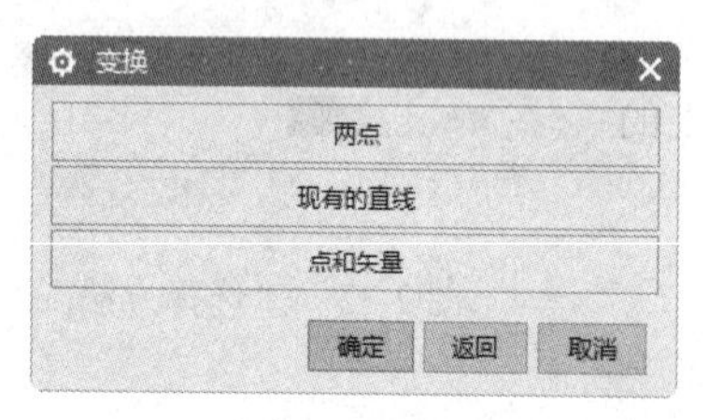

图 2-36　单击“通过一直线镜像”按钮时弹出的“变换”对话框

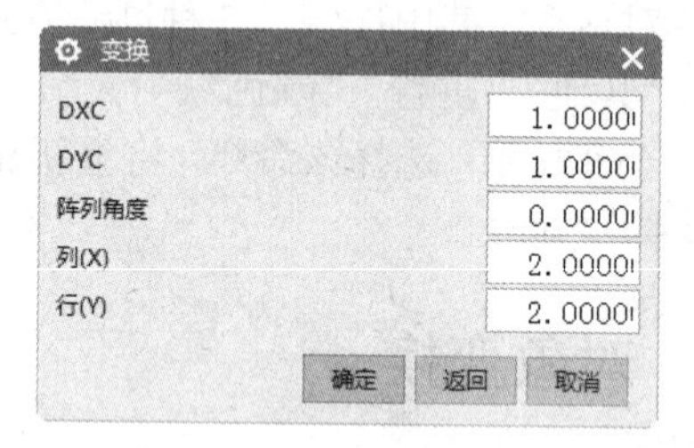

图 2-37　单击“矩形阵列”按钮时弹出的“变换”对话框

（4）圆形阵列：用于将选取的对象从指定的阵列原点开始，绕目标点（阵列中心）建立一个等角间距的圆形阵列。

单击该按钮，指定阵列原点和目标点后，弹出如图 2-38 所示的“变换”对话框。其中主要选项介绍如下。

☑　半径：用于设置圆形阵列的半径值，该值也等于目标对象上的参考点到目标点之间的距离。

☑　起始角：定位圆形阵列的起始角（与 XC 正向平行为 0）。

（5）通过一平面镜像：用于将选取的对象相对于指定参考平面进行镜像，即在参考平面的另一侧建立源对象的一个镜像。单击该按钮，在弹出的如图 2-39 所示“刨”对话框中选择或创建一参考

Note

平面，然后选取源对象，即可完成镜像操作。

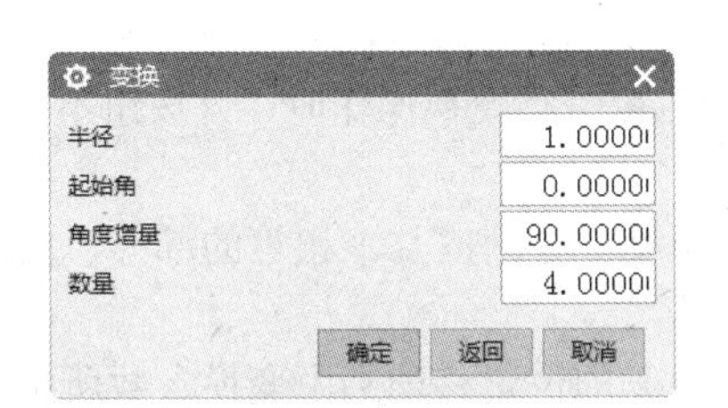

图 2-38　单击“圆形阵列”按钮时弹出的“变换”对话框

图 2-39　“刨”对话框

（6）点拟合：用于将选取的对象从指定的参考点集缩放、重定位或修剪到目标点集上。单击该按钮，弹出如图 2-40 所示的“变换”对话框。其中主要选项介绍如下。

☑　3-点拟合：允许用户通过 3 个参考点和 3 个目标点来缩放和重定位对象。

☑　4-点拟合：允许用户通过 4 个参考点和 4 个目标点来缩放和重定位对象。

在图 2-34 所示的“变换”对话框中单击任一按钮，执行相应的变换操作后，将打开如图 2-41 所示的“变换”对话框。在该对话框中，通过单击相应的按钮，按一定顺序依次进行多次变换，最后单击“更新模型”按钮，即可确定最后结果。

在动态变化过程中，不会建立新对象，一直要到模型更新后才会建立新的对象。

2. 变换 2

通过如图 2-41 所示的“变换”对话框，用户可以选择新的变换对象、改变变换方法、指定变换后对象的存放图层等。

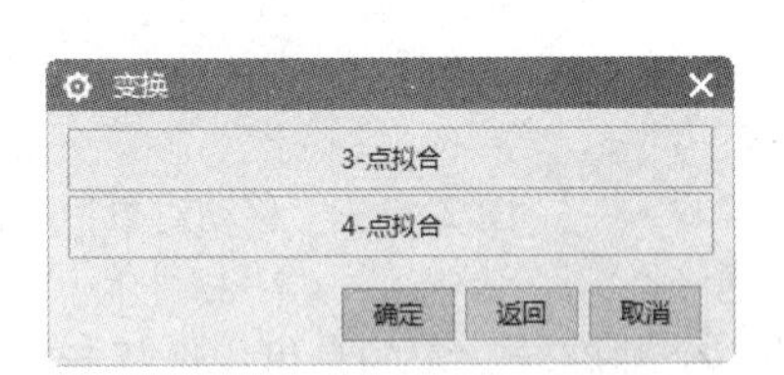

图 2-40　单击“点拟合”按钮时弹出的“变换”对话框

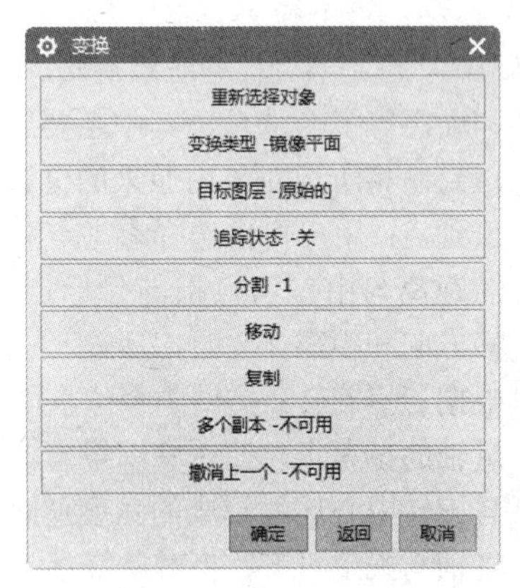

图 2-41　“变换”对话框

（1）重新选择对象：通过“类选择”对话框来重新选择新的变换对象，而保持原变换方法不变。

（2）变换类型-镜像平面：用于修改变换方法，即在不重新选择变换对象的情况下修改变换方法，当前选择的变换方法以简写的形式显示在“-”符号后面。

（3）目标图层-原始的：用于指定目标图层，即在变换完成后，指定新建立的对象所在的图层。单击该按钮后，将提供以下 3 种选择。

☑　工作的：变换后的对象放在当前的工作图层中。

☑　原始的：变换后的对象保持在源对象所在的图层中。

☑ 指定：变换后的对象被移动到指定的图层中。

（4）追踪状态-关：这是一个开关按钮，用于设置追踪变换过程。当其设置为“开”时，则在源对象与变换后的对象之间画连接线。

需要注意的是，在对源对象类型为实体、片体或边界的对象进行变换操作时，该按钮不可用。跟踪曲线独立于图层设置，总是建立在当前的工作图层中。

Note

（5）分割-1：用于等分变换距离，即把变换距离（或角度）分割成几个相等的部分，实际变换距离（或角度）是其等分值。指定的值称为“等分因子”。

（6）移动：用于移动对象，即变换后，将源对象从其原来的位置移动到由变换参数所指定的新位置。如果所选取的对象和其他对象间存在父子依存关系（即依赖于其他父对象而建立），则只有选取了全部的父对象后，该按钮才可用。

（7）复制：用于复制对象，即变换后，将源对象从其原来的位置复制到由变换参数所指定的新位置。对于依赖其他父对象而建立的对象，复制后的新对象中数据关联信息将会丢失（即它不再依赖于任何对象而独立存在）。

（8）多重副本-不可用：用于复制多个对象，即按指定的变换参数和副本个数在新位置复制源对象的多个副本，相当于一次执行了多个“复制”命令操作。

（9）撤销上一个-不可用：用于撤销上一个变换，即撤销最近一次的变换操作，但源对象依旧处于选中状态。

2.5.5 移动对象

选择“菜单”→“编辑”→“移动对象”命令，弹出如图2-42所示的“移动对象”对话框。其中主要选项的功能介绍如下。

图2-42 “移动对象”对话框

（1）运动：该下拉列表框中包括距离、角度、点之间的距离、径向距离、点到点、根据三点旋转、将轴与矢量对齐、CSYS到CSYS和动态等多个选项，其中主要选项介绍如下。

☑ 距离：将所选对象由原来的位置移动到新的位置。

☑ 点到点：用户可以选择参考点和目标点，则这两点之间的距离与由参考点指向目标点的方向将决定对象的平移方向和距离。

☑ 根据三点旋转：提供3个位于同一个平面内且垂直于矢量轴的参考点，让对象围绕着旋转中心，按照这3个点与旋转中心连线形成的角度逆时针旋转。

☑ 将轴与矢量对齐：将对象绕参考点从一个轴向另外一个轴旋转一定的角度。选择起始轴，然后确定终止轴，这两个轴便决定了旋转角度的方向。此时用户可以清楚地看到两个矢量的箭头，而且这两个箭头首先出现在选择轴上。当单击“确定”按钮后，该箭头就平移到参考点。

☑ 动态：用于将选取的对象相对于参考坐标系中的位置和方位移动（或复制）到目标坐标系中，使建立的新对象的位置和方位相对于目标坐标系保持不变。

（2）移动原先的：用于移动对象，即变换后，将源对象从其原来的位置移动到由变换参数所指定的新位置。

（3）复制原先的：用于复制对象，即变换后，将源对象从其原来的位置复制到由变换参数所指定的新位置。对于依赖其他父对象而建立的对象，复制后的新对象中数据关联信息将会丢失，即它不

再依赖于任何对象而独立存在。

（4）非关联副本数：用于复制多个对象，即按指定的变换参数和副本个数在新位置复制源对象的多个副本。

2.6　视图布局设置

本节主要介绍视图布局的功能与操作，如布局的新建、打开、删除、保存、旋转和移动等。

视图布局的主要作用是在工作区内显示多个视角的视图，使用户更加方便地观察和操作模型。用户可以定义系统默认的视图，也可以生成自定义的视图布局。

同一布局中，只有一个视图是工作视图，其他视图都是非工作视图。在进行视图操作时，默认都是针对工作视图的，用户可以随时改变工作视图。

2.6.1　布局功能

选择“菜单”→“视图”→“布局”命令，在弹出的“布局”子菜单中选择相应的命令，如图 2-43 所示，即可控制视图布局的状态和各视图显示的角度。用户可以将工作区分为多个视图，以便于进行组件细节的编辑和实体观察。

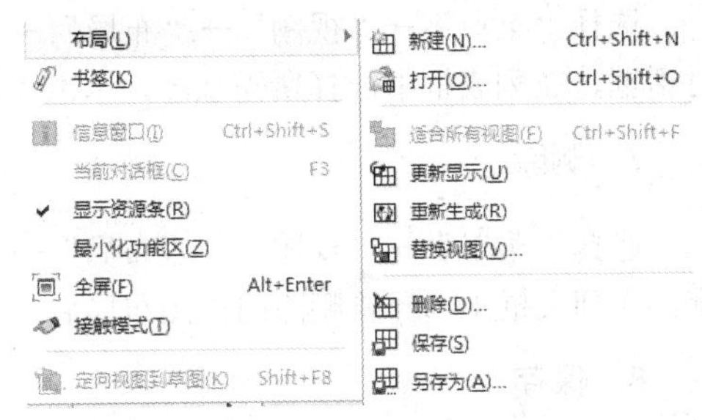

图 2-43　“布局”子菜单

1. 新建

选择“菜单”→“视图”→“布局”→“新建”命令，打开如图 2-44 所示的“新建布局”对话框，从中可以设置布局的形式和各视图的视角。

2. 打开

选择“菜单”→“视图”→“布局”→“打开”命令，打开如图 2-45 所示的“打开布局”对话框，从中选择要打开的某个布局，单击“确定”按钮，系统就会按照该布局的格式来显示图形。

3. 适合所有视图

选择“菜单”→“视图”→“布局”→“适合所有视图”命令，系统就会自动调整当前视图布局中所有视图的中心和比例，使实体模型最大程度地吻合在每个视图边界内。在此需要注意的是，只有在定义了视图布局后，该命令才会被激活。

4. 更新显示

选择“菜单”→“视图”→“布局”→“更新显示”命令，系统就会自动进行更新操作。当对实体进行修改后，便可通过更新操作使每一幅视图实时显示。

5. 重新生成

选择“菜单”→“视图”→“布局”→“重新生成”命令，系统就会重新生成视图布局中的每个视图。

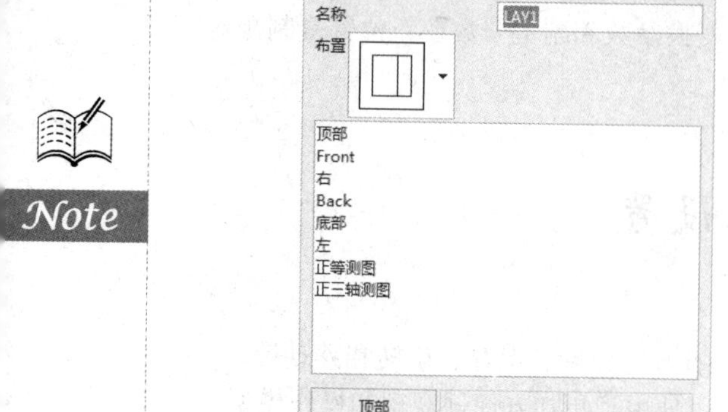

图 2-44 “新建布局”对话框

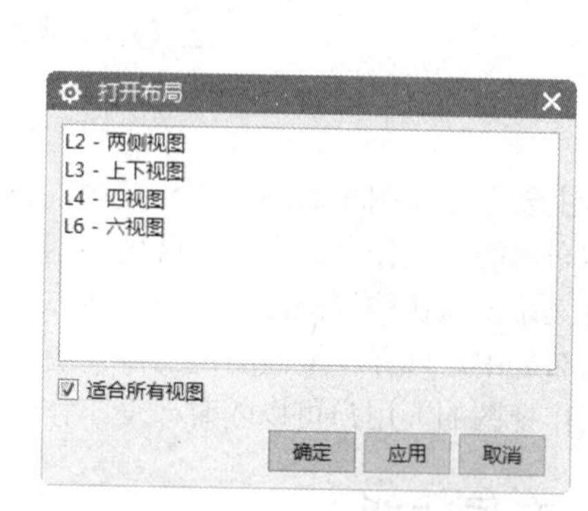

图 2-45 “打开布局”对话框

6．替换视图

选择“菜单”→“视图”→“布局”→“替换视图”命令，打开如图 2-46 所示的“视图替换为”对话框，在列表框中选择所需视图，单击“确定”按钮，即可替换布局中的某个视图。

7．删除

选择“菜单”→“视图”→“布局”→“删除”命令，打开如图 2-47 所示的“删除布局”对话框，在列表框中选择要删除的视图布局后，单击“确定”按钮，即可删除该视图布局。

8．保存

选择“菜单”→“视图”→“布局”→“保存”命令，系统将用当前的视图布局名称保存修改后的布局。

选择“菜单”→“视图”→“布局”→“另存为”命令，打开如图 2-48 所示的“另存布局”对话框，在列表框中选择要更换名称进行保存的布局，在“名称”文本框中输入一个新的布局名称，单击“确定”按钮，系统就会用新的名称保存修改过的布局。

图 2-46 “视图替换为”对话框

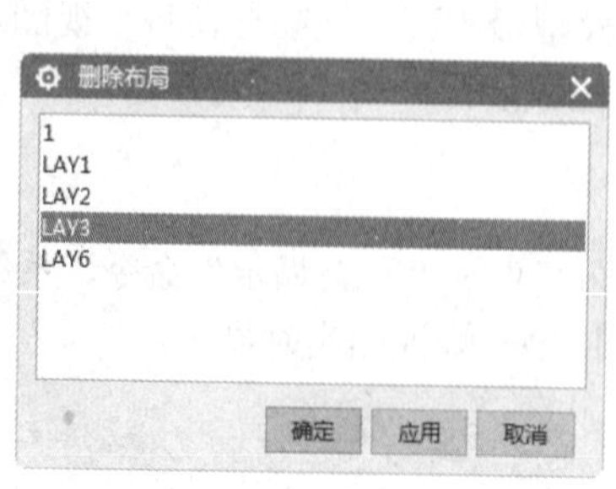

图 2-47 “删除布局”对话框

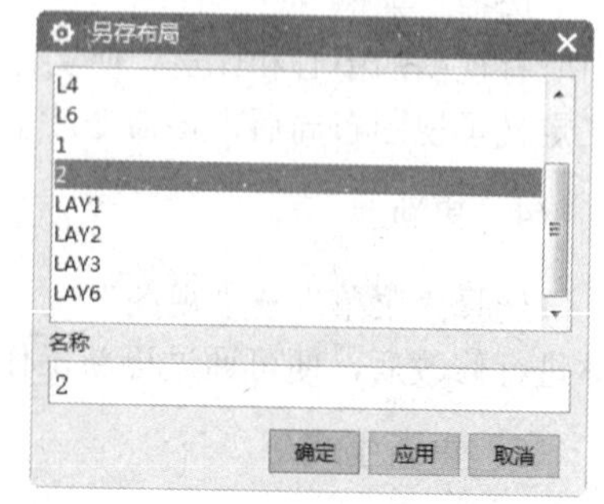

图 2-48 “另存布局”对话框

2.6.2　布局操作

选择“菜单”→“视图”→“操作”命令，在弹出的如图 2-49 所示子菜单中选择相应的命令，可以在指定视图中改变模型的显示尺寸和方位。

1. 适合窗口

选择“菜单”→“视图”→“操作”→“适合窗口”命令或单击“视图”选项卡“方位”面组中的“适合窗口”按钮，系统自动将模型中的所有对象尽可能最大地全部显示在视图窗口的中心，但不会改变模型原来的显示方位。

2. 缩放

选择“菜单”→“视图”→“操作”→“缩放”命令，打开如图 2-50 所示的“缩放视图”对话框。在该对话框中根据实际需要进行相应的设置，然后单击“确定”按钮，系统就会按照用户指定的数值缩放整个模型，但不会改变模型原来的显示方位。

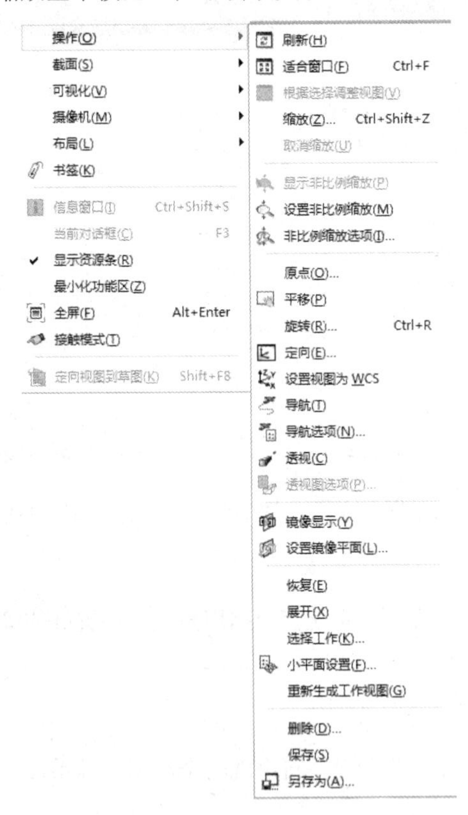

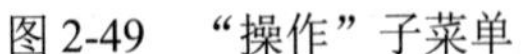

图 2-49　“操作”子菜单

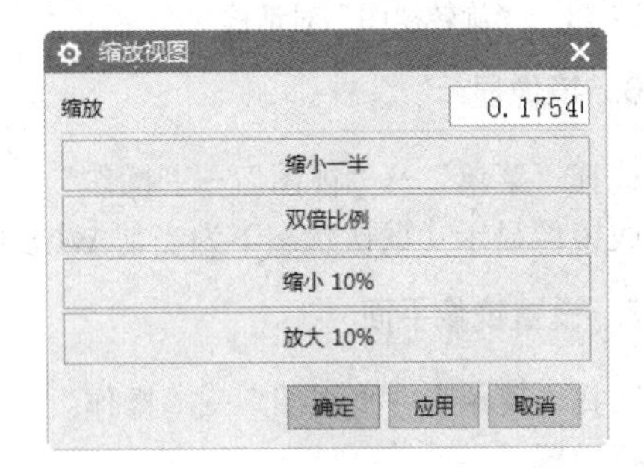

图 2-50　“缩放视图”对话框

3. 旋转

选择“菜单”→“视图”→“操作”→“旋转”命令，打开如图 2-51 所示的“旋转视图”对话框。通过该对话框，可以将模型沿指定的轴线旋转指定的角度，或绕工作坐标系原点自由旋转模型，使模型的显示方位发生变化，但不会改变模型的显示大小。

Note

4. 原点

选择“菜单”→“视图”→“操作”→“原点”命令，打开如图 2-52 所示的“点”对话框，在其中指定视图的显示中心，单击“确定”按钮，视图将立即重新定位到指定的中心。

5. 浏览选项

选择“菜单”→“视图”→“操作”→“导航选项”命令，打开如图 2-53 所示的“导航选项”对话框，同时光标自动变为形状。用户可以直接使用鼠标移动产生轨迹或单击“重新定义”按钮，选择已经存在的曲线或者边缘来定义轨迹，模型会自动沿着定义的轨迹运动。

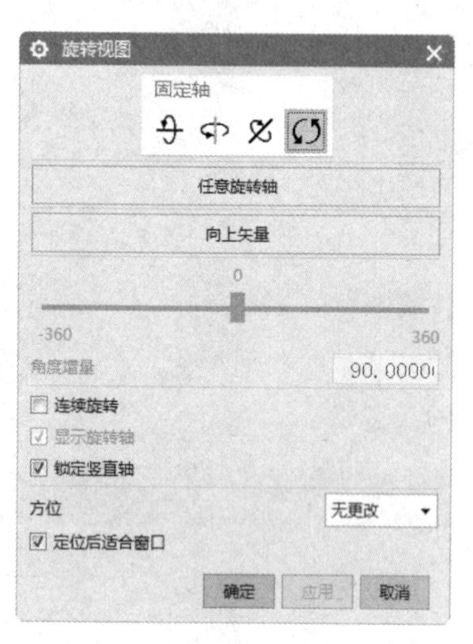

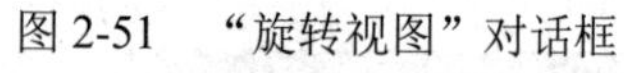
图 2-51 “旋转视图”对话框

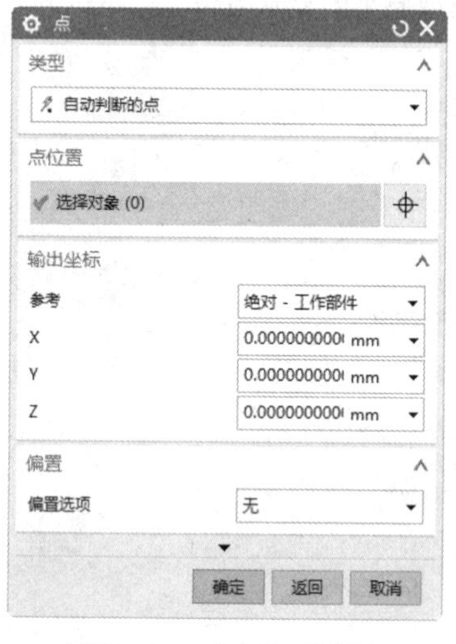

图 2-52 “点”对话框

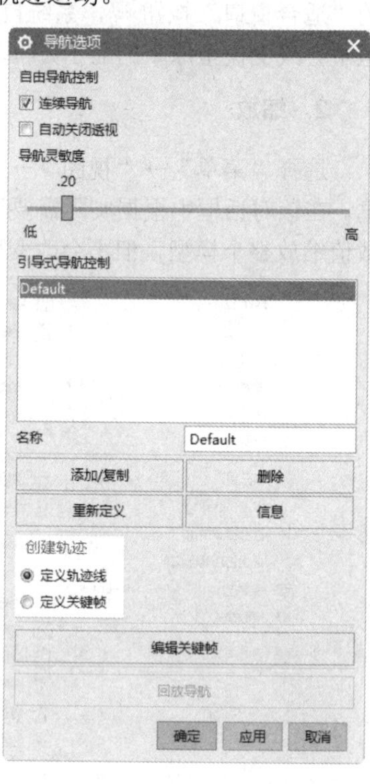

图 2-53 “导航选项”对话框

6. 镜像显示

选择“菜单”→“视图”→“操作”→“镜像显示”命令，系统会根据用户已经设置好的镜像平面生成镜像显示（默认状态下为当前 WCS 的 XZ 平面）。

7. 设置镜像平面

选择“菜单”→“视图”→“操作”→“设置镜像平面”命令，将出现一个动态坐标系，方便用户进行设置。

8. 恢复

选择“菜单”→“视图”→“操作”→“恢复”命令，可以将视图恢复为原来的显示状态。

第3章

生活用品

3D 打印日渐走进我们的视野、走进我们的生活，甚至会贯穿我们未来每一天的起居。3D 打印最大的特点就是可以实现私人定制。

本章主要介绍常见的几款生活用品，如碗、漏斗、茶杯、烟灰缸、酒杯、易拉罐、凉水壶、沐浴露瓶等模型的建立及 3D 打印过程。通过本章的学习，读者将掌握如何从 UG 中创建模型并导入到 Cura 软件打印出模型。

任务驱动&项目案例

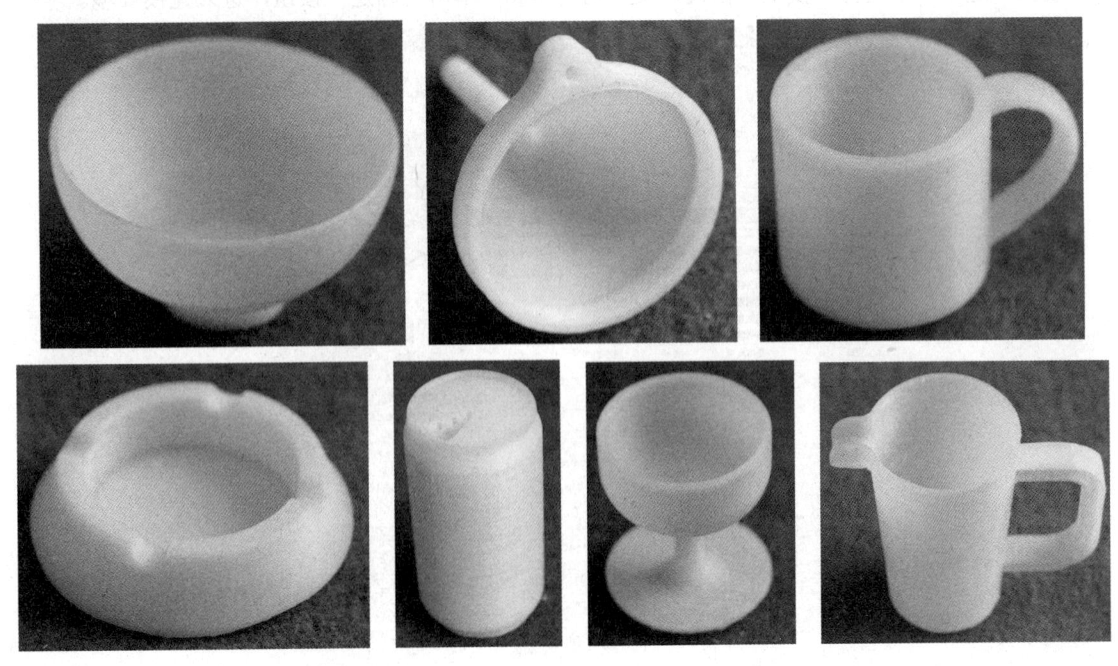

Note

3.1 碗

首先利用 UG 软件创建碗模型，再利用 Cura 软件打印碗的 3D 模型，最后对打印出来的碗模型进行去除支撑和毛刺处理，流程图如图 3-1 所示。

图 3-1　碗模型制作流程图

3.1.1　创建模型

采用曲线建立碗的截面轮廓，截面曲线绕旋转轴旋转成形。

1. 新建文件

单击“主页”选项卡“标准”面组中的“新建”按钮，弹出“新建”对话框，如图 3-2 所示，在“模型”选项卡中选择“模型”模板，文件名为 wan，单击“确定”按钮，进入建模环境。

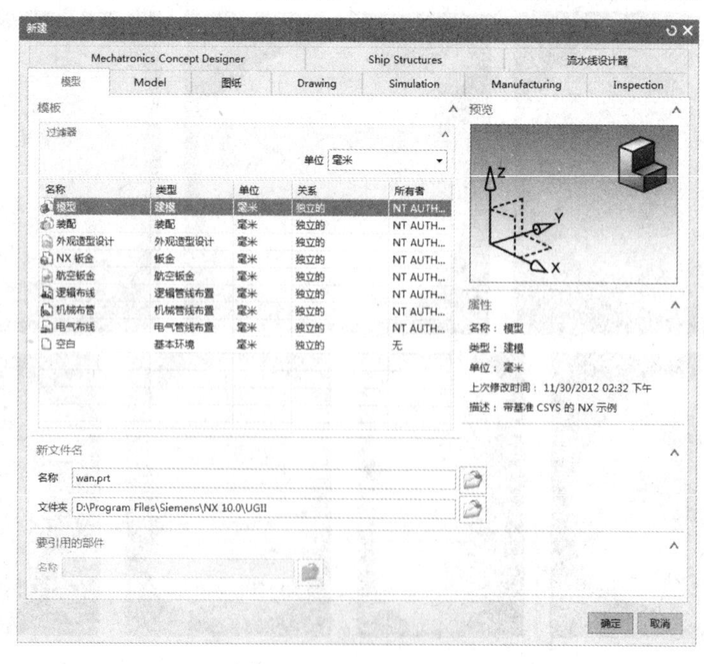

图 3-2　“新建”对话框

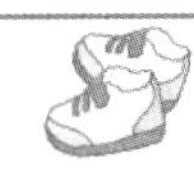

2. 创建曲线

选择“菜单”→“插入”→“曲线”→“基本曲线”命令，打开“基本曲线”对话框。单击“圆”按钮，如图3-3所示。在“点方法”下拉列表框中选择“点构造器”选项，打开“点”对话框，如图3-4所示，输入坐标值（0，50，0）为圆中心点，单击“确定”按钮，输入（-50，50，0）为半径点，单击“确定”按钮，完成圆1的绘制，如图3-5所示。

图3-3 “基本曲线”对话框

图3-4 “点”对话框

图3-5 绘制圆1

知识点——基本曲线1

“基本曲线”对话框中的选项说明如下。

（1）无界：取消选中该复选框时，不论生成方式如何，所生成的任何直线都会被限制在视图的范围内。当选中“线串模式”复选框时，该选项不能激活。

（2）增量：用于以增量的方式生成直线，即在选定一点后，分别在绘图区下方跟踪栏的XC、YC、ZC文本框中输入坐标值作为后一点相对于前一点的增量。

（3）点方法：该选项菜单能够相对于已有的几何体，通过指定光标位置或使用点构造器来指定点。该菜单上的选项（除了“自动推断的点”和“选择面”以外）与点构建器中选项的作用相似。

（4）线串模式：能够生成未打断的曲线串。选中该复选框，一个对象的终点变成了下一个对象的起点。若要中断线串模式并在生成下一个对象时再启动，可选择“打断线串”。

（5）打断线串：在选择该选项的地方打断曲线串，但“线串模式”仍保持激活状态（即如果继续生成直线或弧，它们将位于另一个未打断的线串中）。

（6）多个位置：选中该复选框，每定义一个点，都会生成先前生成的圆的一个副本，其圆心位于指定点。

3. 创建偏置曲线

选择“菜单”→“插入”→“派生的曲线”→“偏置”命令或单击“曲线”选项卡“派生的曲线”面组中的“偏置曲线”按钮，打开如图3-6所示的“偏置曲线”对话框。选择“距离”类型，选择如图3-7所示绘制的圆1，注意偏置方向为X轴。在偏置“距离”和“副本数”参数项中分别输入2

Note

和1，单击“确定”按钮，生成圆2，如图3-8所示。

偏置曲线
偏置类型
距离
曲线
* 选择曲线 (0)
偏置平面上的点
偏置
距离 2 mm
副本数 1
反向
设置
关联
输入曲线 保留
修剪 相切延伸
非关联设置
大致偏置
高级曲线拟合
距离公差 0.0010
预览
确定 应用 取消

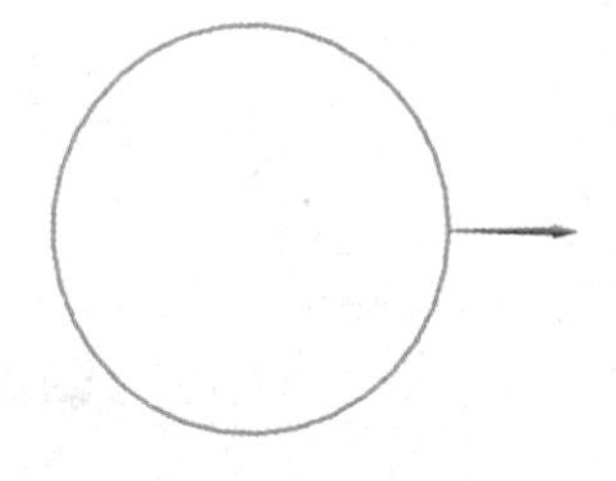

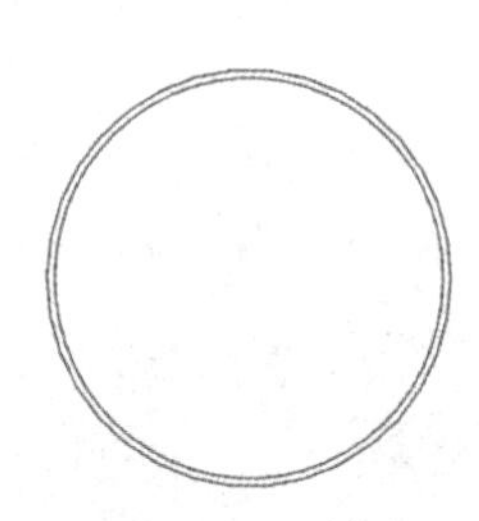

图3-6 “偏置曲线”对话框　　图3-7 选择要偏置的曲线　　图3-8 绘制圆2

知识点——偏置曲线

偏置曲线能够通过从原先对象偏置的方法，生成直线、圆弧、二次曲线、样条和边。偏置曲线是通过垂直于选中基曲线上的点来构建的。

“偏置曲线”对话框中的选项说明如下。

（1）距离：该方式在选取曲线的平面上偏置曲线，并在其下方的“距离”和“副本数”中设置偏置距离和产生的数量。

（2）拔模：该方式在平行于选取曲线平面，并与其相距指定距离的平面上偏置曲线。一个平面符号标记出偏置曲线所在的平面，并在其下方的“拔模高”和“拔模角”中设置其数值。该方式的基本思想是将曲线按照指定的“拔模角”偏置到与曲线所在平面相距“拔模高”的平面上。其中，拔模角度是偏置方向与原曲线所在平面的法向夹角。

（3）规律控制：该方式在规律定义的距离上偏置曲线，该规律是用规律子功能选项对话框指定的。

（4）3D 轴向：该方式在三维空间内指定矢量方向和偏置距离来偏置曲线，并在其下方的“3D偏置值”和“轴矢量”中设置数值。

4. 创建直线1

选择“菜单”→“插入”→“曲线”→“基本曲线”命令，打开“基本曲线”对话框，单击“直线”按钮，如图3-9所示。在“点方法”下拉列表框中选择“象限点”选项，捕捉圆1的象限点绘制两相交直线，如图3-10所示。

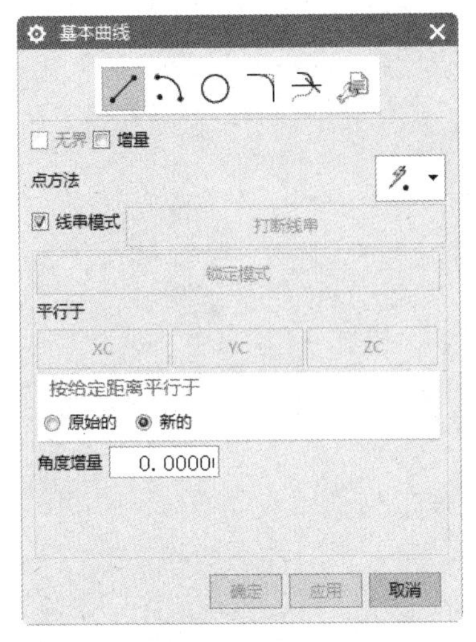

图 3-9　“基本曲线”对话框

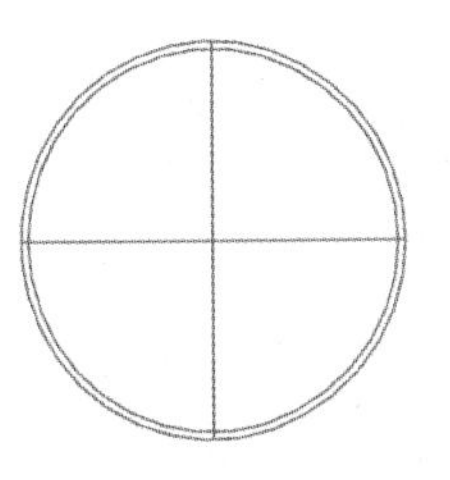

图 3-10　绘制直线

知识点——基本曲线 2

“基本曲线”对话框中选项说明如下。

（1）锁定模式：当生成平行于、垂直于已有直线或与已有直线成一定角度的直线时，如果选择“锁定模式”，则当前在图形窗口中以橡皮线显示的直线生成模式将被锁定。当下一步操作通常会导致直线生成模式发生改变，而又想避免这种改变时，可以使用该选项。

当选择“锁定模式”后，该按钮会变为“解锁模式”。可单击“解锁模式”按钮来解除对正在生成的直线的锁定，使其能切换到另外的模式中。

（2）平行于 XC、YC、ZC：这些按钮用于生成平行于 XC、YC 或 ZC 轴的直线。指定一个点，单击所需轴的按钮，并指定直线的终点。

提示： 在生成平行于 ZC 轴的直线后立即执行的任何编辑操作都是在工作平面（即工作坐标系的 XC-YC 平面）中进行的。例如，如果生成了一条平行于 ZC 的 5.0in 的直线，然后使用对话条将该直线的长度更改为 6.0in，结果将会是一条平行于 XC 的 6.0in 直线。如果想要编辑直线，但同时又想要该直线平行于 ZC 轴，则必须使用“编辑曲线”选项。

（3）原始的：选中该单选按钮后，新创建的平行线的距离由原先选择线算起。

（4）新的：选中该单选按钮后，新创建的平行线的距离由新选择线算起。

（5）角度增量：如果指定了第一点，然后在图形窗口中拖动光标，则该直线就会捕捉至该字段中指定的每个增量度数处。只有当点方法设置为“自动推断”时，“角度增量”才有效。

要更改“角度增量”，可在该字段中输入一个新值，并按 Enter 键（只有按下 Enter 键之后，新值才会生效）。

5. 裁剪操作

选择“菜单”→“编辑”→“曲线”→“修剪”命令或单击“曲线”选项卡“编辑曲线”面组上的“修剪曲线”按钮，打开“修剪曲线”对话框，各选项设置如图 3-11 所示。选择步骤 4 绘制的两直线为两边界对象，两圆弧为被修剪曲线，单击“确定”按钮，如图 3-12 所示。再以圆 2 为边界，修剪两直线，结果如图 3-13 所示。

Note

图 3-11 “修剪曲线”对话框

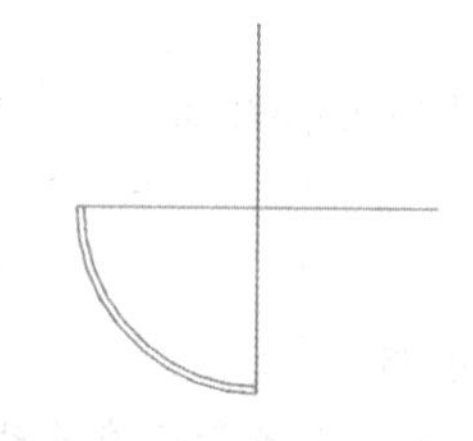

图 3-12 曲线模型 1

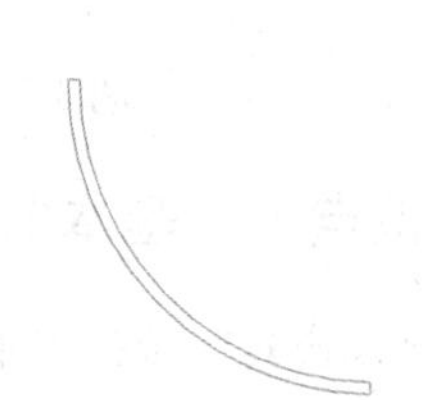
图 3-13 曲线模型 2

知识点——修剪曲线

“修剪曲线”命令根据边界实体和选中进行修剪的曲线的分段来调整曲线的端点。

“修剪曲线”对话框中的选项说明如下。

（1）要修剪的曲线：用于选择要修剪的一条或多条曲线（此步骤是必需的）。

（2）边界对象 1：让用户从工作区窗口中选择一串对象作为第一边界，沿着它修剪曲线。

（3）边界对象 2：让用户选择第二边界线串，沿着它修剪选中的曲线（此步骤是可选的）。

（4）交点：用于系统确定找到对象相交的方法。

☑ 最短的 3D 距离：把曲线修剪到边界对象在标志最小三维测量距离的交点。

☑ 相对于 WCS：把曲线修剪到它与边界对象沿 ZC 方向的投影的交点。

☑ 沿一矢量方向：把曲线修剪到边界对象沿选中矢量方向投影的交点处。

☑ 沿屏幕垂直方向：把曲线修剪到它与边界对象沿屏幕显示的法向方向投影的交点。

（5）关联：让用户指定输出的已被修剪的曲线是相关联的。关联的修剪导致生成一个 TRIM_CURVE 特征，它是原始曲线的复制的、关联的、被修剪的副本。

原始曲线的线型改为虚线，这样它们对照于被修剪的、关联的副本更容易看得到。如果输入参数改变，则关联的修剪的曲线会自动更新。

（6）输入曲线：让用户指定想让输入曲线的被修剪的部分处于何种状态。

☑ 隐藏：意味着输入曲线被渲染成不可见。

☑ 保留：意味着输入曲线不受修剪曲线操作的影响，被“保持”在它们的初始状态。

☑ 删除：意味着通过修剪曲线操作把输入曲线从模型中删除。

☑ 替换：意味着输入曲线被已修剪的曲线替换或“交换”。当使用“替换”时，原始曲线的子特征成为已修剪曲线的子特征。

(7)曲线延伸：如果正修剪一个要延伸到它的边界对象的样条，则可以选择延伸的形状。这些选项如下。

☑ 自然：从样条的端点沿它的自然路径延伸。

☑ 线性：把样条从它的任一端点延伸到边界对象，样条的延伸部分是直线的。

☑ 圆形：把样条从它的端点延伸到边界对象，样条的延伸部分是圆弧形的。

☑ 无：对任何类型的曲线都不执行延伸。

Note

(8)修剪边界对象：选中该复选框导致系统不仅修剪“要修剪的线串”曲线的末端，还修剪边界对象。

(9)保持选定边界对象：在执行“应用”按钮后使边界对象保持被选中状态，这样如果想使用那些相同的边界对象修剪其他的线串时就不用再选中它们了。

(10)自动选择递进：自动选择修剪去向前延伸。

6. 创建直线2

选择“菜单”→“插入”→“曲线”→“直线”命令或单击“曲线”选项卡“曲线”面组上的“直线”按钮，打开如图3-14所示的“直线”对话框。将“起点选项”设置为“自动判断”，绘图区选择直线起点，即端点A。选择终点方向，输入长度值-2。依照上述方法定义如图3-15所示的线段C、D、E，长度分别为15、2、5。在定义线段F时，长度刚好到圆弧1即可。

知识点——直线

“直线”命令用于创建直线段。

“直线”对话框中的选项说明如下。

(1)起点/终点选项

☑ 自动判断：根据选择的对象来确定要使用的起点和终点选项。

☑ 十点：通过一个或多个点来创建直线。

☑ 相切：用于创建与圆弧/圆相切的直线。

(2)平面选项

☑ 自动平面：根据指定的起点和终点来自动判断临时平面。

☑ 锁定平面：选择该选项，如果更改起点或终点，自动平面不可移动。锁定的平面以基准平面对象的颜色显示。

☑ 选择平面：通过指定平面下拉列表或“平面”对话框来创建平面。

(3)起始/终止限制

☑ 值：用于为直线的起始或终止限制指定数值。

☑ 在点上：通过“捕捉点”选项为直线的起始或终止限制指定点。

☑ 直至选定：用于在所选对象的限制处开始或结束直线。

7. 修剪操作

选择“菜单”→“编辑”→“曲线”→“修剪”命令或单击“曲线”选项卡“编辑曲线”面组上的“修剪曲线”按钮，打开“修剪曲线”对话框。选择线段F为边界对象，圆弧1为修剪对象，单击“确定”按钮，完成修剪操作，如图3-16所示。

Note

图 3-14 “直线”对话框

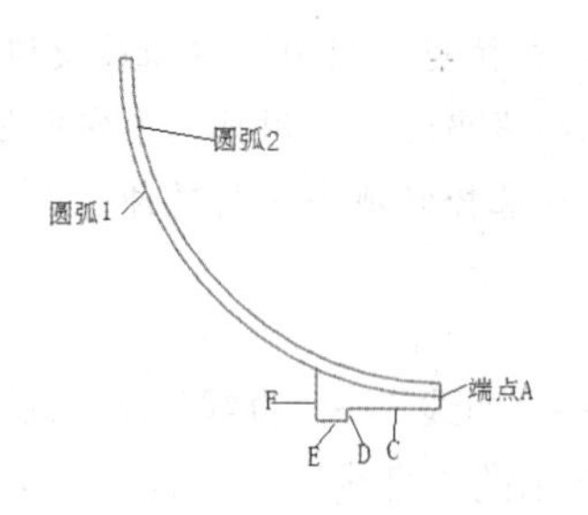

图 3-15 轮廓曲线

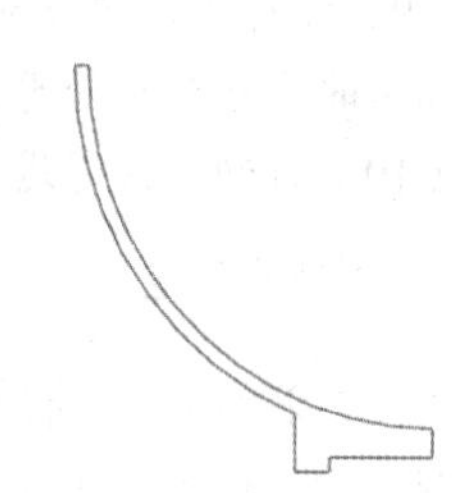

图 3-16 碗轮廓曲线

8. 旋转成形

单击“主页”选项卡“特征”面组中的“旋转”按钮，弹出如图 3-17 所示的“旋转”对话框。根据系统提示选择屏幕中所有曲线，在“指定矢量”下拉列表框中选择 YC 轴，单击“点对话框”按钮，弹出“点”对话框，输入原点坐标（0，0，0），单击“确定”按钮，返回“旋转”对话框，按对话框各项赋值。单击“确定”按钮，生成如图 3-18 所示模型。

图 3-17 “旋转”对话框

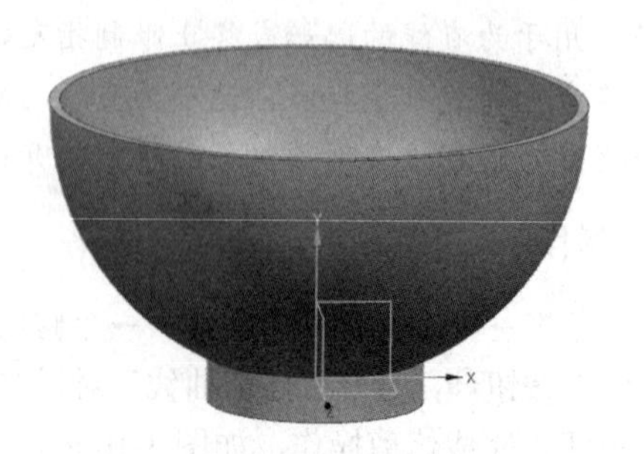

图 3-18 碗主体

知识点——旋转

“旋转”命令可以绕给定的轴以非零角度旋转截面曲线来生成一个特征。

“旋转”对话框中的选项说明如下。

（1）选择曲线：用于选择被旋转的实体或者曲线。

（2）指定矢量：让用户指定旋转轴的矢量方向，也可以通过下拉菜单调出矢量构成选项。

（3）指定点：让用户通过指定旋转轴上的一点，来确定旋转轴的具体位置。

（4）反向：与拉伸中的方向选项类似，其默认方向是生成实体的法线方向。

（5）限制：该选项方式让用户指定旋转的角度和偏置的距离。

☑　开始角度：指定旋转的初始角度。总数量不能超过 360°。

☑　结束角度：指定旋转的终止角度，角度大于起始角旋转方向为正方向，否则为反方向。

☑　直至选定对象：该选项让用户把截面集合体旋转到目标实体上的修剪面或基准平面。

（6）布尔：用于指定生成的几何体与其他对象的布尔运算，包括无、求交、求和、求差几种方式。配合起始点位置的选取可以实现多种拉伸效果。

9. 边倒圆

选择“菜单”→“插入”→“细节特征”→“边倒圆”命令，打开如图 3-19 所示的“边倒圆”对话框，为选择碗的上下端面边缘及碗侧壁和底座连接处倒圆，倒圆半径为 1，如图 3-20 所示。结果如图 3-21 所示。

图 3-19　倒圆角

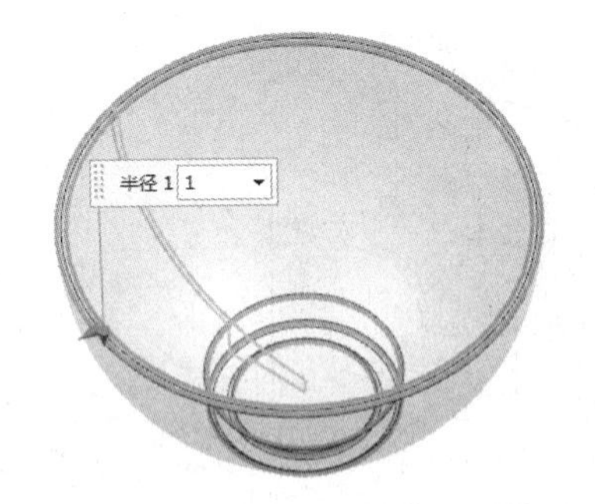

图 3-20　选择边

图 3-21　圆角处理

知识点——边倒圆

加工圆角时，用一个圆球沿着要倒圆角的边（圆角半径）滚动，并保持紧贴相交于该边的两个面。球将圆角层除去。球将在两个面的内部或外部滚动，这取决于是要生成圆角还是要生成倒过圆角的边。

对话框各选项功能如下。

（1）要倒圆的边：选择要倒圆角的边，在打开的浮动对话框中输入想要半径值（它必须是正值）

Note

即可。圆角沿着选定的边生成。

（2）可变半径点：通过沿着选中的边缘指定多个点并输入每一个点上的半径，可以生成一个可变半径圆角。从而生成了一个半径沿着其边缘变化的圆角，如图3-22所示。

选择倒角的边，并且在“边倒圆”对话框中选择“可变半径点”选项后，先在边上取所需点数（当鼠标变成时即可单击来确定点的数目），可以通过弧长取点，如图3-23所示，也可以在对话框中编辑弧长来确定点的位置。每一处边倒角系统都设置了对应的表达式，用户可以通过它进行倒角半径的调整。当在可变窗口区选取某点进行编辑时（右击即可通过“删除”命令来删除点），在工作绘图区系统显示对应点，可以动态调整。

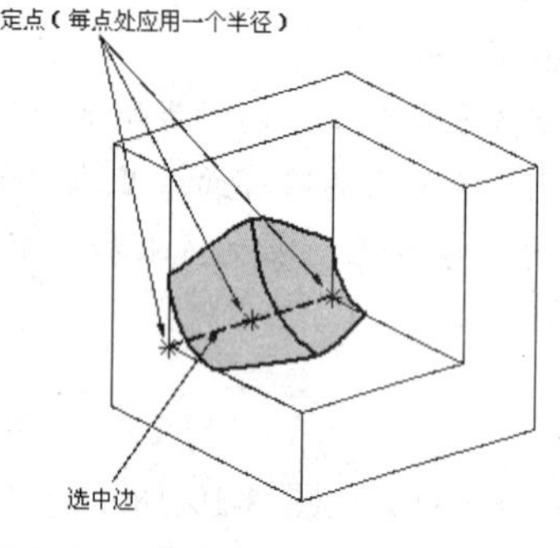

图3-22　“可变半径点”示意图

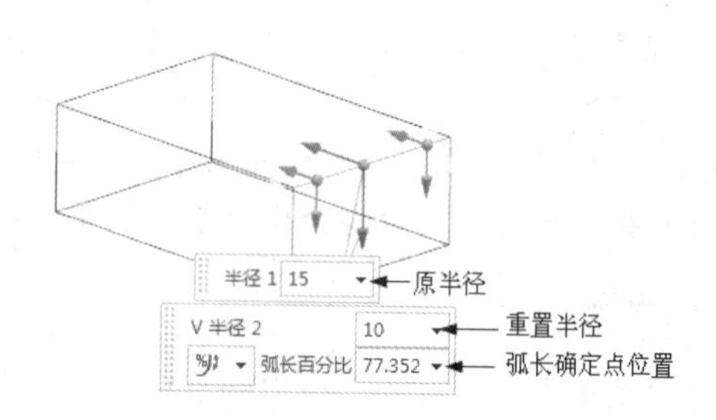

图3-23　“调整点”示意图

（3）拐角倒角：可以生成一个拐角圆角，业内称为球状圆角。该选项用于指定所有圆角的偏置值（这些圆角一起形成拐角），从而能控制拐角的形状。拐角圆角的用意是作为非类型表面钣金冲压的一种辅助，并不意味着要用于生成曲率连续的面。可以生成可变的或恒定的拐角圆角。基本拐角圆角与带拐角圆角的不同如图3-24所示。

每个拐角边都有一个距离值，用户可以指定这个值来控制它距圆角边有多远。拐角圆角的拐角距离一般标记为D0、D1和D2。图3-25说明输入的值如何用来测量拐角圆角的拐角距离。

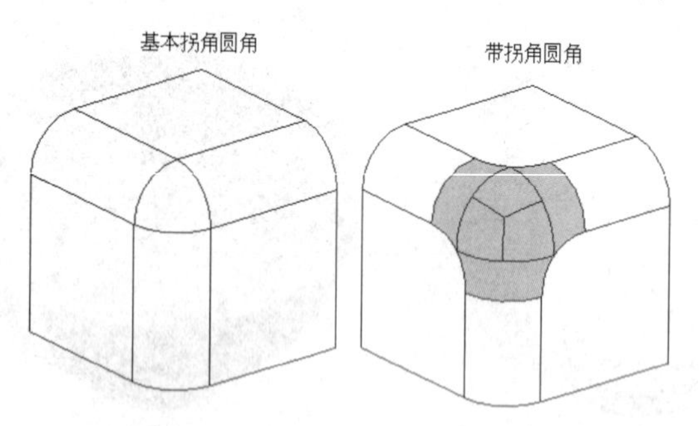

图3-24　基本拐角圆角与带拐角圆角

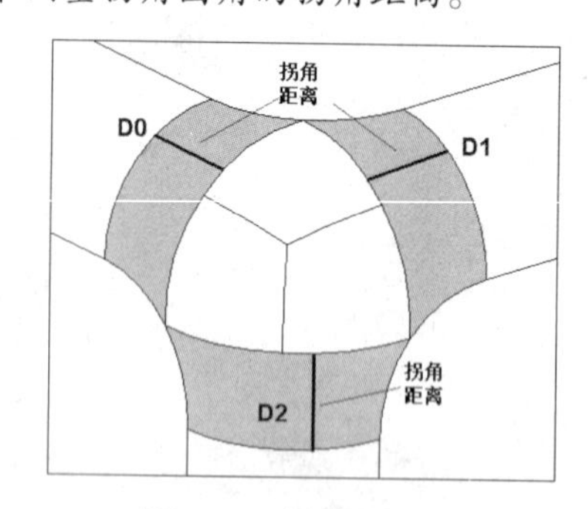

图3-25　测量拐角距离

（4）拐角突然停止：通过添加中止倒角点，来限制边上的倒角范围，如图3-26所示。其操作步骤类似“变半径点”，不同的是只可设置起始点和中止点。

（5）修剪：对倒圆边多余部分进行分解。

（6）溢出解：在生成边缘圆角时控制溢出的处理方法。如图3-27所示，当圆角边界接触到邻近过渡边的面的外部时发生圆角溢出。

☑　选择要强制执行滚边的边：允许用户倒角遇到另一表面时，实现光滑倒角过渡。如图3-28所示，左图为选中该选项后实现的两表面相切过渡，右图则为没有选取该选项时倒圆角的情形。

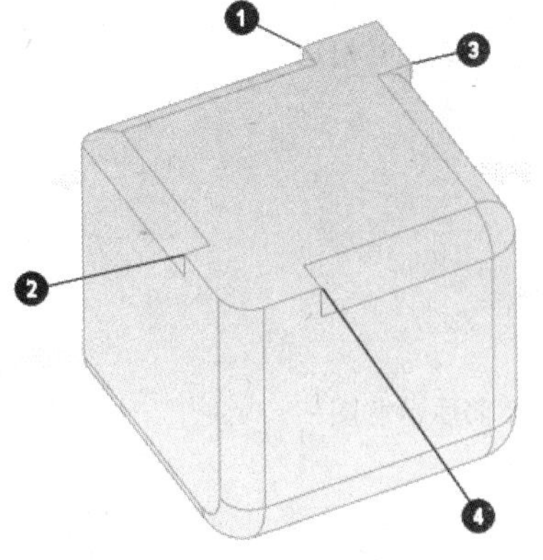

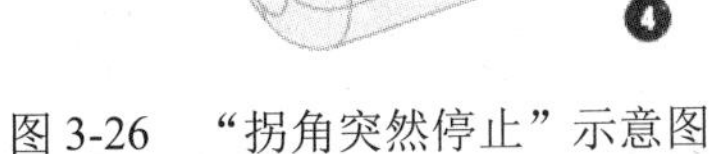

图 3-26　“拐角突然停止”示意图

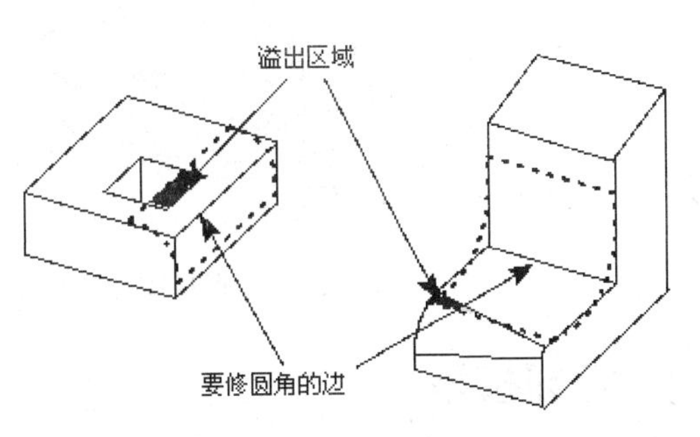

图 3-27　“溢出”示意图

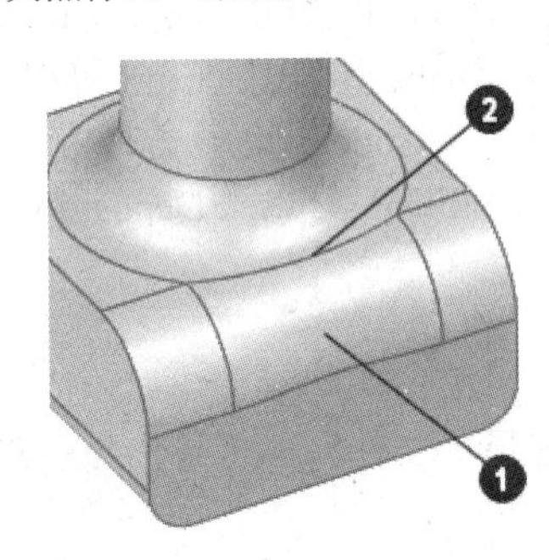

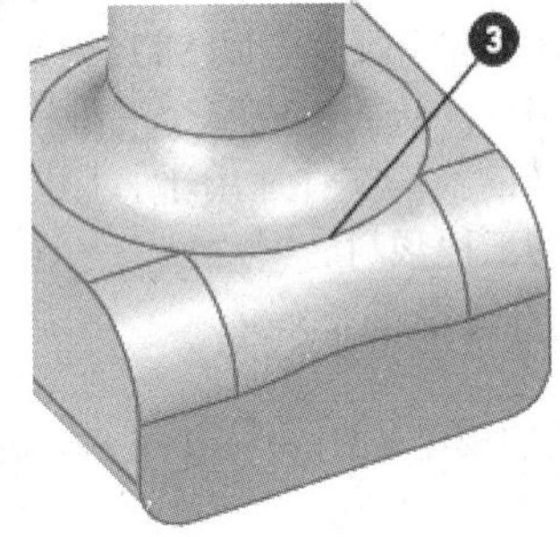

图 3-28　选取与不选取时示意图

☑　选择要禁止执行滚边的边：即以前版本中的允许陡峭边缘溢出，在溢出区域保留尖锐的边缘（如图 3-29 所示选取与不选取该选项后对倒圆的影响）。

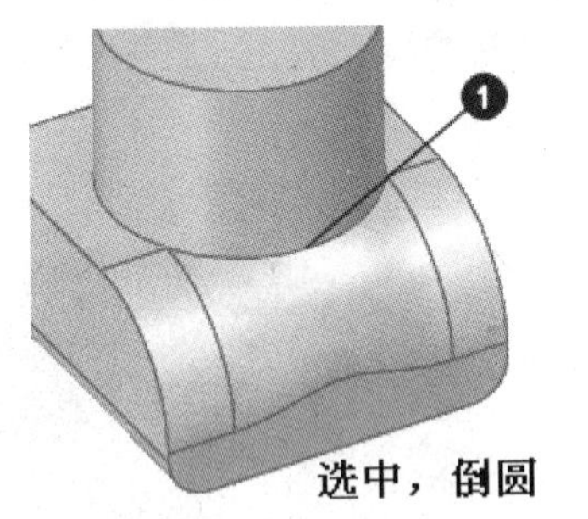

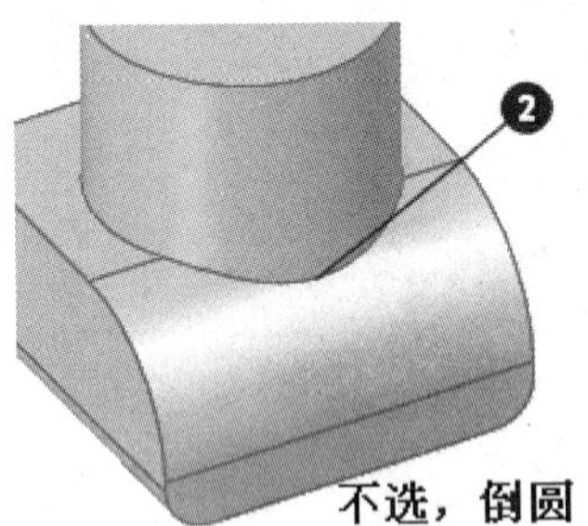

图 3-29　选取与不选取时示意图

☑　保持圆角并移动锐边：允许用户在倒角过程中与定义倒角边的面保持相切，并移除阻碍的边，如图 3-30 所示。

（7）设置。

☑　在凸/凹处 Y 向特殊倒圆：即以前版本中的柔化圆角顶点选项，允许 Y 形圆角。当相对凸面的邻边上的两个圆角相交 3 次或更多次时，边缘顶点和圆角的默认外形将从一个圆角滚动到另一个圆角上，Y 形顶点圆角提供在顶点处可选的圆角形状。

☑　移除自相交：由于圆角的创建精度等原因从而导致了自相交面，该选项允许系统自动利用多边形曲面来替换自相交曲面。

Note

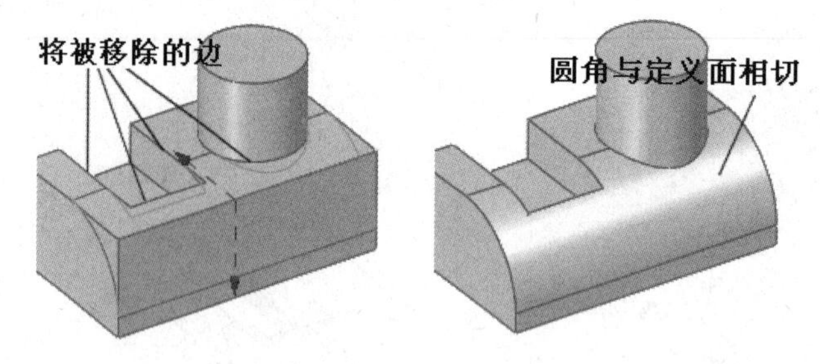

图 3-30 “保持圆角并移动尖锐边缘”操作前后示意图

3.1.2 打印模型

Cura 软件拥有良好 Windows 操作界面，可适用于不同的快速成型机，Cura 软件可以接受 STL、OBJ 和 AMF 3 种三维模型格式，其中以 STL 为最常用的模型格式，Cura 可根据所导入的 STL 模型格式文件，对模型进行切片，从而生成整个三维模型的 GCode 代码，方便脱机打印，导出的文件扩展名为“.gcode”。所生成的代码文件适用于打印方式为 FDM（Fused Deposition Modeling）丝状材料选择性熔覆，打印材料为工程塑料。

1. 将模型导出为快速成型*.stl 文件

（1）若需要将创建的模型输出为*.stl 文件，选择“文件”→“导出”→STL 命令，如图 3-31 所示。

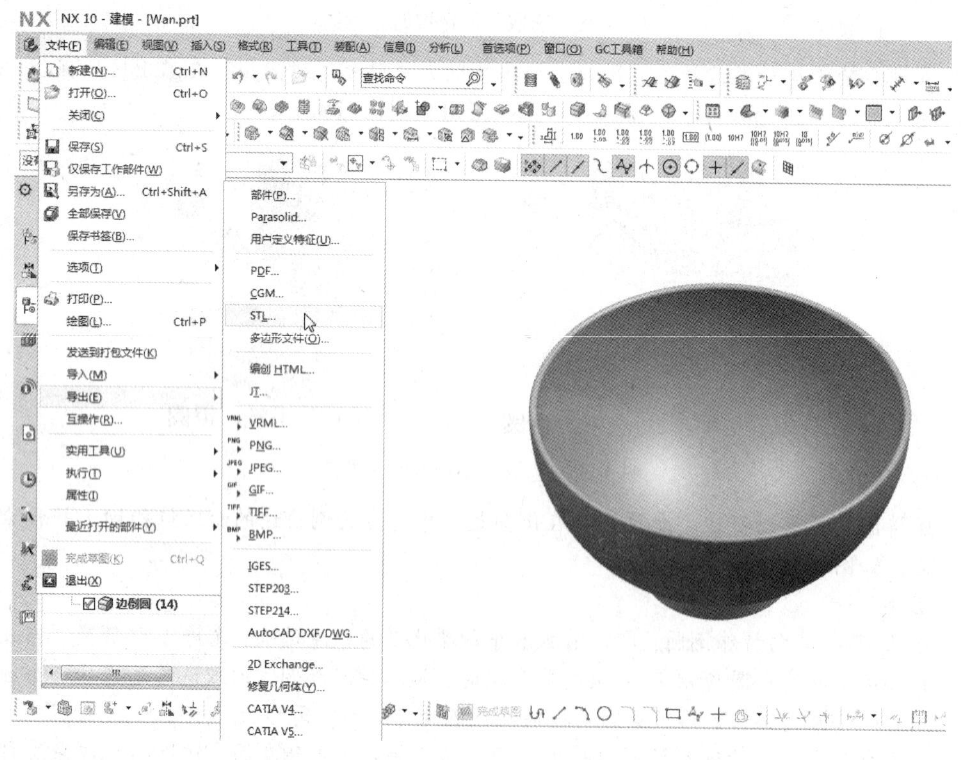

图 3-31 导出 STL 模型

（2）弹出“快速成型”对话框，在其中将“输出类型”设置为“二进制”，设定“三角公差”为

0.025，“相邻公差”为 0.12，选中“自动法向生成”和“三角形显示”复选框，如图 3-32 所示，单击“确定”按钮，弹出“导出快速成形文件”对话框，如图 3-33 所示，选择合适路径，保存文件。

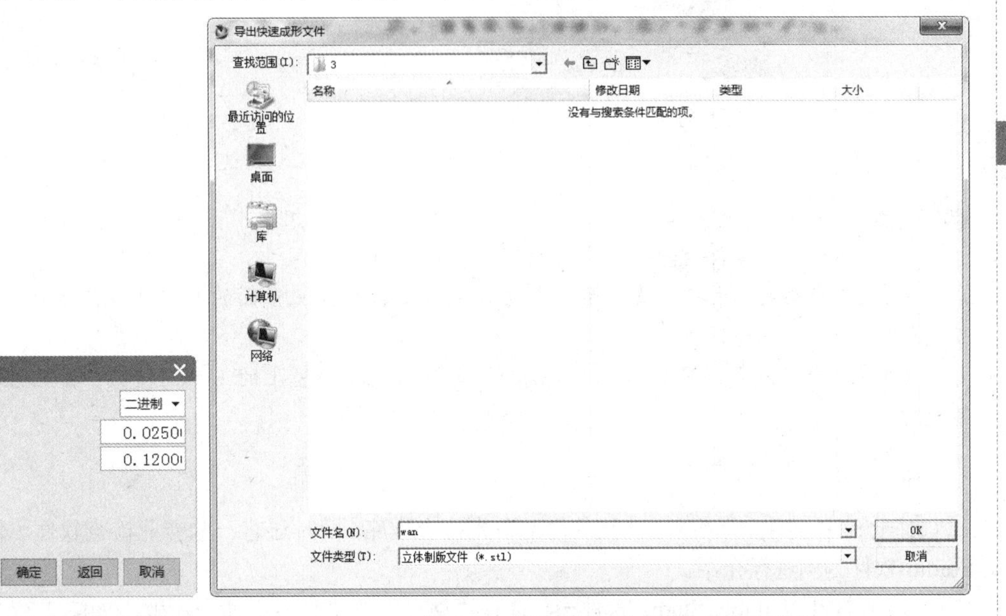

图 3-32 “快速成型”对话框

图 3-33 “导出快速成形文件”对话框

（3）单击 OK 按钮，弹出如图 3-34 所示的文件名对话框，输入文件名“wan”后，单击“确定”按钮。

（4）弹出如图 3-35 所示的“类选择”对话框，单击“全选”按钮，选择全部模型，然后单击“确定”按钮。

图 3-34 文件名对话框

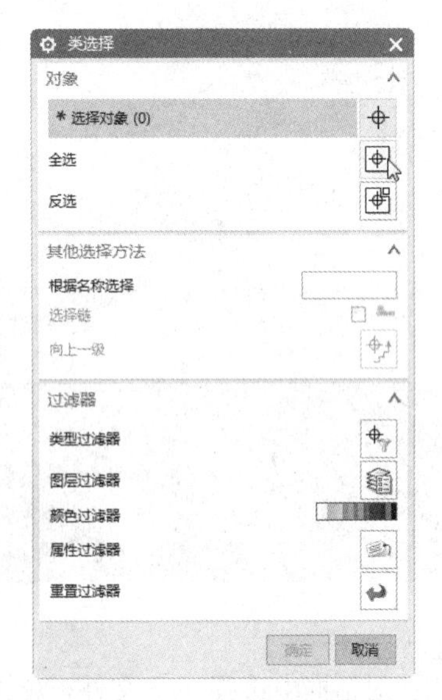

图 3-35 “类选择”对话框

（5）弹出第一个提示对话框，按系统默认选择，直接单击“确定”按钮，如图 3-36（a）所示，弹出第二个提示对话框，按系统默认选择，继续单击“确定”按钮，如图 3-36（b）所示。

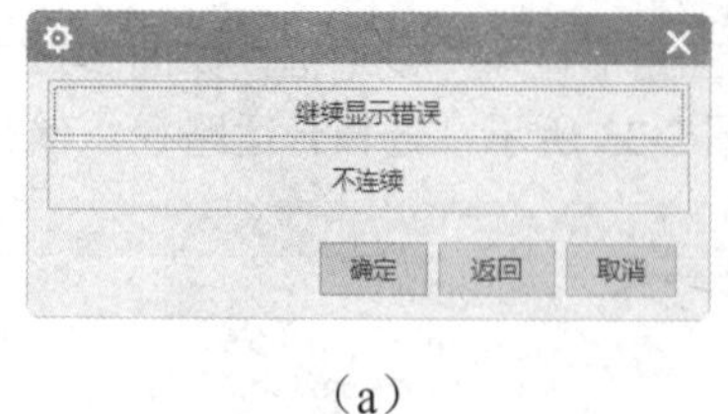

（a）

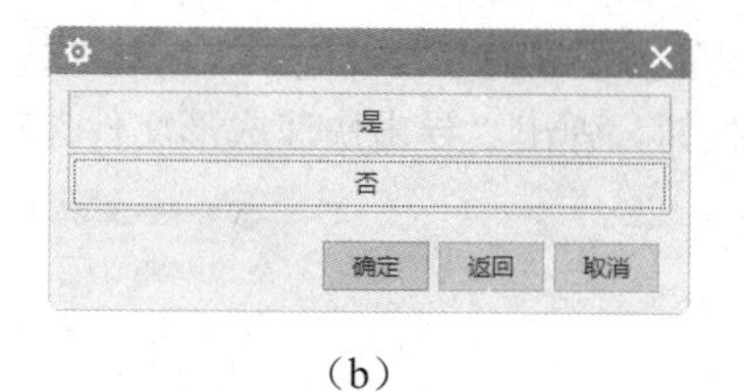

（b）

图 3-36　提示对话框

注意：

（1）所保存的文件名应为英文或数字。

（2）三角公差和相邻公差的数值将会影响模型被分为三角面的精确度，如无要求，可选取系统默认值。

（3）选中“三角形显示”复选框是为了更好地观察模型上的三角面情况，如已经操作熟练，可不选中。

2. 检查*.STL 文件

对于 STL 文件，有很多 3D 软件内部自带检查程序，同时还有一些专业检查软件，本节以 Netfabb Studio 软件为例进行介绍。

（1）打开 Netfabb Studio 软件，选择“项目”→“打开”命令，弹出如图 3-37 所示的“打开文件”对话框。

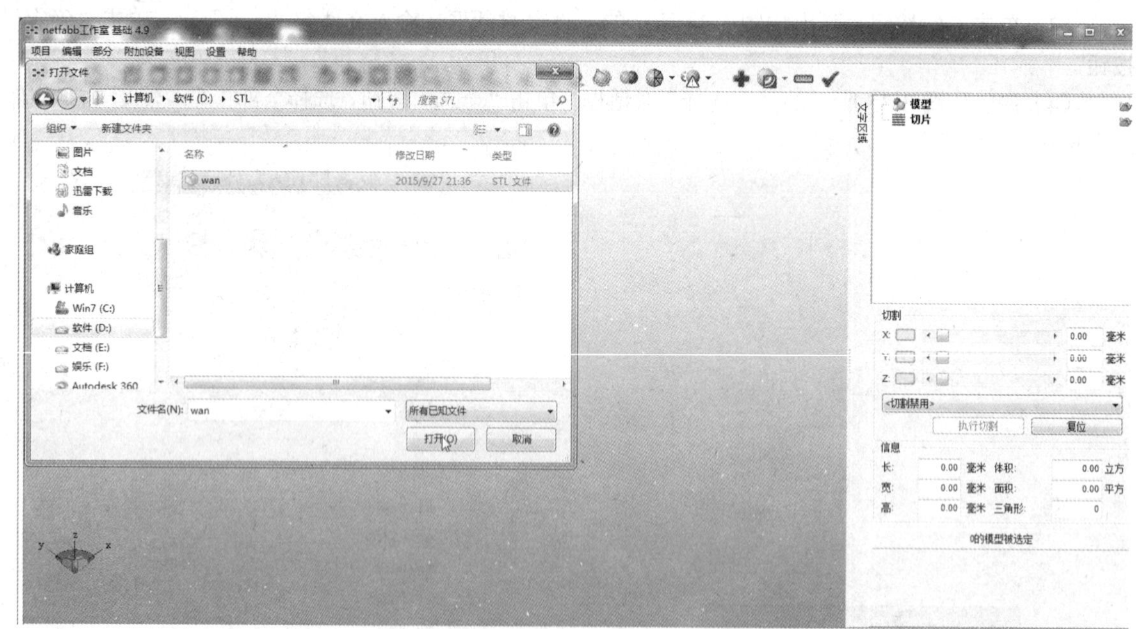

图 3-37　检查软件

（2）在对话框中选择 wan 文件，单击“打开”按钮，软件自动对模型进行一系列检查。其中，检查的项目主要包括模型是否有未闭合空间，是否存在相反的法线，是否有孤立的边线等。如果发现问题，会在屏幕右下角显示感叹号。若加载模型后没有显示红色感叹号，说明模型检查无误，如图 3-38 所示。反之，模型检查出错，需要重新修改模型。

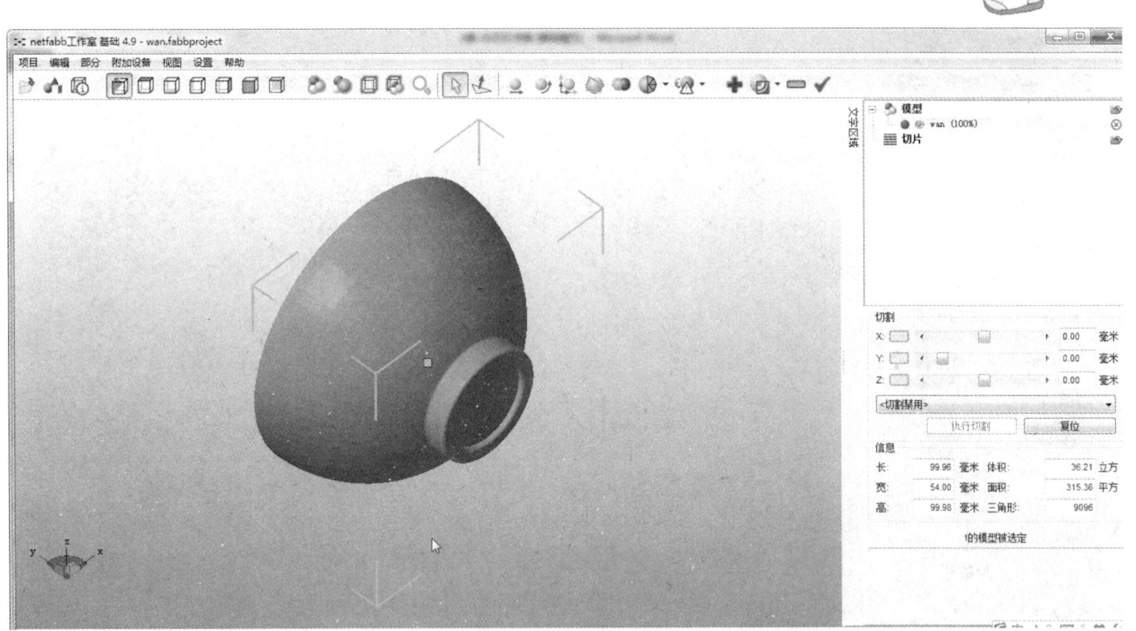

图 3-38　装载模型

（3）选择“部分”→“输出零件”→“为 STL（ASCII）”命令，如图 3-39 所示，输出 STL 文件，保存零件。

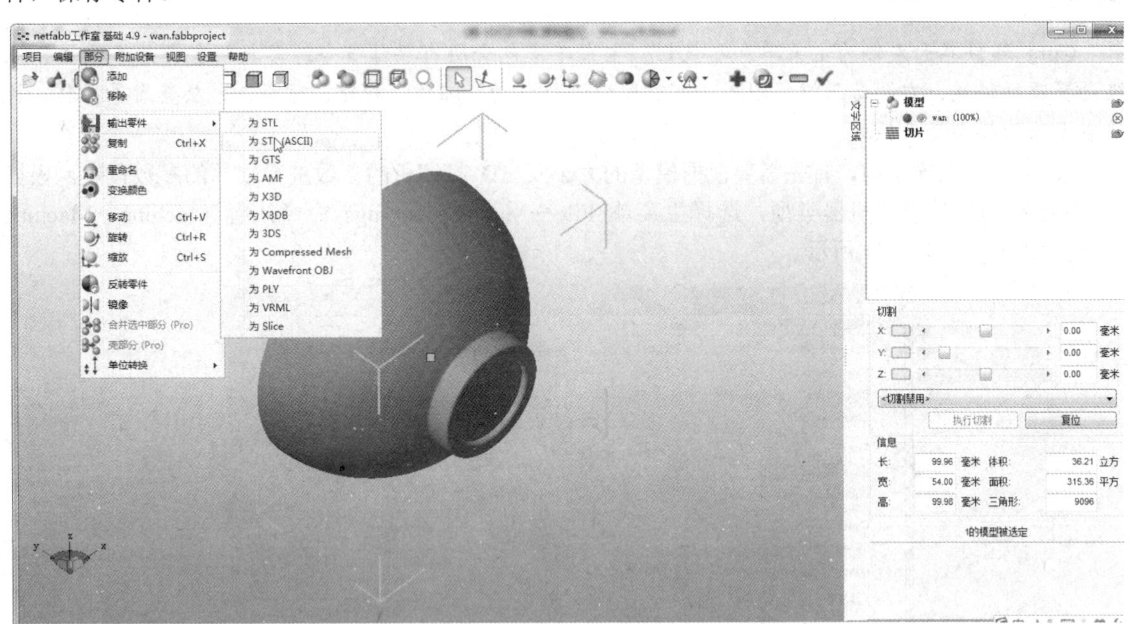

图 3-39　输出模型

注意： 检查的目的是为了查看所建模型是否有破面、共有边和共有面等错误，如果用户对所建立模型有疑问，则可进行检查，否则可略过此步操作。

3. 打印软件具体操作步骤

（1）双击桌面 Cura14.12.1 图标，打开 Cura 软件，如图 3-40 所示。

图 3-40　Cura 软件界面

知识点——Cura 界面

Cura 软件界面左侧为主菜单和参数栏，主菜单中包含所有操作命令，参数栏包含基本设置、高级设置及插件等，右侧是三维视图栏，可对模型进行移动、缩放、旋转、对齐、分层查看等操作，软件右上角为模型查看模式。

（2）在导入模型前，首先需要根据模型的大小及 3D 打印机的参数进行软件的参数设定。根据 3D 打印机的型号设置机器类型，选择主菜单 File→Machine settings 命令或者 Machine→Machine settings 命令，如图 3-41 所示。

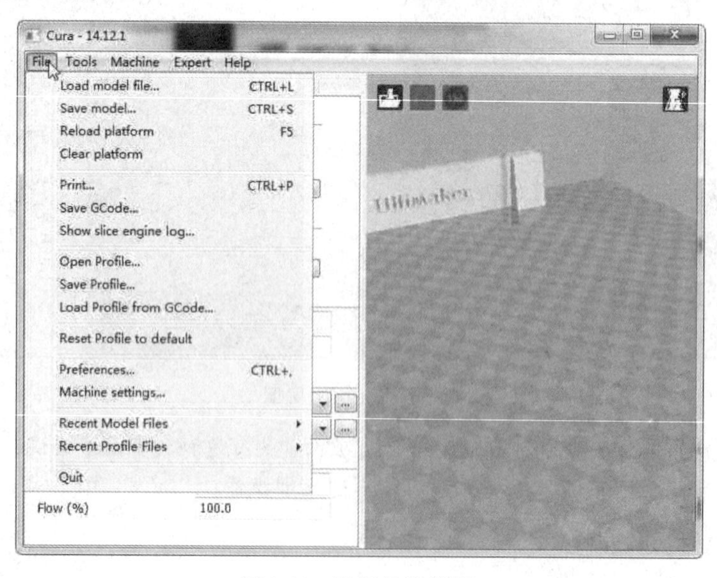

图 3-41　选择机器设置

弹出 Machine settings（机器设置）对话框，对机器所能打印模型的尺寸进行设置，以市面上常见的机器为例进行设置，具体参数如图 3-42 所示，设定结束后单击“确定”按钮。

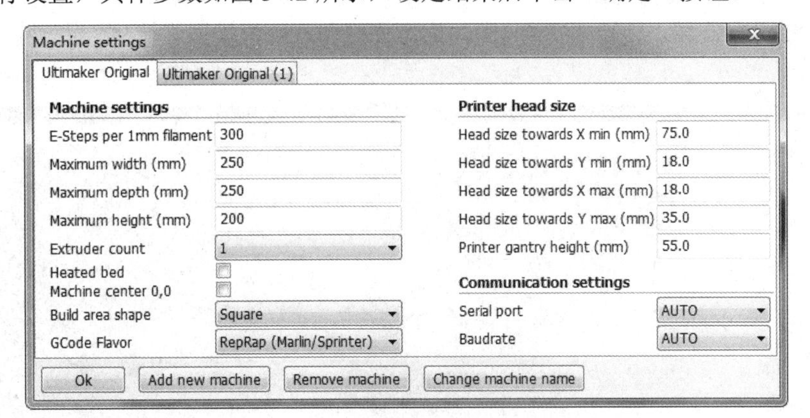

图 3-42　机器具体参数设置

注意：

（1）E-Steps per 1mm filament 为送丝的速度，一般设置为 280～315。

（2）Maximum width 为 X 轴即宽度的打印范围，可根据机器的实际尺寸设定 X 轴的打印范围，本书以机器型号为 250 的机器为例，设置为 250。Maximum depth 为 Y 轴即长度的打印范围，型号为 250 的机器请改为 250。Maximum height 为 Z 轴即高度的打印范围，型号为 250 的机器请改为 250。

（3）其他参数可用系统默认即可。

（3）导入 STL 模型。选择 File→Load model file 命令或单击软件三维视图栏左上角的“载入模型”按钮，在弹出的 Open 3D model 对话框中选择要打开的模型 wan，如图 3-43 所示。单击“打开”按钮，打开模型文件，如图 3-44 所示。

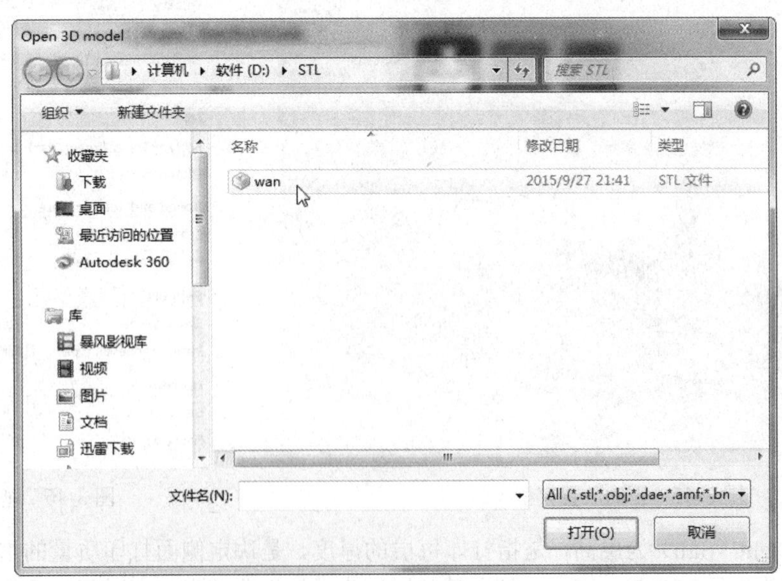

图 3-43　Open 3D model 对话框

（4）正确放置模型。为了使模型顺利打印，应将模型摆放至合理位置。鼠标左键选中模型后，

在三维视图的左下角将会出现“旋转”按钮，单击该按钮，模型周围将出现相应的旋转轴，鼠标左键选中相应旋转轴，该旋转轴高亮显示，同时按住鼠标左键即可旋转模型，旋转幅度为 15°，按下鼠标左键+Shift 键进行旋转，旋转幅度为 1°，为方便打印，可将模型旋转 90°，使碗口向上放置，如图 3-45 所示。

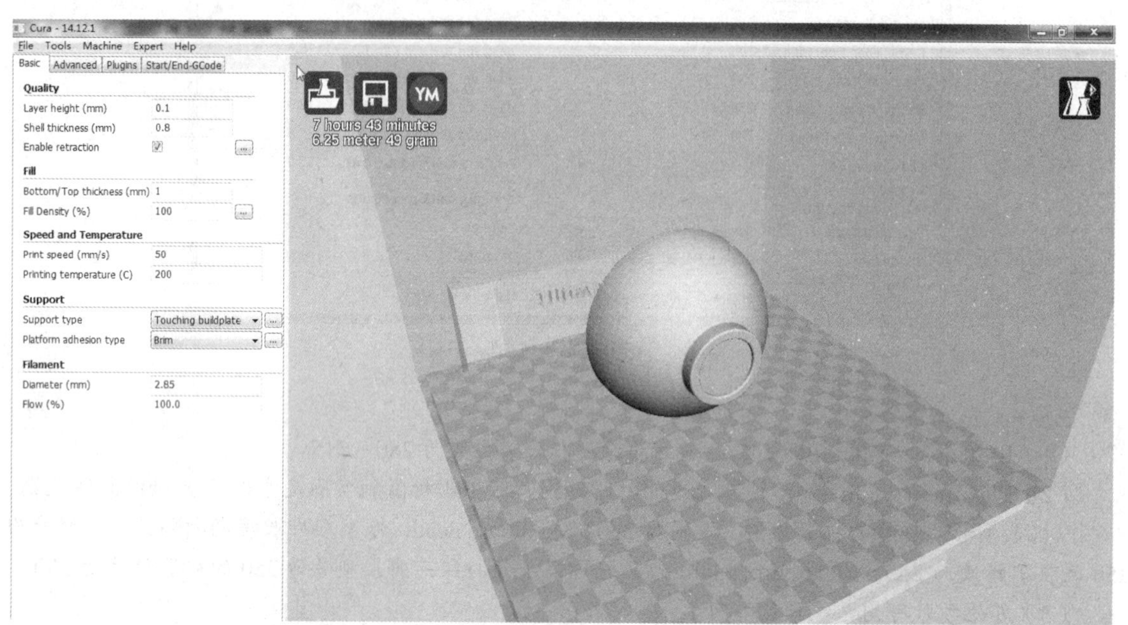

图 3-44　打开模型

（5）基本设置。下面对打印模型进行基本设置，如图 3-46 所示。

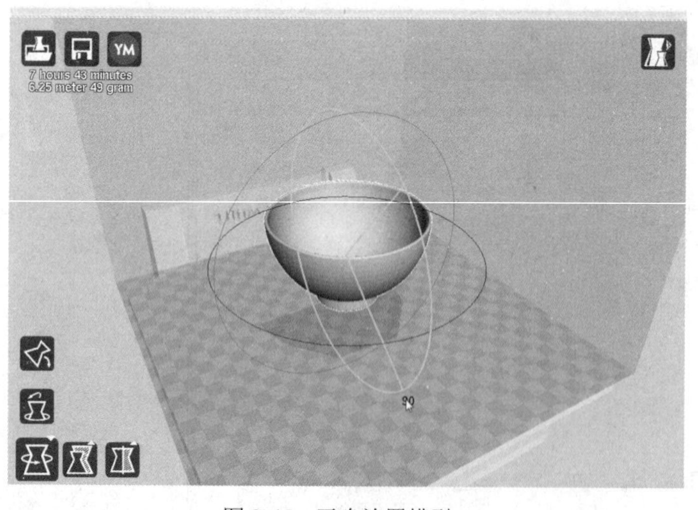

图 3-45　正确放置模型

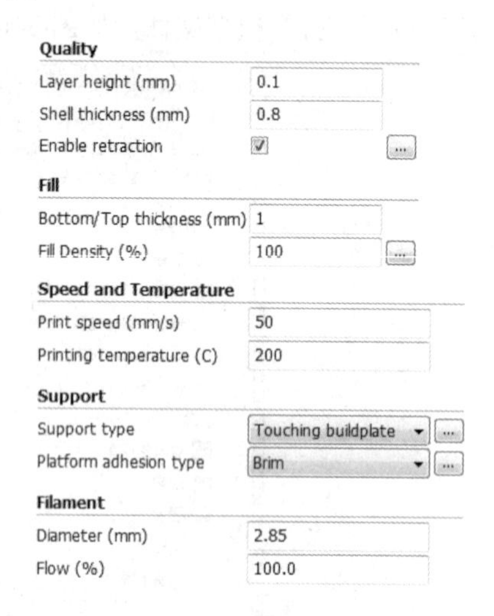

图 3-46　基本设置

① Layer height（mm）为层高，是指打印每层的厚度，是决定侧面打印质量的重要参数，最大层高不得超过喷头直径的 80%。0.1mm 打印精度比较高，如果要节省打印时间，此数值可选的大一些，层厚越大，打印时间越短，但是层厚小，容易虚丝，不建议使用低于 0.1mm 的层厚，如图 3-47 所示。

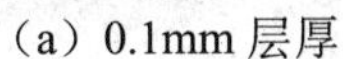

（a）0.1mm 层厚

（b）0.3mm 层厚

图 3-47　模型的层厚设置

② Shell thickness（mm）为模型侧面外壁的厚度，一般设置为喷头直径的整数倍。0.4mm 的壁太薄，1.2mm 的壁打印时间长，一般而言 0.8mm 刚刚好，尽量使用挤出头直径的整数倍，建议参数为 0.8mm，如图 3-48 所示。

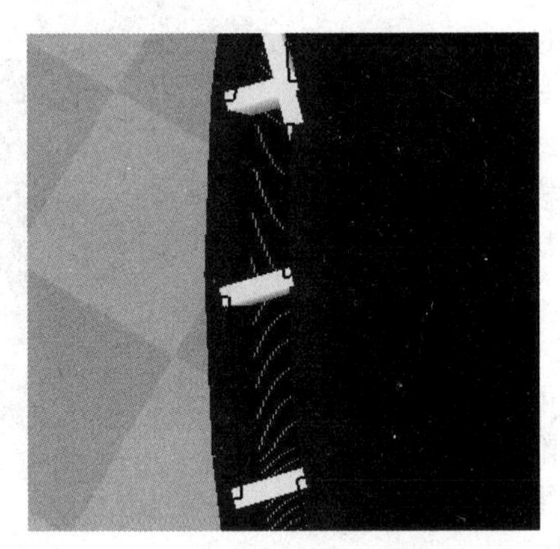

（a）0.4mm 壁厚

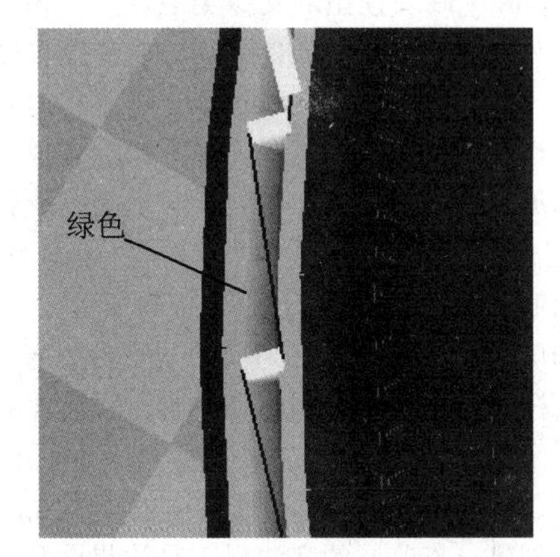

（b）0.8mm 壁厚

图 3-48　模型的外壁厚度设置

注意：图中绿色代表壁厚设置变化量。

③ Enable retraction 为喷头快速移动时是否漏丝，选中该复选框可防止漏丝，否则会影响外观。

④ Bottom/Top thickness（mm）为指模型顶/底面的厚度，一般为层高的整数倍。如果填充密度较小（≤20%）的模型，使用较小厚度值容易造成模型的顶/底面有空洞，建议参数为 1mm，对于填充密度较大的模型，可根据模型需要调整。

⑤ Fill Density 为指模型内部的填充密度，默认参数为 20%，可调范围为 0%～100%。0%为全部空心，100%为全部实心，用户可根据打印模型的强度需要自行调整，一般为 20%就可以达到一定的强度，如果模型小且侧壁较薄的模型可以设置较大的填充密度，例如烟缸模型设置 20%的填充密度即可达到所要求的强度，设置过高的填充密度将会使打印时间增加，如图 3-49 所示。

⑥ Print speed（mm/s）为打印时喷嘴的移动速度，也就是吐丝时运动的速度。打印复杂模型使用低速，简单模型使用高速，建议速度为 50.0mm/s，超过 90.0mm/s 时容易出现质量问题。

⑦ Printing temperature（C）为喷头熔化耗材的温度，不同厂家的耗材熔化温度不同，使用 PLA 材料时，190℃开始熔融，但是材料的粘度较大，建议温度是 200℃以上，特别是打印速度快，层厚比较大时，可以把温度设置高一点。

Note

（a）填充密度20%　　（b）填充密度100%

图3-49　模型的填充度设置

⑧ Support type为模型的支撑类型，包含3个可选项，第一个为None，所建立的模型与平台接触处不设立支撑；第二个为Touching buildplate，所建立的模型与平台接触处设立支撑，但是模型内部不设立支撑；第三个为Everywhere，不仅模型与平台接触处设立支撑，模型内部悬空部分也设立支撑，对于模型wan可选择Touching buildplate支撑类型，如图3-50所示。

图3-50　Touching buildplate支撑类型

⑨ Platform adhesion type为模型与平台附着方式，即使用什么样的方式使模型固定在平台上，包含3个可选项，第一个为None，所建立的模型与平台无任何附着方式；第二个为Brim，是指在所建立的模型底层边缘处由内向外创建一个单层的宽边界，且边界圈数可调；第三个为Raft，是指在所建立的模型底部和工作台之间建立一个网格形状的底盘，网格有厚度可调。为防止模型在打印过程中产生翘边现象，可选择Brim或Raft方式，Brim附着方式较Raft易于清除，打印一般选择Brim附着方式，如图3-51所示。

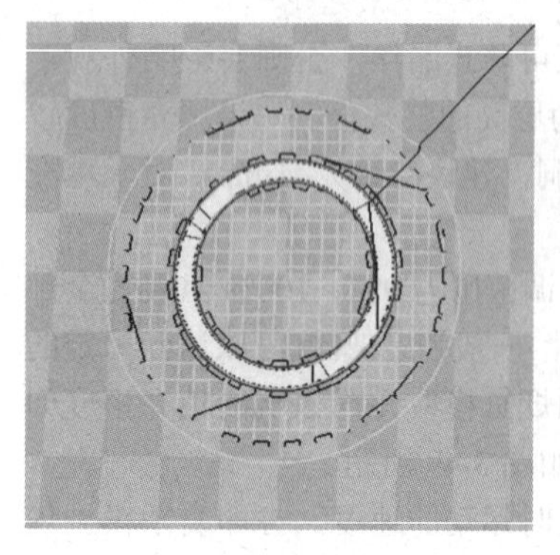

（a）None附着方式

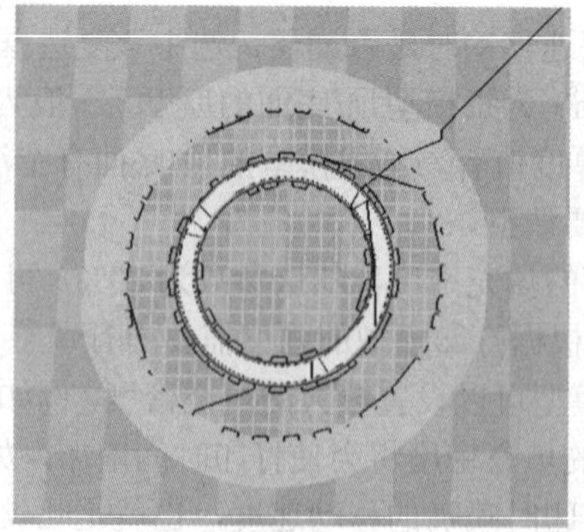

（b）Brim附着方式

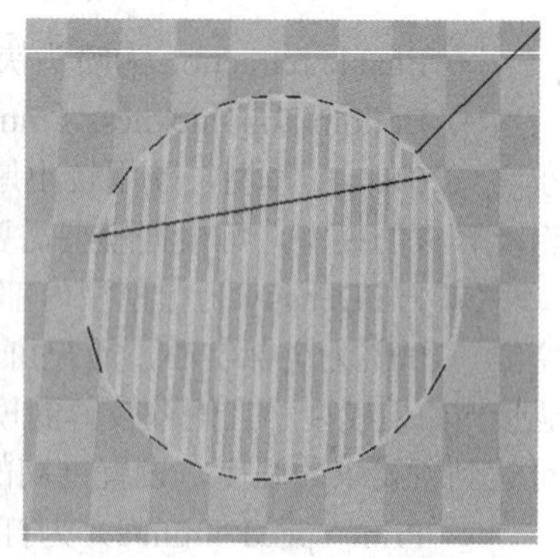

（c）Raft附着方式

图3-51　模型的附着方式

⑩ Diameter为打印材料的直径，选择小的直径会让挤出丝增多，不易虚丝，但是出丝过多，会让模型变“胖”，建议值为2.85。

⑪ Flow 为出丝比例，增加出丝比例和减少丝直径的效果是一样的，建议值为 100%。

注意： 所给出各项参数的建议值为一般情况下的通常值，新用户可按建议值设定，高级用户可根据自己所需要打印的模型具体设置。

（6）模型加载完毕后，软件会自行进行分层及计算加工时间，可在三维视图栏左上角观察所需要的时间，如图 3-52 红色线框中所示。

图 3-52　所需要打印时间

（7）准备生成机器码*.gcode。参数设定完毕，模型位置、大小等也调整完毕后，选择 File→Save Gcode 命令，弹出如图 3-53 所示的 Save toolpath 对话框，选择要保存的目录，单击“保存”按钮保存文件，也可以单击三维视图栏上的“保存”按钮进行保存。所生成的*.gcode 就是打印的模型文档，将*.gcode 文件复制进 SD 卡，然后把 SD 卡插入相应机器即可实现脱机打印。

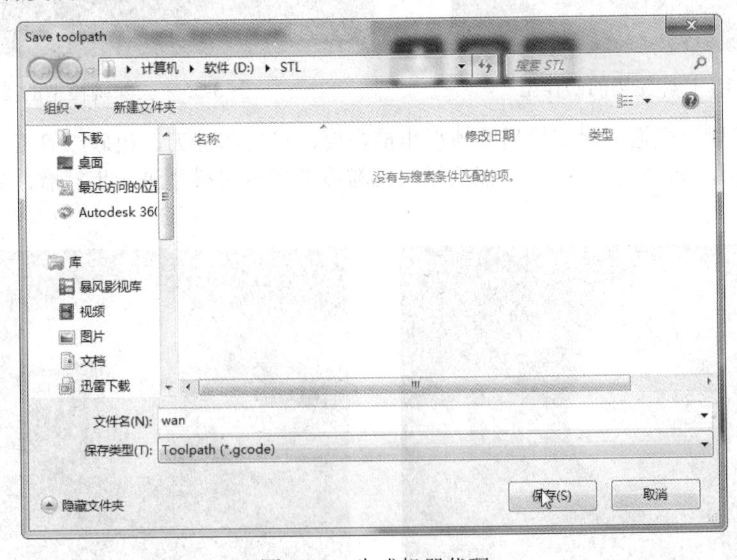

图 3-53　生成机器代码

注意： 保存模型文件的路径中不要包含中文路径，且模型文件也不能有中文，否则将导致输出*.gcode 文件失败。

（8）将 SD 卡放入 3D 打印机中，打开电源，旋转按钮，选择 print from SD，即可开始打印。

3.1.3 处理打印模型

Note

使用 Cura 软件对模型进行分层处理，并使用相应打印进行打印，打印完毕后需要将模型从打印平台中取下，并对模型进行去除支撑处理，模型与支撑接触的部分还需要进行打磨处理等，才能得到理想的打印模型。处理打印模型有以下 3 个步骤：

（1）取出模型。打印完毕后，将打印平台降至零位，用刀片等工具将模型底部与平台底部撬开，以便于取出模型。取出后的碗模型如图 3-54 所示。

注意：

（1）如果平台的温度过高，为避免烫伤，需要等温度下降到室温后再进行操作。

（2）取出模型时，请注意不要损坏模型比较薄弱的地方，如果不方便撬动模型，可适当除去部分支撑，以便于模型的顺利取出。

（2）去除支撑。如图 3-54 所示，取出后的碗模型底部存在一些打印过程中生成的支撑，使用刀片、钢丝钳、尖嘴钳等工具，将碗模型底部的支撑去除，如图 3-55 所示。

图 3-54 打印完毕的碗模型

图 3-55 去除碗模型的支撑

（3）打磨模型。根据去除支撑后的模型粗糙程度，可先用锉刀、粗砂纸等工具对支撑与模型接触的部位进行粗磨，如图 3-56 所示，然后用较细粒度的砂纸对模型进一步打磨，处理后的碗模型如图 3-57 所示。

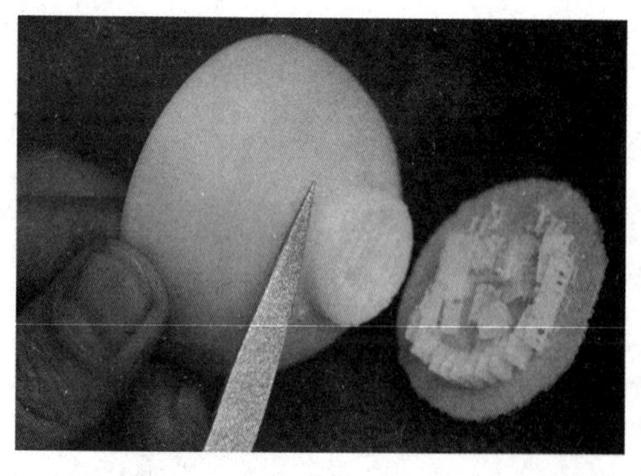

（a）用锉刀打磨

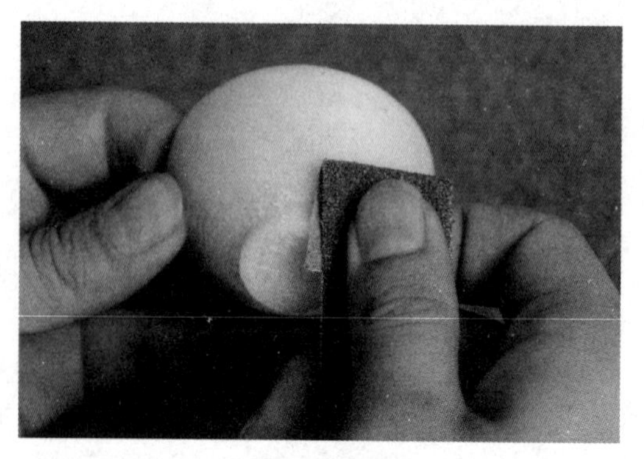

（b）粗砂纸打磨

图 3-56 打磨碗模型

图 3-57　处理后的碗模型

3.2　漏　　斗

首先利用 UG 软件创建漏斗模型，再利用 Cura 软件打印漏斗的 3D 模型，最后对打印出来的漏斗模型进行去除支撑和毛刺处理，流程图如图 3-58 所示。

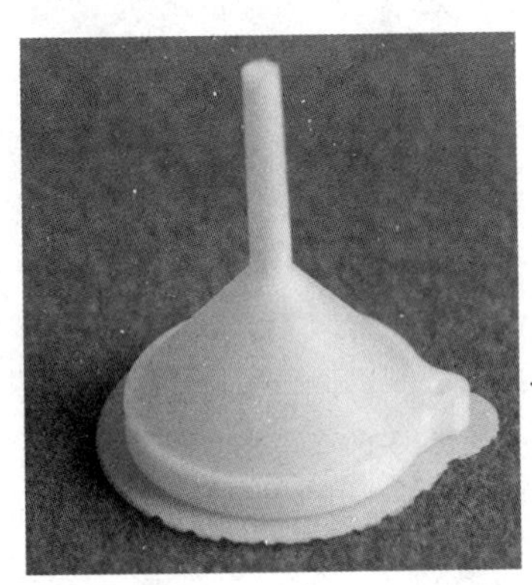

图 3-58　漏斗模型制作流程图

3.2.1　创建模型

漏斗主体是由圆台和孔构成的，通过抽壳操作完成漏斗主体，然后通过倒圆角完成模型的创建。

1. 创建新文件

单击快速访问工具栏中的“新建”按钮，打开“新建”对话框。在“模板”列表中选择“模型”选项，输入名称为 loudou，单击“确定”按钮，进入建模环境。

2. 绘制草图

单击“主页”选项卡“直接草图”面组上的“草图”按钮，打开“创建草图”对话框。在“平面方法”下拉列表框中选择“创建平面”选项，在“指定平面”下拉列表框中选择 XC-YC 平面为草图绘制平面，单击“确定”按钮，进入草图绘制界面。单击“主页”选项卡“直接草图”面组中的“圆”按钮○和“圆弧”按钮，绘制草图大体轮廓，单击“主页”选项卡“直接草图”面组中的“快速尺寸”按钮，标注草图尺寸，如图 3-59 所示。

Note

3. 拉伸操作

单击“主页”选项卡“特征”面组上的“拉伸”按钮，打开如图 3-60 所示的“拉伸”对话框。选择步骤 2 绘制的草图为拉伸曲线。在“指定矢量”下拉列表框中选择 ZC 轴为拉伸方向，设置开始距离和结束距离分别为 0 和 3，单击“确定”按钮，结果如图 3-61 所示。

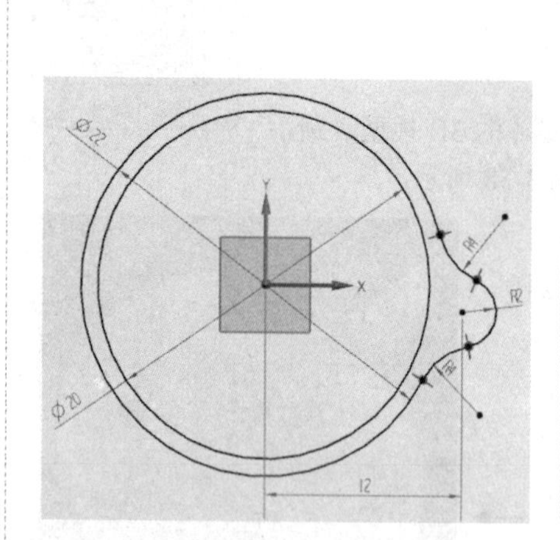

图 3-59　绘制草图

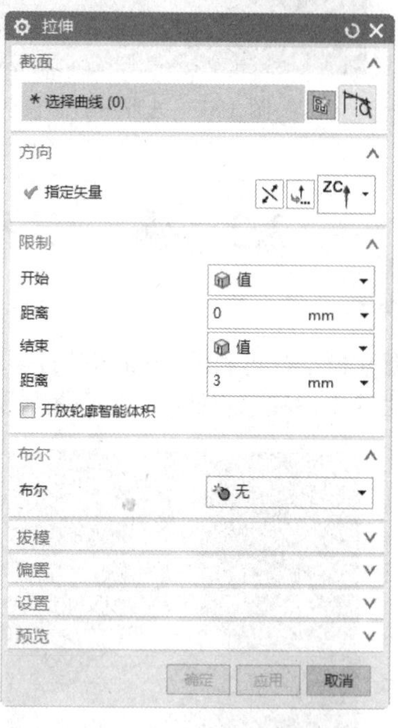

图 3-60　“拉伸”对话框

图 3-61　拉伸体

知识点——拉伸

拉伸是通过在指定方向上将截面曲线扫掠一个线性距离来生成体。

“拉伸”对话框中的选项说明如下。

（1）截面。

☑ 选择曲线：用于选择被拉伸的曲线，如果选择的面则自动进入到草绘模式。

☑ 绘制截图：用户可以通过该选项首先绘制拉伸的轮廓，然后进行拉伸。

（2）方向。

☑ 自动判断的矢量：用户通过该按钮选择拉伸的矢量方向，可以单击旁边的下拉菜单选择矢量选择列表。

☑ 矢量：单击该图标，打开“矢量”对话框，在该对话框中选择所需拉伸方向。

☑ 方向：如果在生成拉伸体之后，更改了作为方向轴的几何体，拉伸也会相应地更新，以实现匹配。显示的默认方向矢量指向选中几何体平面的法向。如果选择了面或片体，默认方向是沿着选中面端点的面法向。如果选中曲线构成了封闭环，在选中曲线的质心处显示方向矢量。如果选中曲线没有构成封闭环，开放环的端点将以系统颜色显示为星号。

（3）限制：该选项组中有如下选项。

☑ 开始/结束：用于沿着方向矢量输入生成几何体的开始位置和终点位置，可以通过动态箭头来调整，如图 3-62 所示。

☑ 距离：由用户输入拉伸的起始和结束距离的数值。

（4）布尔：用于指定生成的几何体与其他对象的布尔运算，包括无、求交、求和、求差几种方式。配合起始点位置的选取可以实现多种拉伸效果。

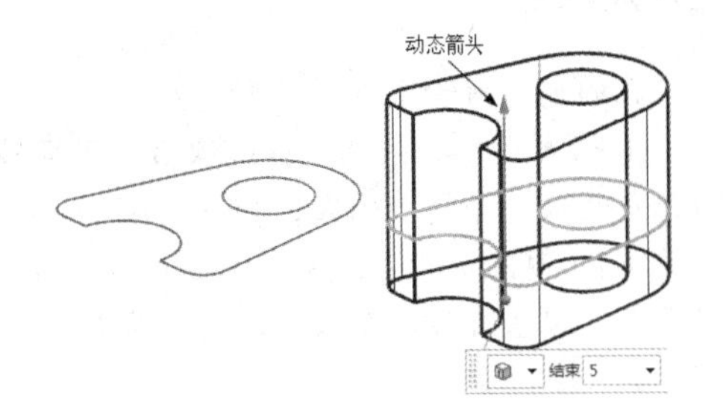

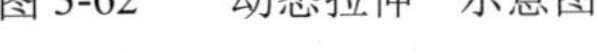

图 3-62 “动态拉伸”示意图

（5）拔模：用于对面进行拔模。正角使得特征的侧面向内拔模（朝向选中曲线的中心）。

（6）偏置：可以生成特征，该特征由曲线或边的基本设置偏置一个常数值。包含以下几个选项。

☑ 单侧：用于生成以单边偏置实体。

☑ 两侧：用于生成以双边偏置实体。

☑ 对称：用于生成以对称偏置实体。

4. 创建孔

单击“主页”选项卡“特征”面组上的“孔”按钮，打开如图 3-63 所示“孔”对话框。在“类型”选项组中选择“常规孔”选项，在“形状”下拉列表框中选择“简单孔”选项，在“直径”“深度”“顶锥角”下拉列表框中分别输入 1.5、3 和 0。捕捉如图 3-64 所示的圆弧中心为孔放置位置。单击“确定”按钮，完成孔的创建，如图 3-65 所示。

图 3-63 “孔”对话框

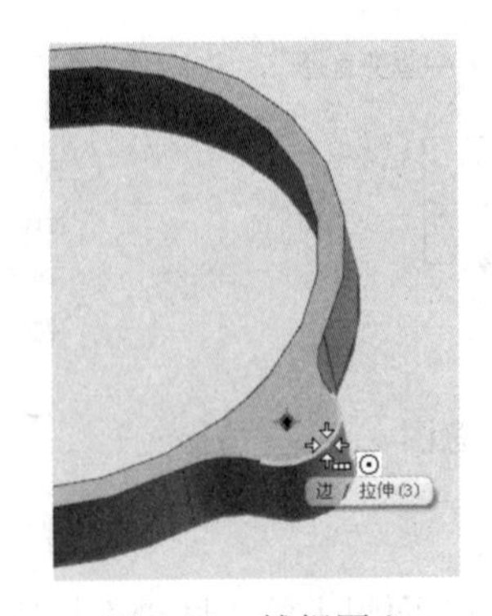

图 3-64 捕捉圆心

图 3-65 创建简单孔

Note

知识点——孔

孔的创建有如下 4 种类型。

（1）简单孔：选中该选项后，可变窗口区变换为如图 3-66 所示，让用户以指定直径、深度和顶锥角生成一个简单的孔，如图 3-67 所示。

（2）沉头孔：选中该选项后，可变窗口区变换为如图 3-68 所示，让用户以指定直径、深度、顶锥角、沉头直径和沉头深度的沉头孔，如图 3-69 所示。

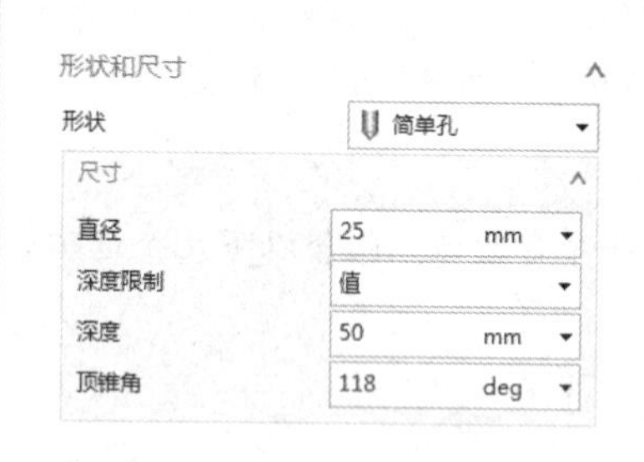

图 3-66　“简单孔”窗口

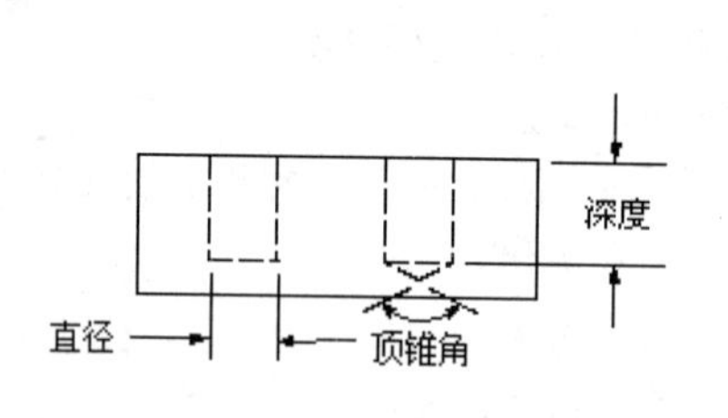

图 3-67　“简单孔”示意图

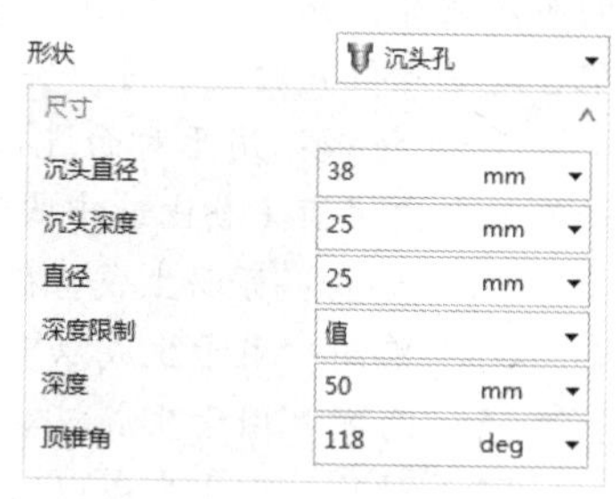

图 3-68　“沉头孔”窗口

（3）埋头孔：选中该选项后，可变窗口区变换为如图 3-70 所示，让用户以指定直径、深度、顶锥角、埋头直径和埋头角度的埋头孔，如图 3-71 所示。

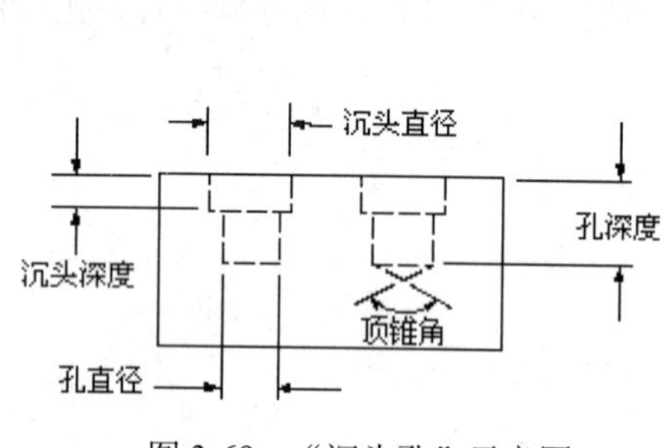

图 3-69　“沉头孔”示意图

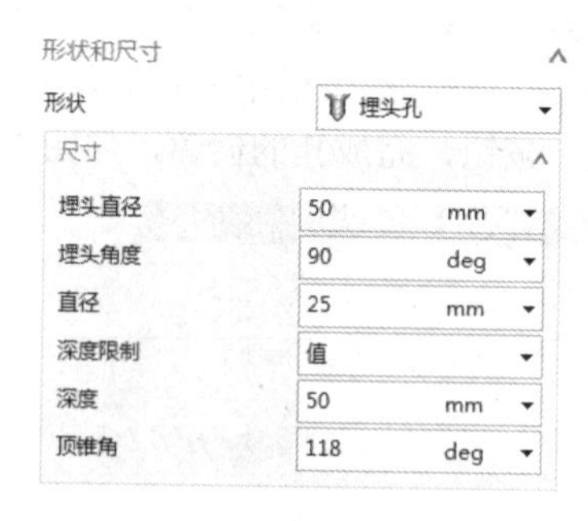

图 3-70　“埋头孔”窗口

（4）锥孔：选中该选项后，可变窗口区变换为如图 3-72 所示，让用户以指定直径、锥角和深度的锥形孔。

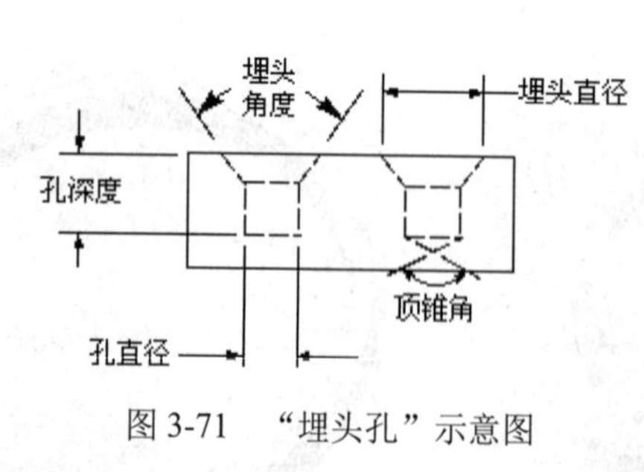

图 3-71　“埋头孔”示意图

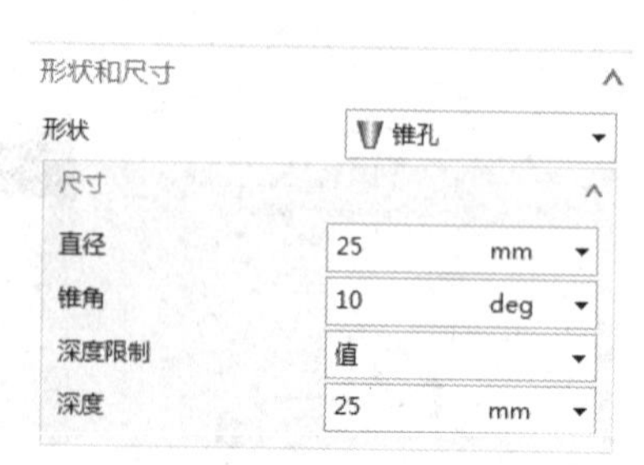

图 3-72　“锥孔”窗口

5. 创建圆锥

（1）单击“主页”选项卡“特征”面组上的“圆锥”按钮，打开如图 3-73 所示的“圆锥”对

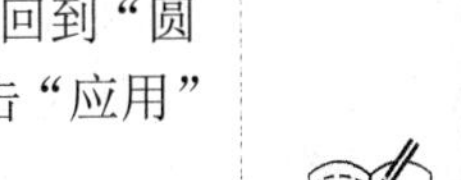

话框。选择“直径和高度”类型，在“指定矢量”下拉列表框中选择-ZC 轴为创建方向。单击“点对话框”按钮，在打开的“点”对话框中输入圆锥原点为（0，0，0），单击“确定”按钮。返回到“圆锥”对话框，在“底部直径”“顶部直径”“高度”下拉列表框中分别输入 20.5、3 和 10，单击“应用”按钮，创建圆锥 1，如图 3-74 所示。

（2）同上操作，在坐标点（0，0，−10）处创建“底部直径”“顶部直径”“高度”分别为 3、2.5、15 的圆锥 2，如图 3-75 所示。

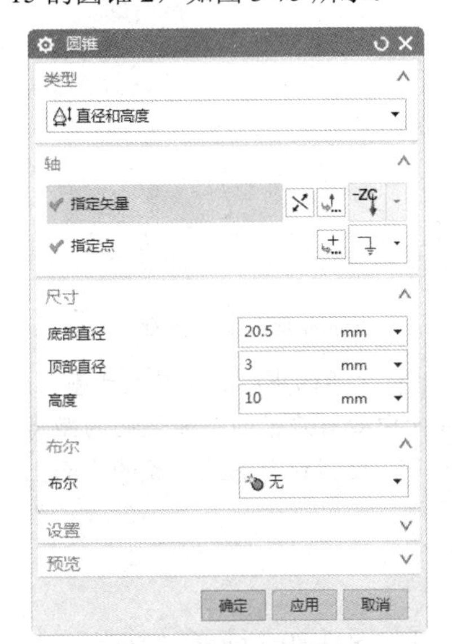

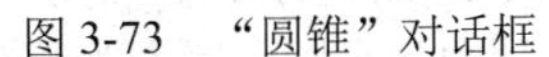

图 3-73　“圆锥”对话框

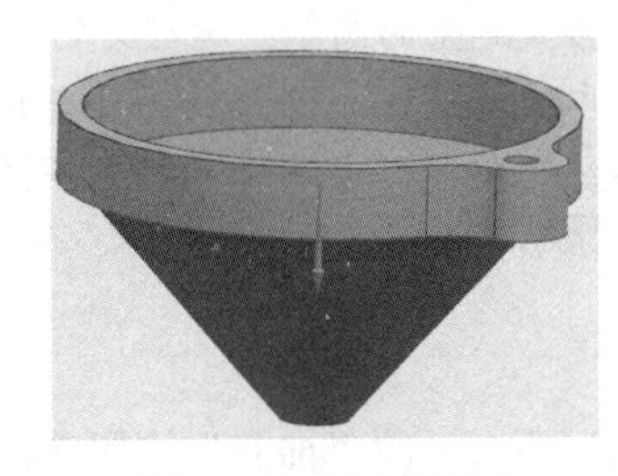

图 3-74　创建圆锥 1

图 3-75　创建圆锥 2

知识点——圆锥

“圆锥”共有以下 5 种创建方式。

（1）直径和高度：通过定义底部直径、顶部直径和高度值生成实体圆锥，如图 3-76 所示。

（2）直径和半角：通过定义底部直径、顶部直径和半角值生成圆锥。

半顶角定义了圆锥的轴与侧面形成的角度。半顶角值的有效范围是 1°～89°。图 3-77 说明了系统测量半顶角的方式。图 3-78 说明了不同的半顶角值对圆锥形状的影响。每种情况下轴的点直径和顶直径都是相同的。半顶角影响顶点的“锐度”以及圆锥的高度。

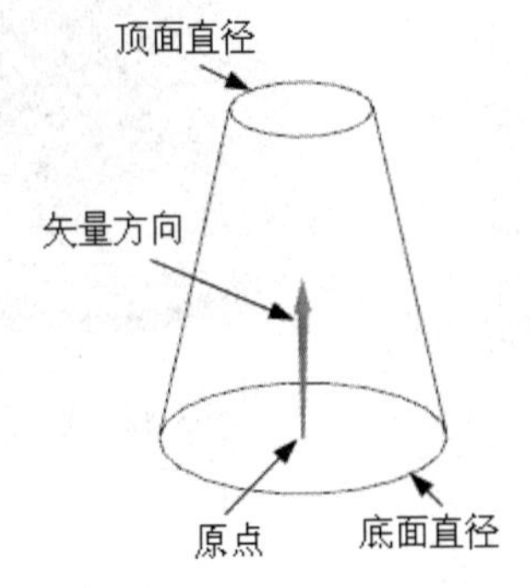

图 3-76　“圆锥体”示意图

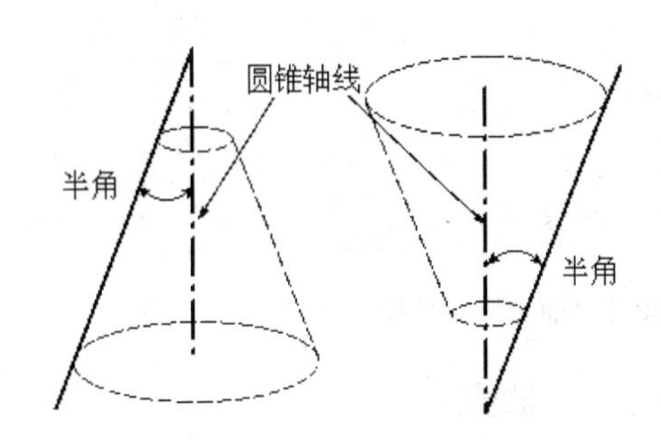

图 3-77　半顶角测量示意图

（3）底部直径，高度和半角：通过定义底部直径、高度和半顶角值生成圆锥。半角值的有效范

Note

围是1°～89°。在生成圆锥的过程中，有一个经过原点的圆形平表面，其直径由底部直径值给出。顶直径值必须小于底部直径值。

（4）顶部直径，高度和半角：通过定义顶直径、高度和半顶角值生成圆锥。在生成圆锥的过程中，有一个经过原点的圆形平表面，其直径由顶直径值给出。底部直径值必须大于顶直径值。

（5）两个共轴的圆弧：通过选择两条弧生成圆锥特征。两条弧不一定是平行的，如图3-79所示。

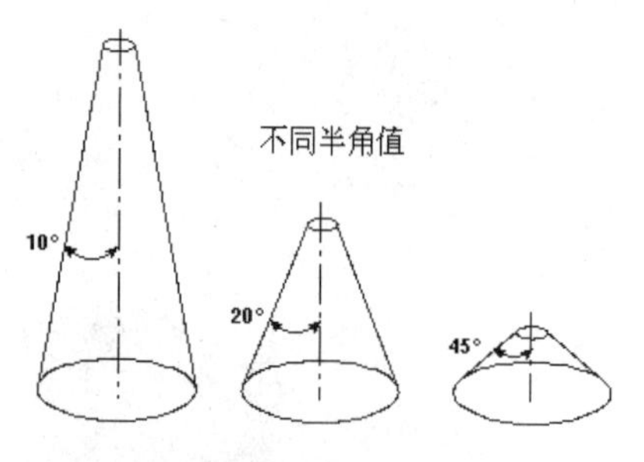

图3-78　不同半角值对圆锥的影响

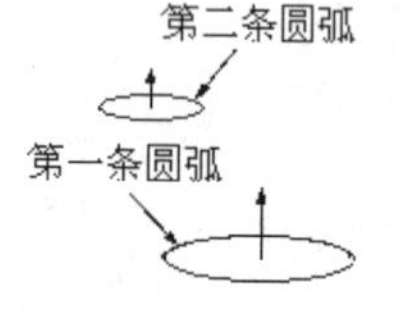

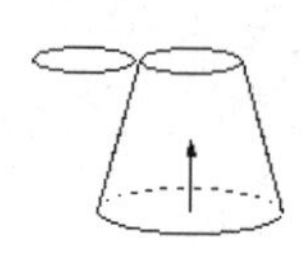

图3-79　“两个共轴的圆弧”示意图

选择了基弧和顶弧之后，就会生成完整的圆锥。所定义的圆锥轴位于弧的中心，并且处于基弧的法向上。圆锥的底部直径和顶直径取自两个弧。圆锥的高度是顶弧的中心与基弧的平面之间的距离。

如果选中的弧不是共轴的，系统会将第二条选中的弧（顶弧）平行投影到由基弧形成的平面上，直到两个弧共轴为止。另外，圆锥不与弧相关联。

6. 抽壳处理

单击“主页”选项卡中“特征”面组上的“抽壳”按钮，打开如图3-80所示的“抽壳”对话框。选择“移除面，然后抽壳”类型，分别选择如图3-81所示的大圆台顶面和小圆台底面为移除面。设置“厚度”为0.3，单击“确定”按钮，抽壳完成，如图3-82所示。

图3-80　“抽壳”对话框

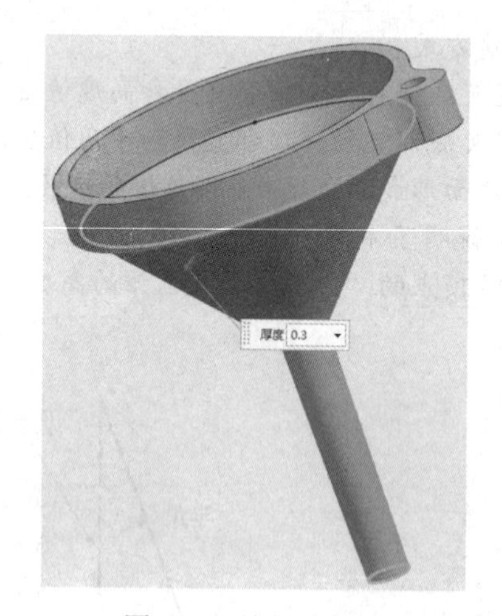

图3-81　选择移除面

图3-82　抽壳处理

知识点——抽壳

使用“抽壳”命令进行抽壳来挖空实体或在实体周围建立薄壳。

（1）移除面，然后抽壳：选择该方法后，所选目标面在抽壳操作后将被移除。

（2）对所有面抽壳：选择该方法后，需要选择一个实体，系统将按照设置的厚度进行抽壳，抽壳后原实体变成一个空心实体，如图 3-82 所示。

7. 隐藏操作

选择“菜单”→“编辑”→“显示和隐藏”→“隐藏”命令，打开如图 3-83 所示的“类选择”对话框。单击“类型过滤器”按钮，打开如图 3-84 所示的“按类型选择”对话框，选择“草图”和“基准”选项，单击“确定”按钮。返回“类选择”对话框，单击“全选”按钮，单击“确定”按钮，完成隐藏草图和基准操作。

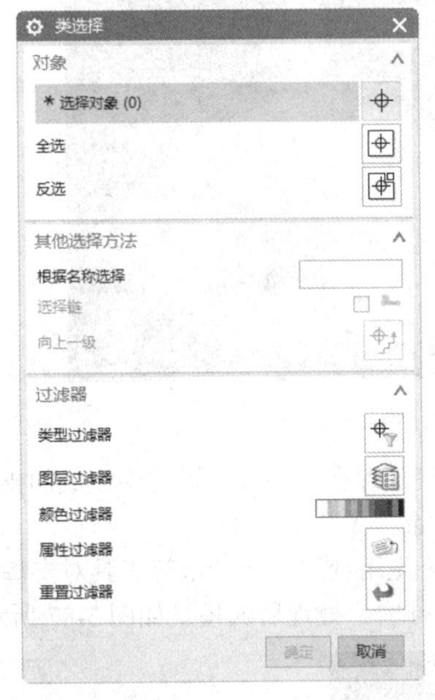

图 3-83 “类选择”对话框

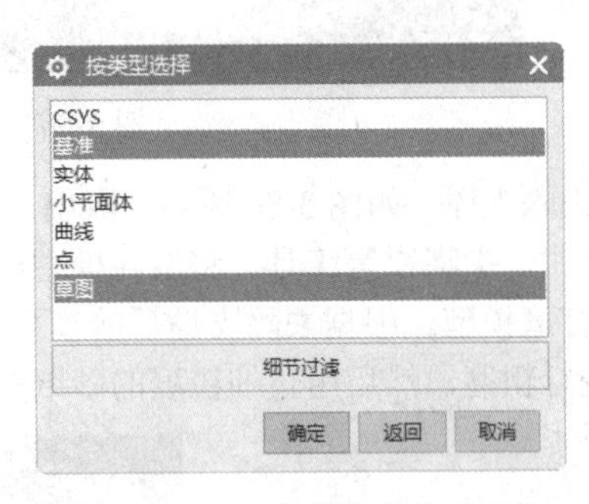

图 3-84 “按类型选择”对话框

3.2.2 打印模型

根据 3.1.2 节步骤 3 中（1）～（3）相应的步骤进行参数设置，按步骤 3 中（4）旋转模型的操作，将模型沿竖直方向旋转 180°，使漏斗面向下放置，可以减少打印时所产生的支撑，使所打印的外表面更加光滑，如图 3-85 所示，其余步骤按步骤 3 中的（5）、（6）、（7）、（8）操作即可。

图 3-85 正确放置模型“漏斗”

3.2.3 处理打印模型

Note

处理打印模型有以下 3 个步骤：

（1）取出模型。打印完毕后，将打印平台降至零位，用刀片等工具将模型底部与平台底部撬开，以便于取出模型。取出后的漏斗模型如图 3-86 所示。

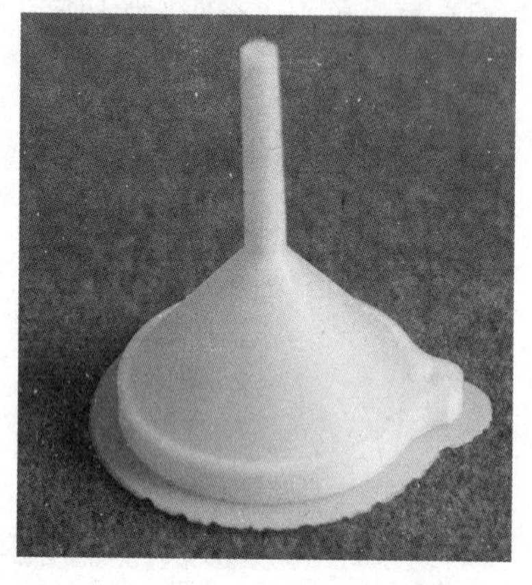

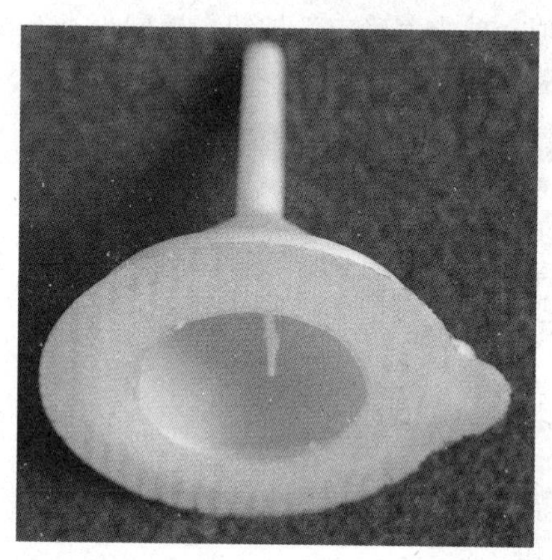

图 3-86 打印完毕的漏斗模型

（2）去除支撑。如图 3-86 所示，取出后的漏斗模型底部存在一些打印过程中生成的支撑，使用刀片、钢丝钳、尖嘴钳等工具，将漏斗模型底部的支撑去除。

（3）打磨模型。根据去除支撑后的模型粗糙程度，可先用锉刀、粗砂纸等工具对支撑与模型接触的部位进行粗磨，然后用较细粒度的砂纸对模型进一步打磨。处理后的模型如图 3-87 所示。

图 3-87 去除漏斗模型的支撑

3.3 茶　　杯

扫码看视频

3.3 茶杯

首先利用 UG 软件创建茶杯模型，再利用 Cura 软件打印茶杯的 3D 模型，最后对打印出来的茶杯模型进行去除支撑和毛刺处理，流程图如图 3-88 所示。

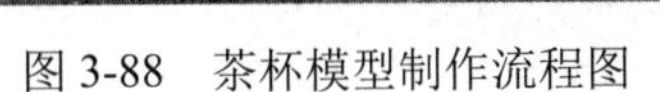

图 3-88 茶杯模型制作流程图

3.3.1 创建模型

首先创建圆柱体然后对圆柱体进行抽壳操作，生成杯体，然后创建椭圆曲线并通过沿曲线扫描操作创作杯手柄。

1. 新建文件

单击“标准”工具栏中的“新建”按钮，打开“新建”对话框，在“模型”选项卡中选择适当的模板，文件名为“chabei”，单击“确定”按钮，进入建模环境。

2. 创建圆柱体

选择“菜单”→“插入”→“设计特征”→“圆柱体”命令，打开如图 3-89 所示的“圆柱”对话框，选择“轴、直径和高度”类型，在“指定矢量”下拉列表框中选择 ZC 轴为生成圆柱体矢量方向，单击“点对话框”按钮，在“点”对话框中输入（0，0，0）为圆柱体原点，在“直径”和“高度”下拉列表框中分别输入 80 和 75，单击“确定”按钮完成圆柱 1 的创建。

同上创建一个直径和高度分别是 60 和 5，位于（0，0，-5）的圆柱 2，如图 3-90 所示。

图 3-89 “圆柱”对话框

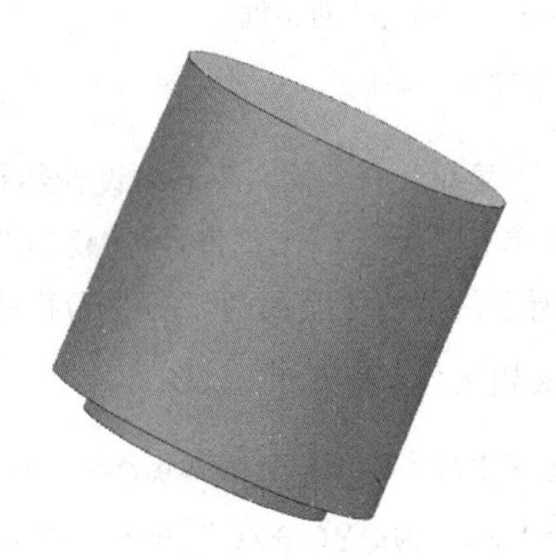

图 3-90 圆柱体

知识点——圆柱

Note

“圆锥”共有两种创建方式。

（1）轴，直径和高度：该方式允许用户通过定义轴、直径和圆柱高度值以及底面圆心来创建圆柱体。

（2）圆弧和高度：该方式允许用户通过定义圆柱高度值，选择一段已有的圆弧并定义创建方向来创建圆柱体。用户选取的圆弧不一定需要是完整的圆，且生成圆柱与弧不关联，圆柱方向可以选择是否反向。

3. 抽壳操作

选择“菜单”→“插入”→“偏置/缩放”→“抽壳”命令，打开“抽壳”对话框，如图3-91所示。选择“移除面，然后抽壳”类型，在“厚度”下拉列表框中输入5，选择如图3-92所示的最上面圆柱体的顶端面为移除面，单击“确定”按钮，完成抽壳操作，如图3-93所示。

图3-91 “抽壳”对话框

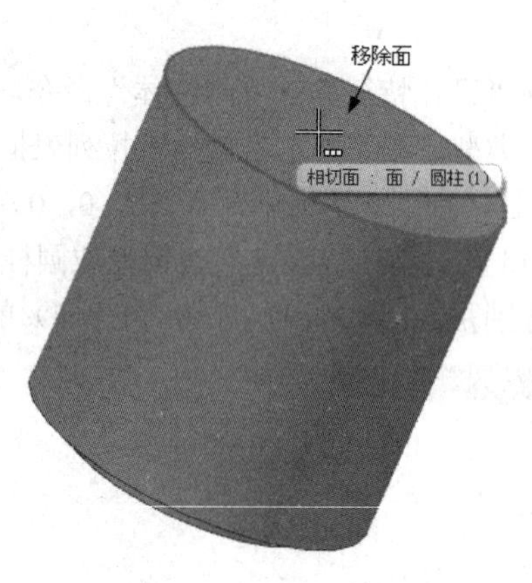

图3-92 选择移除面

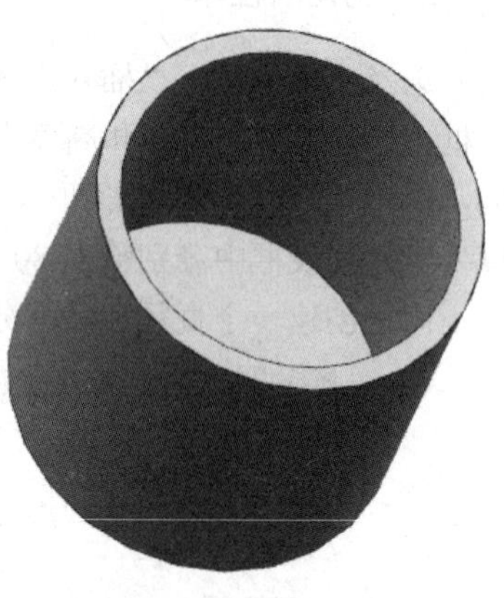

图3-93 抽壳处理

4. 创建孔

选择“菜单”→“插入”→“设计特征”→“孔”命令，打开如图3-94所示的“孔”对话框。选择“简单孔”形状，在“直径”“深度”“顶锥角”下拉列表框中分别输入50、5和0，捕捉如图3-95所示的圆柱体底面圆弧圆心为孔放置位置，单击“确定”按钮，生成如图3-96所示模型。

5. 设置工作坐标系1

选择“菜单”→“格式”→WCS→“旋转”命令，打开如图3-97所示的“旋转WCS绕”对话框，选择“+XC轴：YC→ZC”选项，单击“确定”按钮，坐标绕XC轴旋转90°，如图3-98所示。

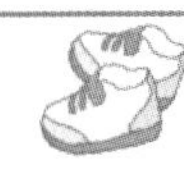

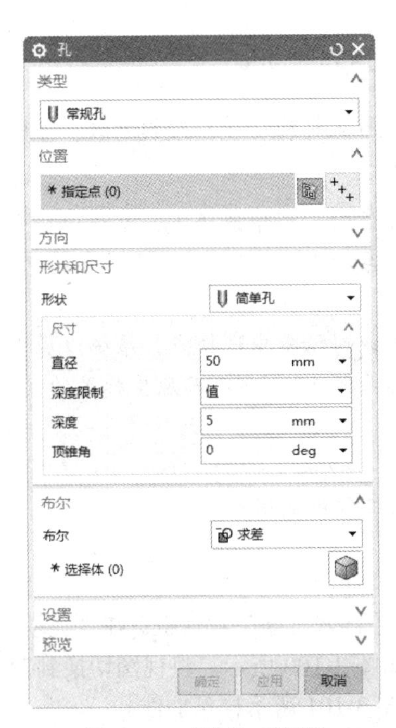

图3-94 “孔”对话框

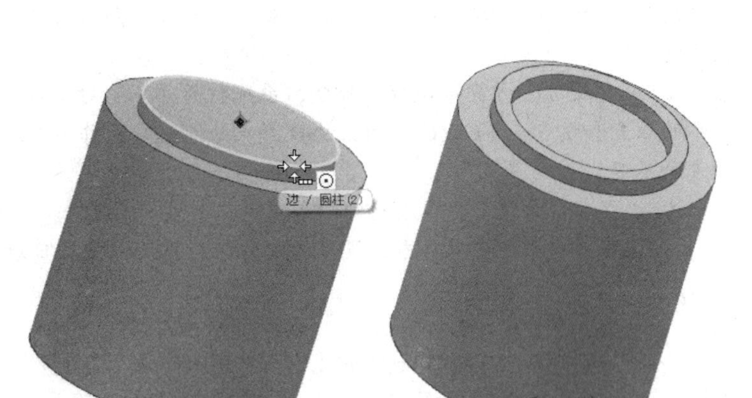

图3-95 捕捉圆心

图3-96 创建孔

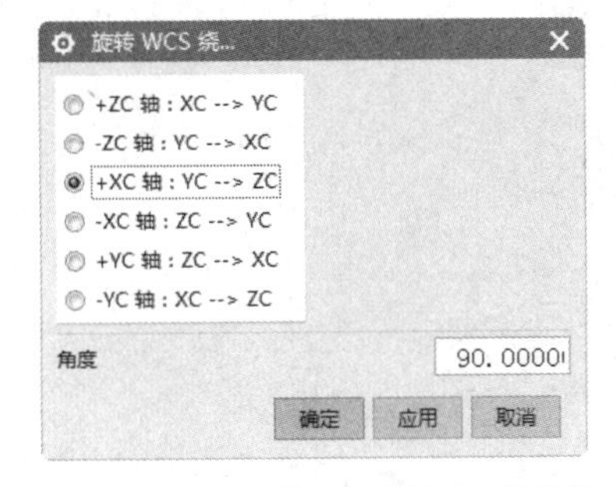

图3-97 “旋转WCS绕”对话框

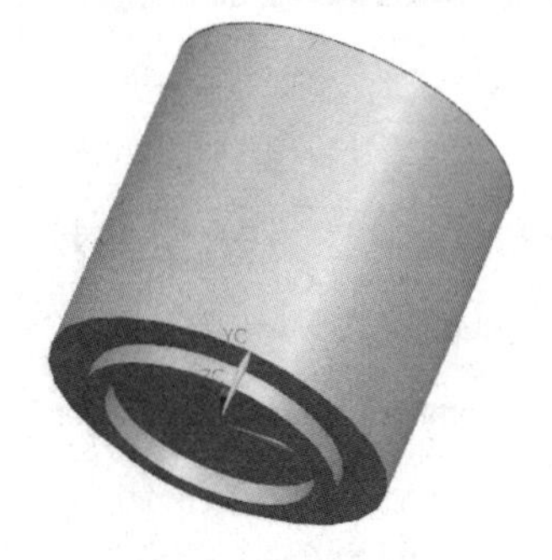

图3-98 杯身模型

知识点——坐标系

UG系统中共包括3种坐标系统，分别是绝对坐标系（Absolute Coordinate System，ACS）、工作坐标系（Work Coordinate System，WCS）和机械坐标系（Machine Coordinate System，MCS），它们都是符合右手法则的。下面介绍坐标系的几种操作方法。

（1）动态：该命令能通过步进的方式移动或旋转当前的WCS，用户可以在绘图工作区中移动坐标系到指定位置，也可以设置步进参数使坐标系逐步移动到指定的距离参数，如图3-99所示。

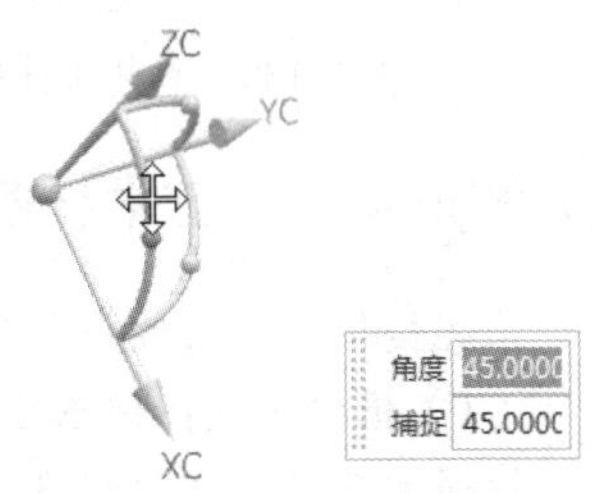

图3-99 “动态移动”示意图

（2）原点：该命令通过定义当前WCS的原点来移动坐标系的位置。但该命令仅移动坐标系的位置，而不会改变坐标轴的方向。

（3）旋转：使用该命令将打开“旋转WCS绕”对话框，通过当前的WCS绕其某一坐标轴旋转一定角度，来定义一个新的WCS。

用户通过对话框可以选择坐标系绕哪个轴旋转，同时指定从一个轴转向另一个轴，在“角度”文本框中输入需要旋转的角度。角度可以为负值。

提示：直接双击坐标系可以使坐标系激活，处于动态移动状态，用鼠标拖动原点处的方块，可以在沿X、Y、Z方向任意移动，也可以绕任意坐标轴旋转。

Note

（4）更改XC方向：执行该命令，系统打开“点”对话框，在该对话框中选择点，系统以原坐标系的原点和该点在XC-YC平面上的投影点的连线方向作为新坐标系的XC方向，而原坐标系的ZC轴方向不变。

（5）更改YC方向：执行该命令，系统打开“点”对话框，在该对话框中选择点，系统以原坐标系的原点和该点在XC-YC平面上的投影点的连线方向作为新坐标系的YC方向，而原坐标系的ZC轴方向不变。

（6）显示：系统会显示或隐藏操作前的工作坐标按钮。

（7）保存：系统会保存当前设置的工作坐标系，以便在日后的工作中调用。

6. 创建艺术样条

选择“菜单”→“插入”→“曲线”→“艺术样条”命令，打开“艺术样条”对话框。在“类型”下拉列表框中选择“通过点”选项，在“次数”数值框中输入3，如图3-100所示，将视图切换到左视图，在屏幕中单击大致5个位置点，单击“确定”按钮，生成如图3-101所示样条曲线。

图3-100 “艺术样条”对话框

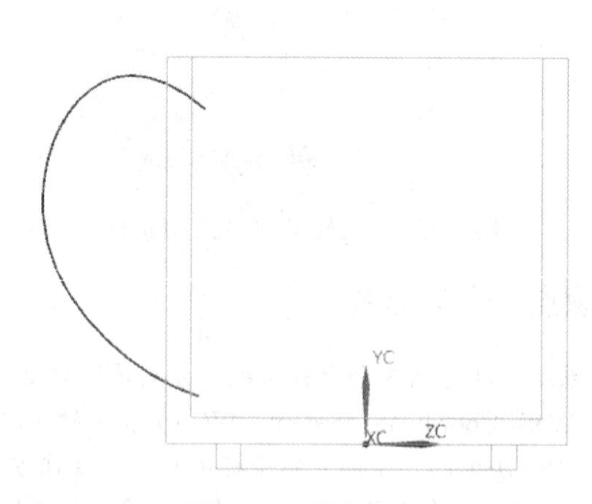

图3-101 样条曲线

知识点——艺术样条

系统提供了“通过点”和“根据极点”两种方法来创建艺术样条曲线。

（1）根据极点：该选项中所给定的数据点称为曲线的极点或控制点。样条曲线靠近它的各个极点，但通常不通过任何极点（端点除外）。使用极点可以对曲线的总体形状和特征进行更好的控制。该选项还有助于避免曲线中多余的波动（曲率反向）。

（2）通过点：该选项生成的样条将通过一组数据点。

Note

7. 设置工作坐标系 2

选择“菜单”→“格式”→WCS→“原点”命令，选择样条曲线上端点，将坐标系移动到样条曲线的上端点。

8. 创建椭圆

选择“菜单”→“插入”→“曲线”→“椭圆”命令，打开“点”对话框，输入（0，0，0）为椭圆原点，单击“确定”按钮，打开“椭圆”对话框，如图 3-102 所示，在“长半轴”和“短半轴”文本框中分别输入 9 和 4.5，单击“确定”按钮，生成椭圆如图 3-103 所示。

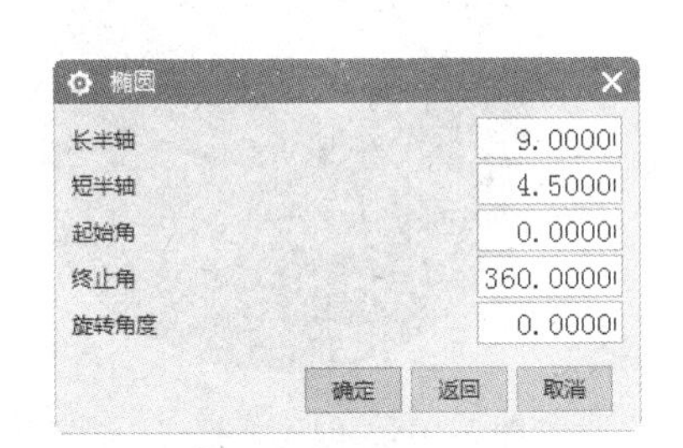

图 3-102　“椭圆”对话框

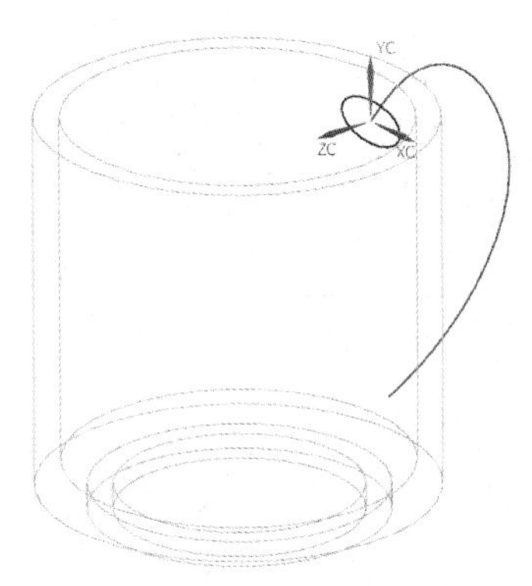

图 3-103　椭圆

知识点——椭圆曲线

（1）长半轴和短半轴：椭圆有长轴和短轴两根轴（每根轴的中点都在椭圆的中心）。椭圆的最长直径就是主轴；最短直径就是副轴。长半轴和短半轴的值指的是这些轴长度的一半，如图 3-104 所示。

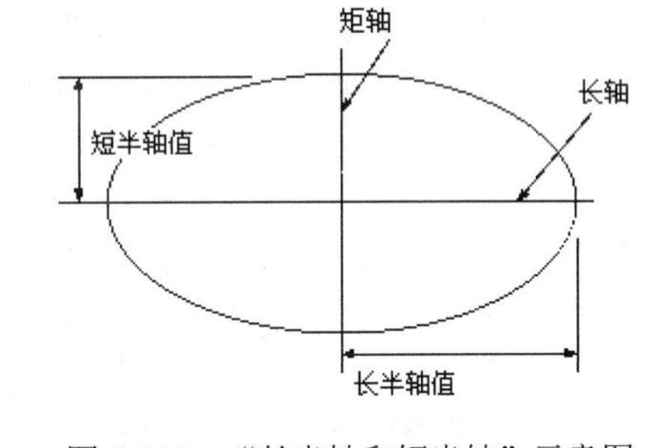

图 3-104　“长半轴和短半轴”示意图

（2）起始角和终止角：椭圆是绕 ZC 轴正向沿着逆时针方向生成的。起始角和终止角确定椭圆的起始和终止位置，它们都是相对于主轴测算的，如图 3-105 所示。

（3）旋转角度：椭圆的旋转角度是主轴相对于 XC 轴，沿逆时针方向倾斜的角度。除非改变了旋转角度，否则主轴一般是与 XC 轴平，如图 3-106 所示。

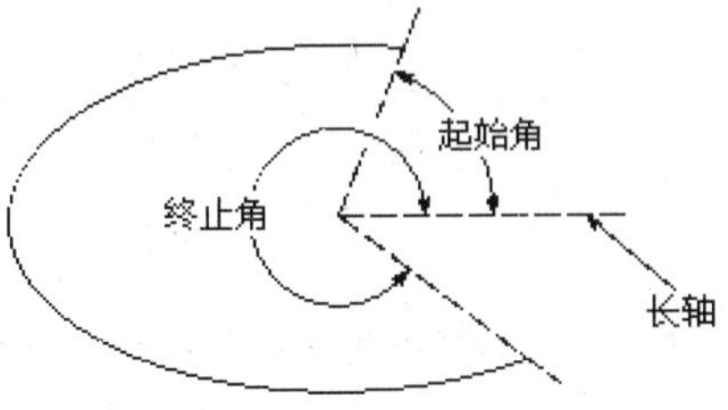

图 3-105　“起始角和终止角”示意图

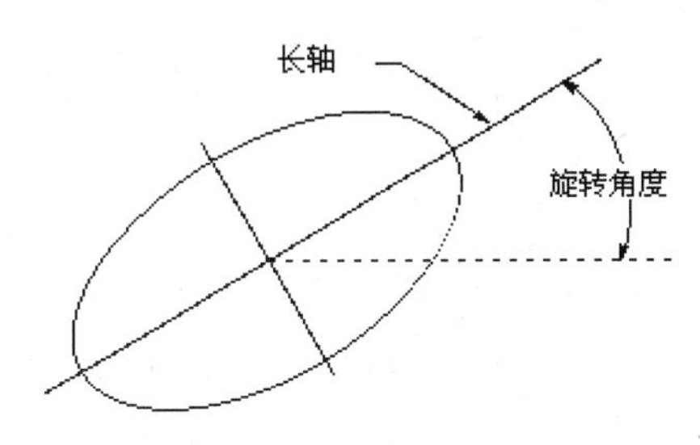

图 3-106　“旋转角度”示意图

Note

9. 沿导引线扫掠

选择“菜单”→“插入”→“扫掠”→“沿引导线扫掠”命令，打开如图3-107所示“沿引导线扫掠”对话框，选择椭圆为截面，选择样条曲线为引导线，单击“确定”按钮，生成杯把如图3-108所示。

图3-107　“沿引导线扫掠”对话框

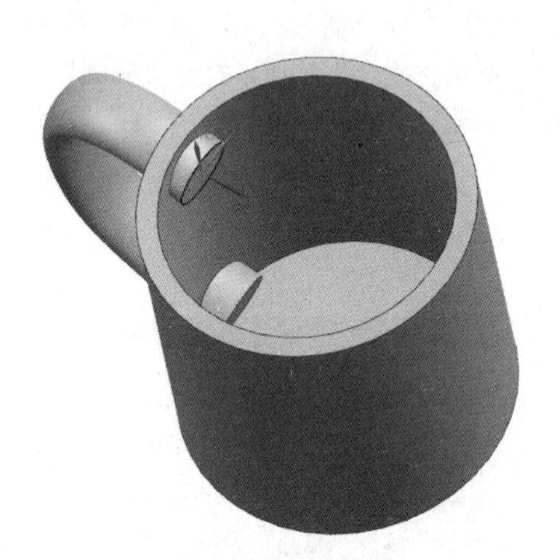

图3-108　创建杯把

知识点——沿引导线扫掠

需要注意以下3点。

（1）如果截面对象有多个环，如图3-109所示，则引导线串必须由线/圆弧构成。

（2）如果沿着具有封闭的、尖锐拐角的引导线串扫掠，建议把截面线串放置到远离尖锐拐角的位置，如图3-110所示。

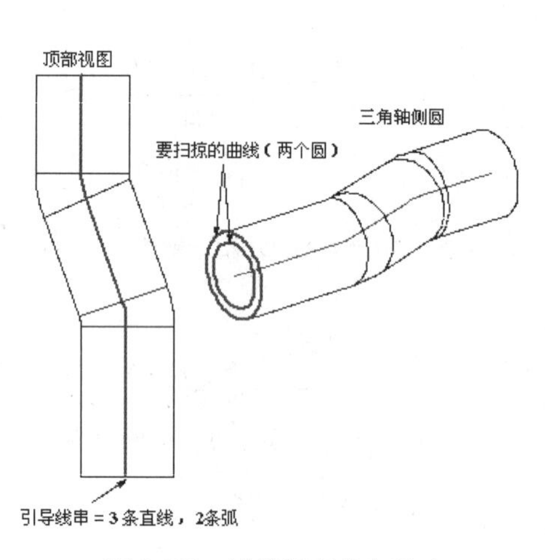

图3-109　当截面有多个环时

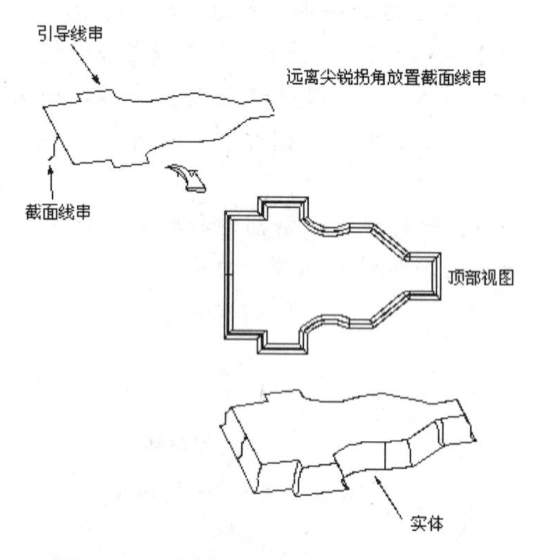

图3-110　当导引线封闭或有尖锐拐角时

（3）如果引导路径上两条相邻的线以锐角相交，或者如果引导路径中的圆弧半径对于截面曲线来说太小，则不会发生扫掠面操作。换言之，路径必须是光顺的、切向连续的。

Note

10. 修剪手柄

选择“菜单”→“插入”→“修剪”→“修剪体”命令，打开如图 3-111 所示的“修剪体”对话框，选择杯体内的手柄部分，选择杯体的外表面为修剪工具，并单击“反向”按钮，调整修剪方向，单击“确定”按钮，修剪杯把如图 3-112 所示。

图 3-111　“修剪体”对话框

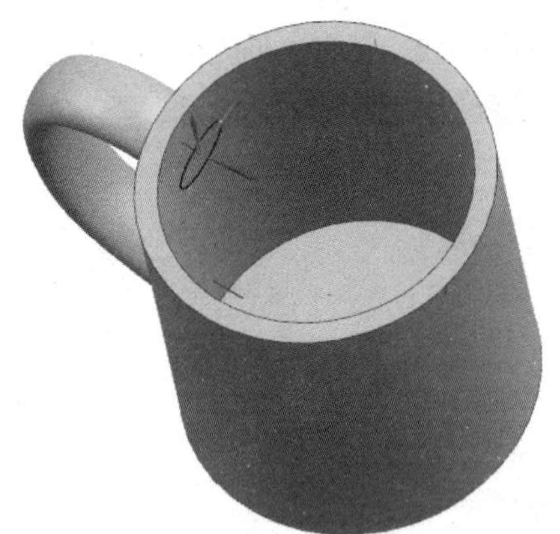

图 3-112　杯把

知识点——修剪体

使用该选项可以使用一个面、基准平面或其他几何体修剪一个或多个目标体。选择要保留的体部分，并且修剪体将采用修剪几何体的形状，如图 3-113 所示。由法向矢量的方向确定目标体要保留的部分。矢量指向远离将保留的目标体部分。

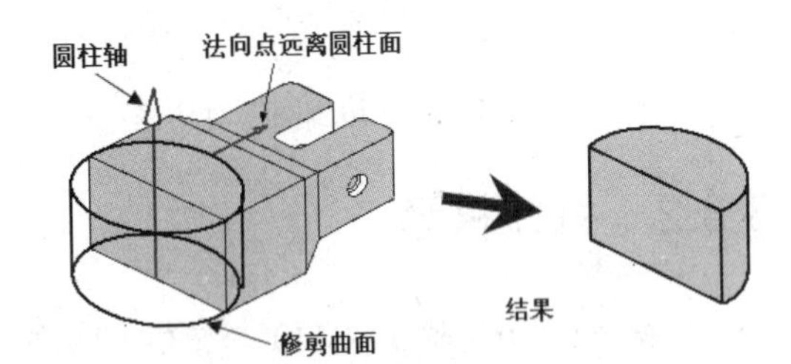

图 3-113　“修剪体”示意图

11. 合并实体

选择“菜单”→“插入”→“组合”→“合并”命令，打开如图 3-114 所示的“合并”对话框，选取杯身为目标体，选取杯把和杯底为工具体，单击“确定”按钮，将视图中所有实体进行合并。

图 3-114　“合并”对话框

知识点——合并

用于将两个或多个实体的体积组合在一起构成单个实体，其公共部分完全合并到一起。

“合并”对话框中的选项说明如下。

（1）目标：进行布尔“求和”时第一个选择的体对象的运算结果将加在目标体上，并修改目标体。同一次布尔运算中，目标体只能有一个。布尔运算的结果体类型与目标体的类型一致。

（2）工具：进行布尔运算时第二个以后选择的体对象，这些对象将加在目标体上，并构成目标体的一部分。同一次布尔运算中，工具体可有多个。

需要注意的是，可以将实体和实体进行求和运算，也可以将片体和片体进行求和运算（具有近似公共边缘线），但不能将片体和实体、实体和片体进行求和运算。

Note

12. 边倒圆

选择“菜单”→“插入”→“细节特征”→“边倒圆”命令，打开如图3-115所示的“边倒圆”对话框，为杯口边、杯底边和柄和杯身接触处倒圆，倒圆半径为1。结果如图3-116所示。

图3-115 “边倒圆”对话框

图3-116 茶杯

3.3.2 打印模型

根据3.1.2节步骤3中（1）～（3）相应的步骤进行参数设置，按步骤3中（4）旋转模型的操作，将模型沿竖直方向旋转90°，使茶杯底面向下放置，如图3-117所示，其余步骤按步骤3中的（5）、（6）、（7）、（8）操作即可。

图3-117 正确放置模型“茶杯”

Note

3.3.3 处理打印模型

处理打印模型有以下3个步骤：

（1）取出模型。打印完毕后，将打印平台降至零位，用刀片等工具将模型底部与平台底部撬开，以便于取出模型。取出后的茶杯模型如图3-118所示。

图3-118 打印完毕的茶杯模型

（2）去除支撑。如图3-118所示，取出后的茶杯模型底部和杯把存在一些打印过程中生成的支撑，使用刀片、钢丝钳、尖嘴钳等工具，将茶杯模型底部和杯把部分的支撑去除。

（3）打磨模型。根据去除支撑后的模型粗糙程度，可先用锉刀、粗砂纸等工具对支撑与模型接触的部位进行粗磨，然后用较细粒度的砂纸对模型进一步打磨。处理后的茶杯模型如图3-119所示。

图3-119 去除茶杯模型的支撑

3.4 烟灰缸

扫码看视频

3.4 烟灰缸

首先利用UG软件创建烟灰缸模型，再利用Cura软件打印烟灰缸的3D模型，最后对打印出来的烟灰缸模型进行去除支撑和毛刺处理，流程图如图3-120所示。

Note

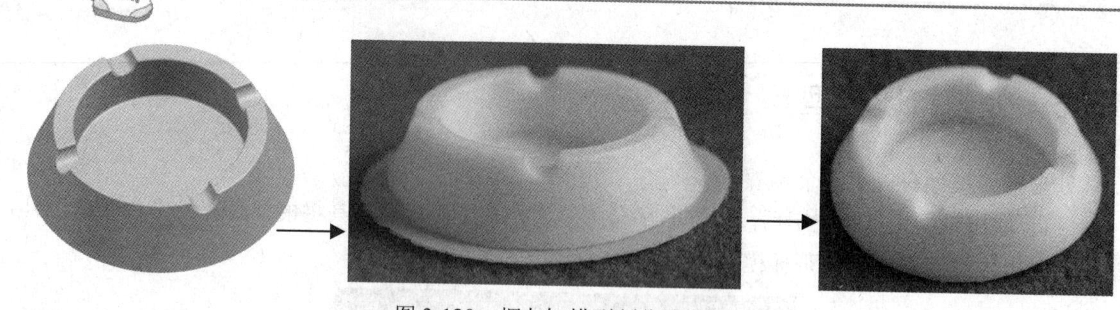

图 3-120　烟灰缸模型制作流程图

3.4.1　创建模型

首先创建圆台，然后通过在圆台上创建孔形成烟缸的外轮廓，通过抽壳操作完成烟缸底面。

1. 新建文件

单击“主页”选项卡“标准”面组中的“新建”按钮，弹出“新建”对话框，在“模型”选项卡中选择“模型”模板，文件名为 yanhuigang，单击“确定”按钮，进入建模环境。

2. 创建圆锥

单击“主页”选项卡“特征”面组中的“圆锥”按钮，弹出如图 3-121 所示的“圆锥”对话框。选择“直径和高度”类型，选择 ZC 轴为指定矢量，在“底部直径”“顶部直径”“高度”下拉列表框中分别输入 100、80 和 25，单击“点对话框”按钮，在弹出的“点”对话框中输入（0，0，0）为圆台原点，单击“确定”按钮，生成如图 3-122 所示的模型。

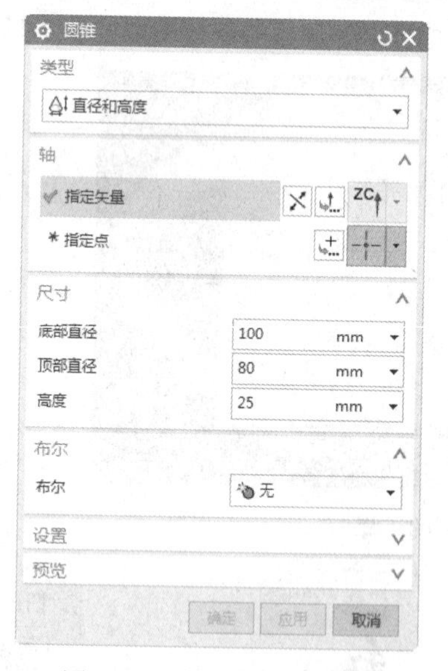

图 3-121　“圆锥”对话框

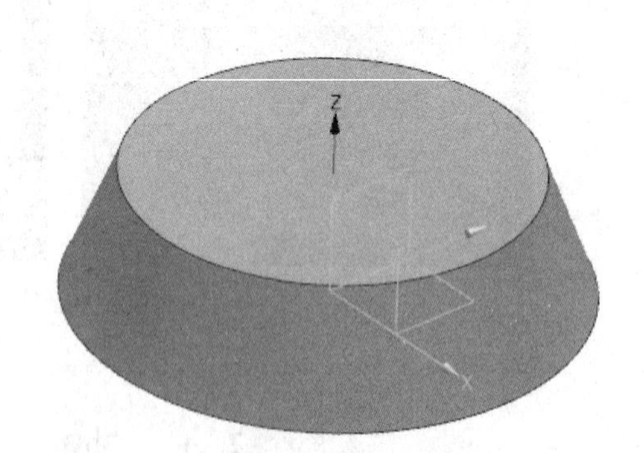

图 3-122　创建圆锥

3. 创建孔

选择“菜单”→“插入”→“设计特征”→“孔”命令，打开如图 3-123 所示的“孔”对话框。选择“简单孔”形状，在“直径”“深度”“顶锥角”下拉列表框中分别输入 65、20 和 0，捕捉如图 3-124 所示的圆锥体上表面圆弧圆心为孔放置位置，单击“确定”按钮，模型生成如图 3-125 所示。

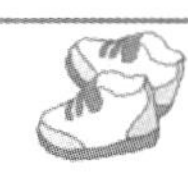

图 3-123 “孔”对话框

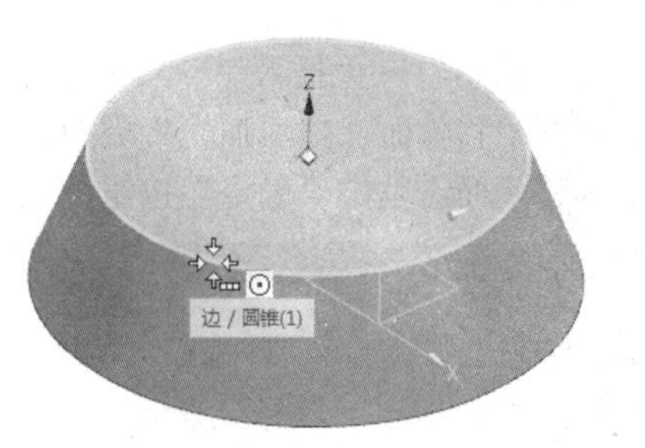

图 3-124 捕捉圆心

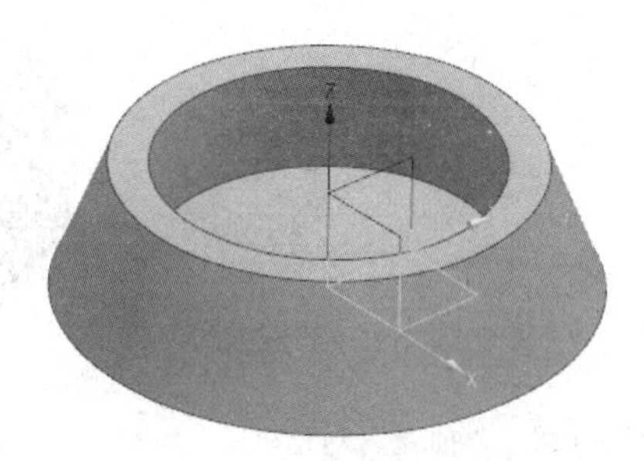

图 3-125 创建孔

4. 创建圆柱体

选择“菜单”→“插入”→“设计特征”→“圆柱体”命令，打开如图 3-126 所示的“圆柱”对话框，选择“轴、直径和高度”类型，在“指定矢量”下拉列表框中选择-XC 轴为生成圆柱体矢量方向，单击“点对话框”按钮，在弹出的“点”对话框中输入（50，0，25）为圆柱体原点，在“直径”和“高度”下拉列表框中输入 10 和 100，选择布尔“求差”方式，单击“应用”按钮完成圆柱 1 的创建。

同上步骤，创建一个矢量为 YC 轴方向，原点在（0，-50，25）的圆柱 2，其他参数与圆柱 1 相同，如图 3-127 所示。

图 3-126 “圆柱”对话框

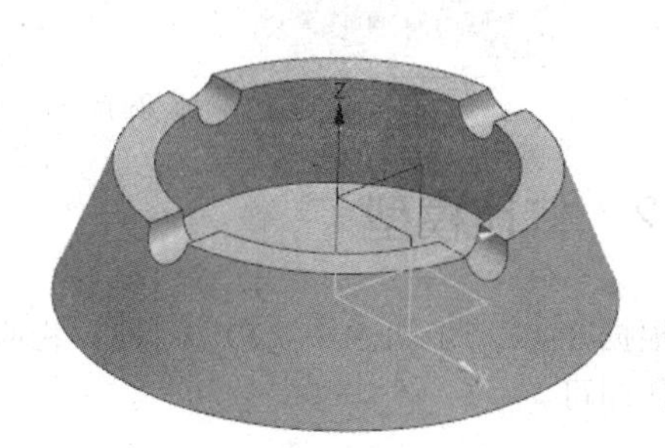

图 3-127 圆柱体

5. 抽壳操作

选择“菜单”→“插入”→“偏置/缩放”→“抽壳”命令，打开“抽壳”对话框，如图 3-128 所示。选择“移除面，然后抽壳”类型，在“厚度”下拉列表框中输入 5，选择如图 3-129 所示的圆锥底面为移除面，单击“确定”按钮，完成抽壳操作，如图 3-130 所示。

图 3-128 “抽壳”对话框

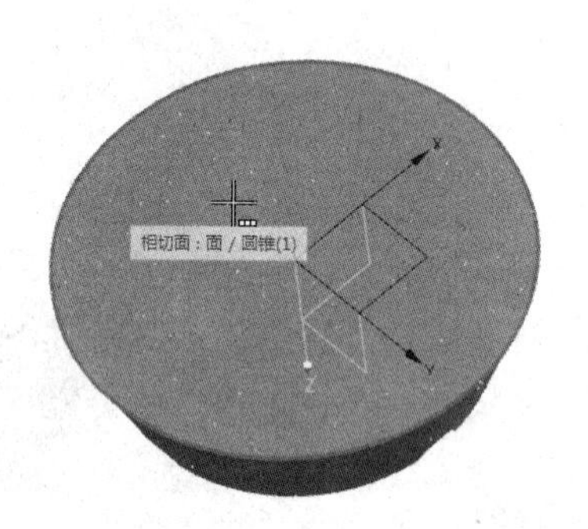

图 3-129 选择移除面

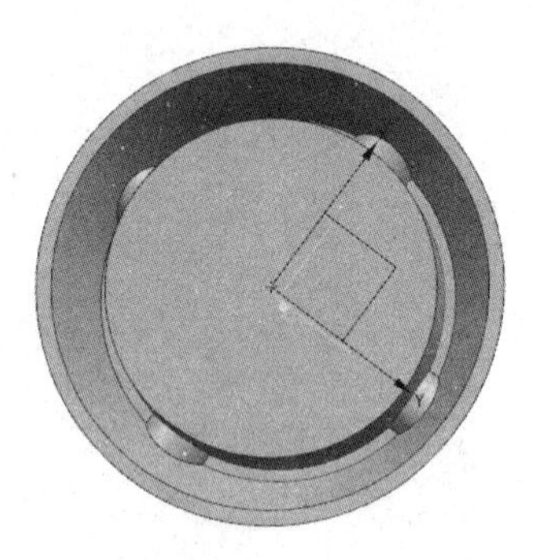

图 3-130 抽壳处理

6. 边倒圆

选择“菜单”→“插入”→“细节特征”→“边倒圆”命令，打开如图 3-131 所示的“边倒圆”对话框，为烟灰缸顶端各边倒圆，倒圆半径为 1。结果如图 3-132 所示。

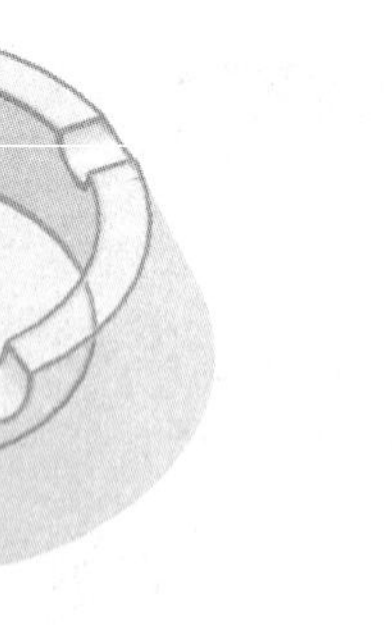

图 3-131 倒圆角

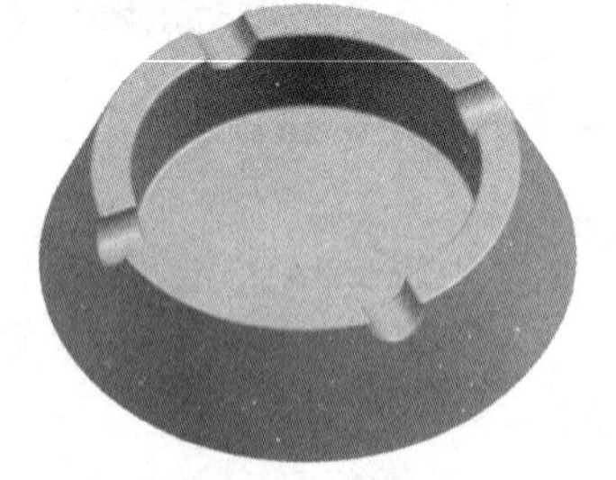

图 3-132 倒圆角处理

3.4.2 打印模型

根据 3.1.2 节步骤 3 中（1）～（3）相应的步骤进行参数设置，按步骤 3 中（4）～（8）相应步骤操作即可。

3.4.3 处理打印模型

处理打印模型有以下3个步骤：

（1）取出模型。打印完毕后，将打印平台降至零位，用刀片等工具将模型底部与平台底部撬开，以便于取出模型。取出后的烟灰缸模型如图3-133所示。

（2）去除支撑。如图3-133所示，取出后的烟灰缸模型底部存在一些打印过程中生成的支撑，使用刀片、钢丝钳、尖嘴钳等工具，将烟灰缸模型底部的支撑去除。

（3）打磨模型。根据去除支撑后的模型粗糙程度，可先用锉刀、粗砂纸等工具对支撑与模型接触的部位进行粗磨，然后用较细粒度的砂纸对模型进一步打磨。处理后的烟灰缸模型如图3-134所示。

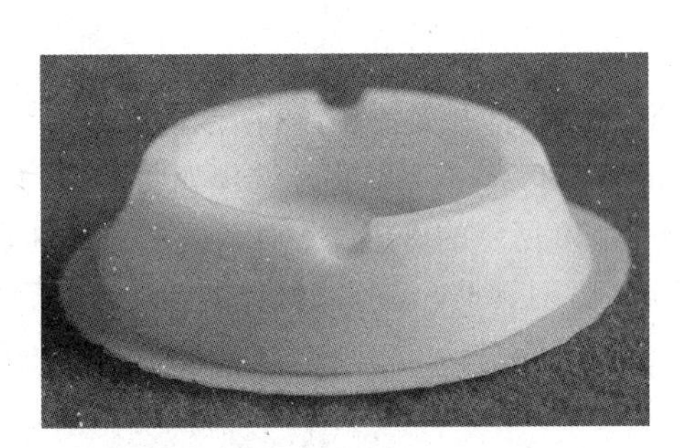
图3-133 打印完毕的烟灰缸模型

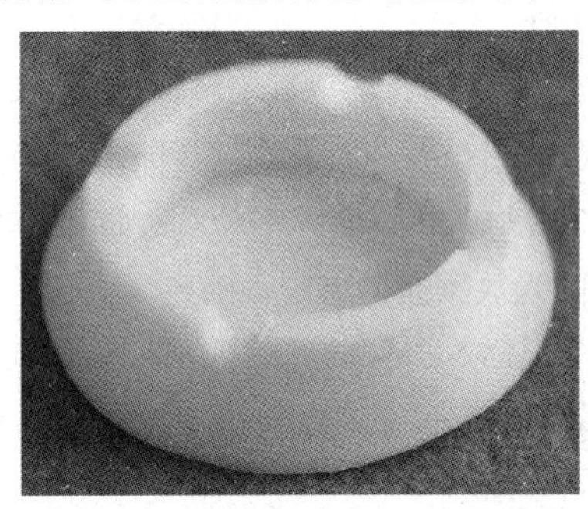
图3-134 去除烟灰缸模型的支撑

3.5 酒 杯

扫码看视频

3.5 酒杯

首先利用UG软件创建酒杯模型，再利用Cura软件打印酒杯的3D模型，最后对打印出来的酒杯模型进行去除支撑和毛刺处理，流程图如图3-135所示。

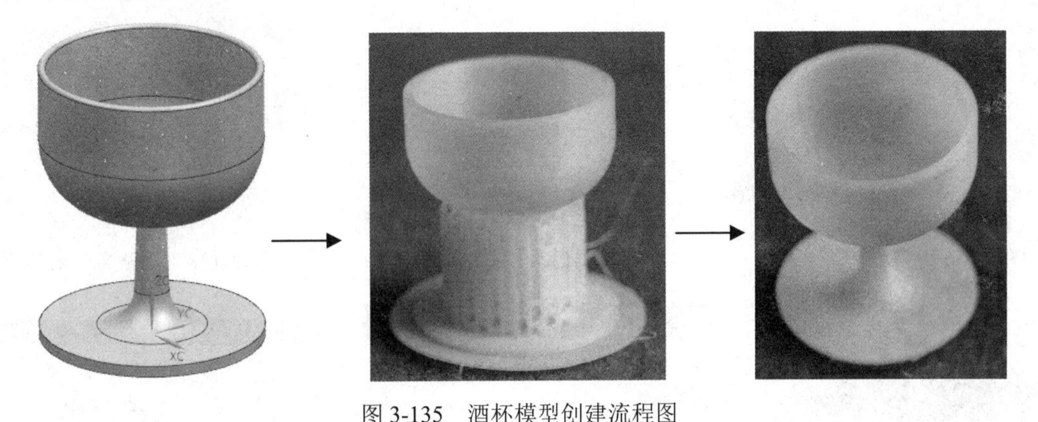
图3-135 酒杯模型创建流程图

3.5.1 创建模型

利用圆柱体、凸台等命令创建酒杯主体，然后利用抽壳和边倒圆最终完成酒杯造型。

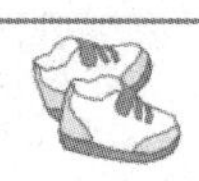

Note

1. 新建文件

单击“主页”选项卡“标准”面组中中的“新建”按钮，打开“新建”对话框，在“模板”选项卡中选择“模型”模型，输入“jiubei”，单击“确定”按钮，进入UG建模环境。

2. 创建圆柱体1

单击“主页”选项卡“特征”面组上的“圆柱”按钮，打开如图3-136所示的“圆柱”对话框。选择“轴、直径和高度”类型。在“指定矢量”下拉列表框中选择ZC轴为圆柱的创建方向。在“直径”和“高度”下拉列表框中分别输入60和3，单击“确定”按钮，以原点为中心生成圆柱体，如图3-137所示。

3. 创建凸台

单击“主页”选项卡“特征”面组上的“凸台”按钮，打开如图3-138所示的“凸台”对话框。在“直径”“高度”“锥角”下拉列表框中分别输入10、32和2，按系统提示选择如图3-139所示的圆柱体上表面为放置面，单击“确定”按钮。打开如图3-140所示的“定位”对话框，在其中单击“点落在点上”图标，打开如图3-141所示的“点落在点上”对话框。选择圆柱体的圆弧边为目标对象，如图3-142所示。打开如图3-143所示的“设置圆弧的位置”对话框。单击“圆弧中心”按钮，生成模型如图3-144所示。

图3-136 “圆柱”对话框

图3-137 生成圆柱体

图3-138 “凸台”对话框

图3-139 选择放置面

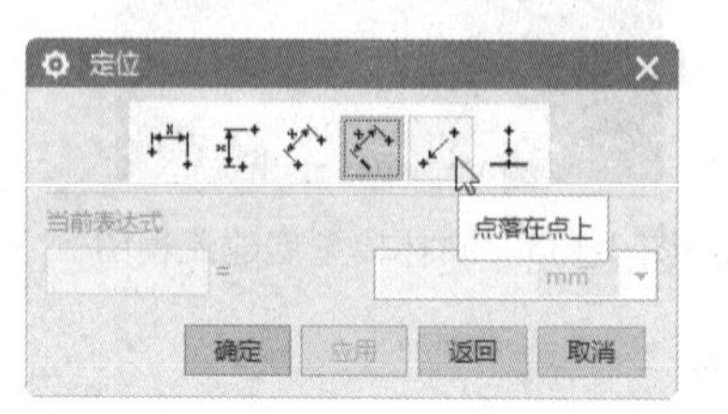

图3-140 “定位”对话框

图3-141 “点落在点上”对话框

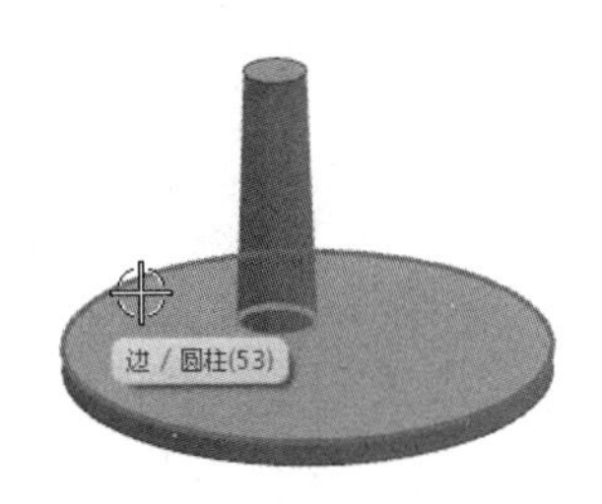

图 3-142 目标对象

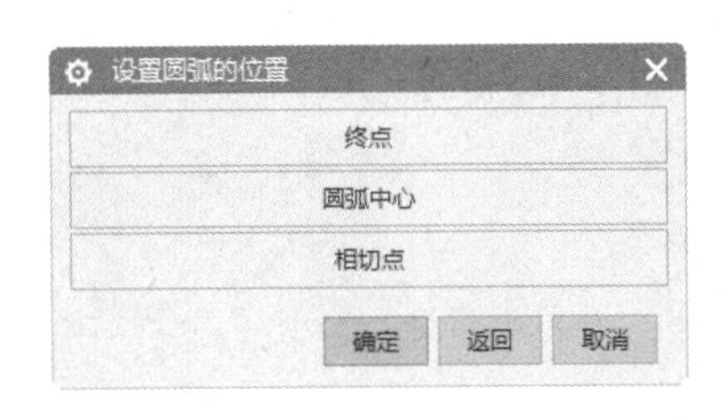

图 3-143 “设置圆弧的位置”对话框

图 3-144 生成模型

知识点——凸台

让用户能在平面或基准面上生成一个简单的圆台。

“凸台”对话框中的选项说明如下。

（1）过滤器：通过限制可用的对象类型帮助你选择需要的对象。这些选项是任意、面和基准平面。

（2）直径：输入凸台直径的值。

（3）高度：输入凸台高度的值。

（4）锥角：输入凸台的柱面壁向内倾斜的角度。该值可正可负。零值产生没有锥度的垂直圆柱壁。

（5）反侧：如果选择了基准面作为放置平面，则该按钮成为可用。单击该按钮使当前方向矢量反向，同时重新生成凸台的预览。

4. 创建圆柱体 2

单击“主页”选项卡“特征”面组上的“圆柱”按钮，打开如图 3-145 所示的“圆柱”对话框。选择“轴、直径和高度”类型。在“指定矢量”下拉列表框中选择 ZC 轴为圆柱的创建方向。单击“点对话框”按钮，打开如图 3-146 所示的“点”对话框，输入坐标（0，0，35），单击“确定”按钮。返回到“圆柱”对话框，在“直径”和“高度”下拉列表框中分别输入 60 和 40，单击“确定”按钮，生成圆柱体，如图 3-147 所示。

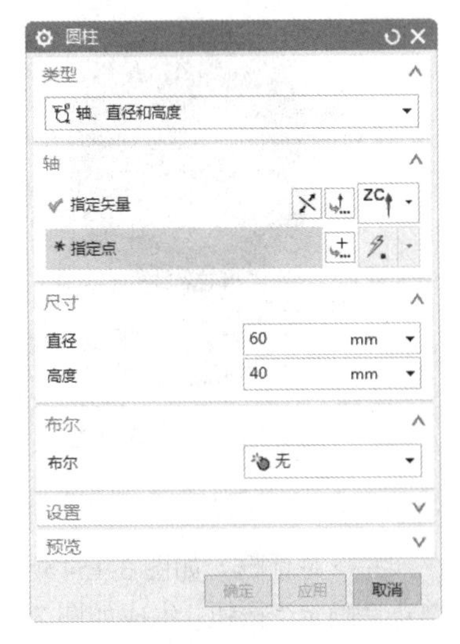

图 3-145 “圆柱”对话框

图 3-146 “点”对话框

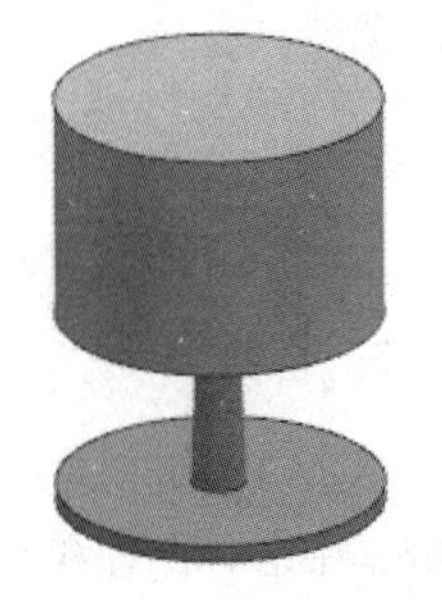

图 3-147 生成圆柱体

5. 创建边倒圆 1

单击“主页”选项卡“特征”面组上的“边倒圆”按钮，打开如图 3-148 所示的“边倒圆”对

Note

话框。在“半径1”下拉列表框中输入20。在屏幕中分别选择如图3-149所示的边，单击“边倒圆”对话框中的“确定”按钮，生成模型如图3-150所示。

图3-148 “边倒圆”对话框

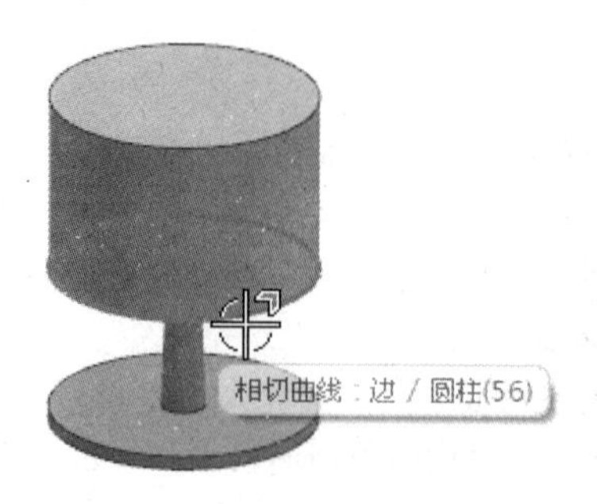

图3-149 选择边

图3-150 生成倒圆角

6. 创建抽壳

单击“主页”选项卡“特征”面组上的“抽壳”按钮，打开如图3-151所示的“抽壳”对话框。选择“移除面，然后抽壳”类型。在“厚度”下拉列表框中输入2。在屏幕中选择如图3-152所示的面为穿透面，单击“确定”按钮，如图3-153所示模型。

图3-151 “抽壳”对话框

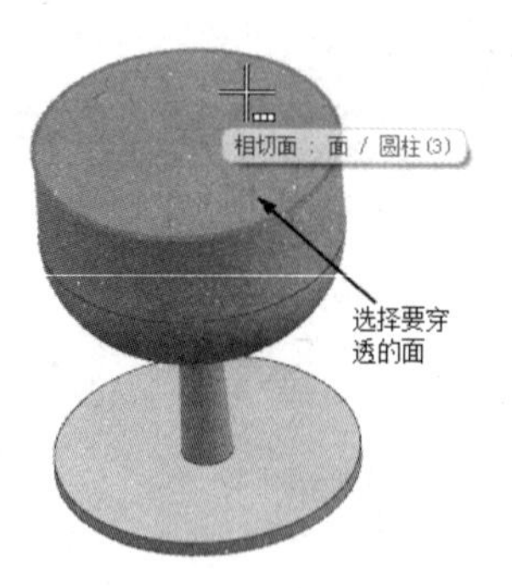

图3-152 选择面

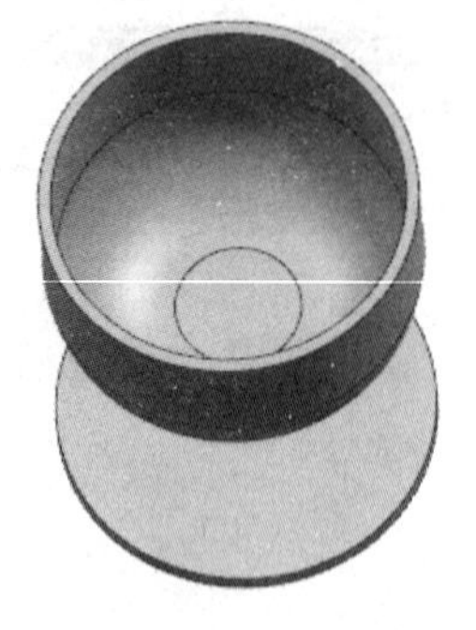

图3-153 生成模型

7. 合并

单击“主页”选项卡“特征”面组上的“合并”按钮，打开“合并”对话框，如图3-154所示。在屏幕中选择圆柱和凸台为目标体，选择抽壳后的圆柱为目标体，单击“确定”按钮，生成如图3-155所示的图形。

8. 创建边倒圆2

单击“主页”选项卡“特征”面组上的“边倒圆”按钮，打开“边倒圆”对话框，如图3-156

所示。输入“半径 1”为 1，选择如图 3-157 所示的两边，单击“确定”按钮，生成如图 3-158 所示的模型。

图 3-154　“合并”对话框

图 3-155　生成模型

图 3-156　“边倒圆”对话框

9. 创建边倒圆 3

单击“主页”选项卡“特征”面组上的“边倒圆”按钮，打开“边倒圆”对话框。输入“半径 1”为 10。选择如图 3-159 所示的边，单击“确定”按钮，生成如图 3-160 所示的模型。

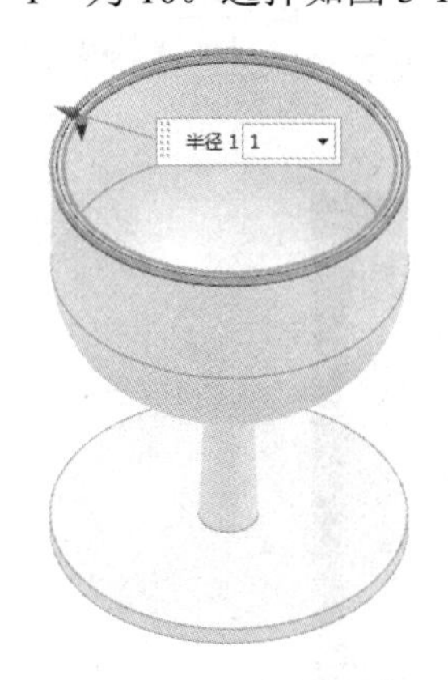

图 3-157　选择倒圆边

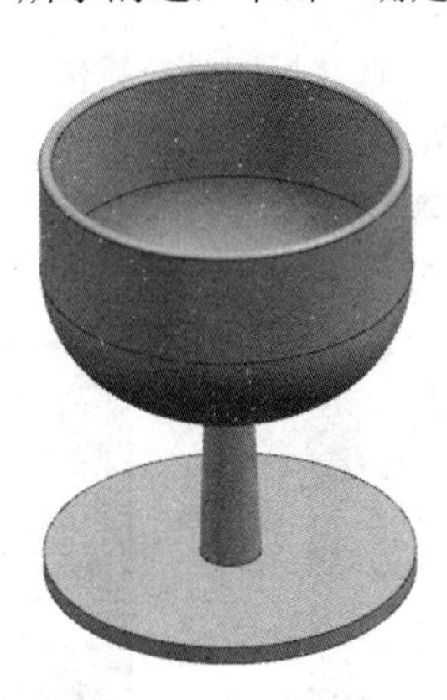

图 3-158　生成模型

图 3-159　选择倒圆边

图 3-160　生成模型

3.5.2　打印模型

根据 3.1.2 节步骤 3 中（1）～（3）相应的步骤进行参数设置，按步骤 3 中（4）～（8）相应步骤操作即可。

3.5.3　处理打印模型

处理打印模型有以下 3 个步骤：

Note

（1）取出模型。打印完毕后，将打印平台降至零位，用刀片等工具将模型底部与平台底部撬开，以便于取出模型。取出后的酒杯模型如图3-161所示。

（2）去除支撑。如图3-161所示，取出后的酒杯模型底部以及主体与底座之间存在一些打印过程中生成的支撑，使用刀片、钢丝钳、尖嘴钳等工具，将酒杯模型底部、主体与底座之间的支撑去除。

（3）打磨模型。根据去除支撑后的模型粗糙程度，可先用锉刀、粗砂纸等工具对支撑与模型接触的部位进行粗磨，然后用较细粒度的砂纸对模型进一步打磨。处理后的酒杯模型如图3-162所示。

图3-161　打印完毕的酒杯模型

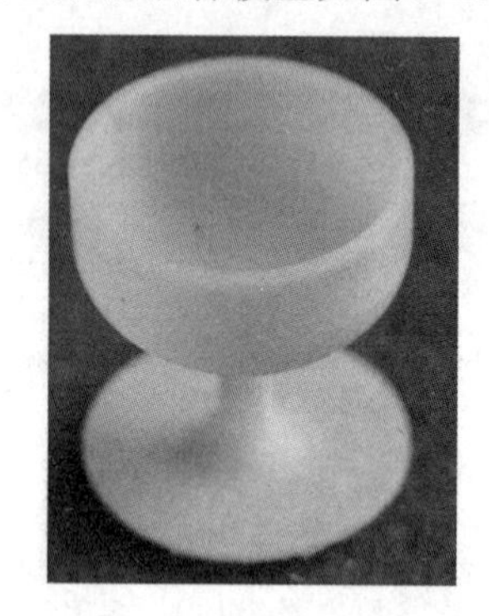

图3-162　去除酒杯模型的支撑

3.6　易　拉　罐

首先利用UG软件创建易拉罐模型，再利用Cura软件打印易拉罐的3D模型，最后对打印出来的易拉罐模型进行去除支撑和毛刺处理，流程图如图3-163所示。

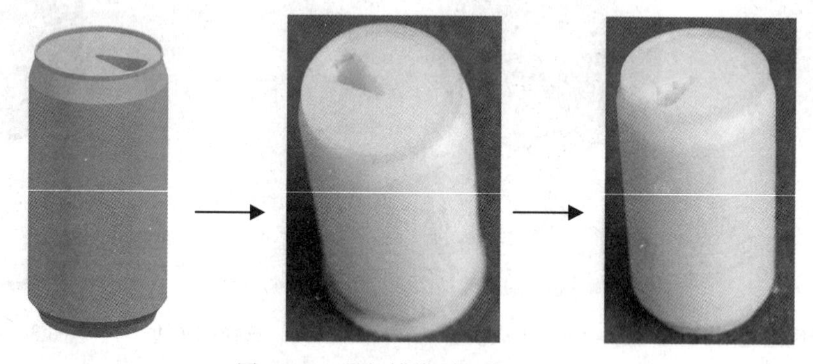

图3-163　易拉罐模型制作流程图

3.6.1　创建模型

首先创建圆柱体，然后通过在圆柱体上创建圆台和抽壳操作完成瓶的主体部分，使用草图绘制瓶开口处并使用拉伸操作使瓶口成型。

1. 新建文件

单击“主页”选项卡“标准”面组中的“新建”按钮，弹出“新建”对话框，在“模型”选项

卡中选择“模型”模板，文件名为 yilaguan，单击“确定”按钮，进入建模环境。

2. 创建圆柱体

选择“菜单”→“插入”→“设计特征”→“圆柱体”命令，打开如图 3-164 所示的“圆柱”对话框，在其中选择“轴、直径和高度”类型，在“指定矢量”下拉列表框中选择 ZC 轴为生成圆柱体矢量方向，单击“点对话框”按钮，在“点”对话框中输入（0，0，0）为圆柱体原点，在“直径”和“高度”下拉列表框中输入 65 和 120，单击“确定”按钮完成圆柱 1 的创建，如图 3-165 所示。

3. 边倒角

单击“主页”选项卡“特征”面组中的“倒斜角”按钮，打开“倒斜角”对话框，如图 3-166 所示，设置“横截面”为“非对称”方式，输入倒角“距离 1”为 3，“距离 2”为 10，选择圆柱体上端面边缘进行倒角，如图 3-167 所示。

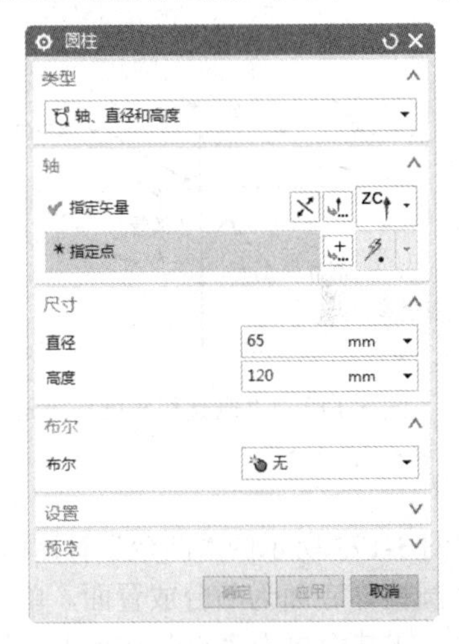

图 3-164　“圆柱”对话框

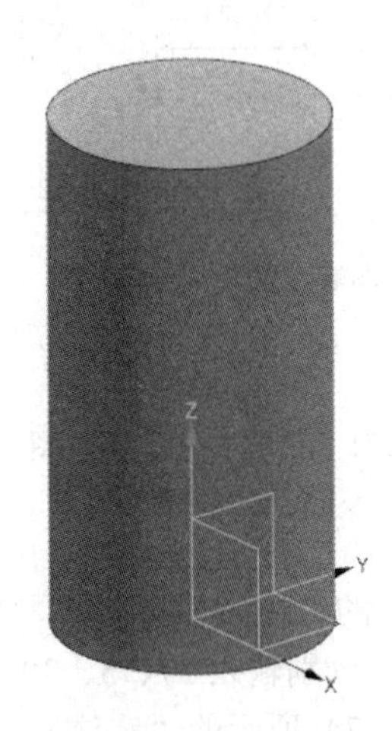

图 3-165　圆柱体

图 3-166　“倒斜角”对话框

同理，选择圆柱体下端面边缘，输入倒角“距离 1”为 4，“距离 2”为 5，如图 3-168 所示，结果如图 3-169 所示。

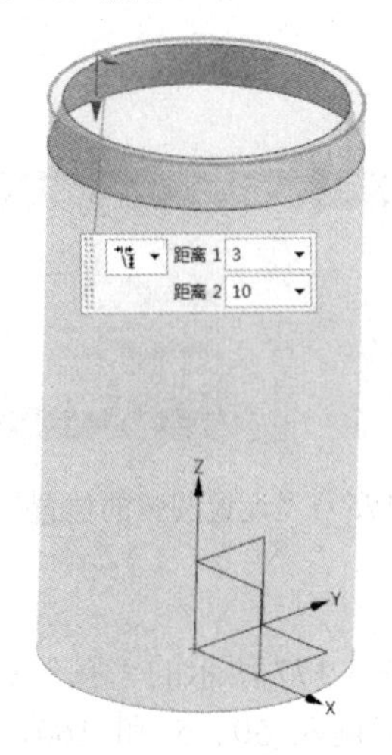

图 3-167　选择倒角边

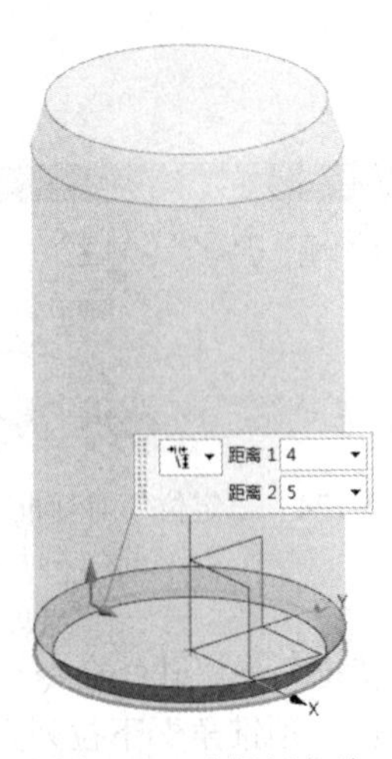

图 3-168　选择倒角边

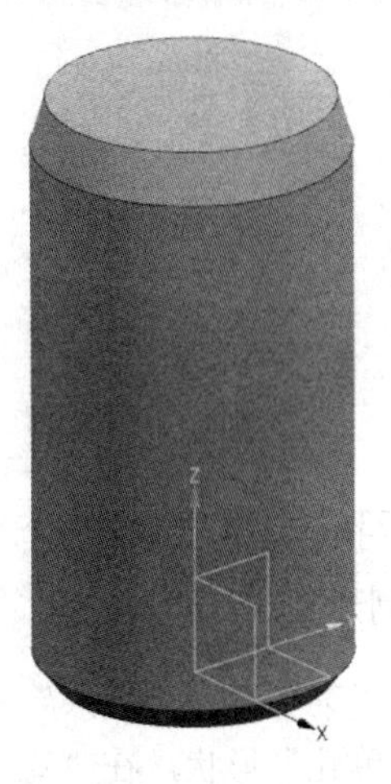

图 3-169　倒角处理

Note

知识点——倒斜角

通过定义所需的倒角尺寸在实体的边上形成斜角。

“倒斜角”对话框中的选项说明如下。

（1）对称：让用户生成一个简单的倒角，它沿着两个面的偏置是相同的。必须输入一个正的距离值，如图3-170所示。

（2）非对称：对于该选项，必须输入“距离1”值和“距离2”值。这些偏置是从选择的边沿着面测量的。这两个值都必须是正的，如图3-171所示。在生成倒角以后，如果倒角的偏置和想要的方向相反，可以选择“上一倒角反向”。

（3）偏置和角度：可以用一个角度来定义简单的倒角。需要输入“距离”值和“角度”值（如图3-172所示）。

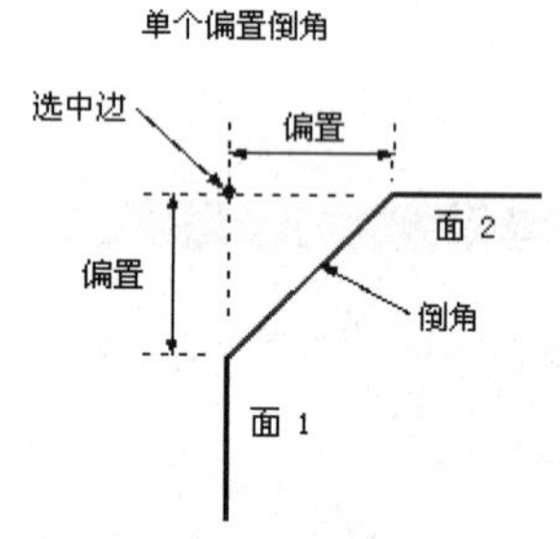

图3-170 “对称”示意图

距离1
选中边
面 1
距离2
倒角
面 2

图3-171 “非对称”示意图

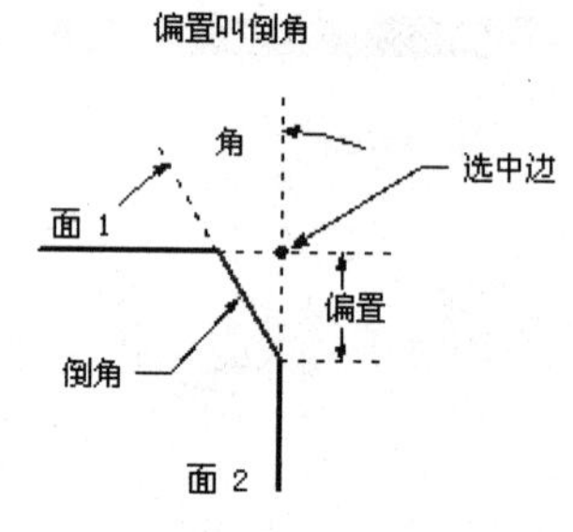

图3-172 “偏置和角度”示意图

4. 创建凸台1

单击“主页”选项卡“特征”面组中的“凸台”按钮，打开如图3-173所示的“凸台”对话框。在“直径”“高度”“锥角”下拉列表框中分别输入57、5、20，选择圆柱体底面为凸台放置面，单击“确定”按钮，生成凸台并打开如图3-174所示的“定位”对话框，在其中单击“点落在点上”按钮，打开“点落在点上”对话框。按系统提示选择圆柱底面圆弧边为目标对象，弹出如图3-175所示的“设置圆弧的位置”对话框，单击“圆弧中心”按钮，完成凸台的创建，如图3-176所示。

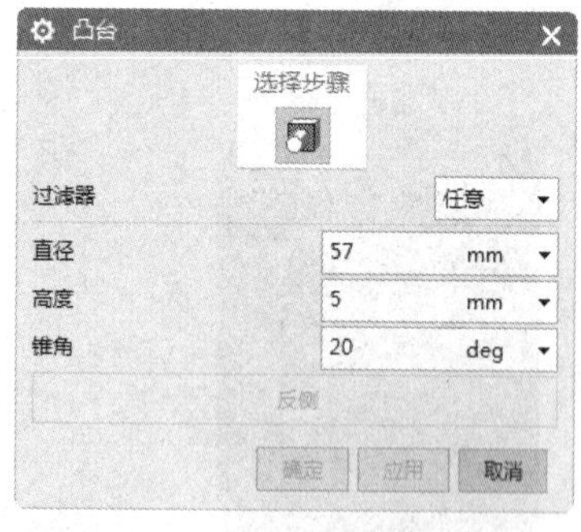

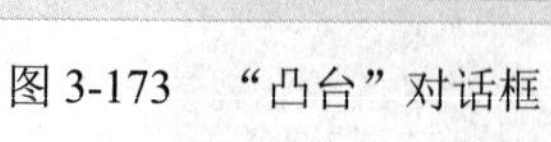

图3-173 “凸台”对话框

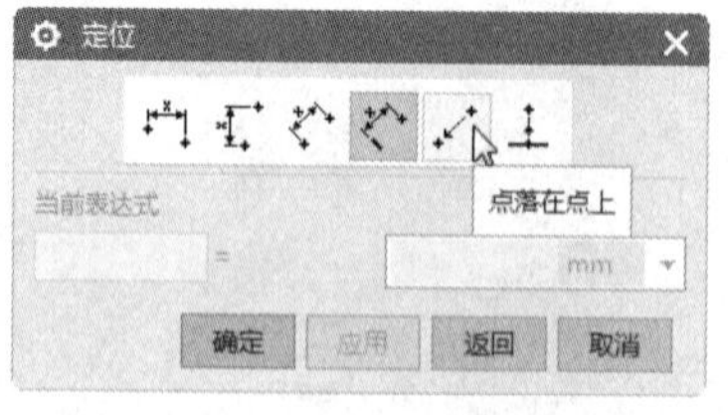

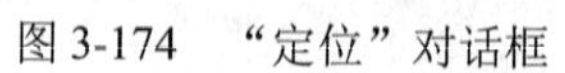

图3-174 “定位”对话框

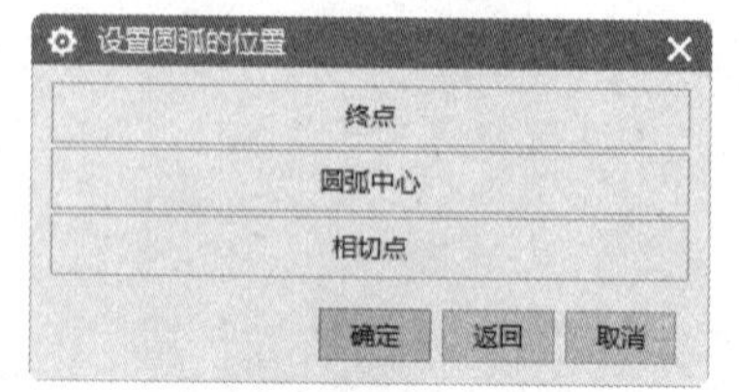

图3-175 “设置圆弧的位置”对话框

5. 创建孔1

选择“菜单”→“插入”→“设计特征”→“孔”命令，打开如图3-177所示的“孔”对话框。选择“简单孔”形状，在“直径”“深度”“顶锥角”下拉列表框中分别输入50、5和160，捕捉如图3-178所示的步骤4创建的凸台表面圆弧圆心为孔放置位置，单击“确定”按钮，生成如图3-179

所示的模型。

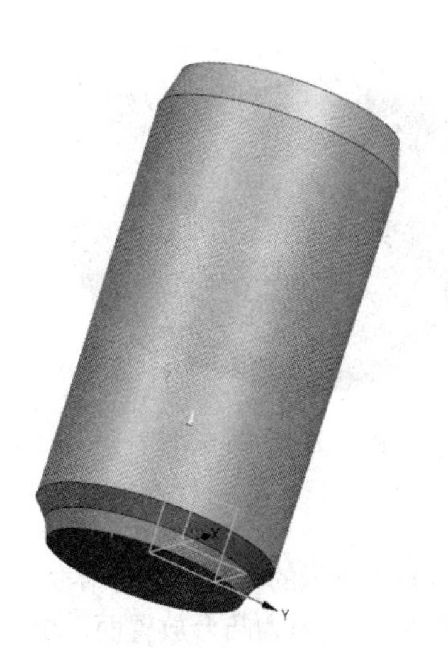

图 3-176　创建凸台

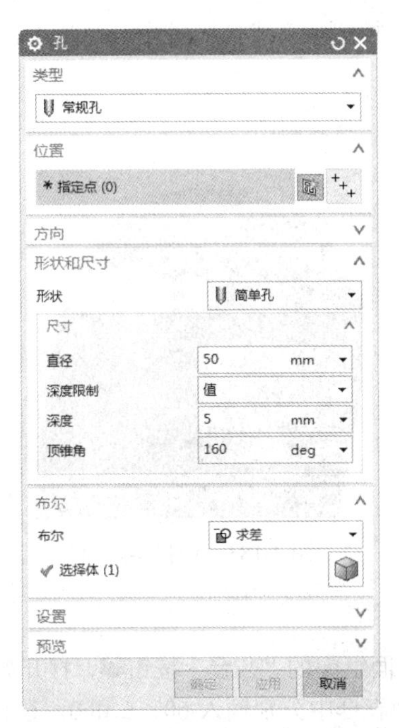

图 3-177　“孔”对话框

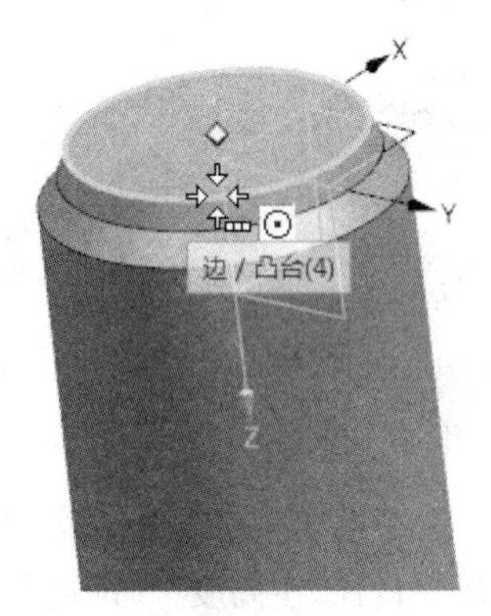

图 3-178　捕捉圆心

6. 边倒圆 1

（1）选择“菜单”→“插入”→“细节特征”→“边倒圆”命令，打开如图 3-180 所示的“边倒圆”对话框，分别选择如图 3-179 所示的边 1、2、3 进行倒圆角，半径为 1。单击“应用”按钮。

（2）采用相同的步骤，选择如图 3-179 所示的边 4 进行圆角处理，半径为 3，结果如图 3-181 所示。

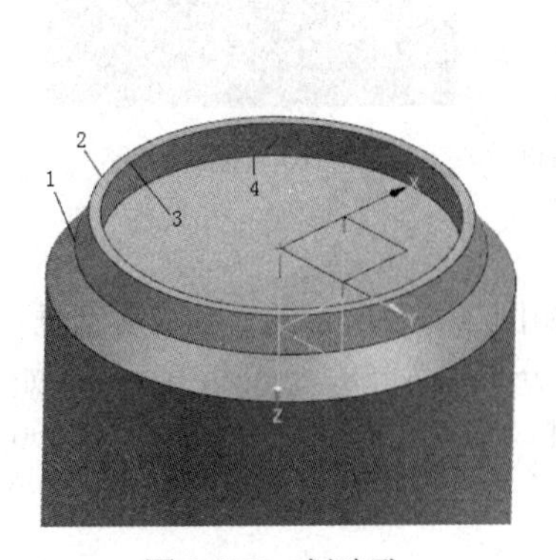

图 3-179　创建孔

图 3-180　“边倒圆”对话框

图 3-181　倒圆角

7. 抽壳操作

选择“菜单”→“插入”→“偏置/缩放”→“抽壳”命令，打开如图 3-182 所示的“抽壳”对话

Note

框。选择“移除面，然后抽壳”类型，在“厚度”下拉列表框中输入 0.2，选择如图 3-183 所示的圆柱体表面为移除面，单击“确定”按钮，完成抽壳操作，如图 3-184 所示。

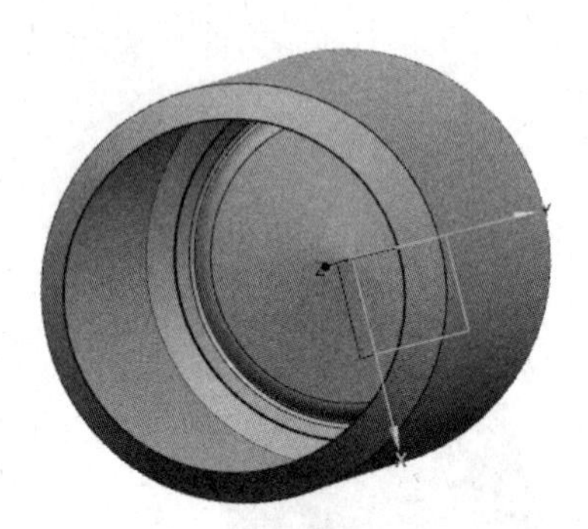

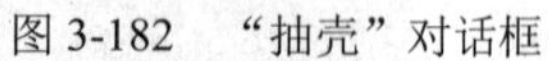

图 3-182 “抽壳”对话框　　图 3-183 选择移除面　　图 3-184 抽壳处理

8. 创建凸台 2

单击“主页”选项卡“特征”面组中的“凸台”按钮，打开如图 3-185 所示的“凸台”对话框。在“直径”“高度”“锥角”下拉列表框中分别输入 60、3 和 0，选择圆柱体上端面为凸台放置面，单击“确定”按钮，生成凸台并打开“定位”对话框，单击“点落在点上”按钮，打开“点落在点上”对话框。按系统提示选择圆柱底面圆弧边为目标对象，弹出如图 3-186 所示的“设置圆弧的位置”对话框，单击“圆弧中心”按钮，完成凸台的创建，如图 3-187 所示。

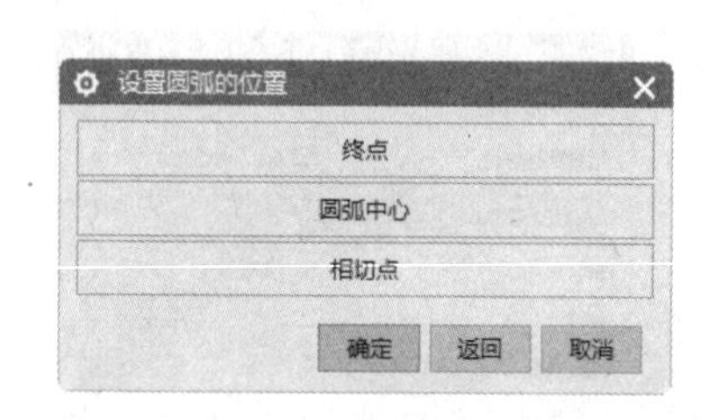

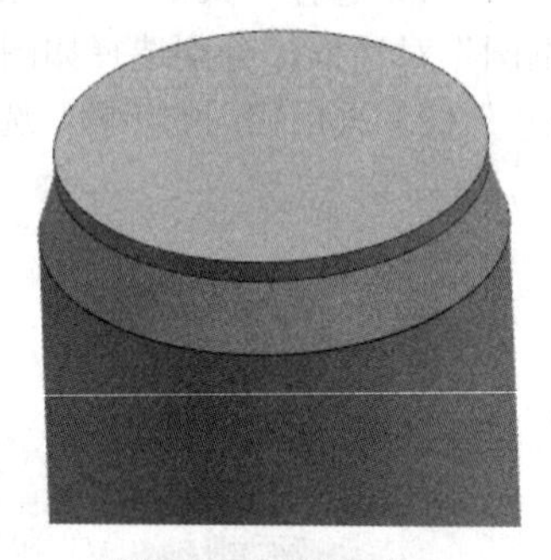

图 3-185 “凸台”对话框　　图 3-186 “设置圆弧的位置”对话框　　图 3-187 创建凸台

9. 创建孔 2

选择“菜单”→“插入”→“设计特征”→“孔”命令，打开如图 3-188 所示的“孔”对话框。选择“简单孔”形状，在“直径”“深度”“顶锥角”下拉列表框中分别输入 58、2.8 和 0，捕捉如图 3-189 所示的步骤 8 创建的凸台表面圆弧圆心为孔放置位置，单击“确定”按钮，生成如图 3-190 所示的模型。

10. 绘制草图

单击“主页”选项卡“直接草图”面组上的“草图”图标，打开如图 3-191 所示的“创建草图”对话框。选择步骤 9 创建的孔底面为草图绘制平面，单击“确定”按钮，进入草图绘制界面，绘制如

图 3-191 所示的草图。

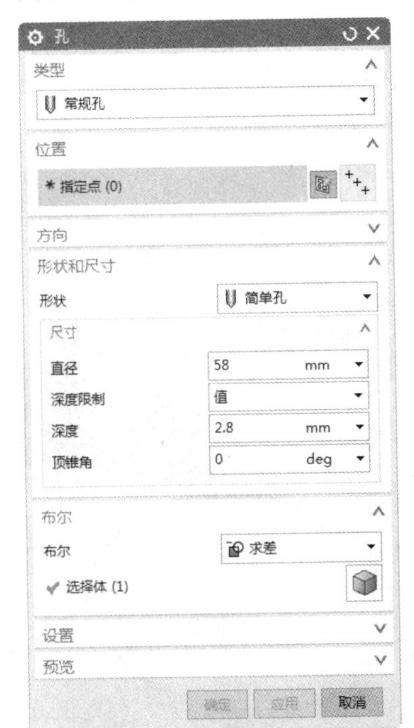

图 3-188 “孔”对话框

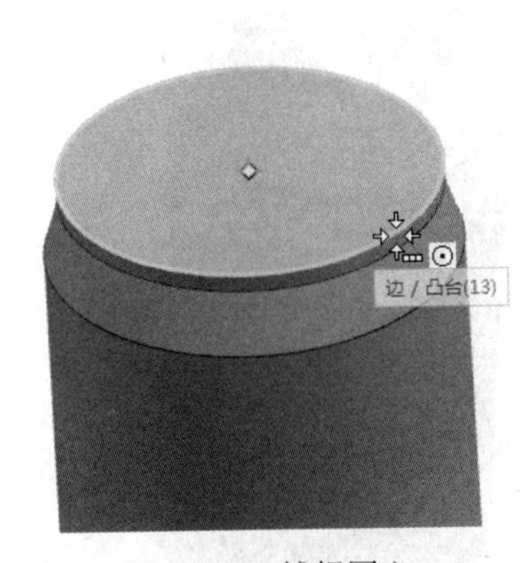

图 3-189 捕捉圆心

图 3-190 创建孔

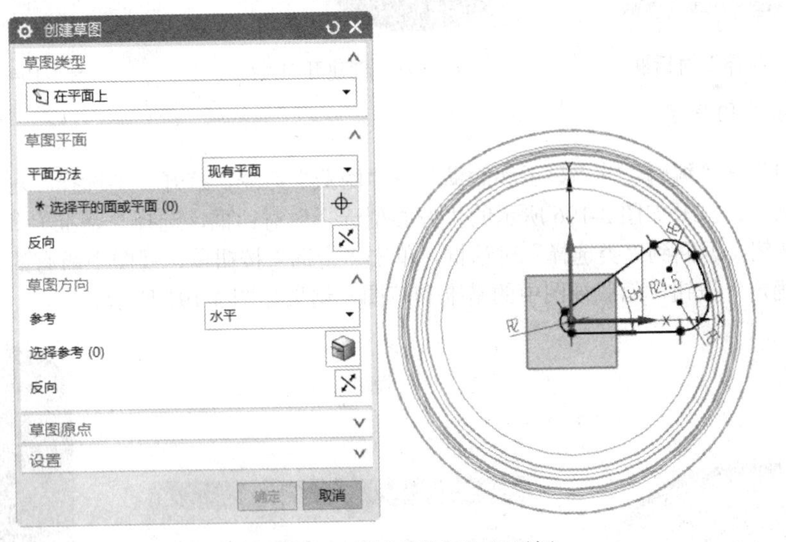

图 3-191 “创建草图”对话框

11. 拉伸操作

单击“主页”选项卡中“特征”面组上的“拉伸”按钮，打开如图 3-192 所示的“拉伸”对话框。系统自动选取步骤 10 绘制的草图为拉伸曲线。在“指定矢量”下拉列表框中选择-ZC 轴为拉伸方向，设置开始距离和结束距离分别为 0 和 3，选择布尔“求差”方式，单击“确定”按钮，结果如图 3-193 所示。

Note

12. 边倒圆 2

选择“菜单”→“插入”→“细节特征”→“边倒圆”命令，打开“边倒圆”对话框，选择如图3-194所示的边进行倒圆角，半径为0.5。单击“确定”按钮，结果如图3-195所示。

图3-192　“拉伸”对话框

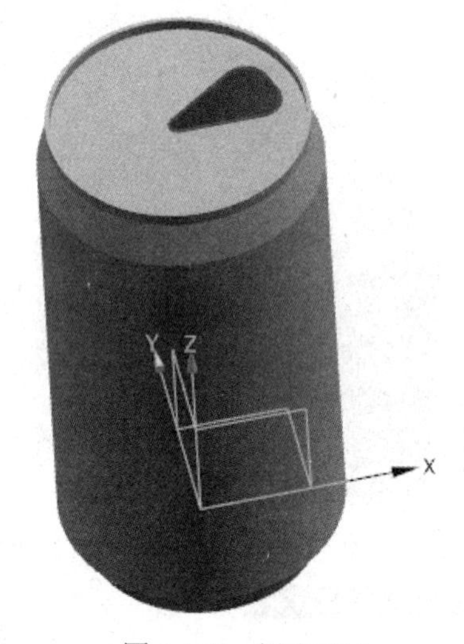

图3-193　创建开口

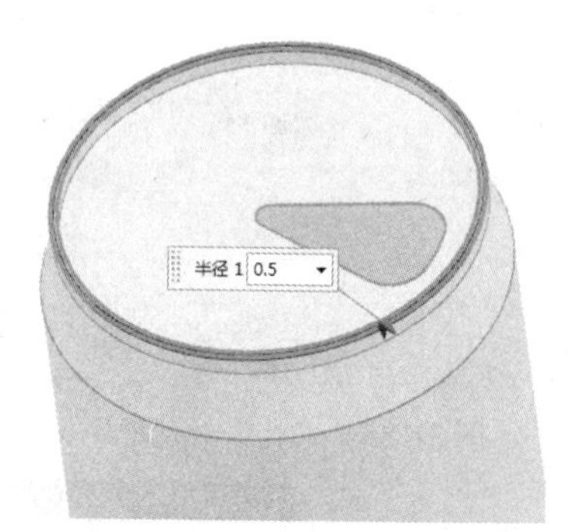

图3-194　选取边

13. 隐藏基准和草图

选择“菜单”→“编辑”→“显示和隐藏”→“隐藏”命令，打开“类选择”对话框，单击“类型过滤器”按钮，打开如图3-196所示的“按类型选择”对话框，选择“基准”和“草图”类型，单击“确定”按钮，返回到“类选择”对话框，单击“全选”按钮，视图中所有的基准和草图都被选中，单击“确定”按钮，隐藏视图中的基准和草图，结果如图3-197所示。

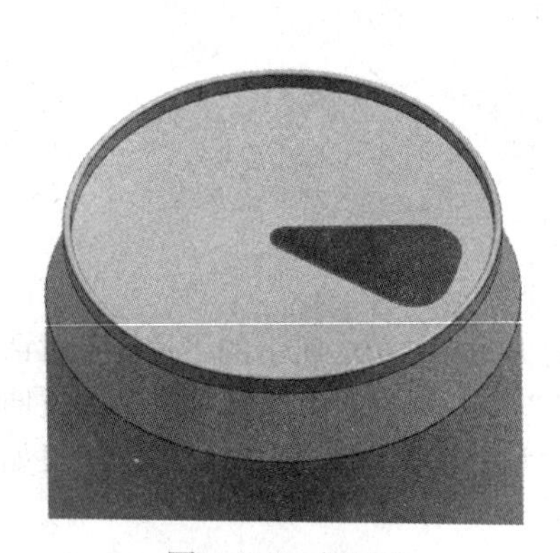

图3-195　倒圆角

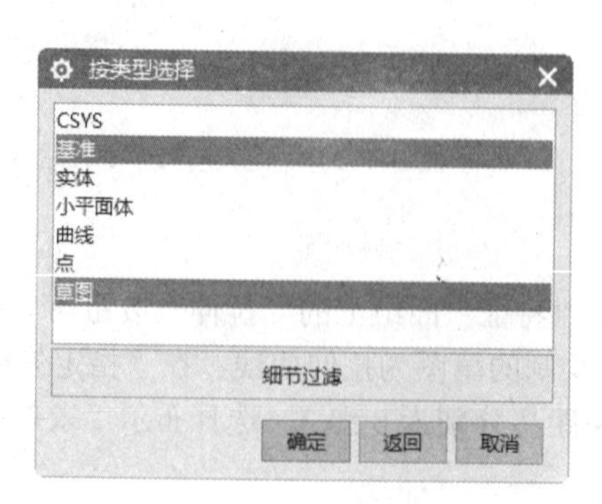

图3-196　“按类型选择”对话框

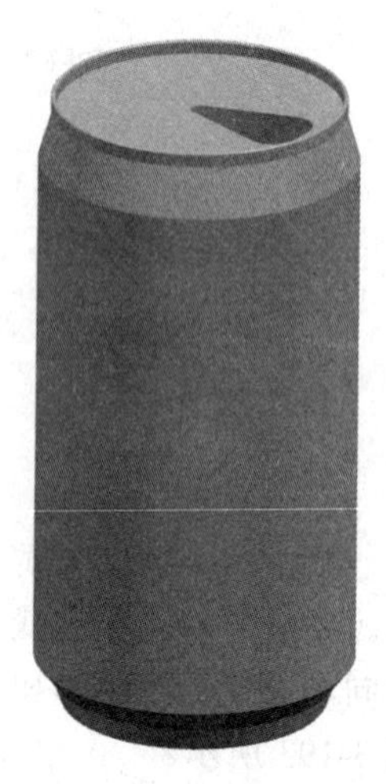

图3-197　隐藏基准和草图

3.6.2 打印模型

由于模型侧面外壁的厚度推荐设置值为0.8mm，小于此值的外壁将无法打印，建议打印之前查看一下模型外壁的厚度。模型“易拉罐”的壁厚为0.2mm，将无法打印，建议修改模型壁厚至0.8mm。根据3.1.2节步骤3中（1）～（3）的步骤进行参数设置，按步骤3中（4）～（8）相应步骤操作即可。

3.6.3 处理打印模型

处理打印模型有以下3个步骤：

（1）取出模型。打印完毕后，将打印平台降至零位，用刀片等工具将模型底部与平台底部撬开，以便于取出模型。取出后的易拉罐模型如图3-198所示。

（2）去除支撑。如图3-198所示，取出后的易拉罐模型底部存在一些打印过程中生成的支撑，使用刀片、钢丝钳、尖嘴钳等工具，将易拉罐模型底部的支撑去除。

（3）打磨模型。根据去除支撑后的模型粗糙程度，可先用锉刀、粗砂纸等工具对支撑与模型接触的部位进行粗磨，然后用较细粒度的砂纸对模型进一步打磨。处理后的易拉罐模型如图3-199所示。

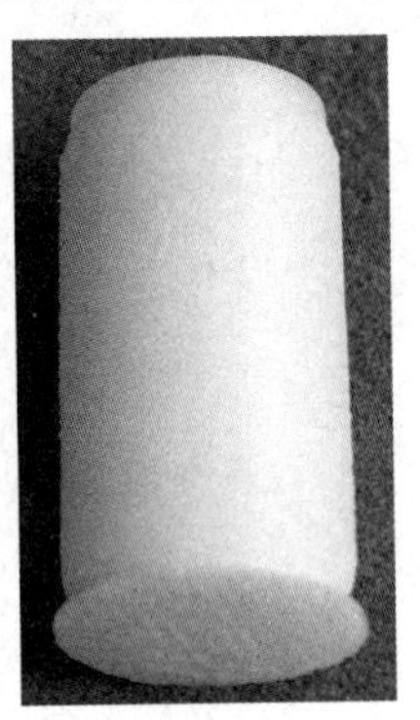

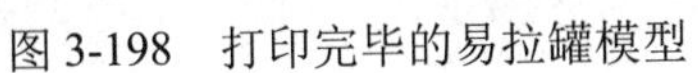

图3-198 打印完毕的易拉罐模型

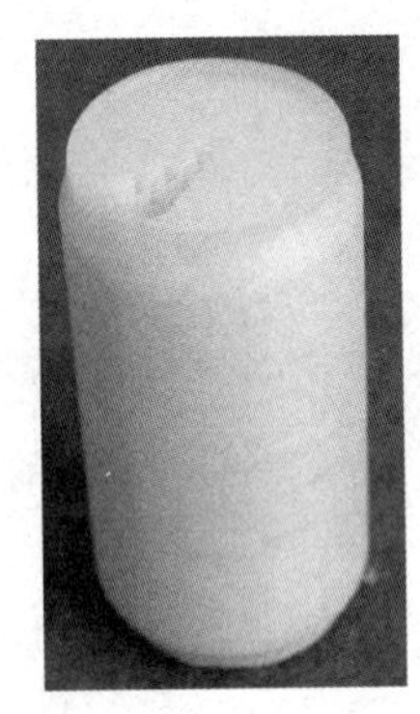

图3-199 去除易拉罐模型的支撑

3.7 门 把 手

扫码看视频

3.7 门把手

首先利用UG软件创建门把手模型，再利用Cura软件打印门把手的3D模型，最后对打印出来的门把手模型进行去除支撑和毛刺处理，流程图如图3-200所示。

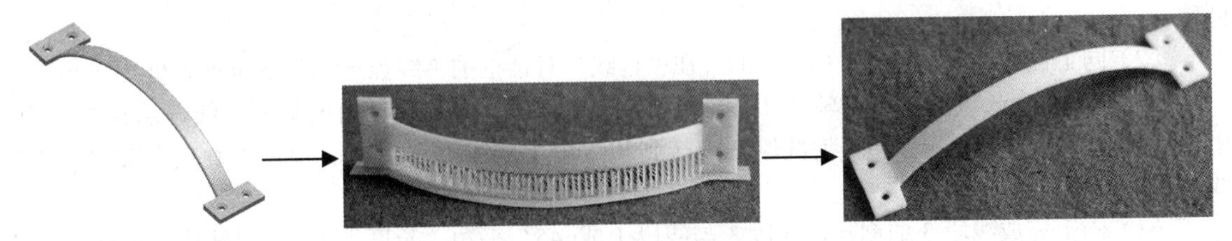

图3-200 门把手模型创建流程图

3.7.1 创建模型

门把手主要由3部分组成，即由曲线拉伸而成的弧形把手、长方体形安装支座和安装沉孔。

1. 新建文件

选择“文件”→“新建”命令，弹出“新建”对话框，在“模型”选项卡中选择“模型”模板，文件名为menbashou，单击“确定”按钮，进入建模环境。

2. 绘制圆

（1）选择“菜单”→“插入”→“曲线”→“基本曲线”命令，弹出如图3-201所示的“基本曲线”对话框，单击“圆”按钮○，在“点方法”下拉列表框中选择“点构造器”选项，弹出“点”对话框，根据系统提示输入圆中心坐标，输入（0，0，0），单击“确定”按钮，系统提示输入圆上一点坐标，输入（195，0，0），单击“确定”按钮，完成圆1的创建。

（2）同步骤（1），创建圆心在（0，0，0）、半径为200的圆2，如图3-202所示。

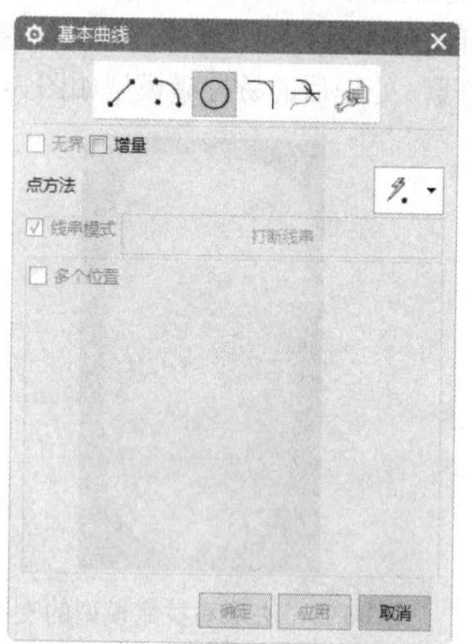

图3-201　“基准曲线”对话框

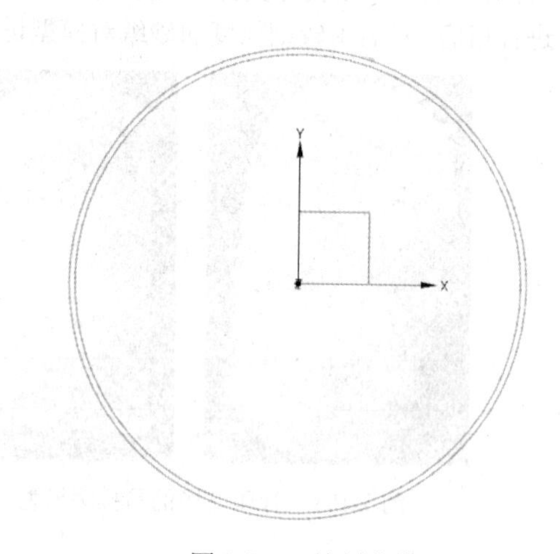

图3-202　绘制曲线

3. 绘制直线

（1）选择“菜单”→“插入”→“曲线”→“直线”命令，弹出如图3-203所示的“直线”对话框。在“起点选项”下拉列表框中选择“点”选项，跟随鼠标箭头出现坐标对话框，在坐标对话框中输入（0，0，0），按Enter键，确定线段起始点；在“终点选项”下拉列表框中选择“点”选项，在坐标对话框中输入（200，0，0），按Enter键，确定线段终点，单击“确定”按钮，完成线段1的创建。

（2）同上创建线段2起点（0，0，0），在“直线”对话框的“终点选项”下拉列表框中选择“成一角度”选项，在长度对话框中输入195，按Enter键，系统提示选择角度基准直线，选择线段1，用鼠标拖动屏幕中的旋转手柄，使线段2旋转到和线段1成45°夹角处，单击“确定”按钮，完成线段2的创建。

（3）同上完成线段3的创建，线段3与线段1成-45°夹角，长度为195。以线段2和线段3的终点为起点创建两条平行于X轴的线段，长度为20。生成曲线如图3-204所示。

图 3-203 “直线”对话框

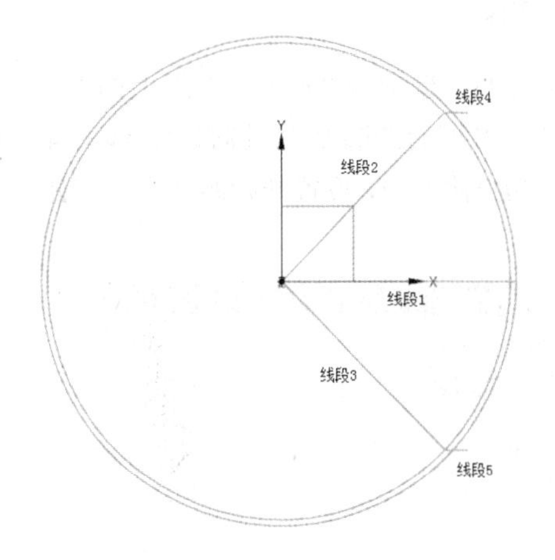

图 3-204 绘制曲线

4. 裁剪圆弧

单击“曲线”选项卡“编辑曲线”面组中的“修剪曲线”按钮，弹出如图 3-205 所示的“修剪曲线”对话框。按对话框设置各选项，选择线段 2 和线段 3 为裁剪边界，裁剪圆弧 1（注意鼠标选择部分是要被裁剪的部分，所以选择线段 2 和线段 3 之间大弧部分，裁剪大弧）。同上选择线段 4 和线段 5 为裁剪边界，裁剪圆弧 2。最后选择圆弧 2 为裁剪边界，分别裁剪线段 4 和线段 5，生成曲线如图 3-206 所示。

图 3-205 “修剪曲线”对话框

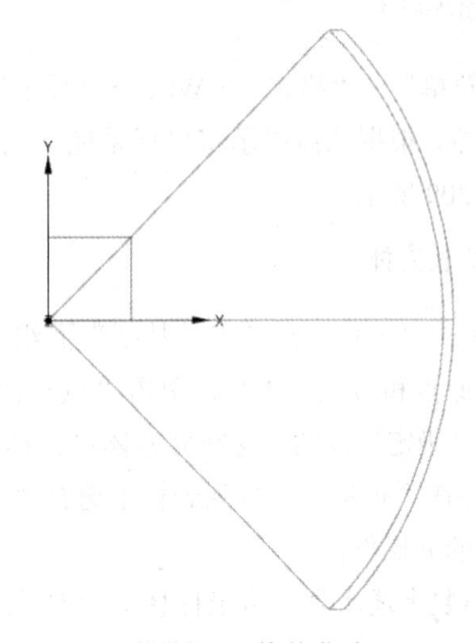

图 3-206 修剪曲线

Note

5. 拉伸操作

单击“主页”选项卡“特征”面组上的“拉伸”按钮，打开如图 3-207 所示的“拉伸”对话框。选择屏幕中经裁剪后的圆弧 1、圆弧 2、线段 4 和线段 5 为拉伸曲线。在“指定矢量”下拉列表框中选择 ZC 轴为拉伸方向，设置开始距离和结束距离分别为 0 和 25，单击“确定”按钮，结果如图 3-208 所示。

图 3-207 “拉伸”对话框

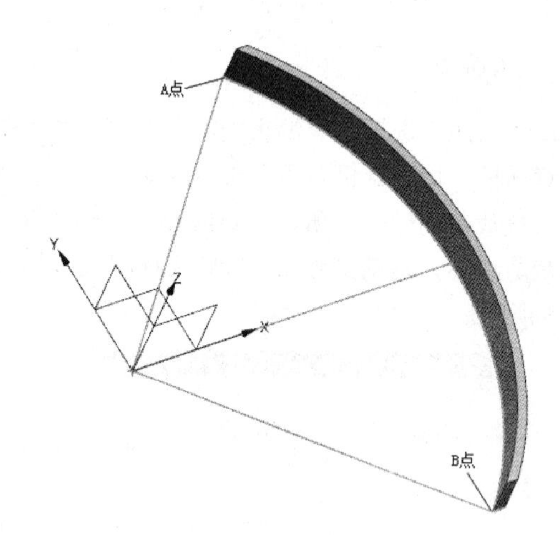

图 3-208 创建拉伸体

6. 移动坐标系

选择“菜单”→“格式”→WCS→“显示”命令，显示坐标系。选择“菜单”→“格式”→WCS→“动态”命令，根据系统提示将坐标系拖动到图 3-208 所示 A 端点，单击鼠标中键，完成坐标系的移动，如图 3-209 所示。

7. 创建长方体

（1）单击“主页”选项卡“特征”面组中的“块”按钮，弹出如图 3-210 所示的“块”对话框。选择“原点和边长”类型，单击“点对话框”按钮，弹出“点”对话框，输入坐标为（0，0，-20），单击“确定”按钮，返回立方体对话框，在“长度”“宽度”“高度”下拉列表框中分别输入 7、30 和 65，并在“布尔”下拉列表框中选择“求和”选项，单击“确定”按钮，完成长方体 1 的创建和与原模型的并操作。

（2）重复上述步骤，将坐标移动到 B 点，同上创建另一个长方体位于（0，-30，-20），长、宽和高分别为 7、30 和 65。生成模型如图 3-211 所示。

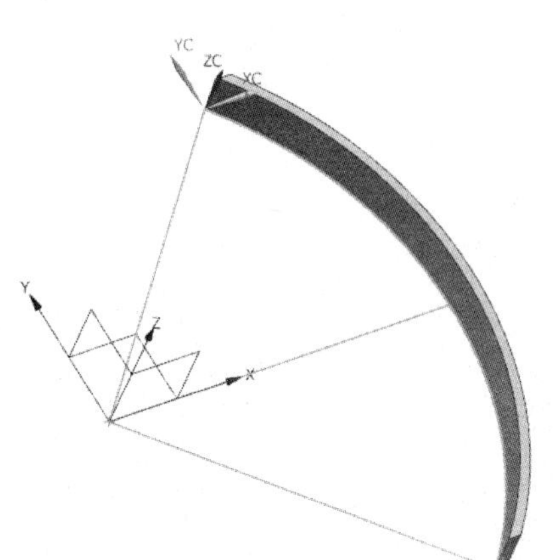

图 3-209　移动坐标系

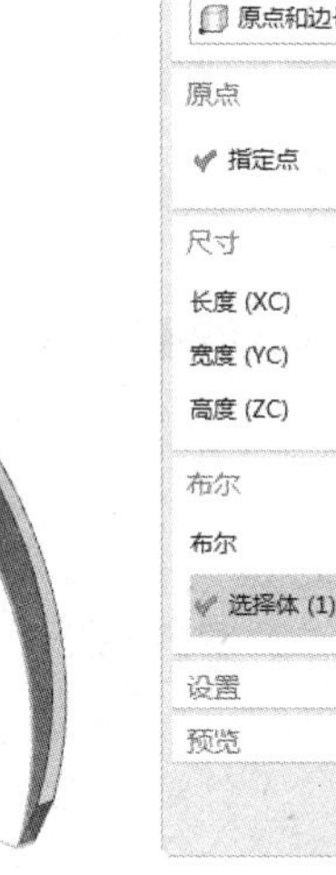

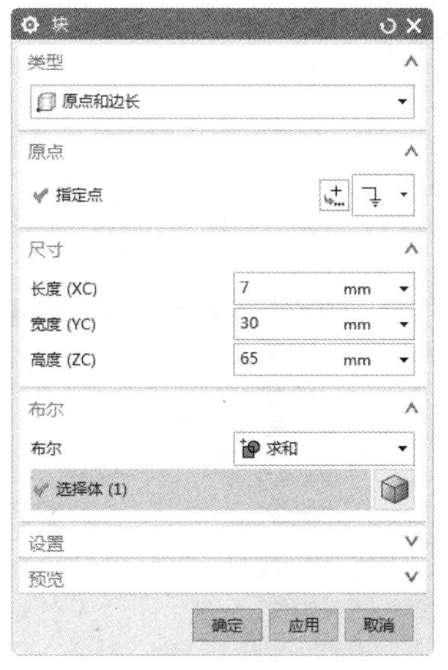

图 3-210　“块”对话框

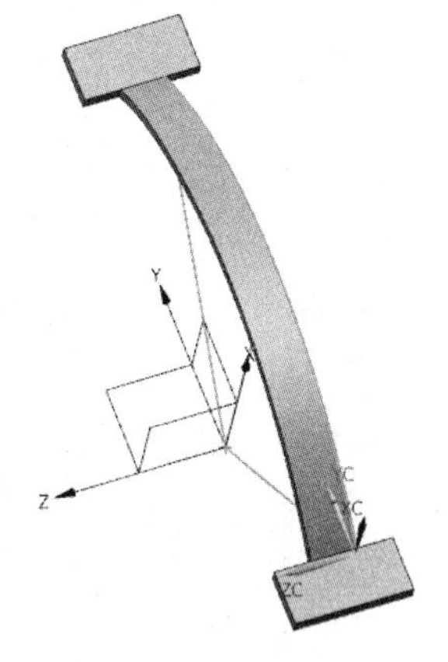

图 3-211　创建长方体

知识点——长方体

“长方体”共有如下 3 种创建方式。

（1）原点和边长：该方式允许用户通过原点和 3 条边长度来创建长方体，如图 3-212 所示。

（2）两点和高度：该方式允许用户通过高度和底面的两对角点来创建长方体，如图 3-213 所示。

（3）两个对角点：该方式允许用户通过两个对角顶点来创建长方体，如图 3-214 所示。

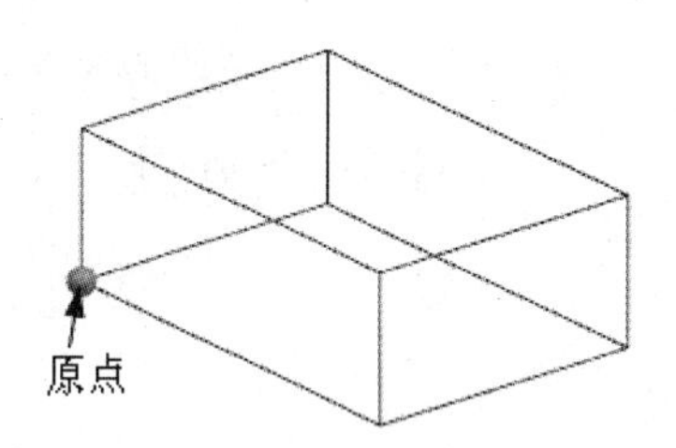

图 3-212　“原点和边长度”示意图

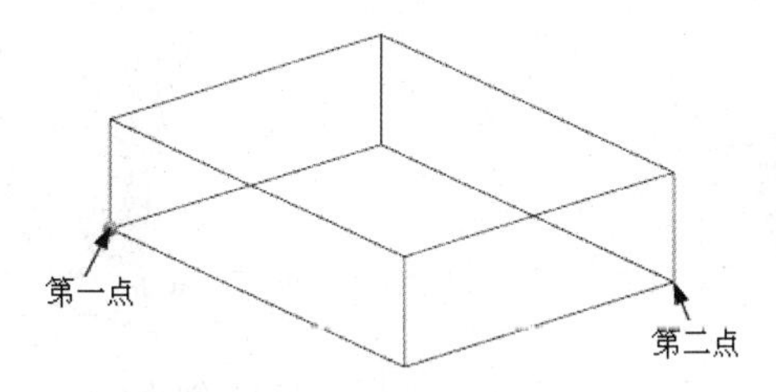

图 3-213　“两个点和高度”示意图

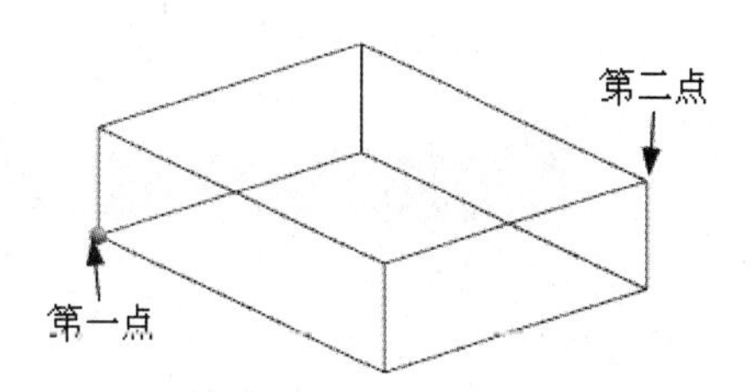

图 3-214　“两个对角点”示意图

8. 创建埋头孔

单击“主页”选项卡“特征”面组中的“孔”按钮，弹出的“孔”对话框如图 3-215 所示。选择“埋头孔”形状，在“埋头直径”“埋头角度”“直径”下拉列表框中分别输入 12.8、90 和 6.6，其他采用默认设置。单击“绘制截面”按钮，弹出如图 3-216 所示的“绘制草图”对话框，选择长方体 1 的上表面为草图绘制面，进入草图绘制环境并弹出如图 3-217 所示的“草图点”对话框，创建点并标注尺寸，如图 3-218 所示。单击“完成”按钮，退出草图环境返回到“孔”对话框，单击“确定”按钮，生成模型如图 3-219 所示。

Note

图 3-215 “孔”对话框

图 3-216 “绘制草图”对话框

图 3-217 “草图点”对话框

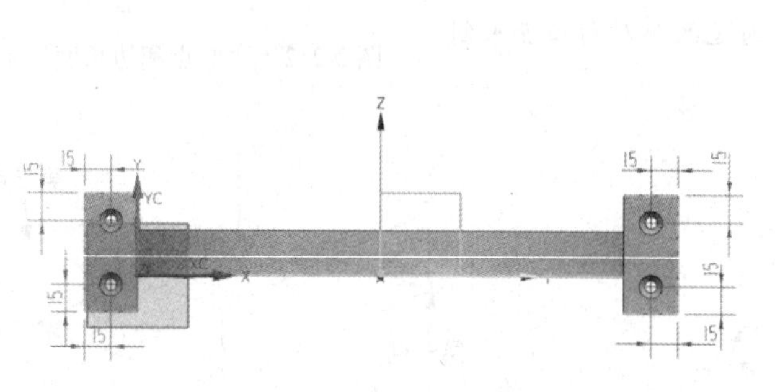

图 3-218 创建点

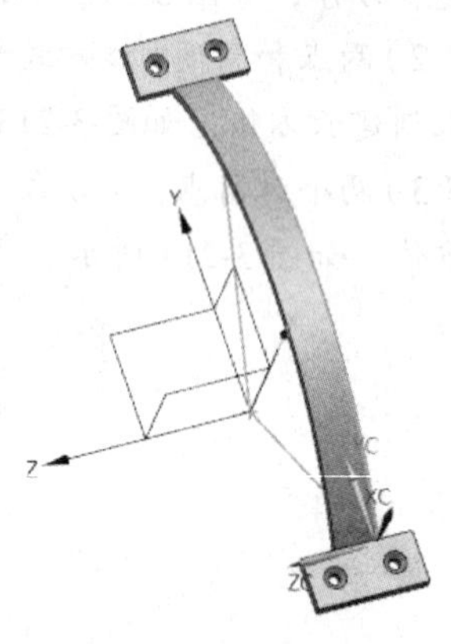

图 3-219 创建孔

9. 边倒圆

选择“菜单”→“插入”→“细节特征”→“边倒圆”命令，打开“边倒圆”对话框，选择如图 3-220 所示手柄的 4 条边进行倒圆角，半径为 2.5。单击“确定”按钮，结果如图 3-221 所示。

10. 隐藏基准和草图

选择“菜单”→“编辑”→“显示和隐藏”→“隐藏”命令，打开“类选择”对话框，单击“类型过滤器”按钮，打开“按类型选择”对话框，选择“基准”和“曲线”类型，单击“确定”按钮，返回到“类选择”对话框，单击“全选”按钮，视图中所有的基准和曲线都被选中，单击“确定”按钮，隐藏视图中的基准和曲线，结果如图 3-222 所示。

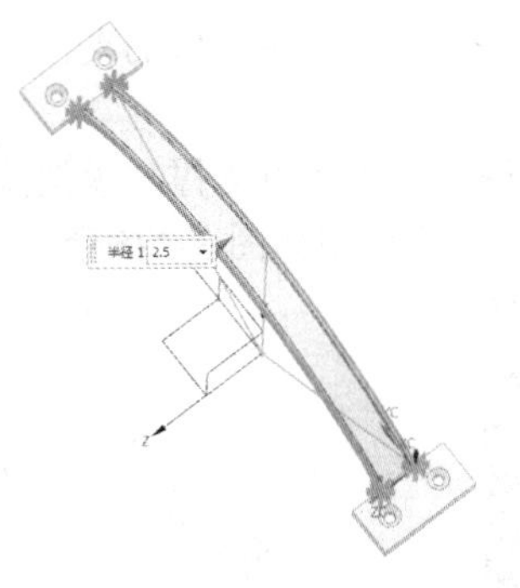

图 3-220　选取边

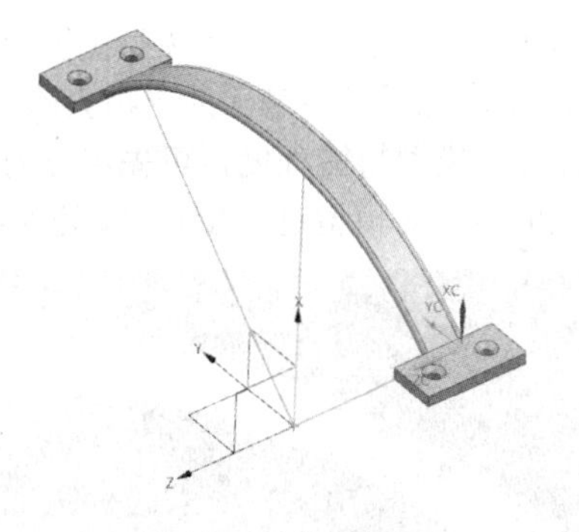

图 3-221　倒圆角

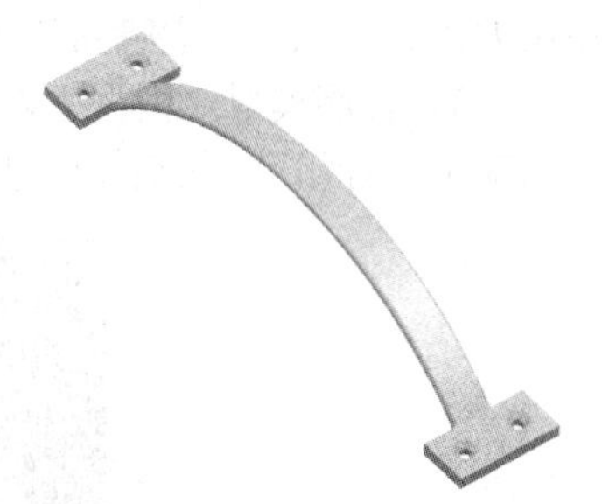

图 3-222　隐藏基准和曲线

3.7.2　打印模型

针对于本书所使用的 3D 打印机的尺寸限制，有一些模型的尺寸已经超过 3D 打印机所能够打印的最大尺寸，为了顺利打印，只能将模型按比例缩小。鼠标单击模型“门把手”，在三维视图的左下角将会出现“缩放”按钮，单击该按钮，弹出“缩放”对话框，可根据实际打印需要，输入沿 X、Y、Z 方向的缩放比例为 0.5，将模型缩小至原来的 0.5 倍，同时可减少打印时间，如图 3-223 所示。然后再根据 3.1.2 节步骤 3 中（1）～（3）相应的步骤进行参数设置，按步骤 3 中（4）～（8）相应步骤操作即可。

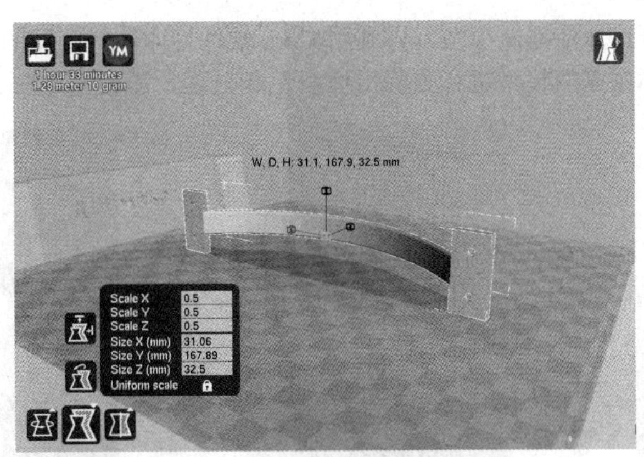

图 3-223　合理缩放模型“门把手”

3.7.3　处理打印模型

处理打印模型有以下 3 个步骤：

（1）取出模型。打印完毕后，将打印平台降至零位，用刀片等工具将模型底部与平台底部撬开，以便于取出模型。取出后的门把手模型如图 3-224 所示。

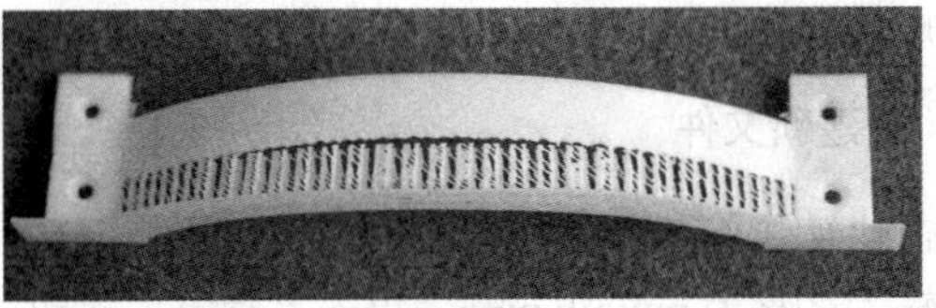

图 3-224　打印完毕的门把手模型

（2）去除支撑。如图 3-224 所示，取出后的门把手模型侧面存在一些打印过程中生成的支撑，使用刀片、钢丝钳、尖嘴钳等工具，将门把手模型侧面的支撑去除。

（3）打磨模型。根据去除支撑后的模型粗糙程度，可先用锉刀、粗砂纸等工具对支撑与模型接触的部位进行粗磨，然后用较细粒度的砂纸对模型进一步打磨。处理后的门把手模型如图 3-225 所示。

图 3-225　去除门把手模型的支撑

3.8 沐浴露瓶

首先利用 UG 软件创建沐浴露瓶模型，再利用 Cura 软件打印沐浴露瓶的 3D 模型，最后对打印出来的沐浴露瓶模型进行去除支撑和毛刺处理，流程图如图 3-226 所示。

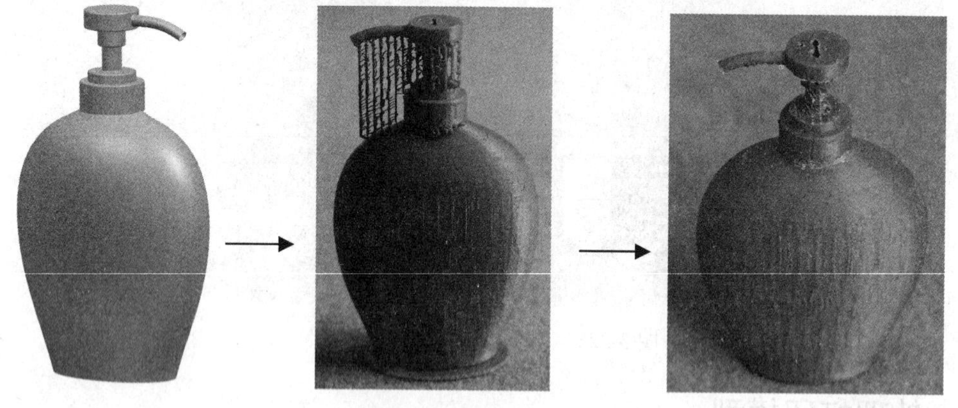

图 3-226　沐浴露瓶模型制作流程图

3.8.1 创建模型

首先绘制沐浴露瓶的主体截面，然后混合生成沐浴露瓶的主体轮廓；再旋转生成颈部特征；最后扫描生成管轮廓，再进行倒圆角和抽壳。

1. 创建新文件

单击快速访问工具栏中的“新建”按钮，打开“新建”对话框。在“模板”列表中选择“模型”选项，输入名称为 muyuluping，单击“确定”按钮，进入建模环境。

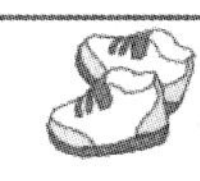

2. 绘制椭圆

（1）选择“菜单”→“插入”→“曲线”→“椭圆”命令，弹出如图 3-227 所示的“点”对话框，输入坐标点为（0，0，0），单击“确定”按钮，弹出如图 3-228 所示的“椭圆”对话框，设置“长半轴”为 50，“短半轴”为 30，其他采用默认设置，完成椭圆 1 的创建。

（2）同上步骤，在坐标点（0，0，40）处创建长半轴为 65、短半轴为 33 的椭圆 2；在坐标点（0，0，70）处创建长半轴为 75、短半轴为 35 的椭圆 3；在坐标点（0，0，180）处创建长半轴为 45、短半轴为 25 的椭圆 4；在坐标点（0，0，190）处创建长半轴为 25、短半轴为 15 的椭圆 5，结果如图 3-229 所示。

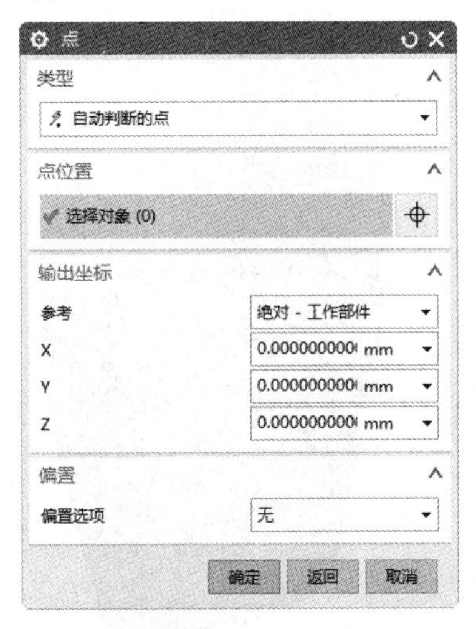

图 3-227　“点”对话框

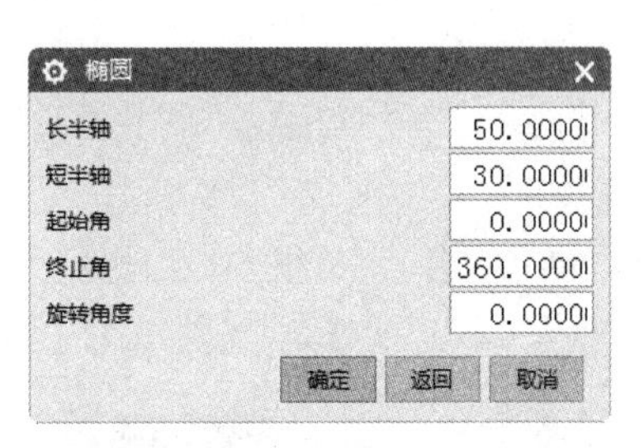

图 3-228　“椭圆”对话框

3. 创建曲线

选择“菜单”→“插入”→“曲线”→“基本曲线”命令，打开如图 3-230 所示的“基本曲线”对话框。单击“圆”按钮○，在“点方法”下拉列表框中选择“点构造器”选项，打开“点”对话框。输入坐标值（0，0，200）为圆中心点，单击“确定”按钮，输入（15，0，200）为半径点，单击“确定”按钮，完成圆的绘制，如图 3-231 所示。

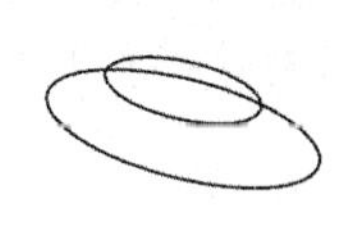

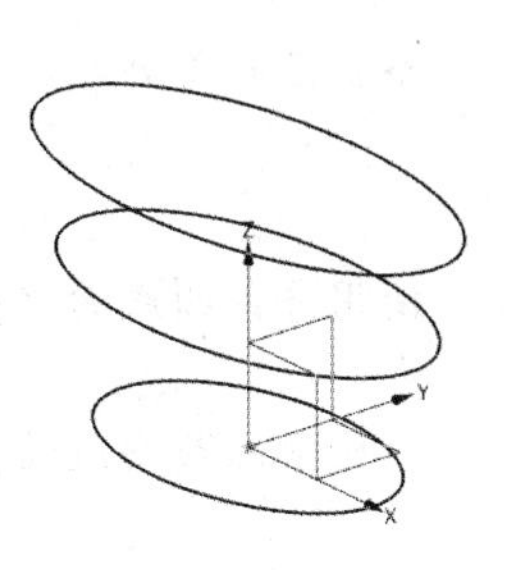

图 3-229　绘制椭圆

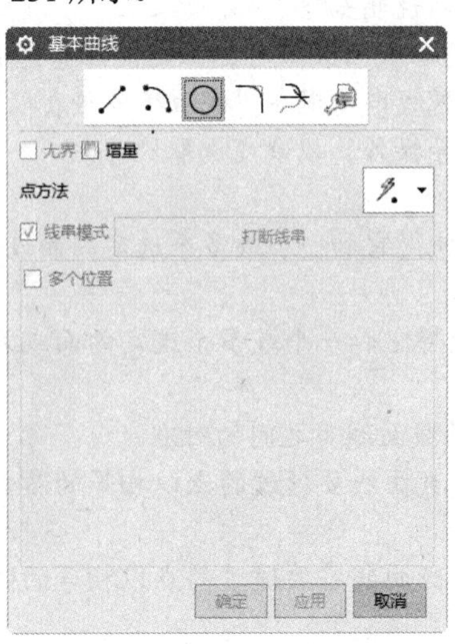

图 3-230　“基本曲线”对话框

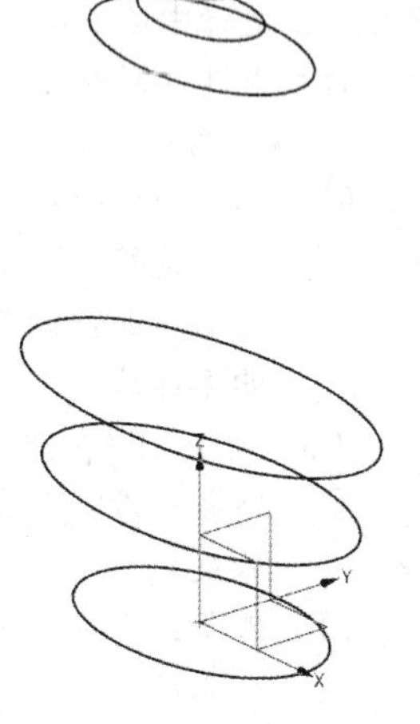

图 3-231　绘制圆 1

4. 创建瓶身

选择“菜单”→“插入”→“网格曲面”→“通过曲线组”命令，弹出如图3-232所示的“通过曲线组”对话框，根据系统提示选择椭圆1，完成后单击鼠标中键或单击“添加新集”按钮，依次选择椭圆2、椭圆3、椭圆4、椭圆5和圆，注意截面方向要一致，方向不一致可以单击“反向”按钮，调整方向，在“输出曲面选项”选项组中选择“匹配线串”补片类型，单击“确定”按钮，结果如图3-233所示。

图3-232 “通过曲线组”对话框

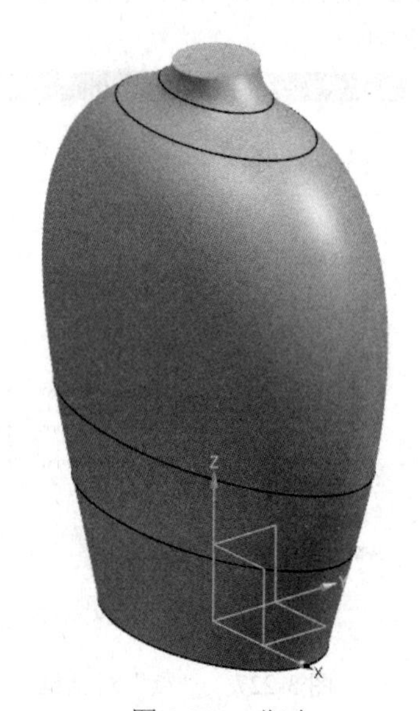

图3-233 瓶身

知识点——通过曲线组

该选项让用户通过同一方向上的一组曲线轮廓线生成一个体，这些曲线轮廓称为截面线串。用户选择的截面线串定义体的行。截面线串可以由单个对象或多个对象组成。

“通过曲线组”对话框中的选项说明如下。

（1）截面。选取曲线或点：选取截面线串时，一定要注意选取次序，而且每选取一条截面线，都要单击鼠标中键一次，直到所选取线串出现在“截面线串列表框”中为止，也可对该列表框中的所选截面线串进行删除、上移、下移等操作，以改变选取次序。

（2）连续性。

☑ 第一个截面：约束该实体使得它和一个或多个选定的面或片体在第一个截面线串处相切（或曲率连续）。

☑ 最后截面：约束该实体使得它和一个或多个选定的面或片体在最后一个截面线串处相切或曲率连续。

（3）对齐。让用户控制选定的截面线串之间的对准。

☑ 参数：沿定义曲线将等参数曲线要通过的点以相等的参数间隔隔开。使用每条曲线的整个长度。

☑ 弧长：沿定义曲线将等参数曲线将要通过的点以相等的弧长间隔隔开。使用每条曲线的整个长度。

☑ 根据点：将不同外形的截面线串间的点对齐。

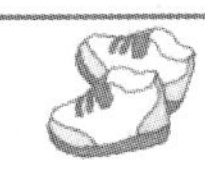

☑ 距离：在指定方向上将点沿每条曲线以相等的距离隔开。

☑ 角度：在指定轴线周围将点沿每条曲线以相等的角度隔开。

☑ 脊线：将点放置在选定曲线与垂直于输入曲线的平面的相交处。得到的体的宽度取决于这条脊线曲线的限制。

☑ 根据分段：使用输入曲线的点和相切值生成曲面。新的曲面需要通过定义输入曲线的点，但不是曲线本身。

（4）补片类型。让用户生成一个包含单个面片或多个面片的体。面片是片体的一部分。使用越多的面片来生成片体则用户可以对片体的曲率进行越多的局部控制。当生成片体时，最好是将用于定义片体的面片的数目降到最小。限制面片的数目可改善后续程序的性能并产生一个更光滑的片体。

（5）V 向封闭。对于多个片体来说，封闭沿行（V 方向）的体状态取决于选定截面线串的封闭状态。如果所选的线串全部封闭，则产生的体将在 V 方向上封闭。选中该复选框，片体沿列（V 方向）封闭。

5. 绘制草图

单击“主页”选项卡“直接草图”面组上的“草图”图标，打开“创建草图”对话框。在“平面方法”下拉列表框中选择“创建平面”选项，在“指定平面”下拉列表框中选择 XC-YC 平面为草图绘制平面，单击“确定”按钮，进入草图绘制界面。绘制如图 3-234 所示的草图。

6. 创建旋转

单击“主页”选项卡“特征”面组上的“旋转”按钮，弹出如图 3-235 所示的“旋转”对话框。选择步骤 5 创建的草图为截面曲线，选择 YC 轴为回转轴，指定瓶身上端面圆心为旋转点，并设置开始角度和结束角度分别为 0 和 360，选择布尔“求和”方式，单击“确定”按钮。完成旋转操作，生成的模型如图 3-236 所示。

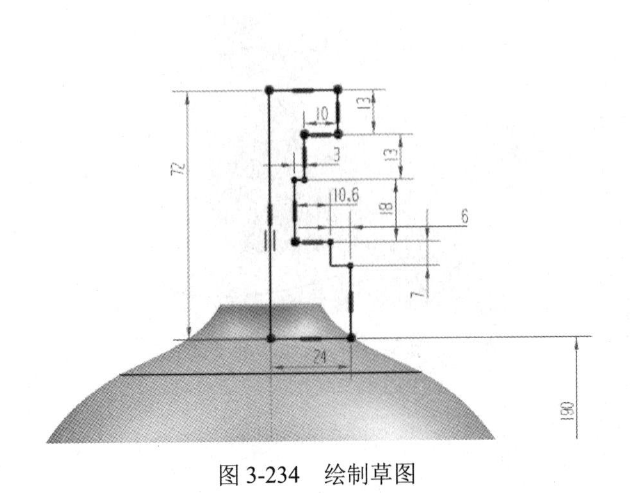

图 3-234　绘制草图

图 3-235　“旋转”对话框

Note

7. 绘制引导线草图

单击“主页”选项卡“直接草图”面组上的“草图”按钮，打开“创建草图”对话框。在“平面方法”下拉列表框中选择“创建平面”选项，在“指定平面”下拉列表框中选择 XC-YC 平面为草图绘制平面，单击“确定”按钮，进入草图绘制界面。绘制如图 3-237 所示的草图。单击“主页”选项卡“直接草图”面组中的“完成草图”按钮，退出草图环境。

图 3-236　旋转体

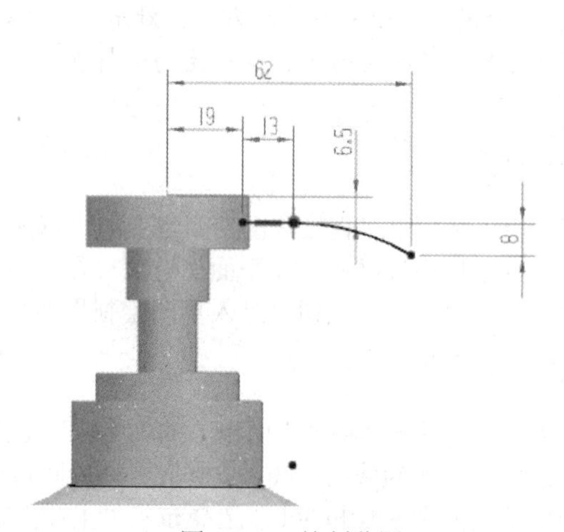

图 3-237　绘制草图

8. 创建基准平面

单击“主页”选项卡“特征”面组上的“基准平面”按钮，弹出如图 3-238 所示的“基准平面”对话框。选择“点和方向”类型，指定步骤 7 绘制的草图左端点为通过点，指定 XC 轴为基准平面的矢量方向，单击“确定”按钮，结果如图 3-239 所示。

图 3-238　“基准平面”对话框

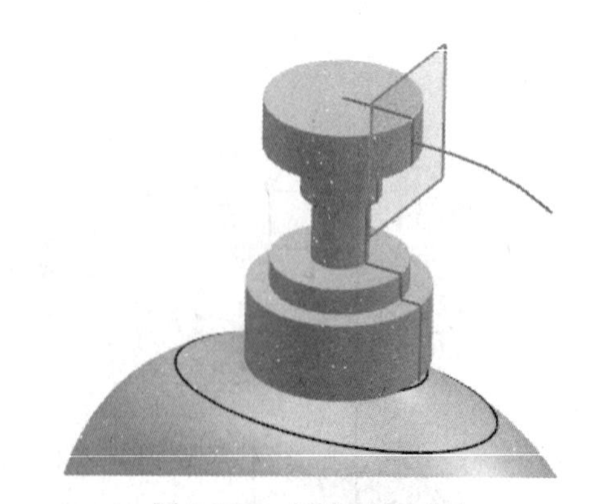

图 3-239　创建基准平面

知识点——基准平面

“基准平面”共有以下 10 种创建方式。

（1）自动判断：系统根据所选对象创建基准平面。

（2）按某一距离：通过和已存在的参考平面或基准面进行偏置得到新的基准平面。

（3）成一角度：通过与一个平面或基准面成指定角度来创建基本平面。

（4）二等分：在两个相互平行的平面或基准平面的对称中心处创建基准平面。

（5）曲线和点：通过选择曲线和点来创建基准平面。

（6）两直线：通过选择两条直线，若两条直线在同一平面内，则以这两条直线所在平面为基准平面；若两条直线不在同一平面内，那么基准平面通过一条直线且和另一条直线平行。

（7）相切：通过和一曲面相切且通过该曲面上点或线或平面来创建基准平面。

（8）通过对象：以对象平面为基准平面。

（9）点和方向：通过选择一个参考点和一个参考矢量来创建基准平面。

（10）曲线上：通过已存在的曲线，创建在该曲线某点处和该曲线垂直的基准平面。

Note

9. 绘制截面草图

单击“主页”选项卡“直接草图”面组上的“草图”图标，打开“创建草图”对话框。选择步骤 8 创建的基准平面为草图绘制平面，单击“确定”按钮，进入草图绘制界面。绘制如图 3-240 所示的草图。单击“主页”选项卡“直接草图”面组中的“完成草图”按钮，退出草图环境。

10. 创建瓶嘴

选择“菜单”→“插入”→“扫掠”→“扫掠”命令，弹出“扫掠”对话框，如图 3-241 所示。选择图 3-239 中所示的草图为引导线，选择图 3-240 中的草图为截面。在“对齐”下拉列表框中选择“参数”选项，在“定位方法”组的“方向”下拉列表框中选择“固定”选项，在“缩放方法”组的“缩放”下拉列表框中选择“恒定”选项，设置“比例因子”为 1.00。扫掠后的实体如图 3-242 所示。

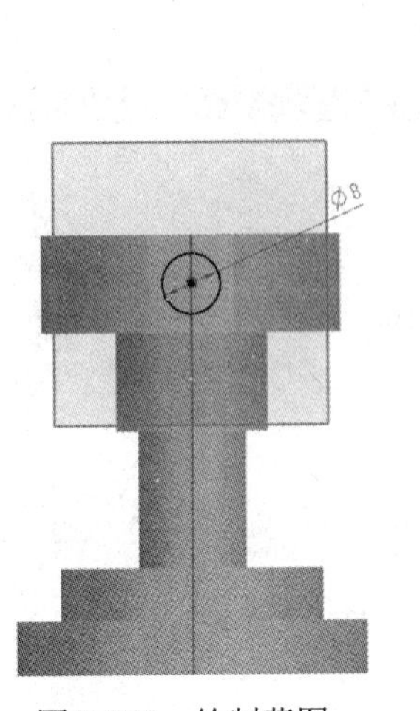

图 3-240　绘制草图

图 3-241　“扫掠”对话框

图 3-242　创建瓶嘴

Note

知识点——扫掠

通过沿一条或多条引导线扫掠截面来创建扫掠体，使用各种方法控制沿着引导线的形状。

“扫掠”对话框中的选项说明如下。

（1）定位方法。

☑ 固定：在截面线串沿着引导线串移动时，它保持固定的方向，并且结果是简单的平行的或平移的扫掠。

☑ 面的法向：局部坐标系的第二个轴和沿引导线串的各个点处的某基面的法向矢量一致。这样来约束截面线串和基面的联系。

☑ 矢量方向：局部坐标系的第二个轴和用户在整个引导线串上指定的矢量一致。

☑ 另一条曲线：通过连接引导线串上的相应的点和另一条曲线来获得局部坐标系的第二个轴（就好像在它们之间建立了一个直纹的片体）。

☑ 一个点：和“另一条曲线”相似，不同之处在于获得第二个轴的方法是通过引导线串和点之间的三面直纹片体的等价物。

☑ 角度规律：让用户使用规律子功能控制扫掠体的交叉角度。

☑ 强制方向：在沿着引导线串扫掠截面线串时，让用户把截面的方向固定在一个矢量。

当只指定一条引导线串时，还可以施加比例控制。这就允许当沿着引导线串扫掠截面线串时，截面线串可以增大或减小。

（2）缩放方法。

☑ 恒定：让用户输入一个比例因子，它沿着整个引导线串保持不变。

☑ 倒圆功能：在指定的起始比例因子和终止比例因子之间允许线性的或三次的比例，那些起始比例因子和终止比例因子对应于引导线串的起点和终点。

☑ 另一条曲线：类似于方向控制中的“另一条曲线”，但是此处在任意给定点的比例是以引导线串和其他的曲线或实边之间的划线长度为基础的。

☑ 一个点：和“另一条曲线”相同，但是，是使用点而不是曲线。选择此种形式的比例控制的同时还可以使用同一个点作方向控制（在构造三面扫掠时）。

☑ 面积规律：让用户使用规律子功能控制扫掠体的交叉截面面积。

☑ 周长规律：类似于“面积规律”，不同的是，用户控制扫掠体的交叉截面的周长，而不是它的面积。

11. 合并实体

单击“主页”选项卡“特征”面组上的“合并”按钮，弹出“合并”对话框，如图 3-243 所示。选择瓶身为目标体，选择瓶嘴为工具体，单击“确定”按钮。

图 3-243 “合并”对话框

12. 边倒圆

单击“主页”选项卡中“特征”面组上的“边倒圆”按钮，打开如图 3-244 所示的“边倒圆”对话框。输入圆角半径为 1，选择如图 3-245 所示的边，单击“确定”按钮，完成圆角处理，结果如图 3-246 所示。

图 3-244 “边倒圆”对话框

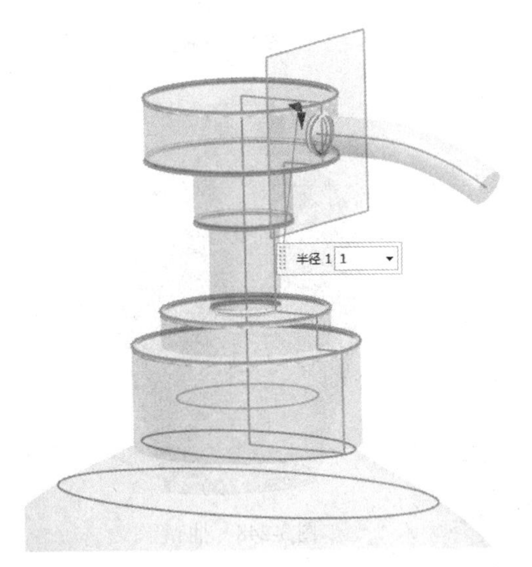

图 3-245 选择圆角边

13. 抽壳处理

单击“主页”选项卡“特征”面组上的“抽壳”按钮，弹出“抽壳”对话框，如图 3-247 所示。选择“移除面，然后抽壳”类型，在图形中选择瓶嘴的平面为移除面，设置“厚度”为 0.5，单击“确定”按钮，完成抽壳操作，如图 3-248 所示。

图 3-246 倒圆角

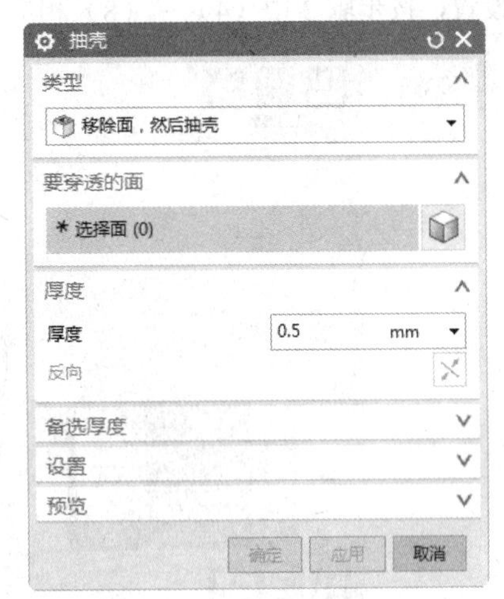

图 3-247 “抽壳”对话框

14. 隐藏基准、曲线和草图

选择“菜单”→“编辑”→“显示和隐藏”→“隐藏”命令，打开“类选择”对话框，单击“类型过滤器”按钮，打开“按类型选择”对话框，选择“基准”“曲线”“草图”类型，单击“确定”按钮，返回到“类选择”对话框，单击“全选”按钮，视图中所有的基准、曲线和草图都被选中，单击“确定”按钮，隐藏视图中的基准、曲线和草图，结果如图 3-249 所示。

图 3-248　抽壳

图 3-249　隐藏基准、曲线和草图

3.8.2　打印模型

单击模型“沐浴露瓶”，在三维视图的左下角将会出现“缩放”按钮，单击该按钮，弹出“缩放”对话框，可根据实际打印需要，输入沿 X、Y、Z 方向的缩放比例为 0.9，将模型缩小至原来的 0.9 倍，同时可减少打印时间，如图 3-250 所示。然后再根据 3.1.2 步骤 3 中（1）～（3）相应的步骤进行参数设置，按步骤 3 中（4）～（8）相应步骤操作即可。

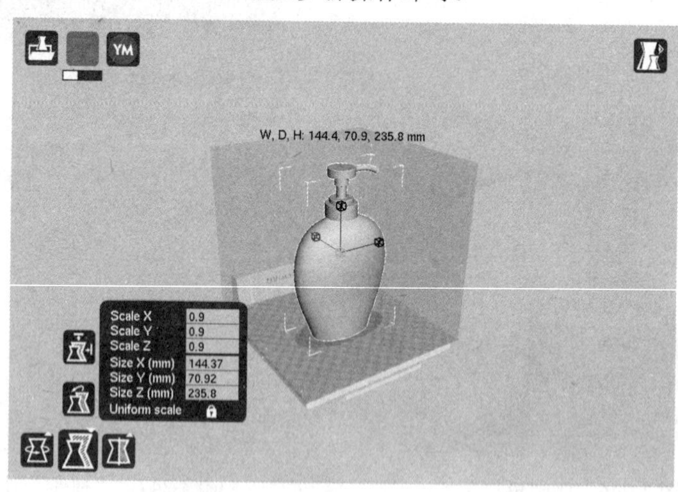

图 3-250　合理缩放模型“沐浴露瓶”

3.8.3　处理打印模型

处理打印模型有以下 3 个步骤：

（1）取出模型。打印完毕后，将打印平台降至零位，用刀片等工具将模型底部与平台底部撬开，以便于取出模型。取出后的沐浴露瓶模型如图 3-251 所示。

（2）去除支撑。如图 3-251 所示，取出后的沐浴露瓶模型底部和瓶口部分存在一些打印过程中

生成的支撑，使用刀片、钢丝钳、尖嘴钳等工具，将沐浴露瓶模型底部和瓶口的支撑去除。

（3）打磨模型。根据去除支撑后的模型粗糙程度，可先用锉刀、粗砂纸等工具对支撑与模型接触的部位进行粗磨，然后用较细粒度的砂纸对模型进一步打磨。处理后的沐浴露瓶模型如图3-252所示。

图3-251 打印完毕的沐浴露瓶模型

图3-252 去除沐浴露瓶模型的支撑

3.9 凉水壶

首先利用UG软件创建凉水壶模型，再利用Cura软件打印凉水壶的3D模型，最后对打印出来的凉水壶模型进行去除支撑和毛刺处理，流程图如图3-253所示。

图3-253 凉水壶模型创建流程图

3.9.1 创建模型

首先采用拉伸实体绘制壶身，再将圆柱面拔模，然后采用拉伸实体绘制壶嘴，再进行抽壳，最后采用扫描绘制手柄，再采用旋转切割切除多余的部分。

1. 创建新文件

单击快速访问工具栏中的“新建”按钮，打开“新建”对话框。在“模板”列表中选择“模型”

选项，输入名称为 liangshuihu，单击“确定”按钮，进入建模环境。

2. 创建圆柱体

选择“菜单”→“插入”→“设计特征”→“圆柱体”命令，打开如图 3-254 所示的“圆柱”对话框，选择“轴、直径和高度”类型，选择 ZC 轴为生成圆柱体矢量方向，单击“点对话框”按钮，在弹出的“点”对话框中输入（0，0，0）为圆柱体原点，在“直径”和“高度”下拉列表框中输入 100 和 200，单击“确定”按钮完成圆柱 1 的创建，如图 3-255 所示。

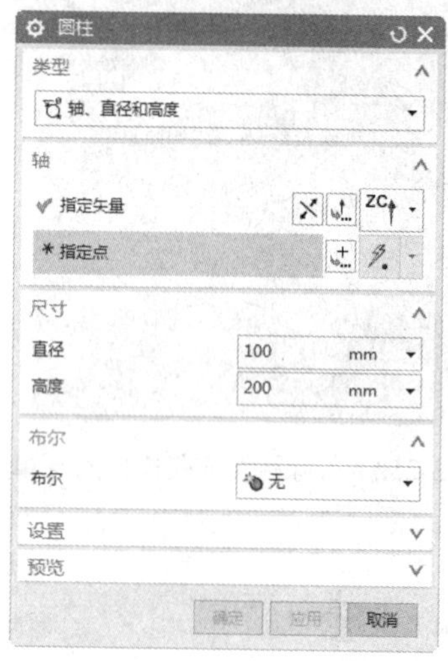

图 3-254 “圆柱”对话框

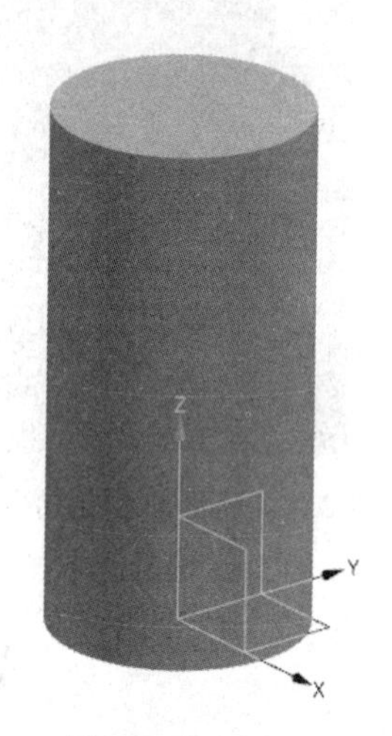

图 3-255 圆柱体

3. 拔模处理

单击“主页”选项卡“特征”面组中的“拔模”按钮，打开如图 3-256 所示的“拔模”对话框，选择“从平面或曲面”类型，选择 ZC 轴为脱模方向，选择圆柱体下表面为固定面，选择圆柱面为要拔模的面，输入角度为 3，如图 3-256 所示，单击“确定”按钮完成圆柱体的拔模操作，如图 3-257 所示。

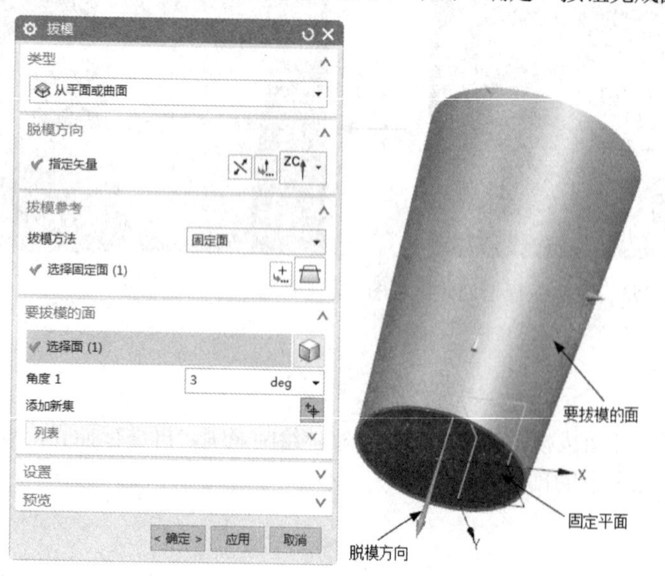

图 3-256 “拔模”对话框及示意图

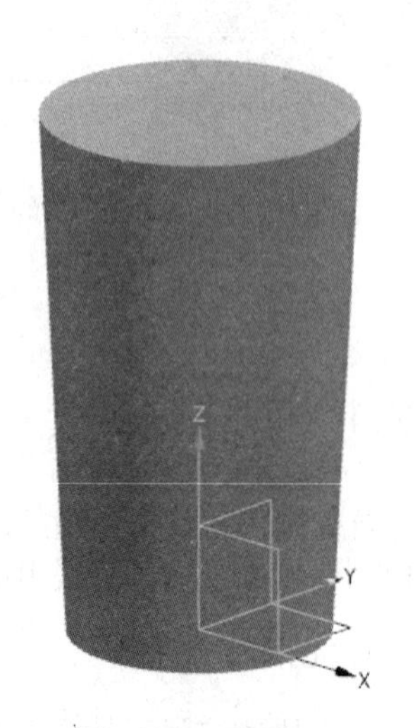

图 3-257 拔模处理

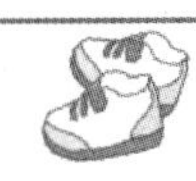

Note

知识点——拔模

"拔模"共有以下 4 种创建方式。

（1）从平面或曲面：能将选中的面倾斜。在该类型下，拔模参考点定义了垂直于拔模方向矢量的拔模面上的一个点。拔模特征与它的参考点相关。

（2）从边：能沿一组选中的边，按指定的角度拔模。该选项能沿选中的一组边按指定的角度和参考点拔模。当需要的边不包含在垂直于方向矢量的平面内时，该选项特别有用，如图 3-258 左图所示。

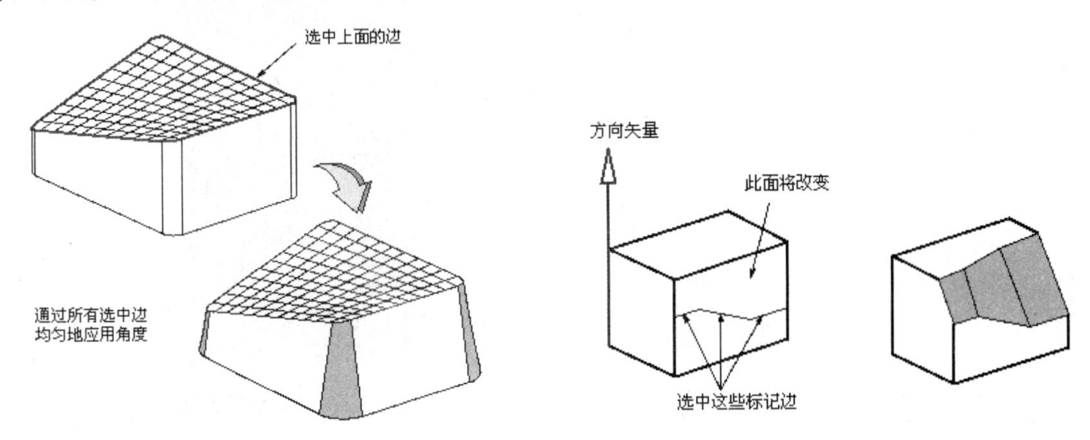

图 3-258　"从边"示意图

（3）与多个面相切：能以给定的拔模角拔模，开模方向与所选面相切。该选项按指定的拔模角进行拔模，拔模与选中的面相切。用此角度来决定用作参考对象的等斜度曲线。然后就在离开方向矢量的一侧生成拔模面，如图 3-258 所示。

该拔模类型对于模铸件和浇注件特别有用，可以弥补任何可能的拔模不足。

（4）至分型边：能沿一组选中的边，用指定的多个角度和一个参考点拔模。该选项能沿选中的一组边用指定的角度和一个参考点生成拔模。参考点决定了拔模面的起始点。分隔线拔模生成垂直于参考方向和边的扫掠面，如图 3-259 所示。在这种类型的拔模中，改变了面但不改变分隔线。这是处理模铸塑料部件时一个常用的操作。

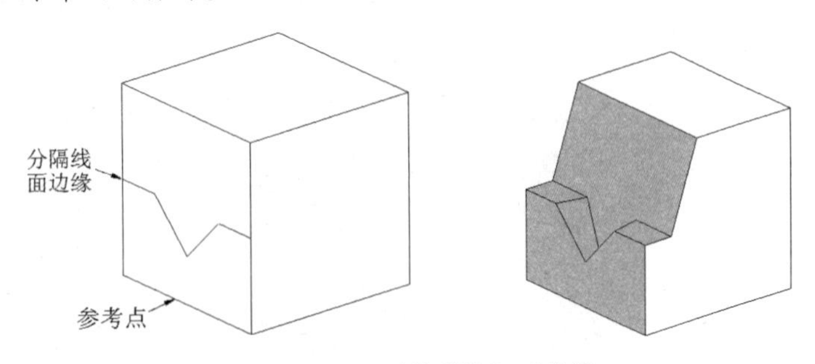

图 3-259　"至分型边"示意图

4. 创建长方体

单击"主页"选项卡"特征"面组中的"块"按钮，弹出如图 3-260 所示的"块"对话框。选择"原点和边长"类型，单击"点对话框"按钮，弹出"点"对话框，输入坐标为（0，-15，170），单击"确定"按钮，返回到"块"对话框，在"长度""宽度""高度"下拉列表框中分别输入 90、

Note

30 和 30，并在“布尔”下拉列表框中选择“求和”选项，单击“确定”按钮，完成长方体 1 的创建和与原模型的合并操作，如图 3-261 所示。

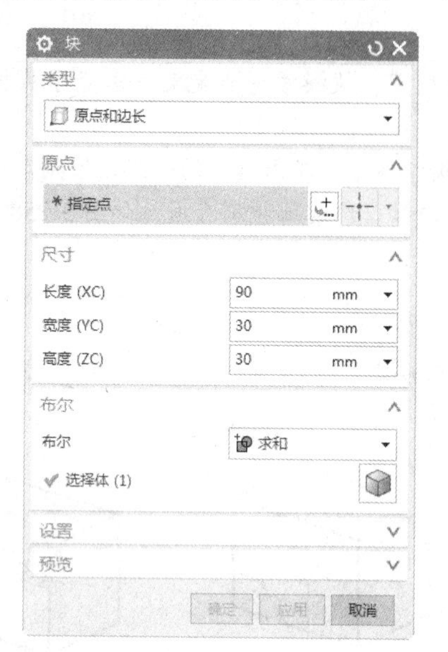

图 3-260 “块”对话框

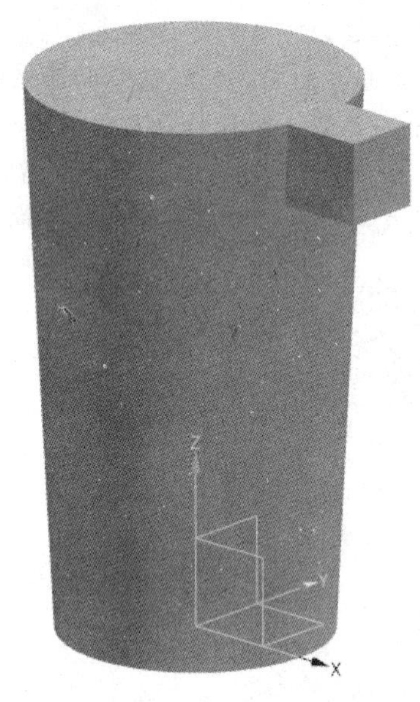

图 3-261 创建长方体

5. 边倒圆

（1）选择“菜单”→“插入”→“细节特征”→“边倒圆”命令，或单击“主页”选项卡“特征”面组上的“边倒圆”按钮，打开如图 3-262 所示的“边倒圆”对话框。输入圆角半径为 20，选择如图 3-263 所示的边 1，单击“应用”按钮。

图 3-262 “边倒圆”对话框

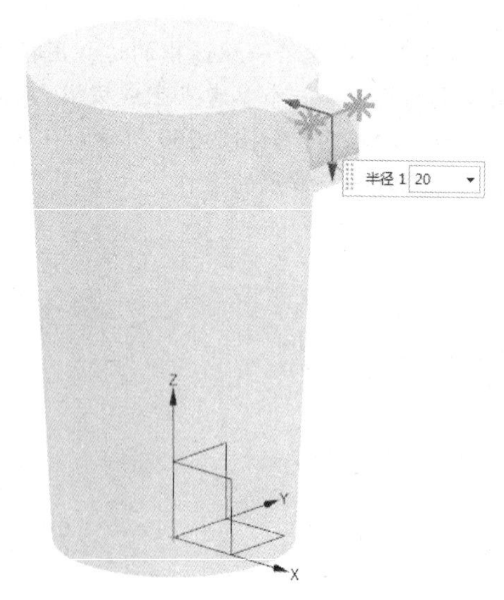

图 3-263 选择边 1

（2）输入圆角半径为 15，选择如图 3-264 所示的边 2，单击“应用”按钮。

（3）输入圆角半径为 15，选择如图 3-265 所示的边 3，单击“确定”按钮，结果如图 3-266 所示。

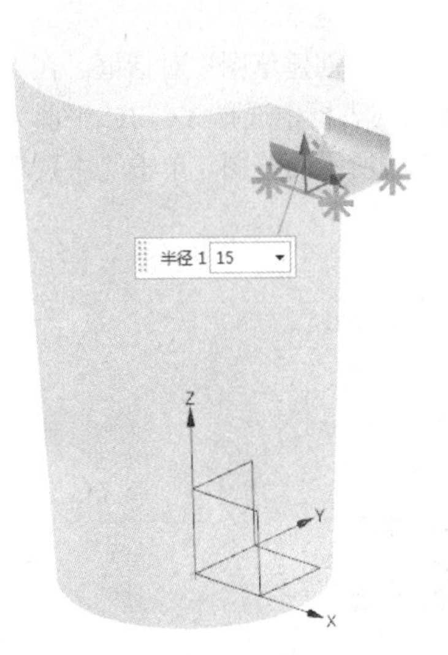

图 3-264 选择边 2

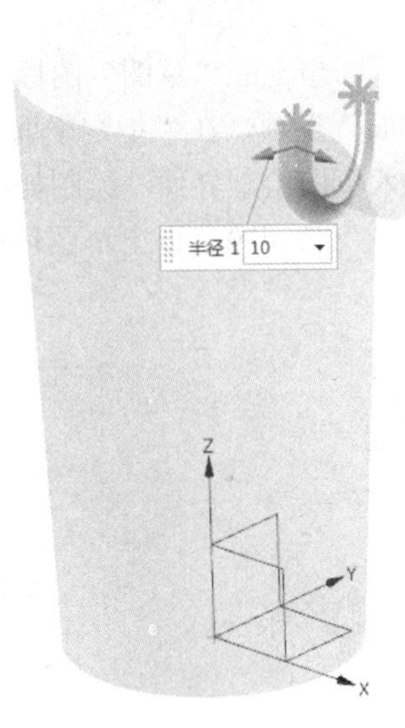

图 3-265 选择边 3

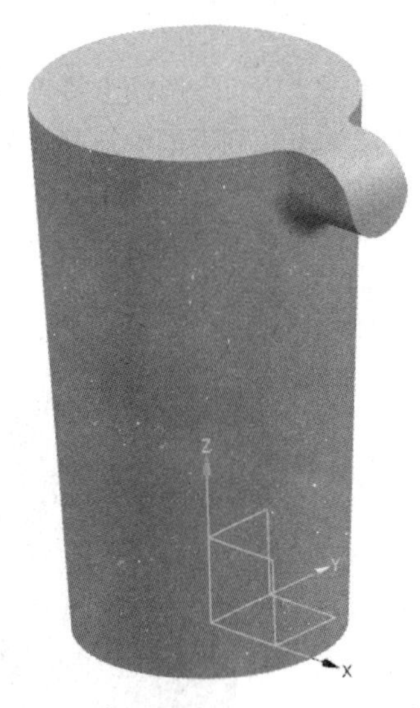

图 3-266 圆角处理

Note

6. 抽壳处理

单击“主页”选项卡“特征”面组上的“抽壳”按钮，弹出“抽壳”对话框，如图 3-267 所示。选择“移除面，然后抽壳”类型，在图形中选择壶身上表面，设置“厚度”为 2，单击“确定”按钮，完成抽壳操作，如图 3-268 所示。

图 3-267 “抽壳”对话框

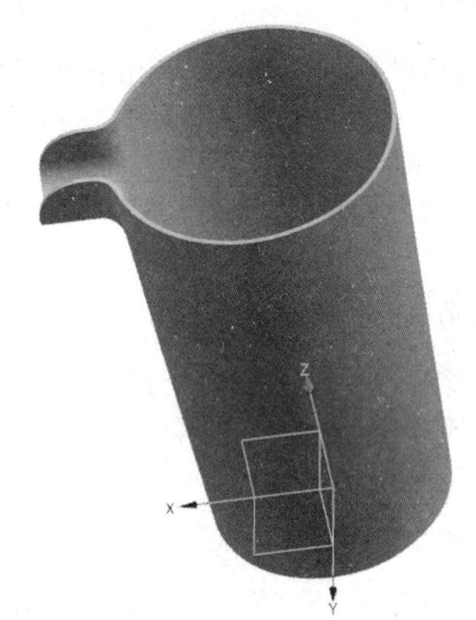

图 3-268 抽壳

7. 绘制引导线草图

单击“主页”选项卡“直接草图”面组上的“草图”图标，打开“创建草图”对话框。在“平面方法”下拉列表框中选择“创建平面”选项，在“指定平面”下拉列表框中选择 XC-ZC 平面为草图绘制平面，单击“确定”按钮，进入草图绘制界面。绘制如图 3-269 所示的草图。单击“主页”选项卡“直接草图”面组中的“完成草图”按钮，退出草图环境。

Note

8．绘制截面草图

单击“主页”选项卡“直接草图”面组上的“草图”图标，打开“创建草图”对话框。在“平面方法”下拉列表框中选择“创建平面”选项，在“指定平面”下拉列表框中选择 YC-ZC 平面为草图绘制平面，单击“确定”按钮，进入草图绘制界面。绘制如图 3-270 所示的草图。单击“主页”选项卡“直接草图”面组中的“完成草图”按钮，退出草图环境。

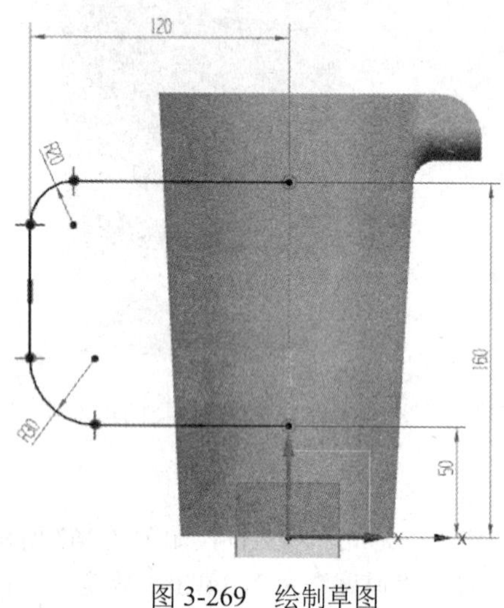

图 3-269　绘制草图

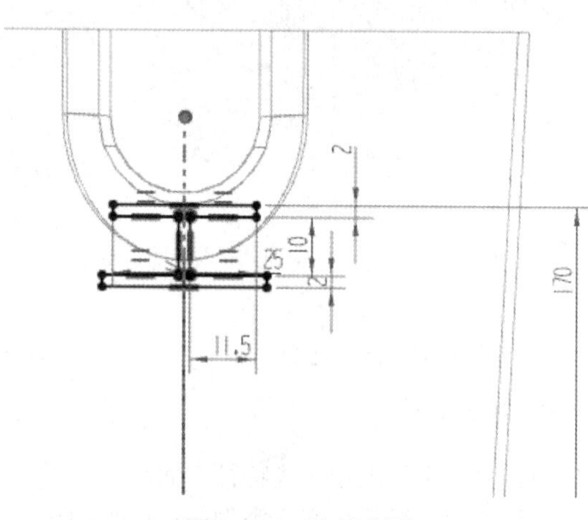

图 3-270　绘制草图

9．创建手柄

单击“曲面”选项卡“曲面”面组上的“扫掠”按钮，弹出“扫掠”对话框，如图 3-271 所示。选择图 3-269 中所示的草图为引导线，选择图 3-270 中的草图为截面。在“对齐”下拉列表框中选择“参数”选项，在“定位方法”组的“方向”下拉列表框中选择“固定”选项，在“缩放方法”组的“缩放”下拉列表框中选择“恒定”选项，设置“比例因子”为 1.00。扫掠后的实体如图 3-272 所示。

10．修剪手柄

选择“菜单”→“插入”→“修剪”→“修剪体”命令，打开如图 3-273 所示的“修剪体”对话框，选择杯体内的手柄部分，选择壶身内表面为修剪工具，并单击“反向”按钮，调整修剪方向，单击“确定”按钮修剪如图 3-274 所示的手柄。

11．合并壶身和手柄

选择“菜单”→“插入”→“组合”→“合并”命令，打开“合并”对话框，选取杯身为目标体，选取杯把和杯底为工具体，单击“确定”按钮，将视图中所有实体进行合并，结果如图 3-275 所示。

12．隐藏基准和草图

选择“菜单”→“编辑”→“显示和隐藏”→“隐藏”命令，打开“类选择”对话框，单击“类型过滤器”按钮，打开“按类型选择”对话框，选择“基准”和“草图”类型，单击“确定”按钮，返回到“类选择”对话框，单击“全选”按钮，视图中所有的基准和草图都被选中，单击“确定”按钮，隐藏视图中的基准和草图，结果如图 3-276 所示。

图 3-271 “扫掠”对话框

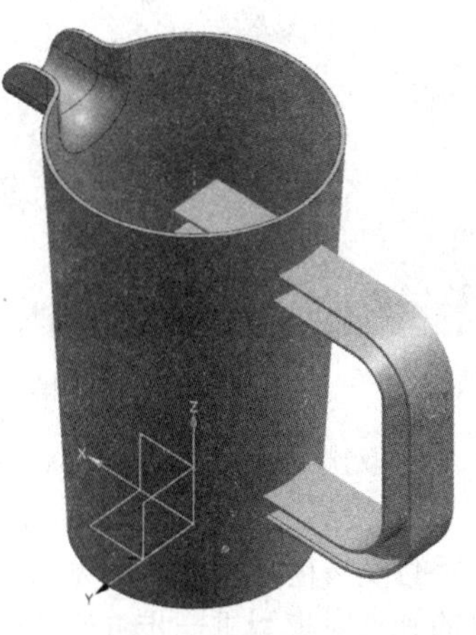

图 3-272 创建手柄

图 3-273 “修剪体”对话框

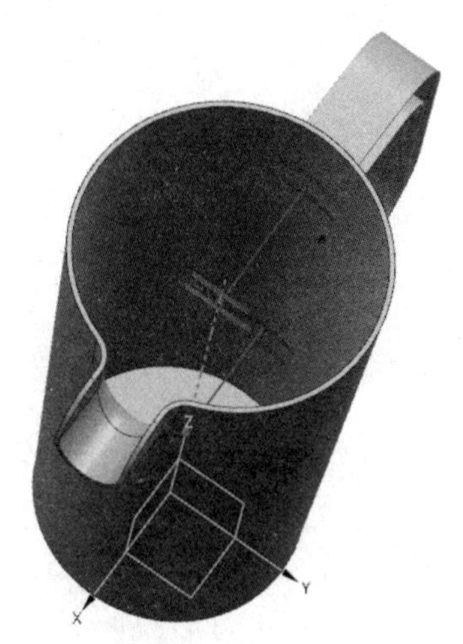

图 3-274 修剪手柄

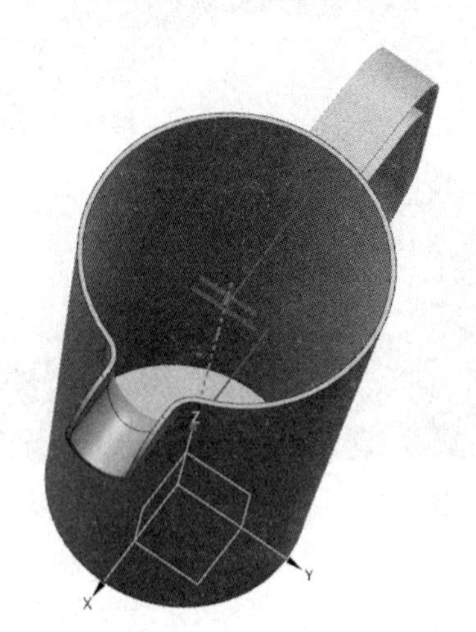

图 3-275 合并壶身和手柄

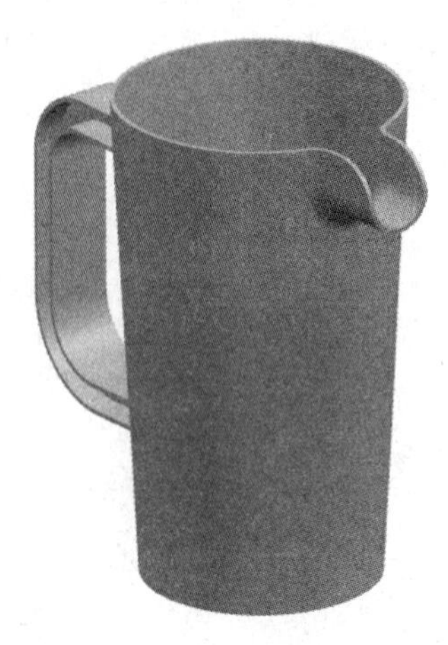

图 3-276 隐藏基准和草图

3.9.2 打印模型

根据 3.1.2 节步骤 3 中（1）～（3）相应的步骤进行参数设置，按步骤 3 中（4）～（8）相应步骤操作即可。

3.9.3 处理打印模型

Note

处理打印模型有以下3个步骤：

（1）取出模型。打印完毕后，将打印平台降至零位，用刀片等工具将模型底部与平台底部撬开，以便于取出模型。取出后的凉水壶模型如图3-277所示。

图3-277　打印完毕的凉水壶模型

（2）去除支撑。如图3-277所示，取出后的凉水壶模型底部、把手以及壶口存在一些打印过程中生成的支撑，使用刀片、钢丝钳、尖嘴钳等工具，将凉水壶模型底部、把手以及壶口的支撑去除。

（3）打磨模型。根据去除支撑后的模型粗糙程度，可先用锉刀、粗砂纸等工具对支撑与模型接触的部位进行粗磨，然后用较细粒度的砂纸对模型进一步打磨。处理后的凉水壶模型如图3-278所示。

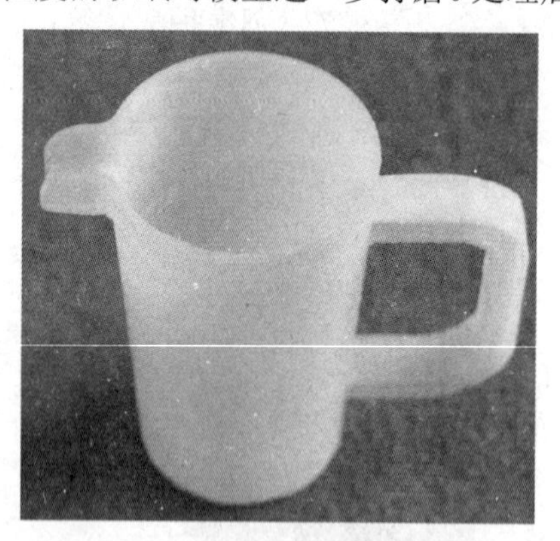

图3-278　去除凉水壶模型的支撑

第4章 电器产品

3D 打印机最近在全球范围内迅速普及。该技术可高效生产为客户量身定制的产品和部件。不过，与使用模具量产树脂等产品的传统方法相比，3D 打印机的生产效率比较低，所以一直以来不被看好适用于家电和汽车等产品的生产。后来，研究发现 3D 打印机可生产出一种可缩短树脂冷却时间的特殊结构的模具，所以可提高部件生产效率、降低生产成本，这一技术未来将应用于家电产品。

任务驱动&项目案例

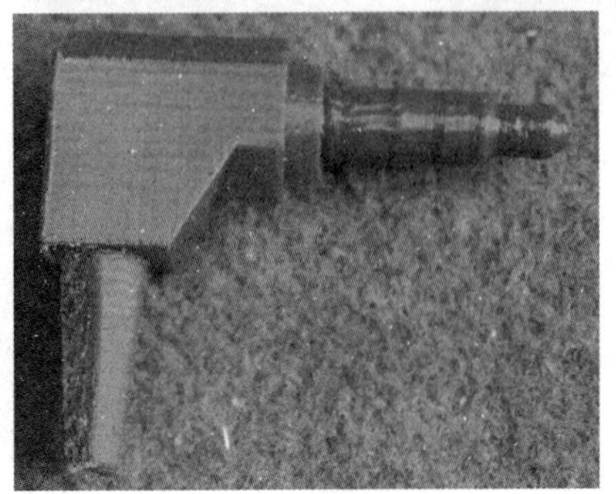

扫码看视频

4.1 灯泡

4.1 灯　　泡

首先利用UG软件创建灯泡模型，再利用Cura软件打印灯泡的3D模型，最后对打印出来的灯泡模型进行去除支撑和毛刺处理，流程图如图4-1所示。

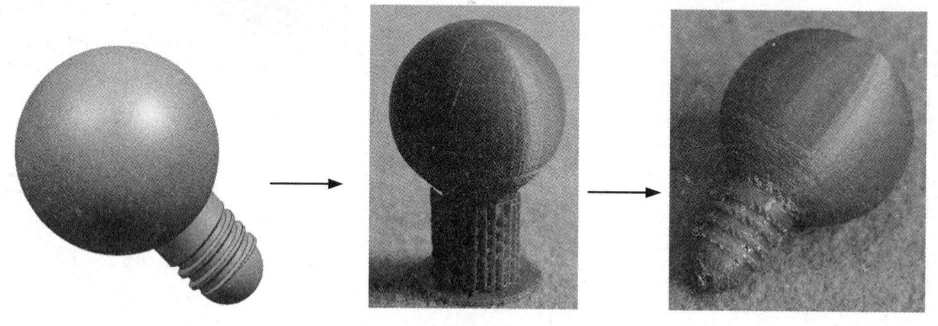

图4-1　灯泡模型创建流程图

4.1.1　创建模型

灯泡主体由球和圆柱体构成，灯泡下部分由螺纹操作生成螺旋接口。

1. 新建文件

单击“主页”选项卡“标准”面组中的“新建”按钮，弹出“新建”对话框，在“模型”选项卡中选择“模型”模板，文件名为dengpao，单击“确定”按钮，进入建模环境。

2. 创建球特征1

单击“主页”选项卡“特征”面组中的“球”按钮，弹出如图4-2所示的“球”对话框。选择“中心点和直径”类型，在“直径”下拉列表框中输入50，单击“点对话框”按钮，弹出“点”对话框，如图4-3所示，输入（0，0，0），连续单击“确定”按钮，完成球的创建，如图4-4所示。

图4-2　“球”对话框

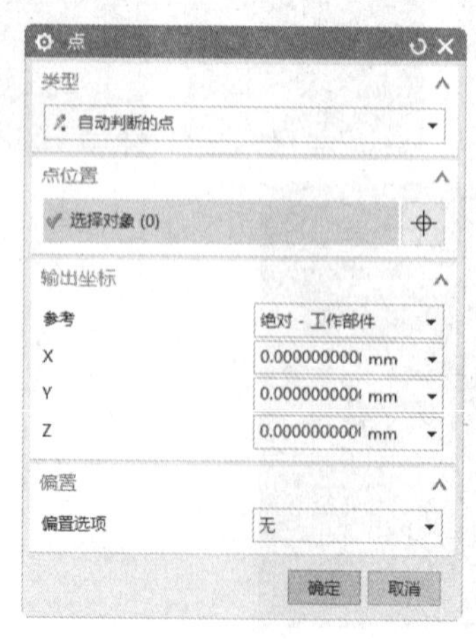

图4-3　“点”对话框

图4-4　球

Note

知识点——球

“球”有如下两种创建方式。

（1）中心点和直径：通过定义直径值和中心生成球体。

（2）圆弧：通过选择弧来生成球体（如图 4-5 所示），所选的弧不必为完整的圆弧。系统基于任何弧对象生成完整的球体。选定的弧定义球体的中心和直径。另外，球体不与弧相关；这意味着如果编辑弧的大小，球体不会更新已匹配弧的改变。

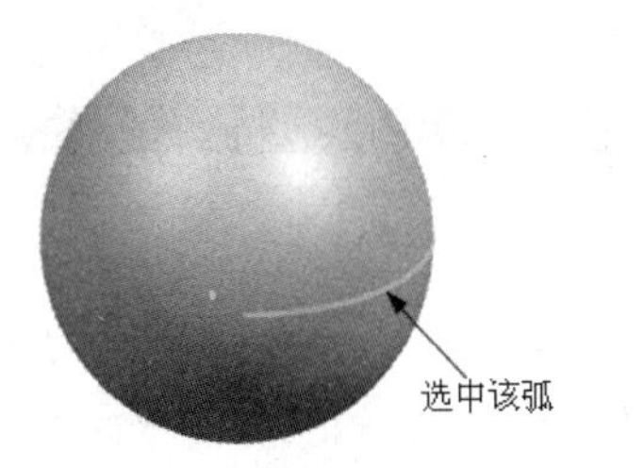

图 4-5　“圆弧”创建示意图

3. 创建圆柱体

单击“主页”选项卡“特征”面组中的“圆柱”按钮，弹出如图 4-6 所示的“圆柱”对话框，选择“轴、直径和高度”类型，选择 ZC 轴为生成圆柱体矢量方向，单击“点对话框”按钮，在弹出的“点”对话框中输入（0，0，-40）为圆柱体原点，单击“确定”按钮，在“直径”和“高度”下拉列表框中分别输入 20 和 40，在“布尔”下拉列表框中选择“求和”选项，再选择球体。单击“确定”按钮，结果如图 4-7 所示。

4. 创建球特征 2

同步骤 2，创建直径为 18、球心位于（0，0，-40）的球特征，完成创建和求和操作。生成如图 4-8 所示的模型。

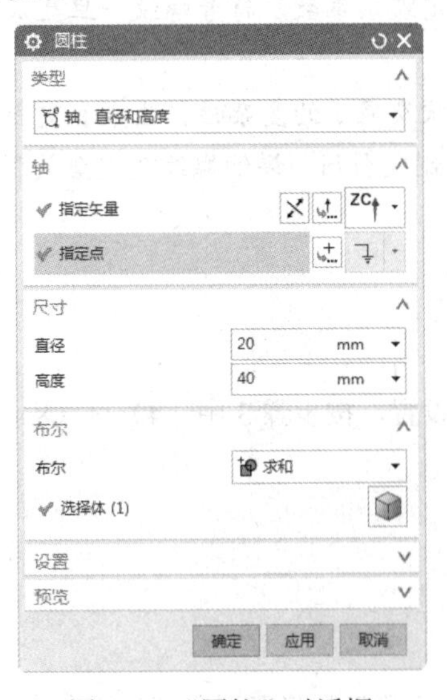

图 4-6　“圆柱”对话框

图 4-7　创建圆柱体

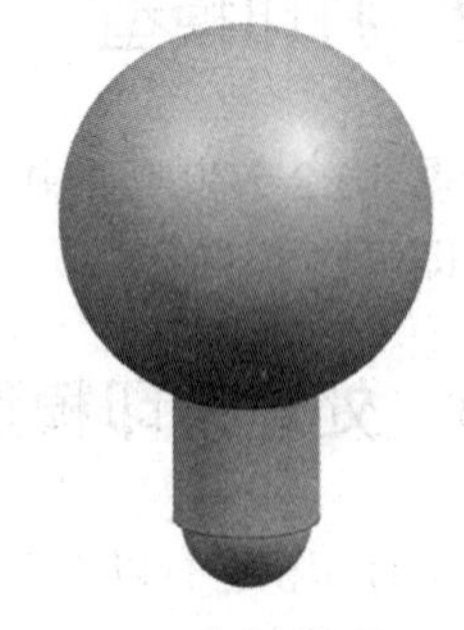

图 4-8　模型

5. 创建螺纹

单击“主页”选项卡“特征”面组中的“螺纹”按钮，弹出的“螺纹”对话框如图 4-9 所示。在“螺纹类型”选项组中选中“详细”单选按钮，选择模型中间的圆柱体，弹出如图 4-10 所示的对话框，按系统提示选择螺纹起始面，选择圆柱体底面，弹出选择起始对话框，如图 4-11 所示，接受

Note

系统默认方向，单击“确定”按钮，激活对话框中各选项，在“长度”和“螺距”下拉列表框中分别输入 14 和 4，接受系统默认的其他各选项值，单击“确定”按钮，完成螺纹的创建，结果如图 4-12 所示。

图 4-9 “螺纹”对话框 1

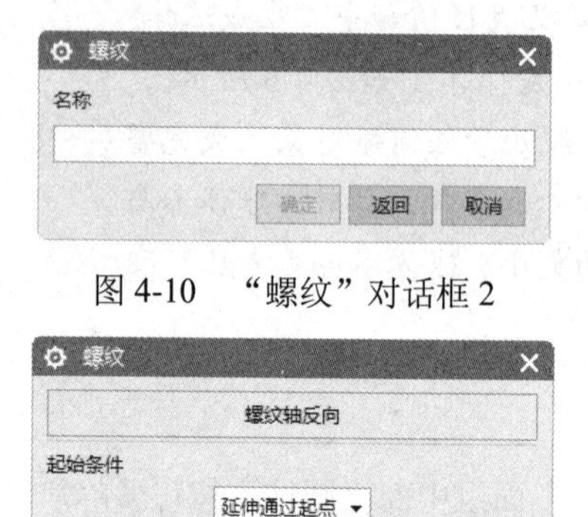

图 4-10 “螺纹”对话框 2

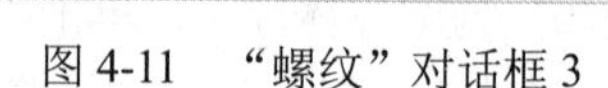

图 4-11 “螺纹”对话框 3

图 4-12 创建螺纹

知识点——螺纹

“螺纹”有如下两种创建方式。

（1）符号：该类型螺纹以虚线圆的形式显示在要攻螺纹的一个或几个面上。符号螺纹使用外部螺纹表文件（可以根据特殊螺纹要求来定制这些文件），以确定默认参数。符号螺纹一旦生成就不能复制或引用，但在生成时可以生成多个复制和可引用复制。

（2）详细：该类型螺纹看起来更实际，但由于其几何形状及显示的复杂性，生成和更新都需要很长时间。详细螺纹使用内嵌的默认参数表，可以在生成后复制或引用。详细螺纹是完全关联的，如果特征被修改，螺纹也将相应更新。

4.1.2 打印模型

根据 3.1.2 节步骤 3 中（1）～（3）相应的步骤进行参数设置，按步骤 3 中（4）～（8）相应步骤操作即可。

4.1.3 处理打印模型

处理打印模型有以下 3 个步骤：

（1）取出模型。打印完毕后，将打印平台降至零位，用刀片等工具将模型底部与平台底部撬开，以便于取出模型。取出后的灯泡模型如图 4-13 所示。

（2）去除支撑。如图 4-13 所示，取出后的灯泡模型底部存在一些打印过程中生成的支撑，使用刀片、钢丝钳、尖嘴钳等工具，将灯泡模型底部的支撑去除。

（3）打磨模型。根据去除支撑后的模型粗糙程度，可先用锉刀、粗砂纸等工具对支撑与模型接触的部位进行粗磨，然后用较细粒度的砂纸对模型进一步打磨，处理后的灯泡模型如图 4-14 所示。

图 4-13 打印完毕的灯泡模型

图 4-14 去除灯泡模型支撑

4.2 节能灯泡

扫码看视频

4.2 节能灯泡

首先利用 UG 软件创建节能灯泡模型，再利用 Cura 软件打印节能灯泡的 3D 模型，最后对打印出来的节能灯泡模型进行去除支撑和毛刺处理，流程图如图 4-15 所示。

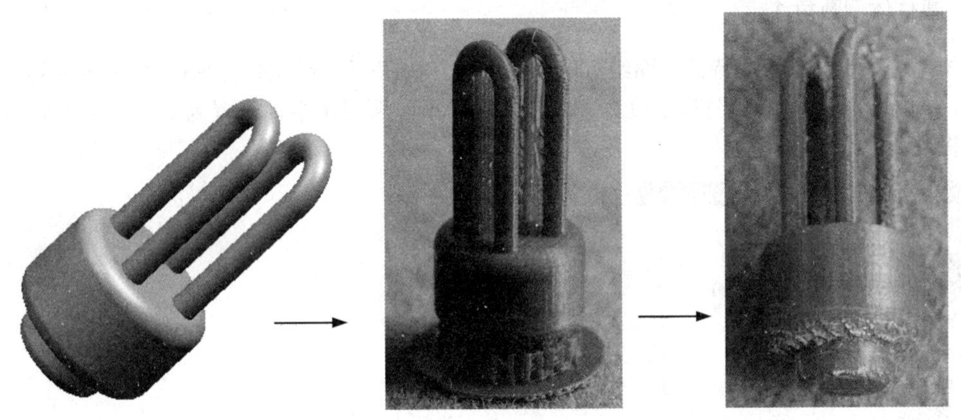

图 4-15 节能灯泡模型创建流程图

4.2.1 创建模型

首先绘制灯座，然后绘制灯管的截面和引导线，利用引导线扫掠命令创建灯管。

1. 新建文件

单击快速访问工具栏中的“新建”按钮，弹出“新建”对话框，在“模型”选项卡中选择适当的模板，文件名为 dengguan，单击“确定”按钮，进入建模环境。

2. 创建圆柱体 1

单击“主页”选项卡“特征”面组上的“圆柱”按钮，系统弹出如图 4-16 所示的“圆柱”对话框。选择“轴、直径和高度”类型，在“指定矢量”下拉列表框中选择 ZC 轴，单击“点对话框”按钮，弹出“点”对话框，保持默认的点坐标（0，0，0）作为圆柱体的圆心坐标，单击“确定”

Note

按钮。返回到“圆柱”对话框，设置“直径”和“高度”分别为62和40。单击“确定”按钮，生成圆柱体，如图4-17所示。

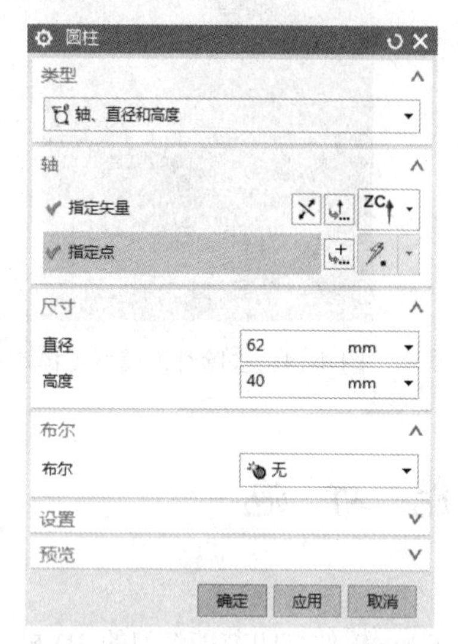

图4-16 “圆柱”对话框

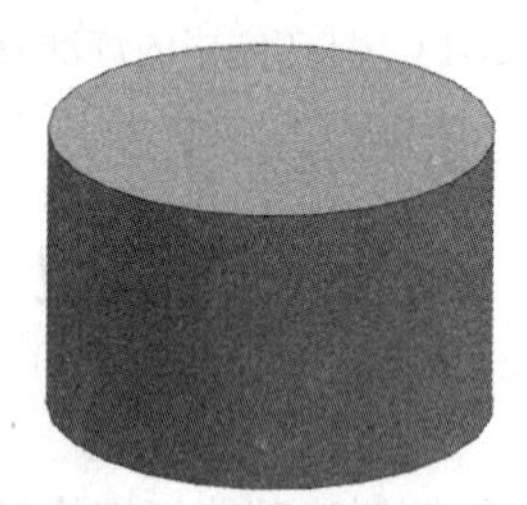

图4-17 生成的圆柱体

3. 圆柱体倒圆角1

单击“主页”选项卡“特征”面组上的“边倒圆”按钮，系统弹出如图4-18所示的“边倒圆”对话框。选择倒圆角边1和倒圆角边2，如图4-19所示，倒圆角半径设置为7，单击“确定”按钮，生成如图4-20所示的模型。

图4-18 “边倒圆”对话框

图4-19 圆角边的选取

图4-20 倒圆角后的模型

4. 创建直线

（1）单击“曲线”选项卡“曲线”面组上的“直线”按钮，系统弹出如图4-21所示的“直线”对话框。单击起点“点对话框”按钮，弹出“点”对话框，输入起点坐标为（13，-13，0）；单击终点“点对话框”按钮，弹出“点”对话框，输入终点坐标为（13，-13，-60），单击“确定”按

钮，生成直线如图 4-22 所示。

（2）按同样的方法创建另一条直线，输入起点坐标为（13，13，0），输入终点坐标为（13，13，-60），生成直线如图 4-23 所示。

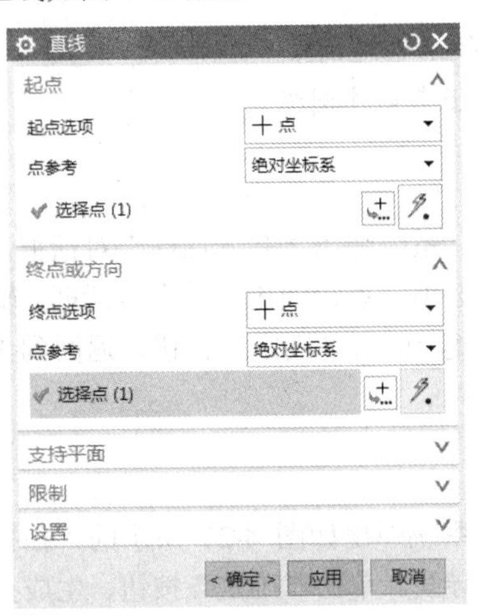

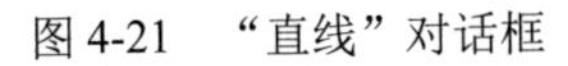

图 4-21　“直线”对话框

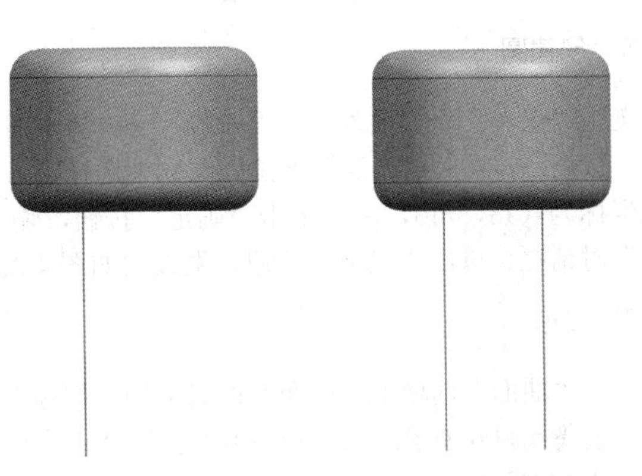

图 4-22　生成直线 1　　图 4-23　生成直线 2

5. 创建圆弧

单击“曲线”选项卡“曲线”面组上的“圆弧/圆”按钮，系统弹出如图 4-24 所示的“圆弧/圆”对话框。选择“三点画圆弧”类型，单击两直线的两个端点作为圆弧的起点和端点。单击“中点”选项组中的按钮，系统弹出“点”对话框，输入中点坐标为（13，0，-73），点参考设置为 WCS，单击“确定”按钮。在“圆弧/圆”对话框中单击“确定”按钮，生成圆弧如图 4-25 所示。

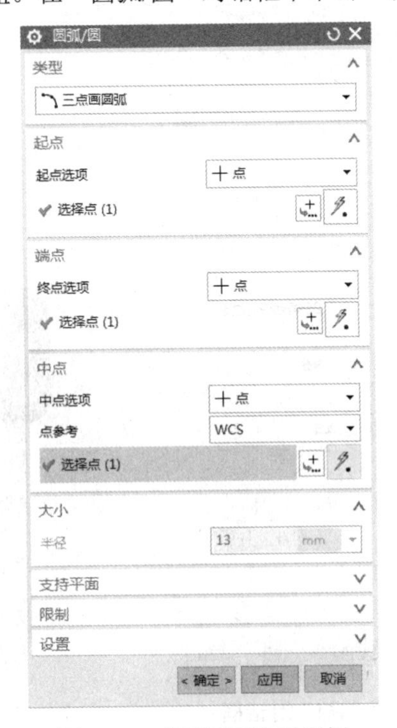

图 4-24　“圆弧/圆”对话框

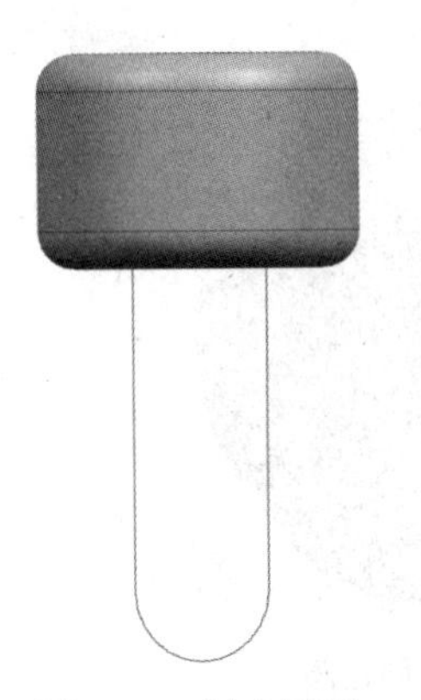

图 4-25　创建圆弧

Note

知识点——圆弧

“圆弧”有如下两种创建方式。

（1）三点画圆弧：通过指定的3个点或指定两个点和半径来创建圆弧。

（2）从中心开始的圆弧/圆：通过圆弧中心及第二点或半径来创建圆弧。

6. 创建圆

选择“菜单”→“插入”→“曲线”→“基本曲线”命令，系统弹出“基本曲线”对话框。单击“圆”按钮○，在“点方法”下拉列表框中选择“点构造器”选项，系统弹出“点”对话框，输入中心点坐标为（13，-13，0），单击“确定”按钮，输入半径为5，单击“确定”按钮，返回到“基本曲线”对话框，单击“确定”按钮，生成圆如图4-26所示。

7. 扫掠

单击“曲面”选项卡“曲面”面组上的“扫掠”按钮，系统弹出如图4-27所示的“扫掠”对话框。选择步骤6创建的圆为扫掠截面，选择直线和圆弧为引导线。单击“确定”按钮，生成扫掠曲面如图4-28所示。

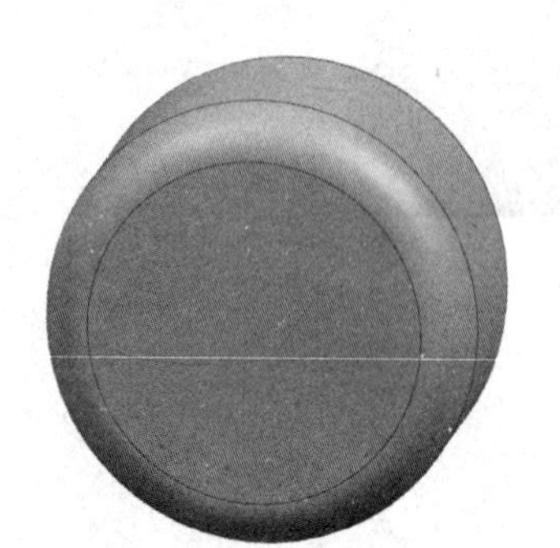

图4-26 创建圆

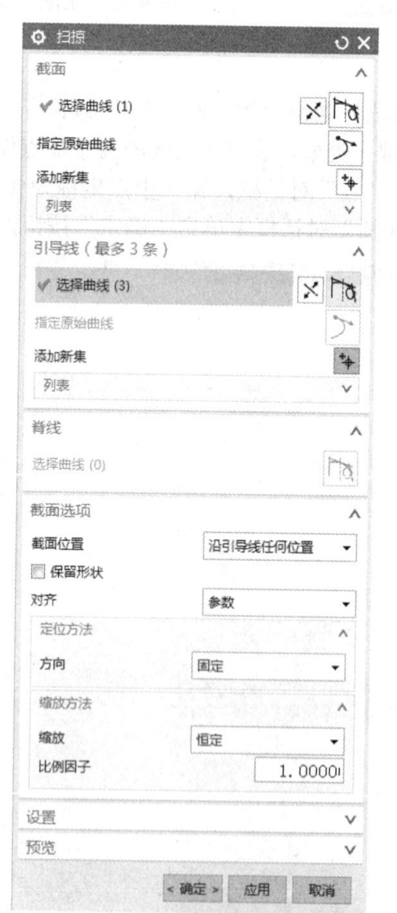

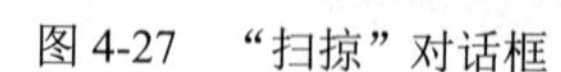

图4-27 “扫掠”对话框

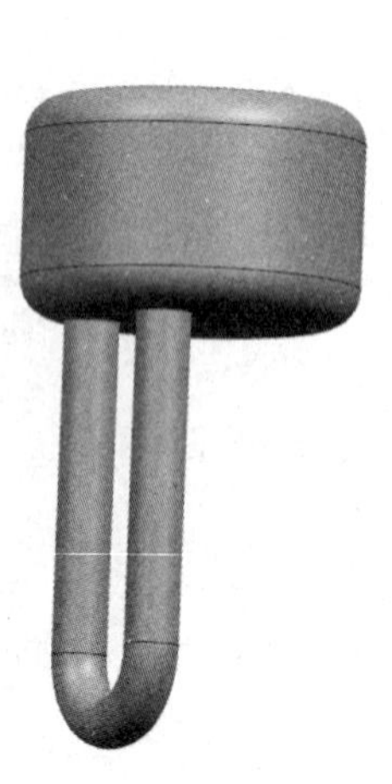

图4-28 灯管

8. 隐藏

选择“菜单”→“编辑”→“显示和隐藏”→“隐藏”命令，系统弹出“类选择”对话框。选取圆弧和直线作为要隐藏的对象，单击“确定”按钮曲线被隐藏。

Note

9. 创建另一个灯管

单击“工具”选项卡“实用程序”面组上的“移动对象”按钮，系统弹出“移动对象”对话框，如图 4-29 所示。选择灯管为移动对象，在“运动”下拉列表框中选择“点到点”选项，单击“指定出发点”中的按钮，弹出“点”对话框，输入点坐标为（13，−13，0）。单击“指定目标点”中的按钮，弹出“点”对话框，输入点坐标为（−13，−13，0）。选中“复制原先的”单选按钮，设置“非关联副本数”为 1，单击“确定”按钮，灯管复制到如图 4-30 所示的位置。

10. 创建圆柱体 2

单击“主页”选项卡“特征”面组上的“圆柱”按钮，系统弹出如图 4-31 所示的“圆柱”对话框。选择“轴、直径和高度”类型，在“指定矢量”下拉列表框中选择 ZC 轴，单击“指定点”中的按钮，弹出“点”对话框，保持默认的点坐标（0，0，40）作为圆柱体的圆心坐标，单击“确定”按钮。设置“直径”和“高度”分别为 38 和 12，在“布尔”下拉列表框中选择“求和”选项，选择视图中的实体进行求和。单击“确定”按钮生成圆柱体，如图 4-32 所示。

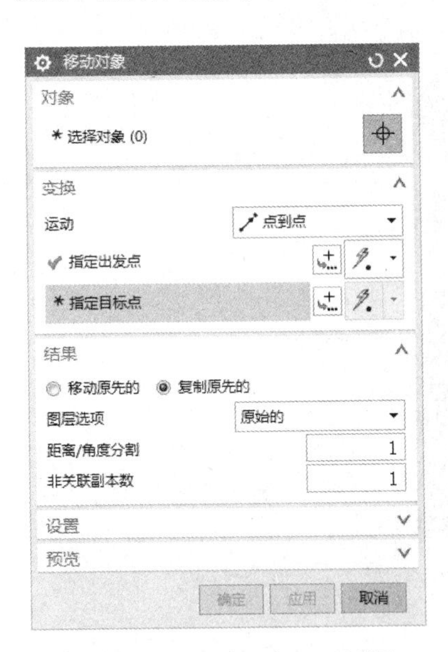

图 4-29　“移动对象”对话框

图 4-30　创建灯管

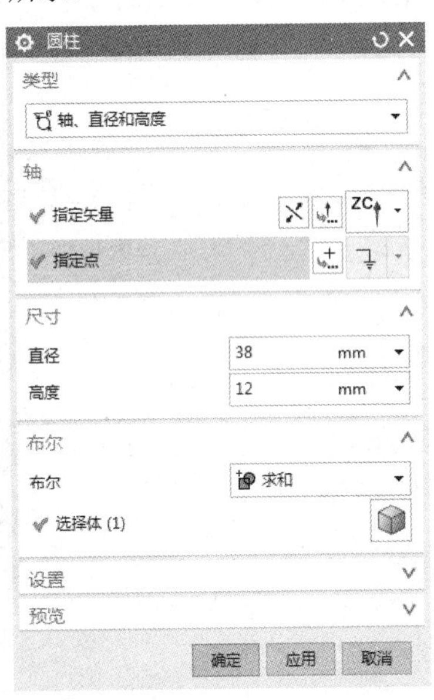

图 4-31　“圆柱”对话框

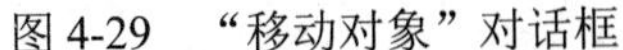

注意：此步骤也可以利用“凸台”命令来创建。

11. 圆柱体倒圆角 2

单击“主页”选项卡“特征”面组上的“边倒圆”按钮，系统弹出“边倒圆”对话框，选择倒圆角边如图 4-33 所示，倒圆角半径设置为 5，单击“确定”按钮，生成如图 4-34 所示的节能灯泡模型。

Note

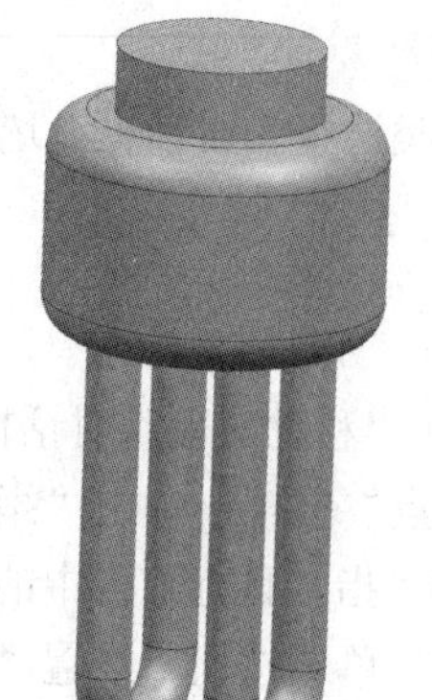
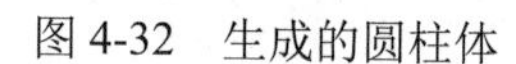

图 4-32　生成的圆柱体

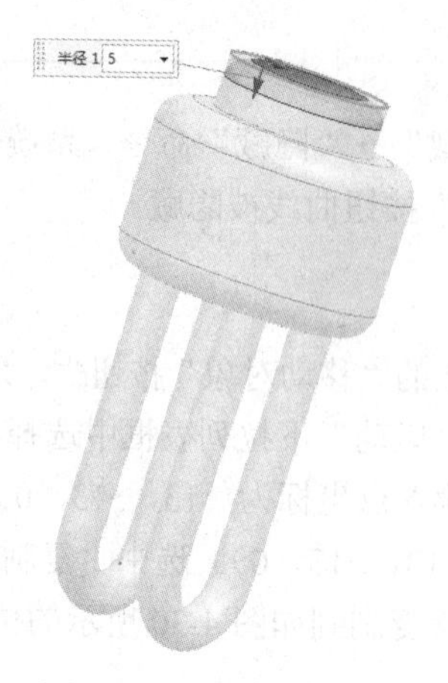

图 4-33　圆角边的选取

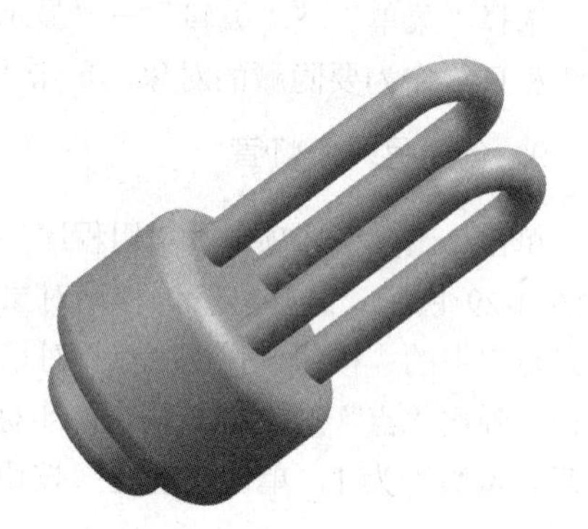

图 4-34　节能灯泡模型

4.2.2　打印模型

根据 3.1.2 节步骤 3 中（1）～（3）相应的步骤进行参数设置，按步骤 3 中（4）旋转模型的操作，将模型沿竖直方向旋转 180°，使节能灯泡底面向下放置，如图 4-35 所示，其余步骤按步骤 3 中的（5）～（8）相应步骤操作即可。

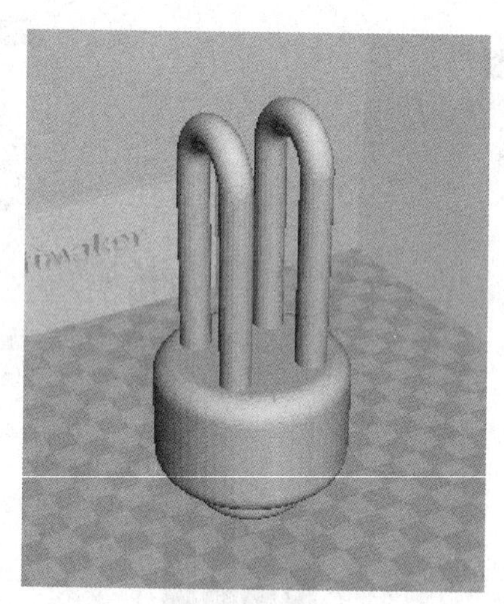

图 4-35　正确放置模型“节能灯泡”

4.2.3　处理打印模型

处理打印模型有以下 3 个步骤：

（1）取出模型。取出后的节能灯管模型如图 4-36 所示。

（2）去除支撑。

（3）打磨模型。

处理后的节能灯管模型如图 4-37 所示。

图 4-36 打印完毕的节能灯管模型

图 4-37 去除节能灯管模型的支撑

4.3 吹 风 机

首先利用 UG 软件创建吹风机模型，再利用 Cura 软件打印吹风机的 3D 模型，最后对打印出来的吹风机模型进行去除支撑和毛刺处理，流程图如图 4-38 所示。

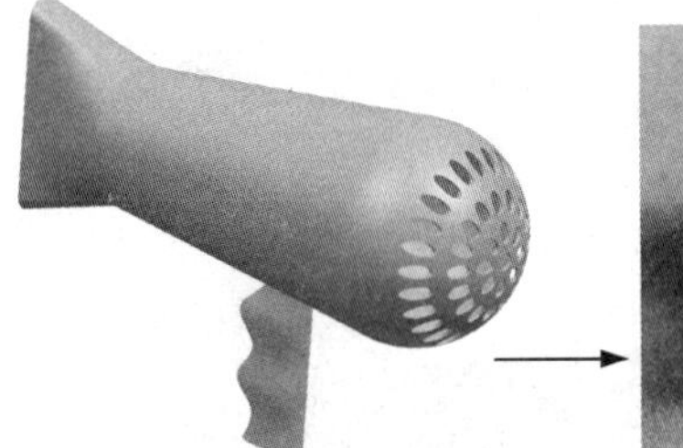

图 4-38 吹风机模型创建流程图

4.3.1 创建模型

首先创建吹风机机身的曲面，然后创建前端出风口，接着创建手柄，最后创建后端出风口。

1. 新建文件

单击快速访问工具栏中的“新建”按钮，弹出“新建”对话框，在“模型”选项卡中选择适当的模板，文件名为 chuifengji，单击“确定”按钮，进入建模环境。

2. 绘制草图 1

单击“主页”选项卡“直接草图”面组上的“草图”按钮，打开“创建草图”对话框，选择 XC-YC 基准平面，进入草图绘制界面。利用“草图”命令绘制草图基本轮廓，单击“主页”选项卡“直接草图”面组上的“快速尺寸”按钮，对草图进行尺寸约束，结果如图 4-39 所示。

Note

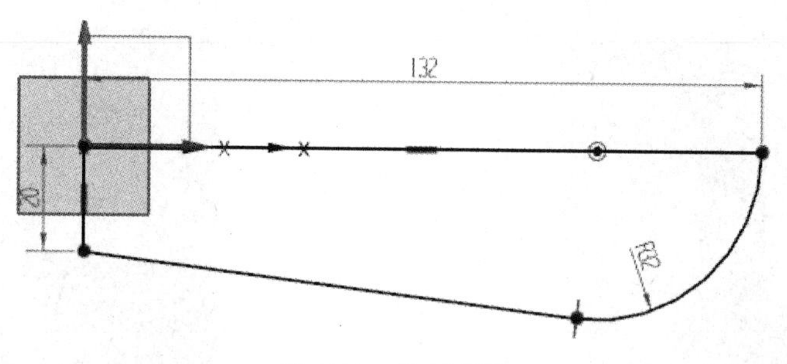

图 4-39　绘制草图

3. 创建旋转曲面

单击“主页”选项卡“特征”面组上的“旋转”按钮，弹出“旋转”对话框，如图 4-40 所示。选择步骤 2 绘制的草图为旋转曲线。在“指定矢量”下拉列表框中选择 XC 轴，指定坐标原点为旋转点。设置开始角度和结束角度分别为 0 和 360，单击“确定”按钮，完成旋转体特征，如图 4-41 所示。

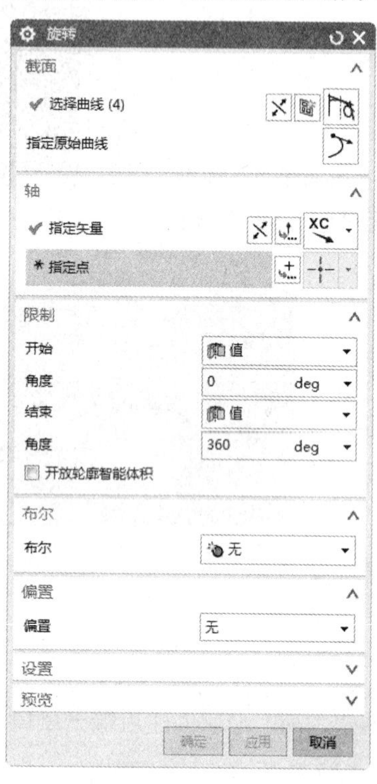

图 4-40　“旋转”对话框

图 4-41　旋转生成的曲面

4. 创建基准平面 1

单击“主页”选项卡“特征”面组上的“基准平面”按钮，弹出如图 4-42 所示的“基准平面”对话框，选择“按某一距离”类型，选择 YC-ZC 平面作为参考平面，设置“距离”为-35，单击“确定”按钮，完成基准平面的创建，如图 4-43 所示。

5. 绘制草图 2

单击“主页”选项卡“直接草图”面组上的“草图”按钮，打开“创建草图”对话框，选择步

骤 4 创建的基准平面，进入草图绘制界面。利用“草图”命令绘制草图基本轮廓，单击“主页”选项卡“直接草图”面组上的“快速尺寸”按钮，对草图进行尺寸约束，结果如图 4-44 所示。

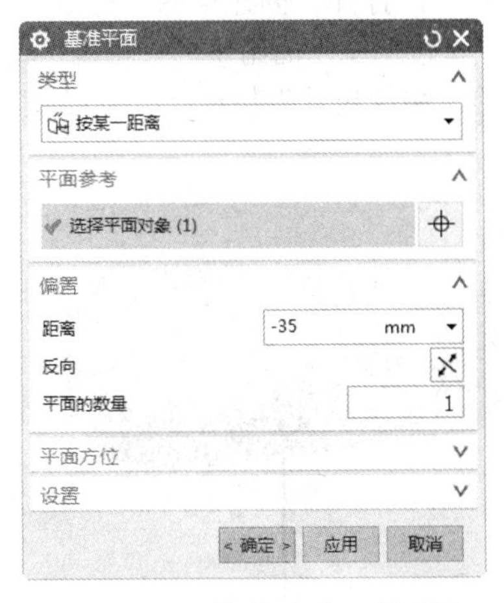

图 4-42　“基准平面”对话框

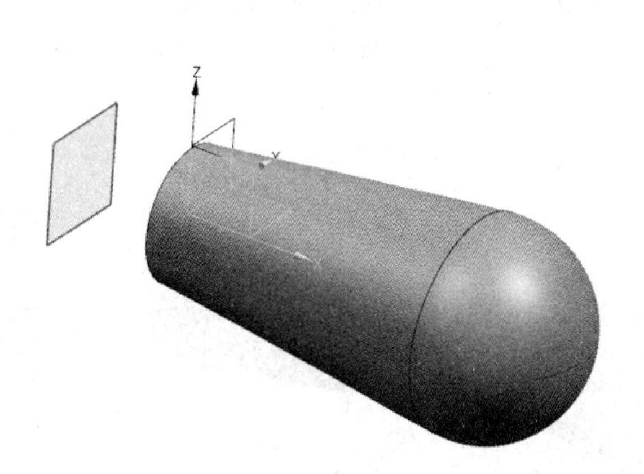

图 4-43　创建基准平面 1

6. 创建出风机出口

单击“曲面”选项卡“曲面”面组上的“通过曲线组”按钮，弹出如图 4-45 所示的“通过曲线组”对话框。选择旋转体的左侧边线为第一个截面，单击“添加新集”按钮，选择步骤 5 创建的草图为第二个截面，取消选中“保留形状”复选框，选择“弧长”对齐方式，其他采用默认设置，单击“确定”按钮，结果如图 4-46 所示。

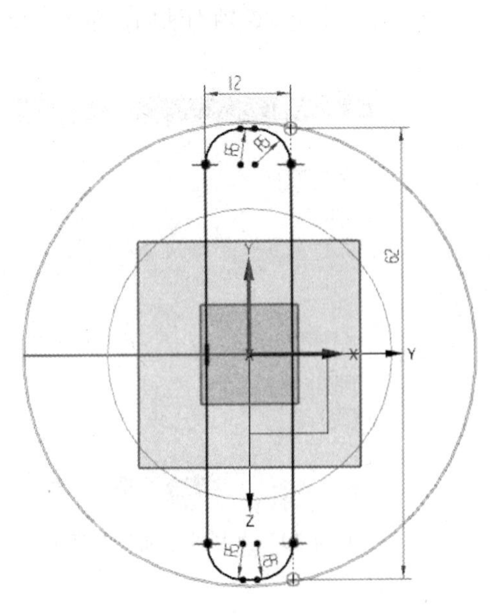

图 4-44　绘制草图

图 4-45　“通过曲线组”对话框

Note

7. 绘制引导线 1

单击“主页”选项卡“直接草图”面组上的“草图”按钮，打开“创建草图”对话框，选择 XC-ZC 基准平面，进入草图绘制界面。单击“主页”选项卡“直接草图”面组中的“直线”按钮，绘制一条竖直线；单击“主页”选项卡“直接草图”面组上的“快速尺寸”按钮，对草图进行尺寸约束，结果如图 4-47 所示。

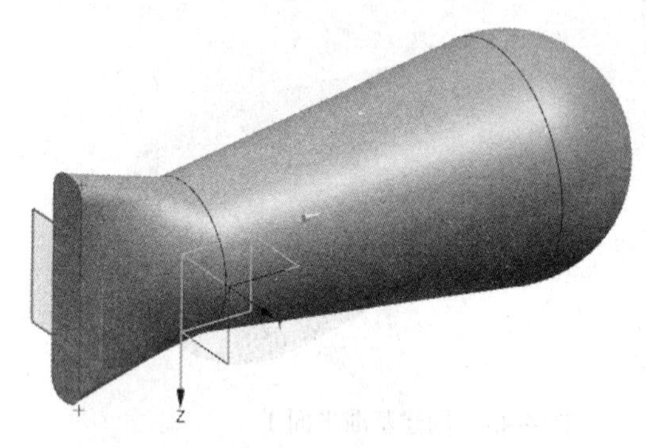

图 4-46　创建出风口

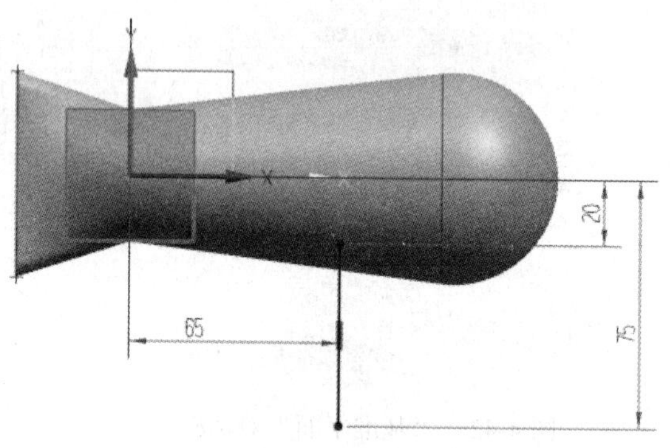

图 4-47　绘制草图

8. 绘制引导线 2

单击“主页”选项卡“直接草图”面组上的“草图”按钮，打开“创建草图”对话框，选择 XC-ZC 基准平面，进入草图绘制界面。单击“主页”选项卡“直接草图”面组中的“艺术样条”按钮，绘制样条曲线；单击“主页”选项卡“直接草图”面组上的“快速尺寸”按钮，对草图进行尺寸约束，结果如图 4-48 所示。

9. 创建基准平面 2

单击“主页”选项卡“特征”面组上的“基准平面”按钮，弹出如图 4-49 所示的“基准平面”对话框，选择“点和方向”类型，选择直线的下端点为通过点，指定 ZC 轴为法向，单击“确定”按钮，完成基准平面的创建。

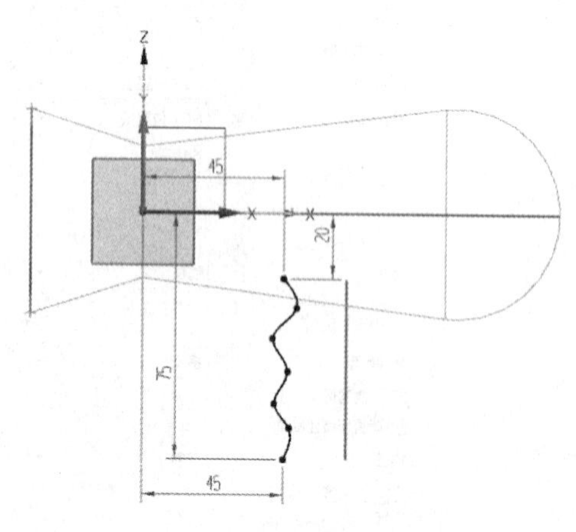

图 4-48　绘制草图

图 4-49　“基准平面”对话框

10. 绘制截面 1

单击“主页”选项卡“直接草图”面组上的“草图”按钮，打开“创建草图”对话框，选择步

Note

骤 9 创建的基准平面，进入草图绘制界面。单击“主页”选项卡“直接草图”面组中的“椭圆”按钮⊙，弹出如图 4-50 所示的“椭圆”对话框，设置“大半径”为 10，“小半径”为 5，绘制椭圆；单击“主页”选项卡“直接草图”面组上的“快速尺寸”按钮，对草图进行尺寸约束，结果如图 4-51 所示。

图 4-50　“椭圆”对话框

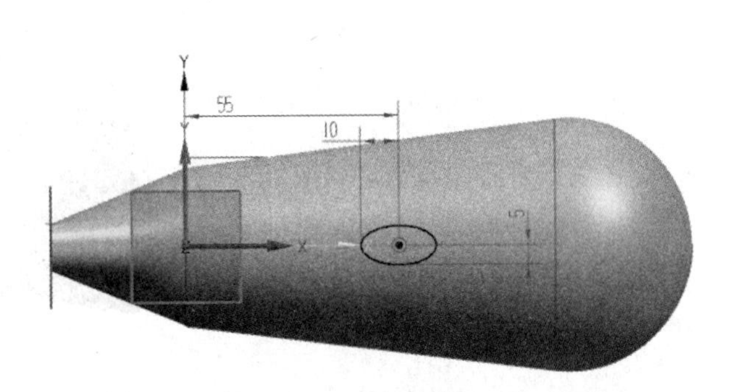

图 4-51　绘制草图

知识点——草图椭圆

“椭圆”对话框中的选项说明如下。

（1）中心点：在适当的位置单击或通过“点”对话框确定中心点。

（2）边：输入多边形的边数。

（3）大小。

① 指定点：选择点或者通过“点”对话框定义多边形的半径。

② 距离。

☑　内切圆半径：指定从中心点到多边形中心的距离。

☑　外接圆半径：指定从中心点到多边形拐角的距离。

☑　边长：指定多边形的长度。

③ 半径：设置多边形内切圆和外接圆半径的大小。

④ 旋转：设置从草图水平轴开始测量的旋转角度。

⑤ 长度：设置多边形边长的长度。

11. 绘制截面 2

重复步骤 9 和 10，在直线的上端点创建基准平面，并在基准平面上绘制如图 4-51 所示的相同尺寸的草图。

12. 创建手柄

单击“曲面”选项卡“曲面”面组上的“扫掠”按钮，系统打开如图 4-52 所示的“扫掠”对话框。选择步骤 10 和步骤 11 绘制的草图为截面，然后选择直线和样条曲线为引导线，在“扫掠”对

Note

话框中单击“确定”按钮，生成的扫掠曲面如图4-53所示。

图4-52 “扫掠”对话框

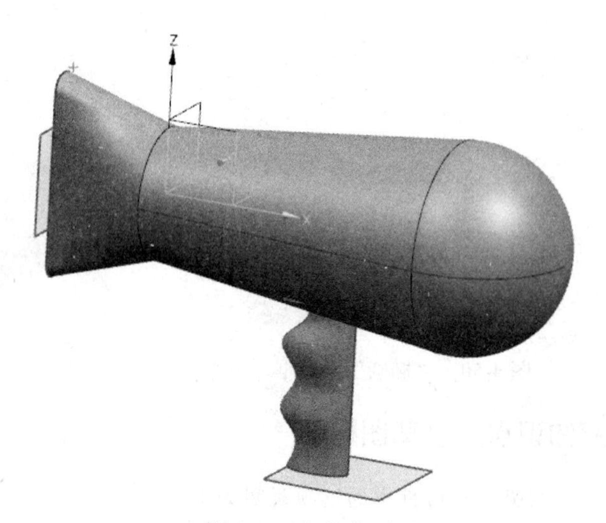

图4-53 扫掠曲面

13. 合并特征

单击“主页”选项卡“特征”面组上的“合并”按钮，弹出“合并”对话框，如图4-54所示。选择主体为目标体，选择出风口和手柄为工具体，单击“确定”按钮，完成合并操作。

14. 抽壳处理

单击“主页”选项卡中“特征”面组上的“抽壳”按钮，打开如图4-55所示的“抽壳”对话框。选择“移除面，然后抽壳”类型，选择出风口端面为移除面。设置“厚度”为1，单击“确定”按钮，抽壳完成，如图4-56所示。

15. 创建基准平面3

单击“主页”选项卡“特征”面组上的“基准平面”按钮，弹出如图4-57所示的“基准平面”对话框，选择“按某一距离”类型，选择YC-ZC平面作为参考平面，设置“距离”为132，单击“确定”按钮，完成基准平面的创建。

图4-54 “合并”对话框

图 4-55　“抽壳”对话框

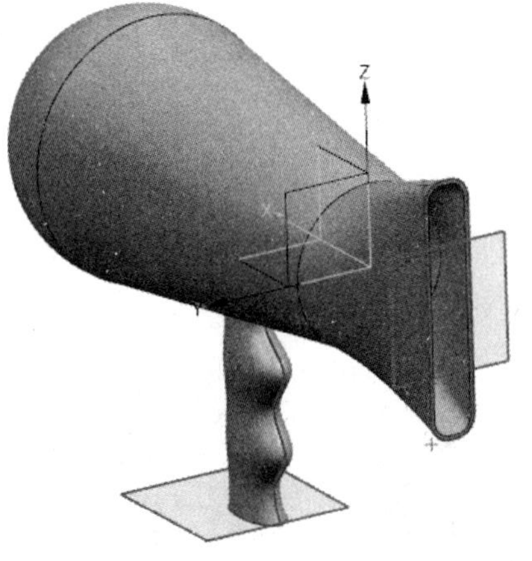

图 4-56　抽壳处理

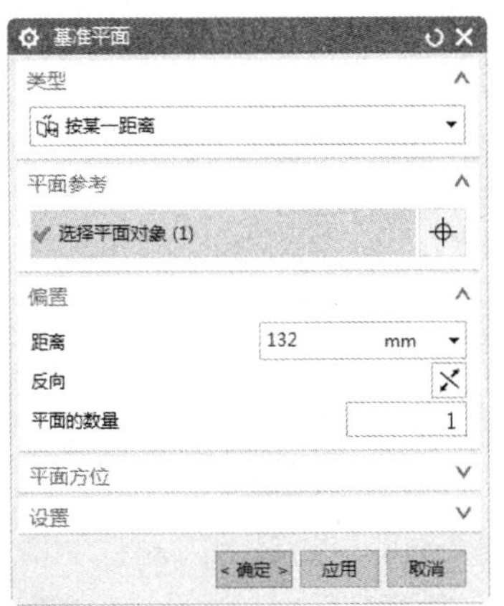

图 4-57　“基准平面”对话框

16. 绘制截面 3

单击“主页”选项卡“直接草图”面组上的“草图”按钮，打开“创建草图”对话框，选择步骤 15 创建的基准平面，进入草图绘制界面。单击“主页”选项卡“直接草图”面组中的“圆”按钮，在原点处绘制直径为 5 的圆，单击“主页”选项卡“直接草图”面组上的“快速尺寸”按钮，对草图进行尺寸约束。

17. 创建拉伸 1

单击“主页”选项卡“特征”面组上的“拉伸”按钮，弹出“拉伸”对话框，如图 4-58 所示。在“指定矢量”下拉列表框中选择-XC 轴为拉伸方向。在图形中选择刚绘制的直线，在“拉伸”对话框中设置起始距离、结束距离分别为 0 和 20，选择布尔“求差”方式，单击“确定”按钮，结果如图 4-59 所示。

18. 绘制截面 4

单击“主页”选项卡“直接草图”面组上的“草图”按钮，打开“创建草图”对话框，选择步骤 17 创建的基准平面，进入草图绘制界面。单击“主页”选项卡“直接草图”面组中的“椭圆”按钮，弹出“椭圆”对话框，设置“大半径”为 3，“小半径”为 2，绘制椭圆；单击“主页”选项卡“直接草图”面组上的“快速尺寸”按钮，对草图进行尺寸约束，结果如图 4-60 所示。

19. 创建拉伸 2

单击“主页”选项卡“特征”面组上的“拉伸”按钮，弹出“拉伸”对话框。在“指定矢量”下拉列表框中选择-XC 轴为拉伸方向。在图形中选择刚绘制的直线，在“拉伸”对话框中设置起始距离、结束距离分别为 0 和 20，选择布尔“求差”方式，单击“确定”按钮，结果如图 4-61 所示。

20. 创建阵列特征 1

单击“主页”选项卡“特征”面组上的“阵列特征”按钮，打开如图 4-62 所示的“阵列特征”对话框。选择步骤 19 创建的拉伸特征为要形成阵列的特征。选择“圆形”布局，在“指定矢量”下拉列表框中选择 XC 轴为阵列方向，设置“数量”为 8，“跨角”为 360，单击“确定”按钮生成模型，结果如图 4-63 所示。

Note

图 4-58 “拉伸”对话框

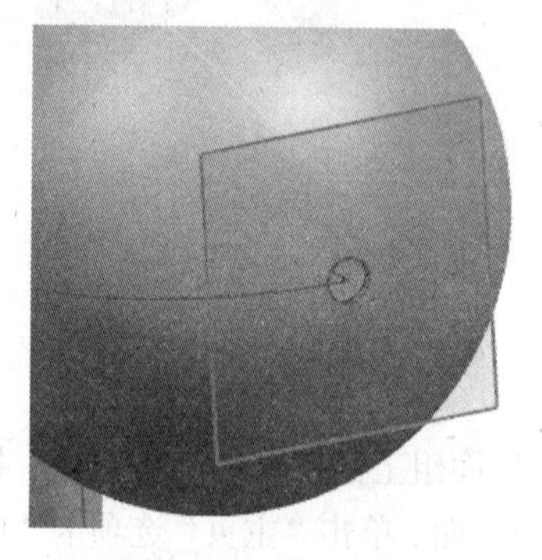

图 4-59 创建进风孔

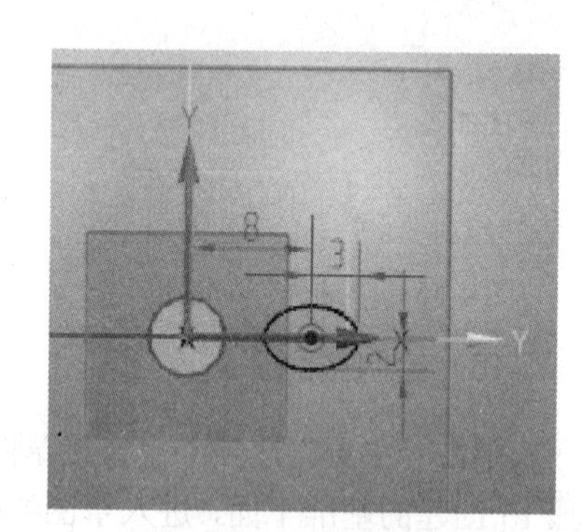

图 4-60 绘制草图

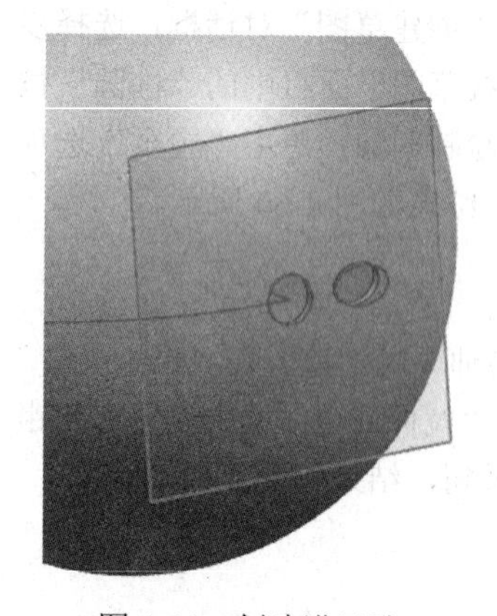

图 4-61 创建进风孔

图 4-62 “阵列特征”对话框

图 4-63 阵列特征

知识点——阵列特征

“阵列特征”主要有以下 6 种创建方式。

(1)线性：从一个或多个选定特征生成引用的线性阵列。矩形阵列既可以是二维的（在 XC 和 YC 方向上，即几行特征），也可以是一维的（在 XC 或 YC 方向上，即一行特征）。其操作后示意图如图 4-64 所示。

(2)圆形：该选项从一个或多个选定特征生成实例的圆形阵列。其操作后示意图如图 4-65 所示。

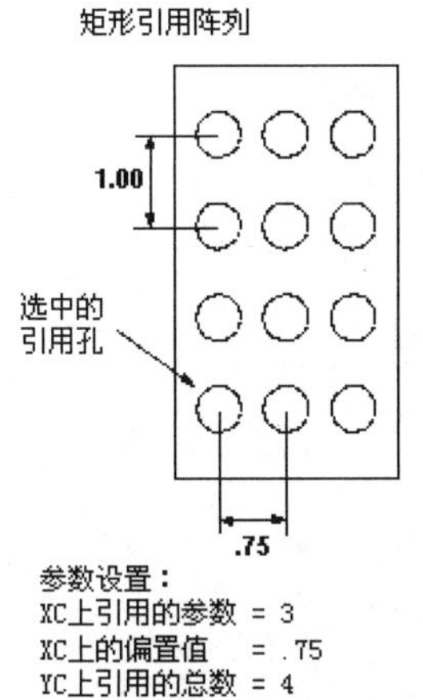

图 4-64 “矩形阵列”示意图

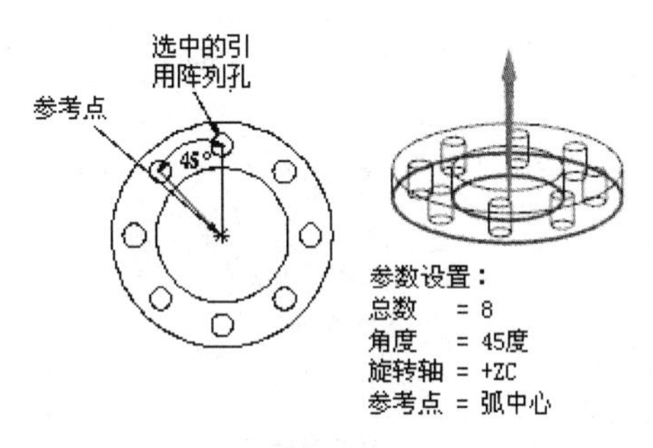

图 4-65 “圆形”阵列示意图

(3)多边形：从一个或多个选定特征按照设置好的多边形参数生成图样的阵列。示意图如图 4-66 所示。

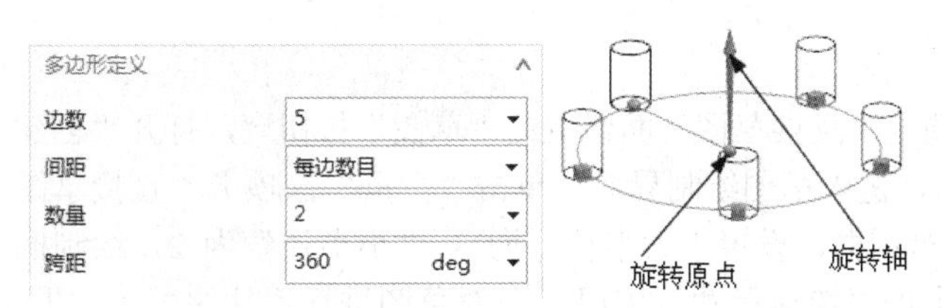

图 4-66 “多边形”阵列示意图

(4)螺旋式：从一个或多个选定特征按照设置好的螺旋式参数生成图样的阵列。示意图如图 4-67 所示。

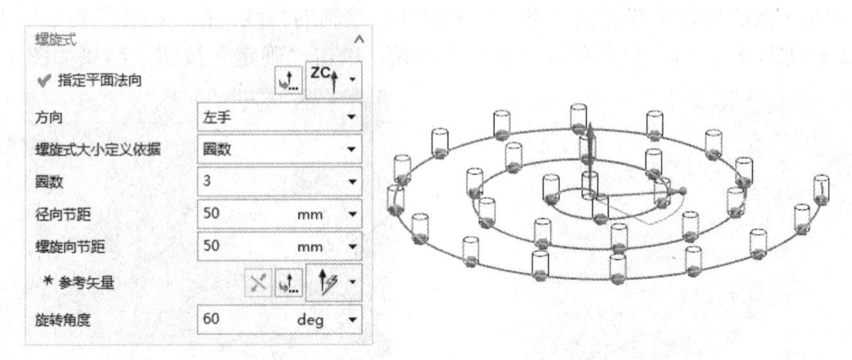

图 4-67 “螺旋式”阵列示意图

(5)沿：从一个或多个选定特征按照绘制好的曲线生成图样的阵列。示意图如图 4-68 所示。

(6)常规：从一个或多个选定特征在指定点处生成图样。示意图如图 4-69 所示。

Note

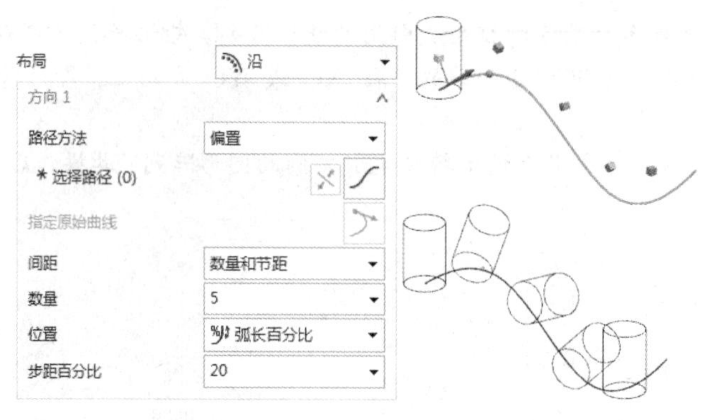

图 4-68　“沿”曲线阵列示意图

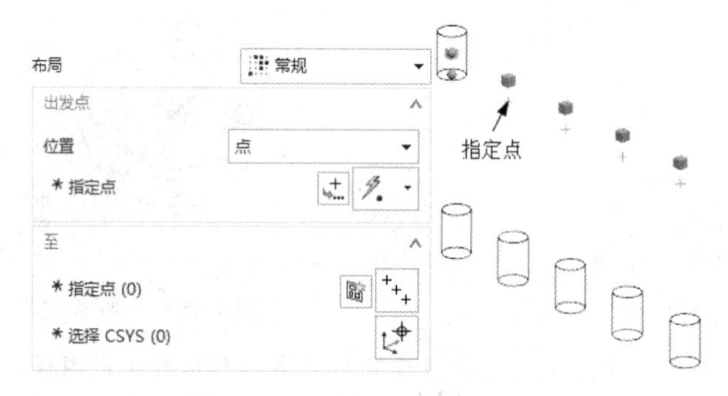

图 4-69　“常规”阵列示意图

21. 绘制截面 5

单击“主页”选项卡“直接草图”面组上的“草图”按钮，打开“创建草图”对话框，选择步骤 20 创建的基准平面，进入草图绘制界面。单击“主页”选项卡“直接草图”面组中的“椭圆”按钮，弹出“椭圆”对话框，设置“大半径”为 3，“小半径”为 2，绘制椭圆；单击“主页”选项卡“直接草图”面组上的“快速尺寸”按钮，对草图进行尺寸约束，结果如图 4-70 所示。

22. 创建拉伸 3

单击“主页”选项卡“特征”面组上的“拉伸”按钮，弹出“拉伸”对话框。在“指定矢量”下拉列表框中选择-XC 轴为拉伸方向。在图形中选择刚绘制的直线，在“拉伸”对话框中设置起始距离、结束距离分别为 0 和 20，选择布尔“求差”方式，单击“确定”按钮，结果如图 4-71 所示。

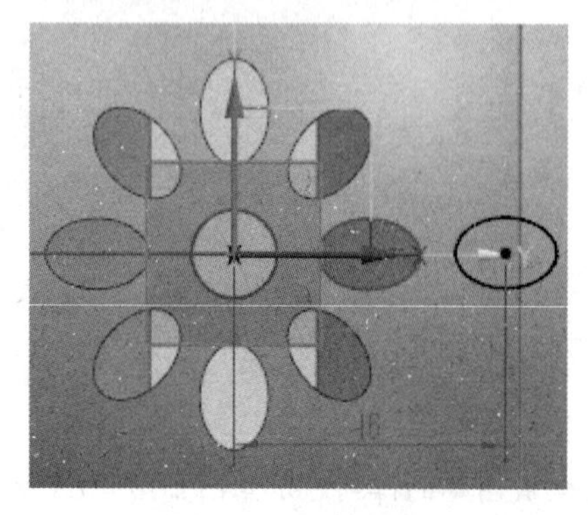

图 4-70　绘制草图

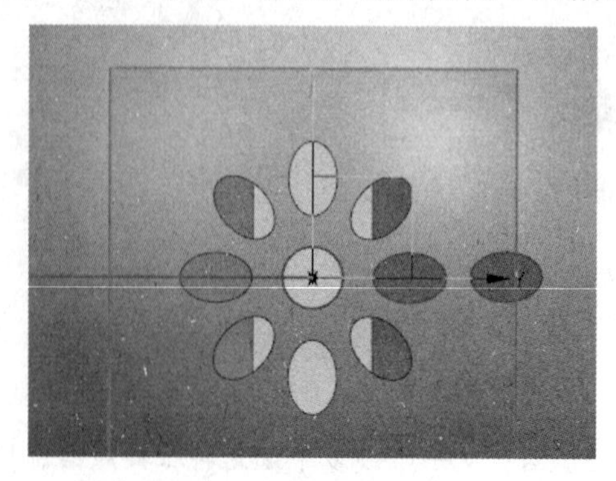

图 4-71　创建进风孔

23. 创建阵列特征 2

单击“主页”选项卡“特征”面组上的“阵列特征”按钮，打开如图 4-62 所示的“阵列特征”对话框。选择步骤 22 创建的拉伸特征为要形成阵列的特征。选择“圆形”布局，在“指定矢量”下拉列表框中选择 XC 轴为阵列方向，设置“数量”为 16，“跨距”为 360，单击“确定”按钮生成模型，结果如图 4-72 所示。

Note

24. 绘制截面 6

单击“主页”选项卡“直接草图”面组上的“草图”按钮，打开“创建草图”对话框，选择步骤 23 创建的基准平面，进入草图绘制界面。单击“主页”选项卡“直接草图”面组中的“椭圆”按钮，弹出“椭圆”对话框，设置“大半径”为 3，“小半径”为 2，绘制椭圆；单击“主页”选项卡“直接草图”面组上的“快速尺寸”按钮，对草图进行尺寸约束，结果如图 4-73 所示。

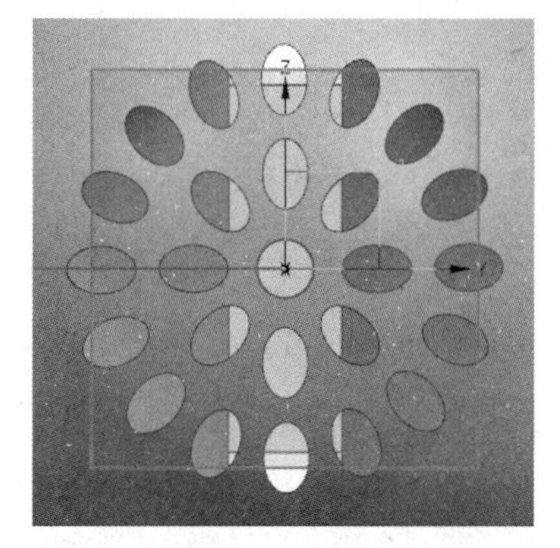

图 4-72　阵列特征

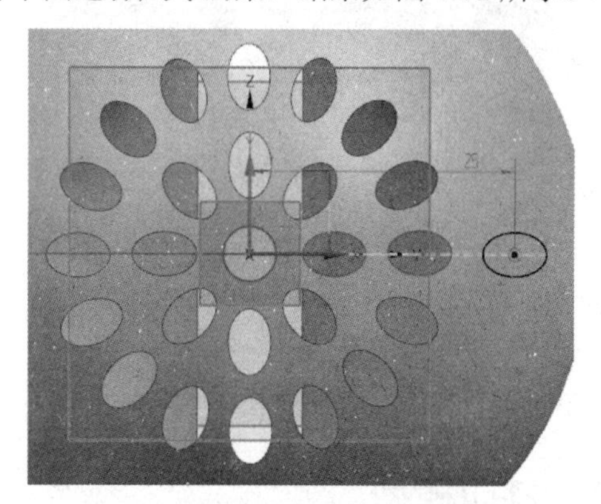

图 4-73　绘制草图

25. 创建拉伸 4

单击“主页”选项卡“特征”面组上的“拉伸”按钮，弹出“拉伸”对话框。在“指定矢量”下拉列表框中选择-XC 轴为拉伸方向。在图形中选择刚绘制的直线，在“拉伸”对话框中设置起始距离、结束距离分别为 0 和 20，选择布尔“求差”方式，单击“确定”按钮，结果如图 4-74 所示。

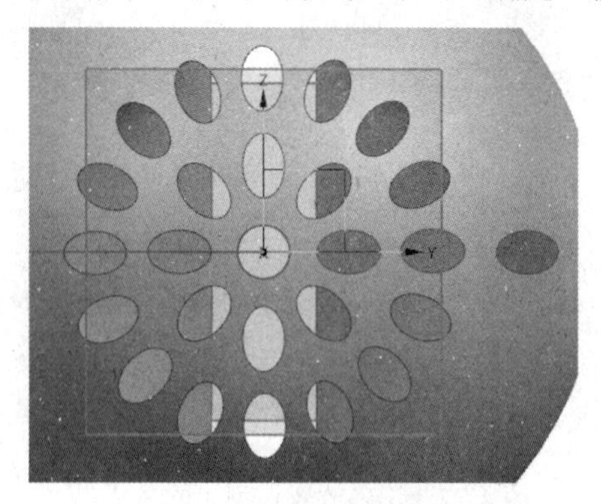

图 4-74　创建进风孔

26. 创建阵列特征 3

单击“主页”选项卡“特征”面组上的“阵列特征”按钮，打开如图 4-62 所示的“阵列特征”

对话框。选择步骤 25 创建的拉伸特征为要形成阵列的特征。选择“圆形”布局，在“指定矢量”下拉列表框中选择 XC 轴为阵列方向，设置“数量”为 24，“跨距”为 360，单击“确定”按钮生成模型，结果如图 4-75 所示。

Note

27. 隐藏曲线

选择“菜单”→“编辑”→“显示和隐藏”→“隐藏”命令，系统弹出“类选择”对话框。单击“类型过滤器”按钮，系统弹出“按类型选择”对话框，选择“草图”和“基准”选项，单击“确定”按钮，单击“全选”按钮。单击“确定”按钮，草图和基准被隐藏，如图 4-76 所示。

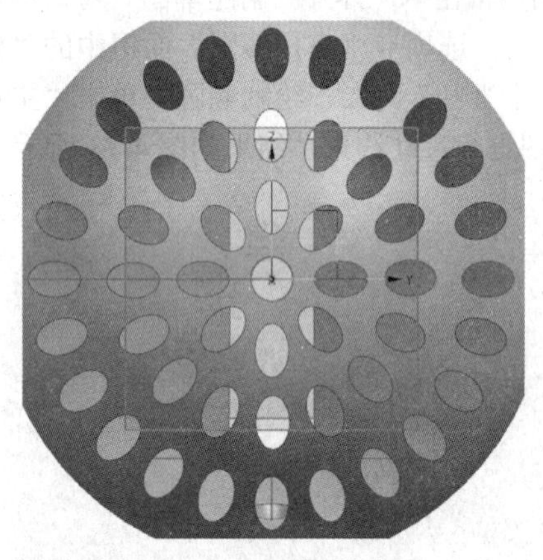

图 4-75　阵列特征

图 4-76　隐藏草图和基准

4.3.2　打印模型

根据 3.1.2 节步骤 3 中（1）～（3）相应的步骤进行参数设置，按步骤 3 中（4）旋转模型的操作，将模型沿竖直方向旋转 90°，如图 4-77 所示，其余步骤按步骤 3 中的（5）～（8）相应步骤操作即可。

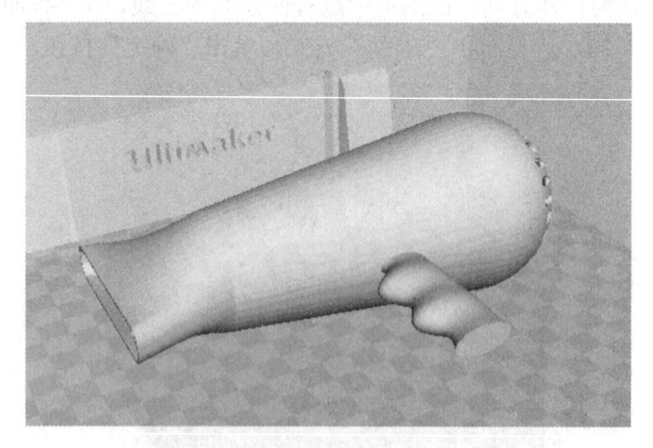

图 4-77　正确放置模型“吹风机”

4.3.3　处理打印模型

处理打印模型有以下 3 个步骤：

（1）取出模型。取出后的吹风机模型如图4-78所示。

（2）去除支撑。

（3）打磨模型。处理后的吹风机模型如图4-79所示。

图4-78 打印完毕的吹风机模型

图4-79 去除吹风机模型的支撑

4.4 耳机插头

首先利用UG软件创建耳机插头模型，再利用Cura软件打印耳机插头的3D模型，最后对打印出来的耳机插头模型进行去除支撑和毛刺处理，流程图如图4-80所示。

图4-80 耳机插头模型创建流程图

4.4.1 创建模型

耳机插头形状较为复杂，各部分都是由不规则的形体组成的，本例综合应用各曲线并进行拉伸，然后对拉伸实体进行拔模和创建圆台等操作。

1. 新建文件

单击快速访问工具栏中的“新建”按钮，打开“新建”对话框，在“模型”选项卡中选择适当的模板，文件名为chatou，单击“确定”按钮，进入建模环境。

2. 创建六边形曲线

选择“菜单”→“插入”→“曲线”→“多边形”命令，打开如图4-81所示的“多边形”对话框，在侧面数中输入6，单击“确定”按钮，打开“多边形”创建方式对话框，如图4-82所示，单击

Note

“内切圆半径”按钮，打开“多边形”参数对话框，如图 4-83 所示，设置“内切圆半径”和“方位角”分别为4.25和0，单击“确定”按钮，打开“点”对话框，确定六边形的中心，以坐标原点为六边形中心，单击“确定”按钮，完成六边形的创建，如图 4-84 所示。

图 4-81 “多边形”对话框

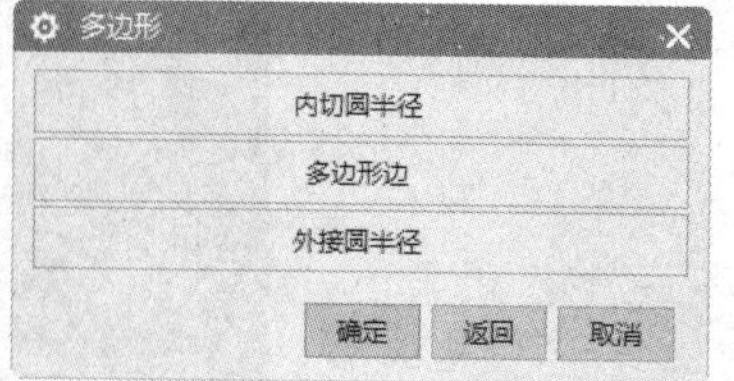

图 4-82 “多边形”创建方式对话框

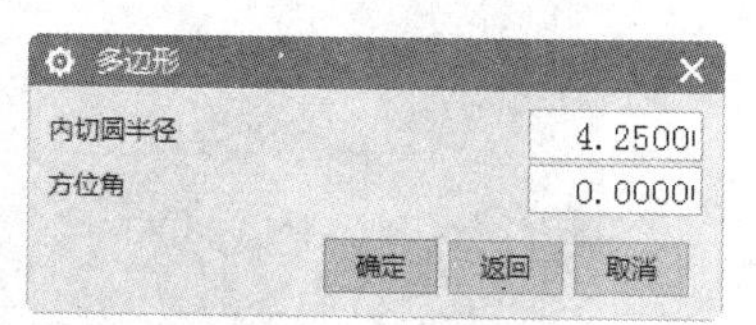

图 4-83 “多边形”参数对话框

3. 创建拉伸 1

单击“主页”选项卡“特征”面组上的“拉伸”按钮，打开如图 4-85 所示的“拉伸”对话框。在“指定矢量”下拉列表框中选择 ZC 轴为拉伸方向，设置“限制”选项组的开始距离为 0，结束距离为 13.5，选择屏幕中的六边形曲线，注意拉伸方向，目标方向 ZC 轴向，单击“确定”按钮，完成拉伸操作。生成模型如图 4-86 所示。

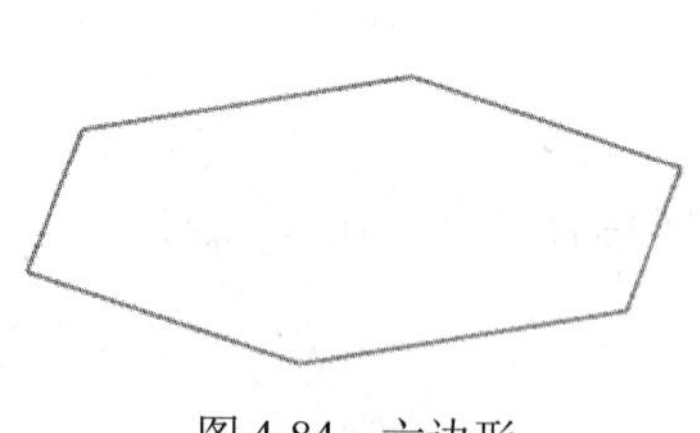

图 4-84 六边形

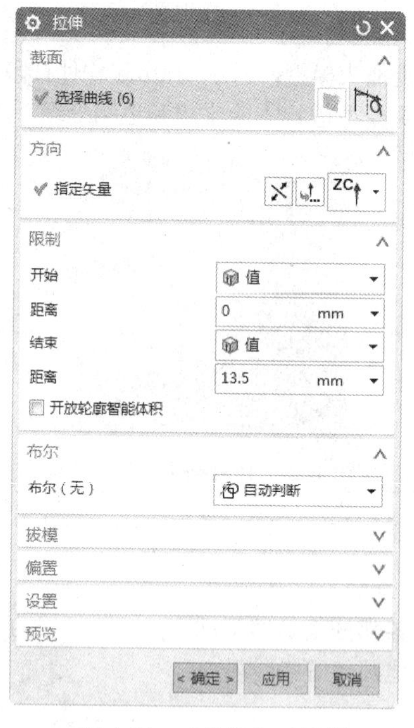

图 4-85 “拉伸”对话框

图 4-86 拉伸模型

4. 创建基准平面

单击“主页”选项卡“特征”面组上的“基准平面”按钮，打开如图 4-87 所示的“基准平面”对话框。选择“曲线和点”类型，在“子类型”下拉列表框中选择“三点”选项，分别选择图 4-88 所示三点，单击“确定”按钮，完成基准平面的创建，如图 4-89 所示。

图 4-87 “基准平面”对话框

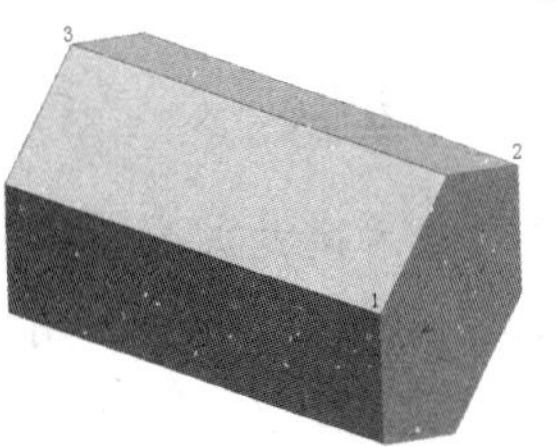

图 4-88 选择点

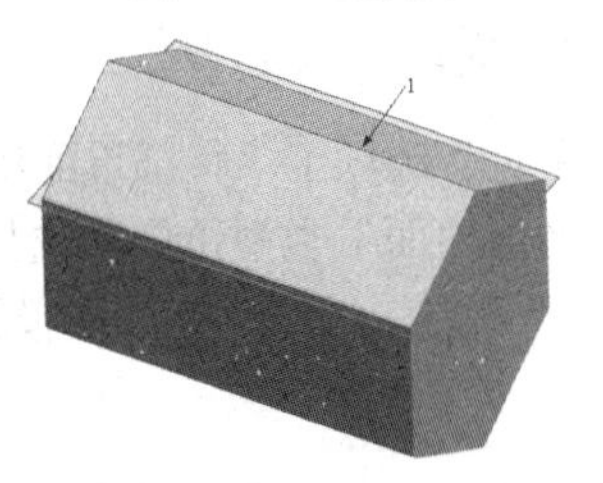

图 4-89 创建基准平面

5. 创建垫块

单击“主页”选项卡“特征”面组中的“垫块”按钮，打开如图 4-90 所示的“垫块”对话框，单击“矩形”按钮，打开如图 4-91 所示的“矩形垫块”放置面选择对话框，选择步骤 4 创建的基准面，打开如图 4-92 所示的选择特征边对话框，单击“接受默认边”按钮，完成特征边选择后进入如图 4-93 所示的“水平参考”对话框，选择如图 4-89 所示的边 1，打开“矩形垫块”参数对话框，如图 4-94 所示。设置“长度”“宽度”“高度”分别为 7.36、8.5 和 6，单击“确定”按钮，打开“定位”对话框，采用垂直定位方式定位，垫块两侧面分别与六边形实体两侧面距离 0，单击“确定”按钮，完成垫块的创建。生成如图 4-95 所示的垫块。

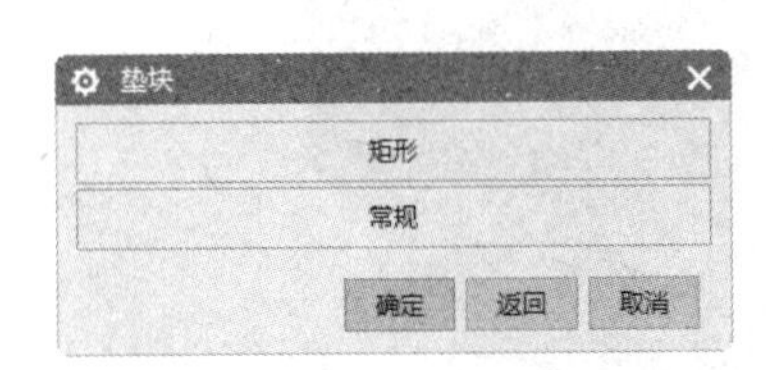

图 4-90 “垫块”对话框

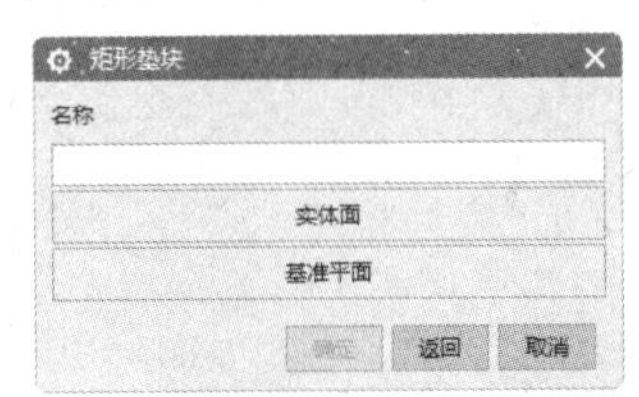

图 4-91 “矩形垫块”放置面对话框

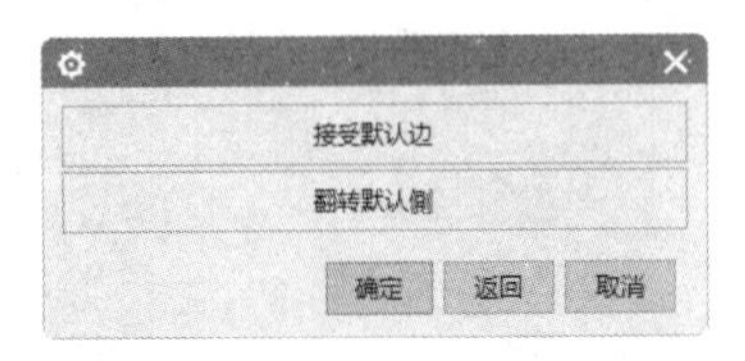

图 4-92 选择特征边对话框

图 4-93 “水平参考”对话框

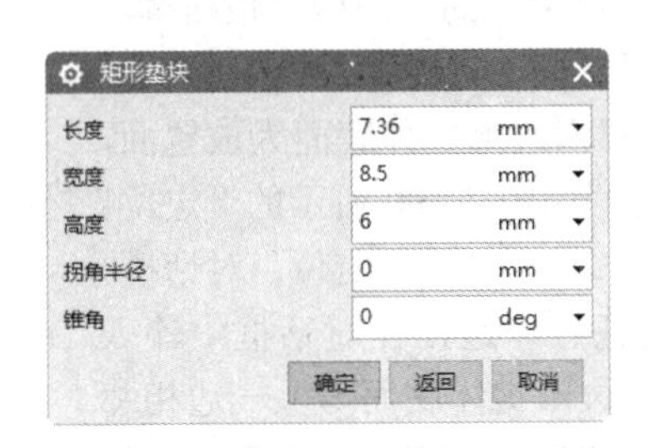

图 4-94 “矩形垫块”参数对话框

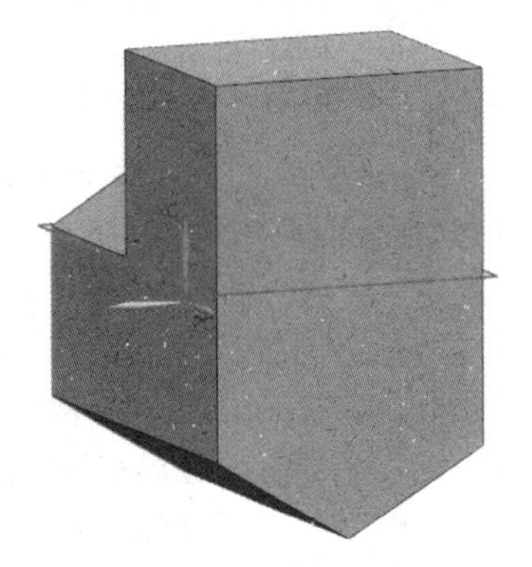

图 4-95 垫块

Note

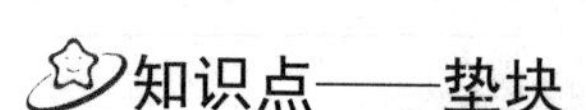

知识点——垫块

“垫块”主要有以下两种创建方式。

（1）矩形：让用户定义一个有指定长度、宽度和深度，在拐角处有指定半径，具有直面或斜面的垫块。

（2）常规：与矩形垫块相比，该选项所定义的垫块具有更大的灵活性。

6. 创建拔模

单击“主页”选项卡“特征”面组中的“拔模”按钮，打开如图 4-96 所示的“拔模”对话框，选择“从平面或曲面”类型，依次选择如图 4-97 所示的拔模面、拔模方向和固定平面，设置“角度”为 30，单击“确定”按钮，完成拔模操作，如图 4-98 所示。

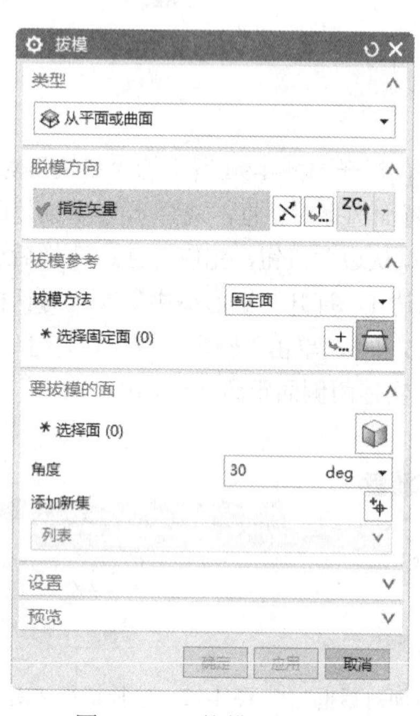

图 4-96 “拔模”对话框

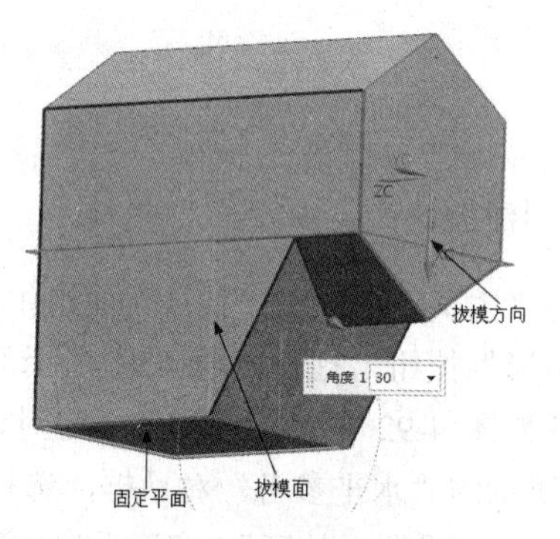

图 4-97 拔模示意图

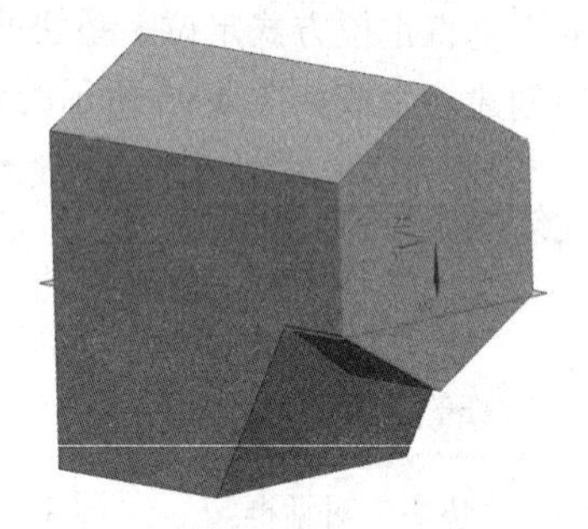

图 4-98 拔模操作

7. 创建凸台 1

单击“主页”选项卡“特征”面组上的“凸台”按钮，打开如图 4-99 所示的“凸台”对话框。设置“直径”“高度”“锥角”分别为 7.3、1 和 10，选择六边形实体底面为放置面，单击“确定”按钮，生成凸台并打开如图 4-100 所示的“定位”对话框，单击“垂直定位”按钮，打开“垂直定位”对话框。按系统提示选择六边形实体底面任意一边，在对话框中输入 4.25，单击“应用”按钮，选择六边形实体底面与上一边相邻边，在对话框中输入 4.25，单击“确定”按钮，完成凸台 1 的创建，如图 4-101 所示。

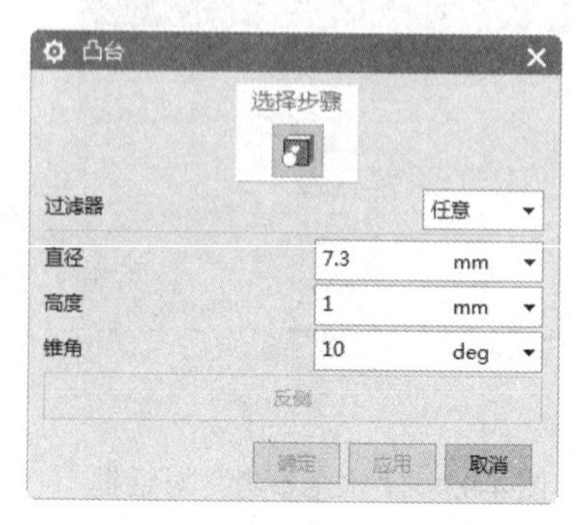

图 4-99 “凸台”对话框

8. 创建凸台 2

同步骤 7，在凸台 1 的上端面创建直径、高度和锥角分别为 6.8、1 和 0，且中心位于凸台 1 的上端面中心的凸台 2，在凸台 2 的上端面创建直径、高度和锥角分别为 4.5、10 和 0 的凸台 3，在凸台 3 的上端面创建直径、高度和锥角分别为 3、4 和-3 的凸台 4。生成模型如图 4-102 所示（注意该步骤创建的圆柱体与凸台 1 不做布尔求和操作）。

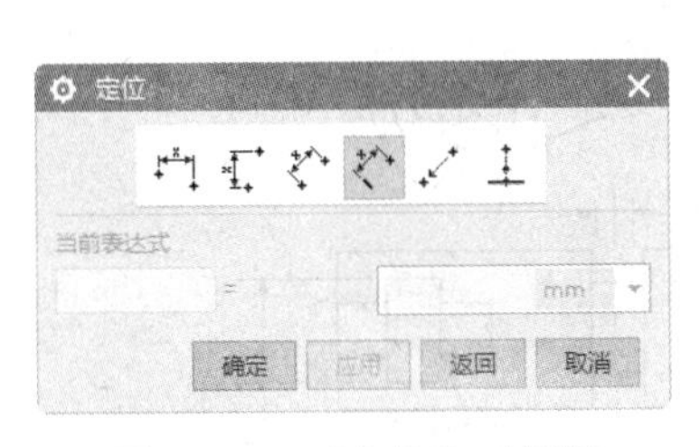

图 4-100　“定位”对话框

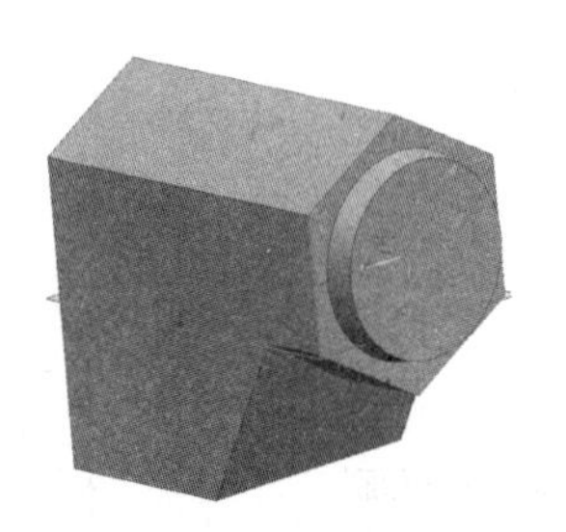

图 4-101　创建凸台 1

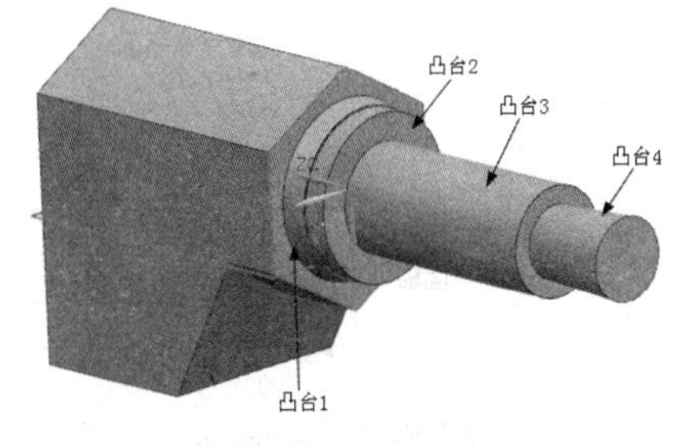

图 4-102　凸台

9. 创建槽

（1）单击“主页”选项卡“特征”面组中的“开槽”按钮，打开如图 4-103 所示的“槽”对话框，单击“矩形”按钮，打开如图 4-104 所示的“矩形槽”放置面对话框，选择凸台 3 的侧面，打开如图 4-105 所示的“矩形槽”参数对话框，设置“槽直径”和“宽度”分别为 4.35 和 0.8，单击“确定”按钮，打开如图 4-106 所示的“定位槽”对话框，选择凸台 3 的上端面边缘为基准，选择槽上端面边缘为刀具边，打开如图 4-107 所示的“创建表达式”对话框，在对话框中输入 1，单击“确定”按钮，完成槽 1 的创建。

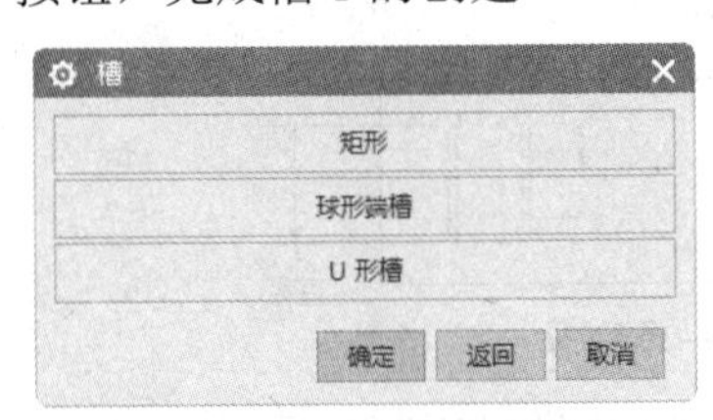

图 4-103　“槽”对话框

图 4-104　“矩形槽”对话框

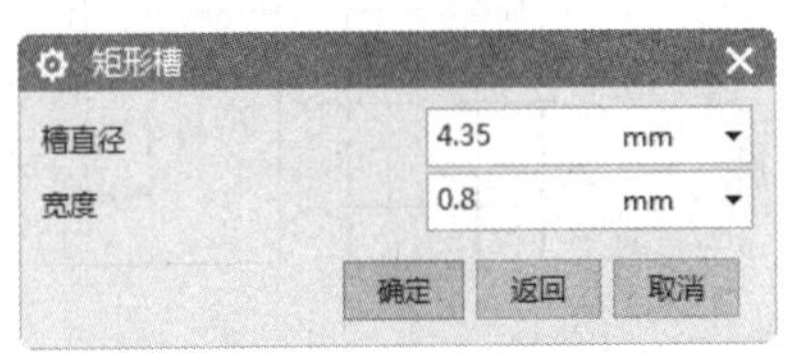

图 4-105　“矩形槽”参数对话框

（2）同上步骤创建参数相同，定位距离为 3 的槽 2。生成模型如图 4-108 所示。

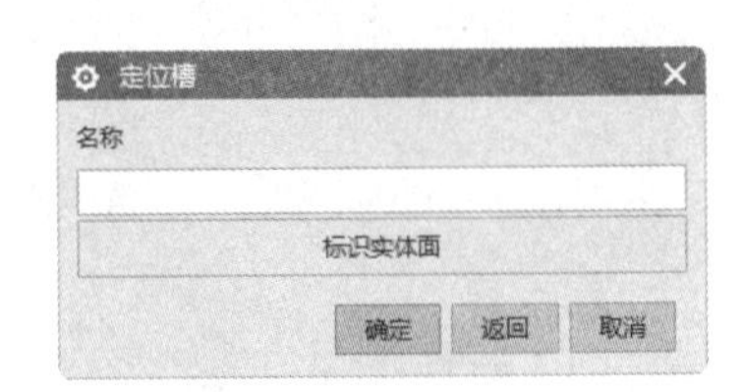

图 4-106　“定位槽”对话框

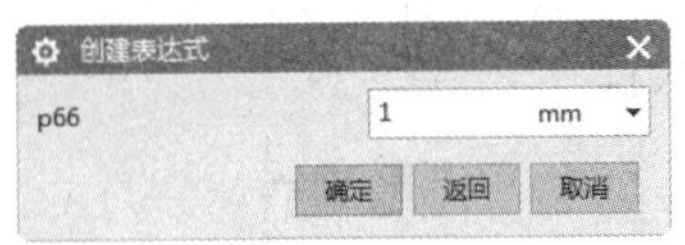

图 4-107　“创建表达式”对话框

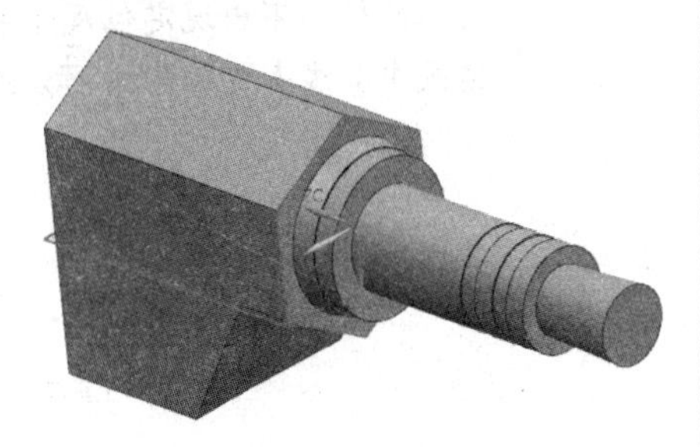

图 4-108　模型

知识点——槽

该选项让用户在实体上生成一个沟槽，就好像一个成形刀具在旋转部件上向内（从外部定位面）

或向外（从内部定位面）移动，如同车削操作（如图 4-109 所示）。

该选项只在圆柱形或圆锥形的面上起作用。旋转轴是选中面的轴。沟槽在选择该面的位置（选择点）附近生成并自动连接到选中的面上。

“槽”主要有以下 3 种创建方式。

（1）矩形：让用户生成一个周围为尖角的沟槽，如图 4-110 所示。

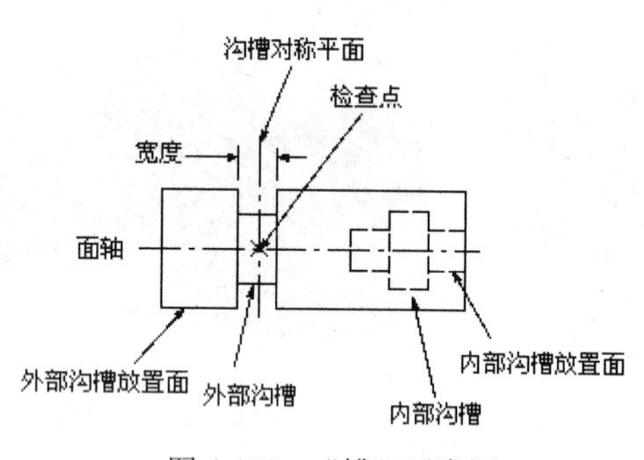

图 4-109 “槽”示意图

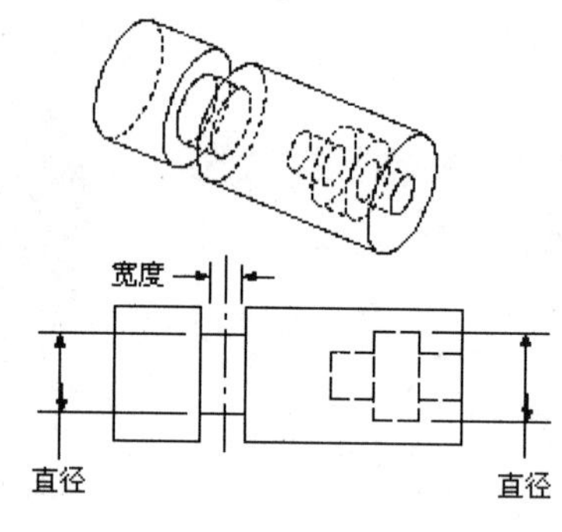

图 4-110 “矩形槽”示意图

（2）球形端槽：让用户生成底部有完整半径的沟槽，如图 4-111 所示。

（3）U 形槽：让用户生成在拐角有半径的沟槽，如图 4-112 所示。

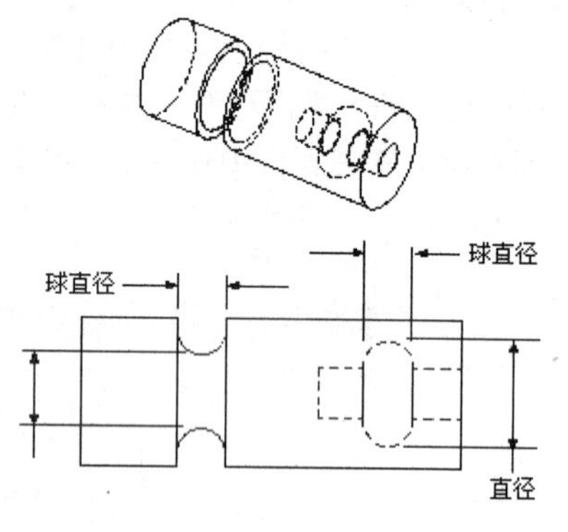

图 4-111 “球形端槽”示意图

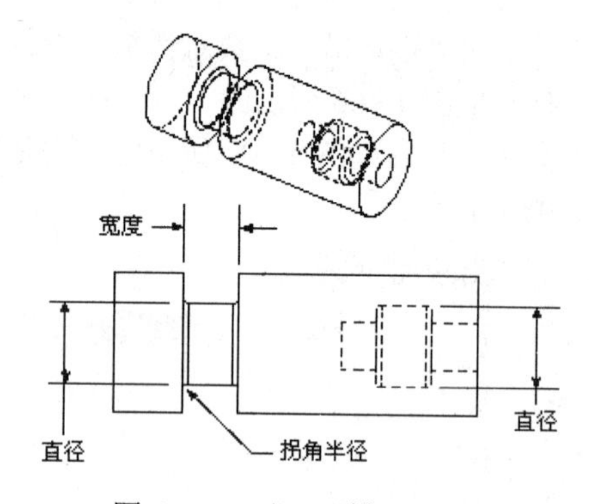

图 4-112 “U 形槽”示意图

提示： 沟槽的定位和其他的成形特征的定位稍有不同。只能在一个方向上定位沟槽，即沿着目标实体的轴。不出现定位尺寸菜单。通过选择目标实体的一条边及刀具（在车槽刀具上）的边或中心线来定位沟槽，如图 4-113 所示。

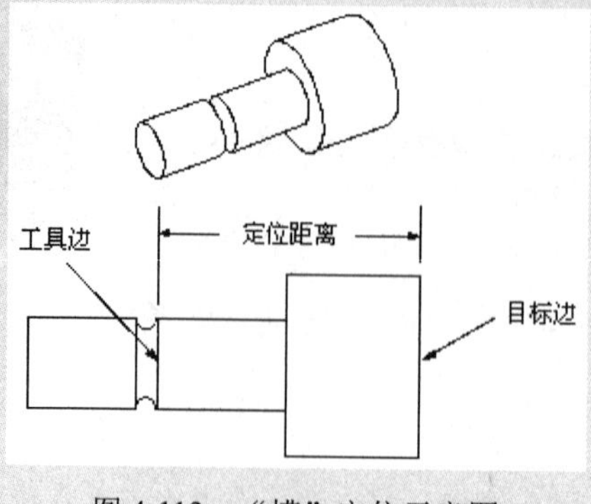

图 4-113 “槽”定位示意图

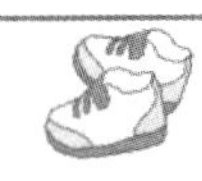

10. 边倒角

（1）单击“主页”选项卡“特征”面组中的“倒斜角”按钮，打开如图 4-114 所示的“倒斜角”对话框，选择凸台 3 的边，设置倒角距离为 0.75，如图 4-115 所示。

图 4-114　“倒斜角”对话框

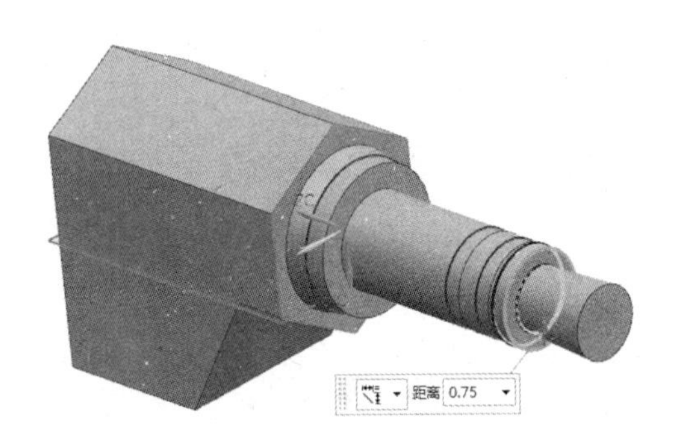

图 4-115　选择倒角边

（2）同理，选择凸台 4 的边，设置倒角距离为 1，如图 4-116 所示，结果如图 4-117 所示。

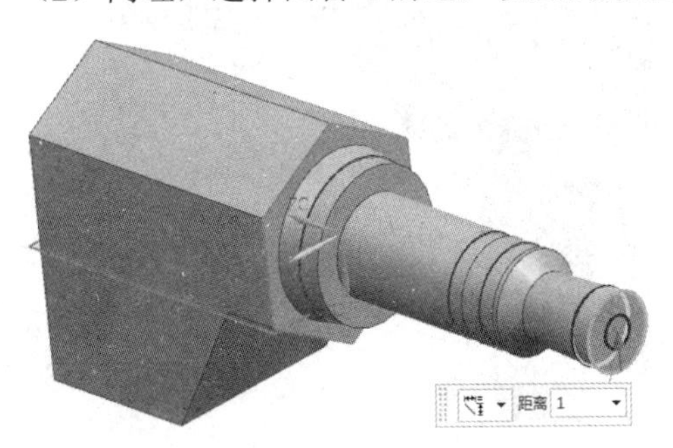

图 4-116　选择倒角边

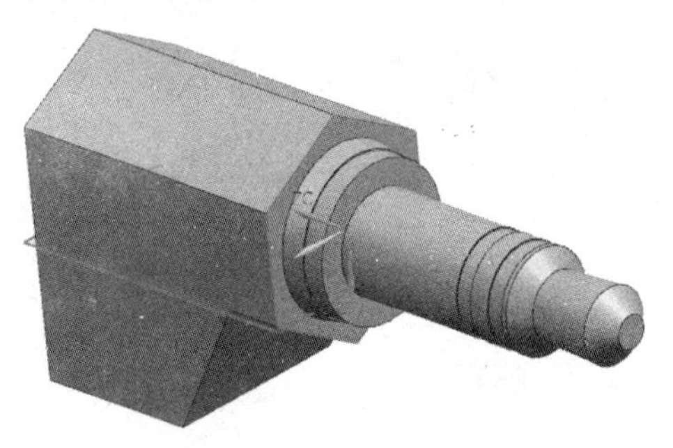

图 4-117　倒角处理

11. 创建草图

单击“主页”选项卡“直接草图”面组上的“草图”按钮，打开“创建草图”对话框，选择如图 4-118 所示的面 2 作为基准面，进入草图绘制过程。绘制如图 4-119 所示的椭圆，长半轴、短半轴和角度分别为 3.5、2.5 和 0。

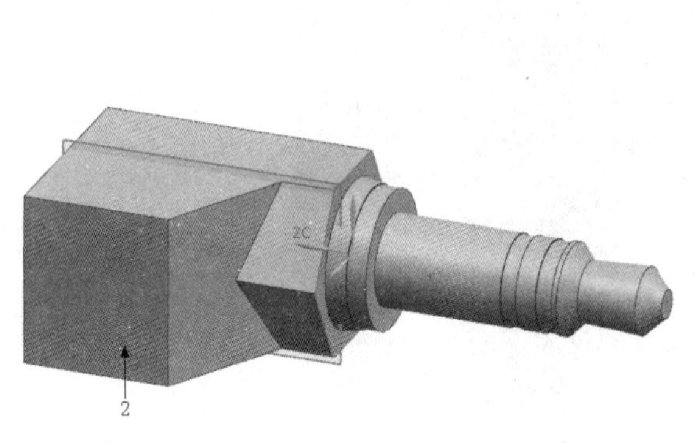

图 4-118　选择面 2

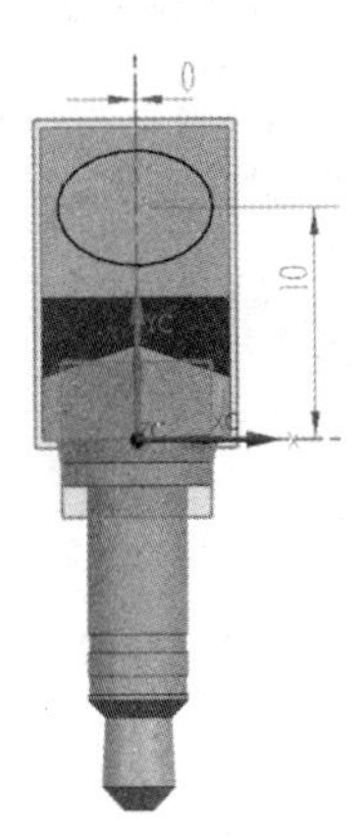

图 4-119　选择平面

12. 创建拉伸 2

Note

单击“主页”选项卡中“特征”面组上的“拉伸”按钮，打开如图 4-120 所示的“拉伸”对话框。设置开始距离为 0，结束距离为 12，选择屏幕中的椭圆曲线，在“指定矢量”下拉列表框中选择 XC 轴为拉伸方向，在“拔模”下拉列表框中选择“从起始限制”选项，设置“角度”为 5，单击“确定”按钮，完成拉伸操作。生成模型如图 4-121 所示。

图 4-120　“拉伸”对话框

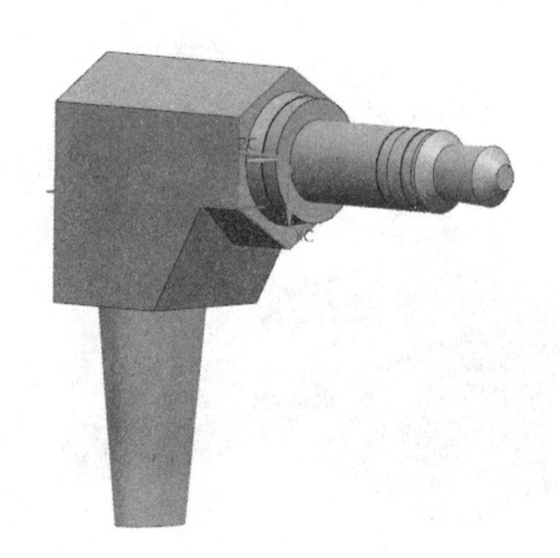

图 4-121　拉伸操作

4.4.2 打印模型

根据 3.1.2 节步骤 3 中（1）～（3）相应的步骤进行参数设置，按步骤 3 中（4）旋转模型的操作，将模型沿竖直方向旋转 90°，如图 4-122 所示，其余步骤按步骤 3 中的（5）～（8）相应步骤操作即可。

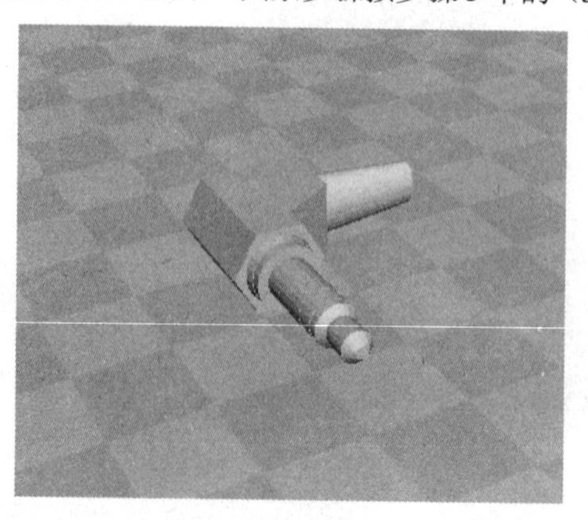

图 4-122　正确放置模型“耳机插头”

4.4.3 处理打印模型

处理打印模型有以下3个步骤：

（1）取出模型。取出后的耳机插头模型如图4-123所示。

（2）去除支撑。

（3）打磨模型。处理后的耳机插头模型如图4-124所示。

图4-123 打印完毕的耳机插头模型

图4-124 去除耳机插头模型的支撑

4.5 剃 须 刀

首先利用UG软件创建剃须刀模型，再利用Cura软件打印剃须刀的3D模型，最后对打印出来的剃须刀模型进行去除支撑和毛刺处理，流程图如图4-125所示。

图4-125 剃须刀模型创建流程图

4.5.1 创建模型

首先在长方体上创建矩形垫块完成整体的造型，然后进行拔模锥角和抽壳等操作。

1. 创建新文件

单击快速访问工具栏中的“新建”按钮，打开“新建”对话框。在“模板”列表中选择“模型”

Note

选项，输入名称为 tixudao，单击“确定”按钮，进入建模环境。

2. 创建长方体

单击“主页”选项卡“特征”面组上的“块”按钮，打开如图 4-126 所示的“块”对话框。选择“原点和边长”类型，在“长度”“宽度”“高度”下拉列表框中分别输入 50、28 和 21。单击“点对话框”按钮，在打开的“点”对话框中输入坐标点为（0，0，0），单击“确定”按钮。返回到“块”对话框，单击“确定”按钮，创建长方体，如图 4-127 所示。

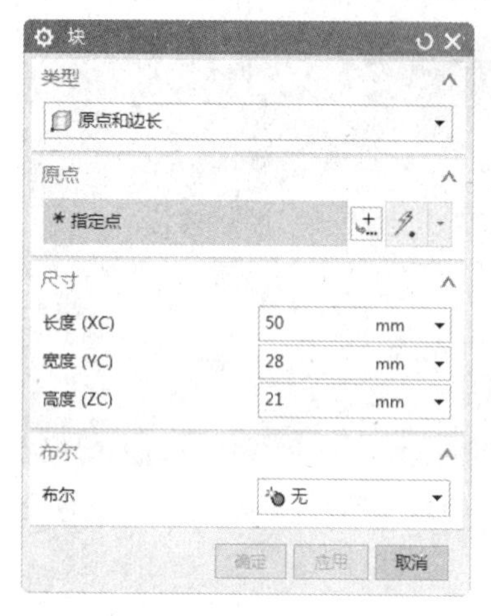

图 4-126　“块”对话框

图 4-127　长方体

3. 拔模操作

单击“主页”选项卡“特征”面组上的“拔模”按钮，打开“拔模”对话框，如图 4-128 所示。在“指定矢量”下拉列表框中选择 ZC 轴，选择长方体下端面为固定平面，选择长方体 4 侧面为要拔模的面，并设置“角度”为 3，如图 4-129 所示。单击“确定”按钮，完成拔模操作，如图 4-130 所示。

图 4-128　“拔模”对话框

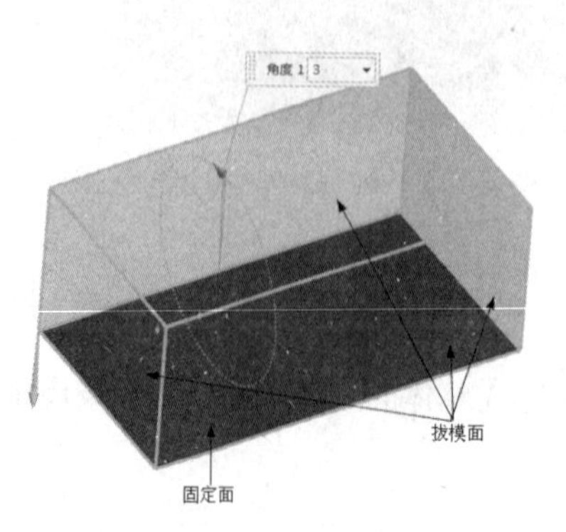

图 4-129　拔模示意图

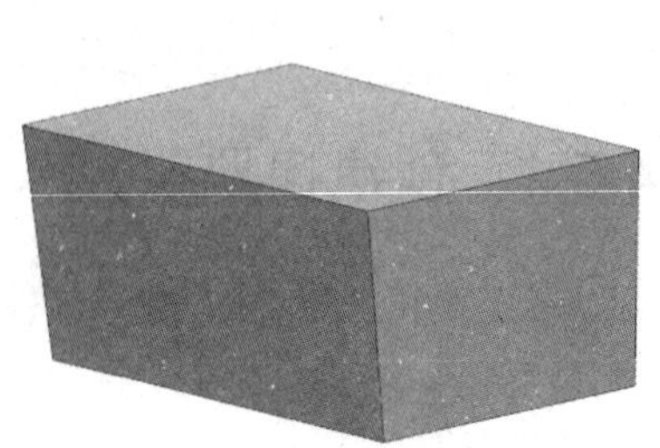

图 4-130　拔模操作

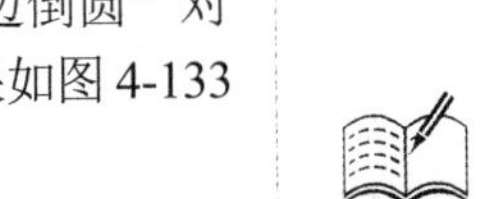

4. 边倒圆 1

单击“主页”选项卡“特征”面组上的“边倒圆”按钮，打开如图 4-131 所示的“边倒圆”对话框。选择如图 4-132 所示长方体的 4 条棱边，设置圆角半径为 14，单击“确定”按钮，结果如图 4-133 所示。

图 4-131 “边倒圆”对话框

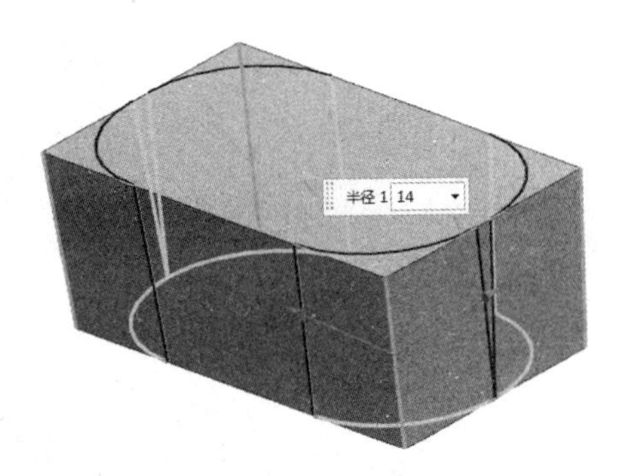

图 4-132 选择圆角边

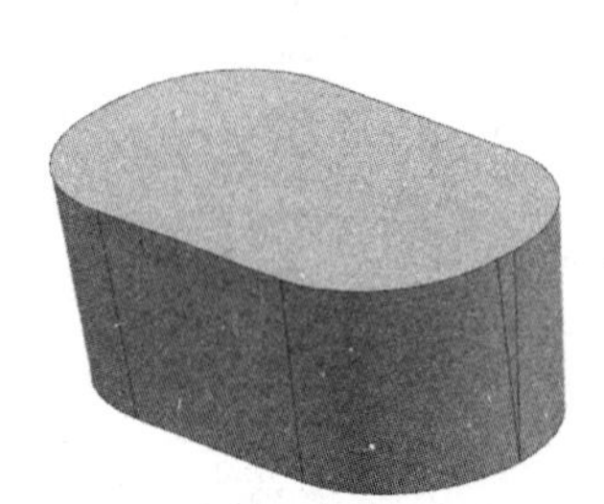

图 4-133 圆角处理

5. 创建基准平面

（1）单击“主页”选项卡“特征”面组上的“基准平面”按钮，打开如图 4-134 所示的“基准平面”对话框。选择“曲线和点”类型，选择如图 4-135 所示三边的中点，单击“应用”按钮，完成基准平面的创建 1。

（2）同上步骤，选择三点创建基准面 2，结果如图 4-136 所示。

图 4-134 “基准平面”对话框

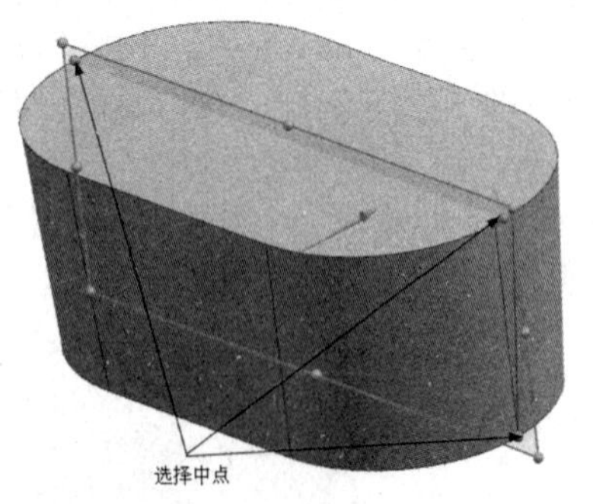

图 4-135 选择三边的中点

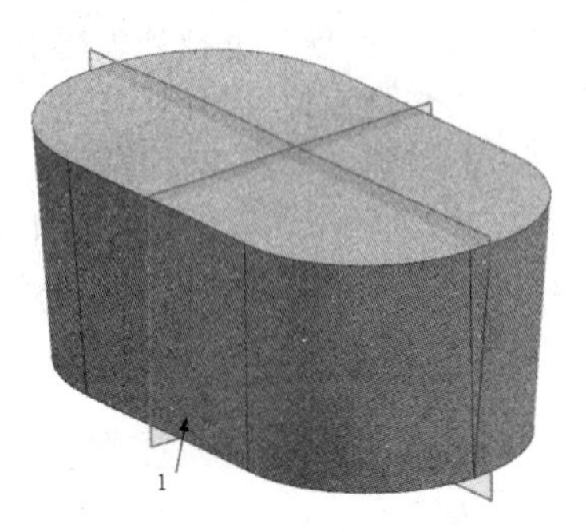

图 4-136 创建基准平面

6. 创建简单孔 1

单击“主页”选项卡“特征”面组上的“孔”按钮，打开如图 4-137 所示的“孔”对话框。在“类型”选项组中选择“常规孔”类型，在“形状”下拉列表框中选择“简单孔”选项，在“直径”“深度”“顶锥角”下拉列表框中分别输入 16、0.5 和 160。单击“绘制截面”按钮，打开“创建草

Note

图”对话框，选择如图 4-136 所示的面 1 为孔放置面，进入草图绘制环境。打开“草图点”对话框，创建点，如图 4-138 所示。单击“完成”按钮，草图绘制完毕。返回到“孔”对话框，单击“确定”按钮，完成孔的创建，如图 4-139 所示。

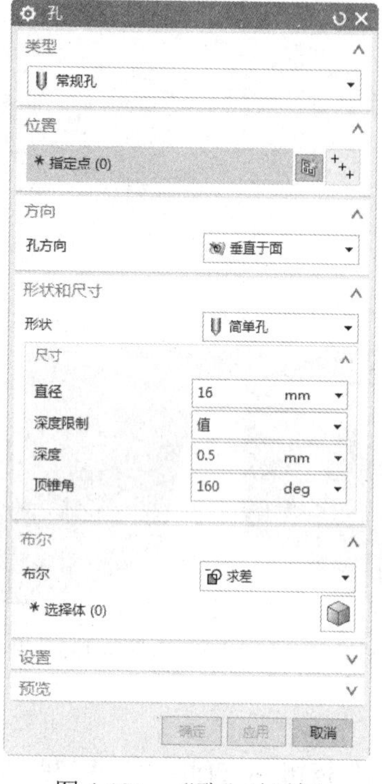

图 4-137 “孔”对话框

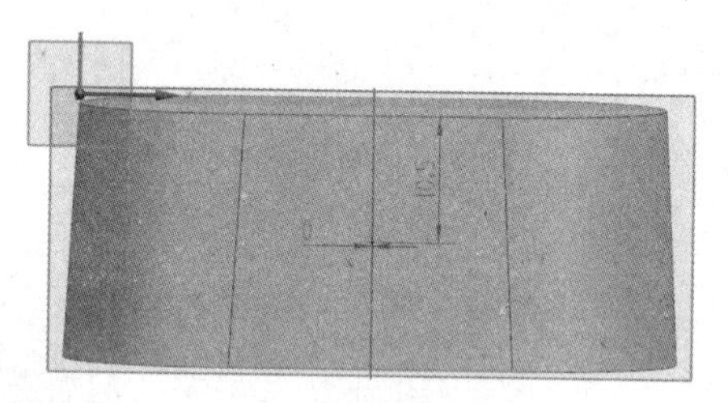

图 4-138 绘制草图

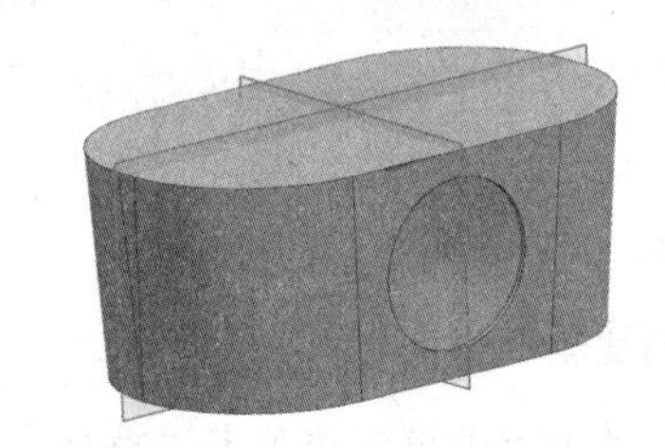

图 4-139 创建简单孔

7. 创建垫块 1

（1）单击“主页”选项卡“特征”面组上的“垫块”按钮，打开“垫块”对话框。单击“矩形”按钮，打开“矩形垫块”放置面选择对话框，选择长方体的上表面为垫块放置面，打开“水平参考”对话框，选择基准面 1 为水平参考。打开“矩形垫块”参数对话框，如图 4-140 所示。在“长度”“宽度”“高度”下拉列表框中分别输入 58、38 和 47，单击“确定”按钮。打开“定位”对话框，单击“垂直定位”图标，选择基准面和垫块的中心线，设置距离为 0，单击“确定”按钮，完成垫块 1 的创建，如图 4-141 所示。

（2）同上步骤，在垫块 1 的上端面创建垫块 2，设置“长度”“宽度”“高度”分别为 52、30 和 17，定位方式同上，生成的模型如图 4-142 所示。

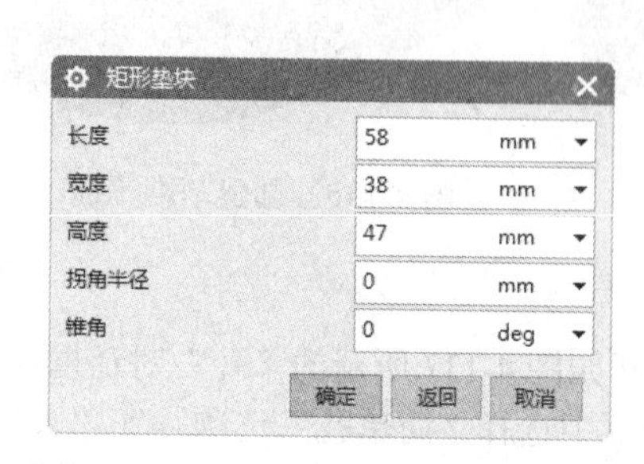

图 4-140 “矩形垫块”参数对话框

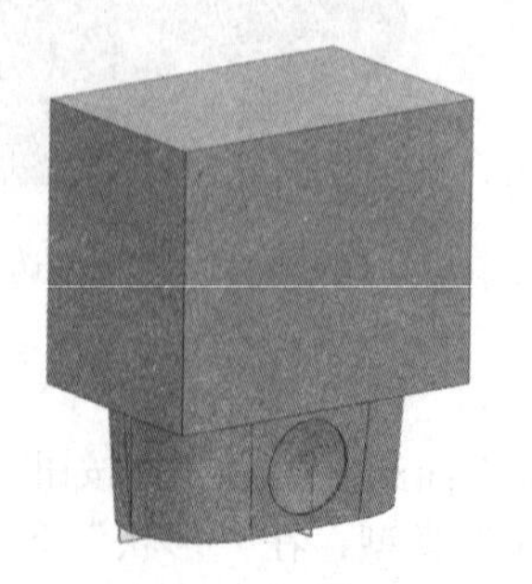

图 4-141 创建垫块 1

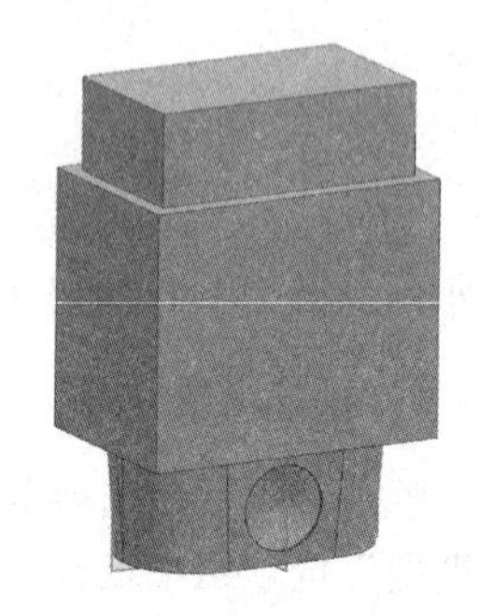

图 4-142 创建垫块 2

8. 边倒圆 2

（1）单击“主页”选项卡“特征”面组上的“边倒圆”按钮，打开如图 4-143 所示“边倒圆”对话框。设置圆角半径为 15，选择如图 4-144 所示的 4 条棱边，单击“应用”按钮。

图 4-143 “边倒圆”对话框

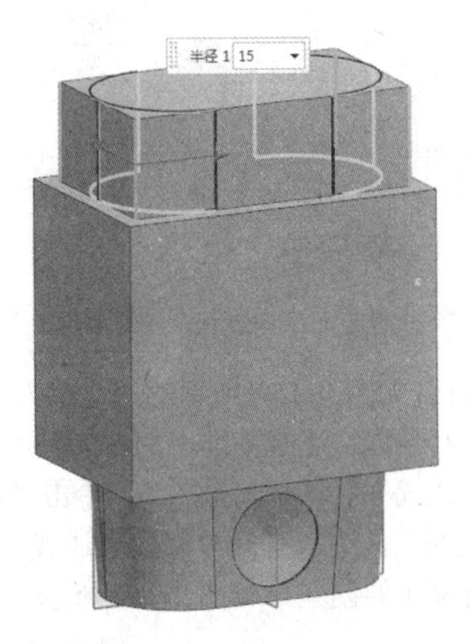

图 4-144 选择圆角边 1

（2）设置圆角半径为 16.5，选择如图 4-145 所示的 4 条棱边，单击“应用”按钮。

（3）设置圆角半径为 3，选择如图 4-146 所示的凸台上边，单击“确定”按钮，完成圆角创建，如图 4-147 所示。

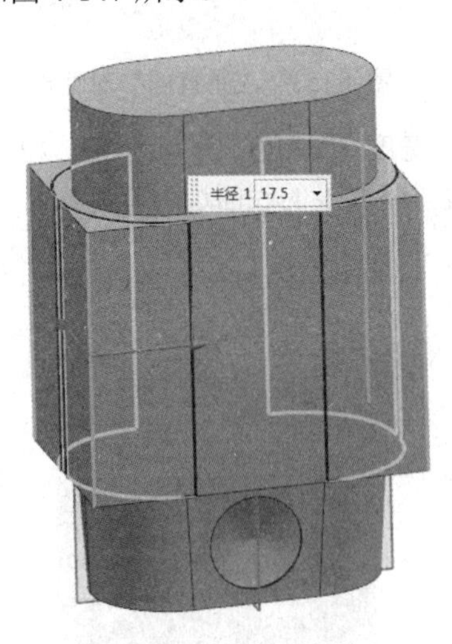

图 4-145 选择圆角边 2

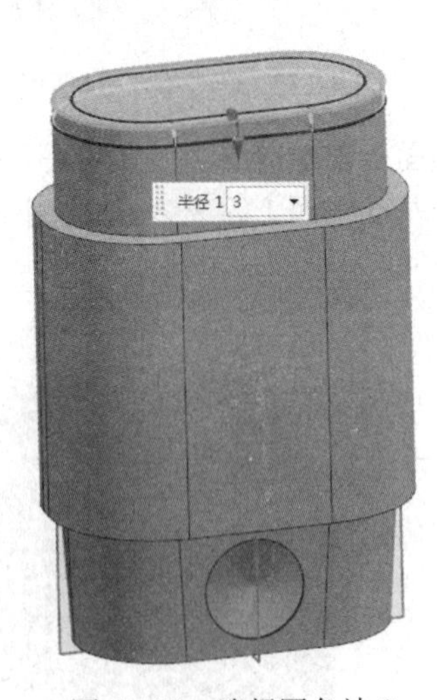

图 4-146 选择圆角边 3

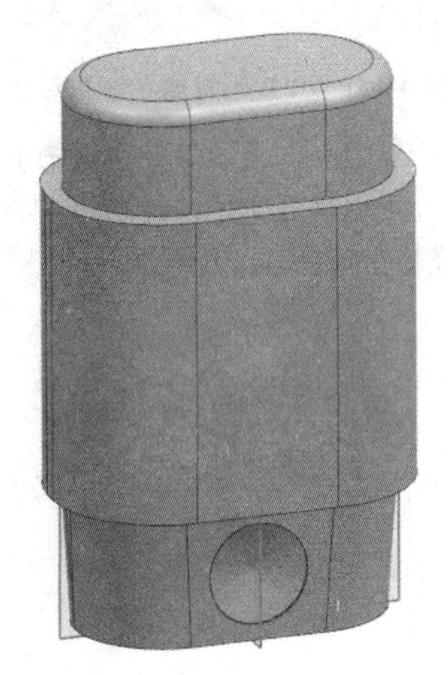

图 4-147 倒圆处理

9. 创建键槽

（1）单击“主页”选项卡“特征”面组上的“键槽”按钮，打开“键槽”类型对话框，如图 4-148 所示。选中“矩形槽”单选按钮，单击“确定”按钮，打开如图 4-149 所示的“矩形键槽”放置面对话框，选择垫块一侧平面为键槽放置面，打开如图 4-150 所示的“水平参考”对话框，选择基准平面

2 为键槽的水平参考。打开如图 4-151 所示的“矩形键槽”参数对话框，在“长度”“宽度”“深度”下拉列表框中分别输入 55、25 和 2，单击“确定”按钮。

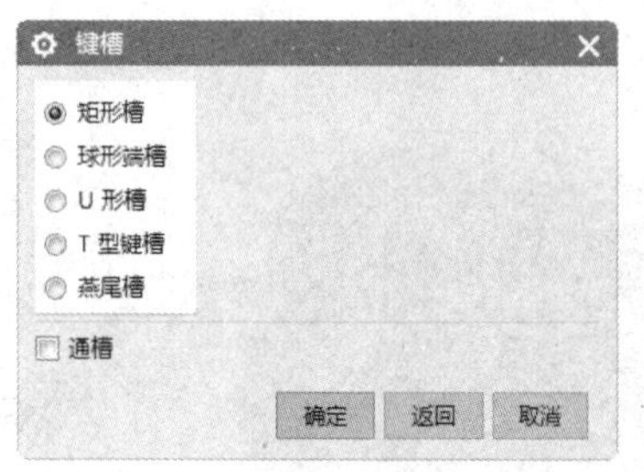

图 4-148 “键槽”类型对话框

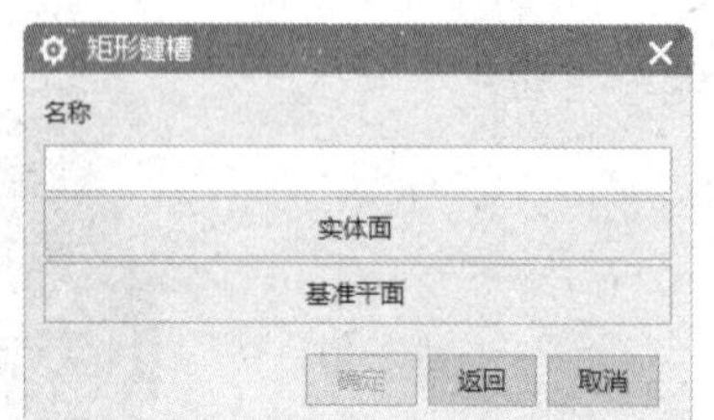

图 4-149 “矩形键槽”放置面对话框

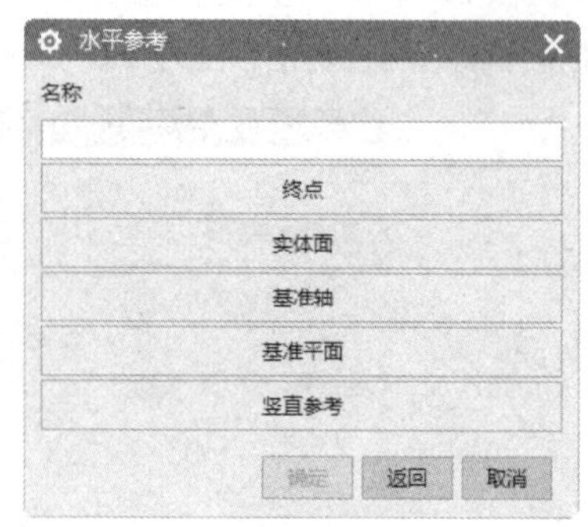

图 4-150 “水平参考”对话框

（2）打开如图 4-152 所示的“定位”对话框，单击“垂直的”按钮，打开如图 4-153 所示的“垂直的”对话框，选择基准平面 2 为基准，选择矩形键槽长中心线为工具边，打开如图 4-154 所示的“创建表达式”对话框，输入 0，单击“确定”按钮，选择垫块 1 的底面一边为基准，选择矩形键槽短中心线为工具边，打开“创建表达式”对话框，输入 30，单击“确定”按钮，完成垂直定位并完成矩形键槽 1 的创建，如图 4-155 所示。

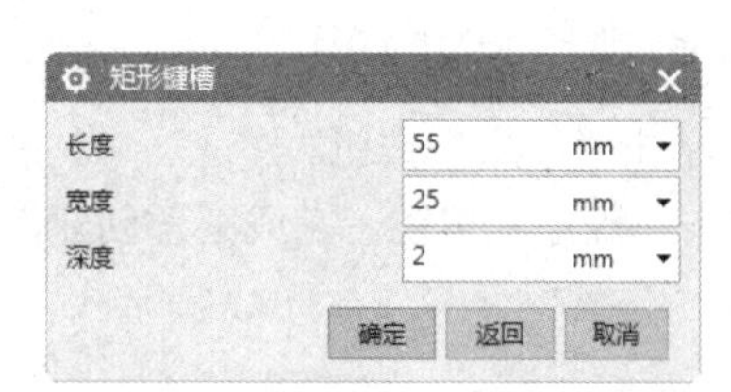

图 4-151 “矩形键槽”参数对话框

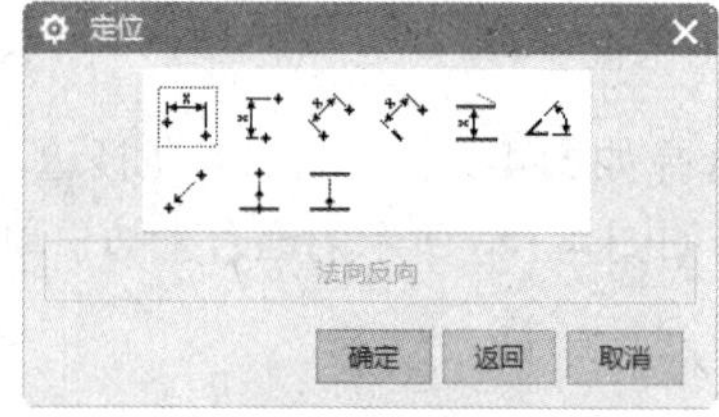

图 4-152 “定位”对话框

图 4-153 “垂直的”对话框

（3）同上步骤，在键槽 1 的底面上创建键槽 2，设置“长度”“宽度”“深度”分别为 30、12 和 3，采用垂直定位，键槽短中心线与基准平面 1 距离为 0，长中心线与垫块 1 的底面边距离为 26。生成模型如图 4-156 所示。

图 4-154 “创建表达式”对话框

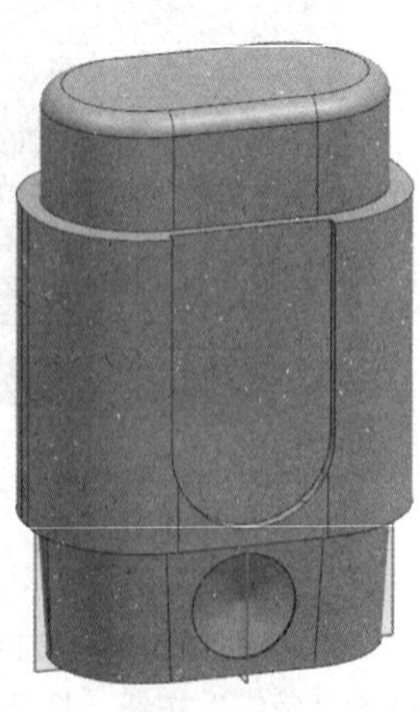

图 4-155 创建键槽 1

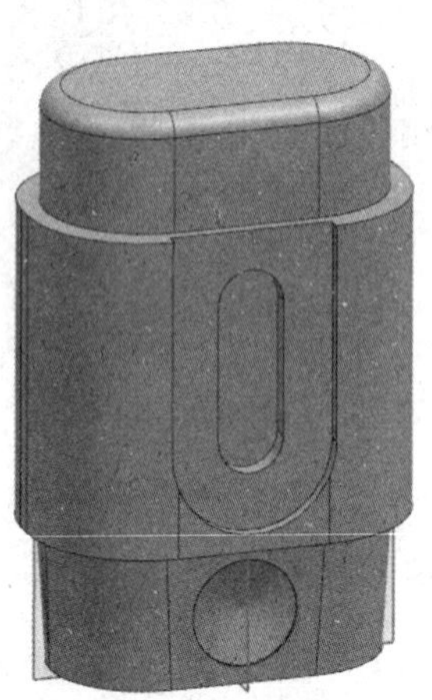

图 4-156 创建键槽 2

知识点——键槽

让用户生成一个直槽的通道，通过实体或通到实体里面。在当前目标实体上自动在菜单栏中选择减去操作。

（1）矩形槽：让用户沿着底边生成有尖锐边缘的槽，如图 4-157 所示。

（2）球形端槽：让用户生成一个有完整半径底面和拐角的槽，如图 4-158 所示。

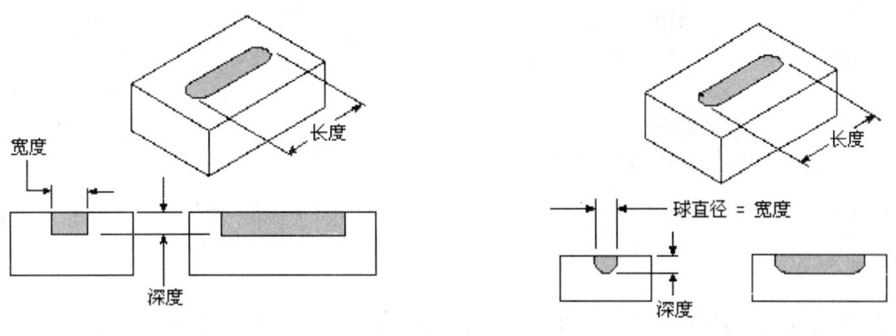

图 4-157　“矩形槽”示意图　　图 4-158　“球形端槽”示意图

（3）U 形槽：可以用该选项生成 U 形槽，如图 4-159 所示。

（4）T 型键槽：该选项使用户能够生成横截面为倒 T 字形的槽，如图 4-160 所示。

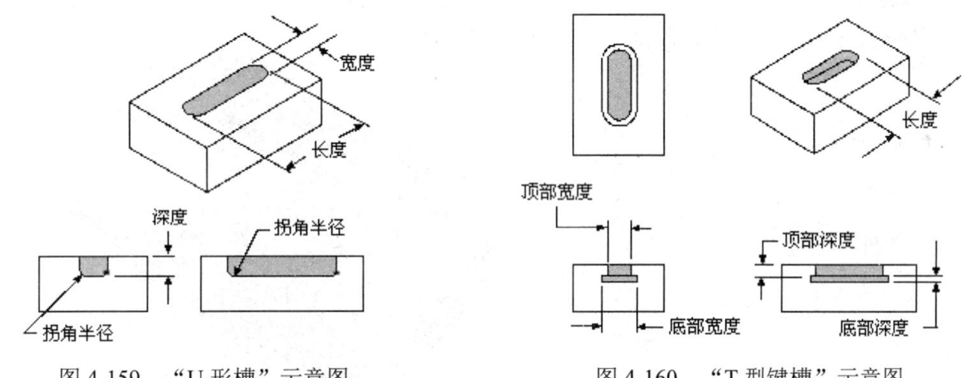

图 4-159　“U 形槽”示意图　　图 4-160　“T 型键槽”示意图

（5）燕尾槽：该选项生成燕尾形的槽。这种槽留下尖锐的角和有角度的壁，如图 4-161 所示。

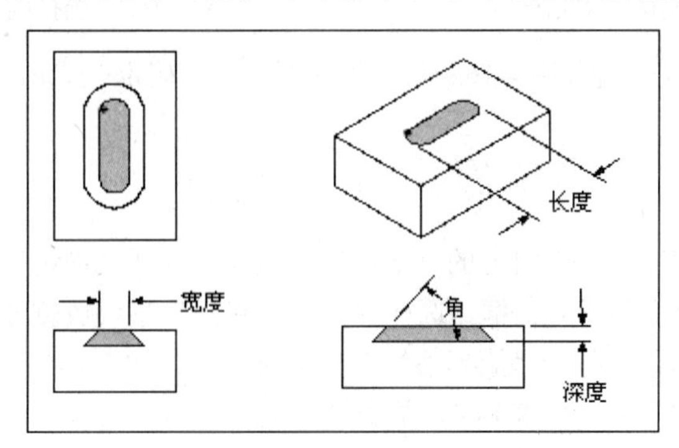

图 4-161　“燕尾槽”示意图

Note

（6）通槽：该复选框让用户生成一个完全通过两个选定面的槽，如图 4-162 所示。有时，如果在生成特殊的槽时碰到麻烦，尝试按相反的顺序选择通过面。槽可能会多次通过选定的面，这依赖于选定面的形状，如图 4-163 所示。

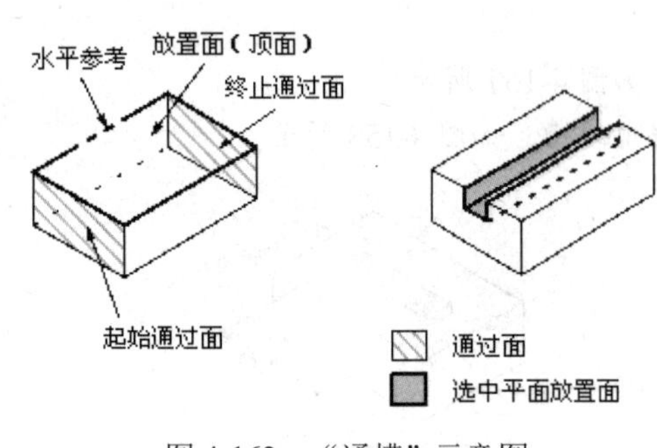

图 4-162 “通槽”示意图

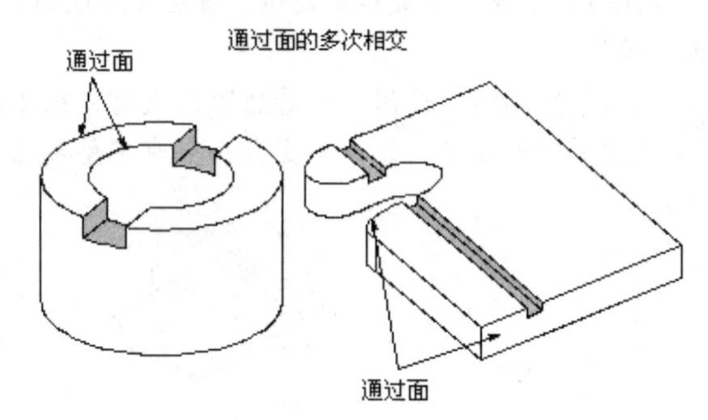

图 4-163 通过面的多次相交示意图

10. 边倒圆 3

（1）单击“主页”选项卡“特征”面组上的“边倒圆”按钮，打开如图 4-164 所示的“边倒圆”对话框。设置圆角半径为 1.5，选择如图 4-165 所示的边线，单击“应用”按钮。

图 4-164 “边倒圆”对话框

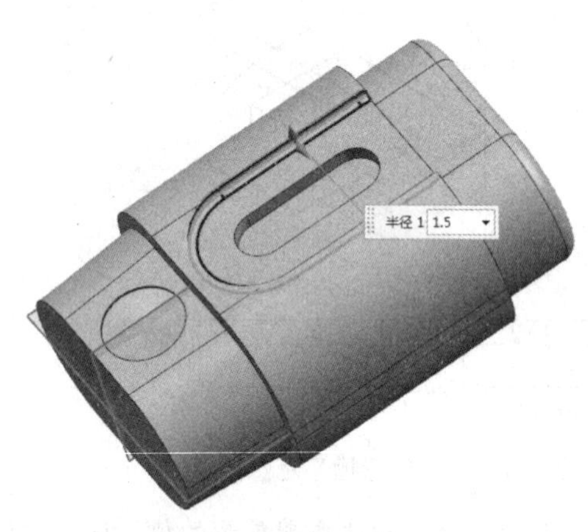

图 4-165 选择圆角边 1

（2）设置圆角半径为 2，选择如图 4-166 所示的边线，单击“确定”按钮，完成的圆角创建如图 4-167 所示。

11. 创建垫块 2

单击“主页”选项卡“特征”面组上的“垫块”按钮，打开“垫块”对话框。单击“矩形”按钮，打开“矩形垫块”放置面选择对话框，选择键槽 2 的底面为垫块放置面，打开“水平参考”对话框，选择基准面 2 为水平参考。打开“矩形垫块”参数对话框，如图 4-168 所示。在“长度”“宽度”“高度”下拉列表框中分别输入 20、8 和 4，单击“确定”按钮。打开“定位”对话框，单击“垂直的”按钮，选择基准面 2 和垫块的长中心线，设置距离为 0，选择长方体的垫块 1 的下边线和垫块的短中心线，设置距离为 24，单击“确定”按钮，完成垫块的创建。最后生成的模型如图 4-169 所示。

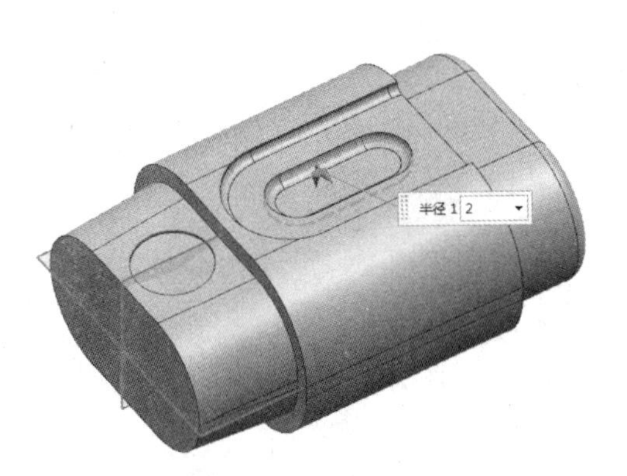

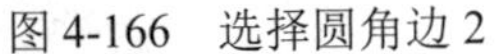

图 4-166　选择圆角边 2　　　　图 4-167　圆角处理

12. 创建圆台

单击“主页”选项卡“特征”面组上的“凸台”按钮，打开如图 4-170 所示的“凸台”对话框。在“直径”“高度”“锥角”下拉列表框中分别输入 20、2 和 0，选择垫块 2 顶面为放置面，单击“确定”按钮。打开“定位”对话框，单击“点落在点上”按钮，打开“点落在点上”对话框。选择垫块 2 的圆弧面为目标对象，打开“设置圆弧的位置”对话框。单击“圆弧中心”按钮，生成的圆台定位于圆弧中心，如图 4-171 所示。

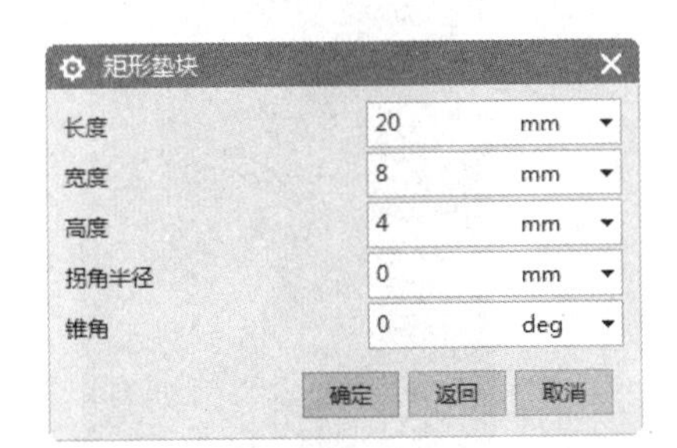

图 4-168　“矩形垫块”参数对话框

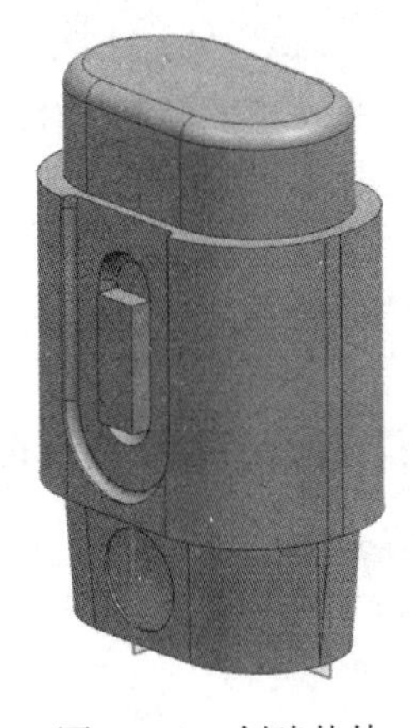

图 4-169　创建垫块

图 4-170　“凸台”对话框

13. 创建简单孔 2

单击“主页”选项卡“特征”面组上的“孔”按钮，打开如图 4-172 所示的“孔”对话框。在“类型”选项组中选择“常规孔”选项，在“形状”下拉列表框中选择“简单孔”选项，在“直径”“深度”“顶锥角”下拉列表框中分别输入 12、1 和 170。捕捉如图 4-173 所示的圆心为孔位置。单击“确定”按钮，创建简单孔，如图 4-174 所示。

14. 创建镜像特征

单击“主页”选项卡“特征”面组上“更多”库下的“镜像特征”按钮，打开如图 4-175 所示的“镜像特征”对话框。在视图或设计树中选择凸台和孔特征为镜像特征。选择基准平面 2 为镜像平面，单击“确定”按钮，完成镜像特征的创建，如图 4-176 所示。

Note

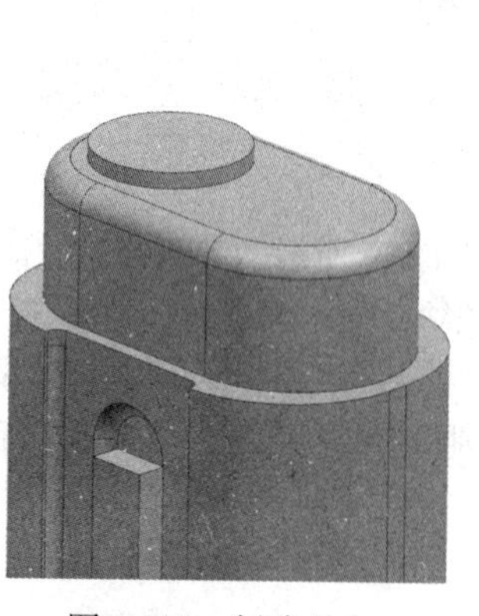

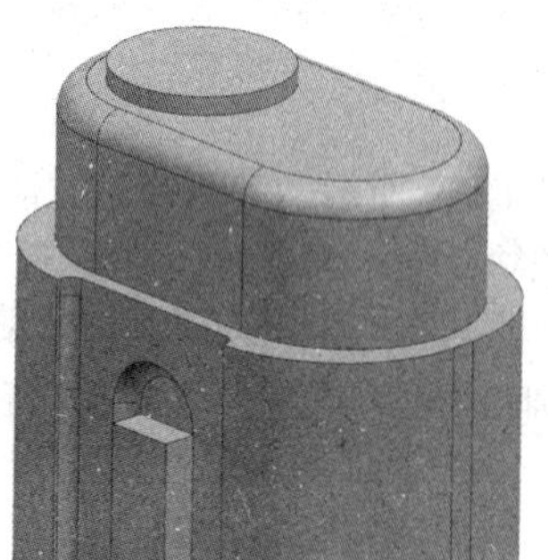

图 4-171　创建凸台

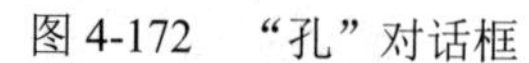

图 4-172　“孔”对话框

图 4-173　捕捉圆心

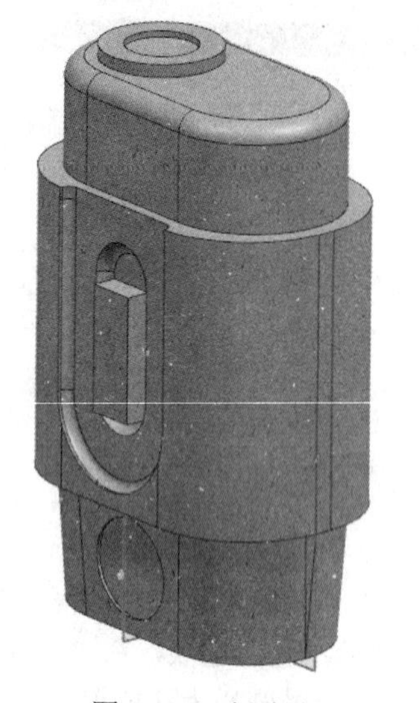

图 4-174　创建孔

图 4-175　“镜像特征”对话框

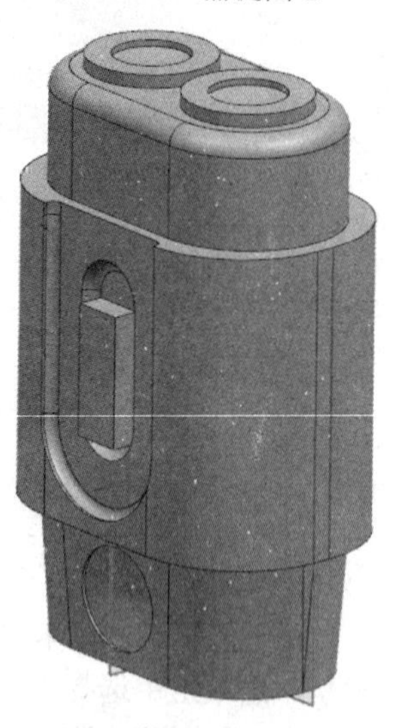

图 4-176　镜像特征

知识点——镜像特征

通过基准平面或平面镜像选定特征的方法来生成对称的模型，镜像特征可以在体内镜像特征。“镜像特征”对话框中的选项说明如下。

（1）要镜像的特征：用于选择镜像的特征，直接在视图区选择。

（2）参考点：指定输入特征中用于定义镜像位置的位置。

（3）镜像平面：用于选择镜像平面，可在“平面”下拉列表框中选择镜像平面，也可以通过“选择平面”按钮直接在视图中选取镜像平面。

（4）源特征的可重用引用：已经选择的特征可在列表框中选择以重复使用。

15. 创建腔体

单击“主页”选项卡“特征”面组上的“腔体”按钮，打开如图4-177所示的“腔体”类型对话框。单击“矩形”按钮，打开如图4-178所示的“矩形腔体”放置面对话框，选择垫块1的另一侧面为腔体放置面。打开“水平参考”对话框，按系统提示选择放置面与ZC轴方向一致直段边为水平参考。打开如图4-179所示的“矩形腔体”参数对话框，在“长度”“宽度”“深度”下拉列表框中分别输入47、30和2，其他输入0，单击“确定”按钮。打开“定位”对话框，选择“垂直的”定位方式，选择基准平面2为基准，选择腔体长中心线为工具边，打开“创建表达式”对话框，输入0，单击“应用”按钮，选择垫块1底面边为基准，腔体短中心线为工具边，在打开的“创建表达式”对话框中输入23.5，单击“确定”按钮，完成定位并完成腔体的创建。生成的模型如图4-180所示。

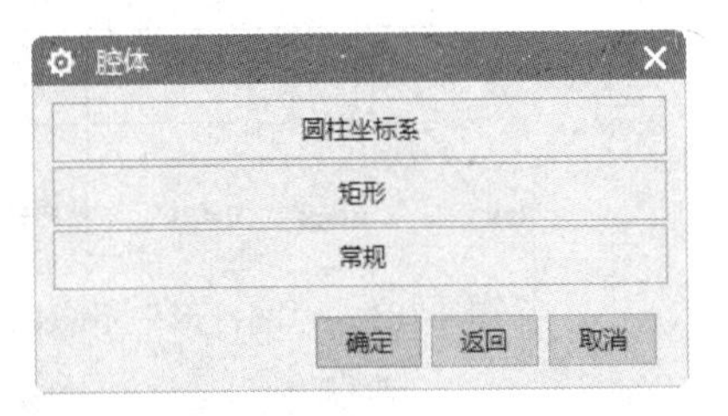

图4-177 “腔体”类型对话框

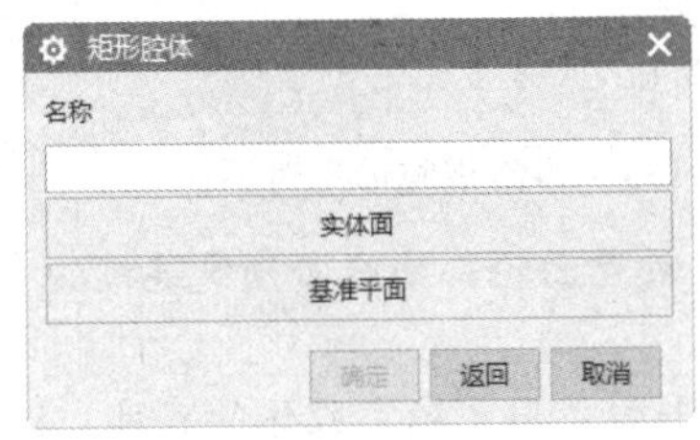

图4-178 “矩形腔体”放置面对话框

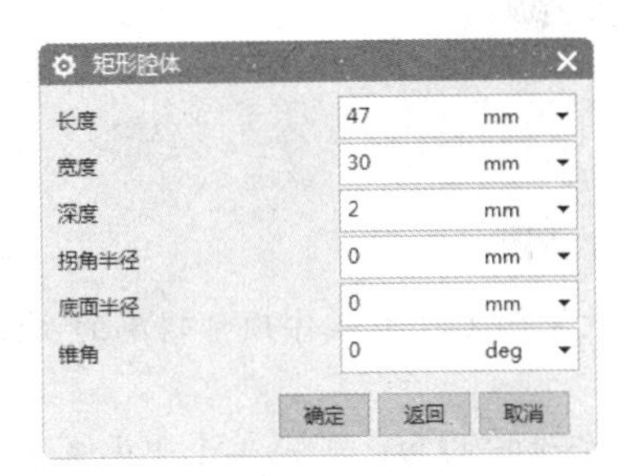

图4-179 “矩形腔体”参数对话框

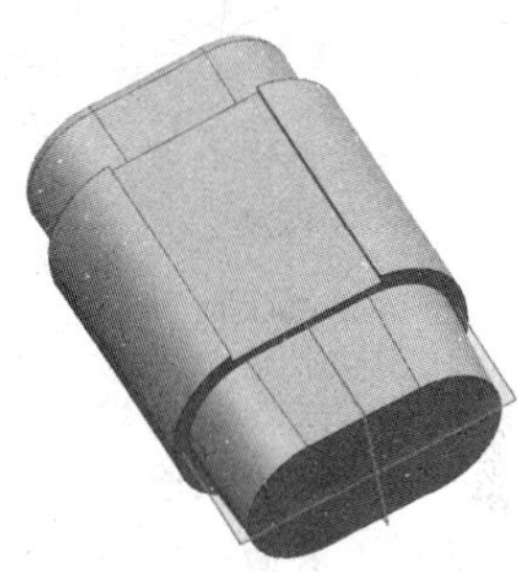

图4-180 创建腔体

知识点——腔体

“腔体”主要有3种创建方式。

（1）圆柱坐标系：单击该按钮，在选定放置平面后系统会弹出“圆柱形腔体”放置面对话框，该选项让用户定义一个圆形的腔体，有一定的深度，有或没有圆角的底面，具有直面或斜面，如图4-181所示。

（2）矩形：单击该按钮，在选定放置平面及水平参考面后系统会弹出“矩形腔体”放置面对话框。该选项让用户定义一个矩形的腔体，按照指定的长度、宽度和深度，按照拐角处和底面上指定的半径，具有直边或锥边，如图4-182所示。

（3）常规：“柱”和“常规”腔体选项相比，该选项所定义的腔体具有更大的灵活性。选中该选项后系统会弹出如图4-183所示的对话框，部分选项功能如下。

① “选择步骤”选项设置如下。

☑ 放置面：是一个或多个选中的面，或是单个平面或基准平面。腔体的顶面会遵循放置面的轮廓。必要的话，将放置面轮廓曲线投影到放置面上。如果没有指定可选的目标体，第

Note

一个选中的面或相关的基准平面会标识出要放置腔体的实体或片体（如果选择了固定的基准平面，则必须指定目标体）。面的其余部分可以来自于部件中的任何体。

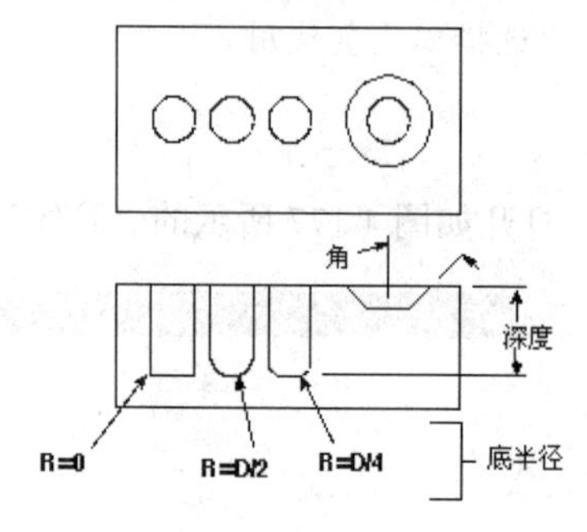

图 4-181 “圆柱形”示意图

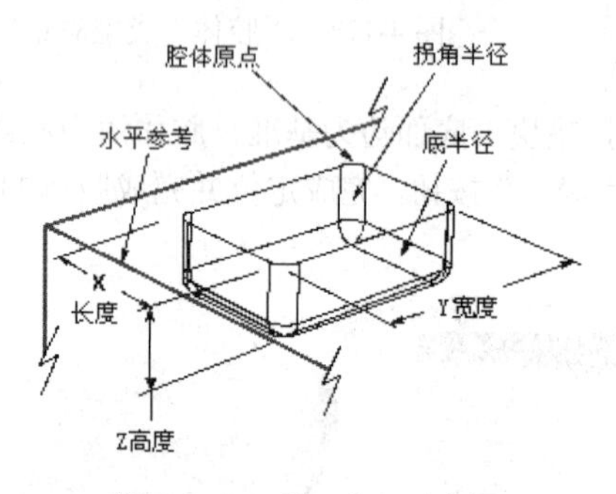

图 4-182 “矩形”示意图

图 4-183 “常规腔体”对话框

☑ 放置面轮廓：是在放置面上构成腔体顶部轮廓的曲线。放置面轮廓曲线必须是连续的（即端到端相连）。

☑ 底面：是一个或多个选中的面，或是单个平面或基准平面，用于确定腔体的底部。选择底面的步骤是可选的，腔体的底部可以由放置面偏置而来。在选择底面之前，放置面上会出现一个箭头，显示由放置面的偏置或平移方向。如果选择了底面，箭头就会显示底面的偏置或平移方向。如果没有选择底面，那么可以将腔体的底部定义为放置面的偏置或平移。如果选择将底面定义为平移，则“底面平移矢量”选择步骤可用，以供用户定义平移矢量。

☑ 底面轮廓曲线：该选项是底面上腔体底部的轮廓线。与放置面轮廓一样，底面轮廓线中的曲线（或边）必须是连续的。

☑ 目标体：如果希望腔体所在的体与第一个选中放置面所属的体不同，则选择“目标体”。这是一个可选的选择，如果没有选择目标体，则将由放置面进行定义。

☑ 放置面轮廓投影矢量：如果放置面轮廓曲线已经不在放置面上，则该选项用于指定如何将它们投影到放置面上。选择了这一步骤后，对话框可变窗口将显示如图 4-184 所示内容。

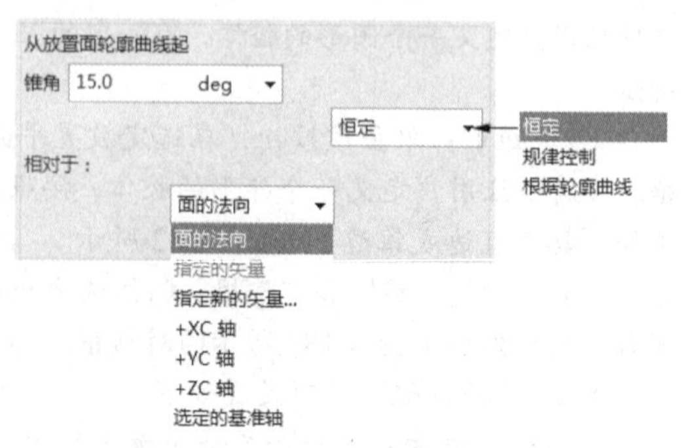

图 4-184 “放置面轮廓”可变窗口区

☑ 底面平移矢量：指定了放置面或选中底

Note

面将平移的方向。

☑ 底面轮廓投影矢量：如果底部轮廓曲线已经不在底面上，则底面轮廓投影矢量指定如何将它们投影到底面上。其他用法与“放置面轮廓投影矢量”类似。

☑ 放置面上的对齐点：是在放置面轮廓曲线上选择的对齐点。这一步骤的可用条件是：为两个轮廓都选择了曲线，并且用户为“轮廓对齐方式”选择了“指定点”。标识了对齐点之后，将选中轮廓上与定义的实际点距离最近的点。将显示临时点，并带有标识对齐顺序的关联数字。点将相对于轮廓方向自动排序，以便能够通过简单地选择新点，在已经选中的点中插入新点。该步骤激活后，轮廓曲线上的箭头将显示轮廓的方向。不能将对齐点定义在轮廓中的最先或最后一个点处。

☑ 底面对齐点：是在底面轮廓曲线上选择的对齐点。其他用法与“放置面上的对齐点”类似。

② 轮廓对齐方式：如果选择了放置面轮廓和底面轮廓，则可以指定对齐放置面轮廓曲线和底面轮廓曲线的方式。

③ 放置面半径：定义放置面（腔体顶部）与腔体侧面之间的圆角半径。

④ 底面半径：定义腔体底面（腔体底部）与侧面之间的圆角半径。

⑤ 拐角半径：定义放置在腔体拐角处的圆角半径。拐角位于两条轮廓曲线/边之间的运动副处，这两条曲线/边的切线偏差的变化范围要大于角度公差。

⑥ 附着腔体：将腔体缝合到目标片体，或由目标实体减去腔体。如果没有选中该复选框，则生成的腔体将成为独立的实体。

16. 创建垫块3

单击“主页”选项卡“特征”面组上的“垫块”按钮，打开“垫块”对话框。单击“矩形”按钮，打开“矩形垫块”放置面选择对话框，选择腔体的底面为垫块放置面，打开“水平参考”对话框，选择与XC平行的边线为水平参考。打开“矩形垫块”参数对话框，如图4-185所示，在“长度”“宽度”“高度”下拉列表框中分别输入15、2和2.5，单击“确定”按钮。打开“定位”对话框，单击“垂直定位”图标，选择基准面2和垫块的长中心线，输入距离为0，选择垫块1的下边线和垫块的短中心线，输入距离为47，单击“确定”按钮，完成垫块的创建。最后生成模型，如图4-186所示。

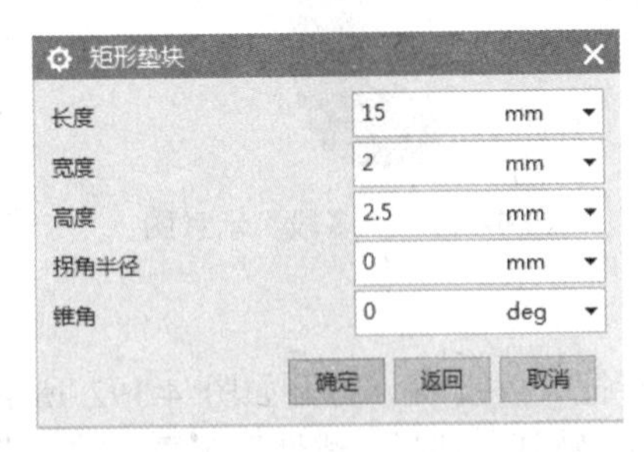

图4-185　“矩形垫块”参数对话框

图4-186　创建垫块

17. 创建管道

选择“菜单”→“插入”→“扫掠”→“管道”命令，打开如图4-187所示的“管道”对话框。选择垫块2底面边为软管导引线，如图4-188所示。在“外径”和“内径”下拉列表框中分别输入1和0，设置“输入类型”为“多段”，在“布尔”下拉列表框中选择“求差”选项，单击“确定”按

Note

钮，生成如图 4-189 所示的模型。

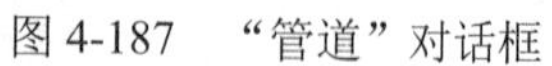

图 4-187 “管道”对话框

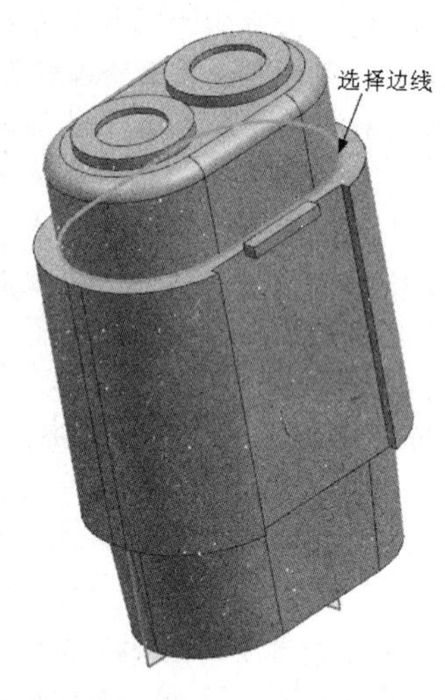

图 4-188 选择边线

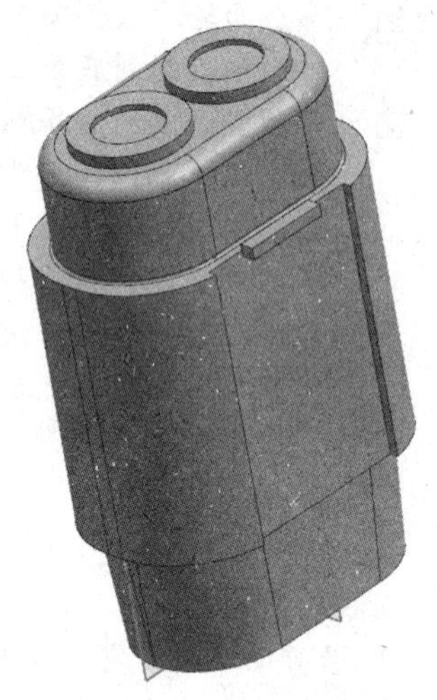

图 4-189 创建管道

知识点——管道

通过沿着由一个或一系列曲线构成的引导线串（路径）扫掠出简单的管道对象。

“管道”对话框中的选项说明如下。

（1）外径/内径：用于输入管道的内外径数值，其中外径不能为零。

（2）输出设置。

① 单段：只具有一个或两个侧面，此侧面为 B 曲面。如果内直径是零，那么管具有一个侧面，如图 4-190 所示。

② 多段：沿着引导线串扫成一系列侧面，这些侧面可以是柱面或环面，如图 4-191 所示。

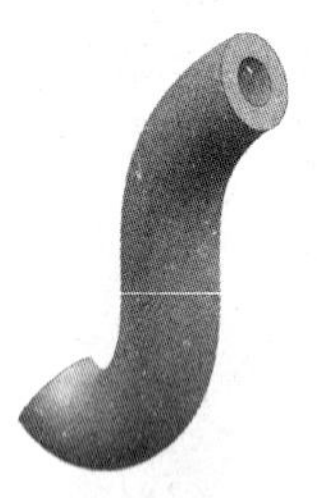

图 4-190 “单段”示意图

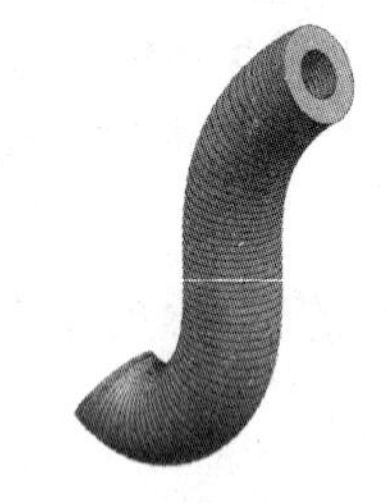

图 4-191 “多段”示意图

18. 创建阵列特征

单击“主页”选项卡“特征”面组上的“阵列特征”按钮，打开如图 4-192 所示的“阵列特征”对话框。选择步骤 17 创建的管道为要形成阵列的特征。选择“线性”布局，在“指定矢量”下拉列表框中选择 ZC 轴为阵列方向，设置“数量”为 4，“节距”为 4，单击“确定”按钮生成模型，结果如图 4-193 所示。

19. 边倒圆 4

（1）单击“主页”选项卡“特征”面组上的“边倒圆”按钮，打开“边倒圆”对话框。输入圆角半径为 4，选择如图 4-194 所示的边线，单击“应用”按钮。

图 4-192　“阵列特征”对话框

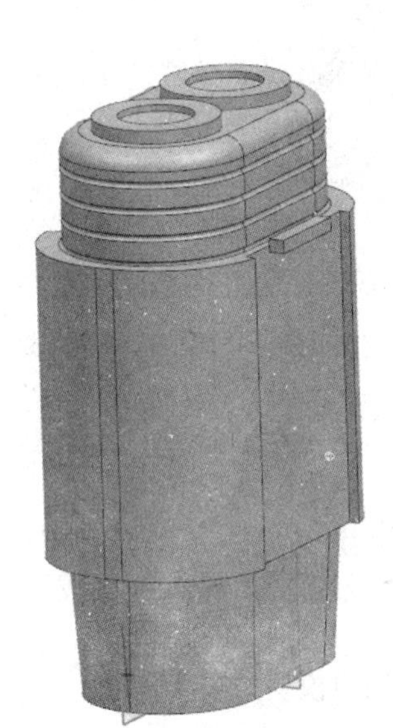

图 4-193　阵列管道

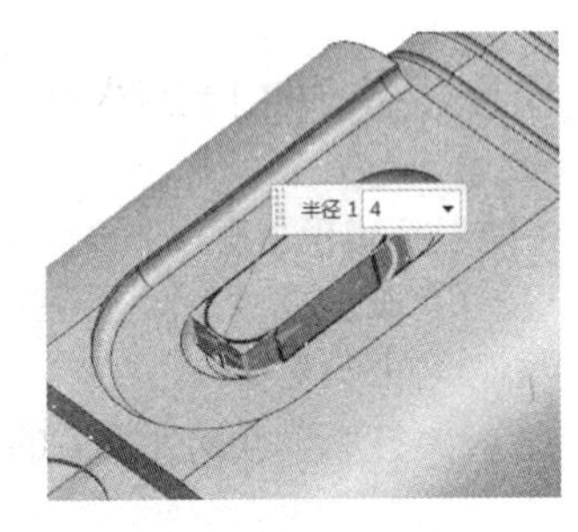

图 4-194　选择圆角边线 1

（2）输入圆角半径为 3，选择如图 4-195 所示的边线，单击“应用”按钮。

（3）输入圆角半径为 1，选择如图 4-196 所示的边线，单击“确定”按钮，完成圆角创建。最后生成模型，如图 4-197 所示。

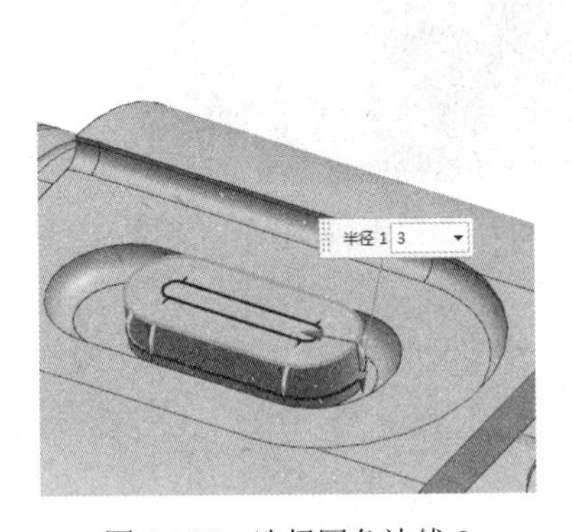

图 4-195　选择圆角边线 2

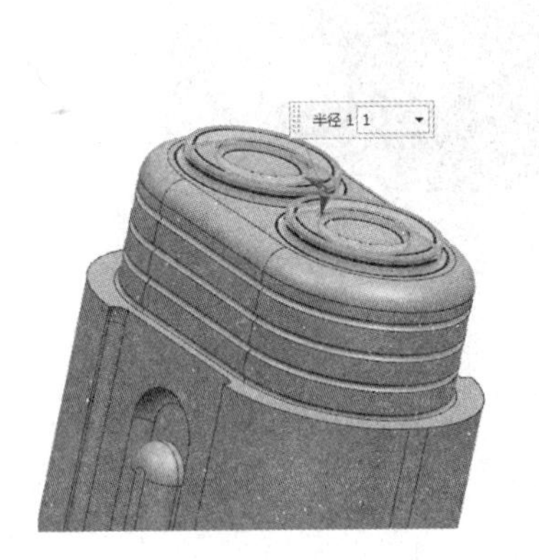

图 4-196　选择圆角边线 3

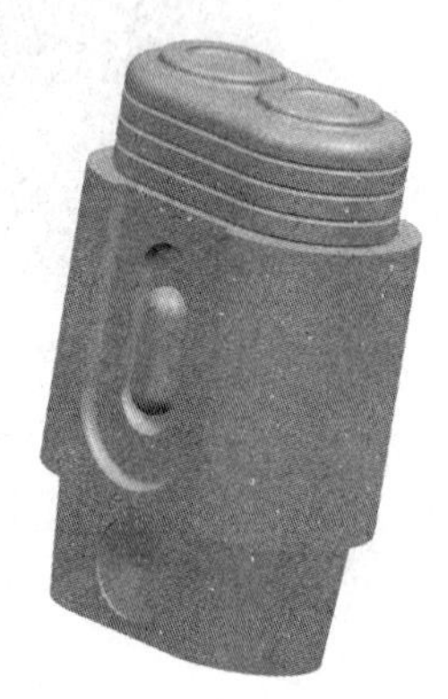

图 4-197　圆角处理

4.5.2　打印模型

根据 3.1.2 节步骤 3 中（1）～（3）相应的步骤进行参数设置，按步骤 3 中（4）旋转模型的操作，将模型沿竖直方向旋转 90°，如图 4-198 所示，其余步骤按步骤 3 中的（5）～（8）相应步骤操作即可。

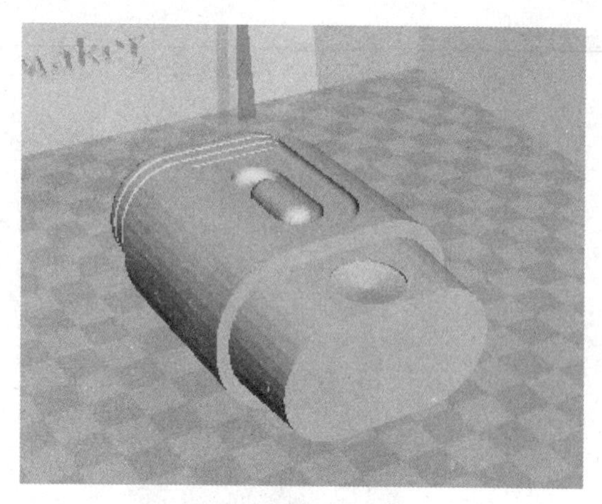

图 4-198　正确放置模型“剃须刀”

4.5.3　处理打印模型

处理打印模型有以下 3 个步骤：

（1）取出模型。取出后的剃须刀模型如图 4-199 所示。

（2）去除支撑。

（3）打磨模型。处理后的剃须刀模型如图 4-200 所示。

图 4-199　打印完毕的剃须刀模型

图 4-200　去除剃须刀模型的支撑

第5章

机械产品

在机械设计流程早期，使用3D打印技术去构造模型，可以持续设计产品的结构、外形和功能，发现任何缺点都可以第一时间去修改设计。以后如果有需要可以再次构造、检查和为该设计重复这个迭代过程，直到设计出最好的概念模型。将二维的设计图转变为真实的三维产品，可以更好地展示设计和加速产品开发流程，降低成本。

任务驱动&项目案例

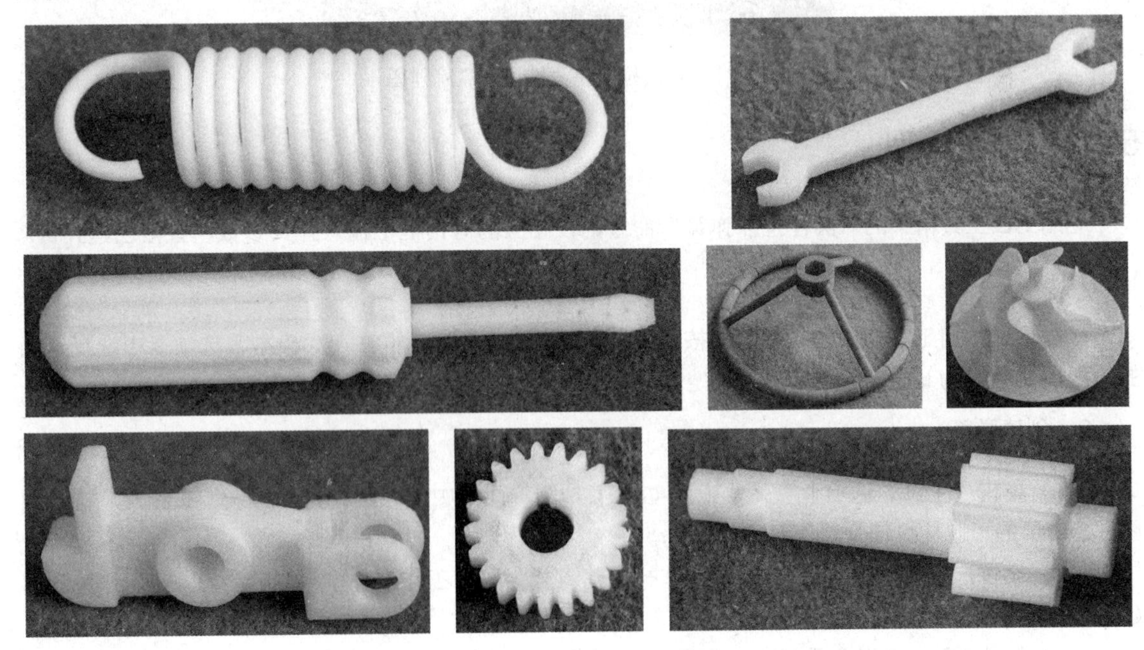

5.1 圆柱拉伸弹簧

首先利用UG软件创建圆柱拉伸弹簧模型，再利用RPdata软件打印圆柱拉伸弹簧的3D模型，最后对打印出来的圆柱拉伸弹簧模型进行清洗、去除支撑和毛刺处理，流程图如图5-1所示。

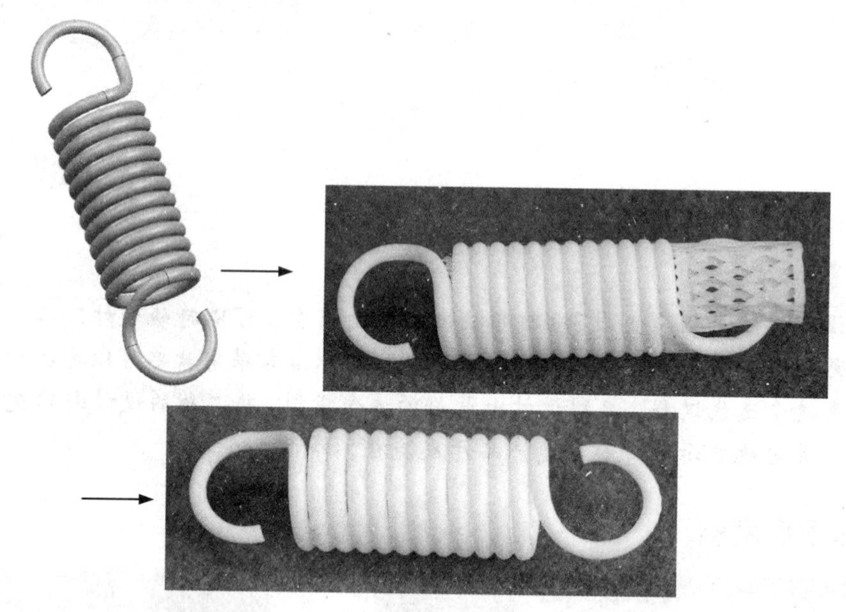

图5-1 圆柱拉伸弹簧模型创建流程图

5.1.1 创建模型

利用GC工具箱中的“圆柱拉伸弹簧”命令，在相应的对话框中输入弹簧参数，直接创建弹簧。

1. 新建文件

单击快速访问工具栏中的“新建”按钮，打开“新建”对话框，在“模型”选项卡中选择适当的模板，文件名为tanhuang，单击“确定”按钮，进入建模环境。

2. 创建弹簧

（1）单击“主页”选项卡“弹簧工具-GC工具箱”面组中的“圆柱拉伸弹簧”按钮，打开如图5-2所示的“圆柱拉伸弹簧”对话框。

（2）设置选择类型为“输入参数”，选择创建方式为“在工作部件中”，指定ZC轴为弹簧的创建方向，单击“下一步”按钮。

（3）打开“输入参数”选项卡，如图5-3所示。在对话框中选中“右旋”单选按钮，设置“端部结构”为“圆钩环”，“中间直径”为25，“材料直径”为4，“有效圈数”为12.5，单击“下一步”

按钮。

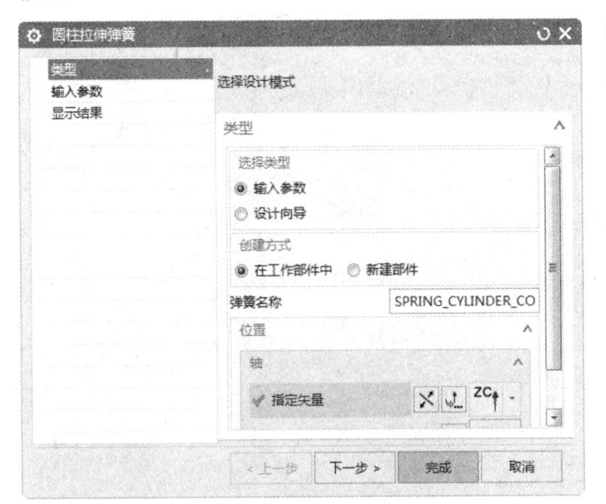

图 5-2　“圆柱拉伸弹簧”对话框

图 5-3　“输入参数”选项卡

（4）打开“显示结果”选项卡，如图 5-4 所示。显示弹簧的各个参数，单击“完成”按钮，完成弹簧的创建，如图 5-5 所示。

图 5-4　“显示结果”选项卡

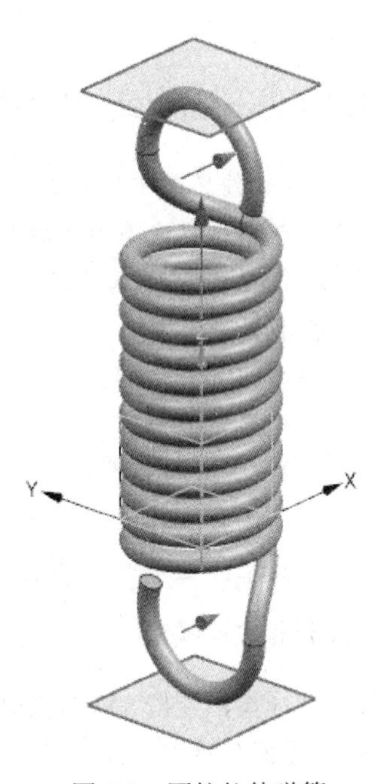

图 5-5　圆柱拉伸弹簧

5.1.2　打印模型

1. 打开软件

双击 RPdata 软件图标，打开 RPdata 软件，操作界面如图 5-6 所示。

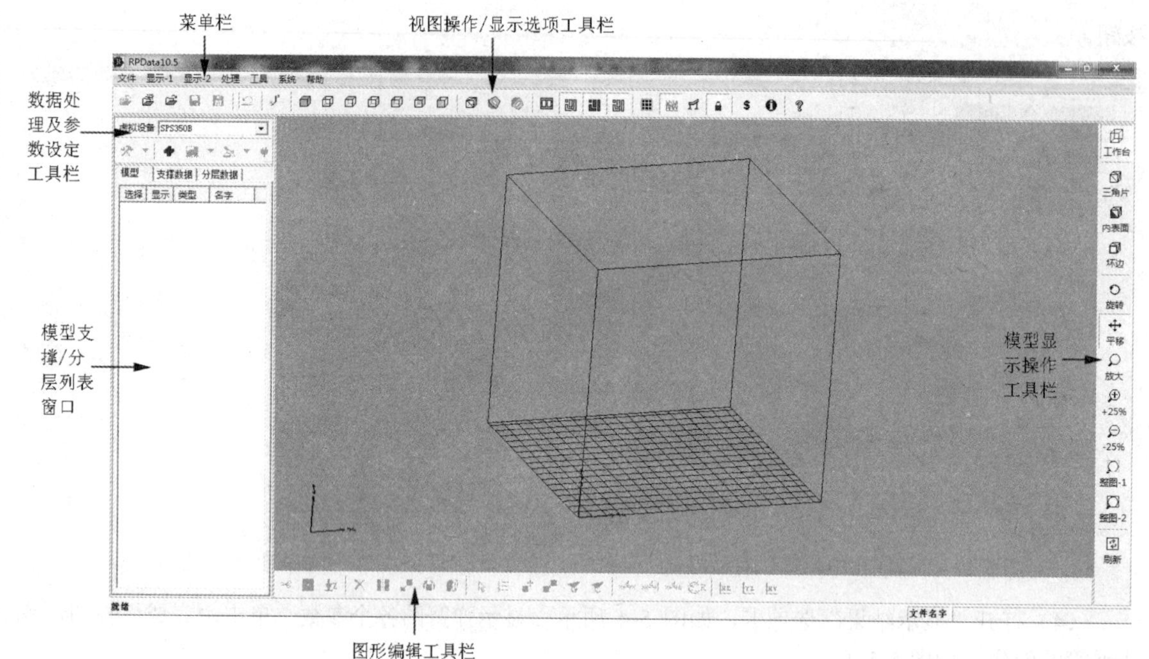

图 5-6　RPdata 软件操作界面

知识点——RPdata 软件操作界面

下面介绍软件界面中的各工具栏及窗口的含义。

（1）菜单栏：包含有所有操作命令。

（2）视图操作/显示选项工具栏：包含对模型进行打开、保存及查看不同视图方向等命令。

（3）数据处理及参数设定工具栏：可选择设备类型及对模型添加支撑、分层等处理命令。

（4）模型/支撑/分层列表窗口：可分别显示模型、支撑数据、分层数据等。

（5）模型显示操作工具栏：包含对模型、支撑数据和分层数据进行放大、缩小等命令，还包括对模型以不同方式进行查看的命令。

（6）图形编辑工具栏：包含对模型、支撑数据和分层数据进行编辑等命令。

（7）状态栏：显示当前的操作信息。

2. 加载和放置模型

（1）选择设备类型。在数据处理前，需选择相应的设备类型。单击“虚拟设备”下拉列表旁的箭头，显示当前系统中的设备列表，选择相应设备即可，如图 5-7 所示。

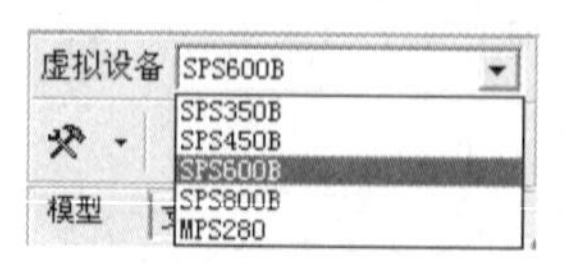

图 5-7　选择设备

（2）加载 STL 格式数据文件。

① 单击“打开 STL 文件”按钮，或选择“菜单”→“文件”→“转换”命令，弹出“加载模

型”对话框，如图 5-8 所示。

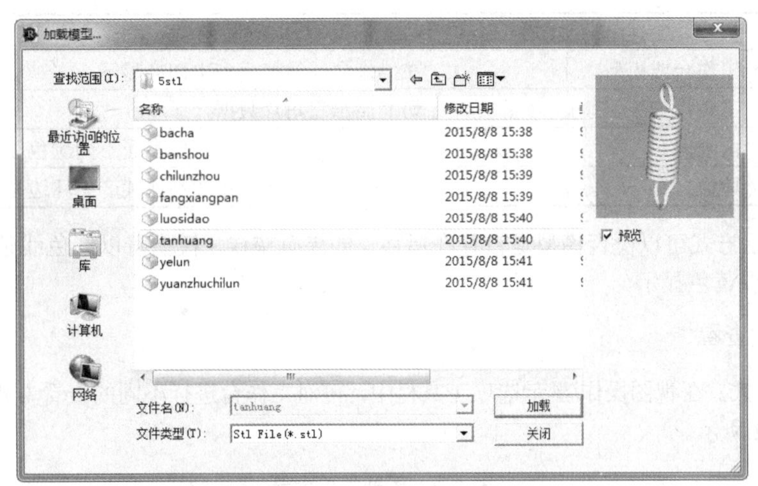

图 5-8 “加载模型”对话框

② 选择所需要 STL 格式的数据文件，单击“加载”按钮，STL 数据开始进行转换，转换结束后，单击“关闭”按钮关闭窗口或者继续加载其他的 STL 数据，加载 tanhuang 模型，如图 5-9 所示。

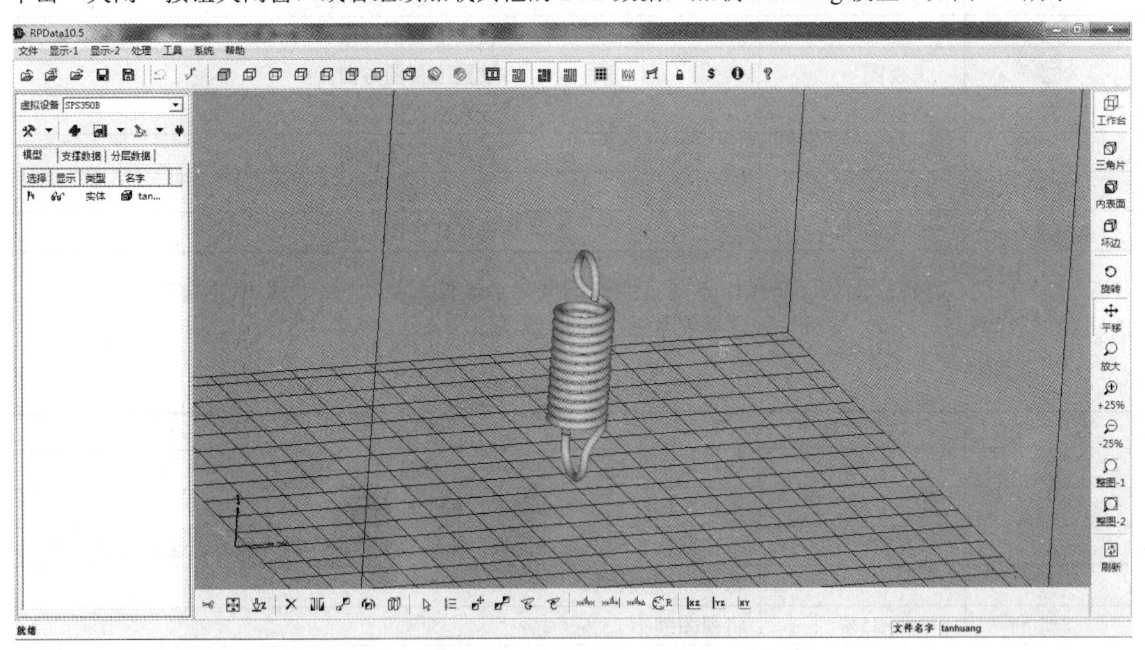

图 5-9 加载 tanhuang 模型

3. 模型摆放及显示方式

（1）模型的摆放。按上述加载 STL 文件的操作，加载 tanhuang 模型后，单击图形编辑工具栏中的“对中”按钮，可将模型放置在工作台的中央，也可单击模型显示操作工具栏中的“移动”按钮，选中模型后，按住鼠标左键将模型移动到想要放置的位置。

（2）模型的显示方式。在操作界面右侧的模型显示操作工具栏中，可以对模型进行不同显示，按钮与模型对应的显示方式如表 5-1 所示。

表 5-1　模型显示方式

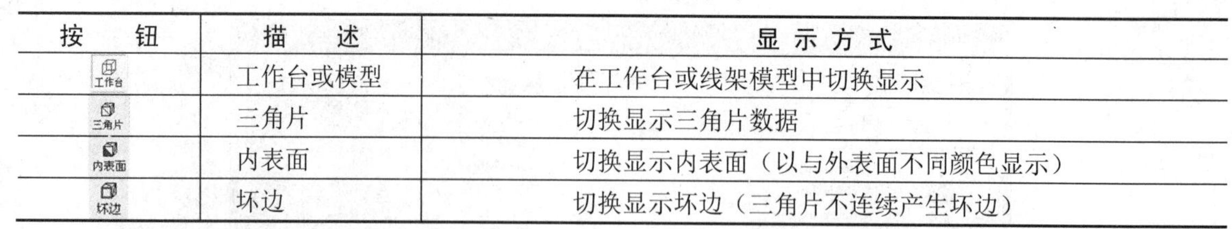

按　钮	描　述	显 示 方 式
工作台	工作台或模型	在工作台或线架模型中切换显示
三角片	三角片	切换显示三角片数据
内表面	内表面	切换显示内表面（以与外表面不同颜色显示）
坏边	坏边	切换显示坏边（三角片不连续产生坏边）

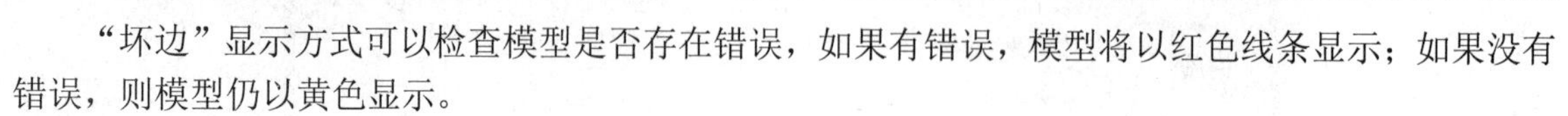

“坏边”显示方式可以检查模型是否存在错误，如果有错误，模型将以红色线条显示；如果没有错误，则模型仍以黄色显示。

4. 工作台的查看

（1）查看方式。在视图操作/显示选项工具栏中，可对工作台进行不同的查看方式，按钮与相应的查看方式如表 5-2 所示。

表 5-2　模型查看方式

按　钮	描　述	查 看 方 式
	工作台坐标系	切换显示工作台坐标系
	等轴测图	设置等轴测图方向
	下视图	设置下视图方向
	上视图	设置上视图方向
	右视图	设置右视图方向
	左视图	设置左视图方向
	后视图	设置后视图方向
	前视图	设置前视图方向

（2）移动、旋转和缩放。在操作界面右侧的模型显示操作工具栏中，可以对当前视图进行移动、旋转和缩放等操作，具体按钮与操作含义如表 5-3 所示。

表 5-3　模型操作含义

按　钮	描　述	操 作 含 义
旋转	旋转	按住鼠标左键，移动鼠标，可任意旋转视图
平移	平移	按住鼠标左键，移动鼠标，可平移视图
放大	放大	按住鼠标左键，移动鼠标，出现放大窗口，松开鼠标左键，可放大视图
+25%	+25%	将视图放大 25%
-25%	-25%	将视图缩小 25%
整图-1	整图-1	以当前操作对象为目标，设置视图窗口及视角
整图-2	整图-2	以工作台及所有对象为目标，设置视图窗口及视角
刷新	刷新	更新屏幕显示，　并清除尺寸标注信息

5. 生成支撑

（1）自动生成支撑数据。按上述步骤，加载 tanhuang 模型，在数据处理及参数设定工具栏中单击“自动支撑处理”按钮，弹出自动支撑处理对话框，如图 5-10 所示，单击“是”按钮开始处理，单击“否”按钮取消操作；还可以在“自动支撑处理”按钮的下拉菜单中选择对活动模型或所有

模型生成自动支撑。

工艺支撑生成结束后，在“模型/支撑/分层”列表窗口中，单击“支撑数据”选项，可以查看每一个支撑，在视图操作/显示选项工具栏中单击“切换显示支撑”按钮，将所生成的支撑数据显示出来，单击标号为 17 的数据支撑，如图 5-11 所示。此时视图窗口将高亮显示当前选择支撑，如图 5-12 所示。

图 5-10 自动支撑处理对话框

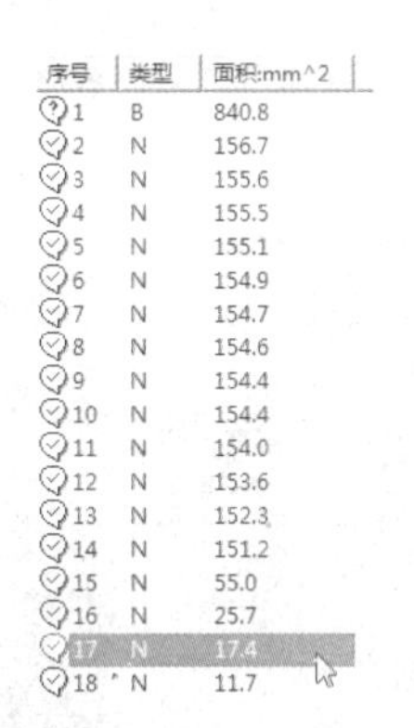

序号	类型	面积:mm^2
1	B	840.8
2	N	156.7
3	N	155.6
4	N	155.5
5	N	155.1
6	N	154.9
7	N	154.7
8	N	154.6
9	N	154.4
10	N	154.4
11	N	154.0
12	N	153.6
13	N	152.3
14	N	151.2
15	N	55.0
16	N	25.7
17	N	17.4
18	N	11.7

图 5-11 查看支撑数据

图 5-12 查看支撑

提示：浏览支撑时，可以按 F 键，设置当前支撑为主要显示目标，便于查看支撑结构和形状，按↑和↓键，可选择需要查看的支撑。

（2）支撑数据编辑。根据上述步骤自动生成支撑数据后，合理地对支撑数据进行编辑，既可顺利打印模型，也可减少后期支撑的处理。单击视图操作/显示工具栏上的“切换显示模型”按钮，将显示弹簧模型，如图 5-13 所示。

通过切换显示模型，可发现 tanhuang 模型最下圈并无支撑数据，为防止打印过程中出现问题，可手动增加支撑。单击图形显示操作工具栏上的“显示三角面数据”按钮，将模型以三角面片显示，单击视图操作/显示选项工具栏上的“底部视图”按钮，将模型以底部视图模式显示，在“模型/支撑/分层”列表窗口中单击 1 号支撑数据，将编辑面选定为最底层，在图形编辑工具栏上单击“选择支撑数据”按钮，在模型底部选择一个三角面，被选中的三角面将以绿色高亮显示，如图 5-14 所示。

然后右击该三角面，在弹出的快捷菜单中选择“应用”命令，如图 5-15 所示，将弹出“生成支撑”对话框，单击“应用”按钮即可生成相应支撑，如图 5-16 所示。

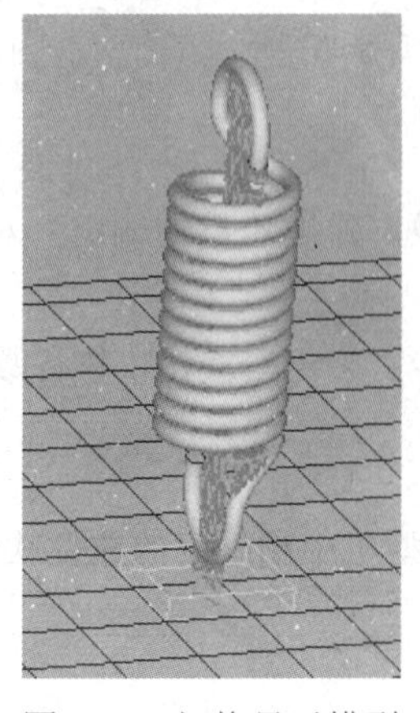

图 5-13 切换显示模型

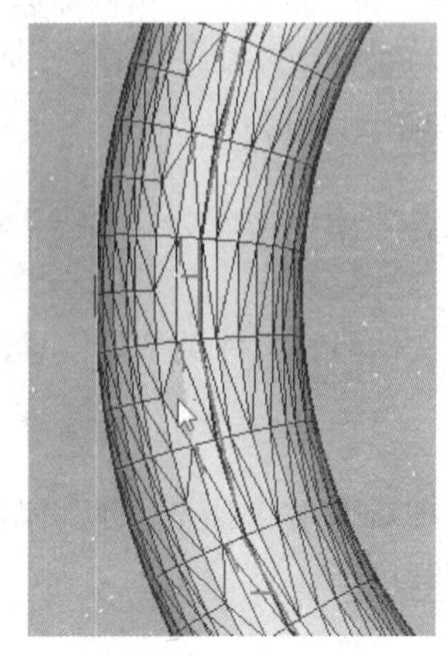

图 5-14 选择三角面

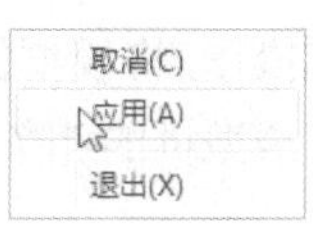

图 5-15 选择菜单

重新在图形编辑工具栏上单击“选择支撑数据”按钮，即退出支撑编辑功能。取消三角面片显示模式，编辑后的弹簧模型支撑如图 5-17 所示。

6. 分层处理数据

（1）分层处理。在数据处理及参数设定工具栏中单击“分层处理”按钮，弹出“分层处理”对话框，当选中“选择模型”单选按钮时，即只为当前所选中的模型进行分层处理；如果选中“全部模型”单选按钮，则可为所有模型进行分层处理，如图 5-18 所示，单击“确定”按钮开始处理，单击“取消”按钮取消操作。

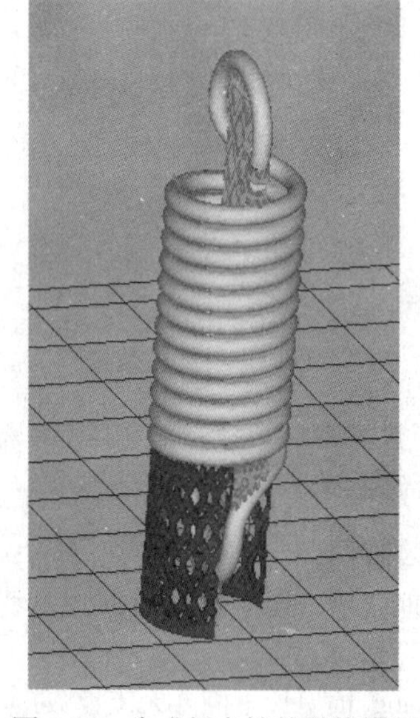

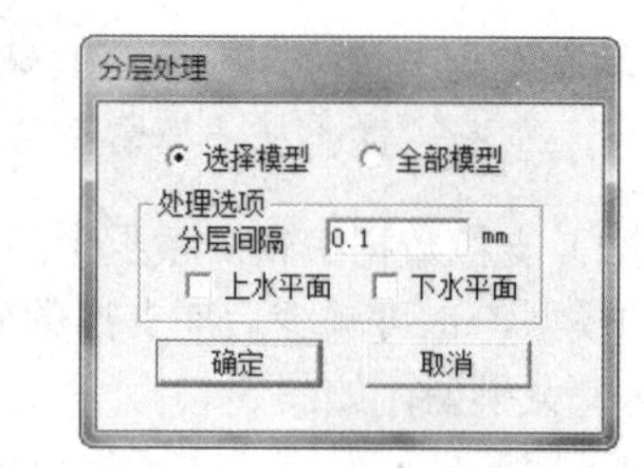

图 5-16 “生成支撑”对话框　图 5-17 生成新支撑的弹簧模型　图 5-18 “分层处理”对话框

分层处理后，在“模型/支撑/分层”表窗口中，单击“分层数据”选项，将出现每层的数据，如图 5-19 所示。

（2）分层数据查看。对弹簧模型进行分层操作，分层数据列表显示了分层数据信息，包括图标、高度、支撑标志、开环标志、闭环标志。单击视图操作/显示选项工具栏上的“切换显示模型”按钮，将模型显示出来，继续单击“隐藏上半部”按钮，将模型的上半部分隐藏，通过选择不同层数可查看模型生成过程，被选择层将会高亮显示，为当前可编辑对象，如图 5-20 所示。

7. 数据输出

（1）在数据处理及参数设定工具栏中单击“数据输出”按钮，弹出“数据输出”对话框，如图 5-21 所示。

（2）指定数据输出文件路径、文件名和文件类型等信息，单击“确定”按钮，执行数据输出。

8. 模型打印

根据上述操作，将模型做相应处理后输出“*.slc”文件，并导入成型机中相配套的成型软件 RPbuild 中，设置快速成型机的相关参数后即可打印。

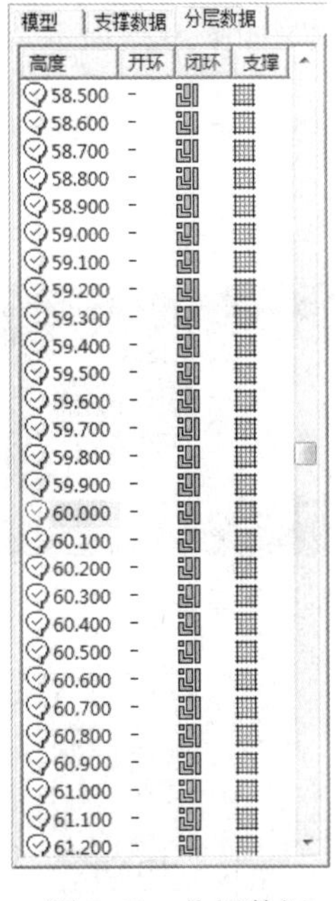

图 5-19　分层数据

图 5-20　分层查看弹簧模型

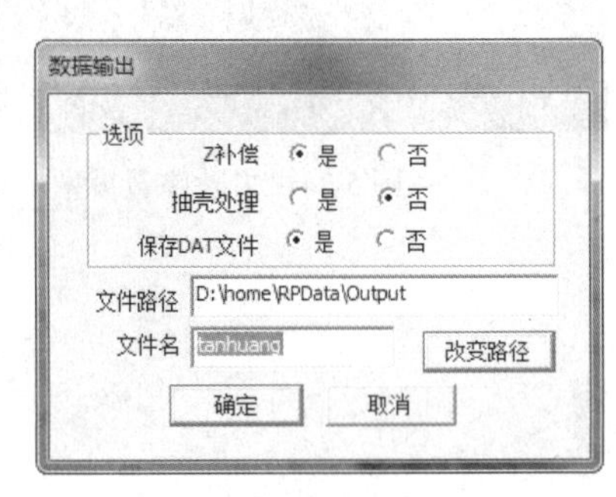

图 5-21　“数据输出”对话框

5.1.3　处理打印模型

处理打印模型有以下 4 个步骤：

（1）取出模型。打印完毕后，将工作台调整至液态树脂平面之上，用平铲等工具将模型底部与平台底部撬开，以便于取出模型。取出后的弹簧模型如图 5-22 所示。

注意： 取出模型时，请注意不要损坏比较薄弱的地方，如果不方便撬动模型，可适当除去部分支撑，以便于顺利取出模型。

（2）清洗模型。打印完毕模型的表面需要使用酒精等溶剂将其清洗，以防止影响模型表面质量。将适量酒精倒入盆内，用毛刷对弹簧模型表面残留的液态树脂进行清洗，如图 5-23 所示。

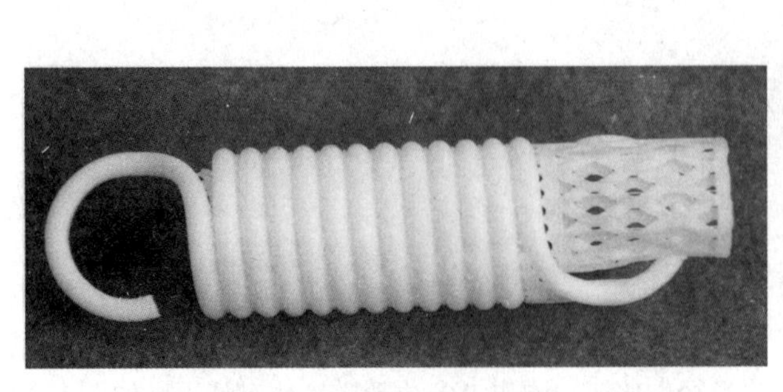

图 5-22　打印完毕的弹簧模型

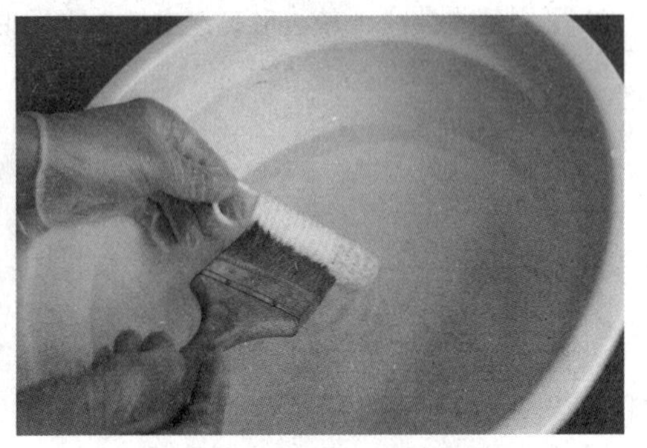

图 5-23　清洗弹簧模型

（3）去除支撑。如图 5-23 所示，取出后的弹簧模型存在一些打印过程中生成的支撑，使用尖嘴钳、刀片、钢丝钳、镊子等工具，将弹簧模型的支撑去除，如图 5-24 所示。

（4）打磨模型。根据去除支撑后的模型粗糙程度，可先用锉刀、粗砂纸等工具对支撑与模型接

Note

触的部位进行粗磨，然后用较细粒度的砂纸对模型进一步打磨，处理后的弹簧模型如图 5-25 所示。

图 5-24　去除弹簧模型的支撑

图 5-25　处理后的弹簧模型

5.2　固定开口扳手

扫码看视频
5.2　固定开口扳手

首先利用 UG 软件创建开口扳手模型，再利用 RPdata 软件打印开口扳手的 3D 模型，最后对打印出来的开口扳手模型进行清洗、去除支撑和毛刺处理，流程图如图 5-26 所示。

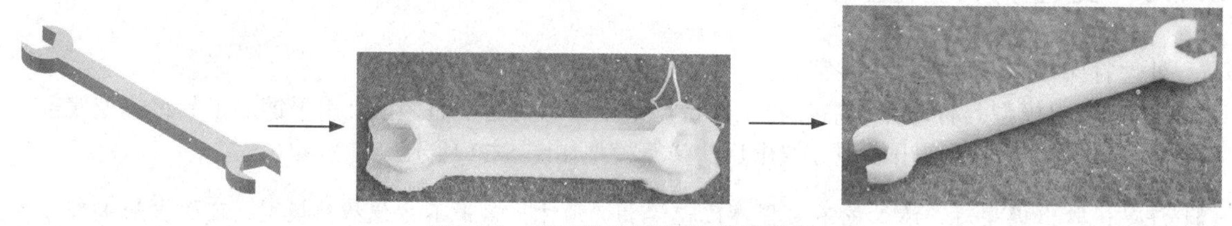
图 5-26　开口扳手模型创建流程图

5.2.1　创建模型

采用基本曲线、多边形等建立扳手平面曲线，然后进行拉伸操作，生成固定开口扳手。

1. 创建新文件

选择“文件”→”新建”命令，弹出“新建”对话框。在“模板”列表中选择“模型”选项，输入名称为 banshou，单击“确定”按钮，进入建模环境。

2. 创建六边形

（1）将视图切换到俯视图，选择“菜单”→“插入”→“曲线”→“多边形”命令，弹出如图 5-27 所示的“多边形”对话框，在“边数”文本框中输入 6，单击“确定”按钮。弹出“多边形”生成方式对话框，如图 5-28 所示。单击“外接圆半径”按钮，弹出“多边形”参数对话框，如图 5-29 所示，在“圆半径”文本框中输入 5，单击“确定”按钮，弹出“点”对话框，输入坐标（0，0，0），将生成的多边形定位于原点上，单击“确定”按钮，完成多边形的创建。

（2）按步骤（1）创建一个定位于（80，0，0）、外接半径为 6 的正六边形。生成两个六边形如

图 5-30 所示。

图 5-27　“多边形“对话框

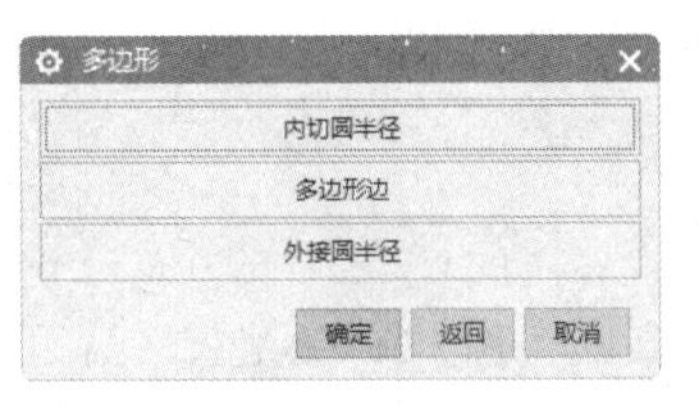

图 5-28　“多边形”生成方式对话框

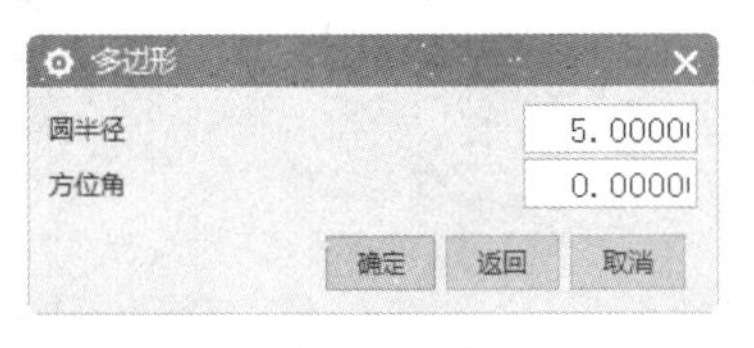

图 5-29　“多边形”参数对话框

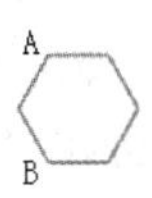

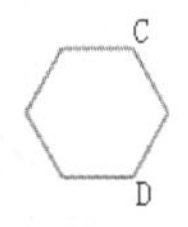

图 5-30　多边形曲线

知识点——六边形

“六边形”曲线主要有以下 3 种创建方式。

（1）内切圆半径：单击该按钮，打开如图 5-31 所示的对话框。可以通过输入内切圆的半径定义多边形的尺寸及方向角度来创建多边形，如图 5-32 所示。

（2）多边形边：单击该按钮，打开如图 5-33 所示的对话框。该选项用于输入多边形一边的边长及方向角度来创建多边形。该长度将应用到所有边。

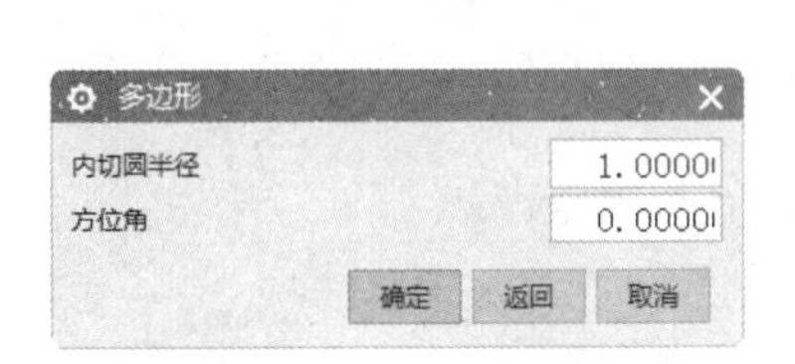

图 5-31　“多边形”对话框

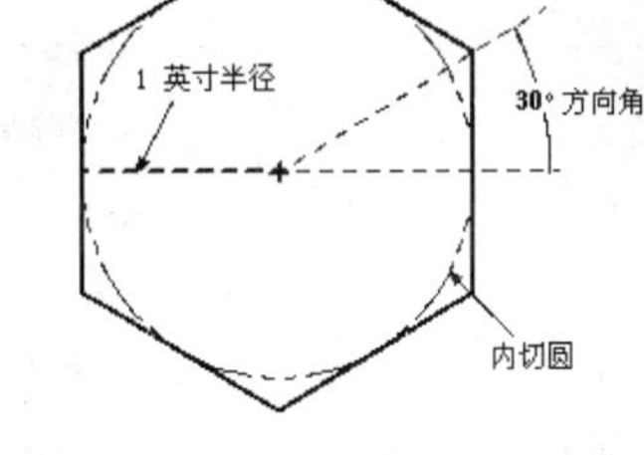

图 5-32　“内切圆半径”示意图

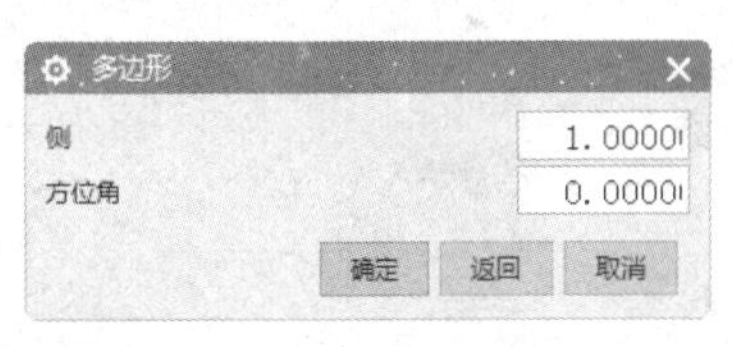

图 5-33　“多边形的边选项”设置

（3）外接圆半径：单击该按钮，打开如图 5-34 所示的对话框。该选项通过指定外接圆半径定义多边形的尺寸及方向角度来创建多边形。外接圆半径是原点到多边形顶点的距离，如图 5-35 所示。

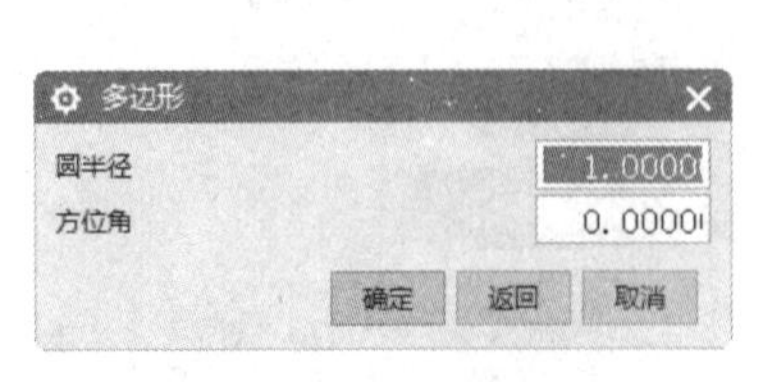

图 5-34　“外接圆半径”设置

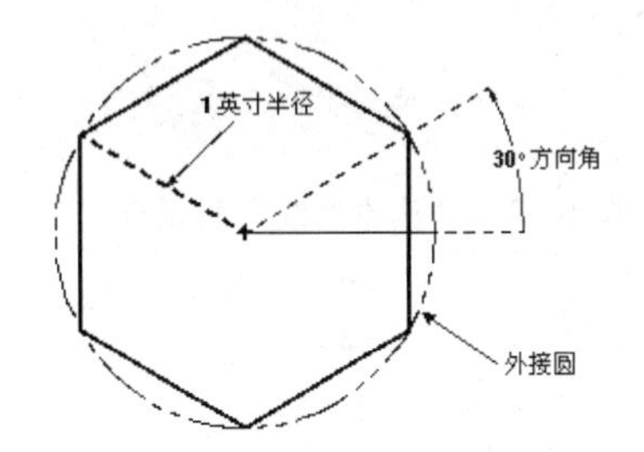

图 5-35　“外接圆半径”　示意图

3. 建立外圆轮廓

（1）选择“菜单”→“插入”→“曲线”→“直线和圆弧”→“圆（点-点-点）”命令，弹出点坐标输入框。系统依次提示输入圆的起点、终点和中点，用鼠标单击多边形 A 点、B 点和输入坐标点

（10，0，0）生成一个经过上述 3 点的圆形。

（2）同上步骤生成一个经过 C 点、D 点和坐标（70，0，0）3 点的圆，如图 5-36 所示。

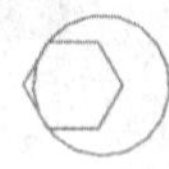
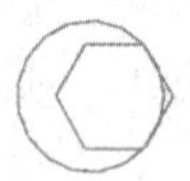

图 5-36　创建圆

4. 建立两条平行直线

（1）选择“菜单”→“插入”→“曲线”→“基本曲线”命令，弹出如图 5-37 所示的“基本曲线”对话框。在“点方法”下拉列表框中选择“点构造器”选项，弹出“点”对话框，输入点（5，3，0），单击“确定”按钮，输入点（75，3，0），单击“确定”按钮，生成线段。

（2）按上述步骤输入点（5，-3，0）和（75，-3，0），生成线段 2。完成线段的创建，如图 5-38 所示。

5. 裁剪线段

单击“曲线”选项卡“编辑曲线”面组中的“修剪曲线”按钮，弹出“修剪曲线”对话框，如图 5-39 所示。按对话框设置各选项，选择左边圆为边界对象 1，选择右边圆为边界对象 2，单击左侧圆弧中的线段一和线段二部分，完成裁剪操作，单击“取消”按钮，关闭对话框。生成曲线如图 5-40 所示。

图 5-37　“基本曲线”对话框

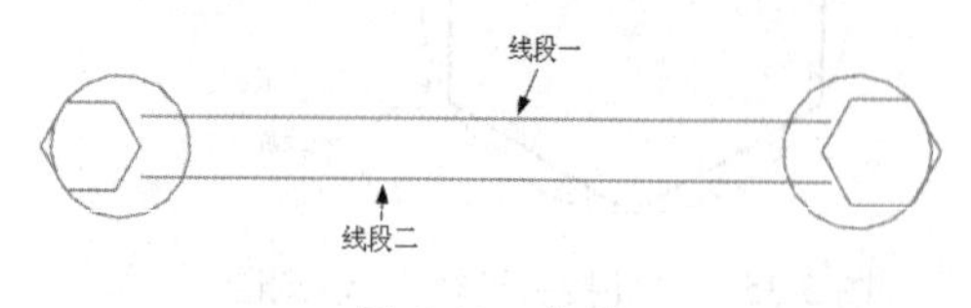

图 5-38　曲线

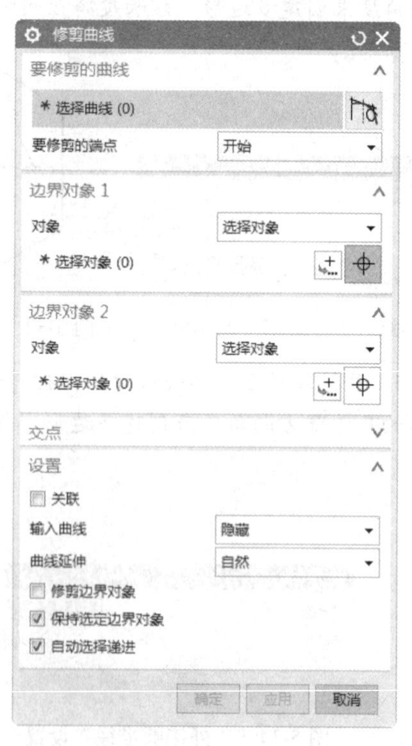

图 5-39　“修剪曲线”对话框

6. 裁剪圆弧

（1）单击“曲线”选项卡“编辑曲线”面组中的“修剪曲线”按钮，弹出“修剪曲线”对话

框。按对话框设置各选项，选择两条平行线分别为边界对象 1 和边界对象 2，并选择两线段间的圆弧为裁剪对象，完成对圆弧在两线段间的裁剪。

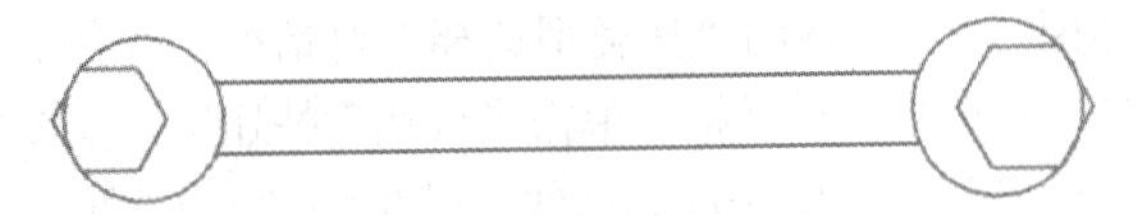

图 5-40　生成曲线

（2）同上步骤，选择两侧六边形分别为边界对象 1 和边界对象 2，并选择两边界间的圆弧为裁剪对象。

（3）删除两侧六边形的外侧边线，结果如图 5-41 所示。

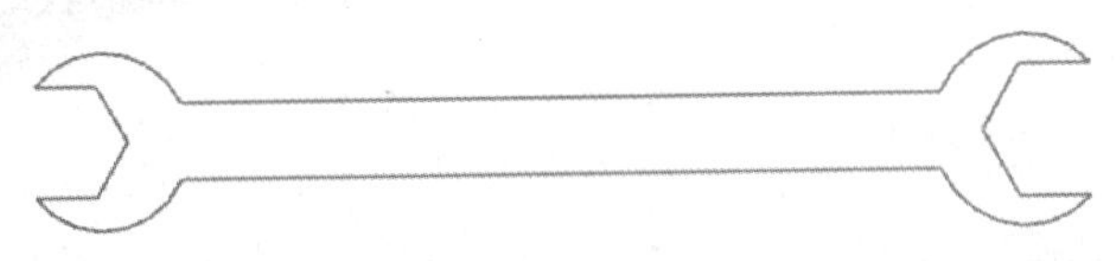

图 5-41　裁剪圆弧后曲线

7. 拉伸操作

单击“主页”选项卡中“特征”面组上的“拉伸”按钮，打开如图 5-42 所示的“拉伸”对话框。选取修剪后的曲线为拉伸曲线。在“指定矢量”下拉列表框中选择 ZC 轴为拉伸方向，设置开始距离和结束距离分别为 0 和 5，单击“确定”按钮，结果如图 5-43 所示。

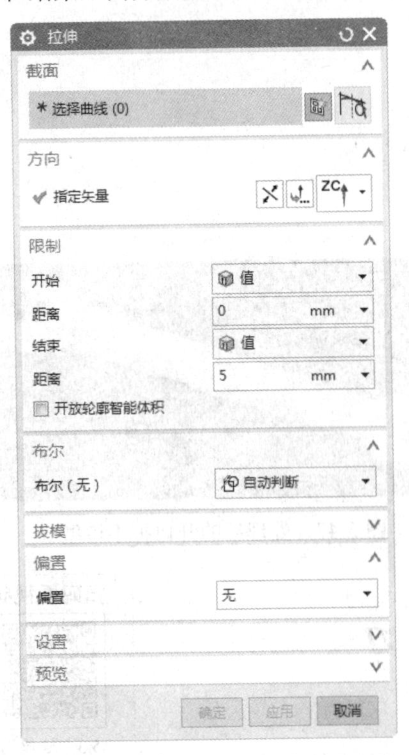

图 5-42　“拉伸”对话框

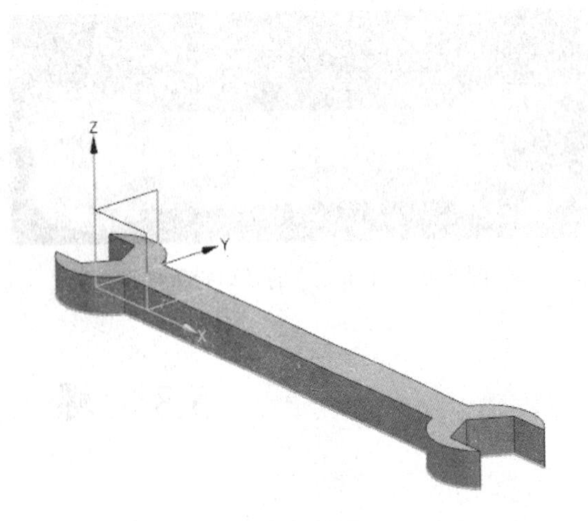

图 5-43　创建开口

Note

8. 隐藏基准和曲线

选择“菜单”→“编辑”→“显示和隐藏”→“隐藏”命令，打开“类选择”对话框，单击“类型过滤器”按钮，打开如图 5-44 所示的“按类型选择”对话框，选择“基准”和“曲线”类型，单击“确定”按钮，返回到“类选择”对话框，单击“全选”按钮，视图中所有的基准和曲线都被选中，单击“确定”按钮，隐藏视图中的基准和曲线，结果如图 5-45 所示。

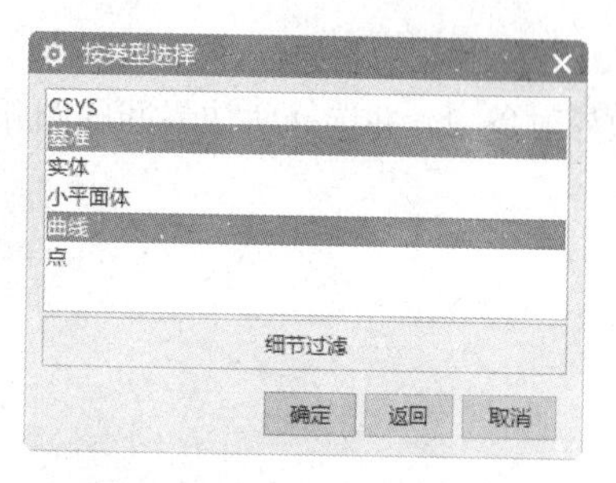

图 5-44 “按类型选择”对话框

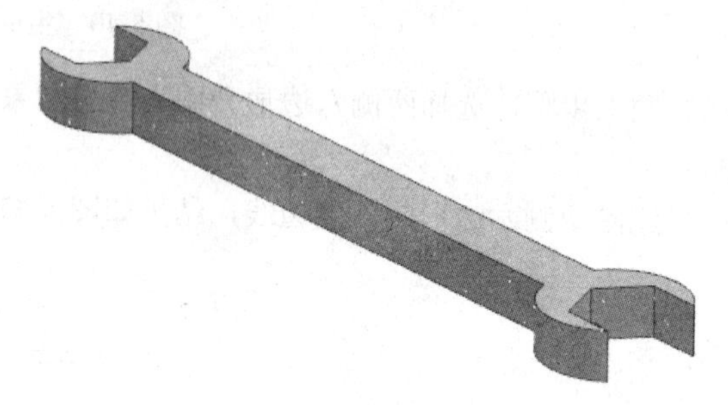

图 5-45 扳手

5.2.2 打印模型

根据 5.1.2 中步骤 1～步骤 8 中相应步骤操作即可完成打印。

5.2.3 处理打印模型

处理打印模型有以下 4 个步骤：

（1）取出模型。取出后的开口扳手模型如图 5-46 所示。

（2）清洗模型。

（3）去除支撑。

（4）打磨模型。处理后的开口扳手模型如图 5-47 所示。

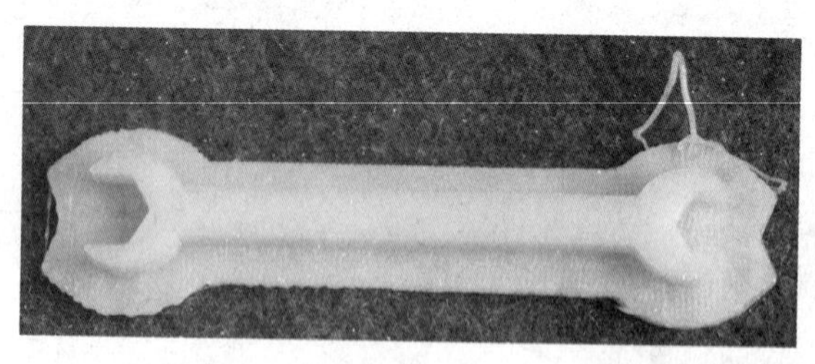

图 5-46 打印完毕的开口扳手模型

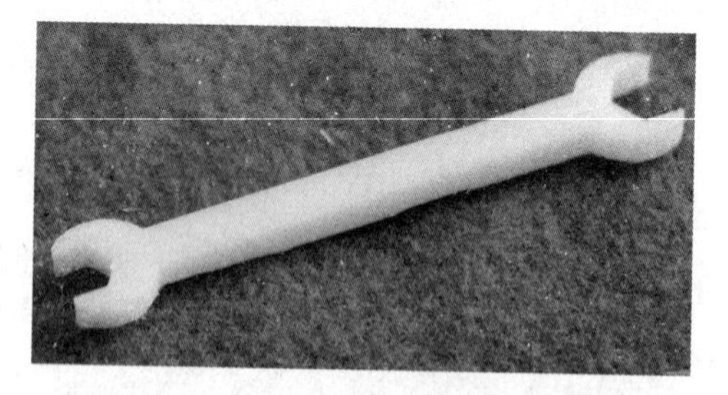

图 5-47 处理后的开口扳手模型

扫码看视频

5.3 螺丝刀

5.3 螺 丝 刀

首先利用 UG 软件创建螺丝刀模型，再利用 RPdata 软件打印螺丝刀的 3D 模型，最后对打印出来的螺丝刀模型进行清洗、去除支撑和毛刺处理，流程图如图 5-48 所示。

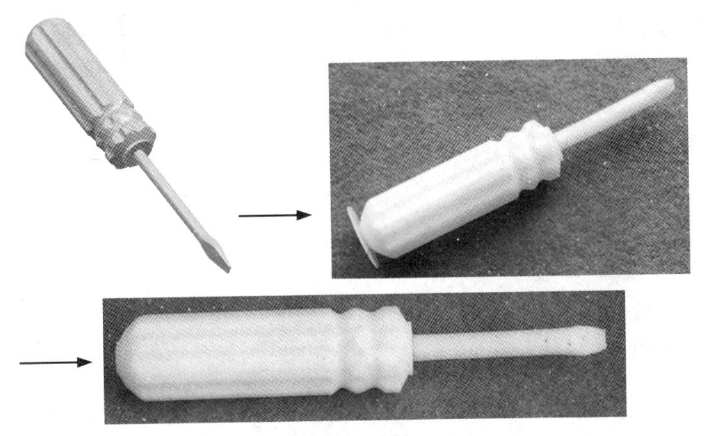

图 5-48　螺丝刀模型创建流程图

5.3.1　创建模型

首先绘制螺丝刀的一个手柄主体部分，然后拉伸切割形成手柄；再绘制螺丝刀刀头主体部分，然后拉伸切割形成刀头。

1. 创建新文件

单击快速访问工具栏中的“新建”按钮，打开“新建”对话框。在“模板”列表中选择“模型”选项，输入名称为 luosidao，单击“确定”按钮，进入建模环境。

2. 绘制草图 1

单击“主页”选项卡“直接草图”面组上的“草图”按钮，打开“创建草图”对话框。在“平面方法”下拉列表框中选择“创建平面”选项，在“指定平面”下拉列表框中选择 XC-YC 平面为草图绘制平面，单击“确定”按钮，进入草图绘制界面。绘制如图 5-49 所示的草图。

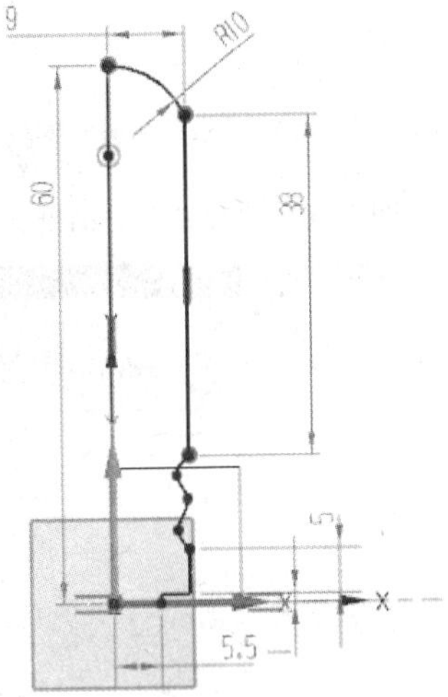

图 5-49　绘制草图

3. 创建旋转 1

单击“主页”选项卡“特征”面组上的“旋转”按钮，弹出“旋转”对话框，如图 5-50 所示。选择步骤 2 创建的草图为截面曲线，选择 YC 轴为回转轴，指定坐标原点为旋转点，设置开始角度和结束角度分别为 0 和 360，单击“确定”按钮。完成旋转操作，生成的模型如图 5-51 所示。

4. 绘制草图 2

单击“主页”选项卡“直接草图”面组上的“草图”按钮，打开“创建草图”对话框。在“平面方法”下拉列表框中选择“创建平面”选项，在“指定平面”下拉列表框中选择 XC-ZC 平面为草图绘制平面，单击“确定”按钮，进入草图绘制界面。绘制如图 5-52 所示的草图。

5. 拉伸操作 1

单击“主页”选项卡中“特征”面组上的“拉伸”按钮，打开如图 5-53 所示的“拉伸”对话

框。选择步骤 4 绘制的草图为拉伸曲线。在“指定矢量”下拉列表框中选择 YC 轴为拉伸方向。设置开始距离和结束距离分别为 0 和 60，选择布尔“求差”方式，单击“确定”按钮，结果如图 5-54 所示。

图 5-50 “旋转”对话框

图 5-51 旋转体

图 5-52 绘制草图

图 5-53 “拉伸”对话框

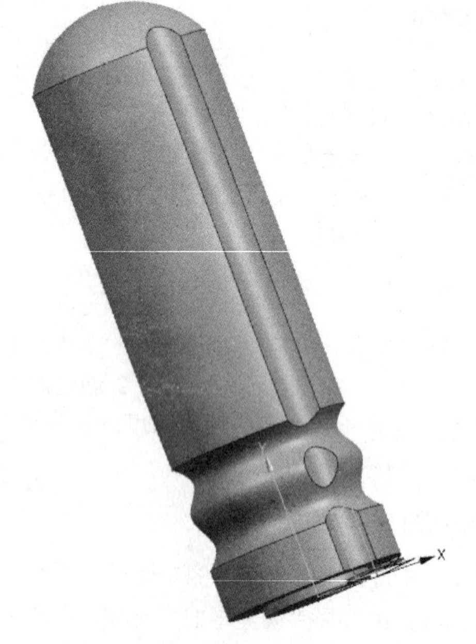

图 5-54 绘制草图

6. 边倒圆

单击“主页”选项卡中“特征”面组上的“边倒圆”按钮，打开如图 5-55 所示的“边倒圆”对话框。

设置圆角半径为 1，选择如图 5-56 所示的边，单击“确定”按钮，完成圆角处理，结果如图 5-57 所示。

图 5-55　“边倒圆”对话框

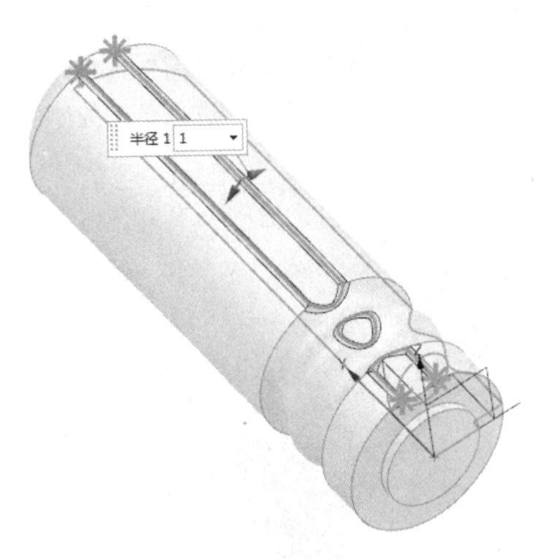

图 5-56　选择圆角边 1

7．创建阵列特征

单击“主页”选项卡“特征”面组上的“阵列特征”按钮，打开如图 5-58 所示的“阵列特征”对话框。选择拉伸特征和圆角特征为要形成阵列的特征。选择“圆形”布局，在“指定矢量”下拉列表框中选择 YC 轴为阵列方向，设置“数量”为 8，“跨角”为 360，单击“确定”按钮生成模型，结果如图 5-59 所示。

图 5-57　倒圆角

图 5-58　“阵列特征”对话框

Note

8. 绘制草图 3

单击“主页”选项卡“直接草图”面组上的“草图”按钮，打开“创建草图”对话框。在“平面方法”下拉列表框中选择“创建平面”选项，在“指定平面”下拉列表框中选择 XC-YC 平面为草图绘制平面，单击“确定”按钮，进入草图绘制界面。绘制如图 5-60 所示的草图。

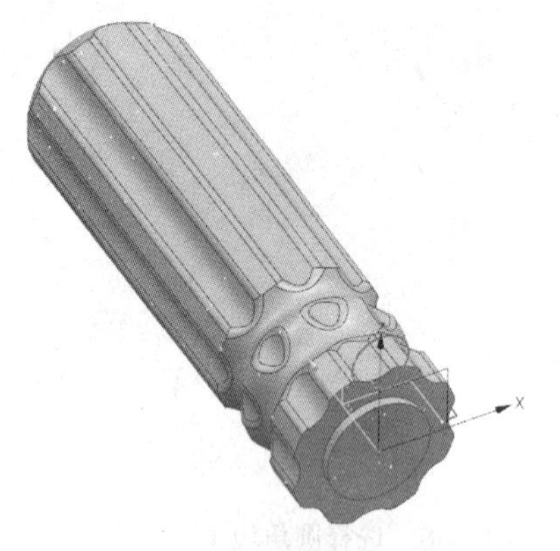

图 5-59　阵列特征

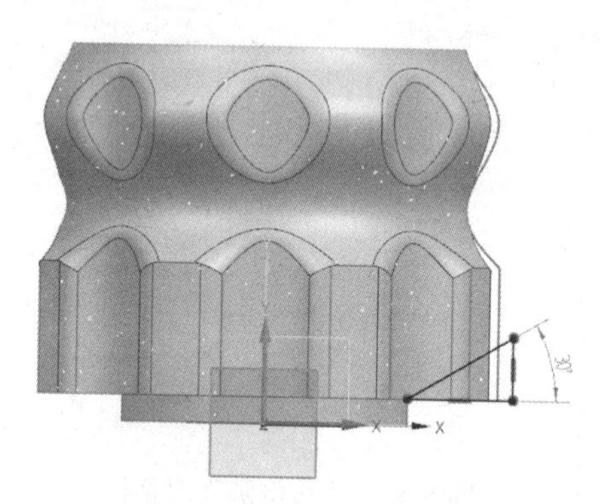

图 5-60　绘制草图

9. 创建旋转 2

单击“主页”选项卡“特征”面组上的“旋转”按钮，弹出“旋转”对话框，如图 5-61 所示。选择步骤 8 创建的草图为截面曲线，选择 YC 轴为回转轴，指定坐标原点为旋转点，设置开始角度和结束角度分别为 0 和 360，选择布尔“求差”方式，单击“确定”按钮。完成旋转操作，生成的模型如图 5-62 所示。

图 5-61　“旋转”对话框

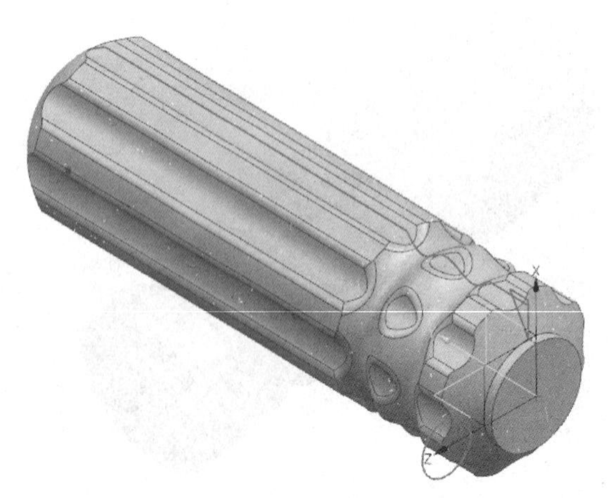

图 5-62　旋转体

10. 创建圆台

单击“主页”选项卡“特征”面组上的“凸台”按钮，打开如图 5-63 所示的“凸台”对话框。在“直径”“高度”“锥角”下拉列表框中分别输入 4、40 和 0，选择旋转体的下底面为放置面，单击“确定”按钮。打开“定位”对话框，单击“点落在点上”按钮，打开“点落在点上”对话框。选择旋转体的圆弧边线为目标对象，打开“设置圆弧的位置”对话框。单击“圆弧中心”按钮，生成的圆台定位于圆弧中心，如图 5-64 所示。

图 5-63　“凸台”对话框

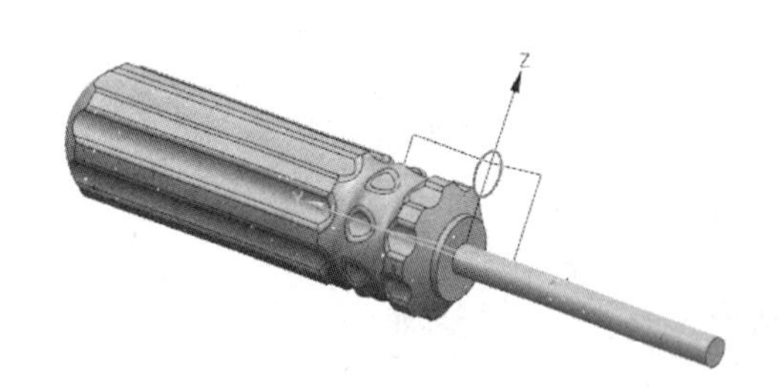

图 5-64　创建凸台

11. 绘制草图 4

单击“主页”选项卡“直接草图”面组上的“草图”按钮，打开“创建草图”对话框。在“平面方法”下拉列表框中选择“创建平面”选项，在“指定平面”下拉列表框中选择 XC-YC 平面为草图绘制平面，单击“确定”按钮，进入草图绘制界面。绘制如图 5-65 所示的草图。

图 5-65　绘制草图

12. 创建旋转 3

单击“主页”选项卡“特征”面组上的“旋转”按钮，弹出“旋转”对话框，如图 5-66 所示。选择步骤 11 创建的草图为截面曲线，选择 YC 轴为回转轴，指定凸台下端圆心为旋转点，并设置开始角度和结束角度分别为 0 和 360，选择布尔“求和”方式，单击“确定”按钮。完成旋转操作，生成的模型如图 5-67 所示。

13. 绘制草图 5

单击“主页”选项卡“直接草图”面组上的“草图”按钮，打开“创建草图”对话框。在“平面方法”下拉列表框中选择“创建平面”选项，在“指定平面”下拉列表框中选择 XC-YC 平面为草图绘制平面，单击“确定”按钮，进入草图绘制界面。绘制如图 5-68 所示的草图。

14. 拉伸操作 2

单击“主页”选项卡“特征”面组上的“拉伸”按钮，打开如图 5-69 所示的“拉伸”对话框。选择步骤 13 绘制的草图为拉伸曲线。在“指定矢量”下拉列表框中选择 ZC 轴为拉伸方向。选择“对称值”结束方式，设置“距离”为 20，选择布尔“求差”方式，单击“确定”按钮，结果如图 5-70 所示。

Note

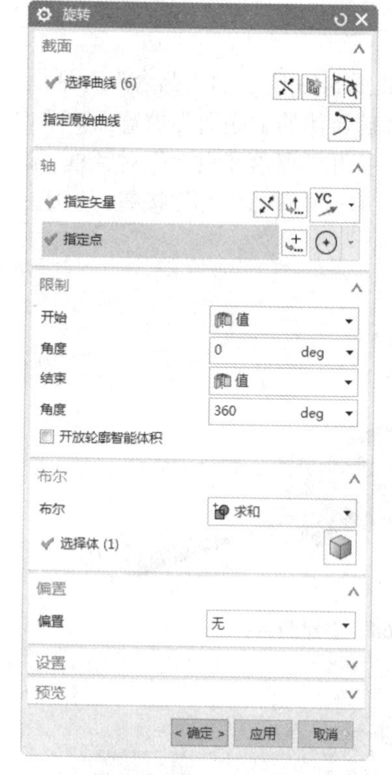

图 5-66 “旋转”对话框

图 5-67 旋转体

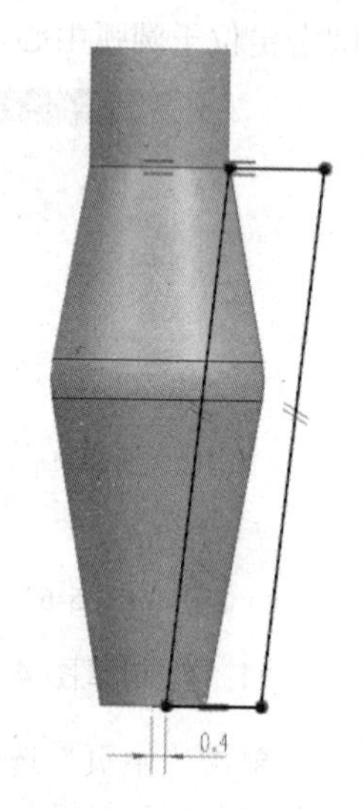

图 5-68 绘制草图

图 5-69 “拉伸”对话框

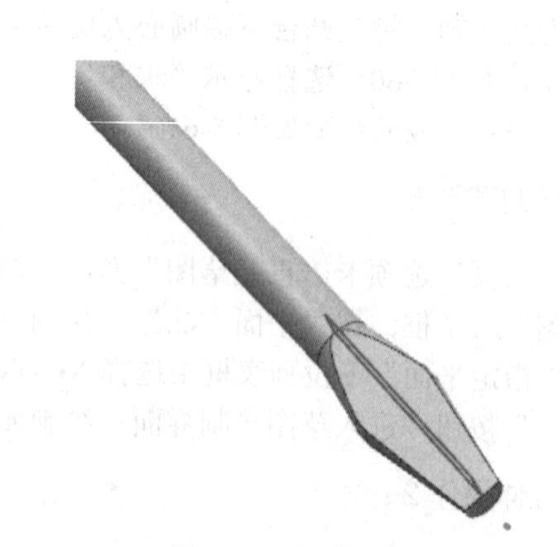

图 5-70 创建拉伸

15. 创建镜像特征

单击“主页”选项卡“特征”面组上“更多”库下的“镜像特征”按钮，打开如图 5-71 所示的“镜像特征”对话框。选择步骤 14 创建的拉伸特征为镜像特征。选择 YZ-ZC 基准平面为镜像平面，

单击“确定”按钮，完成镜像特征的创建，如图 5-72 所示。

Note

16. 隐藏基准和草图

选择“菜单”→“编辑”→“显示和隐藏”→“隐藏”命令，打开“类选择”对话框，单击“类型过滤器”按钮，打开“按类型选择”对话框，选择“基准”和“草图”类型，单击“确定”按钮，返回到“类选择”对话框，单击“全选”按钮，视图中所有的基准和草图都被选中，单击“确定”按钮，隐藏视图中的基准和草图，结果如图 5-73 所示。

图 5-71　“镜像特征”对话框

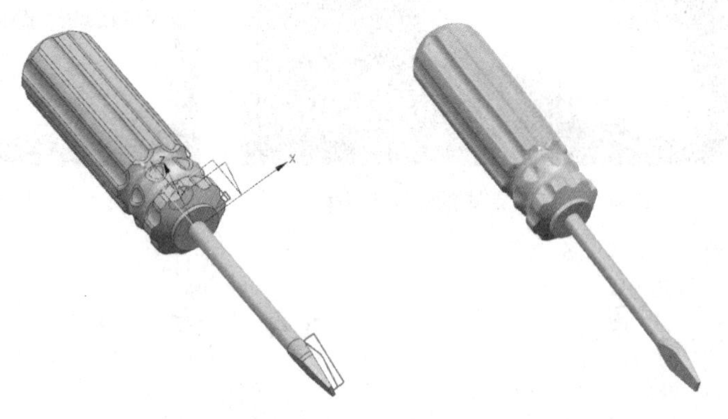

图 5-72　镜像特征　　图 5-73　隐藏基准和草图

5.3.2　打印模型

根据 5.1.2 节的相应步骤操作后，发现模型水平放置，为保证打印效果，可将模型绕 X 轴旋转 270°放置。单击图形编辑工具栏中的“旋转”按钮，弹出“旋转”对话框，将 X 轴设置为 270°，单击“应用”按钮即可实现对模型绕 X 轴旋转 270°，旋转后如图 5-74 所示。

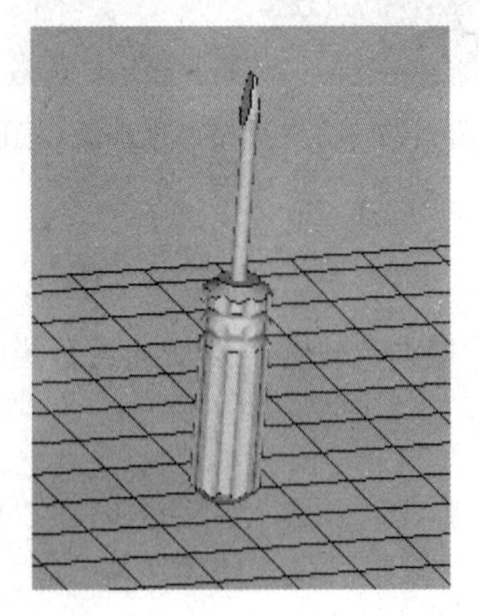

图 5-74　旋转后的螺丝刀

剩余步骤可参考步骤 4～步骤 8，即可完成打印。

5.3.3　处理打印模型

处理打印模型有以下 4 个步骤：

（1）取出模型。取出后的螺丝刀模型如图5-75所示。

（2）清洗模型。

（3）去除支撑。

（4）打磨模型。处理后的螺丝刀模型如图5-76所示。

Note

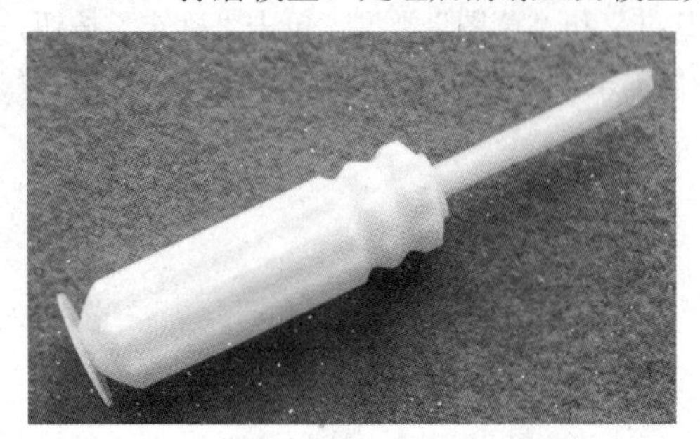

图5-75　打印完毕的螺丝刀模型

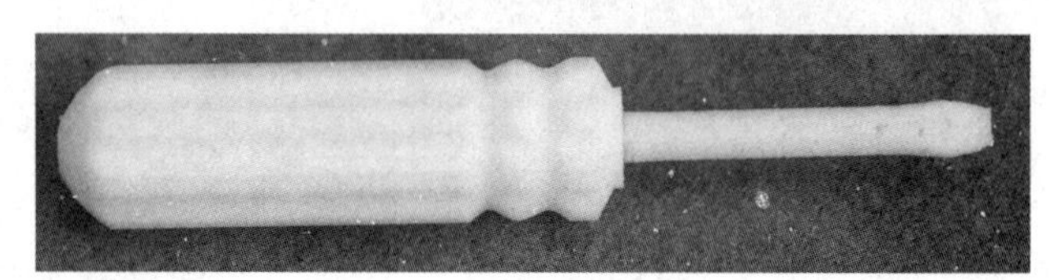

图5-76　处理后的螺丝刀模型

5.4　方　向　盘

首先利用UG软件创建方向盘模型，再利用RPdata软件打印方向盘的3D模型，最后对打印出来的方向盘模型进行清洗、去除支撑和毛刺处理，流程图如图5-77所示。

图5-77　方向盘模型创建流程图

5.4.1　创建模型

方向盘模型采用基本曲线绘制模型大致轮廓，然后通过管道等操作生成模型。

1．新建文件

选择“文件”→“新建”命令，弹出“新建”对话框，在“模型”选项卡中选择“模型”模板，文件名为fangxiangpan，单击“确定”按钮，进入建模环境。

2．创建圆1

（1）选择“菜单”→“插入”→“曲线”→“基本曲线”命令，弹出如图5-78所示的“基本曲线”对话框，单击“圆”按钮○，在“点方法”下拉列表框中选择“点构造器”选项，弹出“点”对话框，根据系统提示输入圆中心坐标，输入（0，0，0），单击“确定”按钮，系统提示输入圆上一点坐标，输入（200，0，0），单击“确定”按钮，完成圆1的创建。

（2）同上步骤创建圆心在（0，0，-120）、圆上一点坐标为（20，0，-120）的圆 2，如图 5-79 所示。

图 5-78　“基本曲线”对话框

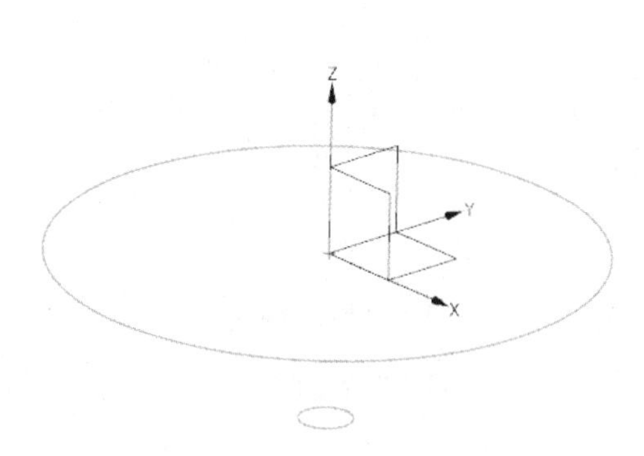

图 5-79　绘制圆

3. 创建直线 1

选择“菜单”→“插入”→“曲线”→“基本曲线”命令，弹出如图 5-80 所示的“基本曲线”对话框，单击“直线”按钮，在“点方法”下拉列表框中选择“象限点”选项，依次选择圆 1 和圆 2 的第一象限点，单击“取消”按钮，完成直线的创建。生成曲线模型如图 5-81 所示。

图 5-80　“基本曲线”对话框

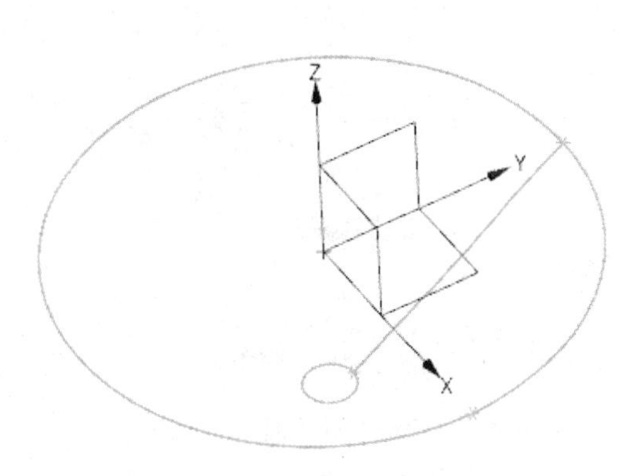

图 5-81　曲线模型

4. 创建圆柱体

单击“主页”选项卡“特征”面组中的“圆柱”按钮，弹出如图 5-82 所示的“圆柱”对话框。选择“轴、直径和高度”类型，选择 ZC 轴为圆柱的指定矢量，单击“点对话框”按钮，弹出“点”对话框为圆柱体定位，输入（0，0，-130），单击“确定”按钮，在“直径”和“高度”下拉列表框中分别输入 80 和 40，连续单击“确定”按钮，完成圆柱体的创建，如图 5-83 所示。

Note

图 5-82 “圆柱”对话框

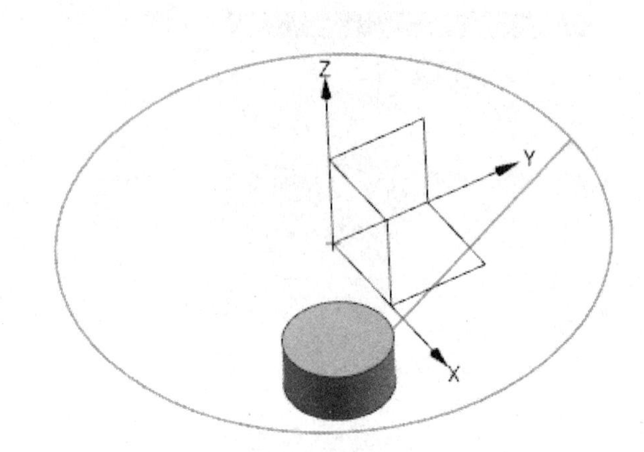

图 5-83 创建圆柱体

5. 创建管道 1

（1）选择“菜单”→“插入”→“扫掠”→“管道”命令，弹出如图 5-84 所示的“管道”对话框。在“外径”和“内径”下拉列表框中分别输入 25 和 0，设置“输出”为“单段”，选择圆 1 为管道导引线，单击“确定”按钮，完成管道 1 的创建。

（2）同上步骤，设置参数外径和内径分别为 20 和 0，选择直线为管道导引线，创建管道 2。生成模型如图 5-85 所示。

图 5-84 “管道”对话框

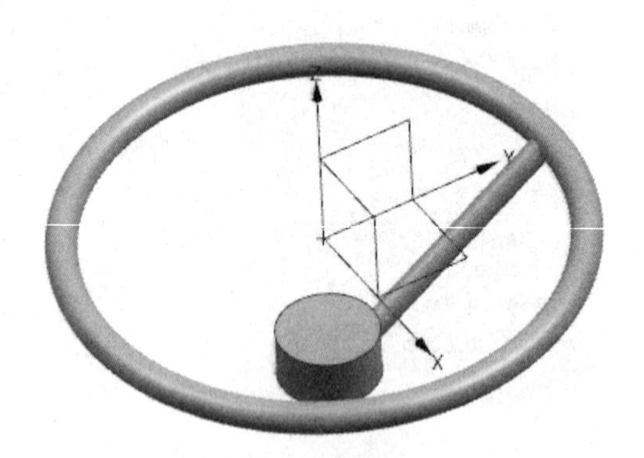

图 5-85 创建管道

6. 移动对象

单击“工具”选项卡“实用程序”面组中的“移动对象”按钮，弹出“移动对象”对话框，如图 5-86 所示，选择直线管道，设置“运动”为“角度”，在“指定矢量”下拉列表框中选择 ZC 轴，设置“角度”为 120，单击“点对话框”按钮，在弹出的“点”对话框中输入坐标（0，0，0），如图 5-87 所示；在“结果”选项组中选中“复制原先的”单选按钮，设置“非关联副本数”为 2，单击“确定”按钮。生成模型如图 5-88 所示。

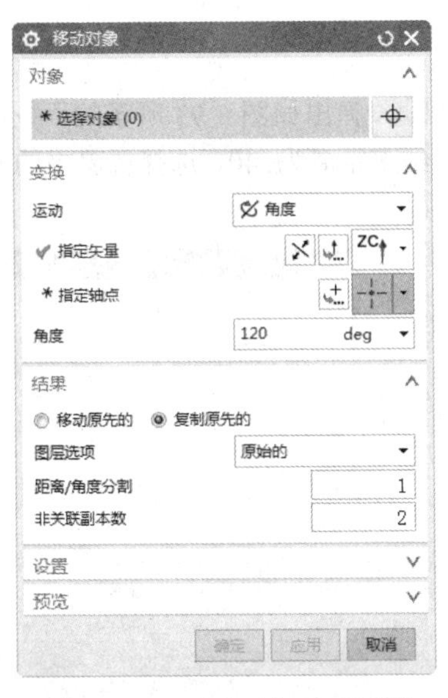

图 5-86　“移动对象”对话框

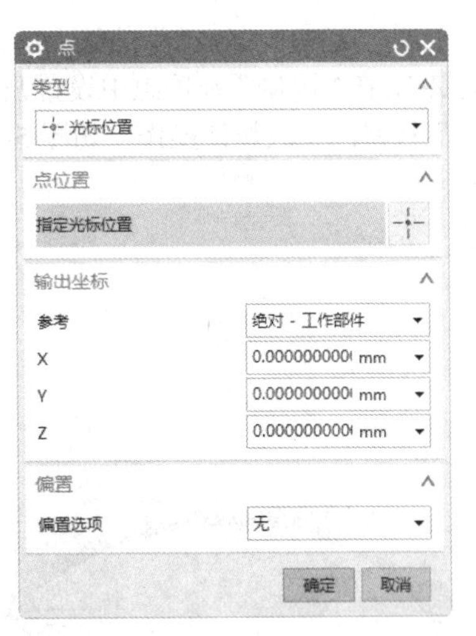

图 5-87　“点”对话框

7．合并实体

单击“主页”选项卡“特征”面组中的“合并”按钮，弹出如图 5-89 所示的“合并”对话框。对图 5-88 中 5 个实体模型进行布尔合并操作。

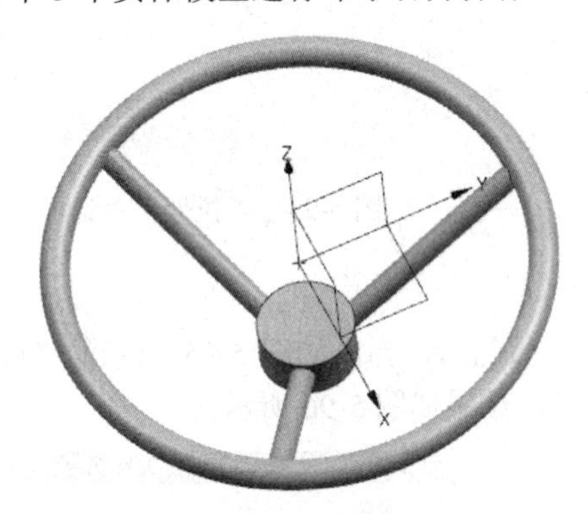

图 5-88　模型

图 5-89　“合并”对话框

8．创建多边形

单击“曲线”选项卡“更多”库中的“多边形”按钮，弹出如图 5-90 所示的“多边形”对话框，在“边数”文本框中输入 6，单击“确定”按钮，弹出“多边形”创建方式对话框，单击“外接圆半径”按钮，弹出“多边形”参数对话框，如图 5-91 所示，在“圆半径”和“方位角”文本框中分别输入 25 和 0，单击“确定”按钮，弹出“点”对话框确定六边形的中心，以圆柱体上端面圆心为六边形中心，单击“取消”按钮，完成六边形的创建，如图 5-92 所示。

图 5-90　“多边形”对话框

图 5-91　“多边形”参数对话框

9. 创建拉伸

单击“主页”选项卡“特征”面组上的“拉伸”按钮，弹出如图 5-93 所示的“拉伸”对话框。指定矢量为 ZC，在“限制”选项组中设置开始距离为 0，结束距离为-40，选择屏幕中的六边形曲线，单击“确定”按钮，完成拉伸操作，如图 5-94 所示。

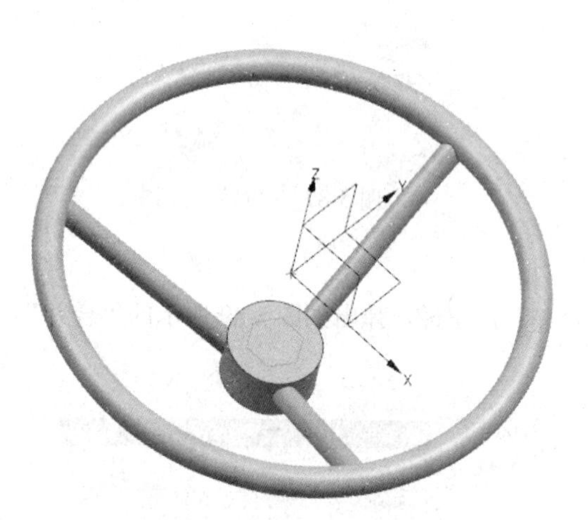

图 5-92 绘制多边形

图 5-93 “拉伸”对话框

10. 倒圆角处理

单击“主页”选项卡“特征”面组中的“边倒圆”按钮，弹出如图 5-95 所示的“边倒圆”对话框，对圆柱体上下两端圆弧进行倒圆，倒圆半径为 2，结果如图 5-96 所示。

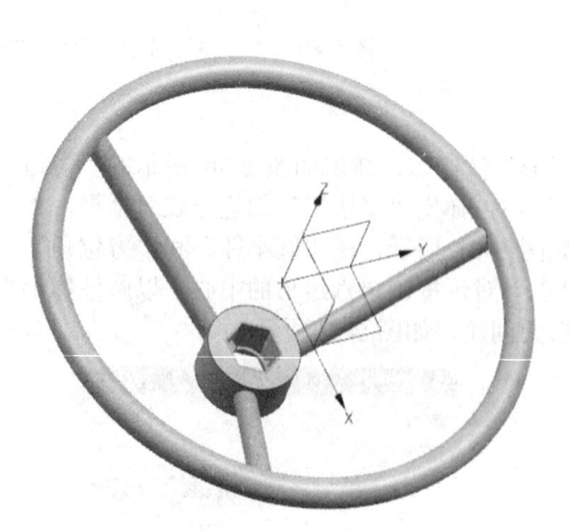

图 5-94 模型

图 5-95 “边倒圆”对话框

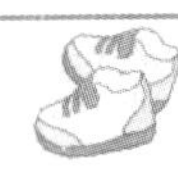

11. 调整坐标系 1

（1）选择“菜单”→“格式”→WCS→“显示”命令，显示坐标系。

（2）选择“菜单”→“格式”→WCS→“旋转”命令，打开如图 5-97 所示的“旋转 WCS 绕”对话框，选择“+ZC 轴：XC-->YC”选项，单击“确定”按钮，使坐标系绕+ZC 轴，旋转角度为 10，如图 5-98 所示。

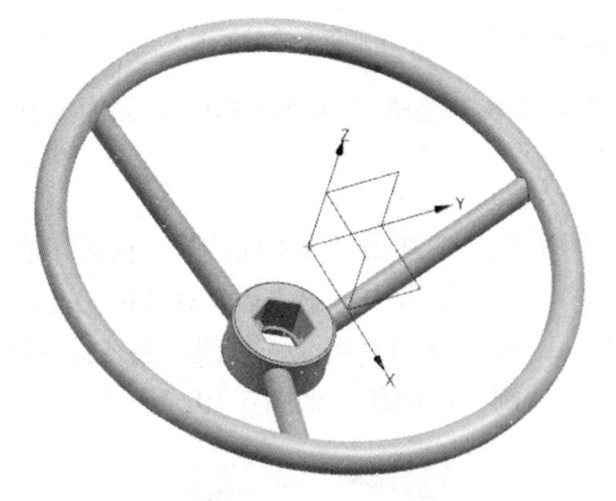

图 5-96　模型

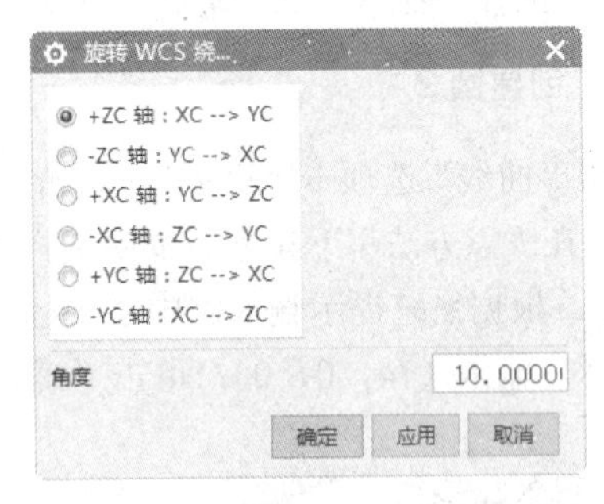

图 5-97　“旋转 WCS 绕”对话框

12. 绘制直线 2

单击“曲线”选项卡“曲线”面组中的“直线”按钮，打开如图 5-99 所示的“直线”对话框，绘制一条“起点”在坐标原点、平行于 YC 轴、长度为 300 的直线。

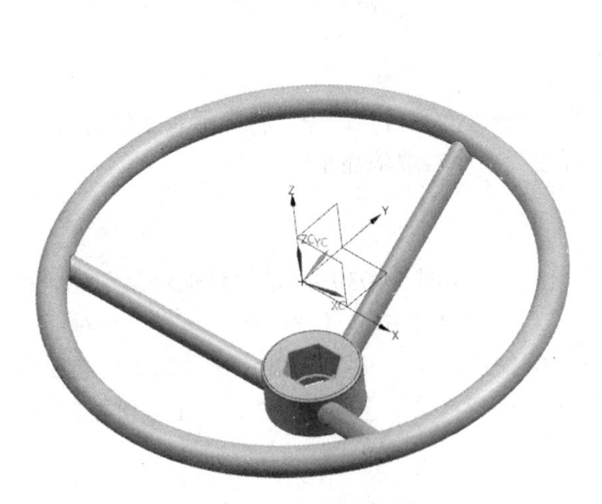

图 5-98　旋转坐标系

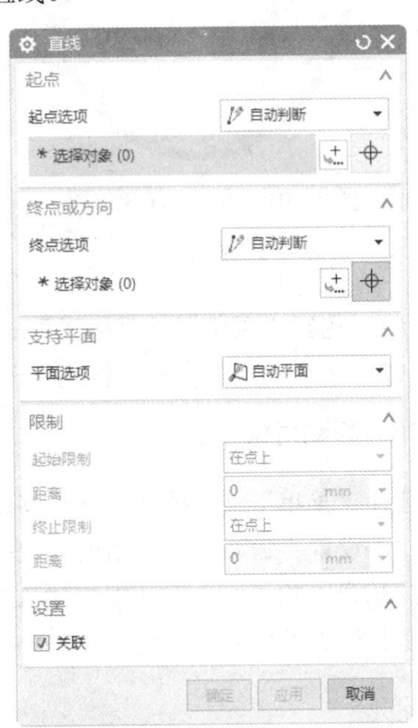

图 5-99　“直线”对话框

13. 调整坐标系 2

（1）选择“菜单”→“格式”→WCS→“原点”命令，按住鼠标右键，向左移动鼠标选择“静态线框”，选择将坐标系移动到上一步所做直线与圆 1 的交点上（在选择栏右边捕捉点处可选择“相交”，如图 5-100 所示），移动完成后，按住鼠标右键，向上移动鼠标选择“带边着色”。

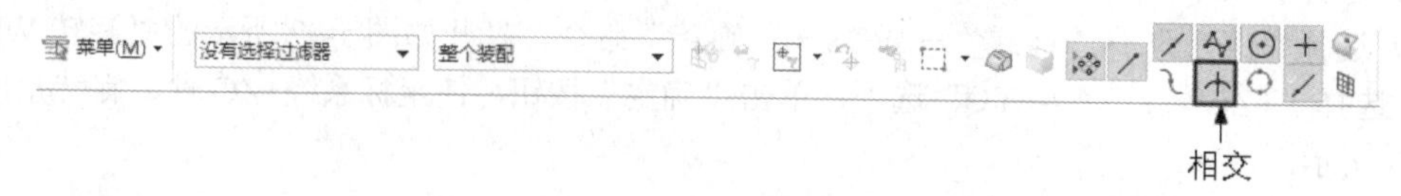

图 5-100 选择相交

（2）选择“菜单”→“格式”→WCS→“旋转”命令，绕+YC 轴旋转 90°，如图 5-101 所示。

14. 创建圆 2

单击“曲线”选项卡“更多”库中的“基本曲线”按钮，弹出“基本曲线”对话框，单击“圆”按钮○，在“点方法”下拉列表框中选择“点构造器”选项，屏幕中弹出“点”对话框，设置“参考”为 WCS，根据系统提示输入圆中心坐标，输入（0，0，0），单击“确定”按钮，系统提示输入圆上一点坐标，输入（14，0，0），单击“确定”按钮，完成圆 3 的创建，如图 5-102 所示。

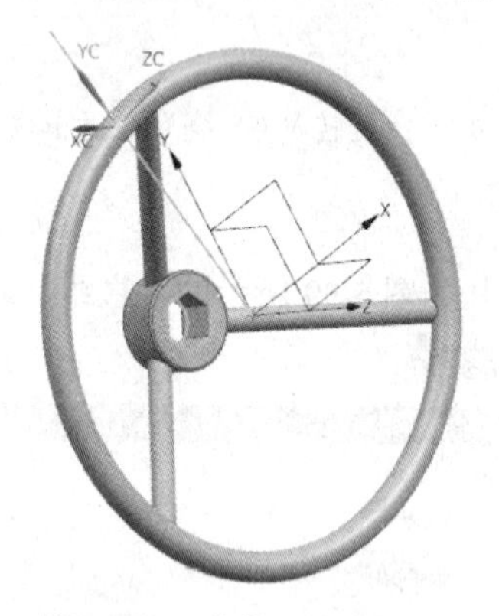

图 5-101 变换 WCS 位置

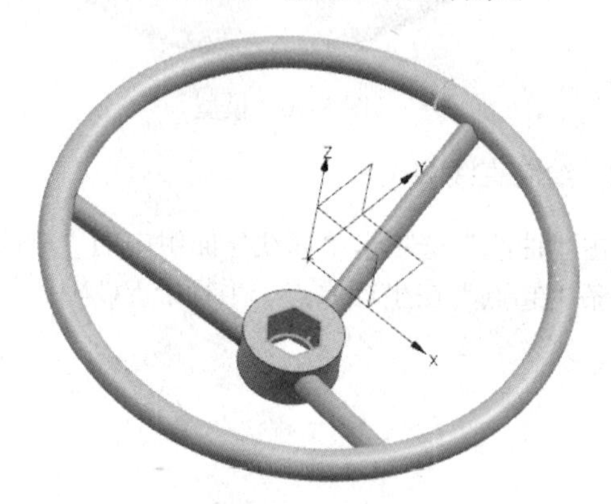

图 5-102 绘制圆

15. 调整坐标系 3

（1）选择“菜单”→“格式”→WCS→“WCS 设置为绝对”命令，将坐标系调整回原坐标。
（2）选择“菜单”→“格式”→WCS→“显示”命令，取消显示。

16. 移动对象

选择“菜单”→“编辑”→“移动对象”命令，弹出如图 5-103 所示的“移动对象”对话框，选择圆 3，设置“运动”为“角度”，在“指定矢量”下拉列表框中选择 ZC 轴，单击“点对话框”按钮，在弹出的“点”对话框中输入坐标（0，0，0）；设置“角度”为 20；在“结果”选项组中选中“复制原先的”单选按钮，设置“非关联副本数”为 18，单击“确定”按钮。生成模型如图 5-104 所示。

17. 创建管道 2

选择“菜单”→“插入”→“扫掠”→“管道”命令，弹出“管道”对话框。在“外径”和“内径”下拉列表框中分别输入 6 和 0，设置“输出”为“单段”，布尔选择“求差”，单个选择圆 3，单击“应用”按钮，其余圆 3 副本也按照上述方法完成管道 3 的创建，结果如图 5-105 所示。

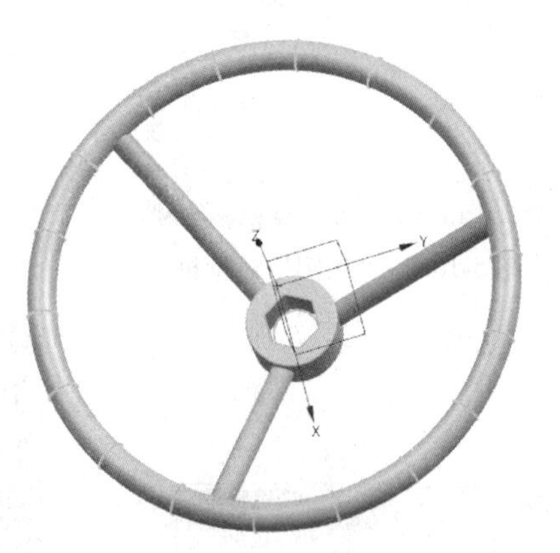

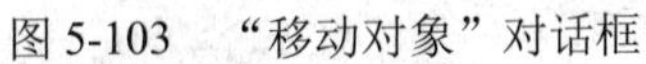

图 5-103　“移动对象”对话框

图 5-104　方向盘

18. 隐藏基准和曲线

选择“菜单”→“编辑”→“显示和隐藏”→“隐藏”命令，打开“类选择”对话框，单击“类型过滤器”按钮，打开如图 5-106 所示的“按类型选择”对话框，选择“基准”和“曲线”类型，单击“确定”按钮，返回到“类选择”对话框，单击“全选”按钮，视图中所有的基准和曲线都被选中，单击“确定”按钮，隐藏视图中的基准和曲线，结果如图 5-107 所示。

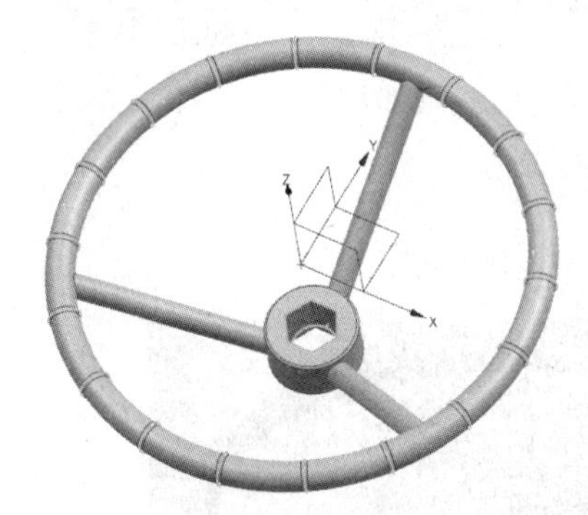

图 5-105　管道

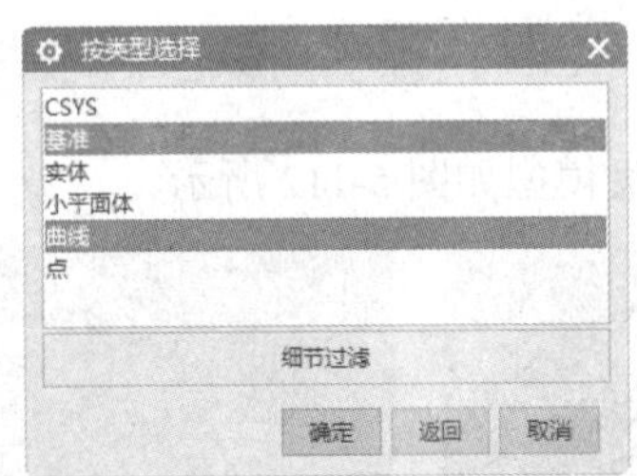

图 5-106　“按类型选择”对话框

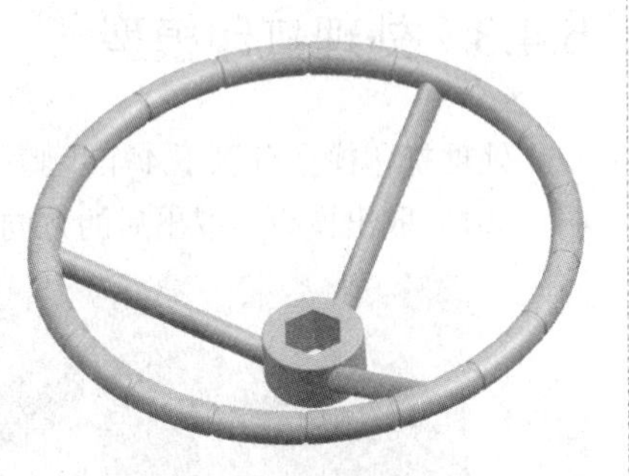

图 5-107　隐藏基准和曲线

5.4.2　打印模型

根据 5.1.2 节的相应操作后，发现模型较大，已经超过本书所选择机器的打印范围，需要将其缩小至合理尺寸。单击图形编辑工具栏上的“比例放大/缩小”按钮，打开“比例”对话框，如图 5-108 所示，选中“统一”复选框，并将数值改为 0.5，单击“应用”按钮，模型将被缩小至原来的 0.5 倍，如图 5-109 所示。

为减少后期对模型支撑的处理，可将 fangxiangpan 模型旋转 180°放置，单击图形编辑工具栏中的“旋转”按钮，弹出如图 5-110 所示的“旋转”对话框，将 X 轴设置为 180°，单击“应用”按钮即可实现对模型绕 X 轴旋转 180°，旋转后如图 5-111 所示。

图 5-108 “比例”对话框

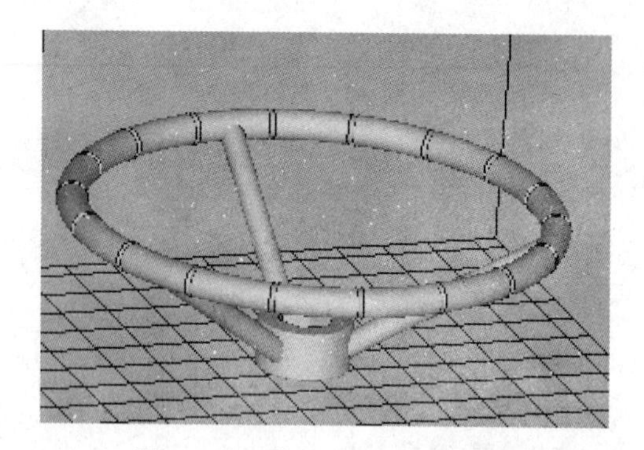

图 5-109 缩小后的 fangxiangpan

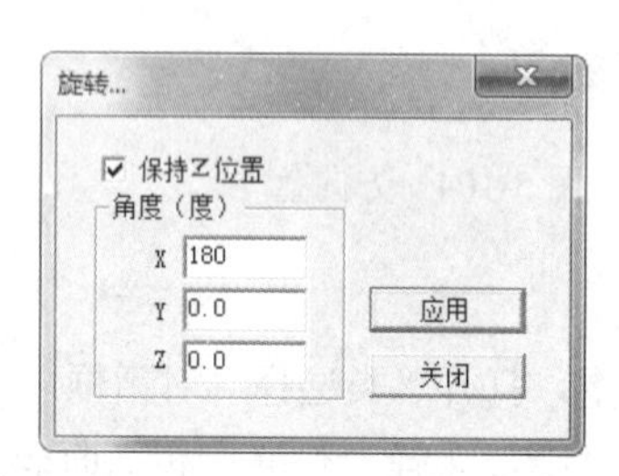

图 5-110 “旋转”对话框

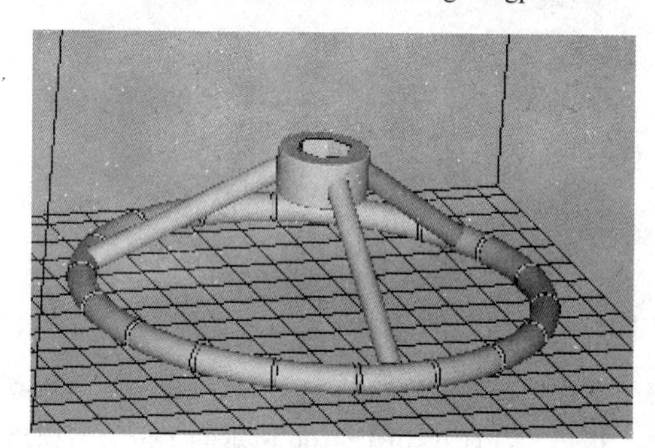

图 5-111 旋转后的方向盘

剩余步骤参考步骤 4～步骤 8，即可完成打印。

5.4.3 处理打印模型

处理打印模型有以下 4 个步骤：

（1）取出模型。取出后的方向盘模型如图 5-112 所示。

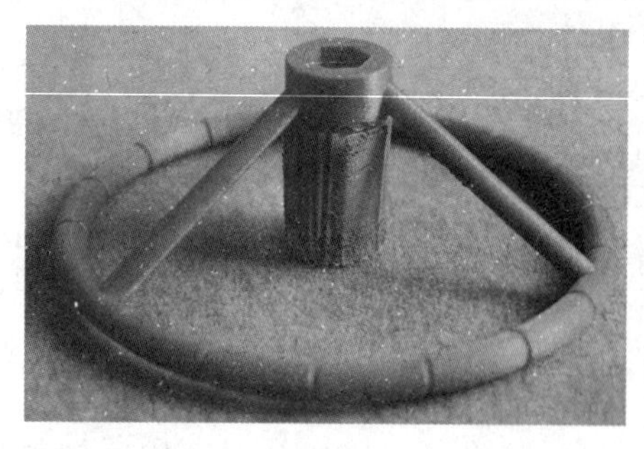

图 5-112 打印完毕的方向盘模型

（2）清洗模型。

（3）去除支撑。

（4）打磨模型。打磨处理后的方向盘模型如图 5-113 所示。

图 5-113　处理后的方向盘模型

5.5 叶　　轮

首先利用 UG 软件创建叶轮模型，再利用 RPdata 软件打印叶轮的 3D 模型，最后对打印出来的叶轮模型进行清洗、去除支撑和毛刺处理，流程图如图 5-114 所示。

图 5-114　叶轮模型创建流程图

5.5.1 创建模型

在创建本实例时，从图 5-114 中可以看到叶片上的曲面非常复杂，进行造型之前要通过测量或读图获取曲面上的离散点数据，然后利用三维造型软件的“曲面实体”工具对这些数据进行拟合，生成所需要的曲面实体。离心叶轮的中心盘基体部分是典型的旋转体特征，这部分造型非常简单，利用传统的“旋转”工具，即可完成本实例的创建。

1. 创建新文件

单击快速访问工具栏中的“新建”按钮，弹出“新建”对话框。在“模板”列表中选择“模型”选项，输入名称 yelun，单击“确定”按钮，进入建模环境。

2. 创建样条曲线

（1）单击“曲线”选项卡“曲线”面组上的“艺术样条”按钮，弹出如图 5-115 所示的“艺术样条”对话框。设置“次数”为 3，选中“封闭”复选框，单击“点构造器”按钮，弹出“点”对话框，输入表 5-4 中的点，单击“确定”按钮，完成样条曲线 1 的创建，如图 5-116 所示。

Note

图 5-115 “艺术样条”对话框

图 5-116 样条曲线 1

表 5-4 样条曲线 1 坐标点

点	坐　标	点	坐　标
点 1	56.017，6.787，25	点 11	4.885，−10.943，25
点 2	41.440，4.770，25	点 12	10.365，−7.655，25
点 3	29.828，2.983，25	点 13	15.525，−5.003，25
点 4	21.478，1.341，25	点 14	20.576，−2.158，25
点 5	18.541，0.412，25	点 15	24.508，−1.577，25
点 6	12.468，−2.665，25	点 16	32.890，−0.243，25
点 7	7.627，−5.834，25	点 17	44.777，1.091，25
点 8	3.988，−8.998，25	点 18	60.110，2.378，25
点 9	−0.271，−14.060，25	点 19	58.0635，4.5825，25
点 10	0.271，−14.357，25	点 20	56.017，6.787，25

（2）同上步骤，根据表 5-5 和表 5-6，创建样条曲线 2 和样条曲线 3，生成的曲线模型如图 5-117 所示。

表 5-5 样条曲线 2 坐标点

点	坐　标	点	坐　标
点 1	64.958，19.782，55	点 9	8.173，−14.294，55
点 2	51.506，15.532，55	点 10	3.429，−22.591，55
点 3	40.967，11.282，55	点 11	−0.271，−31.110，55
点 4	31.507，6.732，55	点 12	0.271，−31.408，55
点 5	26.506，3.231，55	点 13	4.568，−23.262，55
点 6	21.480，0.566，55	点 14	9.822，−15.391，55
点 7	18.175，−2.328，55	点 15	14.899，−9.127，55
点 8	13.097，−7.749，55	点 16	19.93，−3.879，55

续表

点	坐　标	点	坐　标
点 17	23.194，-1.084，55	点 21	54.348，12.733，55
点 18	28.195，2.137，55	点 22	72.967，16.563，55
点 19	34.682，5.479，55	点 23	68.9625，18.1725，55
点 20	43.068，9.091，55	点 24	64.958，19.782，55

表 5-6　样条曲线 3 坐标点

点	坐　标	点	坐　标
点 1	65.406，61.695，95	点 14	57.465，57.664，95
点 2	64.100，61.362，95	点 15	59.511，57.806，95
点 3	63.389，61.028，95	点 16	61.575，57.945，95
点 4	62.882，60.862，95	点 17	63.650，58.082，95
点 5	61.865，60.529，95	点 18	65.735，58.217，95
点 6	60.844，60.196，95	点 19	67.829，58.350，95
点 7	59.819，59.863，95	点 20	69.934，58.480，95
点 8	58.791，59.531，95	点 21	72.048，58.609，95
点 9	57.758，59.198，95	点 22	74.174，58.735，95
点 10	55.681，58.533，95	点 23	76.310，58.859，95
点 11	54.636，58.200，95	点 24	78.456，58.981，95
点 12	53.587，57.867，95	点 25	71.931，60.338，95
点 13	55.410，57.521，95	点 26	65.406，61.695，95

提示：也可以采用下面的方法来创建。

（3）打开 Windows 记事本，在记事本中输入叶片每个截面轮廓的数据点坐标，输入格式为“xc 空格 yc 空格 zc”，换行后输入下一点坐标值，其格式和 3 个截面的数据如图 5-118～图 5-120 所示，文件名分别为 data1.dat、data2.dat 和 data3.dat。

图 5-117　曲线模型

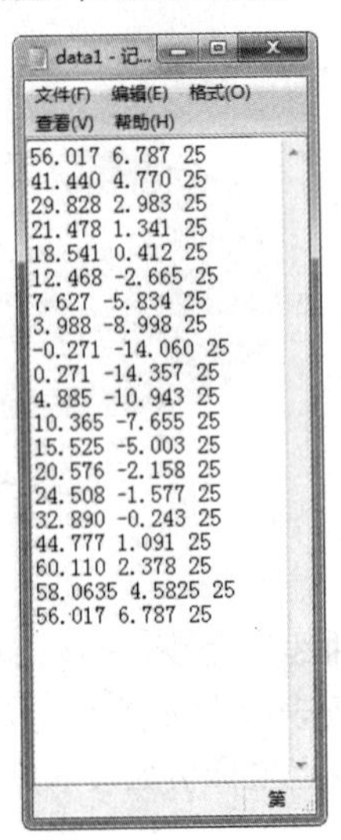

```
56.017 6.787 25
41.440 4.770 25
29.828 2.983 25
21.478 1.341 25
18.541 0.412 25
12.468 -2.665 25
7.627 -5.834 25
3.988 -8.998 25
-0.271 -14.060 25
0.271 -14.357 25
4.885 -10.943 25
10.365 -7.655 25
15.525 -5.003 25
20.576 -2.158 25
24.508 -1.577 25
32.890 -0.243 25
44.777 1.091 25
60.110 2.378 25
58.0635 4.5825 25
56.017 6.787 25
```

图 5-118　文本文件 1

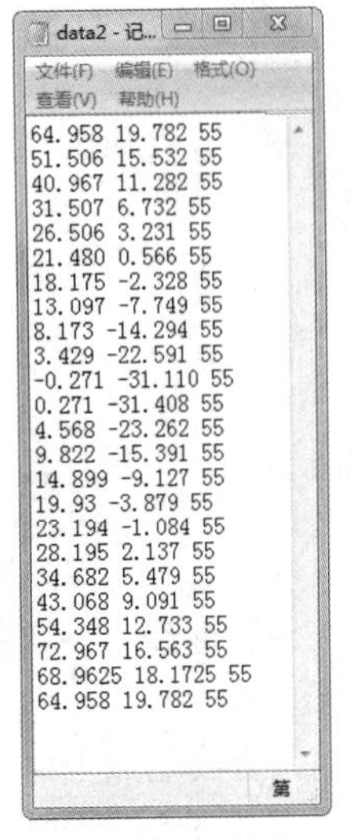

```
64.958 19.782 55
51.506 15.532 55
40.967 11.282 55
31.507 6.732 55
26.506 3.231 55
21.480 0.566 55
18.175 -2.328 55
13.097 -7.749 55
8.173 -14.294 55
3.429 -22.591 55
-0.271 -31.110 55
0.271 -31.408 55
4.568 -23.262 55
9.822 -15.391 55
14.899 -9.127 55
19.93 -3.879 55
23.194 -1.084 55
28.195 2.137 55
34.682 5.479 55
43.068 9.091 55
54.348 12.733 55
72.967 16.563 55
68.9625 18.1725 55
64.958 19.782 55
```

图 5-119　文本文件 2

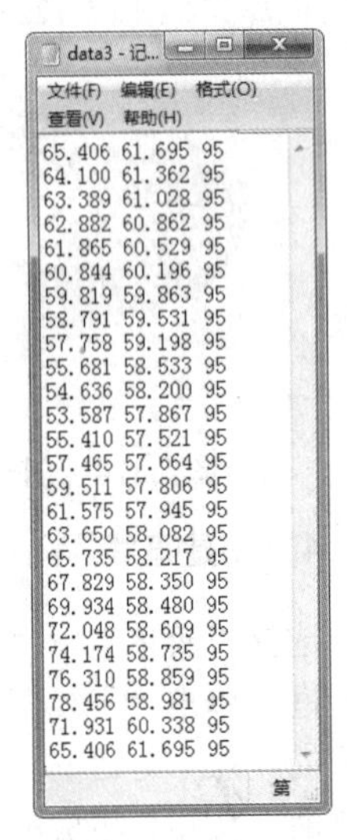

```
65.406 61.695 95
64.100 61.362 95
63.389 61.028 95
62.882 60.862 95
61.865 60.529 95
60.844 60.196 95
59.819 59.863 95
58.791 59.531 95
57.758 59.198 95
55.681 58.533 95
54.636 58.200 95
53.587 57.867 95
55.410 57.521 95
57.465 57.664 95
59.511 57.806 95
61.575 57.945 95
63.650 58.082 95
65.735 58.217 95
67.829 58.350 95
69.934 58.480 95
72.048 58.609 95
74.174 58.735 95
76.310 58.859 95
78.456 58.981 95
71.931 60.338 95
65.406 61.695 95
```

图 5-120　文本文件 3

（4）选择“菜单”→“文件”→“导入”→“文件中的点”命令，将步骤（3）创建的数据文件导入到视图中。

（5）选择“菜单”→“插入”→“曲线”→“艺术样条”命令，弹出“艺术样条”对话框后，直接在视图中选择步骤（4）创建的点来创建样条曲线。

3. 创建曲面

单击“曲面”选项卡“曲面”面组上的“通过曲线组”按钮，弹出如图 5-121 所示的“通过曲线组”对话框，根据系统提示选择样条曲线 1，完成后单击鼠标中键，如图 5-122 所示。根据系统提示选择样条曲线 2，完成后单击鼠标中键，如图 5-123 所示。根据系统提示选择样条曲线 3。完成后单击鼠标中键。在选择时应保证选择的样条曲线方向矢量一致，如图 5-124 所示，单击“确定”按钮，完成曲面的创建，生成叶片模型，如图 5-125 所示。

图 5-121 “通过曲线组”对话框

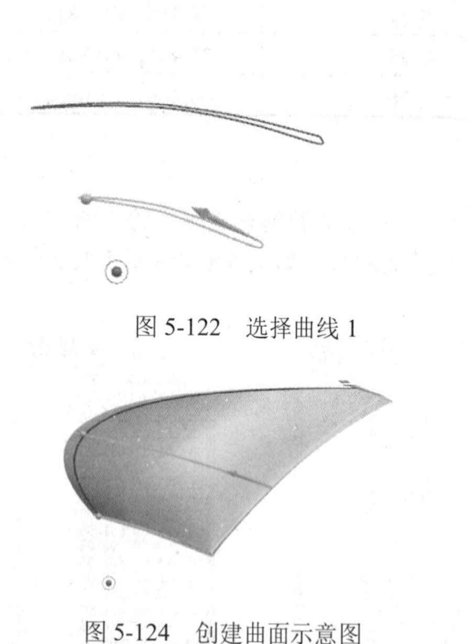
图 5-122 选择曲线 1

图 5-123 选择曲线 2

图 5-124 创建曲面示意图

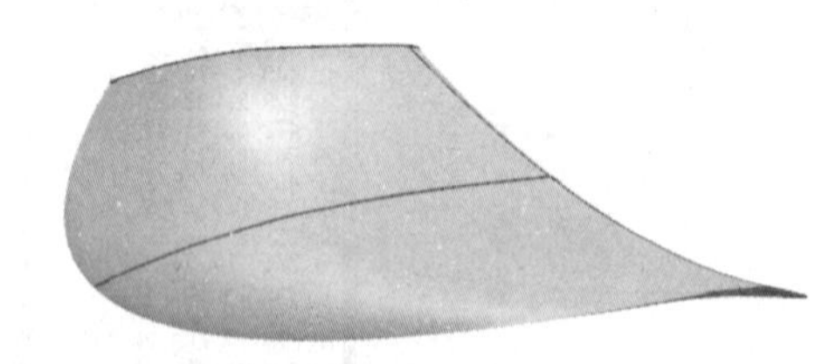
图 5-125 叶片

4. 创建直线

选择“菜单”→“插入”→“曲线”→“基本曲线”命令，弹出如图 5-126 所示的“基本曲线”对话框。单击“直线”按钮，在“点方法”下拉列表框中选择“点构造器”选项，弹出如图 5-127 所示的“点”对话框。顺序输入直线端点坐标值，各点坐标值如表 5-7 所示。完成直线的创建，单击“取消”按钮，生成的曲线模型如图 5-128 所示。

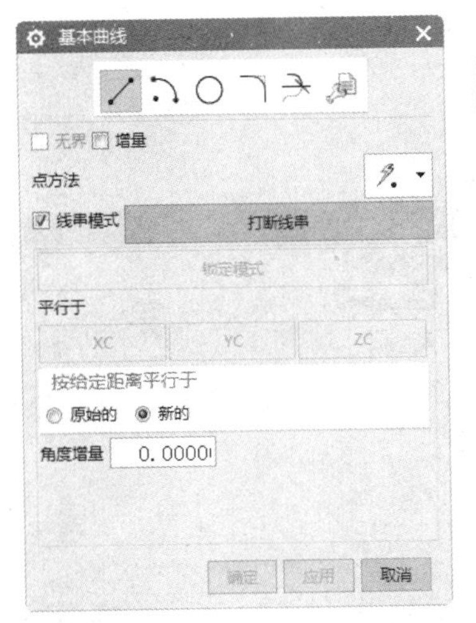

图 5-126　“基本曲线”对话框

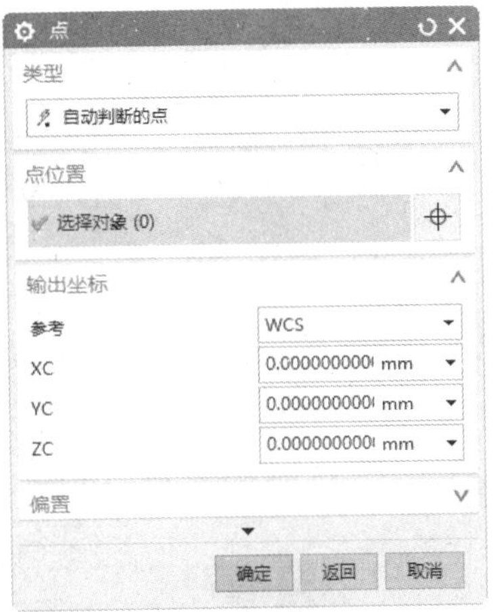

图 5-127　“点”对话框

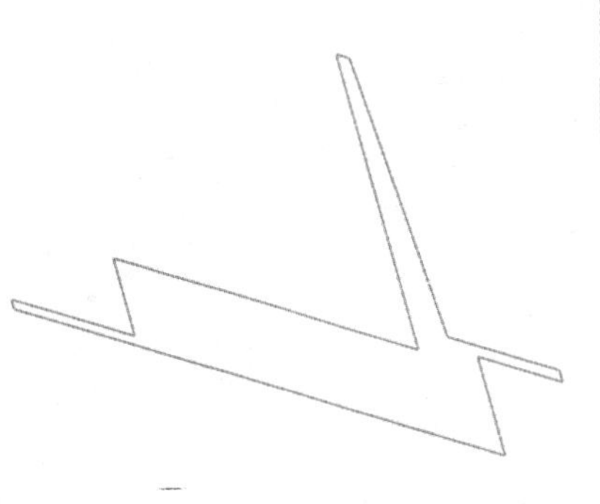

图 5-128　线模型

表 5-7　直线端点坐标值

	XC	YC	ZC
1	−2	29	0
2	67	29	0
3	67	105	0
4	70	105	0
5	75	35	0
6	100	35	0
7	100	32	0
8	81	32	0
9	81	6.5	0
10	−29.5	6.5	0
11	−29.5	9	0
12	−2	9	0
13	−2	29	0

5. 创建旋转体 1

单击“主页”选项卡“特征”面组上的“旋转”按钮，弹出如图 5-129 所示的“旋转”对话框。按系统提示依次选择屏幕中曲线为旋转截面，并在“指定矢量”下拉列表框中选择 XC 轴为旋转轴，选择坐标原点为旋转基点。设置开始角度和结束角度分别为 0 和 360，单击“确定”按钮，完成实体模型的创建，生成如图 5-130 所示的模型。

6. 边倒圆

单击“主页”选项卡“特征”面组上的“边倒圆”按钮，弹出如图 5-131 所示的“边倒圆”对话框。输入半径为 55，选择图 5-132 所示的边为圆角边，单击“确定”按钮，生成如图 5-133 所示的模型。

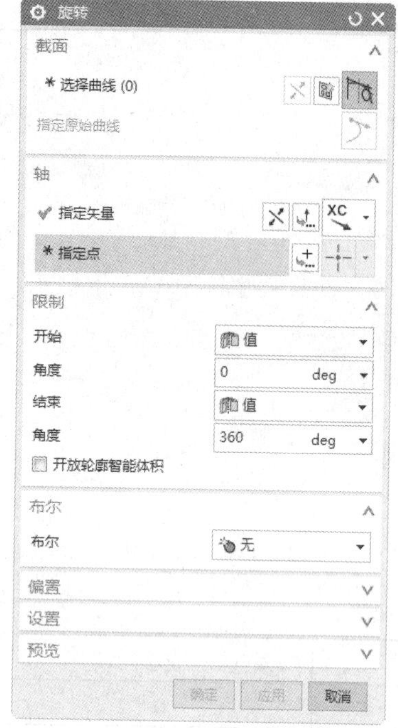

图 5-129 “旋转”对话框

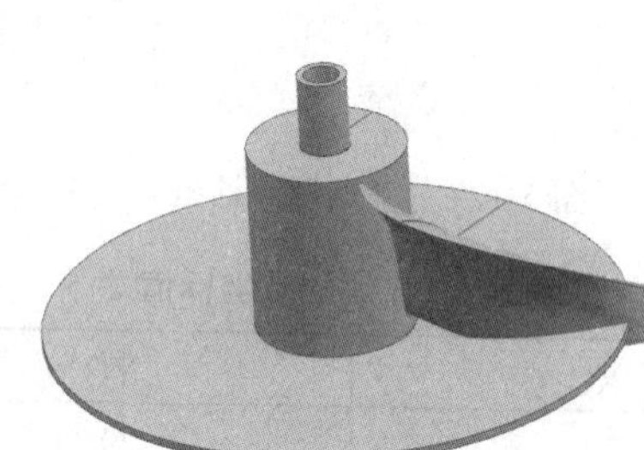

图 5-130 旋转创建模型

图 5-131 “边倒圆”对话框

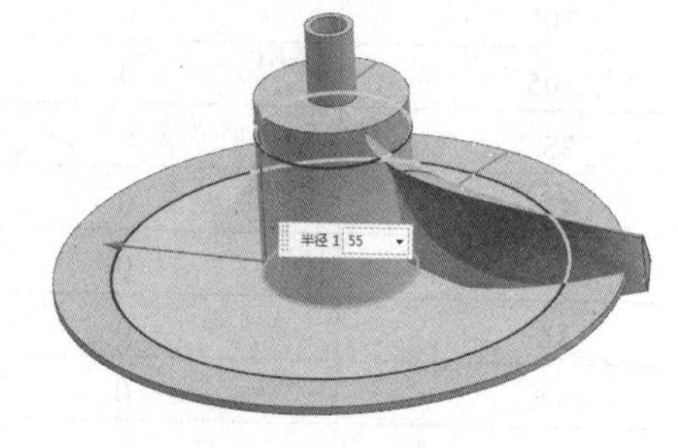

图 5-132 选择圆角边

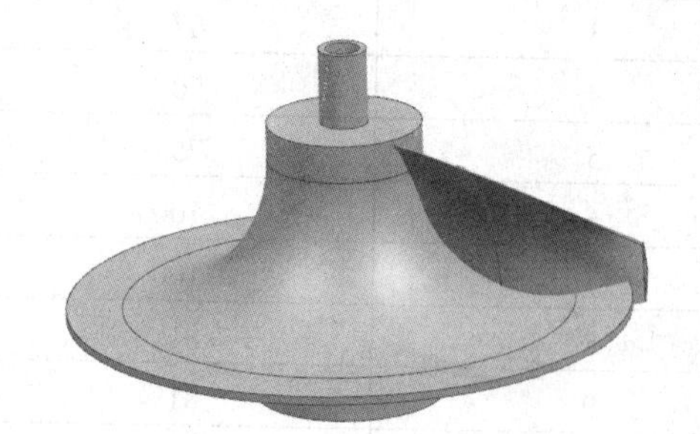

图 5-133 倒圆角

7. 创建直线和圆弧

（1）选择“菜单”→“插入”→“曲线”→“基本曲线”命令，弹出如图 5-134 所示的“基本曲线”对话框。单击“直线”按钮，在“点方法”下拉列表框中选择“点构造器”选项，弹出“点”对话框。在对话框中分别输入坐标为（80，105，0）、（60.5，105，0），单击“确定”按钮，生成直线 1。

（2）单击“圆弧”按钮，在“创建方法”中选择“中心点，起点，终点”，在“点方法”下拉列表框中选择“点构造器”选项，弹出“点”对话框。输入圆弧中心坐标为（20，105，0），单击“确定”按钮，输入圆弧起点坐标为（20，64.5，0），终点在直线 1 上，如图 5-135 所示。

（3）单击“直线”按钮，以圆弧起点为起点，创建与 XC 轴平行的直线 2，生成直线如图 5-135 所示。

8. 创建旋转体 2

单击“主页”选项卡“特征”面组上的“旋转”按钮，弹出如图 5-136 所示的“旋转”对话框。

按系统提示依次选择屏幕中的曲线为旋转截面，并在“指定矢量”下拉列表框中选择 XC 轴为旋转轴。单击“点对话框”按钮，确定基点在坐标原点上，设置开始角度和结束角度分别为 0 和 330。单击“确定”按钮，完成实体模型的创建，生成如图 5-137 所示的旋转体模型。

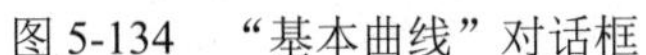

图 5-134　“基本曲线”对话框

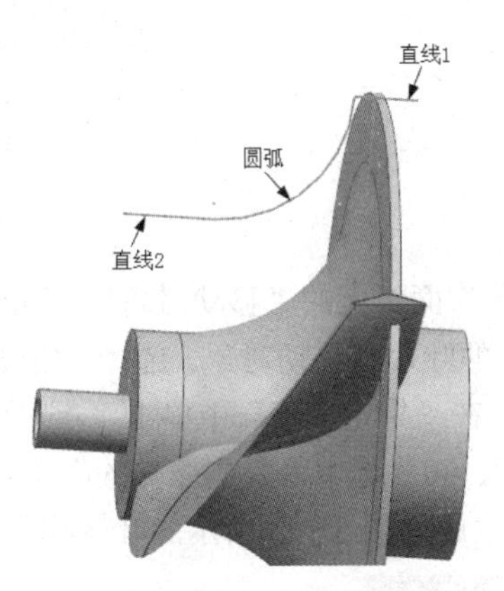

图 5-135　创建曲线

图 5-136　“旋转”对话框

9. 创建裁剪体

（1）单击“主页”选项卡“特征”面组上的“修剪体”按钮，弹出如图 5-138 所示的“修剪体”对话框。选择叶片为目标体，然后选择旋转片体为裁剪面。根据系统提示，通过对话框中的“反向”按钮使箭头方向指向旋转片体外侧，单击“确定“按钮，完成裁剪体操作，生成模型如图 5-139 所示。

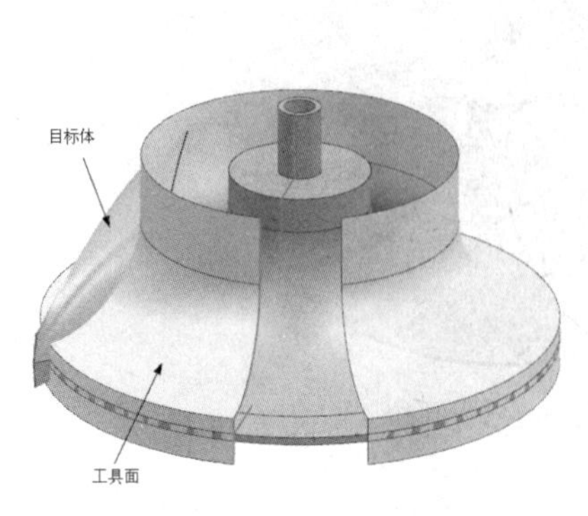

图 5-137　旋转体模型

图 5-138　“修剪体”对话框

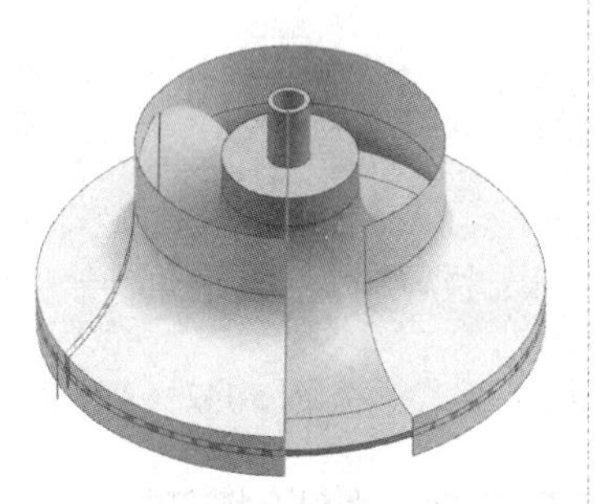

图 5-139　裁剪叶片

（2）同上步骤，通过对旋转片体和叶片下部进行裁剪操作，生成模型如图 5-140 所示。

Note

10. 隐藏曲线和片体

选择“菜单”→“编辑”→“显示/隐藏”→“隐藏”命令，弹出“类选择”对话框。单击“过滤方式”中的“类型过滤器”按钮，弹出“按类型选择”对话框。在对话框中选择“曲线”和“片体”并单击“确定”按钮，返回“类选择”对话框，单击“全选”按钮⊕，单击“确定”按钮，则屏幕中所有曲线和片体都被隐藏起来，生成的模型如图 5-141 所示。

图 5-140　模型 1

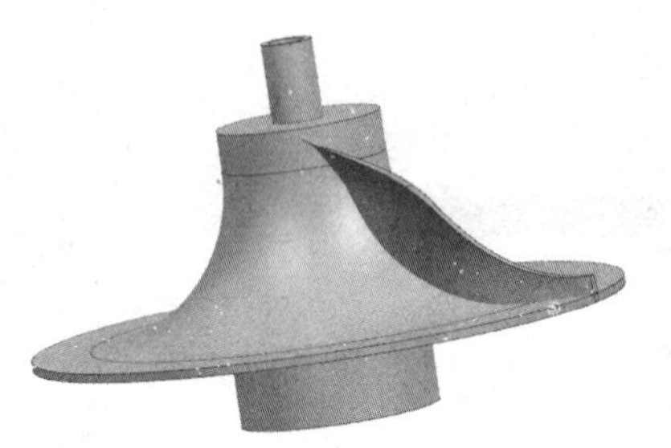

图 5-141　模型 2

11. 创建变换

单击“工具”选项卡“实用工具”面组上的“移动对象”按钮，弹出如图 5-142 所示的“移动对象”对话框。选择如图 5-141 所示的叶片为移动对象。选择“角度”运动，如图 5-142 所示，在“指定矢量”下拉列表框中选择 XC 轴，在“指定轴点”中单击“点对话框”按钮，确定基点在坐标原点上，在“角度”下拉列表框中输入 30。选中“复制原先的”单选按钮，在“非关联副本数”文本框中输入 12，单击“确定”按钮，生成如图 5-143 所示的叶轮模型。

图 5-142　“移动对象”对话框

图 5-143　叶轮

5.5.2　打印模型

根据 5.1.2 节的相应操作后，为保证打印效果，可将模型绕 Y 轴旋转 90° 放置。单击图形编辑工

具栏中的“旋转”按钮，弹出“旋转”对话框，将 X 轴设置为 90°，单击“应用”按钮即可实现对模型绕 X 轴旋转 90°，旋转后如图 5-144 所示。

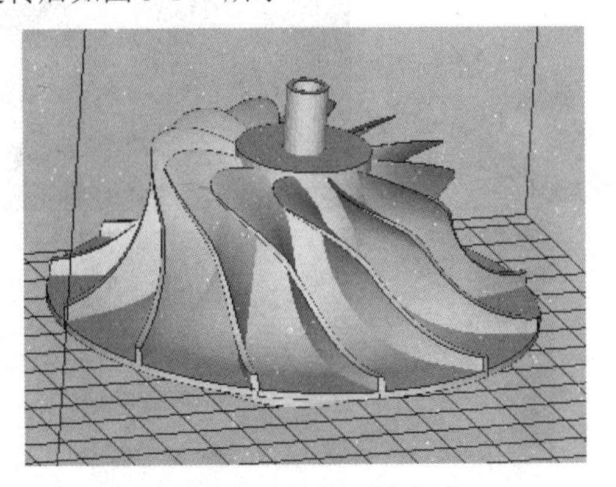

图 5-144　旋转后的叶轮

剩余步骤参考步骤 4～步骤 8，即可完成打印。

5.5.3　处理打印模型

处理打印模型有以下 4 个步骤：

（1）取出模型。取出后的叶轮模型如图 5-145 所示。

（2）清洗模型。

（3）去除支撑。

（4）打磨模型。打磨处理后的叶轮模型如图 5-146 所示。

图 5-145　打印完毕的叶轮模型

图 5-146　处理后的叶轮模型

5.6　拨　　叉

首先利用 UG 软件创建拨叉模型，再利用 RPdata 软件打印拨叉的 3D 模型，最后对打印出来的拨叉模型进行清洗、去除支撑和毛刺处理，流程图如图 5-147 所示。

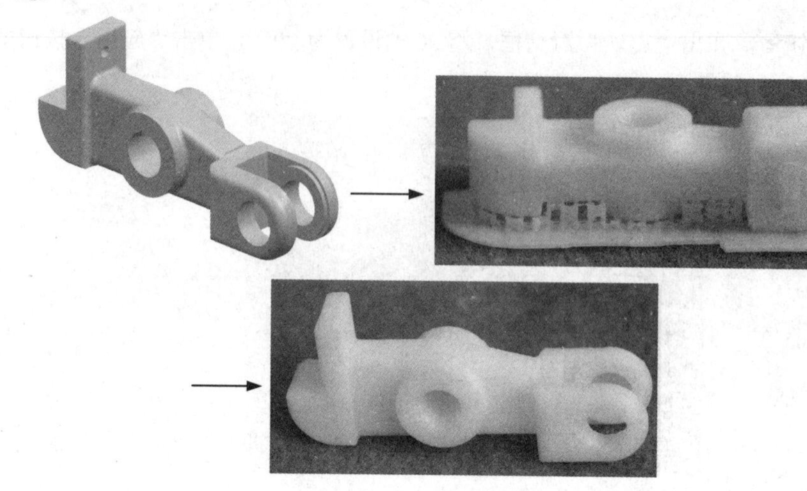

图 5-147　拨叉模型创建流程图

5.6.1　创建模型

先利用“拉伸”工具创建拨叉的基体，然后利用“边倒圆”工具创建出拨叉的圆角特征，并利用“拉伸”工具创建拨叉的圆柱体、夹紧块、U 形结构、脐子与端部结构；最后利用“孔”工具创建钻镗孔与定位孔，并利用“镜像”工具创建镜像特征。

1. 新建文件

单击“主页”选项卡“标准”面组中的“新建”按钮，打开“新建”对话框，在“模板”列表中选择“模型”选项，输入 bocha，单击“确定”按钮，进入 UG 主界面。

2. 创建草图 1

单击“主页”选项卡“直接草图”面组上的“草图”按钮，打开“创建草图”对话框，选择 XC-YC 基准平面，进入草图绘制界面。单击“主页”选项卡“直接草图”面组中的“轮廓”按钮，绘制草图基本轮廓；单击“主页”选项卡“直接草图”面组上的“快速尺寸”按钮，对草图进行尺寸约束，结果如图 5-148 所示。

3. 创建拉伸特征 1

单击“主页”选项卡“特征”面组中的“拉伸”按钮，打开如图 5-149 所示的“拉伸”对话框。选择如图 5-148 所示的草图作为拉伸截面，在“指定矢量”下拉列表框中选择 ZC 轴为拉伸方向。在“限制”选项组中，设置“结束”为“对称值”，“距离”为 10，在“布尔”下拉列表框中选择“无”选项。单击“确定”按钮，即可创建拉伸特征，如图 5-150 所示。

图 5-148　绘制草图

4. 边倒圆 1

单击“主页”选项卡“特征”面组中的“边倒圆”按钮，打开如图 5-151 所示的“边倒圆”对话框。在“半径 1”文本框中输入 5，选择如图 5-152 所示的边进行倒圆角，单击“确定”按钮，结果如图 5-153 所示。

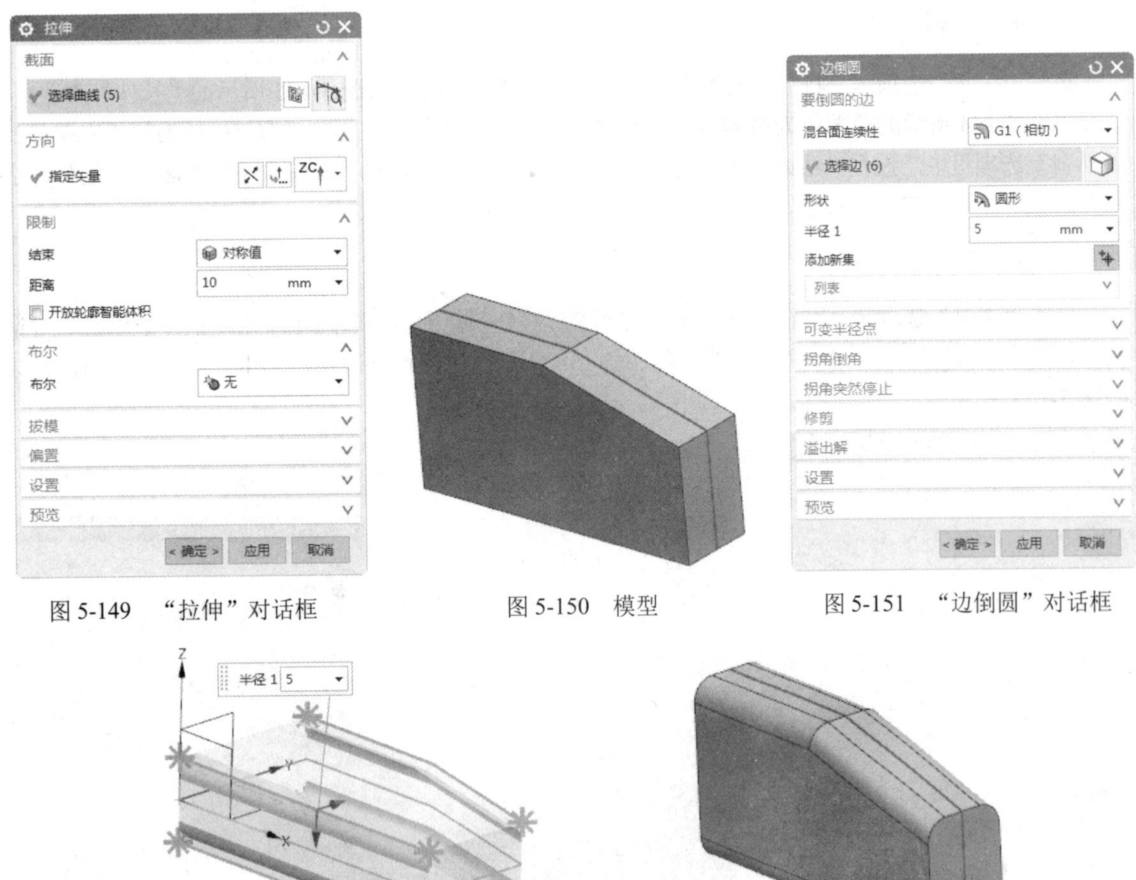

图 5-149　“拉伸”对话框　　图 5-150　模型　　图 5-151　“边倒圆”对话框

图 5-152　选择边　　图 5-153　创建圆角

5. 创建草图 2

单击“主页”选项卡“直接草图”面组上的“草图”按钮，打开“创建草图”对话框，选择 XC-YC 基准平面，进入草图绘制界面。单击“主页”选项卡“直接草图”面组中的“圆”按钮○，绘制草图基本轮廓；单击“主页”选项卡“直接草图”面组上的“快速尺寸”按钮，对草图进行尺寸约束，结果如图 5-154 所示。

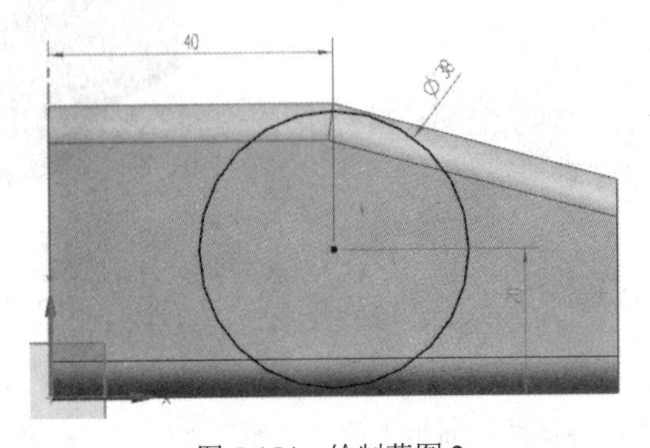

图 5-154　绘制草图 2

6. 创建拉伸特征 2

Note

单击“主页”选项卡“特征”面组中的“拉伸”按钮，打开如图 5-155 所示的“拉伸”对话框。选择如图 5-154 所示的草图作为拉伸截面，在“指定矢量”下拉列表框中选择 ZC 轴为拉伸方向。在“限制”选项组中，设置“结束”为“对称值”，“距离”为 17.5，在“布尔”下拉列表框中选择“求和”选项。单击“确定”按钮，即可创建拉伸特征，如图 5-156 所示。

7. 边倒圆 2

单击“主页”选项卡“特征”面组中“边倒圆”按钮，打开如图 5-157 所示的“边倒圆”对话框。在“半径 1”文本框中输入 2，选择如图 5-158 所示的边进行倒圆角，单击“确定”按钮，结果如图 5-159 所示。

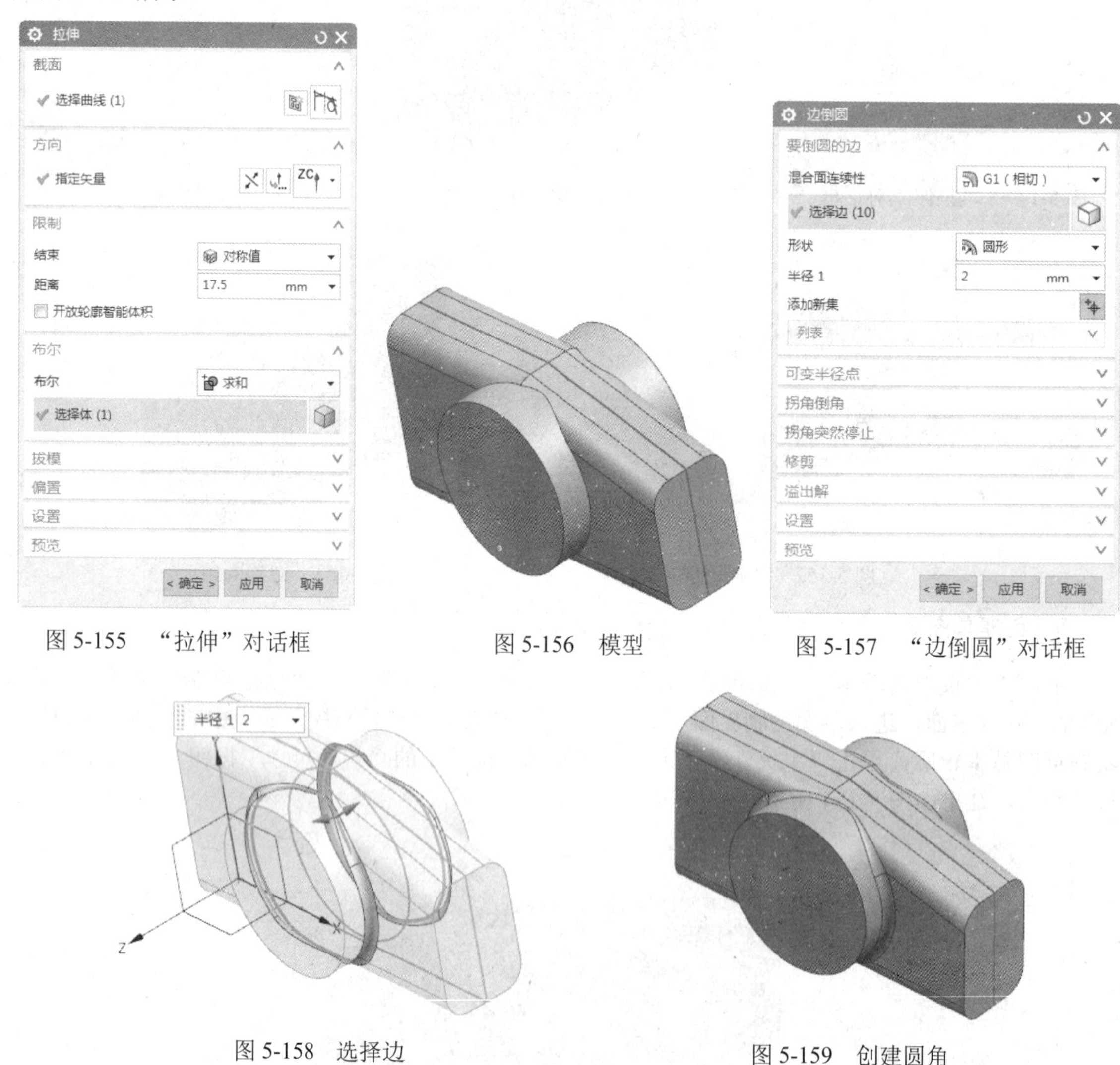

图 5-155 “拉伸”对话框

图 5-156 模型

图 5-157 “边倒圆”对话框

图 5-158 选择边

图 5-159 创建圆角

8. 创建草图 3

单击“主页”选项卡“直接草图”面组上的“草图”按钮，打开“创建草图”对话框，选择

XC-YC 基准平面，进入草图绘制界面。单击“主页”选项卡“直接草图”面组中的“轮廓”按钮和“圆角”按钮，绘制草图基本轮廓；单击“主页”选项卡“直接草图”面组上的“快速尺寸”按钮，对草图进行尺寸约束，结果如图 5-160 所示。

Note

9. 创建拉伸特征 3

单击“主页”选项卡“特征”面组中的“拉伸”按钮，打开“拉伸”对话框。选择如图 5-160 所示的草图作为拉伸截面，在“指定矢量”下拉列表框中选择 ZC 轴为拉伸方向。在“限制”选项组中，设置“结束”为“对称值”，“距离”为 15，在“布尔”下拉列表框中选择“求和”选项。单击“确定”按钮，即可创建拉伸特征，如图 5-161 所示。

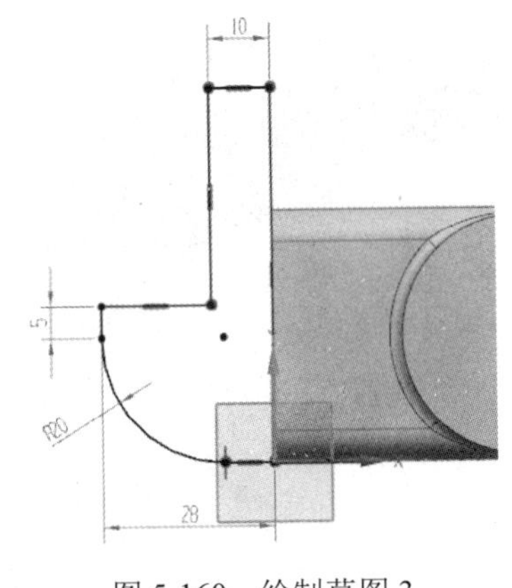

图 5-160 绘制草图 3

图 5-161 模型

10. 边倒圆 3

单击“主页”选项卡“特征”面组中的“边倒圆”按钮，打开“边倒圆”对话框。在 “半径 1”文本框中输入 2，选择如图 5-162 所示的边进行倒圆角，单击“确定”按钮，结果如图 5-163 所示。

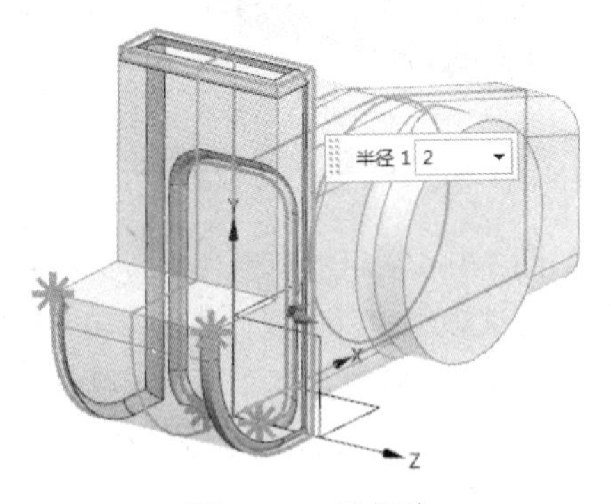

图 5-162 选择边

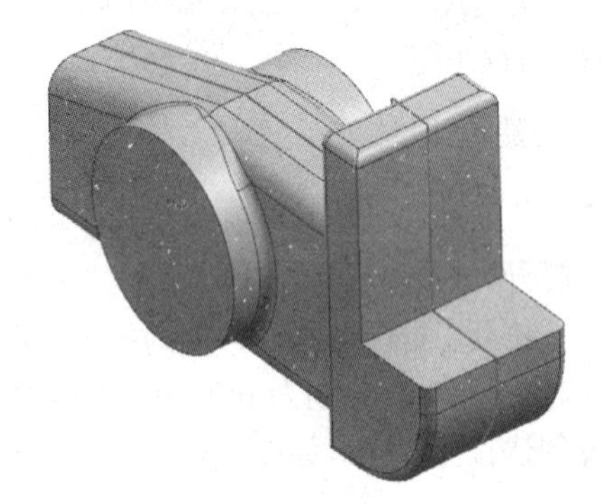

图 5-163 创建圆角

11. 创建草图 4

单击“主页”选项卡“直接草图”面组上的“草图”按钮，打开“创建草图”对话框，选择 XC-YC 基准平面，进入草图绘制界面。单击“主页”选项卡“直接草图”面组中的“矩形”按钮，绘制草图基本轮廓；单击“主页”选项卡“直接草图”面组上的“快速尺寸”按钮，对草图进行尺寸约束，结果如图 5-164 所示。

Note

12. 创建拉伸特征 4

单击“主页”选项卡“特征”面组中的“拉伸”按钮，打开“拉伸”对话框。选择如图 5-164 所示的草图作为拉伸截面，在“指定矢量”下拉列表框中选择 ZC 轴为拉伸方向。在“限制”选项组中，设置“结束”为“对称值”，“距离”为 11，在“布尔”下拉列表框中选择“求和”选项。单击“确定”按钮，即可创建拉伸特征，如图 5-165 所示。

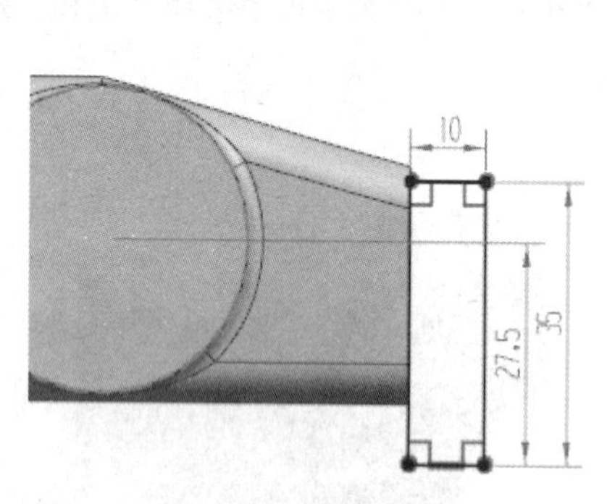

图 5-164　绘制草图 4

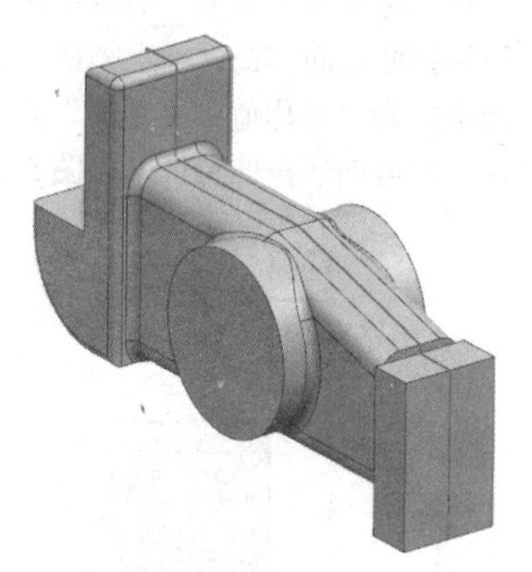
图 5-165　模型

13. 创建草图 5

单击“主页”选项卡“直接草图”面组上的“草图”按钮，打开“创建草图”对话框，选择步骤 12 创建的拉伸体的侧面，进入草图绘制界面。单击“主页”选项卡“直接草图”面组中的“轮廓”按钮，绘制草图基本轮廓；单击“主页”选项卡“直接草图”面组上的“快速尺寸”按钮，对草图进行尺寸约束，结果如图 5-166 所示。

图 5-166　绘制草图 5

14. 创建拉伸特征 5

单击“主页”选项卡“特征”面组中的“拉伸”按钮，打开如图 5-167 所示的“拉伸”对话框。选择如图 5-166 所示的草图作为拉伸截面，在“指定矢量”下拉列表框中选择-ZC 轴为拉伸方向。在“限制”选项组中，设置“开始”和“结束”均为“值”，设置“距离”分别为 0 和 9，在“布尔”下拉列表框中选择“求和”选项。单击“确定”按钮，即可创建拉伸特征，如图 5-168 所示。

15. 创建草图 6

单击“主页”选项卡“直接草图”面组上的“草图”按钮，打开“创建草图”对话框，选择步骤 14 创建的拉伸体底面为草图绘制面，进入草图绘制界面。单击“主页”选项卡“直接草图”面组中的“圆”按钮○，绘制草图基本轮廓；单击“主页”选项卡“直接草图”面组上的“快速尺寸”按钮，对草图进行尺寸约束，结果如图 5-169 所示。

图5-167　“拉伸”对话框

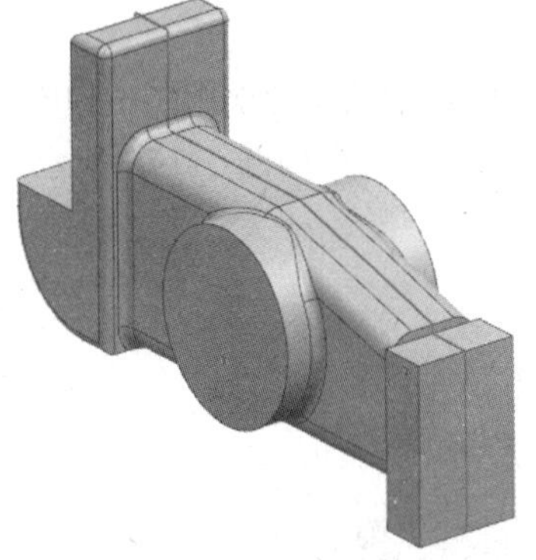

图5-168　模型

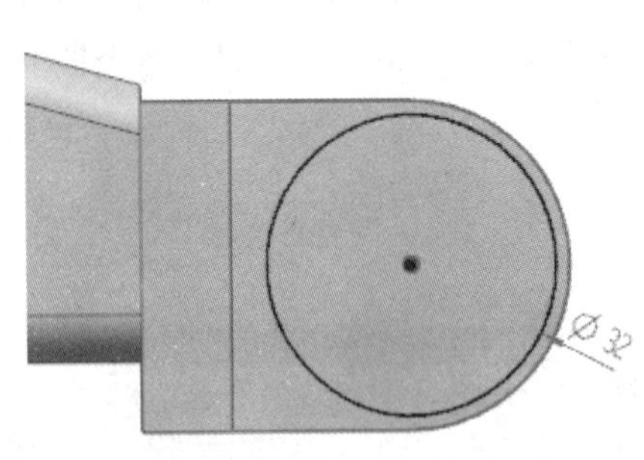

图5-169　绘制草图6

16. 创建拉伸特征6

单击“主页”选项卡“特征”面组中的“拉伸”按钮，打开如图5-170所示的“拉伸”对话框。选择如图5-169所示的草图作为拉伸截面，在“指定矢量”下拉列表框中选择ZC轴为拉伸方向。在“限制”选项组中，将“开始”和“结束”设置为“值”，设置“距离”分别为0和2，在“布尔”下拉列表框中选择“求和”选项。单击“确定”按钮，即可创建拉伸特征，如图5-171所示。

图5-170　“拉伸”对话框

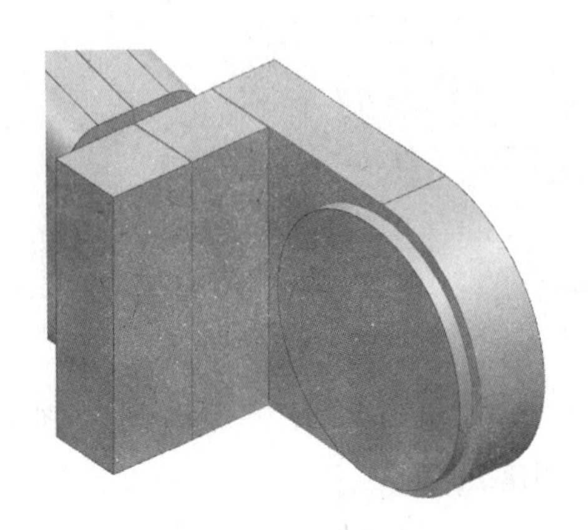

图5-171　模型

Note

17. 镜像特征

单击“主页”选项卡“特征”面组上的“镜像特征”按钮，弹出如图 5-172 所示的“镜像特征”对话框。选择步骤 16 和 17 创建的拉伸特征为镜像特征。在“平面”下拉列表框中选择“新平面”选项，在“指定平面”下拉列表框中选择“XC-YC 平面”选项。单击“确定”按钮，完成镜像特征操作，生成如图 5-173 所示的模型。

18. 边倒圆 4

（1）单击“主页”选项卡“特征”面组中的“边倒圆”按钮，打开如图 5-174 所示的“边倒圆”对话框。在“半径 1”文本框中输入 2，选择如图 5-175 所示的边进行倒圆角，单击“应用”按钮。

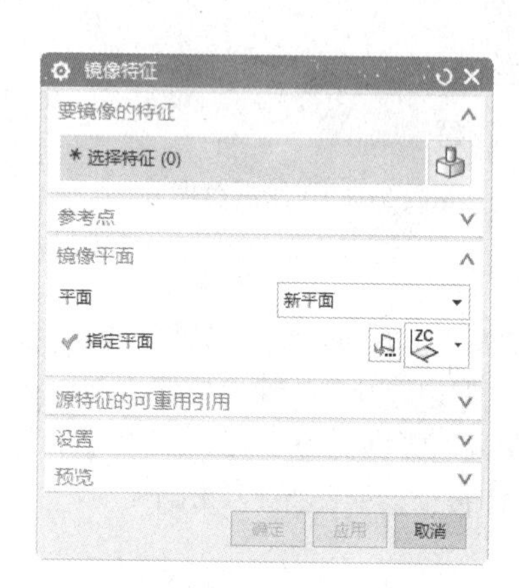

图 5-172 “镜像特征”对话框

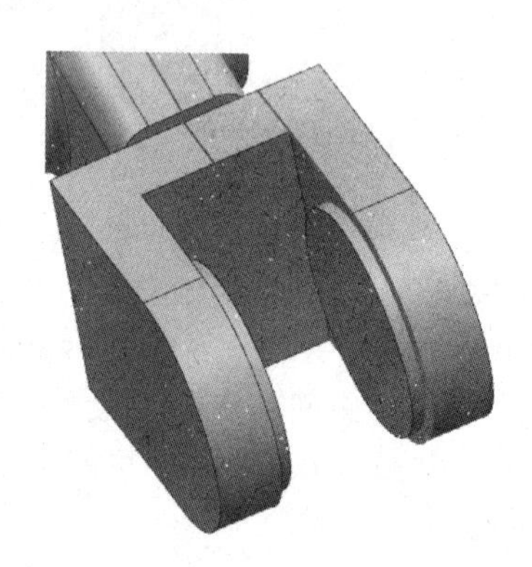
图 5-173 模型

图 5-174 “边倒圆”对话框

（2）选择如图 5-176 所示的边进行倒圆角，单击“应用”按钮。

（3）在“半径 1”文本框中输入 5，选择如图 5-177 所示的边进行倒圆角，单击“确定”按钮，结果如图 5-178 所示。

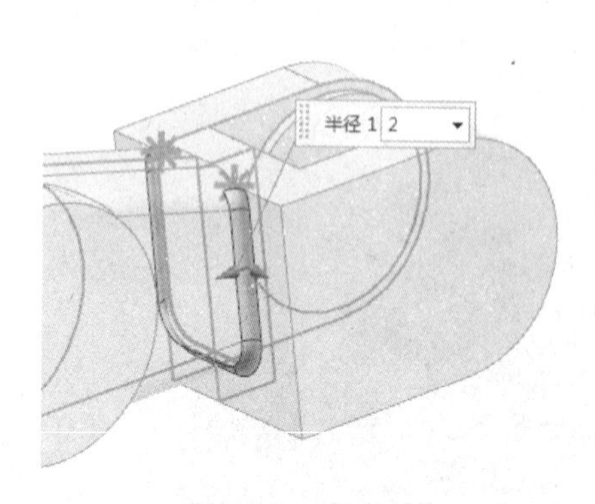

图 5-175 选择边

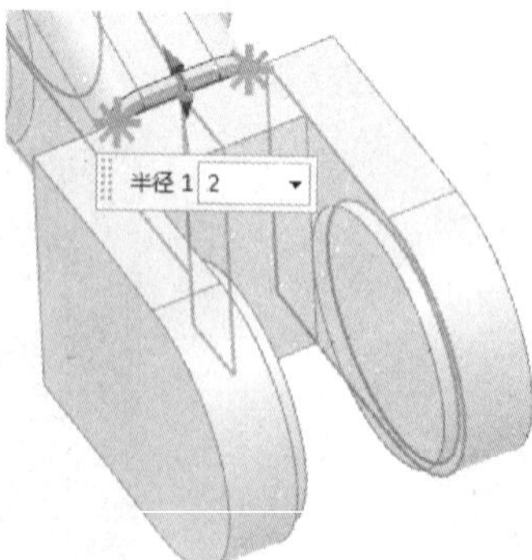

图 5-176 选择边

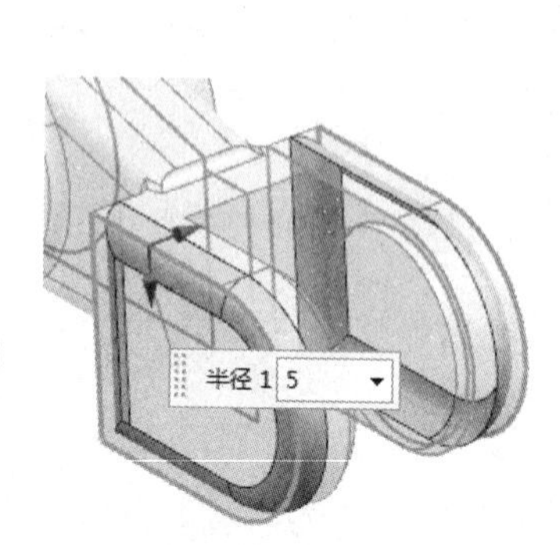

图 5-177 选择边

19. 创建钻镗孔

（1）单击“主页”选项卡“特征”面组中的“孔”按钮，打开如图 5-179 所示的“孔”对话

框。采用“简单孔”形状，将“直径”设置为 20，“深度限制”设置为“贯通体”，捕捉如图 5-180 所示的端面圆心为孔放置位置。单击“确定”按钮，完成简单孔 1 的创建。

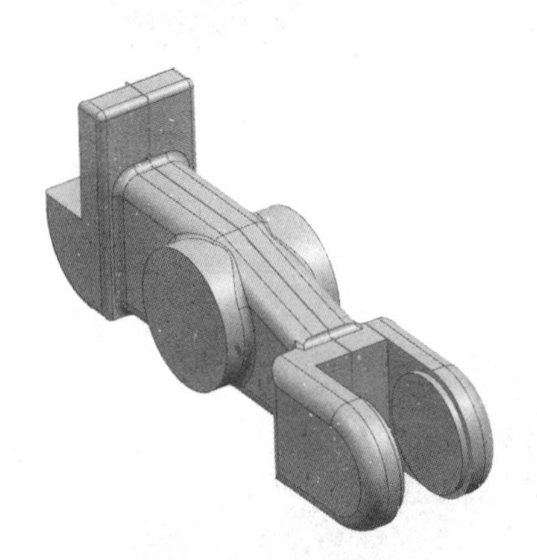

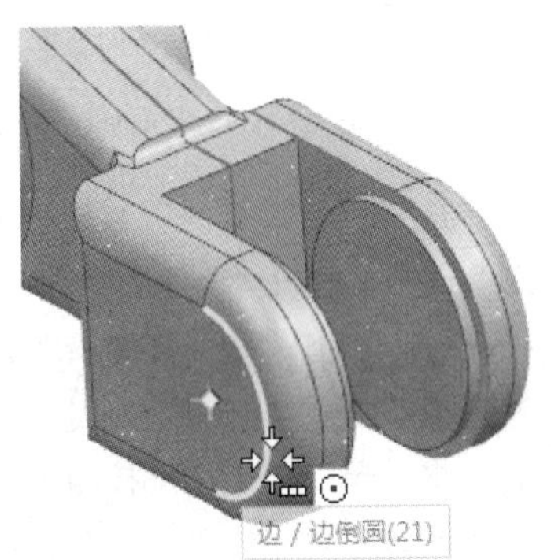

图 5-178　创建圆角　　图 5-179　“孔”对话框　　图 5-180　捕捉圆心 1

（2）同上步骤，捕捉如图 5-181 所示的端面圆心为孔放置位置，创建相同参数的孔 2，如图 5-182 所示。

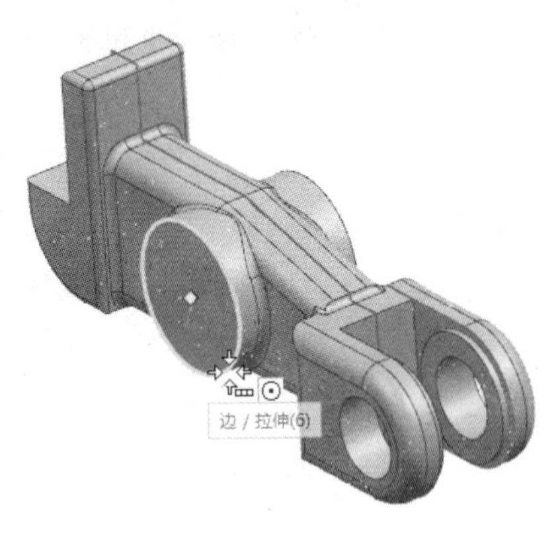

图 5-181　捕捉圆心 2

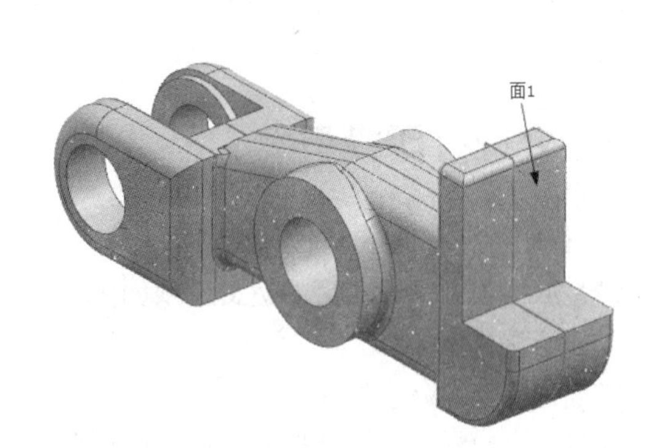

图 5-182　创建钻镗孔

20. 创建定位孔

单击“主页”选项卡“特征”面组中的“孔”按钮，打开“孔”对话框。采用“简单孔”形状，将“直径”设置为 5，“深度限制”设置为 12.4，单击“绘制截面”按钮，选择如图 5-182 所示的面 1 为孔放置面，进入草图绘制环境，打开“草图点”对话框，创建点，单击“主页”选项卡“直接草图”面组上的“快速尺寸”按钮，对草图进行尺寸约束，如图 5-183 所示，完成草图绘制，返回到“孔”对话框，单击“确定”按钮，完成定位孔 1 的创建，结果如图 5-184 所示。

Note

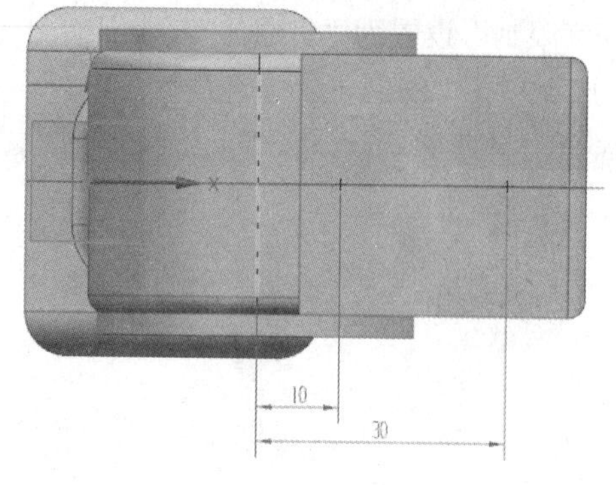

图 5-183　绘制点

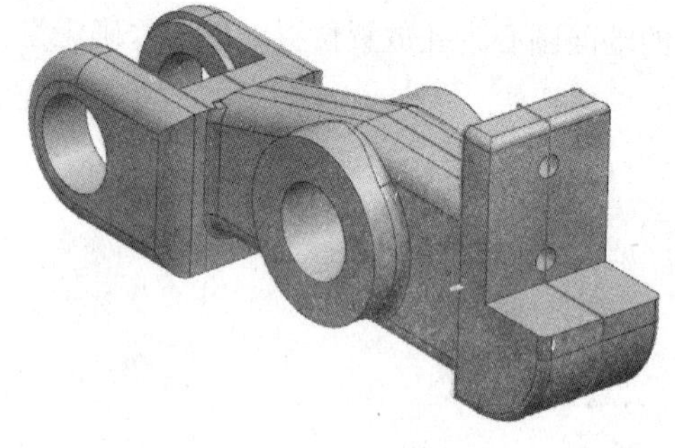

图 5-184　创建定位孔

21. 隐藏基准和草图

选择"菜单"→"编辑"→"显示和隐藏"→"隐藏"命令，打开"类选择"对话框，单击"类型过滤器"按钮，打开"按类型选择"对话框，选择"基准"和"草图"类型，单击"确定"按钮，返回到"类选择"对话框，单击"全选"按钮，视图中所有的基准和草图都被选中，单击"确定"按钮，隐藏视图中的基准和草图，结果如图 5-185 所示。

图 5-185　隐藏基准和草图

5.6.2　打印模型

根据 5.1.2 节中步骤 1～步骤 8 中相应操作即可完成打印。

5.6.3　处理打印模型

处理打印模型有以下 4 个步骤：

（1）取出模型。取出后的拨叉模型如图 5-186 所示。

（2）清洗模型。

（3）去除支撑。

（4）打磨模型。打磨处理后的拨叉模型如图 5-187 所示。

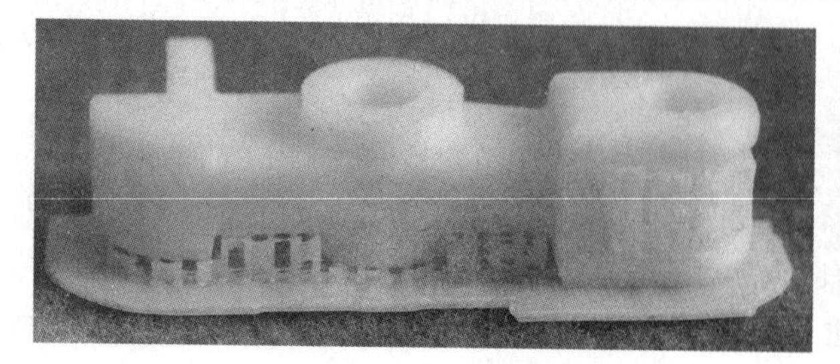

图 5-186　打印完毕的拨叉模型

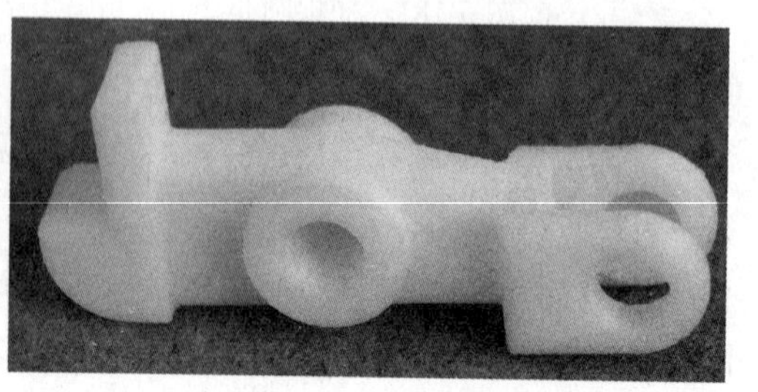

图 5-187　处理后的拨叉模型

5.7　圆柱齿轮

首先利用 UG 软件创建圆柱齿轮模型，再利用 RPdata 软件打印圆柱齿轮模型，最后对打印出来的圆柱齿轮模型进行清洗、去除支撑和毛刺处理，流程图如图 5-188 所示。

图 5-188　圆柱齿轮模型创建流程图

5.7.1　创建模型

首先利用 GC 工具箱中的圆柱齿轮命令创建圆柱齿轮的主体，然后绘制轴孔草图，利用拉伸命令来创建轴孔。

1. 新建文件

单击快速访问工具栏中的“新建”按钮，打开“新建”对话框，在“模型”选项卡中选择适当的模板，文件名为 yuanzhuchilun，单击“确定”按钮，进入建模环境。

2. 创建齿轮基体

（1）单击“主页”选项卡“齿轮建模-GC 工具箱”面组中的“圆柱齿轮建模”按钮，打开如图 5-189 所示的“渐开线圆柱齿轮建模”对话框。

（2）选中“创建齿轮”单选按钮，单击“确定”按钮，打开如图 5-190 所示的“渐开线圆柱齿轮类型”对话框。选中“直齿轮”“外啮合齿轮”“滚齿”单选按钮，单击“确定”按钮。打开如图 5-191 所示的“渐开线圆柱齿轮参数”对话框。在“标准齿轮”选项卡中设置“名称”“模数”“牙数”“齿宽”“压力角”分别为 chilun、3、21、24 和 20，单击“确定”按钮，打开如图 5-192 所示的“矢量”对话框。在“类型”下拉列表框中选择“ZC 轴”选项，单击“确定”按钮，打开如图 5-193 所示的“点”对话框。输入坐标点为（0，0，0），单击“确定”按钮，生成圆柱齿轮如图 5-194 所示。

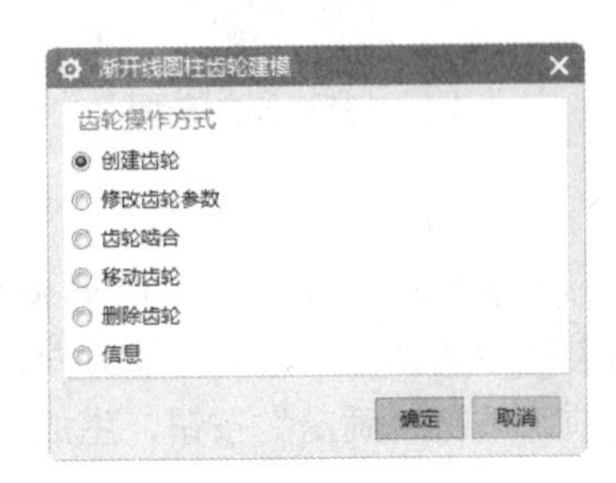

图 5-189　“渐开线圆柱齿轮建模”对话框

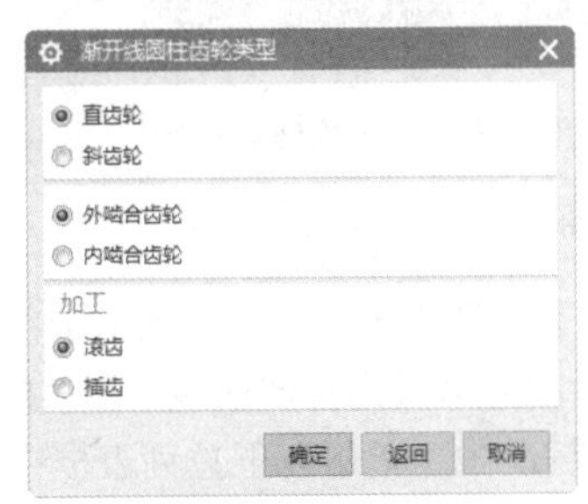

图 5-190　“渐开线圆柱齿轮类型”对话框

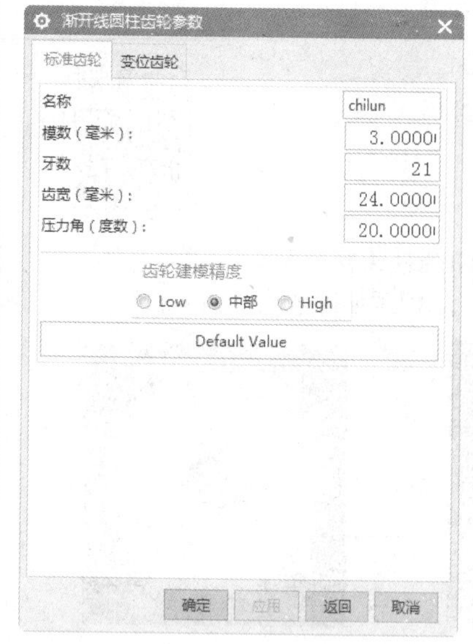

图 5-191 “渐开线圆柱齿轮参数”对话框

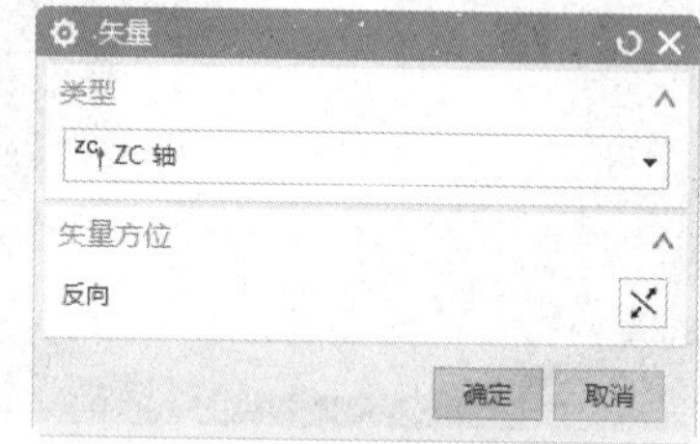

图 5-192 “矢量”对话框

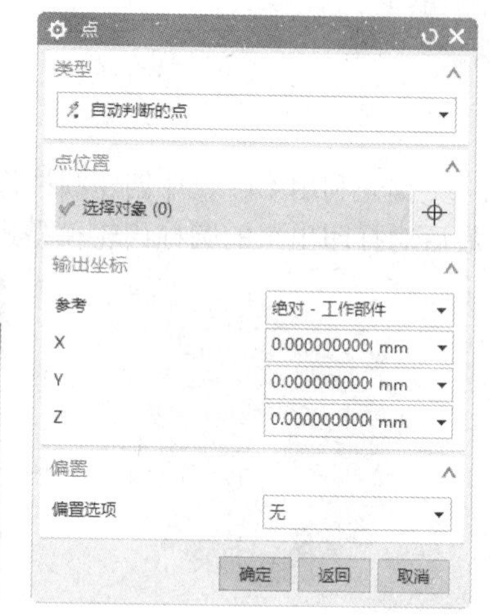

图 5-193 “点”对话框

3. 绘制草图

选择“菜单”→“插入”→“在任务环境中绘制草图”命令，进入草图绘制界面，选择圆柱齿轮的外表面为工作平面绘制草图，绘制后的草图如图 5-195 所示。单击“完成草图”按钮，草图绘制完毕。

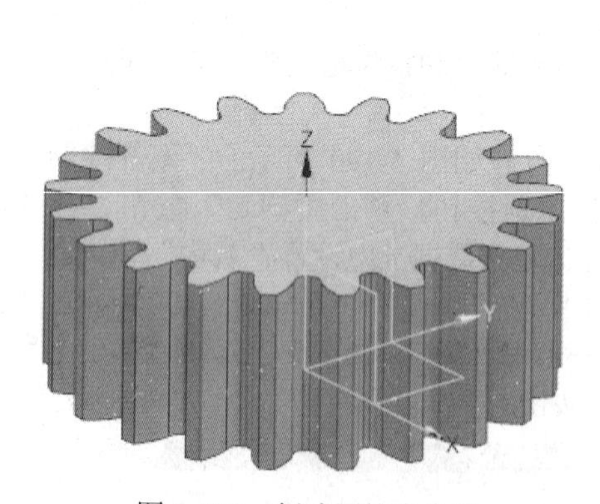

图 5-194 创建圆柱直齿轮

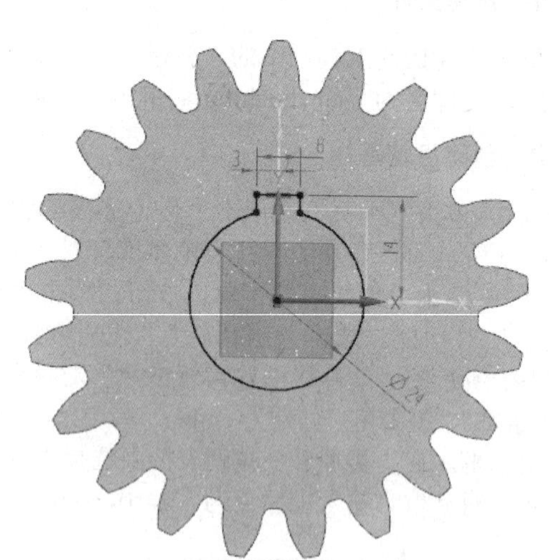

图 5-195 绘制草图

4. 创建轴孔

单击“主页”选项卡“特征”面组中的“拉伸”按钮，打开如图 5-196 所示的“拉伸”对话框。选择步骤 3 绘制的草图为拉伸曲线，在“指定矢量”下拉列表框中选择-ZC 轴为拉伸方向，指定拉伸距离为“贯通”，在“布尔”下拉列表框中选择“求差”选项，单击“确定”按钮，生成如图 5-197 所示的圆柱齿轮。

Note

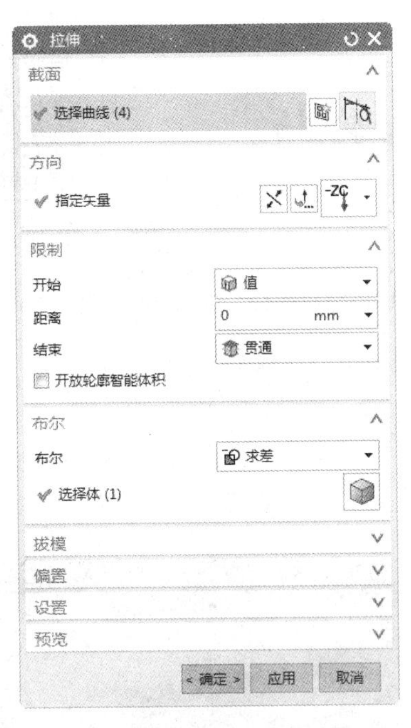

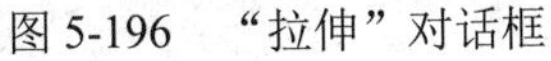

图 5-196 “拉伸”对话框

图 5-197 创建轴孔

5.7.2 打印模型

根据 5.1.2 节步骤 1～步骤 8 中相应操作即可完成打印。

5.7.3 处理打印模型

处理打印模型有以下 4 个步骤：

（1）取出模型。取出后的圆柱齿轮模型如图 5-198 所示。

（2）清洗模型。

（3）去除支撑。

（4）打磨模型。打磨处理后的圆柱齿轮模型如图 5-199 所示。

图 5-198 打印完毕的圆柱齿轮模型

图 5-199 处理后的圆柱齿轮模型

5.8 渐开线圆柱齿轮轴

Note

首先利用UG软件创建圆柱齿轮轴模型，再利用RPdata软件打印圆柱齿轮轴模型，最后对打印出来的圆柱齿轮轴模型进行清洗、去除支撑和毛刺处理，流程图如图5-200所示。

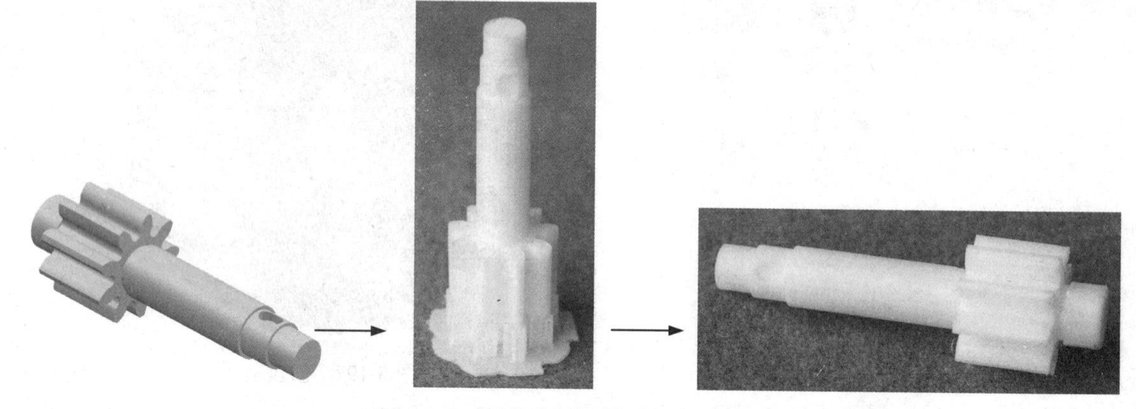

图5-200 圆柱齿轮轴模型创建流程图

5.8.1 创建模型

在创建本实例时，采用“参数表达式”的形式建立渐开线，然后通过“曲线”操作生成齿形轮廓，通过“拉伸”等建模工具，生成齿轮轴。

1. 新建文件

单击快速访问工具栏中的“新建”按钮，打开“新建”对话框，在“模板”选项卡中选择“模型”选项，在“名称”文本框中输入chilunzhou，单击“确定”按钮，进入UG主界面。

2. 建立参数表达式

选择“菜单”→“工具”→“表达式”命令，打开“表达式”对话框，如图5-201所示。分别在“名称”和“公式”文本框中输入名称和表达式，单击“应用”按钮。在文本框中依次设置以下参数。

☑ m：3。
☑ z：9。
☑ da：(z+2)*m。
☑ db：m*z*cos(alpha)。
☑ df：(z-2.5)*m。
☑ alpha：20。
☑ t：0。
☑ qita：90*t。
☑ s：pi*db*t/4。
☑ xt：db*cos(qita)/2+s*sin(qita)。

☑ yt：db*sin(qita)/2-s*cos(qita)。

☑ zt：0。

上述表达式中：m 表示齿轮的模数；z 表示齿轮齿数；t 表示系统内部变量，在 0 和 1 之间自动变化；da 表示齿轮齿顶圆直径；db 表示齿轮基圆直径；df 表示齿轮齿根圆直径；alpha 表示齿轮压力角。

Note

图 5-201 “表达式”对话框

知识点——表达式

（1）列出的表达式：定义了在“表达式”对话框中的表达式。用户可以从下拉列表框中选择一种方式列出表达式，如图 5-202 所示有下列可以选择的方式。

☑ 用户定义：列出了用户通过对话框创建的表达式。

☑ 命名的：列出用户创建和那些没有创建只是重命名的表达式。包括了系统自动生成的名字如 p0 或 p5。

☑ 按名称过滤：列出名字和过滤器中匹配的表达式。

☑ 按值过滤：列出值和过滤器中匹配的表达式。

☑ 按公式过滤：列出公式和过滤器中匹配的表达式。

☑ 按字符串过滤：列出字符串和过滤器中匹配的表达式。字符串中可以用星号（*）作为通配符，例如，p*表示以“p”开始的任何表达式；*datum*表示含“datum”的任何表达式。

☑ 未用的表达式：没有被任何特征或其他表达式引用的表达式。

☑ 对象参数：列出和所选特征相符的表达式。

☑ 全部：列出零件中的所有表达式。

（2）按钮功能。“表达式”对话框中的按钮功能介绍如下。

☑ 电子表格编辑：将控制转换到可用于编辑表达式的 UG 电子表格功能。当控制转换到电子表格功能时，UG 会被闲置直至从电子表格退出。

Note

☑ 从文件导入表达式：将指定包含表达式的文本文件读取到当前部件文件中。

☑ 导出表达式到文件：允许将部件中的表达式写到文本文件中。

☑ 函数：可以在公式栏中光标所在处插入函数到表达式中。

☑ 测量距离：图形显示窗口中对象由用户表达式公式得到的测量值。这是一个下拉菜单式的按钮，有多种测量值，包括测量距离、测量长度、测量角度、测量体积、测量面积等。

☑ 创建单个部件间表达式：列出作业中可用的单个部件。一旦选择了部件以后，便列出了该部件中的所有表达式。

☑ 创建多个部件间表达式：列出作业中可用的多个部件。

☑ 编辑多个部件间表达式：控制从一个部件文件到其他部件中的表达式的外部参考。选择该选项将显示包含所有部件列表的对话框，这些部件包含工作部件涉及的表达式。

☑ 打开引用的部件：使用它可以打开任何作业中部分载入的部件。常用于进行大规模加工操作。

☑ 删除：允许删除选中的表达式。

☑ 更少选项："表达式"对话框以较少选项出现，如图5-203所示。

图 5-202　"列出的表达式"选项

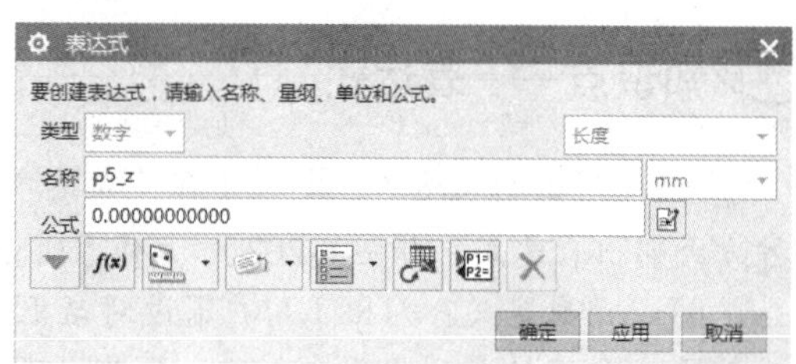

图 5-203　较少选项的"表达式"对话框

（3）公式选项。

☑ 名称：可以给一个新的表达式命名，重新命名一个已经存在的表达式。表达式命名要符合前面提到的规则。

☑ 公式：可以编辑一个在表达式列表框中选中的表达式，也可给新的表达式输入公式，还可给部件间的表达式创建引用。

☑ 量纲：指定一个新表达式的量纲，但不可以改变已经存在的表达式的量纲，它是一个下拉式可选项，如图5-204（a）所示。

☑ 单位：对于选定的量纲，指定相应的单位，如图5-204（b）所示。

☑ 接受编辑：在创建一个新的或编辑一个已经存在的表达式时，自动激活。单击图标接受创建或者修改，并更新表达式列表框。

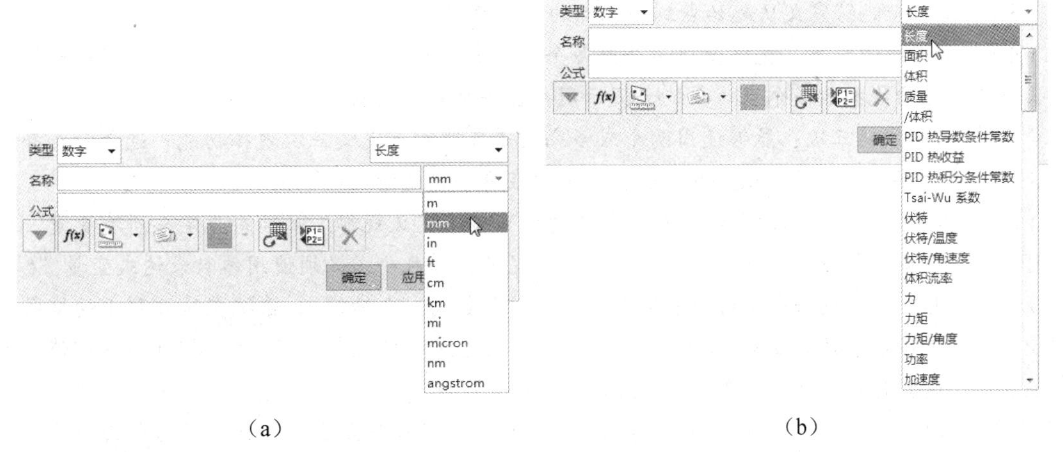

（a）　　　　　　　　　　（b）

图 5-204　公式选项中的量纲及单位

☑ 拒绝编辑：删除选定或者将要创建的名称和公式。

☑ 扩展文本编辑器：单击该按钮，打开“扩展文本输入”对话框，在对话框中输入程序、公式或数值等，也可以在对话框中单击“插入函数”按钮或“插入关系”按钮，插入函数关系式或条件。

3. 创建渐开线

单击“曲线”选项卡“曲线”面组中的“规律曲线”按钮，打开“规律曲线”对话框，如图 5-205 所示。在“规律类型”下拉列表框中选择“根据方程”选项，单击“确定”按钮，生成的渐开线如图 5-206 所示。

图 5-205　“规律曲线”对话框

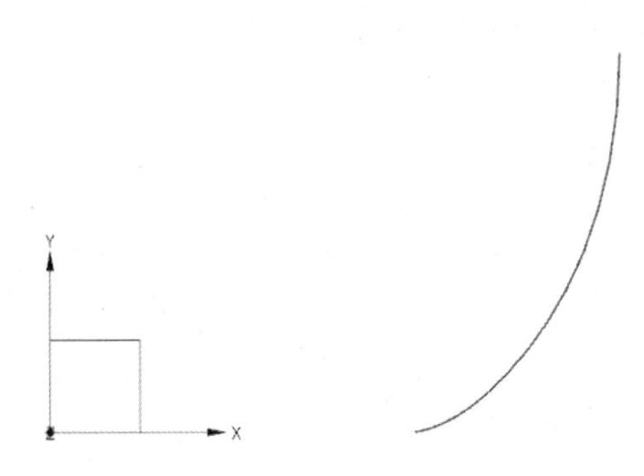

图 5-206　渐开线

知识点——规律曲线

（1）恒定：能够给整个规律功能定义一个常数值。系统提示用户只输入一个规律值（即该常数）。

（2）线性：能够定义从起始点到终止点的线性变化率。

（3）三次：能够定义从起始点到终止点的三次变化率。

（4）沿脊线的线性：能够使用两个或多个沿着脊线的点定义线性规律功能。选择一条脊线曲线后，可以沿该曲线指出多个点。系统会提示用户在每个点处输入一个值。

（5）沿脊线的三次：能够使用两个或多个沿着脊线的点定义三次规律功能。选择一条脊线曲线后，可以沿该脊线指出多个点。系统会提示用户在每个点处输入一个值。

（6）根据方程：可以用表达式和参数表达式变量来定义规律。必须事先定义所有变量，变量定义可以使用“菜单”→“工具”→“表达式”来定义，并且公式必须使用参数表达式变量“t”。

在这个表格中，点的每个坐标被表达为一个单独参数的一个功能 t。系统在从 0 到 1 的格式化范围中使用默认的参数表达式变量 t（0 <= t <= 1）。在表达式编辑器中，可以初始化 t 为任何值，因为系统使 t 从 0 到 1 变化。为了简单起见，初始化 t 为 0。

（7）根据规律曲线：选择一条已存在的光滑曲线定义规律函数。在选择了这条曲线后，系统还需用户选择一条直线作为基线，为规律函数定义一个矢量方向，如果用户未指定基线，则系统会默认选择绝对坐标系的 X 轴作为规律曲线的矢量方向。

4. 创建齿顶圆、齿根圆、分度圆和基圆曲线

选择“菜单”→“插入”→“曲线”→“基本曲线”命令，打开“基本曲线”对话框。单击“圆”按钮○，在“点方法”下拉列表框中选择“点构造器”选项，打开“点”对话框，在对话框中输入圆心坐标为（0，0，0），绘制半径分别为 16.5、9.75、13.5 和 12.7 的 4 个圆，如图 5-207 所示。

5. 绘制直线 1

选择“菜单”→“插入”→“曲线”→“基本曲线”命令，打开“基本曲线”对话框。单击“直线”按钮，在“点方法”下拉列表框中分别选择“象限点”和“交点”选项，依次选择如图 5-208 所示的齿根圆和交点，绘制直线。

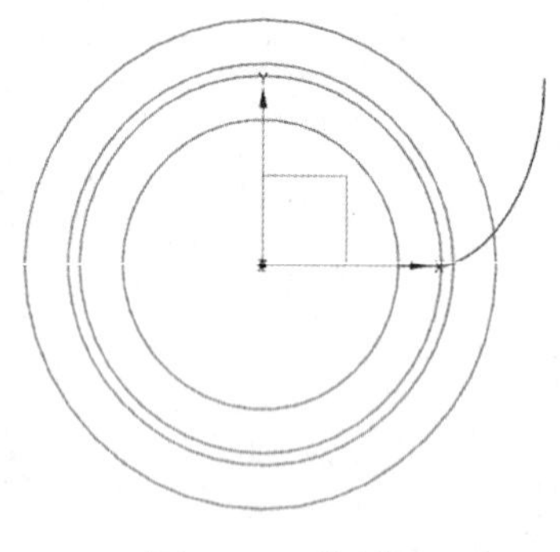

图 5-207　绘制圆

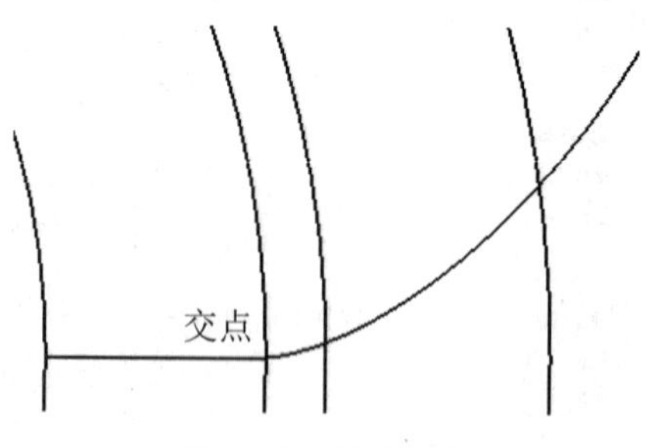

图 5-208　绘制直线 1

6. 修剪曲线

（1）单击“曲线”选项卡“编辑曲线”面组中的“修剪曲线”按钮，打开“修剪曲线”对话框。按如图 5-209 所示设置对话框中的参数。选择渐开线为要修剪的曲线，选择齿根圆为边界对象，对渐开线进行修剪。

（2）同上步骤，修剪渐开线，保留渐开线在齿顶圆和齿根圆之间的部分，修剪后的图形如图 5-210 所示。

7. 绘制直线 2

同步骤 5，分别以渐开线与分度圆交点和坐标原点为起点和终点绘制直线 2，如图 5-211 所示。

图 5-209　“修剪曲线”对话框

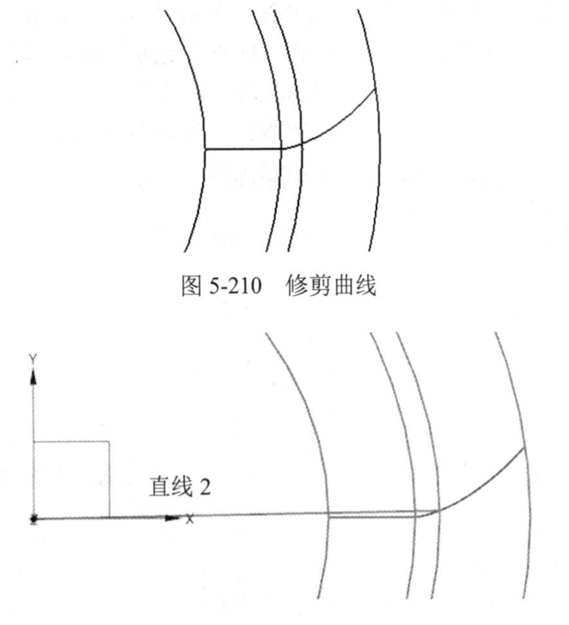

图 5-210　修剪曲线

图 5-211　绘制直线 2

8. 旋转复制曲线

选择“菜单”→“编辑”→“移动对象”命令，打开“移动对象”对话框。在“运动”下拉列表框中选择“角度”选项，在“指定矢量”下拉列表框中选择 ZC 轴。单击“点对话框”按钮，打开“点”对话框，选择坐标原点作为旋转点，单击“确定”按钮，返回到“移动对象”对话框。在绘图区中选择如图 5-211 所示的直线 2。在“角度”文本框中输入 10，选中“复制原先的”单选按钮，如图 5-212 所示。单击“确定”按钮，创建的旋转复制曲线如图 5-213 所示。

图 5-212　设置旋转角度

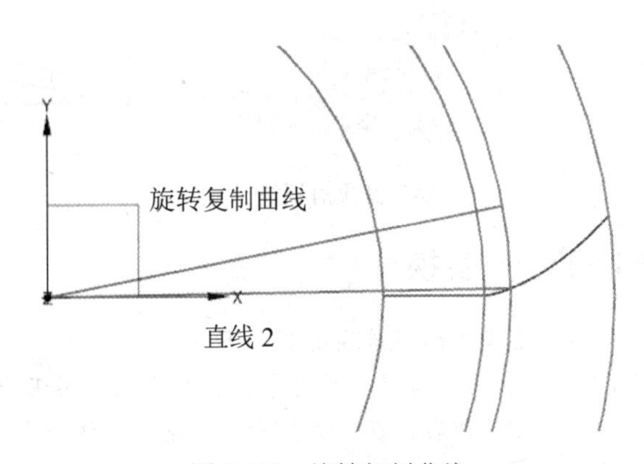

图 5-213　旋转复制曲线

Note

9. 镜像曲线

选择“菜单”→“编辑”→“变换”命令，打开如图5-214所示的“变换”选择对话框。在绘图窗口中选择直线1和渐开线，单击“确定”按钮，打开如图5-215所示的“变换”类型对话框，单击“通过一直线镜像”按钮。打开“变换”直线创建方式对话框，如图5-216所示，单击“现有的直线”按钮，根据系统提示选择要复制的直线。打开如图5-217所示的“变换”结果对话框，单击“复制”按钮，完成镜像操作，镜像结果如图5-218所示。

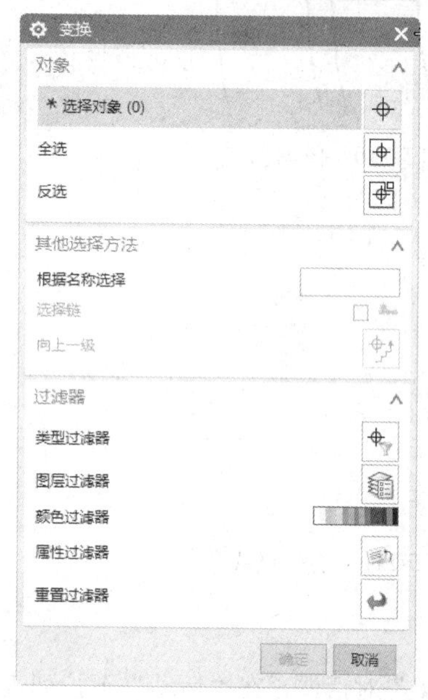

图5-214　“变换”选择对话框

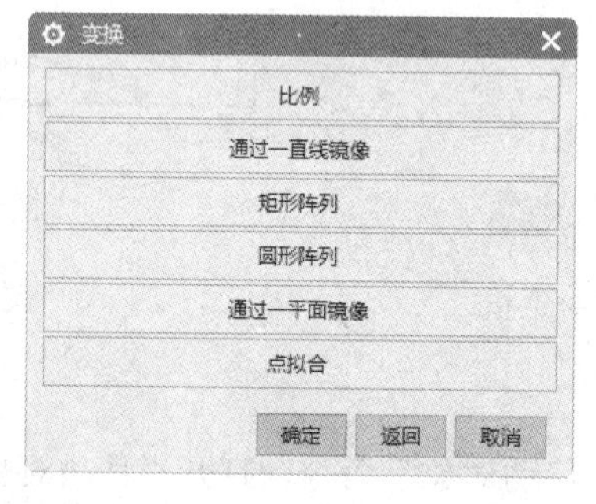

图5-215　“变换”类型对话框

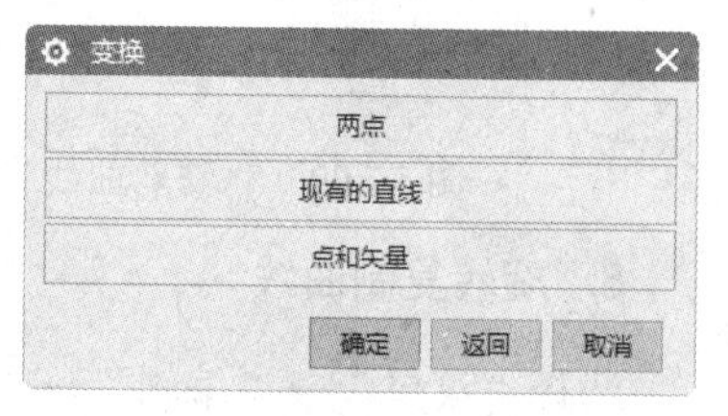

图5-216　选择直线创建方式

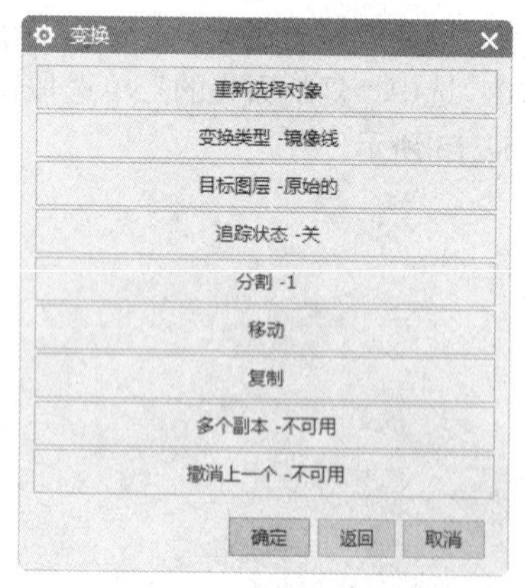

图5-217　“变换”结果对话框

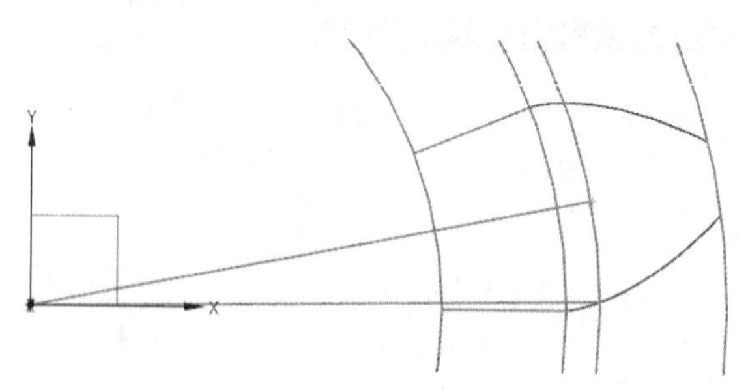

图5-218　镜像曲线

知识点——变换

“变换”类型对话框选项说明如下。

（1）比例：用于将选取的对象，相对于指定参考点成比例地缩放尺寸。选取的对象在参考点处不移动。单击该按钮后，在系统打开的“点”对话框中选择一参考点后，系统会打开如图5-219所示的“变换”比例对话框。

① 比例：用于设置均匀缩放。

② 非均匀比例：单击该按钮，打开如图 5-220 所示的"变换"对话框，设置 XC-比例、YC-比例、ZC-比例方向上的缩放比例。

（2）通过一直线镜像：用于将选取的对象，相对于指定的参考直线做镜像，即在参考线的相反侧建立源对象的一个镜像。单击该按钮，打开如图 5-221 所示的"变换"对话框。

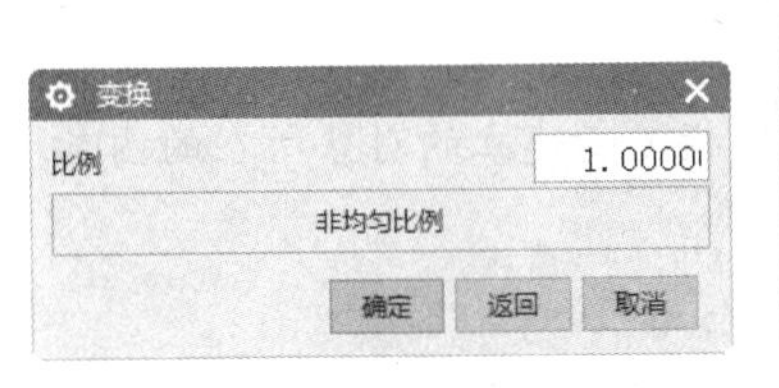

图 5-219　"变换"比例对话框

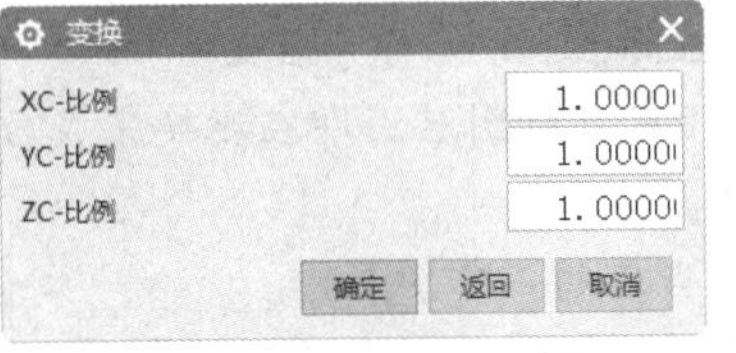

图 5-220　非均匀比例

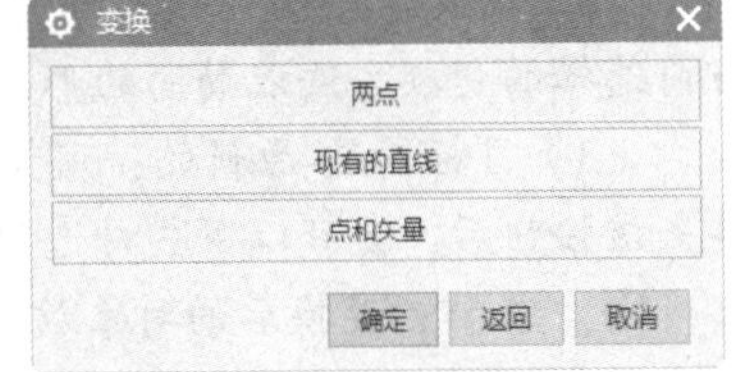

图 5-221　"变换"通过一直线镜像对话框

① 两点：用于指定两点，两点的连线即为参考线。

② 现有的直线：选择一条已有的直线（或实体边缘线）作为参考线。

③ 点和矢量：用点构造器指定一点，其后在矢量构造器中指定一个矢量，通过指定点的矢量作为参考直线。

（3）矩形阵列：用于将选取的对象，从指定的阵列原点开始，沿坐标系 XC 和 YC 方向（或指定的方位）建立一个等间距的矩形阵列。系统先将源对象从指定的参考点移动或复制到目标点（阵列原点），然后沿 XC、YC 方向建立阵列。单击该按钮，系统将打开如图 5-222 所示的"变换"矩形阵列对话框。

① DXC：表示 XC 方向间距。

② DYC：该表示 YC 方向间距。

③ 阵列角度：指定阵列角度。

④ 列：指定阵列列数。

⑤ 行：指定阵列行数。

（4）圆形阵列：用于将选取的对象，从指定的阵列原点开始，绕目标点（阵列中心）建立一个等角间距的圆形阵列。单击此按钮，系统打开如图 5-223 所示的"变换"圆形阵列对话框。

① 半径：用于设置圆形阵列的半径值，该值也等于目标对象上的参考点到目标点之间的距离。

② 起始角：定位圆形阵列的起始角（与 XC 正向平行为零）。

（5）通过一平面镜像：用于将选取的对象，相对于指定参考平面做镜像。即在参考平面的相反侧建立源对象的一个镜像。

（6）点拟合：用于将选取的对象，从指定的参考点集缩放、重定位或修剪到目标点集上。单击该按钮，系统打开如图 5-224 所示的"变换"点拟合对话框。

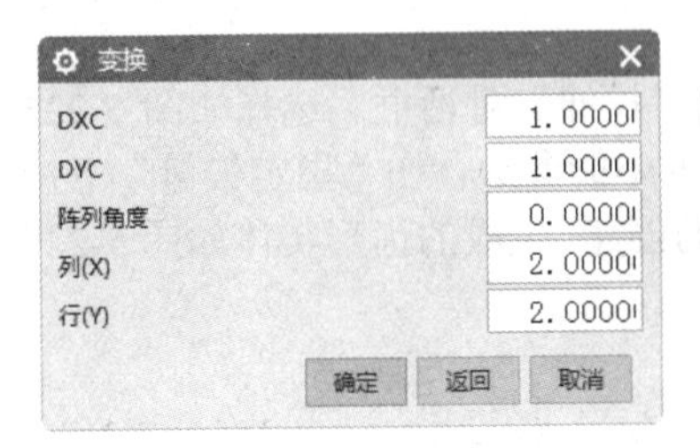

图 5-222　"变换"矩形阵列对话框

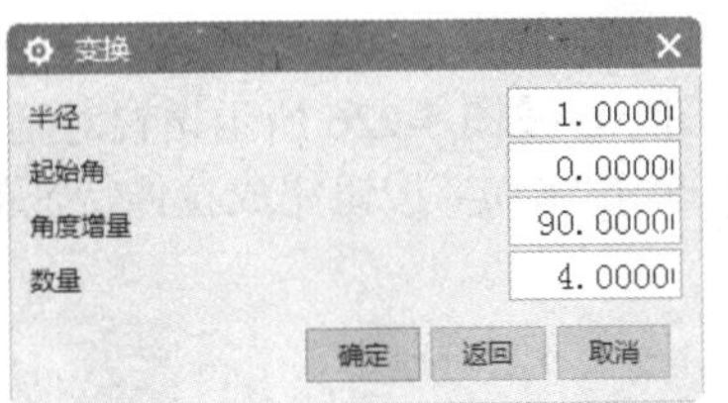

图 5-223　"变换"圆形阵列对话框

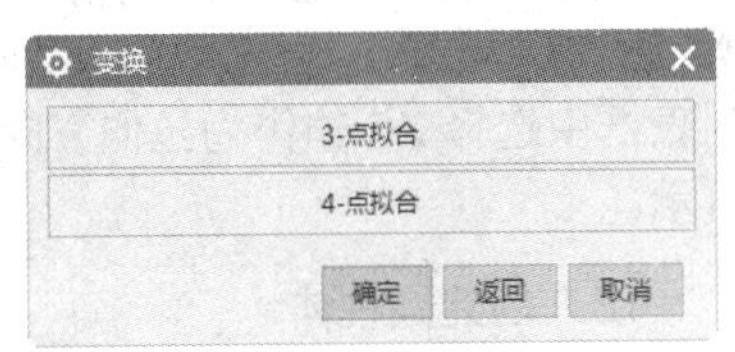

图 5-224　"变换"点拟合对话框

Note

① 3-点拟合：允许用户通过3个参考点和3个目标点来缩放和重定位对象。

② 4-点拟合：允许用户通过4个参考点和4个目标点来缩放和重定位对象。

图5-217所示的“变换”结果对话框选项说明如下。

（1）重新选择对象：用于重新选择对象，通过类选择器对话框来选择新的变换对象，而保持原变换方法不变。

（2）变换类型-镜像线：用于修改变换方法。即在不重新选择变换对象的情况下，修改变换方法，当前选择的变换方法以简写的形式显示在“–”符号后面。

（3）目标图层-原始的：用于指定目标图层。即在变换完成后，指定新建立的对象所在的图层。单击该按钮后，会有以下3种选项。

☑ 工作：变换后的对象放在当前的工作图层中。

☑ 原始的：变换后的对象保持在源对象所在的图层中。

☑ 指定的：变换后的对象被移动到指定的图层中。

（4）追踪状态-关：是一个开关选项，用于设置跟踪变换过程。

（5）分割-1：用于等分变换距离。即把变换距离（或角度）分割成几个相等的部分，实际变换距离（或角度）是其等分值。

（6）移动：用于移动对象。即变换后，将源对象从其原来的位置移动到由变换参数所指定的新位置。

（7）复制：用于复制对象。即变换后，将源对象从其原来的位置复制到由变换参数所指定的新位置。对于依赖其他父对象而建立的对象，复制后的新对象中数据关联信息将会丢失（即它不再依赖于任何对象而独立存在）。

（8）多个副本-不可用：用于复制多个对象。按指定的变换参数和备份个数在新位置复制源对象的多个备份。相当于一次执行了多个“复制”命令操作。

（9）撤销上一个-不可用：用于撤销最近变换。即撤销最近一次的变换操作，但源对象依旧处于选中状态。

10. 编辑曲线

删除并裁剪曲线，生成的齿形轮廓曲线如图5-225所示。

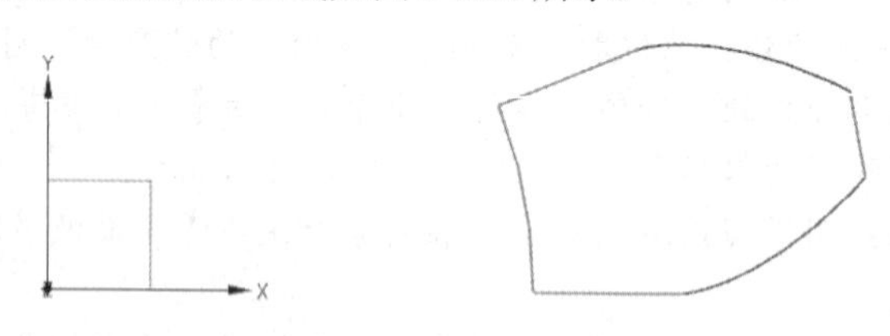

图5-225 齿形轮廓曲线

11. 创建拉伸特征

单击“主页”选项卡“特征”面组中的“拉伸”按钮，打开“拉伸”对话框。选择如图5-225所示的齿形轮廓曲线作为拉伸截面图形。按图5-226所示设置对话框中的参数。在“指定矢量”下拉列表框中选择ZC轴作为拉伸方向。单击“确定”按钮完成拉伸特征的创建，生成的齿形实体如图5-227所示。

12. 创建圆柱体

单击“主页”选项卡“特征”面组中的“圆柱”按钮，打开“圆柱”对话框。按如图5-228所

示设置对话框中的参数。选择原点作为圆柱中心，单击“确定”按钮，生成的圆柱体如图 5-229 所示。

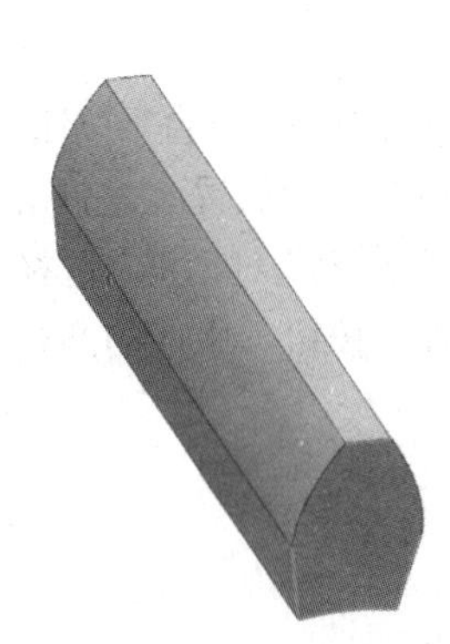

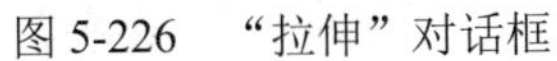

图 5-226 “拉伸”对话框　　图 5-227 齿形实体　　图 5-228 “圆柱”对话框

13. 阵列操作

选择“菜单”→“编辑”→“移动对象”命令，打开“移动对象”对话框。在“运动”下拉列表框中选择“角度”选项，在“指定矢量”下拉列表框中选择 ZC 轴。打开“点”对话框，选择坐标原点作为旋转点，单击“确定”按钮。在绘图区中选择如图 5-229 所示的拉伸实体。在“角度”文本框中输入 40，单击“确定”按钮。选中“复制原先的”单选按钮，在“非关联副本数”文本框中输入 8，如图 5-230 所示，单击“确定”按钮，生成的齿轮如图 5-231 所示。

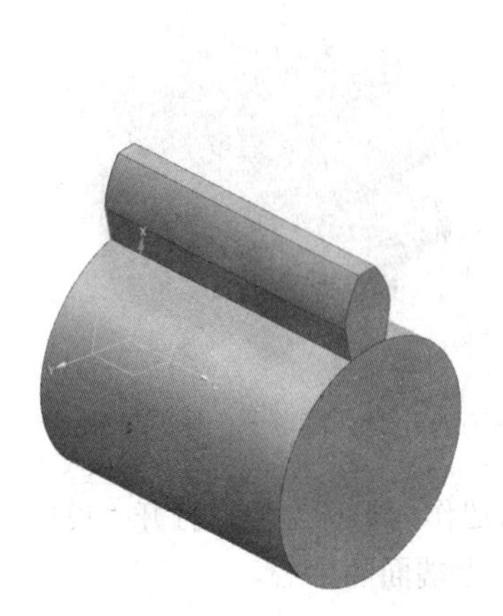

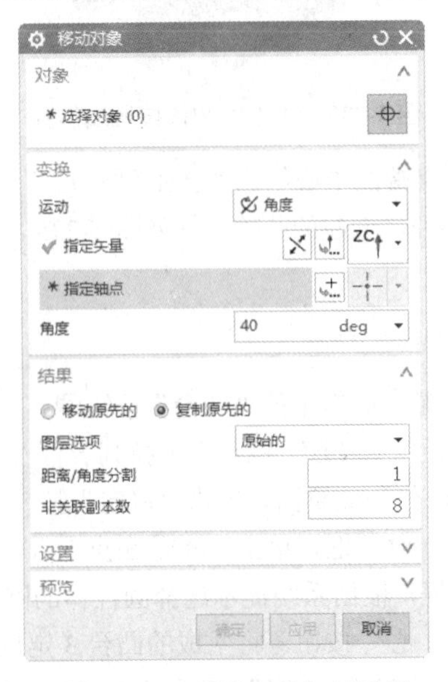

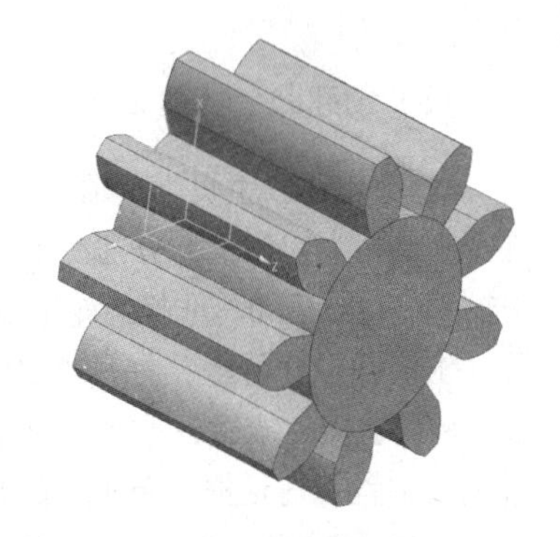

图 5-229 圆柱体　　图 5-230 “移动对象”对话框　　图 5-231 齿轮

Note

14. 合并

单击“主页”选项卡“特征”面组中的“合并”按钮，打开“合并”对话框。依次选择齿和圆柱体，进行合并操作。

15. 边倒圆

单击“主页”选项卡“特征”面组中的“边倒圆”按钮，打开如图5-232所示的“边倒圆”对话框。在“半径1”文本框中输入2，为齿根圆和齿接触线倒圆，如图5-233所示。

16. 创建凸台特征1

（1）单击“主页”选项卡“特征”面组中的“凸台”按钮，打开“凸台”对话框。按如图5-234所示设置对话框中的参数。选择齿轮上端面作为放置面，单击“确定”按钮，打开“定位”对话框。单击“点落在点上”按钮，打开“点落在点上”对话框。选择圆柱体圆弧边作为目标对象。打开“设置圆弧的位置”对话框，单击“圆弧中心”按钮，生成的凸台1定位于上端面的中心。

图5-232 “边倒圆”对话框

图5-233 齿根圆和齿接触线倒圆

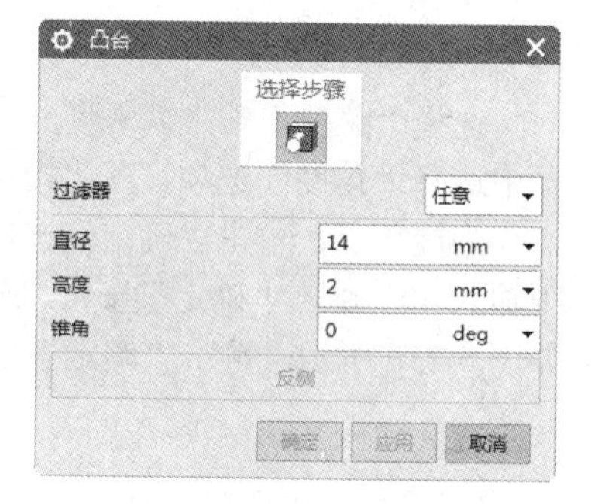

图5-234 “凸台”对话框

（2）同步骤（1），在凸台1的上端面中心创建“直径”“高度”“锥角”分别为16、9和0的凸台2，创建的凸轮特征如图5-235所示。

图5-235 创建凸台特征

17. 创建凸台特征2

（1）单击“主页”选项卡“特征”面组中的“凸台”按钮，打开“凸台”对话框。分别在“直径”“高度”“锥角”下拉列表框中输入14、2和0。选择齿轮下端面作为放置面，单击“确定”按钮，生成凸台3特征。打开“定位”对话框，单击“点落在点上”按钮，打开“点落在点上”对话框，根据系统提示选择圆柱体的圆弧边作为目标对象。打开“设置圆弧的位置”对话框，单击“圆弧中心”按钮，将生成的凸台3定位于上端面的中心。

（2）同步骤（1），分别创建“直径”“高度”“锥角”为16、45、0，14、10、0，12、10、0的

凸台4、凸台5和凸台6，创建完凸台后的模型如图5-236所示。

18. 创建基准平面

（1）单击“主页”选项卡“特征”面组中的“基准平面”按钮，打开“基准平面”对话框。在“类型”下拉列表框中选择“XC-YC平面”选项，单击“应用”按钮，完成基准平面1的创建。

（2）同步骤（1），选择“XC-ZC平面”选项，单击“应用”按钮，完成基准平面2的创建。

（3）选择“YC-ZC平面”选项，单击“应用”按钮，完成基准平面3的创建，并创建与“YC-ZC平面”平行且相距7mm的基准面4，如图5-237所示。

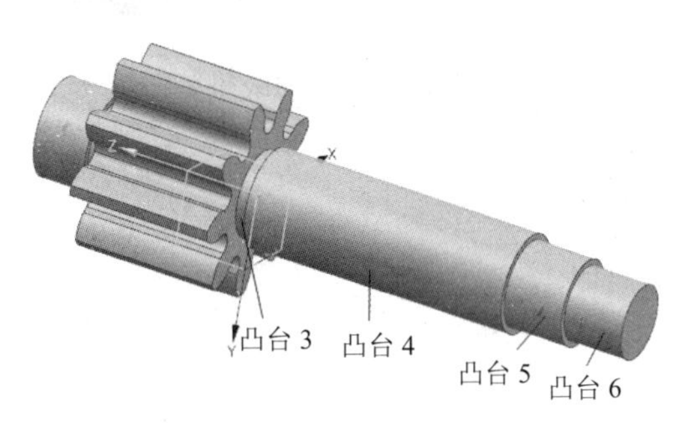

图5-236 创建完凸台后的模型

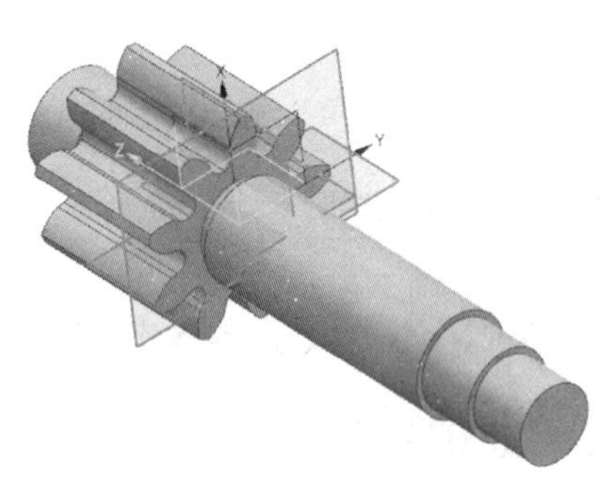

图5-237 创建基准平面

19. 创建键槽特征

单击“主页”选项卡“特征”面组中的“键槽”按钮，打开“键槽”对话框。在如图5-238所示的对话框中，选中“矩形槽”单选按钮，单击“确定”按钮。打开“键槽”放置面对话框，选择基准平面4作为键槽放置面，并选择XC轴负方向作为键槽创建方向，单击“确定”按钮。打开“水平参考”对话框，选择ZC轴向作为水平参考。打开“矩形键槽”参数设置对话框，如图5-239所示，分别在“长度”“宽度”“深度”下拉列表框中输入8、5和3，单击“确定”按钮。打开“定位”对话框，选择“垂直”定位方式，选择XC-YC基准平面作为目标边，选择矩形腔体的短中心线作为工具边，打开“创建表达式”对话框，在文本框中输入-52，单击“应用”按钮。选择“YC-ZC基准平面”作为目标边，选择矩形腔体的长中心线作为工具边，打开“创建表达式”对话框，在文本框中输入0，单击“确定”按钮，完成矩形键槽特征的创建，如图5-240所示。

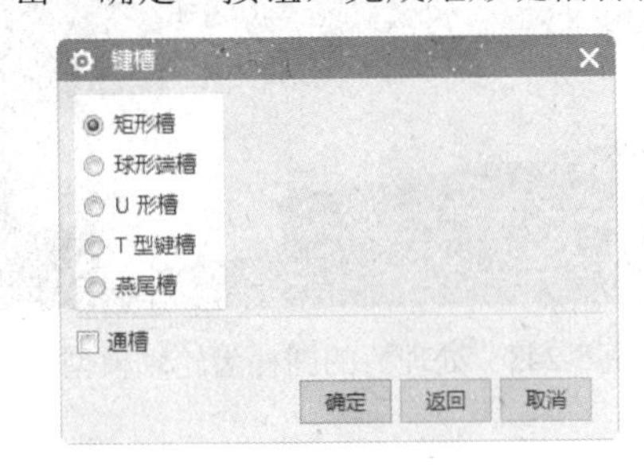

图5-238 “键槽”对话框

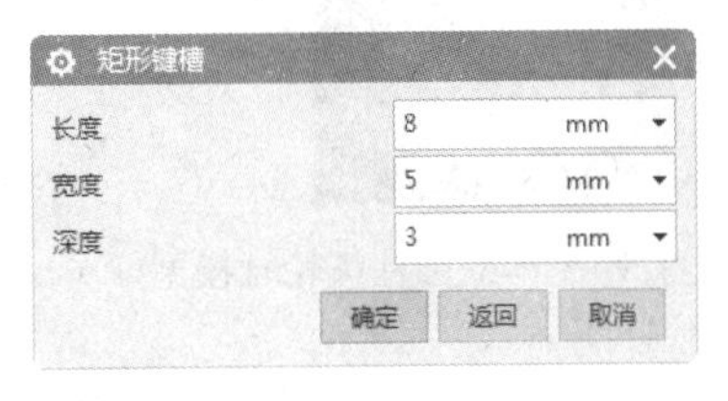

图5-239 设置键槽参数

20. 隐藏曲线和片体

选择“菜单”→“编辑”→“显示/隐藏”→“隐藏”命令，弹出“类选择”对话框。单击“过滤方式”中的“类型过滤器”按钮，弹出“按类型选择”对话框，选择“曲线”和“基准”并单击“确定”按钮，返回“类选择”对话框，单击“全选”按钮，然后单击“确定”按钮，则屏幕中所有曲

Note

线和基准都被隐藏起来，生成的模型如图 5-241 所示。

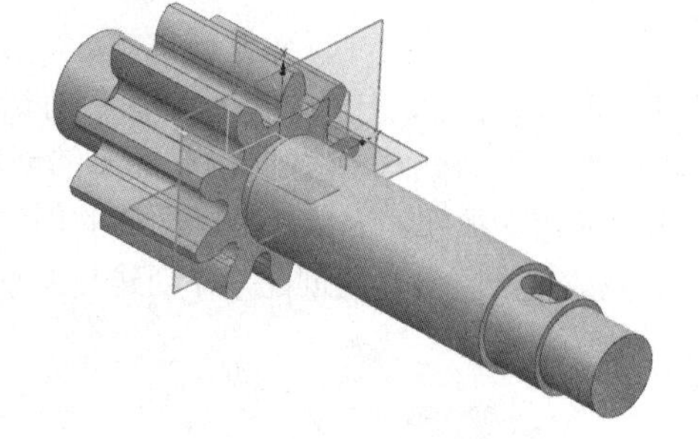

图 5-240　创建键槽特征

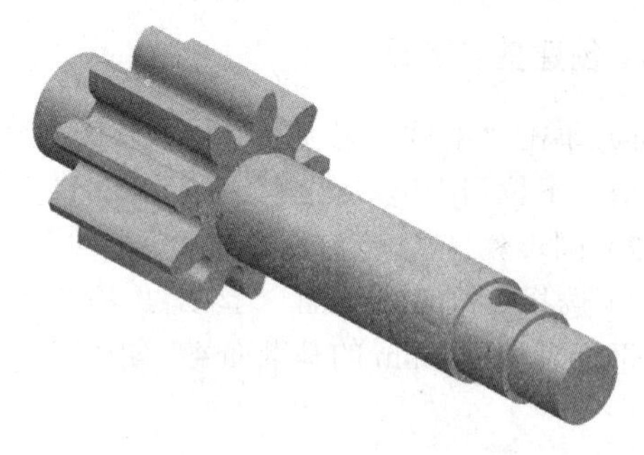

图 5-241　隐藏曲线和基准

5.8.2　打印模型

根据 5.1.2 节步骤 2～步骤 8 中相应操作即可完成打印。

5.8.3　处理打印模型

处理打印模型有以下 4 个步骤：

（1）取出模型。取出后的圆柱齿轮轴模型如图 5-242 所示。

（2）清洗模型。

（3）去除支撑。

（4）打磨模型。打磨处理后的圆柱齿轮轴模型如图 5-243 所示。

图 5-242　打印完毕的圆柱齿轮轴模型

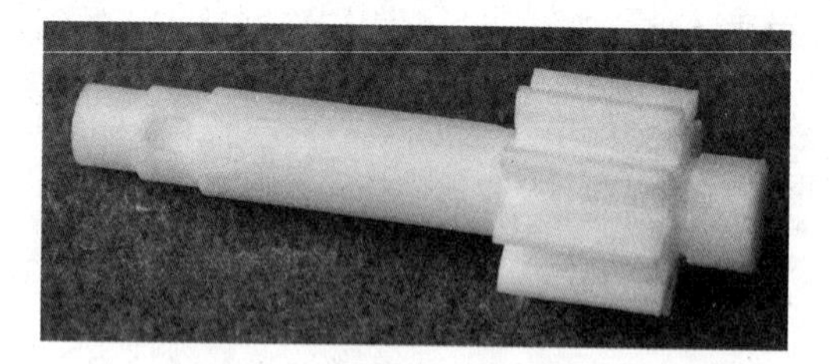

图 5-243　处理后的圆柱齿轮轴模型

第6章 曲面造型

曲面造型是每一款主流的三维设计软件都会设计到的，UG也不例外。UG NX 10在曲面造型方面的功能还是很强大的，但是在3D打印中不能直接打印“纯曲面”的模型，必须要有一定厚度的模型才能打印出来。由于3D打印材料的限制，最好将模型的厚度设置在5mm以上，不然打印出来的模型容易变形。

任务驱动&项目案例

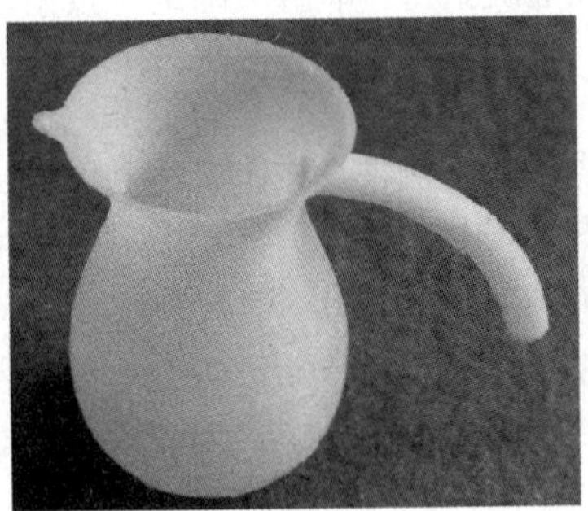

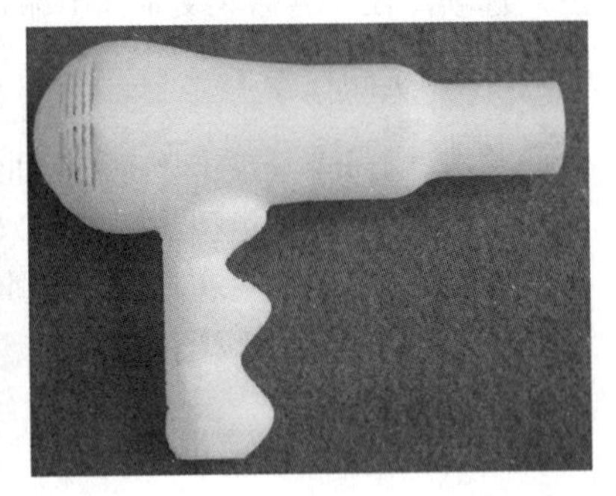

Note

6.1 风　　扇

首先利用 UG 软件创建风扇模型，再利用 RPdata 软件打印风扇模型，最后对打印出来的风扇模型进行清洗、去除支撑和毛刺处理，流程图如图 6-1 所示。

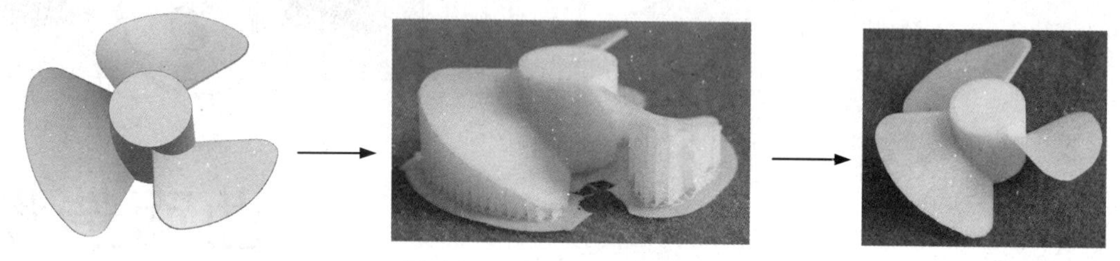

图 6-1　风扇模型创建流程图

6.1.1　创建模型

首先创建“圆柱”和“孔”特征，然后利用“投影曲线”命令创建曲线，再利用“直纹面”命令创建曲面，并利用“加厚”命令加厚曲面得到扇叶，最后通过“变换”命令完成风扇的创建。

1. 新建文件

单击快速访问工具栏中的“新建”按钮，弹出“新建”对话框，在“模板”选项卡中选择“模型”选项，在“名称”文本框中输入 fengshan，单击“确定”按钮，进入 UG 主界面。

2. 创建圆柱体 1

单击“主页”选项卡“特征”面组上的“圆柱”按钮，弹出如图 6-2 所示的“圆柱”对话框。选择“轴、直径和高度”类型。指定 ZC 轴为圆柱的创建方向，指定点（0，0，0）作为圆柱体的圆心坐标，在“直径”和“高度”文本框中分别输入 400 和 120，单击“确定”按钮，生成的圆柱体如图 6-3 所示。

图 6-2　“圆柱”对话框

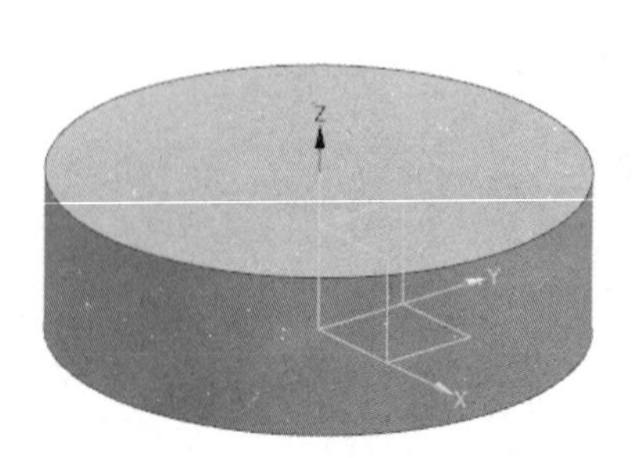

图 6-3　生成的圆柱体

3. 创建孔特征

单击“主页”选项卡“特征”面组上的“孔”按钮，弹出“孔”对话框。选择“常规孔”类型，在“形状”下拉列表框中选择“简单孔”选项，如图 6-4 所示。捕捉圆柱的上表面圆心为孔放置位置，如图 6-5 所示。在“孔”对话框的“直径”下拉列表框中输入 120，如图 6-4 所示，单击“确定”按钮。此时完成孔特征的创建，生成的模型如图 6-6 所示。

图 6-4　“孔”对话框

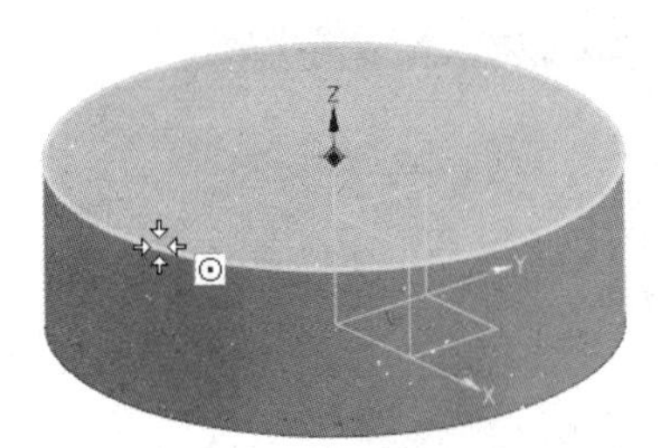

图 6-5　捕捉孔位置

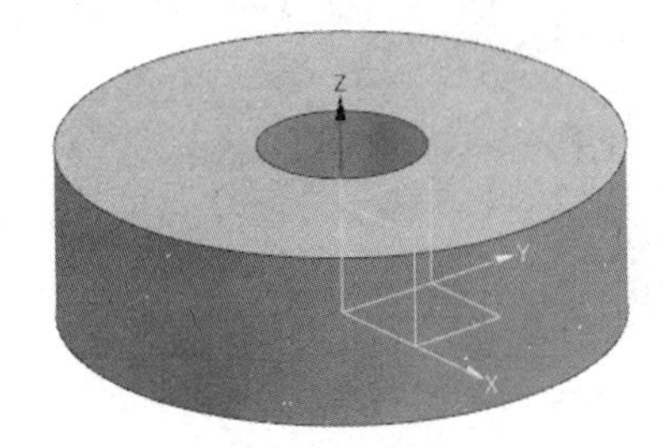

图 6-6　创建孔特征

4. 绘制直线

选择“菜单”→“插入”→“曲线”→“基本曲线”命令，弹出如图 6-7 所示的“基本曲线”对话框。单击“直线”按钮，在“点方法”下拉列表框中选择“象限点”选项。在绘图窗口中选取圆柱体的上表面边缘曲线确定直线第一点，如图 6-8 所示；选取圆柱体的下表面边缘曲线确定直线第二点，单击鼠标中键生成直线，如图 6-9 所示。

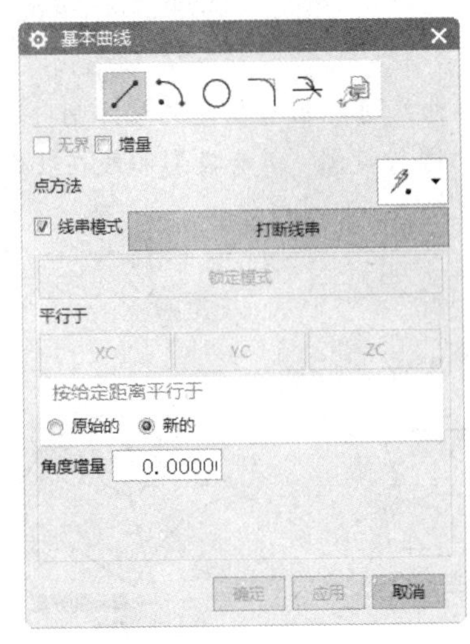

图 6-7　“基本曲线”对话框

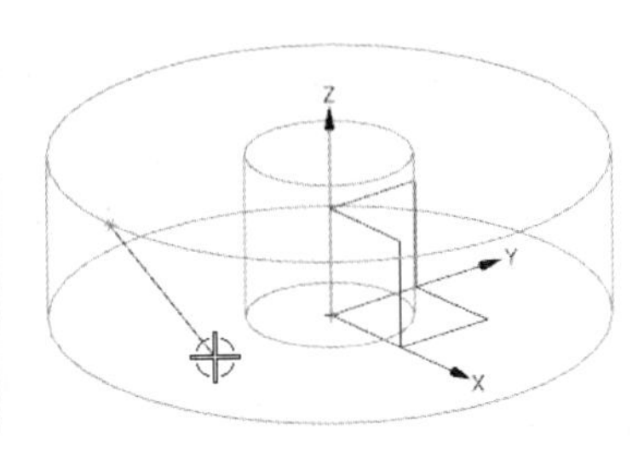

图 6-8　选取直线的第一点

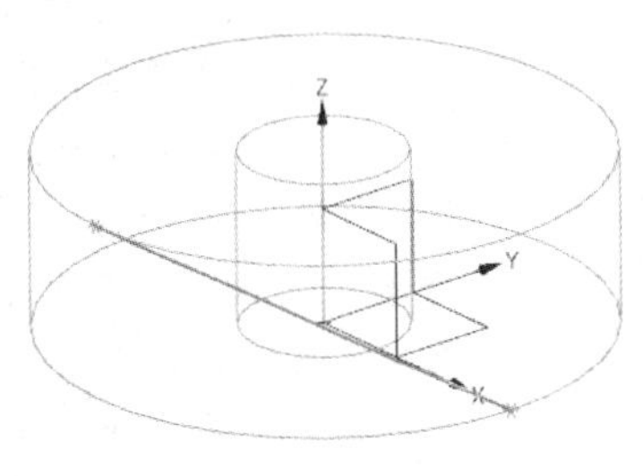

图 6-9　生成直线

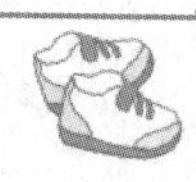

Note

5. 投影

单击“曲线”选项卡“派生曲线”面组上的“投影曲线”按钮，弹出如图 6-10 所示的“投影曲线”对话框。在绘图窗口中选择要投影的曲线，如图 6-11 所示，连续两次单击鼠标中键。选择圆柱体的圆弧面作为第一个要投影的对象，如图 6-12 所示。选择圆柱孔的表面作为第二个要投影的对象，如图 6-13 所示。在“投影曲线”对话框中单击“确定”按钮，生成的两条投影曲线如图 6-14 所示。

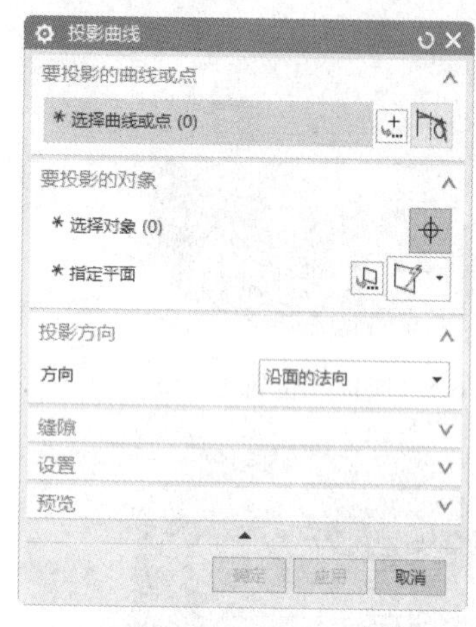

图 6-10 “投影曲线”对话框

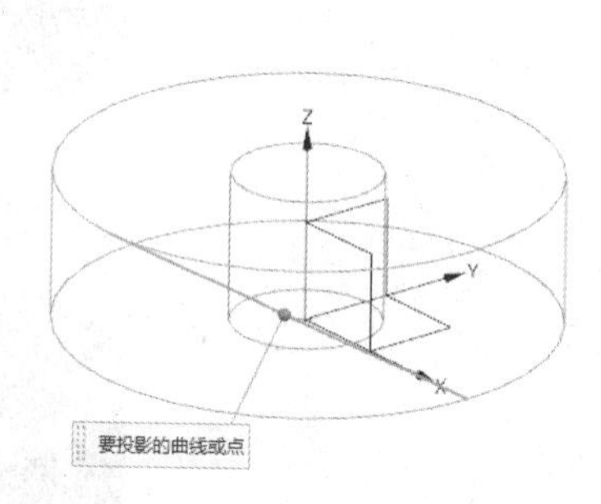

图 6-11 选择要投影的曲线

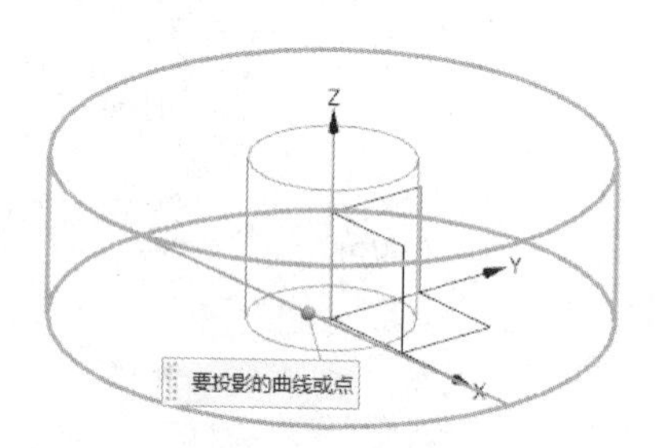

图 6-12 选择第一个要投影的对象

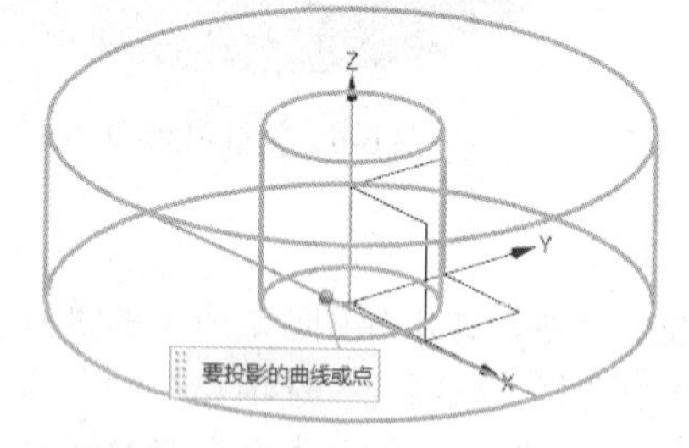

图 6-13 选择第二个要投影的对象

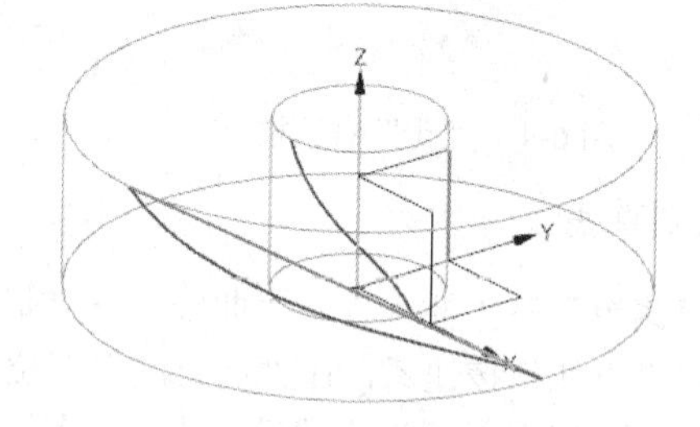

图 6-14 生成投影曲线

知识点——投影曲线

该选项能够将曲线和点投影到片体、面、平面和基准面上。点和曲线可以沿着指定矢量方向、与指定矢量成某一角度的方向、指向特定点的方向或沿着面法线的方向进行投影。所有投影曲线在孔或面边界处都要进行修剪。

“投影曲线”对话框中的选项说明如下。

（1）选择曲线或点：用于选择需要投影的曲线、点。

（2）指定平面：用于确定投影所在的表面或平面。

（3）方向：用于指定如何定义将对象投影到片体、面和平面上时所使用的方向。

☑ 沿面的法向：用于沿着面和平面的法向投影对象，如图 6-15 所示。

☑ 朝向点：可向一个指定点投影对象。对于投影的点，可以在选中点与投影点之间的直线

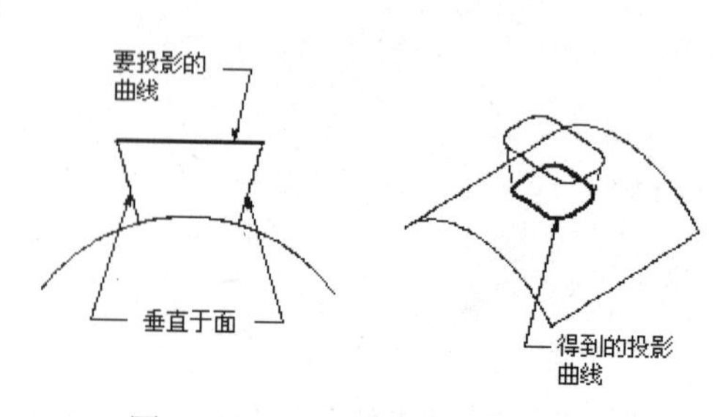

图 6-15 “沿面的法向”示意图

上获得交点，如图 6-16 所示。

☑ 朝向直线：可沿垂直于一指定直线或基准轴的矢量投影对象。对于投影的点，可以在通过选中点垂直于与指定直线的直线上获得交点，如图 6-17 所示。

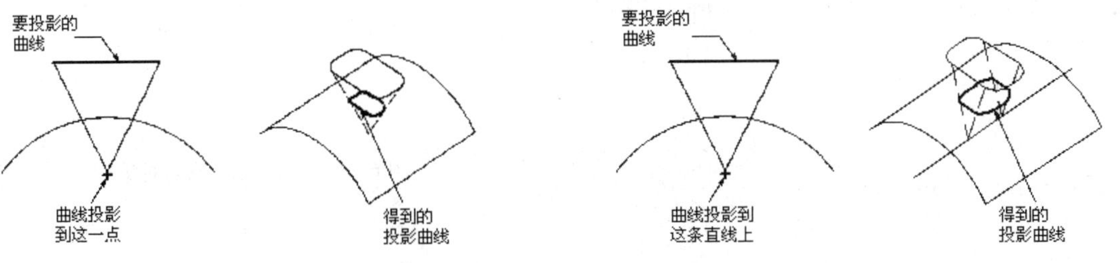

图 6-16　“朝向点”示意图　　　　图 6-17　“朝向直线”示意图

☑ 沿矢量：可沿指定矢量（该矢量是通过矢量构造器定义的）投影选中对象。可以在该矢量指示的单个方向上投影曲线，或者在两个方向上（指示的方向和它的反方向）投影，如图 6-18 所示。

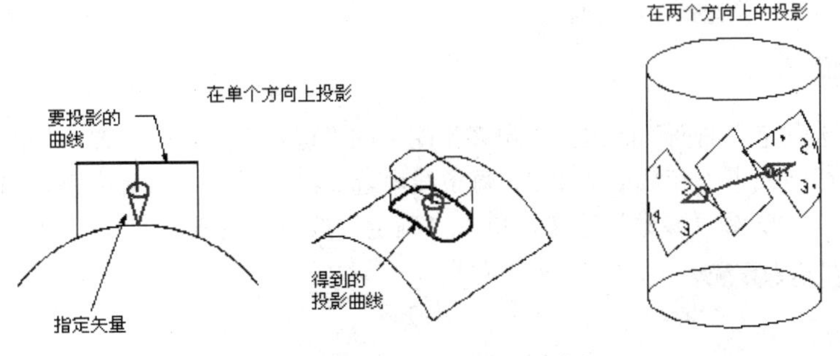

图 6-18　“沿矢量”示意图

☑ 与矢量所成的角度：可将选中曲线按与指定矢量成指定角度的方向投影，该矢量是使用矢量构造器定义的。根据选择的角度值（向内的角度为负值），该投影可以相对于曲线的近似形心按向外或向内的角度生成。对于点的投影，该选项不可用，如图 6-19 所示。

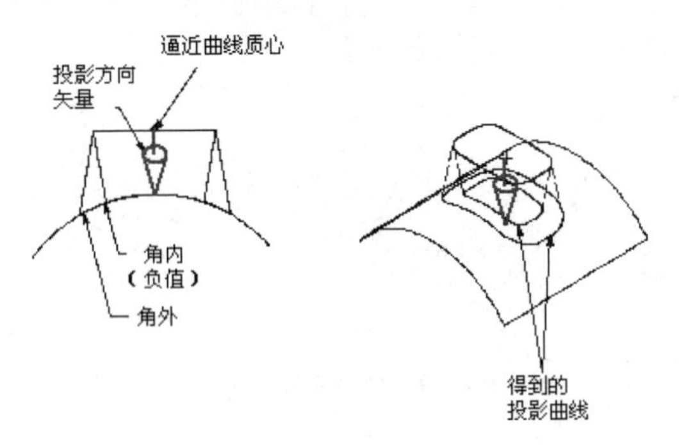

图 6-19　“与矢量所成的角度”示意图

6. 隐藏对象

选择“菜单”→“编辑”→“显示和隐藏”→“隐藏”命令，或按 Ctrl+B 快捷键，弹出如图 6-20 所示的“类选择”对话框。选择实体和直线作为要隐藏的对象，如图 6-21 所示。单击“确定”按钮，绘图窗口显示的图形如图 6-22 所示。

Note

图 6-20 “类选择”对话框

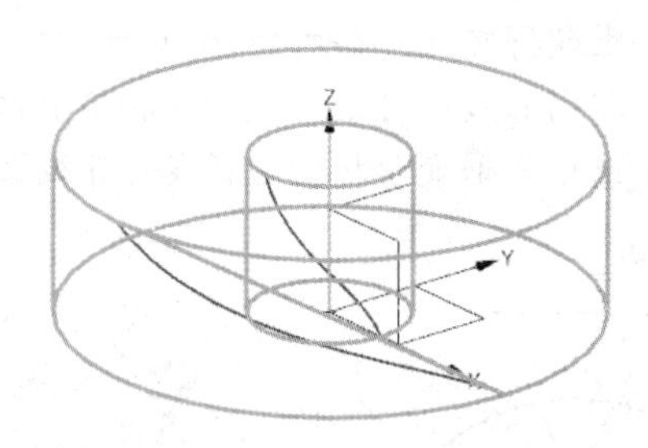

图 6-21 选择要隐藏的对象

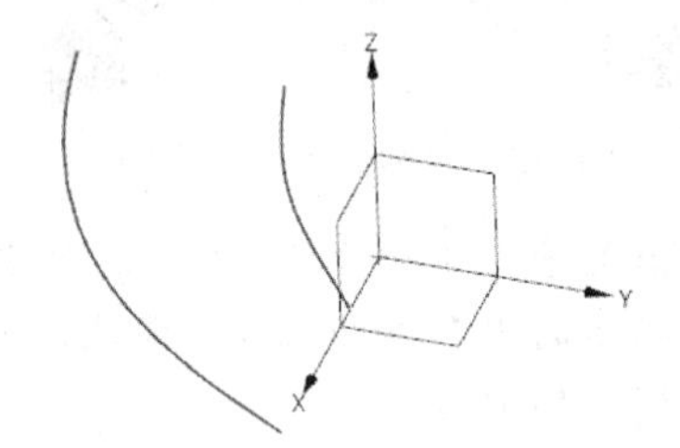

图 6-22 隐藏对象

7. 创建直纹面

单击“曲面”选项卡“曲面”面组上“更多”库下的“直纹”按钮，弹出如图 6-23 所示的“直纹”对话框。选择截面线串 1 和截面线串 2，每条线串选取结束后单击鼠标中键，如图 6-24 所示。在“对齐”下拉列表框中选择“参数”选项，单击“确定”按钮，生成如图 6-25 所示的曲面。

图 6-23 “直纹”对话框

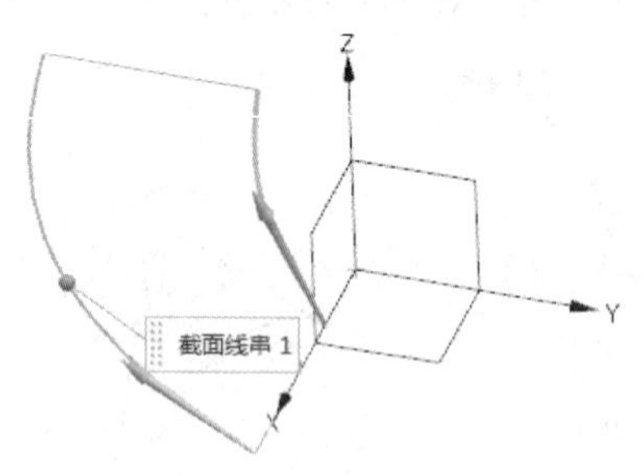

图 6-24 选取截面线串

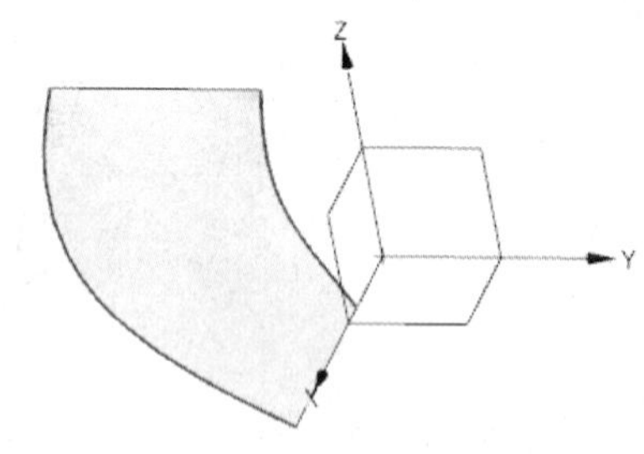

图 6-25 生成的直纹面

知识点——直纹面

通过直纹面来构建片体需要在两组截面线上确定对应点后用直线对应点连接起来。调整方式选择的不同改变了截面线串上对应点分布的情况，从而调整了构建的片体。

“直纹”对话框中选项说明如下。

（1）截面线串 1：选择第一组截面曲线。

（2）截面线串2：选择第二组截面曲线。

（3）对齐。

☑ 参数：在构建曲面特征时，两条截面曲线上所对应的点是根据截面曲线的参数方程进行计算的。所以两组截面曲线对应的直线部分，是根据等距离来划分连接点的；两组截面曲线对应的曲线部分，是根据等角度来划分连接点的。

☑ 根据点：在两组截面线串上选取对应的点（同一点允许重复选取）作为强制的对应点，选取的顺序决定着片体的路径走向。一般在截面线串中含有角点时选择应用“根据点”方式。

☑ 弧长：沿截面以相等的弧长间隔来分隔等参数曲线连接点。

☑ 距离：在指定方向上沿每个截面以相等的距离隔开点。

☑ 角度：在指定的轴线周围沿每条曲线以相等的角度隔开点。

☑ 脊线：将点放置在所选截面与垂直于所选脊线的平面的相交处。

☑ 保留形状：取消选中该复选框，光顺截面线串中的任何尖角，使用较小的曲率半径。

8. 加厚曲面

单击“曲面”选项卡“曲面工序”面组上的“加厚”按钮，弹出如图6-26所示的“加厚”对话框。在绘图窗口中选择加厚面为直纹面，如图6-27所示。分别在“加厚”对话框的“偏置1”和“偏置2”文本框中输入1和-1，单击“确定”按钮，生成的加厚体如图6-28所示。

图6-26 “加厚”对话框

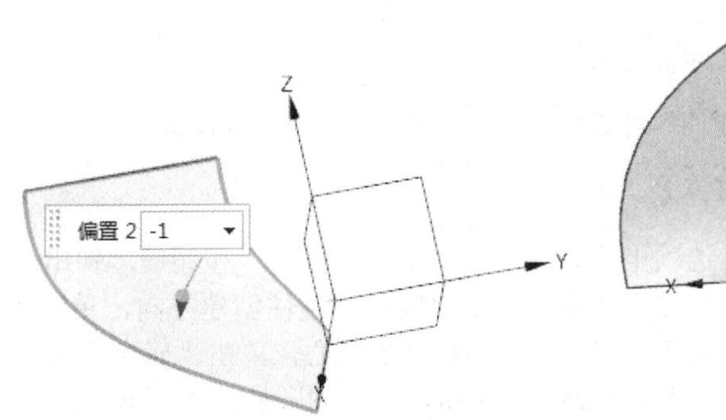

图6-27 选择要加厚的曲面

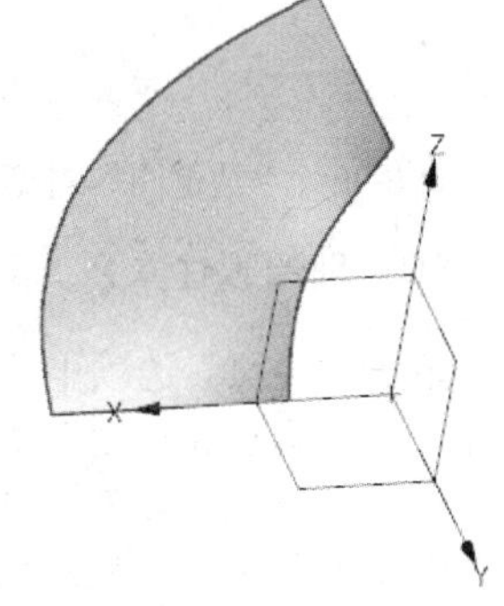

图6-28 生成的加厚体

知识点——加厚

使用该命令可将一个或多个相连面或片体偏置实体。加厚是通过将选定面沿着其法向进行偏置然后创建侧壁而生成。

“加厚”对话框中的选项说明如下。

（1）面：选择要加厚的面或片体。

（2）偏置1/偏置2：指定一个或两个偏置值。

（3）区域行为。

☑ 要冲裁的区域：选择通过一组封闭曲线或边定义的区域。选定区域可以定义一个0厚度的面积。

☑ 不同厚度的区域：选择通过一组封闭曲线或边定义的区域。可使用在这组对话框内指定的偏置值定义选定区域的面积。

（4）Check-Mate：如果出现加厚片体错误，则该按钮可用。单击该按钮会识别导致加厚片体操作失败的可能的面。

（5）设置-移除裂口：选中该复选框，允许在加厚操作时修护裂口。

Note

9. 边倒圆

单击“主页”选项卡“特征”面组上的“边倒圆”按钮，弹出如图6-29所示的“边倒圆”对话框。选择圆角边1和圆角边2，如图6-30所示。在“边倒圆”对话框的“半径1”文本框中输入40，单击“确定”按钮，生成的模型如图6-31所示。

图6-29 “边倒圆”对话框

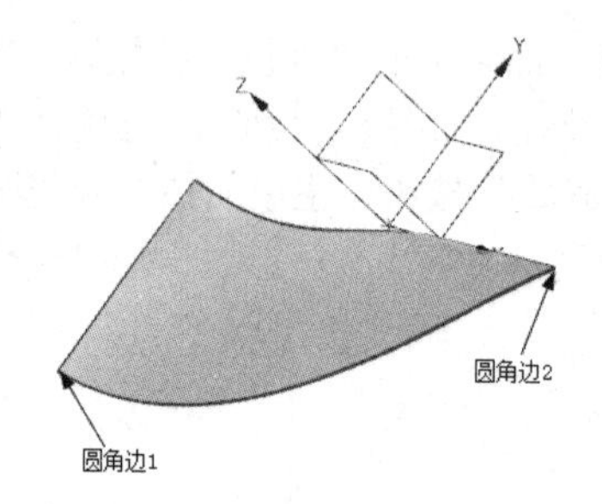

图6-30 选择倒圆角边

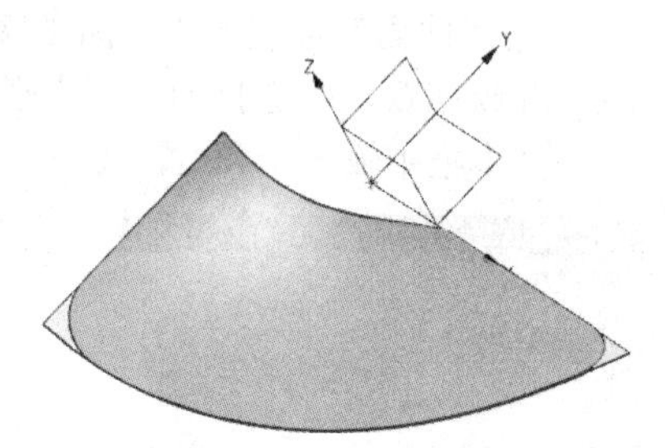

图6-31 倒圆角后的模型

10. 创建圆柱体2

单击“主页”选项卡“特征”面组上的“圆柱”按钮，弹出“圆柱”对话框，如图6-32所示。选择“轴、直径和高度”类型，选取ZC轴为圆柱创建方向，单击“点对话框”按钮，弹出“点”对话框，设置点（0，0，-3）作为圆柱体的圆心，单击“确定”按钮。在“直径”和“高度”下拉列表框中均输入132，单击“确定”按钮，生成的圆柱体如图6-33所示。

图6-32 “圆柱”对话框

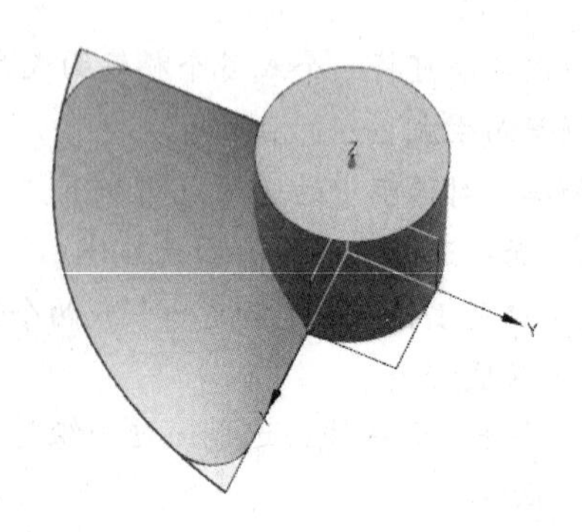

图6-33 创建圆柱体

11. 创建其余叶片

选择“菜单”→“编辑”→“移动对象”命令，弹出“移动对象”对话框，如图 6-34 所示。在绘图窗口中选择扇叶为移动对象，如图 6-35 所示。在“运动”下拉列表框中选择“角度”选项，在“指定矢量”下拉列表框中选择 ZC 轴选项，指定坐标原点为轴点。返回到“移动对象”对话框，在“角度”下拉列表框中输入 120，选中“复制原先的”单选按钮，在“非关联副本数”文本框中输入 2。单击“确定”按钮，生成的变换特征如图 6-36 所示。

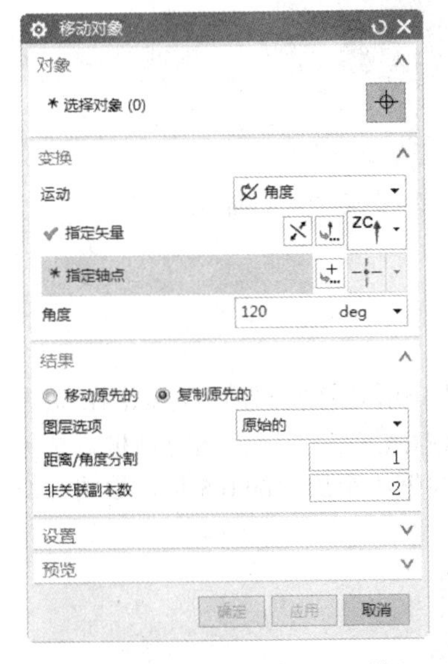

图 6-34 “移动对象”对话框

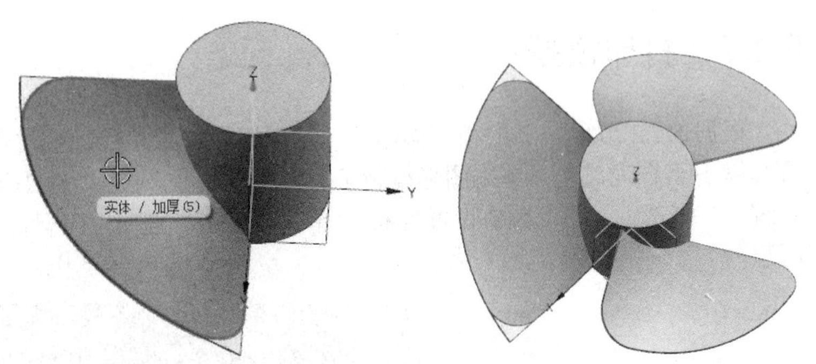

图 6-35 选择变换对象　　图 6-36 生成的变换特征

12. 创建组合体

单击“主页”选项卡“特征”面组上的“合并”按钮，弹出“合并”对话框，如图 6-37 所示。在绘图窗口中选择圆柱体作为目标体，如图 6-38 所示。在绘图窗口选择 3 个叶片作为工具体，如图 6-39 所示。在“合并”对话框中单击“确定”按钮，生成组合体。

图 6-37 “合并”对话框

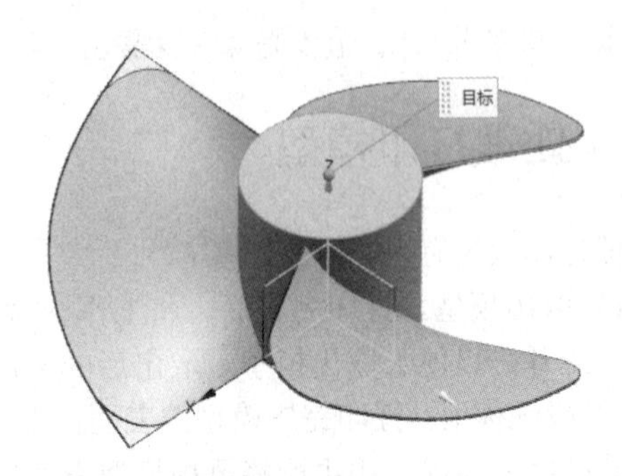

图 6-38 选择目标体

13. 隐藏曲面和曲线

选择“菜单”→“编辑”→“显示和隐藏”→“隐藏”命令，弹出“类选择”对话框。单击“类型过滤器”按钮，弹出“按类型选择”对话框，选择“片体”和“曲线”选项，单击“确定”按钮。

Note

返回到“类选择”对话框，单击“全选”按钮，选择所有要隐藏的对象，单击“确定”按钮，完成风扇的创建，如图 6-40 所示。

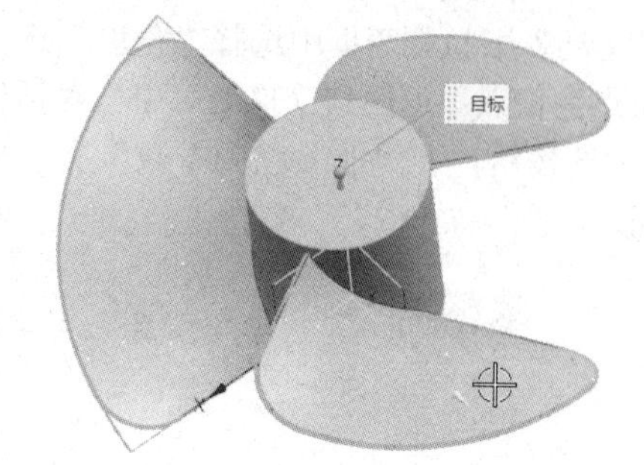

图 6-39　选择工具体

图 6-40　隐藏曲面和曲线

6.1.2　打印模型

根据 5.1.2 节步骤 2 的相应操作后，发现模型较大，已经超过本书所选择机器的打印范围，需要将其缩小至合理尺寸。单击图形编辑工具栏上的“比例放大/缩小”按钮，弹出比例对话框，选中“统一”复选框，并将数值设置为 0.5，单击“应用”按钮，模型将被缩小至原来的 0.5 倍，如图 6-41 所示。

图 6-41　缩小后的风扇

剩余步骤参考 5.1.2 节步骤 4～步骤 8，即可完成打印。

6.1.3　处理打印模型

处理打印模型有以下 4 个步骤：

（1）取出模型。打印完毕后，将工作台调整至液态树脂平面之上，用平铲等工具将模型底部与平台底部撬开，以便于取出模型。取出后的风扇模型如图 6-42 所示。

（2）清洗模型。打印完毕模型的表面需要使用酒精等溶剂将其清洗，以防止影响模型表面质量。将适量酒精倒入盆内，用毛刷将风扇模型表面残留的液态树脂进行清洗。

（3）去除支撑。如图 6-42 所示，取出后的风扇模型存在一些打印过程中生成的支撑，使用尖嘴钳、刀片、钢丝钳、镊子等工具，将风扇模型的支撑去除。

（4）打磨模型。根据去掉支撑后的模型粗糙程度，可先用锉刀、粗砂纸等工具对支撑与模型接触的部位进行粗磨，然后用较细粒度的砂纸对模型进一步打磨。处理后的风扇模型如图 6-43 所示。

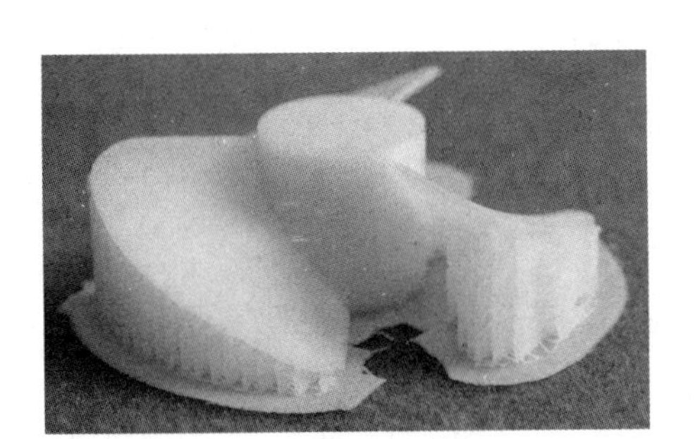

图 6-42　打印完毕的风扇模型

图 6-43　处理后的风扇模型

6.2　咖　啡　壶

扫码看视频

6.2　咖啡壶

首先利用 UG 软件创建咖啡壶模型，再利用 RPdata 软件打印咖啡壶模型，最后对打印出来的咖啡壶模型进行清洗、去除支撑和毛刺处理，流程图如图 6-44 所示。

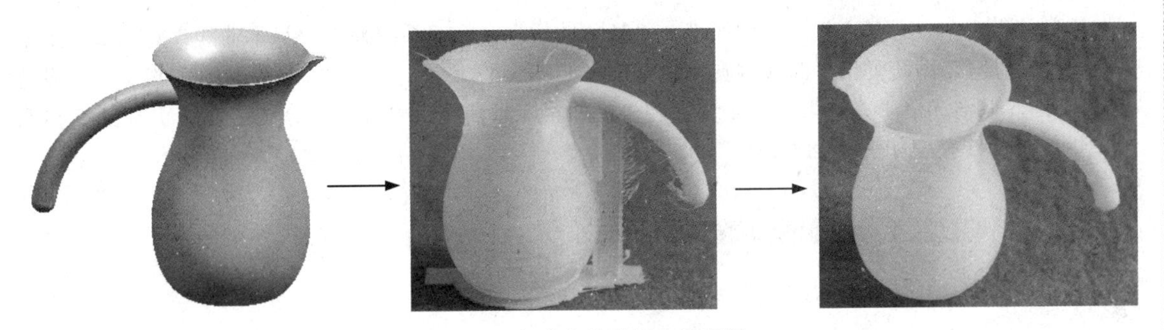

图 6-44　咖啡壶模型创建流程图

6.2.1　创建模型

首先利用通过曲线网格绘制壶身，然后利用 N 边曲面命令绘制壶底，最后绘制壶把。

1. 新建文件

单击快速访问工具栏中的“新建”按钮，弹出“新建”对话框，在“模型”选项卡中选择适当的模板，文件名为 kafeihu，单击“确定”按钮，进入建模环境。

2. 创建圆 1

（1）选择“菜单”→“插入”→“曲线”→“基本曲线”命令，系统弹出如图 6-45 所示的“基本曲线”对话框。单击“圆”按钮，在“点方法”下拉列表框中选择“点构造器”选项，弹出“点”对话框，输入圆中心点（0，0，0），单击“确定”按钮。系统提示选择对象以自动判断点，输入（100，0，0），单击“确定”按钮完成圆 1 的创建。

（2）按照步骤（1）创建圆心为（0，0，−100），半径为 70 的圆 2；圆心为（0，0，−200），半径为 100 的圆 3；圆心为（0，0，−300），半径为 70 的圆 4；圆心为（115，0，0），半径为 5 的圆 5。

Note

生成的曲线模型如图 6-46 所示。

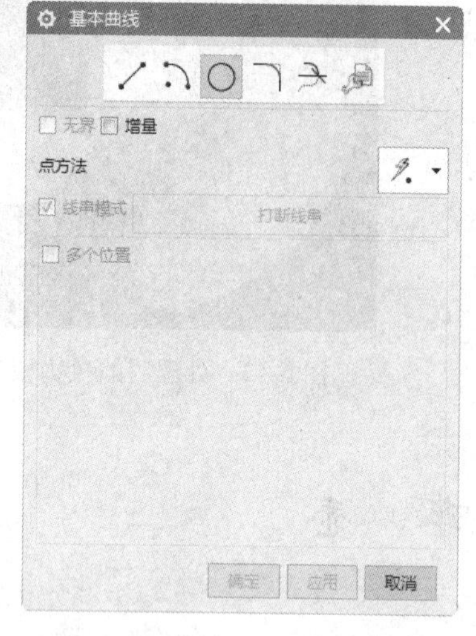

图 6-45　“基本曲线”对话框

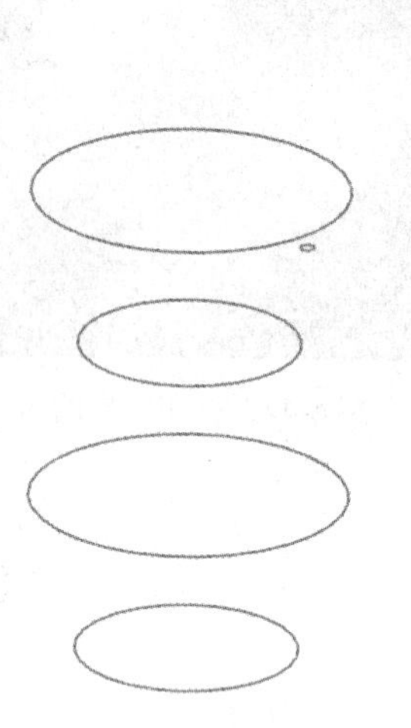

图 6-46　曲线模型

3. 创建圆角

选择“菜单”→“插入”→“曲线”→“基本曲线”命令，系统弹出“基本曲线”对话框。单击“圆角”按钮⌝，系统弹出“曲线倒圆”对话框，如图 6-47 所示。单击“2 曲线倒圆”按钮⌝，设置半径为 15，取消选中“修剪第一条曲线”和“修剪第二条曲线”复选框，分别选择圆 1 和圆 5 倒圆角，生成的曲线模型如图 6-48 所示。

图 6-47　“曲线倒圆”对话框

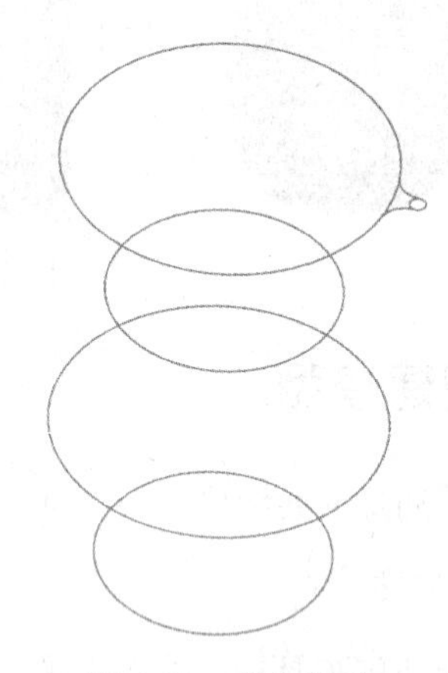

图 6-48　曲线模型

知识点——曲线倒圆

“曲线倒圆”主要有以下 3 种方式。

（1）⌝简单倒圆：在两条共面非平行直线之间生成圆角。通过输入半径值确定圆角的大小。直线将被自动修剪至与圆弧的相切点。生成的圆角与直线的选择位置直接相关。要同时选择两条直线。必须以同时包括两条直线的方式放置选择球，如图 6-49 所示。

通过指定一个点选择两条直线。该点确定如何生成圆角，并指示圆弧的中心。将选择球的中心放置到最靠近要生成圆角的交点处。各条线将延长或修剪到圆弧处，如图 6-50 所示。

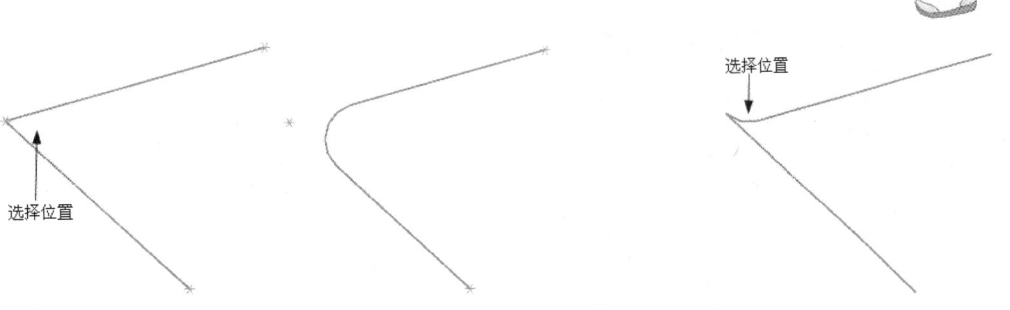

图 6-49　“简单倒圆”示意图　　　　图 6-50　“圆角方向”示意图

（2）2 曲线倒圆：在两条曲线（包括点、线、圆、二次曲线或样条）之间构造一个圆角。两条曲线间的圆角是沿逆时针方向从第一条曲线到第二条曲线生成的一段弧。通过这种方式生成的圆角同时与两条曲线相切，如图 6-51 所示。

（3）3 曲线倒圆：可在 3 条曲线间生成圆角，这 3 条曲线可以是点、线、圆弧、二次曲线和样条的任意组合。

3 条曲线倒出的圆角是沿逆时针方向从第一条曲线到第 3 条曲线生成的一段圆弧。该圆角是按圆弧的中心到所有 3 条曲线的距离相等的方式构造的。3 条曲线不必位于同一个平面内，如图 6-52 所示。

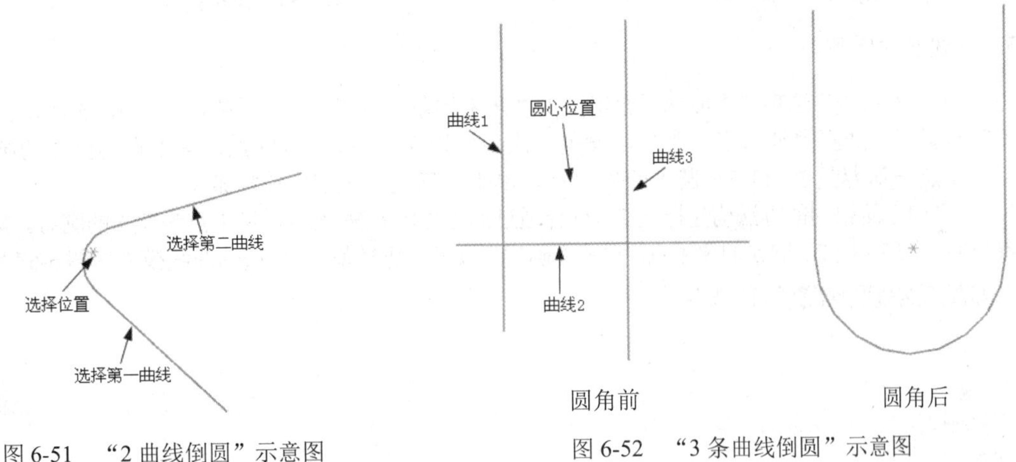

图 6-51　“2 曲线倒圆”示意图　　　　图 6-52　“3 条曲线倒圆”示意图

（4）半径：定义倒圆角的半径。

（5）继承：能够通过选择已有的圆角来定义新圆角的值。

（6）修剪选项：如果选择生成两条或 3 条曲线倒圆，则需要选择一个修剪选项。修剪可缩短或延伸选中的曲线以便与该圆角连结起来。根据选中的圆角选项的不同，某些修剪选项可能会发生改变或不可用。点是不能进行修剪或延伸的，如果修剪后的曲线长度等于 0 并且没有与该曲线关联的连接，则该曲线会被删除。

4. 修剪曲线

（1）单击“曲线”选项卡“编辑曲线”面组上的“修剪曲线”按钮，系统弹出“修剪曲线”对话框，如图 6-53 所示。选择要修剪的曲线为圆 5，边界对象 1 和边界曲线 2 分别为圆角 1 和圆角 2，单击“确定”按钮完成对圆 5 的修剪。

（2）按照步骤（1），选择要修剪的曲线为圆 1，边界对象 1 和边界对象 2 分别为圆角 1 和圆角 2，单击“确定”按钮完成对圆 1 的修剪。生成的曲线模型如图 6-54 所示。

图 6-53 “修剪曲线”对话框

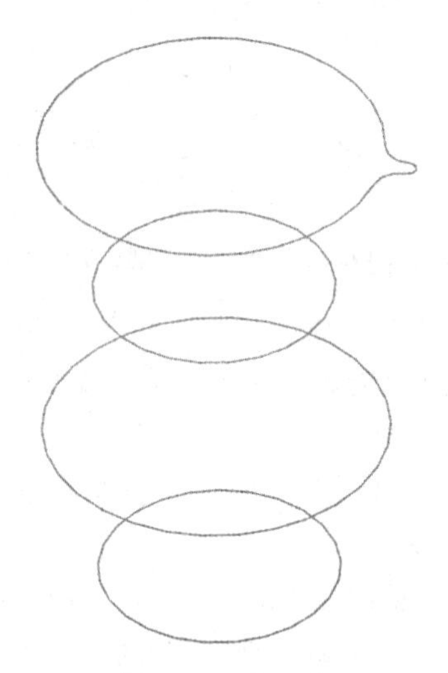

图 6-54 曲线模型

5. 创建艺术样条

（1）单击“曲线”选项卡“曲线”面组上的“艺术样条”按钮，系统弹出如图 6-55 所示的“艺术样条”对话框。选择“通过点”类型，设置“次数”为 3，选择通过的点，第 1 点为圆 4 的圆心。第 2、3、4 点分别为圆 3、圆 2、圆 1 的象限点，单击“确定”按钮生成样条 1。

（2）采用上面相同的方法构建样条 2，选择通过的点如图 6-56 所示，第 1 点为圆 4 的圆心。第 2、3、4 点分别为圆 3、圆 2、圆 5 的象限点。单击“确定”按钮生成样条 2。生成的曲线模型如图 6-57 所示。

图 6-55 “艺术样条”对话框

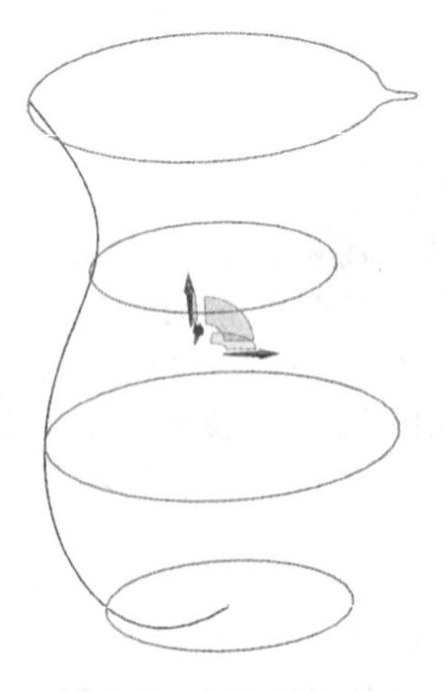

图 6-56 创建样条 1

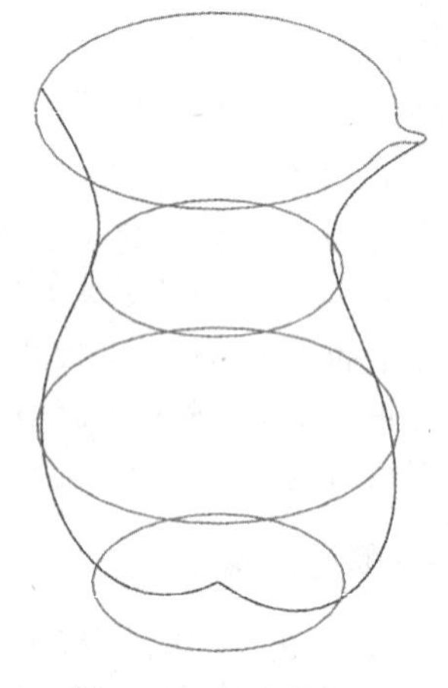

图 6-57 创建样条 2

6. 创建通过曲线网格曲面

单击“曲面”选项卡“曲面”面组上的“通过曲线网格”按钮，系统弹出如图 6-58 所示的“通

过曲线网格”对话框。选取圆为主线串，选择样条曲线为交叉线串，设置体类型为“片体”，其余选项保持默认状态，单击“确定”按钮生成曲面，如图 6-59 所示。

图 6-58　“通过曲线网格”对话框

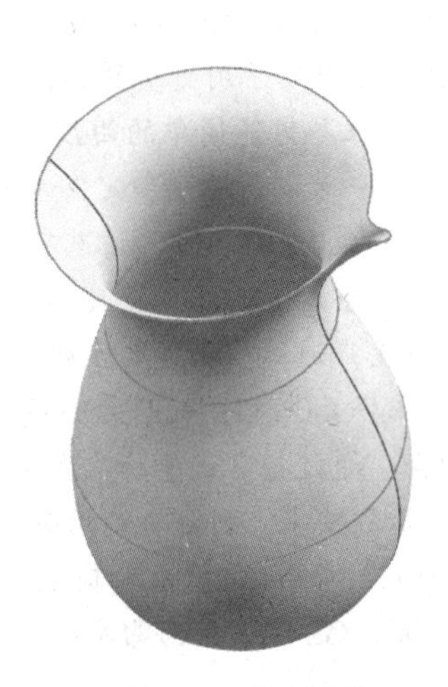
图 6-59　曲面模型

知识点——通过曲线网格

该命令让用户从沿着两个不同方向的一组现有的曲线轮廓（称为线串）上生成体。生成的曲线网格体是双三次多项式的。这意味着它在 u 向和 v 向的次数都是三次的（阶次为 3）。

“通过曲线网格”对话框中的选项说明如下。

（1）主曲线：用于选择包含曲线、边或点的主截面集。

（2）交叉曲线：选择包含曲线或边的横截面集。

（3）连续性：用于在第一主截面和最后主截面，以及第一横截面与最后横截面处选择约束面，并指定连续性。

① 全部应用：将相同的连续性设置应用于第一个及最后一个截面。

② 第一主线串：用于为第一个与最后一个主截面及横截面设置连续性约束，以控制与输入曲线有关的曲面的精度。

③ 最后主线串：让用户约束该实体使得它和一个或多个选定的面或片体在最后一条主线串处相切或曲率连续。

④ 第一交叉线串：让用户约束该实体使得它和一个或多个选定的面或片体在第一交叉线串处相切或曲率连续。

⑤ 最后交叉线串：让用户约束该实体使得它和一个或多个选定的面或片体在最后一条交叉线串处相切或曲率连续。

（4）输出曲面选项。

① 着重：让用户决定哪一组控制线串对曲线网格体的形状最有影响。

☑ 两个皆是：主线串和交叉线串（即横向线串）有同样效果。

☑ 主线串：主线串更有影响。

☑ 交叉线串：交叉线串更有影响。

② 构造。

☑ 法向：使用标准过程建立曲线网格曲面。

☑ 样条点：让用户通过为输入曲线使用点和这些点处的斜率值来生成体。对于该选项，选择的曲线必须是有相同数目定义点的单根B曲线。

这些曲线通过它们的定义点临时地重新参数化（保留所有用户定义的斜率值）。然后这些临时的曲线用于生成体。这有助于用更少的补片生成更简单的体。

☑ 简单：建立尽可能简单的曲线网格曲面。

（5）重新构建：可以通过重新定义主曲线或交叉曲线的阶次和节点数来帮助用户构建光滑曲面。仅当“构造选项”为“法向”时，该选项可用。

① 无：不需要重构主曲线或交叉曲线。

② 次数和公差：通过手动选取主曲线或交叉曲线来替换原来曲线，并为生成的曲面指定 u/v 向阶次。节点数会依据 G0、G1、G2 的公差值按需求插入。

③ 自动拟合：通过指定最小阶次和分段数来重构曲面，系统会自动尝试是利用最小阶次来重构曲面，如果还达不到要求，则会再利用分段数来重构曲面。

（6）G0/G1/G2：该数值用来限制生成的曲面与初始曲线间的公差。G0 默认值为位置公差；G1 默认值为相切公差；G2 默认值为曲率公差。

7. 创建 N 边曲面

选择“菜单”→“插入”→“网格曲面”→“N 边曲面”命令，系统弹出如图 6-60 所示的“N 边曲面”对话框。设置“类型”为“已修剪”，选择外部环为圆 4，其余选项保持默认状态，单击“确定”按钮生成底部曲面，如图 6-61 所示。

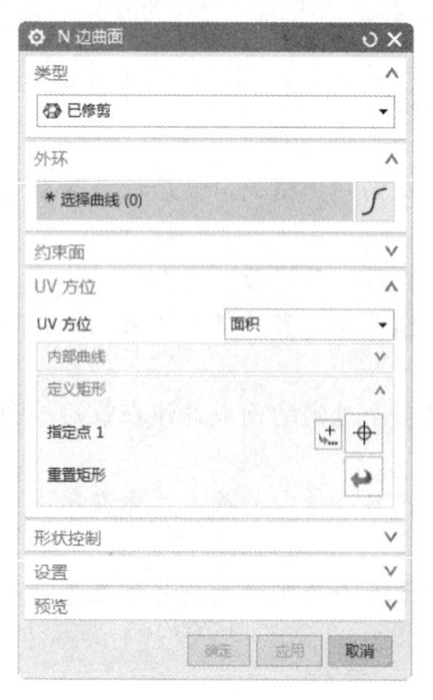

图 6-60 “N 边曲面”对话框

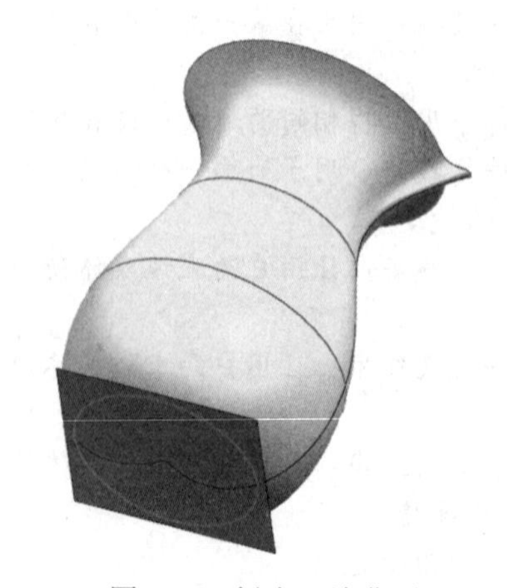

图 6-61 创建 N 边曲面

知识点——N边曲面

使用该命令可以创建由一组端点相连的曲线封闭的曲面。

“N边曲面”对话框中的选项说明如下。

（1）类型。

① 已修剪：在封闭的边界上生成一张曲面，它覆盖被选定曲面封闭环内的整个区域。

② 三角形：在已经选择的封闭曲线串中，构建一张由多个三角补片组成的曲面，其中的三角补片相交于一点。

（2）外环：用于选择曲线或边的闭环作为N边曲面的构造边界。

（3）约束面：用于选择面以将相切及曲率约束添加到新曲面中。

（4）UV方位。

① UV方位：用于指定构建新曲面的方向。

☑ 脊线：使用脊线定义新曲面的v方位。

☑ 矢量：使用矢量定义新曲面的v方位。

☑ 面积：用于创建连接边界曲线的新曲面。

② 内部曲线。

☑ 选择曲线：用于指定边界曲线。通过创建所连接边界曲线之间的片体，创建新的曲面。

☑ 指定原始曲线：用于在内部边界曲线集中指定原点曲线。

☑ 添加新集：用于指定的内部边界曲线集。

☑ 列表：列出指定的内部曲线集。

③ 定义矩形：用于指定第一个和第二个对角点来定义新的WCS平面的矩形。

（5）形状控制：用于控制新曲面的连续性与平面度。

（6）修剪到边界：将曲面修剪到指定的边界曲线或边。

8. 修剪曲面

单击“曲面”选项卡“曲面”面组上的“修剪片体”按钮，弹出如图6-62所示的“修剪片体”对话框。选择N边曲面为目标体，选择网格曲面为边界对象，选中“放弃”单选按钮，其余选项保持默认状态，单击“确定”按钮生成底部曲面，如图6-63所示。

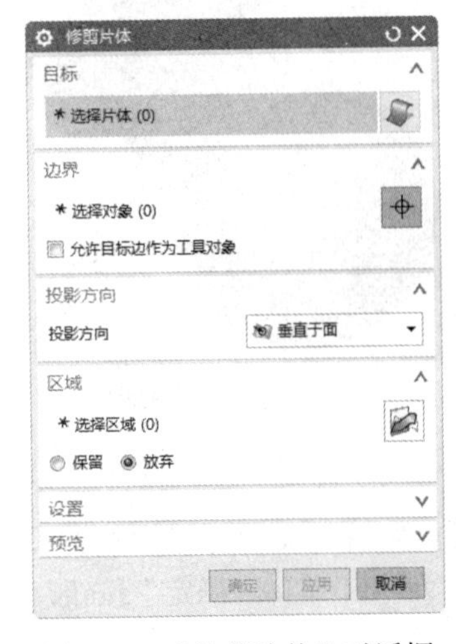

图6-62　“修剪片体”对话框

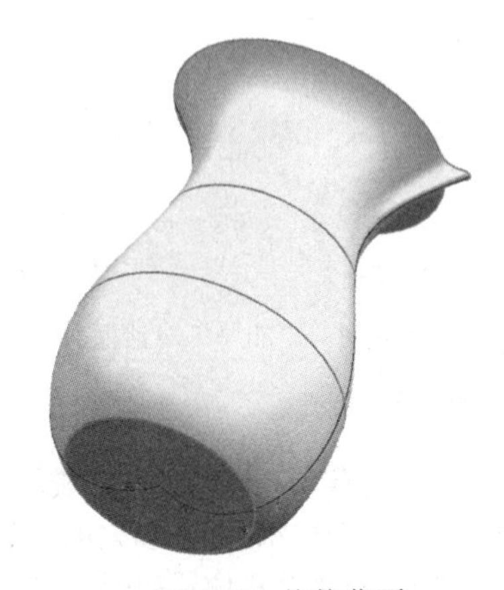

图6-63　修剪曲面

Note

知识点——修剪片体

该命令是通过投影边界轮廓线对片体进行修剪。

“修剪片体”对话框中的选项说明如下。

（1）目标：选择目标曲面体。

（2）边界对象：选择修剪的工具对象，该对象可以是面、边、曲线和基准平面。

（3）允许目标边作为工具对象：帮助将目标片体的边作为修剪对象过滤掉。

（4）投影方向：可以定义要作标记的曲面/边的投影方向。可以在“垂直于面”“垂直于曲线平面”“沿矢量”间选择。

（5）选择区域：可以定义在修剪曲面时选定的区域是保留还是舍弃。在选定目标曲面体、投影方式和修剪对象后，可以选择目前选择的区域是否“保留”或“舍弃”。

每个选择用来定义保留或舍弃区域的点在空间中固定。如果移动目标曲面体，则点不移动。为防止意外的结果，如果移动为“修剪边界”选择步骤选定的曲面或对象，则应该重新定义区域。

9. 创建加厚曲面

单击“曲面”选项卡“曲面工序”面组上的“加厚”按钮，系统弹出如图6-64所示的“加厚”对话框。选择网格曲面和N边曲面为加厚面，设置“偏置1”为2，“偏置2”为0，单击“确定”按钮生成模型。

10. 隐藏曲面

选择“菜单”→“编辑”→“显示和隐藏”→“隐藏”命令，系统弹出“类选择”对话框。单击“类型过滤器”按钮，系统弹出“按类型选择”对话框。选择“曲线”和“片体”选项，单击“确定”按钮，单击“全选”按钮。单击“确定”按钮，片体和曲线被隐藏，模型如图6-65所示。

图6-64　“加厚”对话框

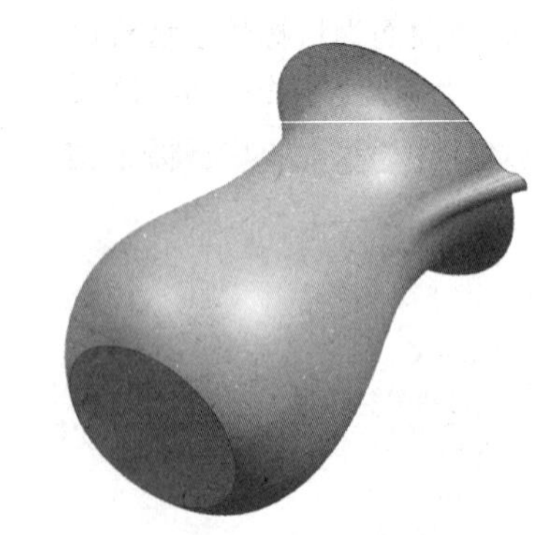

图6-65　曲面模型

11. 改变WCS1

选择“菜单”→“格式”→WCS→“旋转”命令，弹出如图6-66所示的“旋转WCS绕”对话框。选中“+XC轴：YC→ ZC”单选按钮，设置“角度”为90，单击“确定”按钮，将绕XC轴，旋转YC轴到ZC轴，新坐标系位置如图6-67所示。

12. 创建样条曲线

单击“曲线”选项卡“曲线”面组上的“艺术样条”按钮，系统弹出如图 6-68 所示的“艺术样条”对话框。单击“点对话框”按钮，弹出“点”对话框，输入样条通过点，分别为（-50，-48，0）、（-98，-48，0）、（-167，-77，0）、（-211，-120，0）、（-238，-188，0）。在对话框中保持系统默认状态，单击“确定”按钮生成样条曲线。生成的曲线模型如图 6-69 所示。

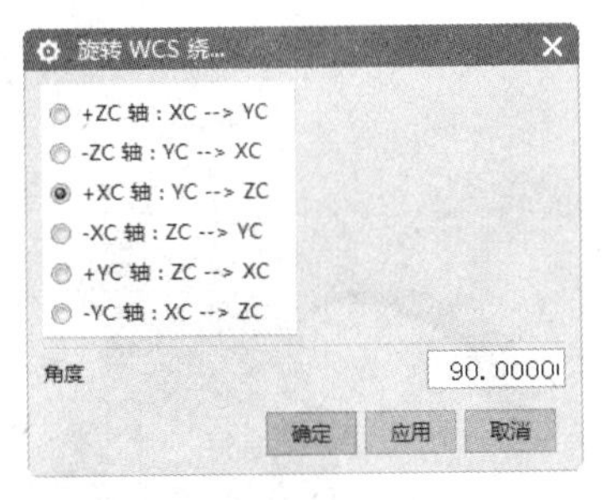

图 6-66　“旋转 WCS 绕”对话框

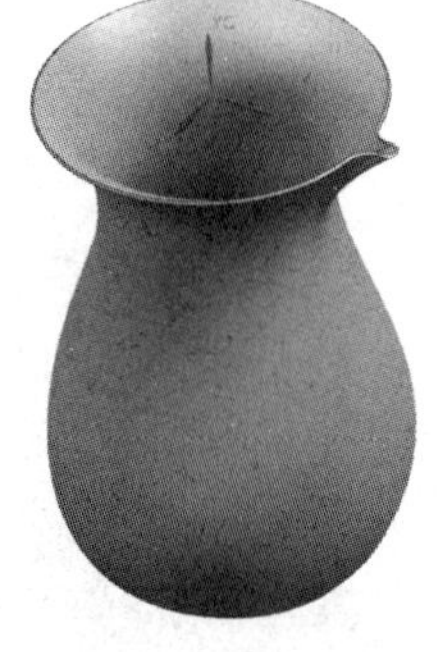

图 6-67　旋转坐标系

图 6-68　“艺术样条”对话框

13. 改变 WCS2

选择“菜单”→“格式”→WCS→“原点”命令，弹出“点”对话框，捕捉壶把手样条曲线端点，将坐标系移动到样条曲线端点。选择“菜单”→“格式”→WCS→“旋转”命令，弹出“旋转 WCS 绕”对话框。选中“-YC 轴：XC→ ZC”单选按钮，设置“角度”为 90，单击“确定”按钮，绕 YC 轴，旋转 XC 轴到 ZC 轴，新坐标系位置如图 6-70 所示。

14. 创建圆 2

选择“菜单”→“插入”→“曲线”→“基本曲线”命令，系统弹出“基本曲线”对话框。单击“圆”按钮○，在“点方法”下拉列表框中选择“点构造器”选项，系统弹出“点”对话框，输入圆中心点（0，0，0），单击“确定”按钮。系统提示选择对象以自动判断点，输入（16，0，0），单击“确定”按钮完成圆 6 的创建，如图 6-71 所示。

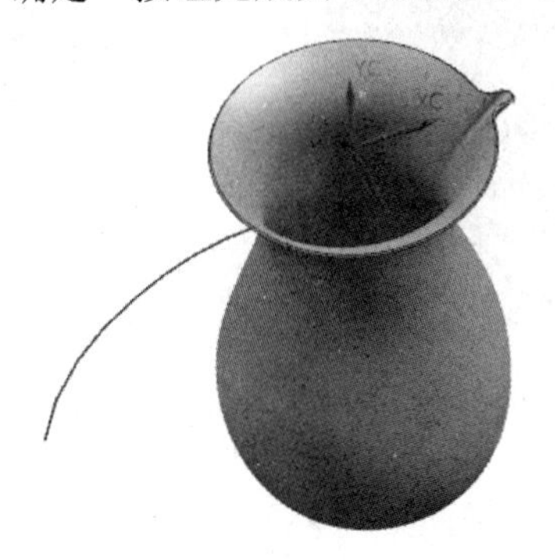

图 6-69　曲线模型

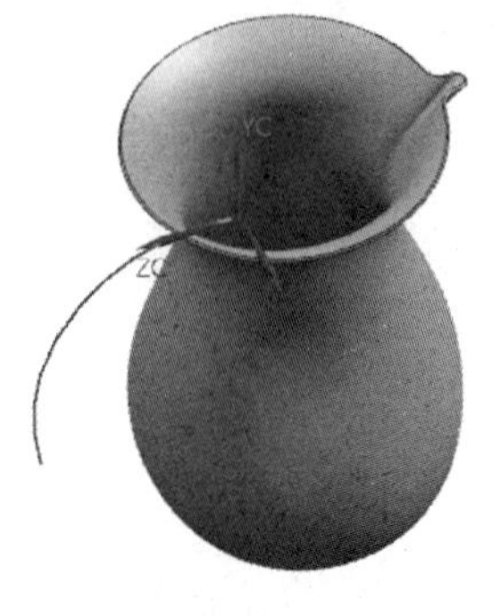

图 6-70　新坐标系

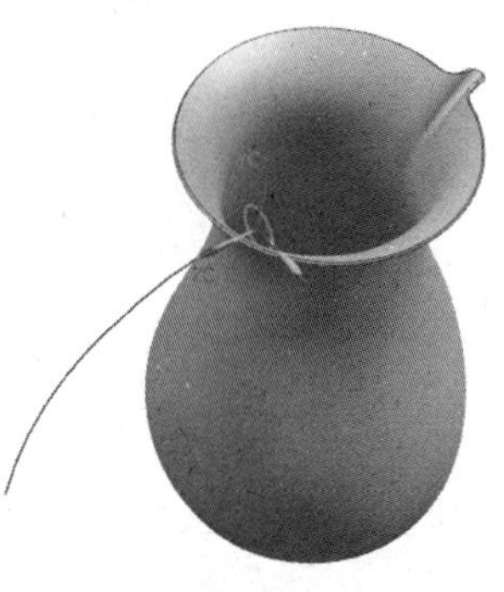

图 6-71　创建圆

Note

15. 创建壶把手实体模型

选择“菜单”→“插入”→“扫掠”→“沿引导线扫掠”命令，系统弹出如图 6-72 所示的“沿引导线扫掠”对话框。选择圆 6 为截面线，选择壶把手样条曲线为引导线，在“第一偏置”和“第二偏置”下拉列表框中分别输入 0，单击“确定”按钮，生成的模型如图 6-73 所示。

16. 隐藏曲线

选择“菜单”→“编辑”→“显示和隐藏”→“隐藏”命令，系统弹出“类选择”对话框。单击“类型过滤器”按钮，系统弹出“按类型选择”对话框，选择“曲线”选项，单击“确定”按钮，单击“全选”按钮。单击“确定”按钮，曲线被隐藏，如图 6-74 所示。

图 6-72 “沿引导线扫掠”对话框

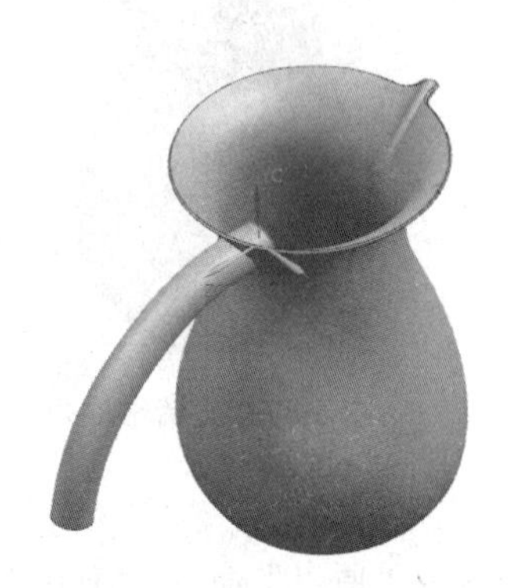

图 6-73 扫掠体

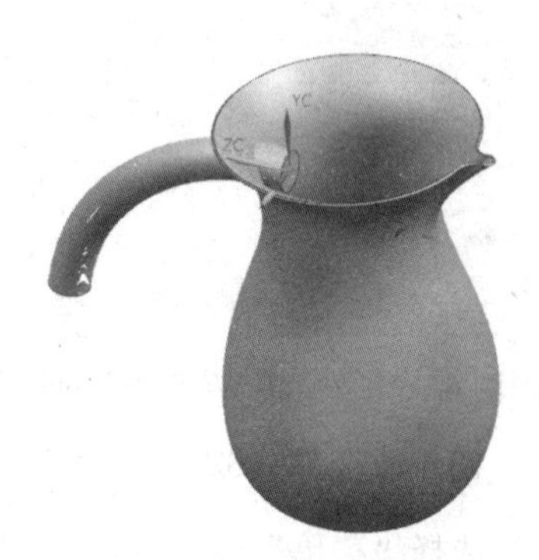

图 6-74 显示实体

17. 修剪体

单击“曲面”选项卡“曲面工序”面组上的“修剪体”按钮，系统弹出如图 6-75 所示的“修剪体”对话框。首先选取目标体，选择扫掠实体壶把手，单击鼠标中键，进入工具的选取，选择咖啡壶外表面，方向指向咖啡壶内侧，单击“确定”按钮，生成的模型如图 6-76 所示。

图 6-75 “修剪体”对话框

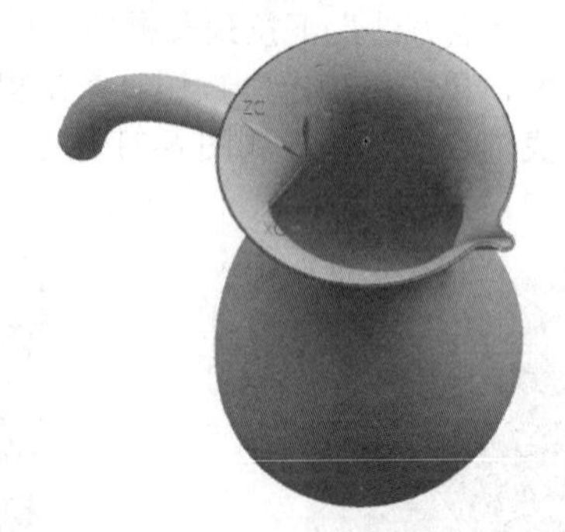

图 6-76 模型

18. 创建球体

单击“主页”选项卡“特征”面组上的“球”按钮，系统弹出如图 6-77 所示的“球”对话框。

选择“中心点和直径”类型，设置“直径”为 32。单击“点对话框”按钮，弹出“点”对话框，输入圆心为（0，-140，188），连续单击“确定”按钮，生成的模型如图 6-78 所示。

图 6-77　“球”对话框

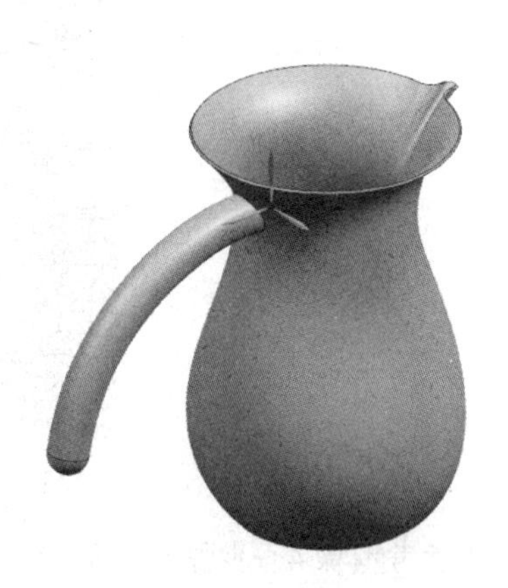

图 6-78　模型

19. 合并操作

单击“主页”选项卡“特征”面组上的“合并”按钮，系统弹出如图 6-79 所示的“合并”对话框。选择目标体为壶把手实体，选择工具体为球实体和壶实体，单击“确定”按钮，生成的模型如图 6-80 所示。

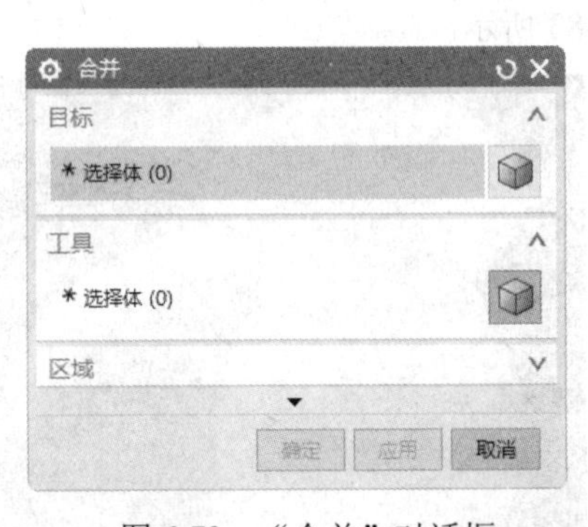

图 6-79　“合并”对话框

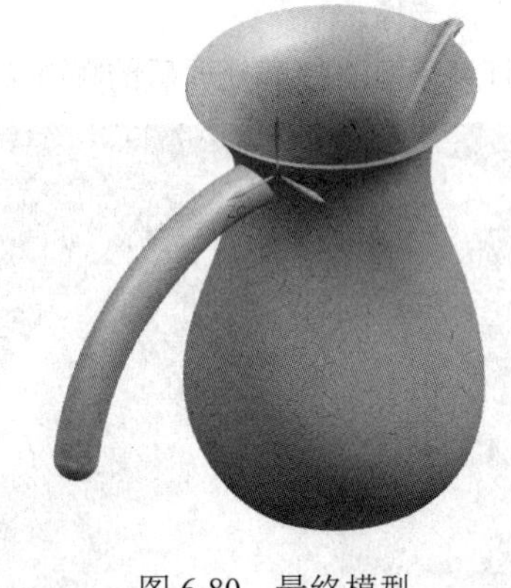

图 6-80　最终模型

6.2.2　打印模型

根据 5.1.2 节步骤 2 的相应操作后，发现模型较大，已经超过本书所选择机器的打印范围，需要将其缩小至合理尺寸。单击图形编辑工具栏上的“比例放大/缩小”按钮，弹出比例对话框，选中“统一”复选框，并将数值设置为 0.5，单击“应用”按钮，模型将被缩小至原来的 0.5 倍。

为减少后期对模型支撑的处理，可将模型 kafeihu 旋转 90° 放置，单击图形编辑工具栏中的“旋转”按钮，弹出“旋转”对话框，将 X 轴设置为 90°，单击“应用”按钮即可实现对模型绕 X 轴旋转 90°，旋转后如图 6-81 所示。

Note

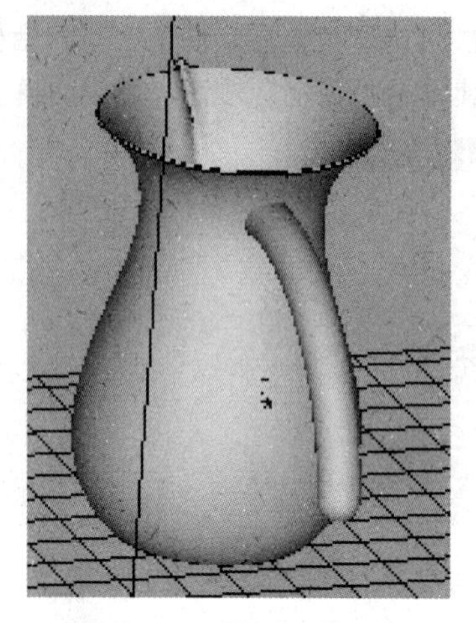

图 6-81　旋转后的咖啡壶

剩余步骤参考步骤 4～步骤 8，即可完成打印。

6.2.3　处理打印模型

处理打印模型有以下 4 个步骤：

（1）取出模型。取出后的咖啡壶模型如图 6-82 所示。

（2）清洗模型。

（3）去除支撑。

（4）打磨模型。打磨处理后的咖啡壶模型如图 6-83 所示。

图 6-82　打印完毕的咖啡壶模型

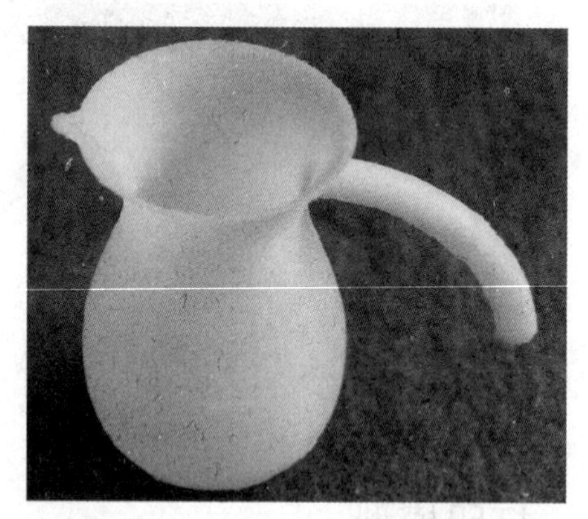

图 6-83　处理后的咖啡壶模型

6.3　塑料焊接器

扫码看视频

6.3　塑料焊接器

首先利用 UG 软件创建塑料焊接器模型，再利用 RPdata 软件打印塑料焊接器模型，最后对打印出来的塑料焊接器模型进行清洗、去除支撑和毛刺处理，流程图如图 6-84 所示。

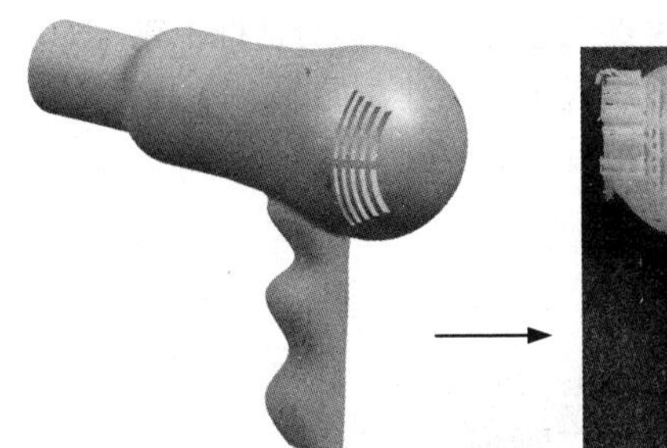

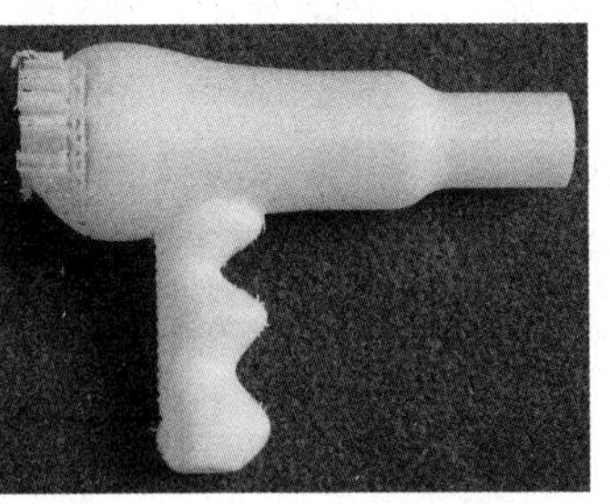

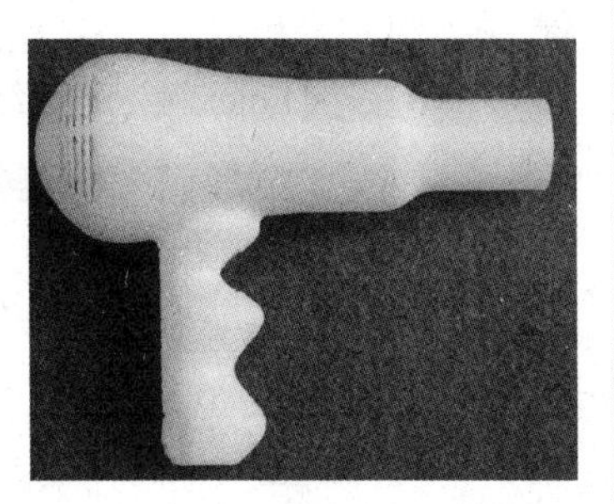

图 6-84　塑料焊接器模型创建流程图

6.3.1　创建模型

首先利用“旋转”命令创建出塑料焊接器焊头的一侧模型，然后利用“扫掠”命令创建曲面，并利用“修剪”命令修剪曲面，最后利用“有界平面”和“拉伸”命令创建曲面，并利用“修剪”“边倒圆”“镜像”“缝合”命令创建模型的细部，即可完成塑料焊接器的创建。

1. 新建文件

单击快速访问工具栏中的“新建”按钮，弹出“新建”对话框，在“模型”选项卡中选择适当的模板，文件名为 suliaohanjieqi，单击“确定”按钮，进入建模环境。

2. 绘制草图 1

单击“主页”选项卡“直接草图”面组上的“草图”按钮，打开“创建草图”对话框，选择 XC-YC 基准平面，进入草图绘制界面。利用“草图”命令绘制草图基本轮廓，单击“主页”选项卡“直接草图”面组上的“快速尺寸”按钮，对草图进入尺寸约束，结果如图 6-85 所示。

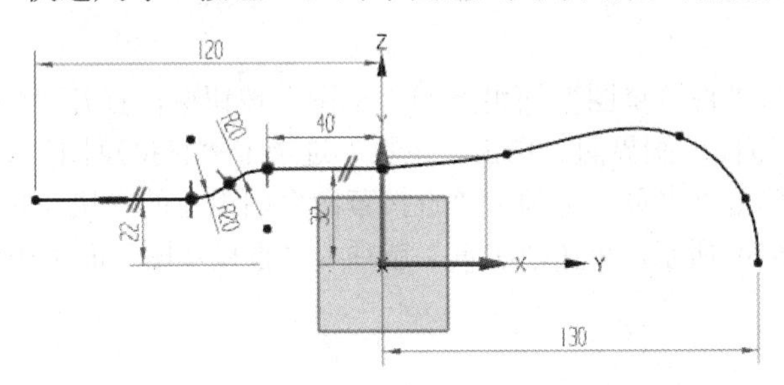

图 6-85　绘制草图

3. 创建旋转曲面

单击“主页”选项卡“特征”面组上的“旋转”按钮，弹出“旋转”对话框，如图 6-86 所示。在窗口中选择绘制好的草图为旋转曲线。在“指定矢量”下拉列表框中选择 YC 轴，指定坐标原点为旋转点。设置开始角度和结束角度分别为 0 和 180，设置“体类型”为“片体”，单击“确定”按钮，完成旋转体特征，如图 6-87 所示。

4. 创建直线 1

选择“菜单”→“插入”→“曲线”→“直线”命令，弹出“直线”对话框。在“起点选项”下拉列表框中选择“点”选项，跟随鼠标箭头出现坐标对话框，在坐标对话框中输入（0，70，0），按 Enter

键，确定线段起始点，在对话框的“终点选项”下拉列表框中选择“点”选项，在坐标对话框中输入（0，70，-150），按 Enter 键，确定线段终点，单击“确定”按钮，完成线段 1 的创建，如图 6-88 所示。

Note

图 6-86　“旋转”对话框

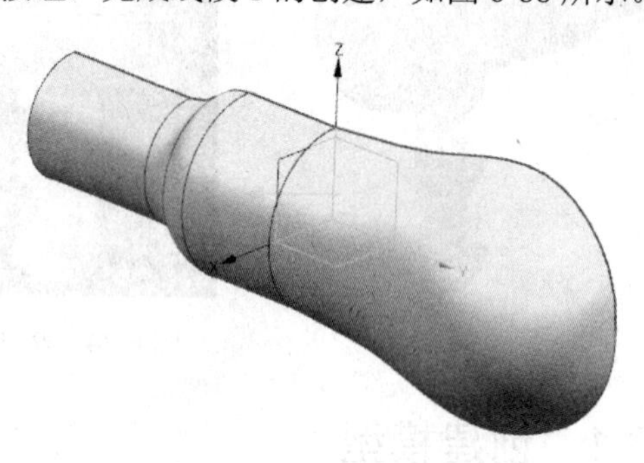

图 6-87　旋转生成的曲面

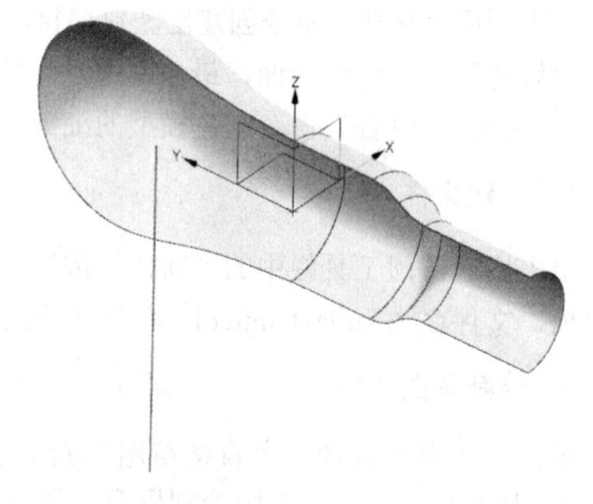

图 6-88　创建直线

5. 绘制草图 2

单击“主页”选项卡“直接草图”面组上的“草图”按钮，打开“创建草图”对话框，选择 ZC-YC 基准平面，进入草图绘制界面。单击“主页”选项卡“直接草图”面组中的“艺术样条”按钮，绘制样条曲线。单击“主页”选项卡“直接草图”面组上的“快速尺寸”按钮，对草图进行尺寸约束，结果如图 6-89 所示。单击“主页”选项卡“直接草图”面组中的“完成草图”按钮，退出草图绘制环境。

6. 绘制圆弧

（1）单击“曲线”选项卡“曲线”面组上的“圆弧/圆”按钮，弹出“圆弧/圆”对话框，选择“三点画圆弧”类型。捕捉样条曲线上端点为起点，捕捉直线上端点为终点，设置“半径”为 23，指定“XC-YC 平面”为支持面，双击箭头改变生成圆弧的方向，如图 6-90 所示，单击“确定”按钮生成圆弧。

（2）采用相同的方法在直线的下端创建半径为 20 的圆弧，如图 6-91 所示。

7. 扫掠

单击“曲面”选项卡“曲面”面组上的“扫掠”按钮，系统打开如图 6-92 所示的“扫掠”对话框。选择步骤 6 创建的两个圆弧为截面，然后选择直线和样条曲线为引导线，单击“确定”按钮，生成的扫掠曲面如图 6-93 所示。

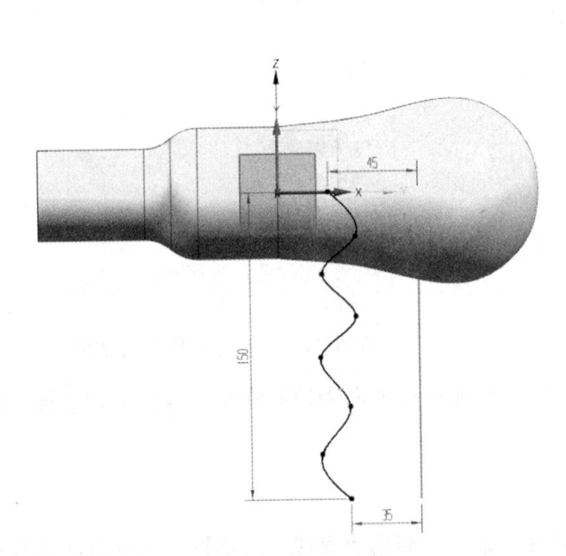

图 6-89　绘制草图

图 6-90　“圆弧/圆”对话框

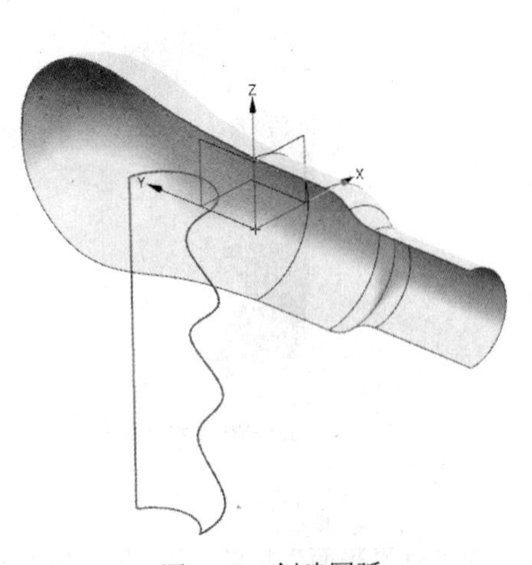

图 6-91　创建圆弧

图 6-92　“扫掠”对话框

8. 修剪片体 1

（1）单击“曲面”选项卡“曲面工序”面组上的“修剪片体”按钮，系统弹出如图 6-94 所示

的“修剪片体”对话框。选择扫掠曲面为目标片体，选择旋转曲面为边界对象，其余选项保持默认值，单击“确定”按钮。

Note

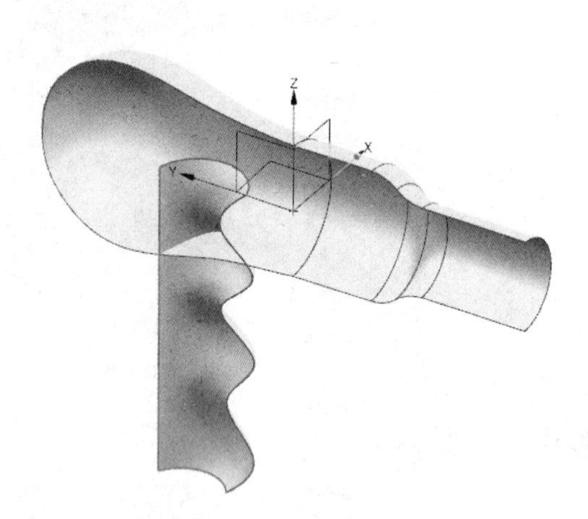

图 6-93　扫掠曲面

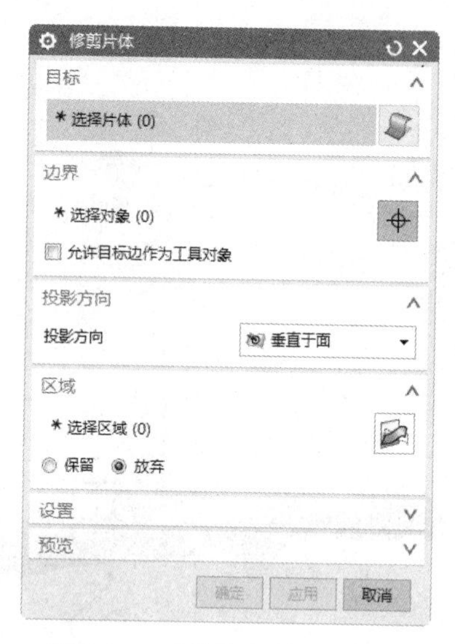

图 6-94　“修剪片体”对话框

（2）同步骤（1），选择旋转曲面为目标片体，选取扫掠曲面为边界对象，修剪多余曲面，然后隐藏曲线，结果如图 6-95 所示。

9. 创建直线 2

选择“菜单”→“插入”→“曲线”→“直线”命令，弹出“直线”对话框。捕捉直线和样条曲线的下端点，单击“确定”按钮，完成线段 1 的创建，如图 6-96 所示。

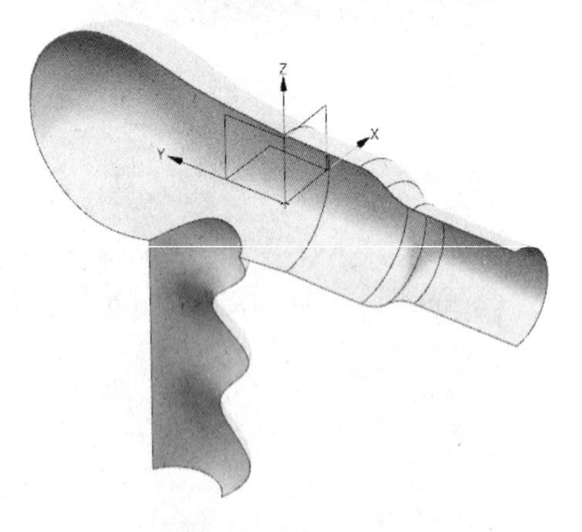

图 6-95　修剪曲面

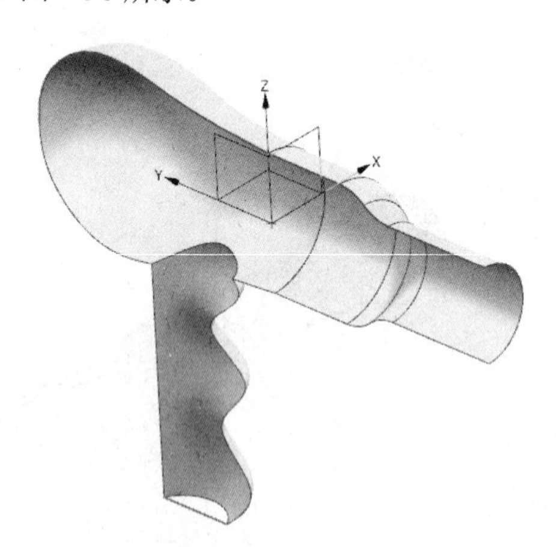

图 6-96　创建直线

10. 创建有界曲面

单击“曲面”选项卡“曲面”面组中“更多”库下的“有界平面”按钮，弹出如图 6-97 所示的“有界曲面”对话框。选择步骤 9 创建的直线和扫掠曲面的下端边线，单击“确定”按钮，完成曲面的创建，如图 6-98 所示。

Note

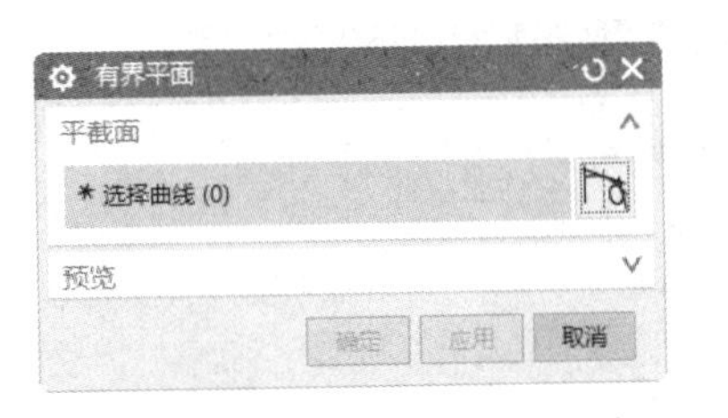

图 6-97　“有界曲面”对话框

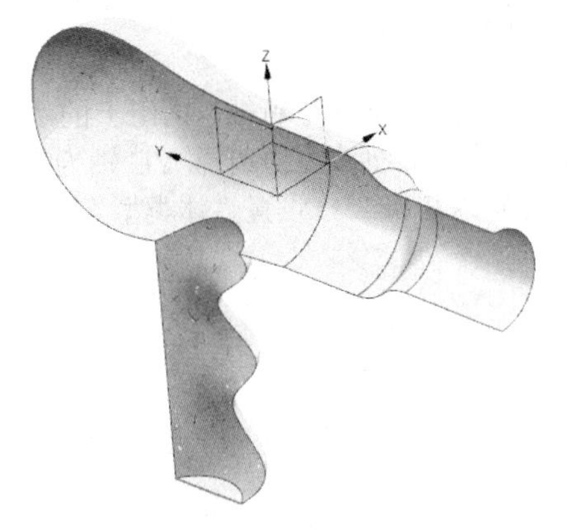

图 6-98　创建曲面

知识点——有界平面

该命令让用户通过利用首尾相接曲线的线串作为片体边界来生成一个平面片体。选择的线串必须共面并形成一个封闭的形状。生成有界平面时可以有或无孔。有界平面中的孔定义为内部边界，在那里不生成片体。在选定了外部边界以后，可以通过继续选择对象并选择（一次选一个）完整的内部边界（孔）来定义孔。

11. 创建基准平面

单击“主页”选项卡“特征”面组上的“基准平面”按钮，弹出如图 6-99 所示的“基准平面”对话框，选择“按某一距离”类型，选择 XC-ZC 平面作为参考平面，设置“距离”为 50，单击“确定”按钮，完成基准平面的创建，如图 6-100 所示。

图 6-99　“基准平面”对话框

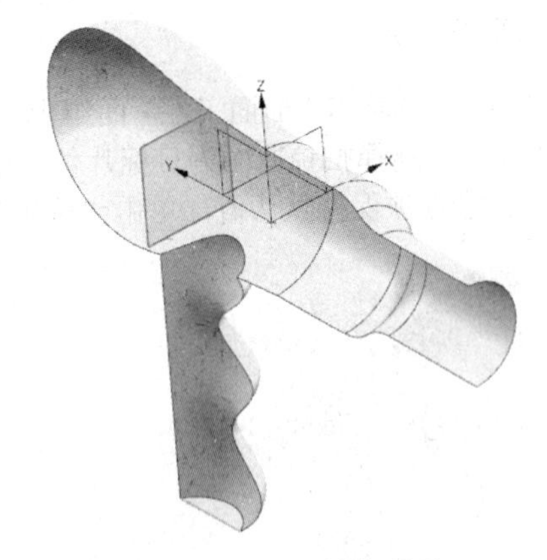

图 6-100　创建基准平面 1

12. 绘制草图 3

单击“主页”选项卡“直接草图”面组上的“草图”按钮，打开“创建草图”对话框，选择步骤 11 创建的基准平面 1 为草图绘制面，进入草图绘制界面。单击“主页”选项卡“直接草图”面组中的“矩形”按钮，绘制矩形。单击“主页”选项卡“直接草图”面组上的“快速尺寸”按钮，对草图进行尺寸约束，结果如图 6-101 所示。单击“主页”选项卡“直接草图”面组中的“完成草图”按钮，退出草图绘制环境。

Note

13. 创建拉伸 1

单击“主页”选项卡“特征”面组上的“拉伸”按钮，弹出“拉伸”对话框，如图 6-102 所示。在“指定矢量”下拉列表框中选择-YC 轴为拉伸方向。在图形中选择刚绘制的直线，设置开始距离和结束距离分别为 0 和 25，设置“体类型”为“片体”，单击“确定”按钮，结果如图 6-103 所示。

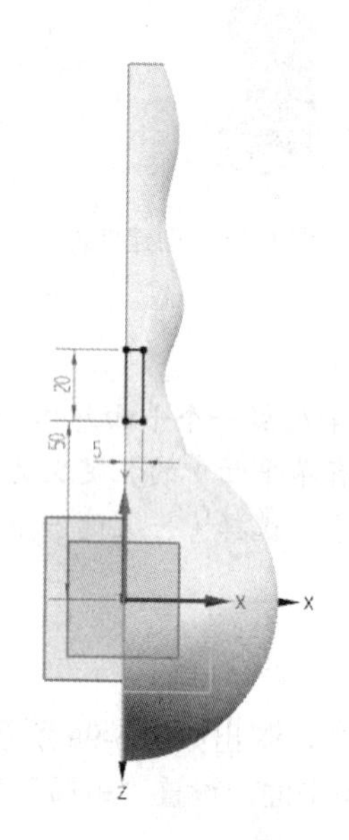

图 6-101 绘制草图

图 6-102 “拉伸”对话框

14. 修剪片体 2

单击“曲面”选项卡“曲面工序”面组上的“修剪片体”按钮，系统弹出如图 6-104 所示的“修剪片体”对话框。选择扫掠曲面为目标片体，选择拉伸曲面为边界对象，拉伸曲面内部的扫掠曲面为放弃区域，其余选项保持默认值，单击“确定”按钮。然后隐藏拉伸曲面，结果如图 6-105 所示。

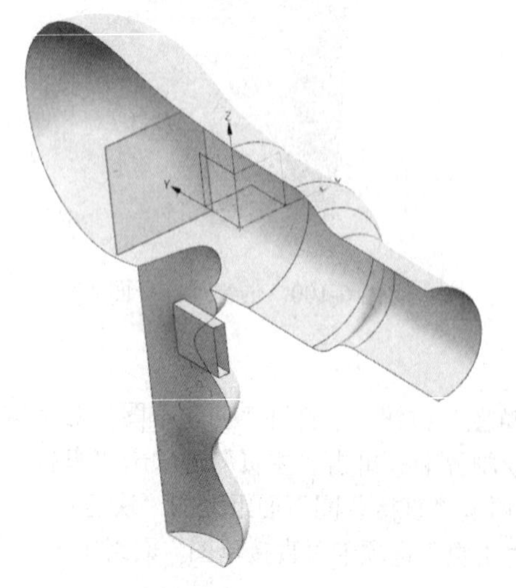

图 6-103 选择拉伸的曲线

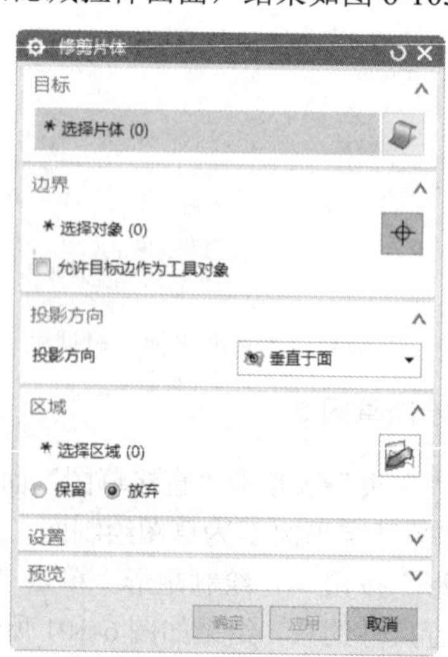

图 6-104 “修剪片体”对话框

15. 曲面缝合

单击“曲面”选项卡“曲面工序”面组上的“缝合”按钮，弹出如图 6-106 所示的“缝合”对话框。在对话框中选择类型为“片体”，选择旋转曲面为目标曲面，选择其余曲面为工具，单击“确定”按钮曲面被缝合。

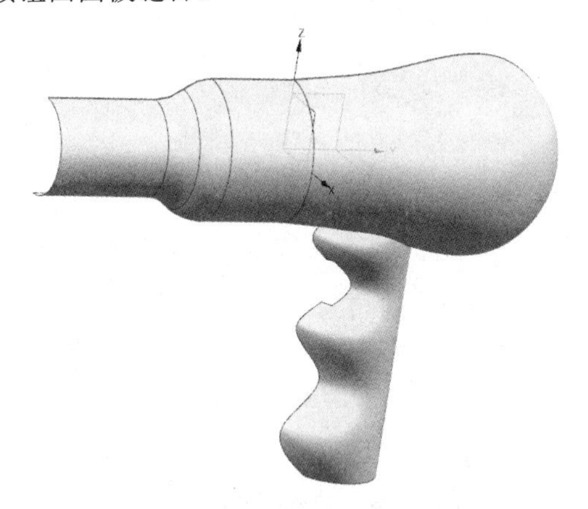

图 6-105　修剪曲面

图 6-106　“缝合”对话框

知识点——缝合

可将两个或多个片体连结成单个片体。如果选择的片体包围一定的体积，则形成一个实体。

“缝合”对话框中的选项说明如下。

1. 类型

（1）片体：选择曲面作为缝合对象。

（2）实体：选择实体作为缝合对象。

2. 目标

（1）选择片体：当类型为片体时目标为选择片体，用来选择目标片体，但只能选择一个片体作为目标片体。

（2）选择面：当类型为实体时目标为选择面，用来选择目标实体面。

3. 工具

（1）选择片体：当类型为片体时刀具为选择片体，用来选择工具片体，但可以选择多个片体作为工具片体。

（2）选择面：当类型为实体时刀具为选择面，用来选择工具实体面。

4. 设置

（1）输出多个片体：选中该复选框，缝合的片体为封闭时，缝合后生成的是片体；不选中该复选框，缝合后生成的是实体。

（2）公差：用来设置缝合公差。

16. 曲面边倒圆

单击“主页”选项卡“特征”面组上的“边倒圆”按钮，弹出如图 6-107 所示的“边倒圆”对话框。选择倒圆角边，如图 6-108 所示，输入半径为 5，单击“确定”按钮，然后隐藏基准平面、曲

线和草图，生成如图 6-109 所示的模型。

图 6-107　“边倒圆”对话框

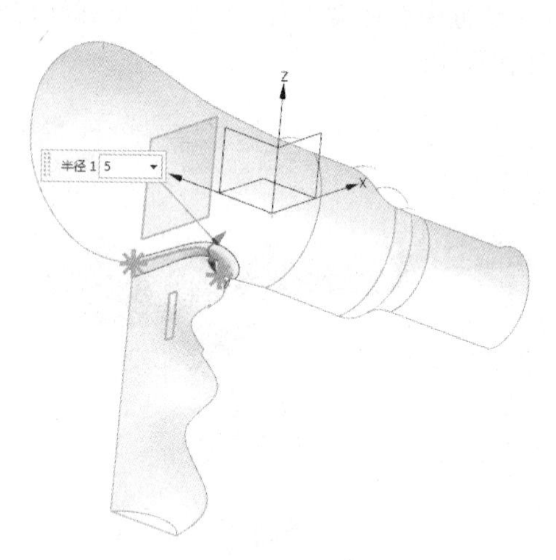

图 6-108　圆角边的选取

17. 绘制草图 4

单击“主页”选项卡“直接草图”面组上的“草图”按钮，打开“创建草图”对话框，选择步骤 11 创建的基准平面 1 为草图绘制面，进入草图绘制界面。单击“主页”选项卡“直接草图”面组中的“矩形”按钮，绘制矩形。单击“主页”选项卡“直接草图”面组上的“快速尺寸”按钮，对草图进行尺寸约束，结果如图 6-110 所示。单击“主页”选项卡“直接草图”面组中的“完成草图”按钮，退出草图绘制环境。

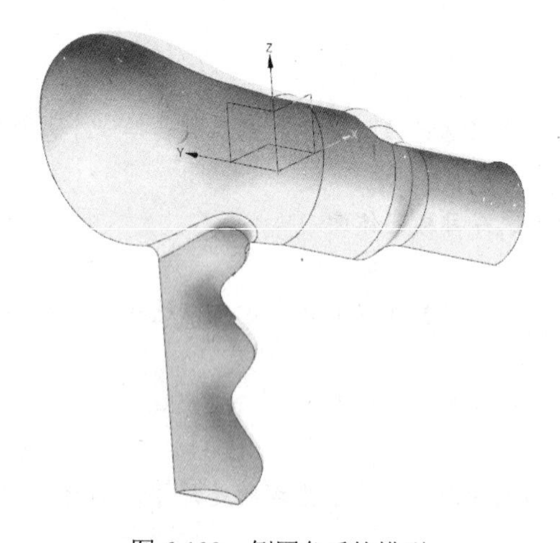

图 6-109　倒圆角后的模型

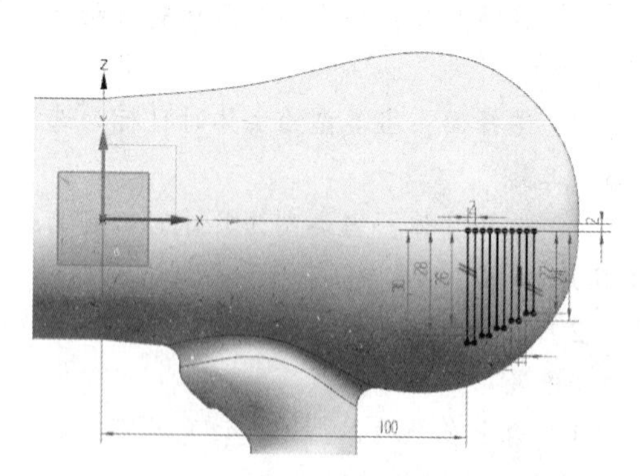

图 6-110　绘制草图

18. 创建拉伸 2

单击“主页”选项卡“特征”面组上的“拉伸”按钮，弹出“拉伸”对话框，如图 6-111 所示。在“指定矢量”下拉列表框中选择 XC 轴为拉伸方向。在图形中选择刚绘制的直线，设置开始距离和结束距离分别为 0 和 50，设置“体类型”为“片体”，单击“确定”按钮，结果如图 6-112 所示。

图 6-111　“拉伸”对话框

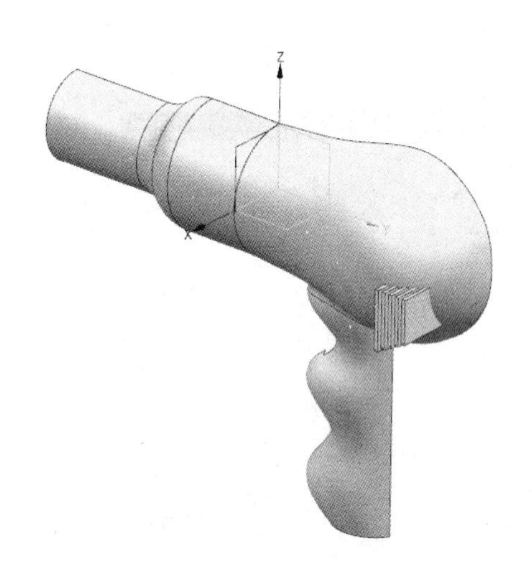

图 6-112　拉伸曲面

19. 修剪片体 3

（1）单击“曲面”选项卡“曲面工序”面组上的“修剪片体”按钮，系统弹出如图 6-113 所示的“修剪片体”对话框。选择旋转曲面为目标片体，选择第一个拉伸曲面为边界对象，拉伸曲面内部的扫掠曲面为放弃区域，其余选项保持默认值，单击“确定”按钮。

（2）采用相同的方法，修剪区域的曲面，然后隐藏拉伸曲面，结果如图 6-114 所示。

图 6-113　“修剪片体”对话框

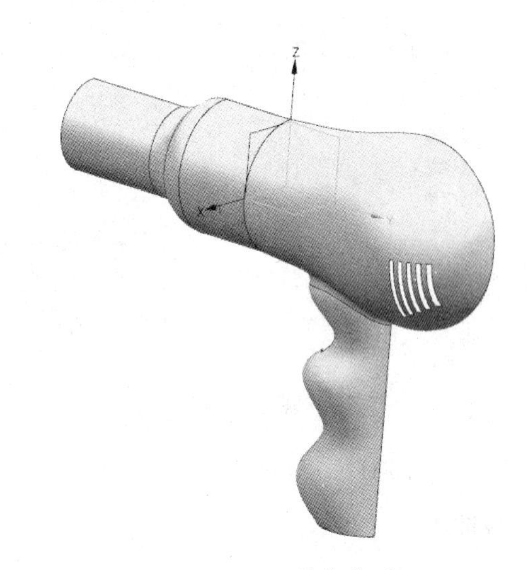

图 6-114　修剪曲面

Note

20. 镜像特征

单击“主页”选项卡“特征”面组“更多”下拉列表中的“镜像特征”按钮，弹出如图 6-115 所示的“镜像特征”对话框。选择修剪曲面为镜像特征。在“平面”下拉列表框中选择“新平面”选项，在“指定平面”下拉列表框中选择“XC-YC 平面”选项。单击“确定”按钮，完成镜像特征操作，生成如图 6-116 所示的模型。

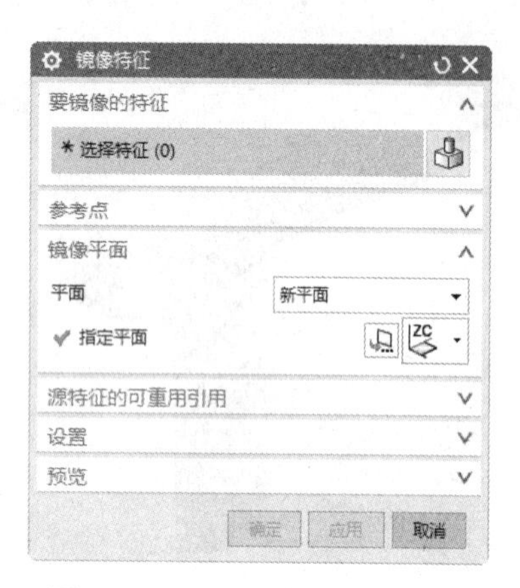

图 6-115 “镜像特征”对话框

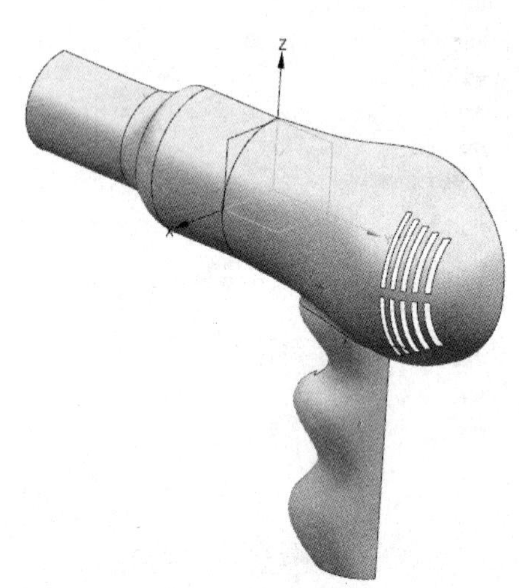

图 6-116 模型

21. 创建加厚曲面

单击“曲面”选项卡“曲面工序”面组上的“加厚”按钮，系统打开如图 6-117 所示的“加厚”对话框。选择视图中的曲面为加厚曲面，设置“偏置 1”为 1，“偏置 2”为 0，单击“反向”按钮，调整偏置方向如图 6-118 所示，单击“确定”按钮生成模型。

图 6-117 “加厚”对话框

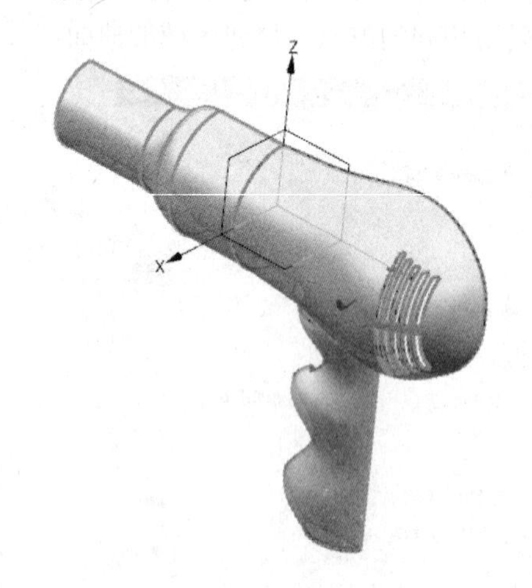

图 6-118 要加厚的曲面

22. 镜像体

单击“主页”选项卡“特征”面组上的“镜像几何体”按钮，弹出如图 6-119 所示的“镜像几何体”对话框。选择步骤 21 创建的加厚曲面为要镜像的几何体。选择“YC-ZC 平面”为镜像平面。

单击“确定”按钮，完成镜像体操作，隐藏曲面生成如图 6-120 所示的模型。

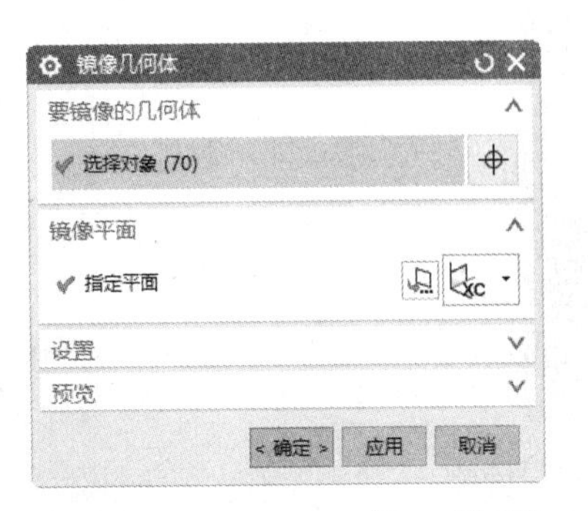

图 6-119 “镜像几何体”对话框

图 6-120 镜像几何体

知识点——镜像几何体

用于关于基准平面镜像整个体。

“镜像几何体”对话框中的选项说明如下。

（1）要镜像的几何体：用于选择想要进行镜像的部件中的特征。

（2）镜像平面：用于指定镜像选定特征所用的平面或基准平面。

（3）复制螺纹：用于复制符号螺纹，不需要重新创建与源体相同外观的其他符号螺纹。

23. 合并几何体

单击“主页”选项卡“特征”面组上的“合并”按钮，弹出“合并”对话框，如图 6-121 所示。选择镜像前的几何体为目标曲面，选择镜像后的几何体为工具，单击“确定”按钮，完成塑料焊接器的创建，如图 6-122 所示。

图 6-121 “合并”对话框

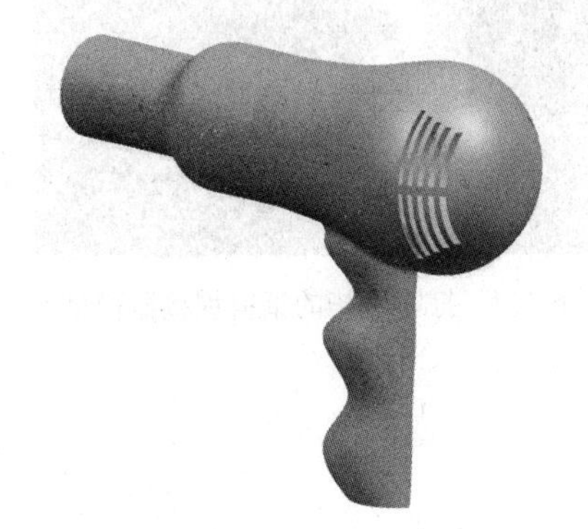

图 6-122 合并几何体

6.3.2 打印模型

根据 5.1.2 节步骤 2 的相应操作后，为保证打印效果，可将模型绕 X 轴旋转 270° 放置。单击图形编辑工具栏中的“旋转”按钮，弹出“旋转”对话框，将 X 轴设置为 270°，单击“应用”按钮

Note

即可实现对模型绕X轴旋转270°，旋转后如图6-123所示。

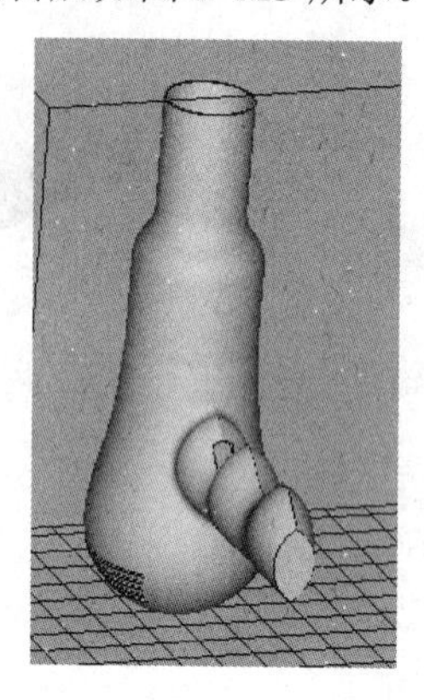

图6-123　旋转后的塑料焊接器

剩余步骤参考步骤4～步骤8，即可完成打印。

6.3.3　处理打印模型

处理打印模型有以下4个步骤：

（1）取出模型。取出后的塑料焊接器模型如图6-124所示。

（2）清洗模型。

（3）去除支撑。

（4）打磨模型。打磨处理后的塑料焊接器模型如图6-125所示。

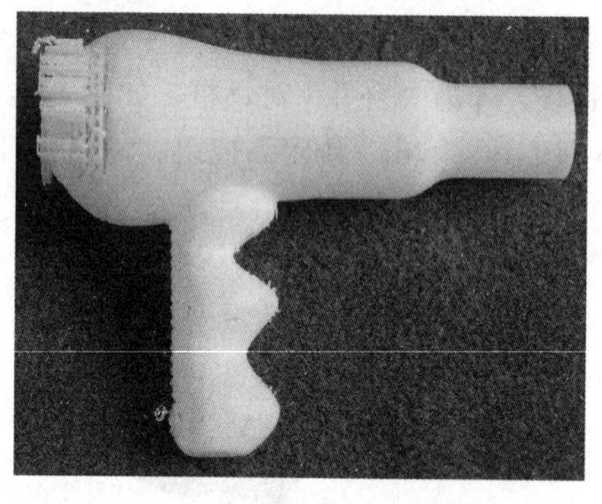

图6-124　打印完毕的塑料焊接器模型

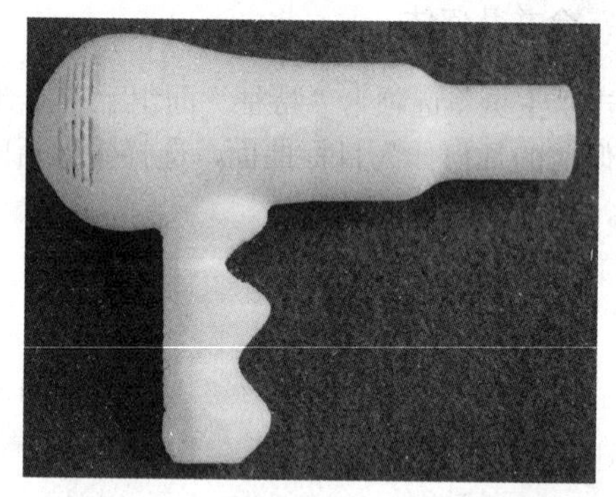

图6-125　处理后的塑料焊接器模型

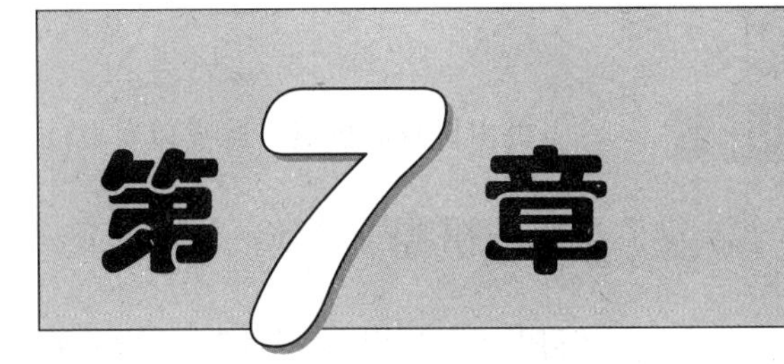

飞机造型

首先利用UG软件创建飞机模型，再利用Magics软件打印飞机的3D模型，最后对打印出来的飞机模型进行清洗、去除支撑和毛刺处理。

任务驱动&项目案例

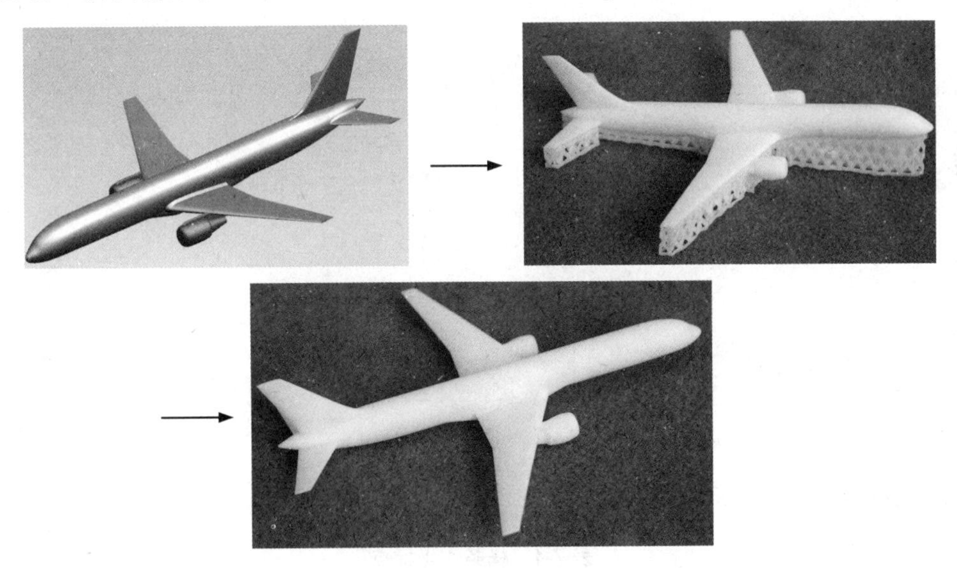

Note

7.1 创建模型

飞机由机身、机翼、尾翼以及发动机组成。

7.1.1 机身

利用“点”“艺术样条”“通过曲线组”“长方体”“拔模”“边倒圆”命令创建机身。

1. 创建新文件

单击快速访问工具栏中的“新建”按钮，弹出“新建”对话框。在“模板”列表中选择“模型”选项，输入名称为feiji，单击“确定”按钮，进入建模环境。

2. 创建点

单击“主页”选项卡“特征”面组上的“点”按钮+，弹出如图7-1所示的“点”对话框。

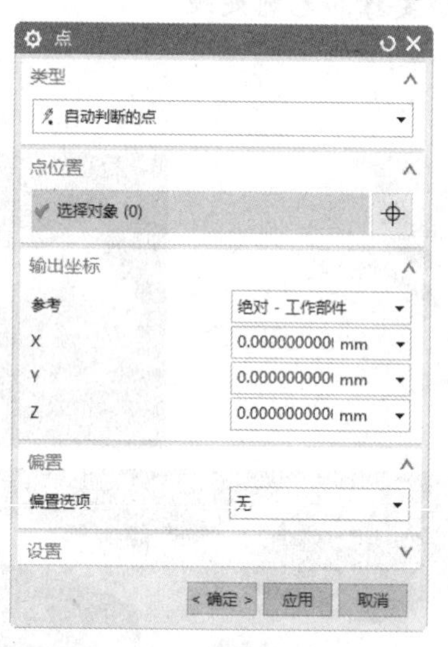

图7-1 “点”对话框

下面分别创建如表7-1所示的各点。

表7-1 样条1坐标点

点	坐 标	点	坐 标
点1	0，0，0	点6	44，109，-20
点2	0，-131，-20	点7	-44，109，-20
点3	78，-103，-20	点8	-104，52，-20
点4	118，-30，-20	点9	-118，-30，-20
点5	104，52，-20	点10	-78，-103，-20

知识点——点

“点”主要有以下 12 种创建方式。

（1）自动判断的点：根据鼠标所指的位置指定各种点之中离光标最近的点。

（2）光标位置：直接在鼠标左键单击的位置上建立点。

（3）十现有点：根据已经存在的点，在该点位置上再创建一个点。

（4）终点：根据鼠标选择位置，在靠近鼠标选择位置的端点处建立点。如果选择的特征为完整的圆，那么端点为零象限点。

（5）控制点：在曲线的控制点上构造一个点或规定新点的位置。控制点与曲线的类型有关，可以是直线的中点或端点、二次曲线的端点或是样条曲线的定义点或是控制点等。

（6）交点：在两段曲线的交点上、曲线和平面或曲面的交点上创建一个点或规定新点的位置。

（7）圆弧中心/椭圆中心/球心：在所选圆弧、椭圆或者是球的中心建立点。

（8）圆弧/椭圆上的角度：在与 X 轴正向成一定角度（沿逆时针方向）的圆弧/椭圆弧上创建一个点或规定新点的位置。

（9）象限点：即圆弧的四分点，在圆弧或椭圆弧的四分点处创建一个点或规定新点的位置。

（10）点在曲线/边上：在选择的特征上建立点。

（11）点在面上：在面上建立点。

（12）两点之间：在两点之间建立点。

3. 绘制样条曲线

（1）单击“曲线”选项卡“曲线”面组上的“艺术样条”按钮，弹出如图 7-2 所示的“艺术样条”对话框。选择“通过点”类型，选中“封闭”复选框，在屏幕中依次选择点 2、点 3、点 4、点 5、点 6、点 7、点 8、点 9、点 10，单击“确定”按钮。生成如图 7-3 所示的样条曲线 1。

图 7-2 “艺术样条”对话框

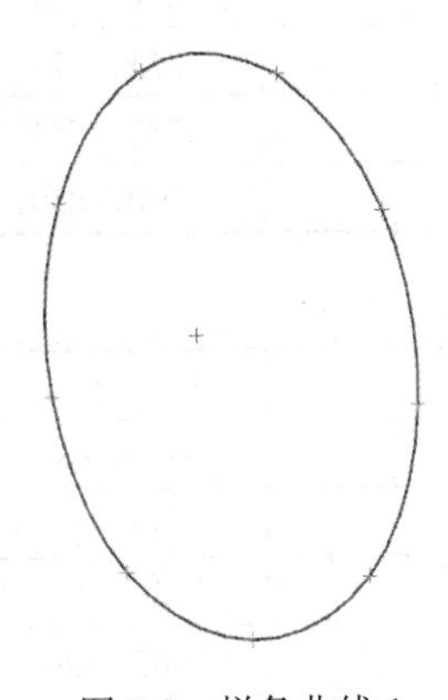

图 7-3 样条曲线 1

Note

（2）同上述步骤创建样条2、样条3、样条4、样条5、样条6、样条7、样条8、样条9、样条10、样条11……样条19，各样条点分别如表7-2～表7-20所示。

表7-2　样条2坐标点

点	坐　标	点	坐　标
点1	0，-275，-100	点6	-94，266，-100
点2	180，-213，-100	点7	-236，140，-100
点3	271，-47，-100	点8	-271，-47，-100
点4	236，140，-100	点9	-180，-213，-100
点5	94，266，-100		

表7-3　样条3坐标点

点	坐　标	点	坐　标
点1	0，-462，-300	点6	-167，475，-300
点2	313，-343，-300	点7	-436，273，-300
点3	489，-58，-300	点8	-489，-58，-300
点4	436，273，-300	点9	-313，-343，-300
点5	167，475，-300		

表7-4　样条4坐标点

点	坐　标	点	坐　标
点1	0，-612，-600	点6	-241，701，-600
点2	453，-450，-600	点7	-644，434，-600
点3	708，-43，-600	点8	-708，-43，-600
点4	644，434，-600	点9	-453，-450，-600
点5	241，701，-600		

表7-5　样条5坐标点

点	坐　标	点	坐　标
点1	0，-698，-850	点6	-290，859，-850
点2	548，-513，-850	点7	-782，551，-850
点3	851，-23，-850	点8	-851，-23，-850
点4	782，551，-850	点9	-548，-513，-850
点5	290，859，-850		

表7-6　样条6坐标点

点	坐　标	点	坐　标
点1	0，-768，-1110	点6	-337，1013，-1110
点2	637，-565，-1110	点7	-905，663，-1110
点3	985，1，-1110	点8	-985，1，-1110
点4	905，663，-1110	点9	-637，-565，-1110
点5	337，1013，-1110		

表 7-7　样条 7 坐标点

点	坐　　标	点	坐　　标
点 1	0，-832，-1410	点 6	-391，1305，-1410
点 2	743，-597，-1410	点 7	-1021，848，-1410
点 3	1131，75，-1410	点 8	-1131，75，-1410
点 4	1021，848，-1410	点 9	-743，-597，-1410
点 5	391，1305，-1410		

表 7-8　样条 8 坐标点

点	坐　　标	点	坐　　标
点 1	0，-883，-1710	点 6	-440，1605，-1710
点 2	840，-611，-1710	点 7	-1112，1034，-1710
点 3	1262，161，-1710	点 8	-1262，161，-1710
点 4	1112，1034，-1710	点 9	-840，-611，-1710
点 5	440，1605，-1710		

表 7-9　样条 9 坐标点

点	坐　　标	点	坐　　标
点 1	0，-951，-2210	点 6	-501，1936，-2210
点 2	957，-628，-2210	点 7	-1245，1256，-2210
点 3	1433，260，-2210	点 8	-1433，260，-2210
点 4	1245，1256，-2210	点 9	-957，-628，-2210
点 5	501，1936，-2210		

表 7-10　样条 10 坐标点

点	坐　　标	点	坐　　标
点 1	0，-1033，-3210	点 6	-583，2340，-3210
点 2	1101，-634，-3210	点 7	-1451，1555，-3210
点 3	1655，398，-3210	点 8	-1655，398，-3210
点 4	1451，1555，-3210	点 9	-1101，-634，-3210
点 5	583，2340，-3210		

表 7-11　样条 11 坐标点

点	坐　　标	点	坐　　标
点 1	0，-1067，-4710	点 6	-643，2671，-4710
点 2	1204，-607，-4710	点 7	-1617，1824，-4710
点 3	1804，541，-4710	点 8	-1804，541，-4710
点 4	1617，1824，-4710	点 9	-1204，-607，-4710
点 5	643，2671，-4710		

Note

表 7-12　样条 12 坐标点

点	坐　标	点	坐　标
点 1	0，-1065，-7100	点 5	0，2948，-7100
点 2	1364，-464，-7100	点 6	-1372，2352，-7100
点 3	1884，944，-7100	点 7	-1884，944，-7100
点 4	1372，2352，-7100	点 8	-1364，-464，-7100

表 7-13　样条 13 坐标点

点	坐　标	点	坐　标
点 1	0，-1169，-35200	点 6	-674，2823，-35200
点 2	1241，-652，-35200	点 7	-1672，1917，-35200
点 3	1841，572，-35200	点 8	-1841，572，-35200
点 4	1672，1917，-35200	点 9	-1241，-652，-35200
点 5	674，2823，-35200		

表 7-14　样条 14 坐标点

点	坐　标	点	坐　标
点 1	0，-1020，-36700	点 6	-660，2808，-36700
点 2	1224，-540，-36700	点 7	-1656，1950，-36700
点 3	1833，640，-36700	点 8	-1833，640，-36700
点 4	1656，1950，-36700	点 9	-1224，-540，-36700
点 5	660，2808，-36700		

表 7-15　样条 15 坐标点

点	坐　标	点	坐　标
点 1	0，-808，-38200	点 6	-633，2752，-38200
点 2	1189，-390，-38200	点 7	-1612，1966，-38200
点 3	1796，719，-38200	点 8	-1796，719，-38200
点 4	1612，1966，-38200	点 9	-1189，-390，-38200
点 5	633，2752，-38200		

表 7-16　样条 16 坐标点

点	坐　标	点	坐　标
点 1	0，-538，-39700	点 6	-590，2661，-39700
点 2	1124，-196，-39700	点 7	-1526，1969，-39700
点 3	1713，815，-39700	点 8	-1713，815，-39700
点 4	1526，1969，-39700	点 9	-1124，-196，-39700
点 5	590，2661，-39700		

表 7-17　样条 17 坐标点

点	坐　　标	点	坐　　标
点 1	0，−225，−41200	点 6	−529，2545，−41200
点 2	1020，41，−41200	点 7	−1388，1957，−41200
点 3	1568，929，−41200	点 8	−1568，929，−41200
点 4	1388，1957，−41200	点 9	−1020，41，−41200
点 5	529，2545，−41200		

表 7-18　样条 18 坐标点

点	坐　　标	点	坐　　标
点 1	0，98，−42700	点 6	−450，2414，−42700
点 2	872，304，−42700	点 7	−1187，1926，−42700
点 3	1343，1053，−42700	点 8	−1343，1053，−42700
点 4	1187，1926，−42700	点 9	−872，304，−42700
点 5	450，2414，−42700		

表 7-19　样条 19 坐标点

点	坐　　标	点	坐　　标
点 1	0，438，−44200	点 6	−350，2276，−44200
点 2	675，605，−44200	点 7	−909，1879，−44200
点 3	1025，1197，−44200	点 8	−1025，1197，−44200
点 4	909，1879，−44200	点 9	−675，605，−44200
点 5	350，2276，−44200		

表 7-20　样条 20 坐标点

点	坐　　标	点	坐　　标
点 1	0，1372，−46965	点 3	0，1534，−46965
点 2	81，1453，−46965	点 4	−81，1453，−46965

结果生成如图 7-4 所示的样条曲线。

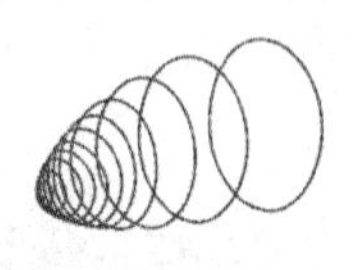

图 7-4　样条曲线

4. 创建实体 1

单击“曲面”选项卡“曲面”面组上的“通过曲线组”按钮，弹出如图 7-5 所示的“通过曲线组”对话框。选择步骤 3 创建的点 1，单击鼠标中键，然后选择样条曲线 1，单击鼠标中键，选择样条曲线 2，单击鼠标中键，选择样条曲线 3，单击鼠标中键，并保持样条曲线的矢量方向一致，如图 7-6 所示。单击“确定”按钮。完成曲面 1 的创建，如图 7-7 所示。

图 7-5　“通过曲线组”对话框

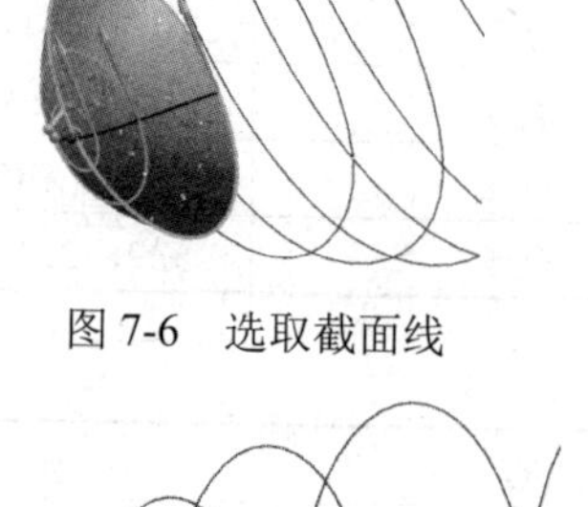

图 7-6　选取截面线

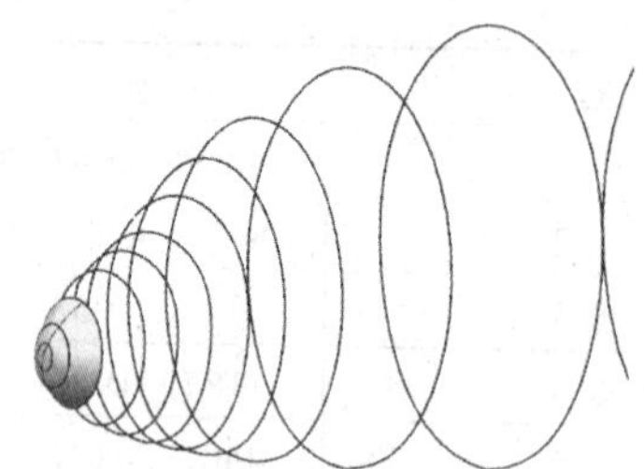

图 7-7　创建曲面 1

5. 创建实体 2

单击“曲面”选项卡“曲面”面组上的“通过曲线组”按钮，弹出“通过曲线组”对话框。选择样条曲线 4，单击鼠标中键，依次选择样条曲线 5，单击鼠标中键，直到样条曲线 20，如图 7-8 所示。单击“确定”按钮，完成图 7-9 所示的实体的创建。

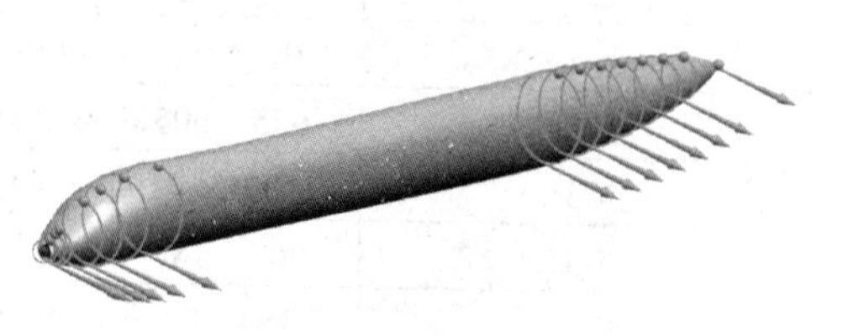

图 7-8　选取截面线

6. 合并实体

单击“主页”选项卡“特征”面组上的“合并”按钮，弹出“合并”对话框。依次选择通过曲线组创建的两个实体，单击“确定”按钮。

7. 隐藏曲线和点

选择“菜单”→“插入”→“显示和隐藏”→“隐藏”命令，弹出“类选择”对话框。单击“类型过滤器”按钮，弹出“按类型选择”对话框，选择“曲线”和“点”选项，单击“确定”按钮。返回到“类选择”对话框，单击“全选”按钮，选中视图中所有的曲线和点，单击“确定”按钮，隐藏曲线和点，结果如图 7-10 所示。

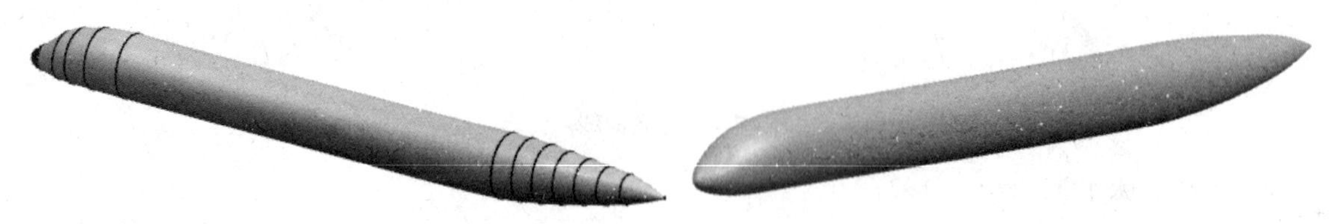

图 7-9　创建机身

图 7-10　隐藏曲线和点

8. 创建长方体

单击“主页”选项卡“特征”面组上的“块”按钮，弹出“块”对话框，选择“两个对角点”

类型，如图7-11所示。单击“点对话框”按钮，在弹出的“点”对话框中输入点1（1860，-1480，-18829），单击“确定”按钮。输入点2（-1860，607，-26455），单击“确定”按钮，返回“块”对话框。在“布尔”下拉列表框中选择“求和”选项，最后单击“确定”按钮，完成长方体的创建。

Note

9. 创建拔模角

（1）单击“主页”选项卡“特征”面组上的“拔模”按钮，弹出“拔模”对话框。选择长方体的底面为固定面，选择-YC轴为拔模方向，选择长方体的前面为要拔模的面，设置“角度”为70，如图7-12所示。单击“应用”按钮，创建前平面的拔模，结果如图7-13所示。

（2）同步骤（1）对后平面进行拔模，拔模角度为75，最后生成模型如图7-14所示。

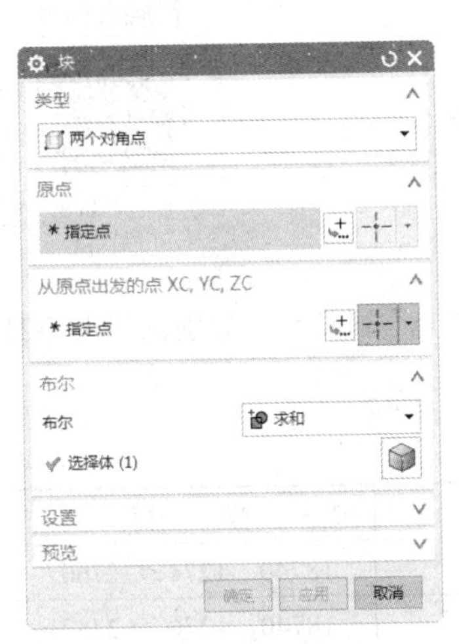

图7-11 “块”对话框

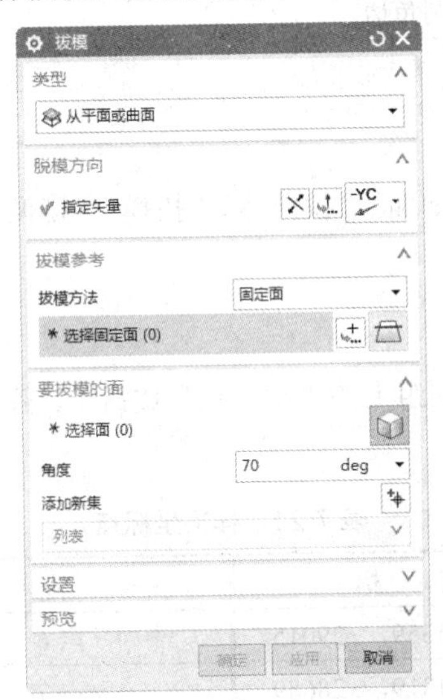

图7-12 “拔模”对话框

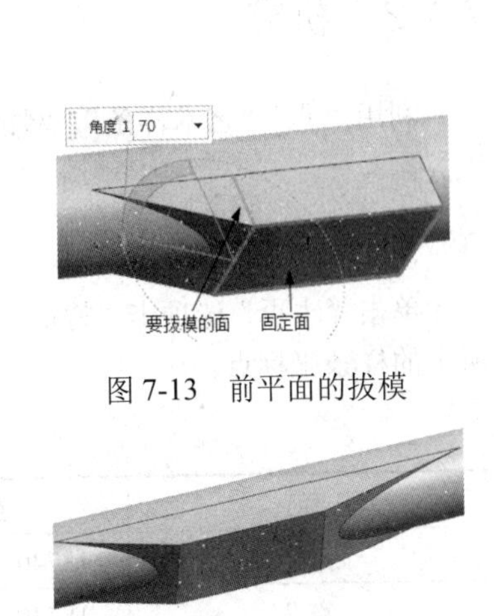

图7-13 前平面的拔模

图7-14 模型

10. 倒圆角

（1）单击“特征”工具栏中的“边倒圆”按钮，弹出“边倒圆”对话框，如图7-15所示。在“半径1”下拉列表框中输入800。选择如图7-16所示的两条边，单击“应用”按钮，完成边倒圆操作。

图7-15 “边倒圆”对话框

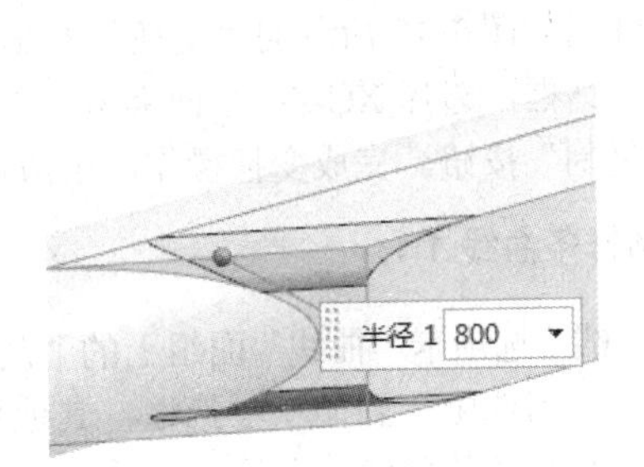

图7-16 选择圆角边

（2）同步骤（1），依次选择图 7-17 中所示的圆角边，单击“确定”按钮，创建圆角，如图 7-18 所示。

Note

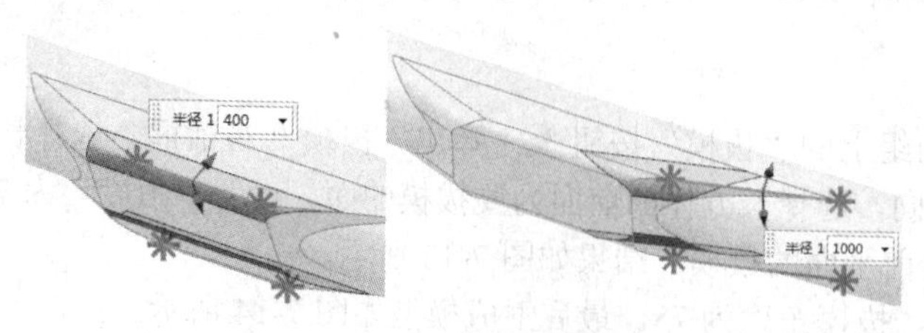

图 7-17　选择圆角边

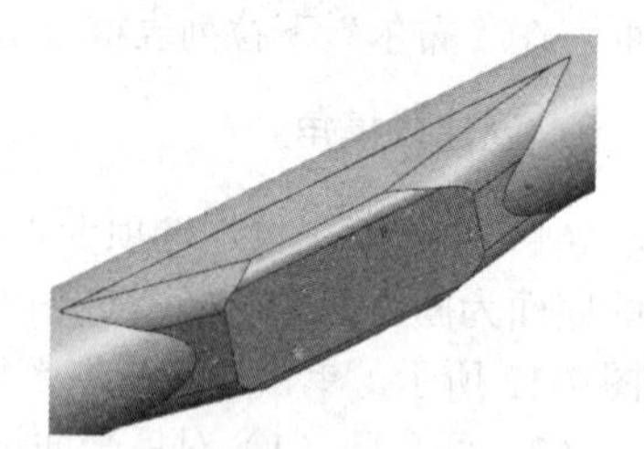
图 7-18　倒圆角

7.1.2　机翼

扫码看视频
7.1.2　机翼

利用“点”“艺术样条”“网格曲面”“拉伸体”“拔模”“镜像”命令创建机翼。

1. 绘制点

单击“主页”选项卡“特征”面组上的“基准点”按钮十，弹出“点”对话框，分别创建表 7-21 所示的样条坐标点。

表 7-21　样条坐标点

点	坐　标	点	坐　标
点 1	18740，1359，−29015	点 6	18740，1274，−27607
点 2	18740，1319，−28689	点 7	18740，1276，−27471
点 3	18740，1294，−28329	点 8	18740，1303，−07301
点 4	18740，1286，−27990	点 9	18740，1372，−27213
点 5	18740，1275，−27756	点 10	18740，1372，−29015

2. 移动坐标

选择“菜单”→“格式”→WCS→“动态”命令，用鼠标选择点 10 为动态坐标系的系统原点，单击鼠标中键，完成动态坐标系的设置。

3. 镜像点

选择“菜单”→“编辑”→“变换”命令，弹出“变换”对话框。选择点 1 到点 9 各点，单击“确定”按钮，弹出如图 7-19 所示的“变换”对话框。单击“通过一平面镜像”按钮，弹出如图 7-20 所示的“刨”对话框，选择 XC-ZC 平面类型，单击“确定”按钮。弹出如图 7-21 所示的“变换”对话框，单击“复制”按钮。完成变换操作。生成如图 7-22 所示的点集。

4. 绘制样条曲线 1

单击“曲线”选项卡“曲线”面组上的“艺术样条”按钮，弹出“艺术样条”对话框。选择“通过点”类型，取消选中“封闭”复选框，其他采用默认设置，单击“确定”按钮。分别选择图 7-22 中的所有点，绘制样条曲线。

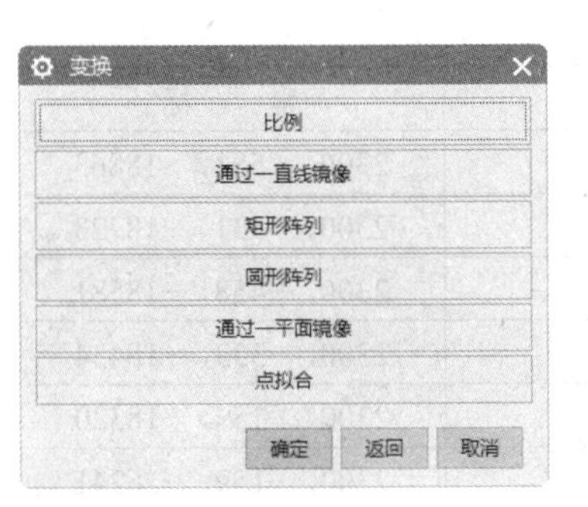

图 7-19　“变换”对话框

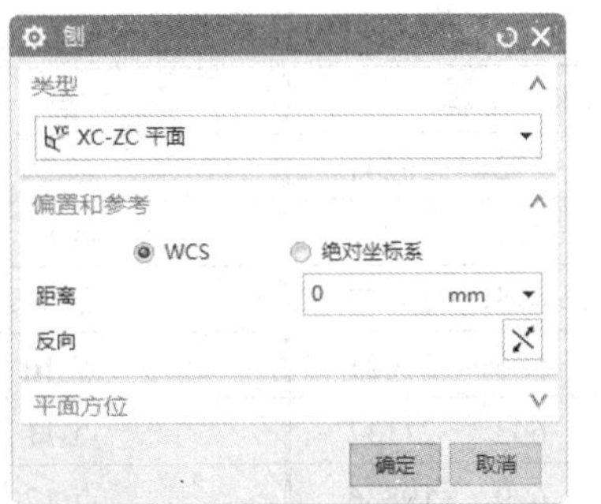

图 7-20　“刨”对话框

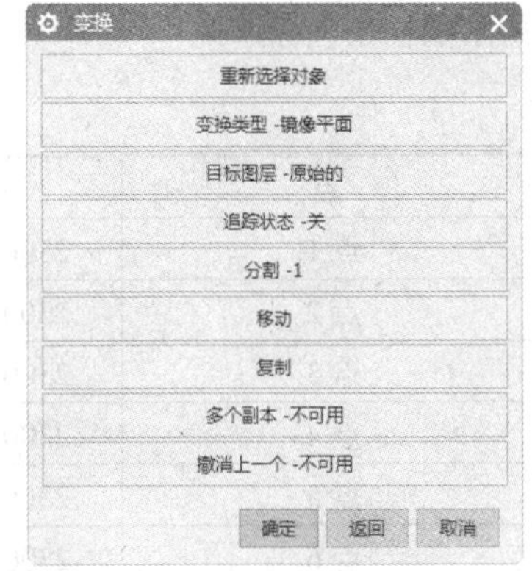

图 7-21　“变换”对话框

图 7-22　镜像点

5. 绘制直线 1

选择“菜单”→“插入”→“曲线”→“直线”命令，弹出如图 7-23 所示的“直线”对话框。设置“起点选项”和“终点选项”为“点”，选择点 1 为起点，选择镜像后的点 1 为终点，单击“确定”按钮，连接直线，形成封闭曲线 1，如图 7-24 所示。

6. 转换坐标系

选择“菜单”→“格式”→WCS→“定向”命令，弹出如图 7-25 所示的 CSYS 对话框。选择“绝对 CSYS”类型，单击“确定”按钮，完成坐标系的转换。

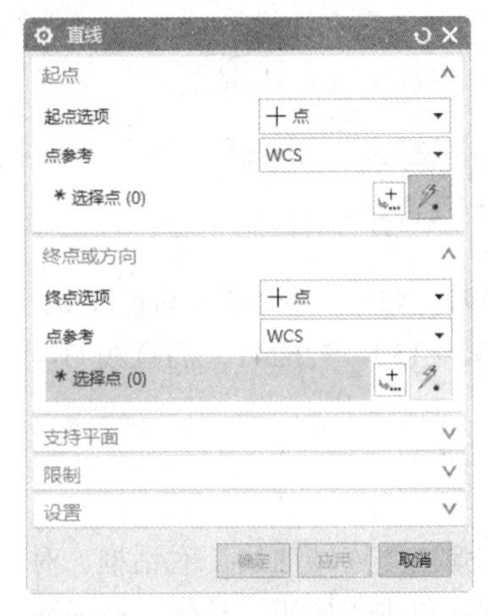

图 7-23　“直线”对话框

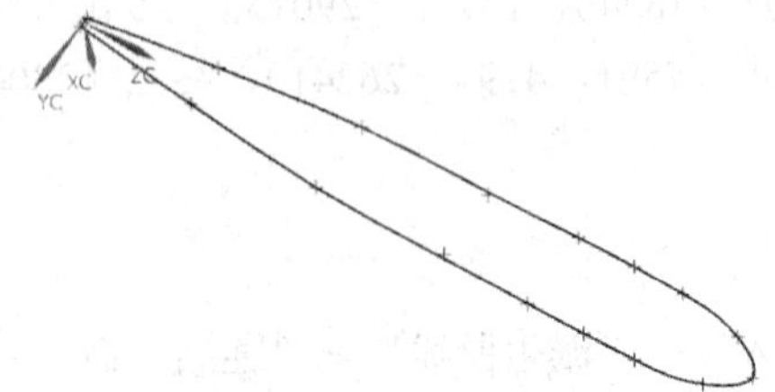

图 7-24　曲线 1 的创建

图 7-25　CSYS 对话框

7. 创建点

单击“主页”选项卡“特征”面组上的“基准点”按钮十，弹出“点”对话框，分别创建如表 7-22

所示的样条坐标点。

Note

表 7-22　样条坐标点

点	坐　标	点	坐　标
点 1	2300，-172，-26241	点 7	2300，-581，-18863
点 2	2300，-377，-24203	点 8	2300，-531，-18723
点 3	2300，-475，-23272	点 9	2300，-458，-18581
点 4	2300，-586，-22021	点 10	2300，-353，-18434
点 5	2300，-643，-21137	点 11	2300，-159，-18320
点 6	2300，-679，-19836	点 12	2300，-159，-26241

8. 绘制样条曲线 2

同步骤 4 和步骤 5，创建曲线 2，如图 7-26 所示。在点的变换过程中，将坐标系移动到点 12 上。

9. 绘制直线 2

（1）选择“菜单”→“插入”→“曲线”→“直线”命令，弹出如图 7-27 所示的“直线”对话框。输入起点（18740，1372，-27213），输入终点（2300，-159，-18320），连续单击“确定”按钮，完成直线 1 的创建。

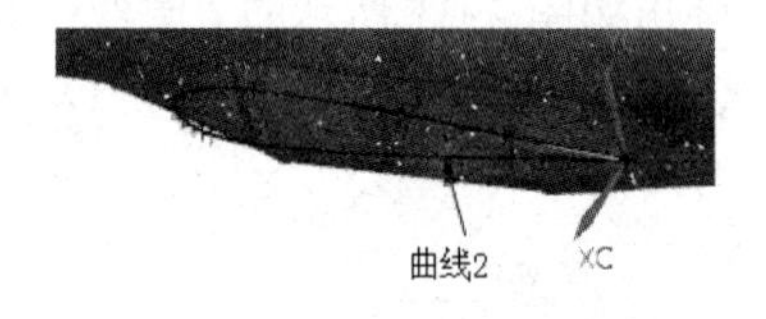

图 7-26　创建曲线 2

图 7-27　“直线”对话框

（2）同步骤（1），创建起点（18740，1372，-29015）、终点（7591，429，-26241）的直线 2。

（3）同步骤（1），创建起点（7591，429，-26241）、终点（2300，-159，-26241）的直线 3，生成的曲线如图 7-28 所示。

10. 连接曲线

（1）选择“菜单”→“插入”→“派生曲线”→“连结”命令，弹出“连结曲线”对话框。对话框设置如图 7-29 所示。依次选择图 7-29 中曲线 1 的样条曲线和直线，单击“应用”按钮，完成连结操作。

（2）同步骤（1），完成曲线 2 中的样条曲线和直线的连结，完成直线 2 和直线 3 的连结操作。

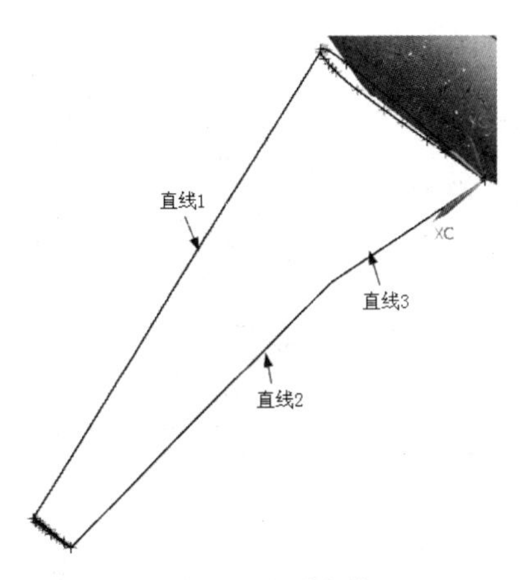

图 7-28　绘制直线

图 7-29　“连结曲线”对话框

Note

知识点——连结曲线

该命令可将一链曲线和/或边合并到一起生成一条样条曲线。其结果是与原先的曲线链近似的多项式样条，或是完全表示原先的曲线链的一般样条。

“连结曲线”对话框中的选项说明如下。

（1）选择曲线：用于选择一连串曲线、边及草图曲线。

（2）设置。

① 关联：选中该复选框，输出样条将与其输入曲线关联，并且当修改这些曲线时会相应更新。

② 输入曲线：该选项的子选项用于处理原先的曲线。

☑　保留：保留输入曲线。新曲线创建于输入曲线之上。

☑　隐藏：隐藏输入曲线。

☑　删除：删除输入曲线。

☑　替换：将第一条输入曲线替换为输出样条，然后删除其他所有输入曲线。

③ 输出曲线类型：用于指定样条类型。

☑　常规：创建可精确标示输入曲线的样条。

☑　三次：使用 3 次多项式样条逼近输入曲线。

☑　五次：使用 5 次多项式样条逼近输入曲线。

☑　高阶：仅使用一个分段重新构建曲线，直至达到最高阶次参数所指定的阶次数。

11. 网格曲面

单击“曲面”选项卡“曲面”面组上的“通过曲线网格”按钮，弹出“通过曲线网格”对话框，如图 7-30 所示。选择曲线 1 和曲线 2 主曲线，选择直线 1、直线 2 和直线 3 组成的连接曲线为交叉曲线。单击“确定”按钮，完成通过曲线网格操作，生成如图 7-31 所示的模型。

12. 创建拉伸

单击“主页”选项卡“特征”面组上的“拉伸”按钮，弹出如图 7-32 所示的“拉伸”对话框。选择步骤 11 绘制的曲线 2 为拉伸曲线。在“指定矢量”下拉列表框中选择-XC 轴为拉伸方向。设置开始距离和结束距离分别为 0 和 600，在“布尔”下拉列表框中选择“求和”选项，单击“确定”按钮，结果如图 7-33 所示。

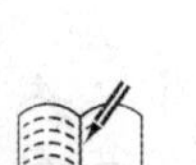

Note

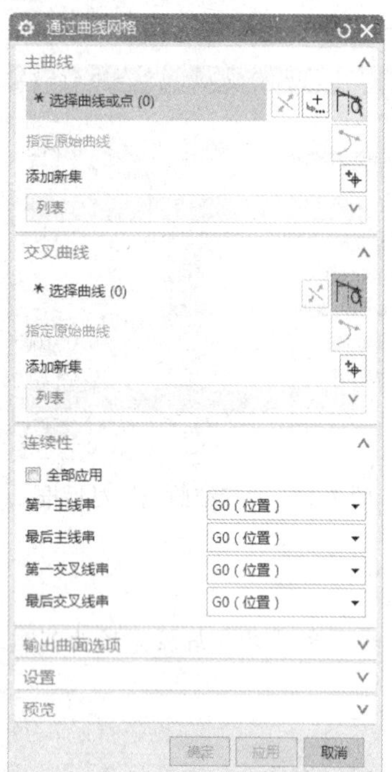

图 7-30 “通过曲线网格”对话框

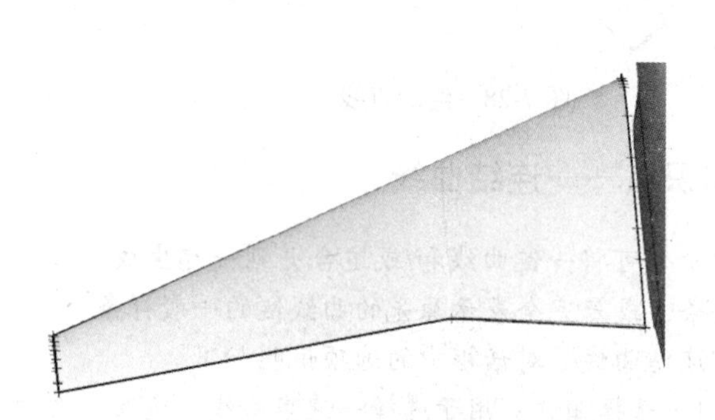

图 7-31 通过曲线网格体

图 7-32 “拉伸”对话框

图 7-33 拉伸体

13. 拔模

单击“主页”选项卡“特征”面组上的“拔模”按钮，弹出如图 7-34 所示的“拔模”对话框。选择拉伸体的底面为固定面，选择 XC 轴为拔模方向，选择拉伸体的侧面为要拔模的面，设置“角度”为 30，如图 7-35 所示。单击“确定”按钮创建拔模，如图 7-36 所示。

图 7-34　“拔模”对话框

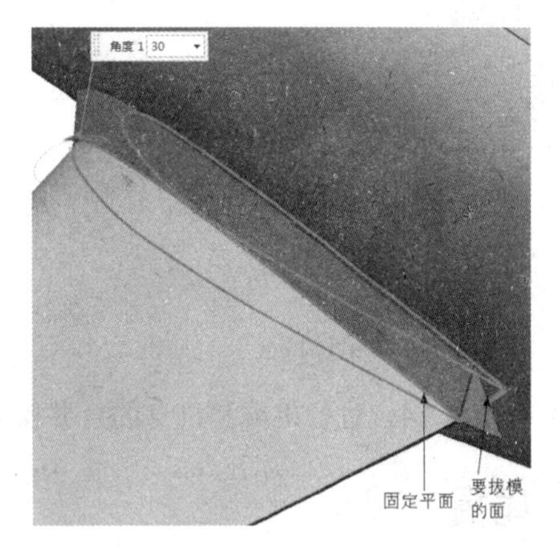

图 7-35　拔模示意图

14. 隐藏曲线和点

选择“菜单”→“插入”→“显示和隐藏”→“隐藏”命令，弹出“类选择”对话框。单击“类型过滤器”按钮，弹出“按类型选择”对话框，选择“曲线”和“点”选项，单击“确定”按钮。返回到“类选择”对话框，单击“全选”按钮，选中视图中所有的曲线和点，单击“确定”按钮，隐藏创建机翼所使用的点和曲线。

15. 合并操作

单击“主页”选项卡“特征”面组上的“合并”按钮，弹出如图 7-37 所示的“合并”对话框。依次选择机身和机翼，单击“确定”按钮，将机身和机翼进行布尔合并操作。

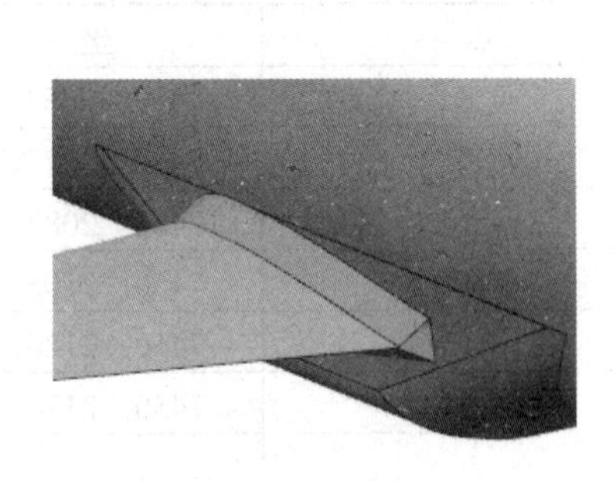

图 7-36　拔模

图 7-37　“合并”对话框

16. 镜像特征

（1）单击“主页”选项卡“特征”面组“更多”下拉列表的“镜像特征”按钮，弹出如图 7-38 所示的“镜像特征”对话框。选择网格、拉伸和拔模特征。在“刨”下拉列表框中选择“新平面”选项，在“指定平面”下拉列表框中选择“YC-ZC 平面”。单击“确定”按钮，完成镜像特征操作，生成如图 7-39 所示的模型。

图 7-38 “镜像特征”对话框

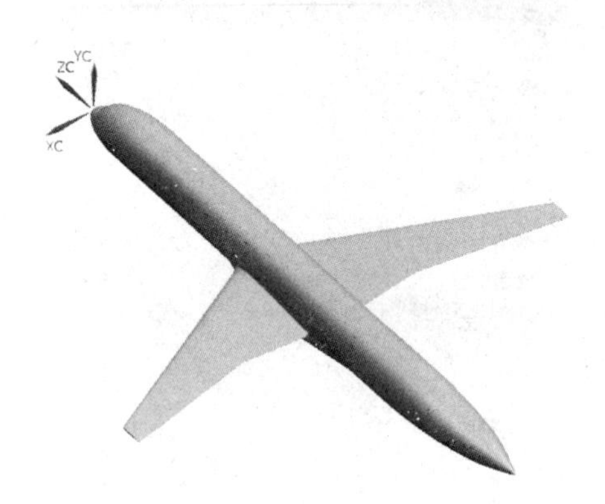

图 7-39 模型

（2）同步骤 14，进行机翼和机身的合并操作。

7.1.3 尾翼

利用“点”“艺术样条”“通过曲线组”“拉伸”“合并操作”“镜像特征”“边倒圆”命令创建机身。

1. 隐藏机身和机翼

选择“菜单”→“插入”→“显示和隐藏”→“隐藏”命令，弹出“类选择”对话框。选中视图中的机身和机翼，单击“确定”按钮，隐藏机身和机翼。

2. 创建曲线 1

选择“菜单”→“插入”→“基准/点”→“点”命令，或者单击“主页”选项卡“特征”面组上的“点”按钮十，弹出“点”对话框，分别创建表 7-23 中所示的各点。

表 7-23 样条坐标点

点	坐　标	点	坐　标
点 1	7450，2113，-46637	点 8	7450，2062，-45069
点 2	7450，2101，-46495	点 9	7450，2075，-45012
点 3	7450，2061，-45867	点 10	7450，2087，-44966
点 4	7450，2047，-45462	点 11	7450，2105，-44919
点 5	7450，2046，-45207	点 12	7450，2126，-44897
点 6	7450，2048，-45175	点 13	7450，2126，-46637
点 7	7450，2054，-45111		

3. 移动坐标 1

选择“菜单”→“格式”→WCS→“动态”命令，用鼠标选择点 13 为动态坐标系的系统原点，单击鼠标中键，完成动态坐标系的设置。

4. 镜像点 1

选择“菜单”→“编辑”→“变换”命令，弹出“变换”对话框。选择点 1 到点 12 各点，单击

Note

“确定”按钮，弹出如图 7-40 所示的“变换”对话框。单击“通过一平面镜像”按钮，弹出如图 7-41 所示的“平面”对话框，选择 XC-ZC 平面类型，单击“确定”按钮。弹出如图 7-42 所示的“变换”对话框，单击“复制”按钮。完成变换操作，生成如图 7-43 所示的点集。

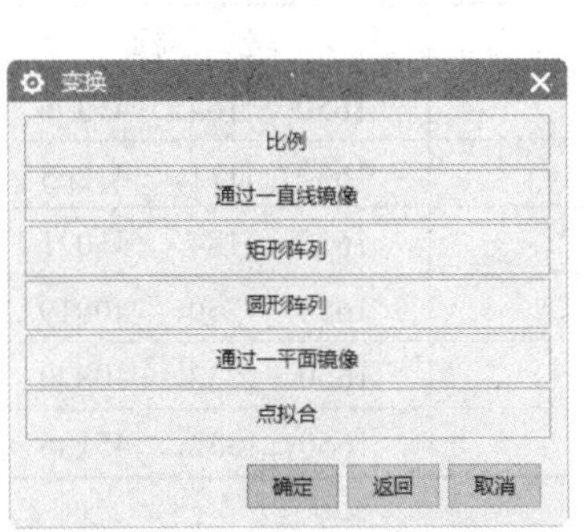

图 7-40 “变换”对话框

图 7-41 “平面”对话框

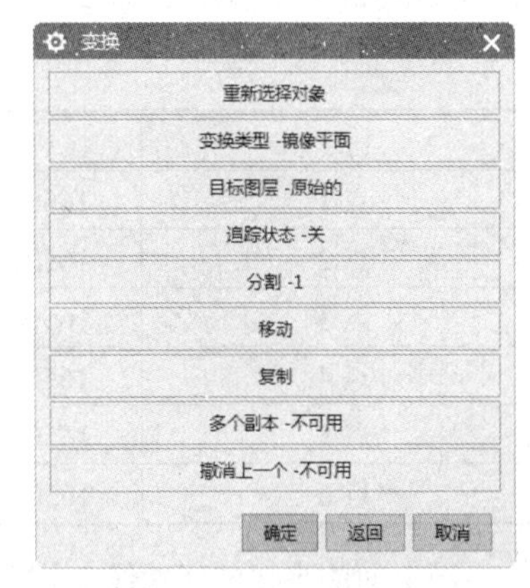

图 7-42 “变换”对话框

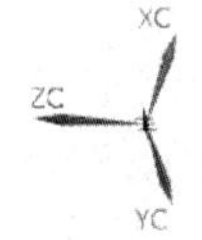

图 7-43 镜像点

5. 绘制样条曲线 1

单击“曲线”选项卡“曲线”面组上的“艺术样条”按钮，弹出“艺术样条”对话框。选择“通过点”类型，在“选择”工具栏中单击“现有点”按钮，连接图 7-43 中的所有点，绘制样条曲线。

6. 绘制直线 1

选择“菜单”→“插入”→“曲线”→“直线”命令，弹出如图 7-44 所示的“直线”对话框。选择起点和终点选项为“点”，选择点 1 为起点，选择镜像后的点 1 为终点，单击“确定”按钮，连接直线，形成封闭曲线 1，如图 7-45 所示。

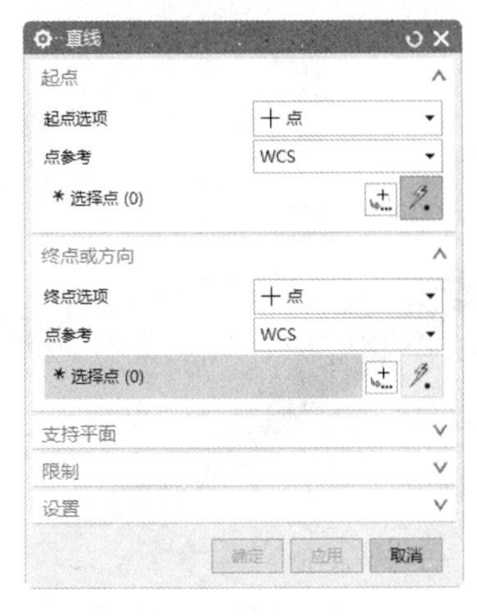

图 7-44 “直线”对话框

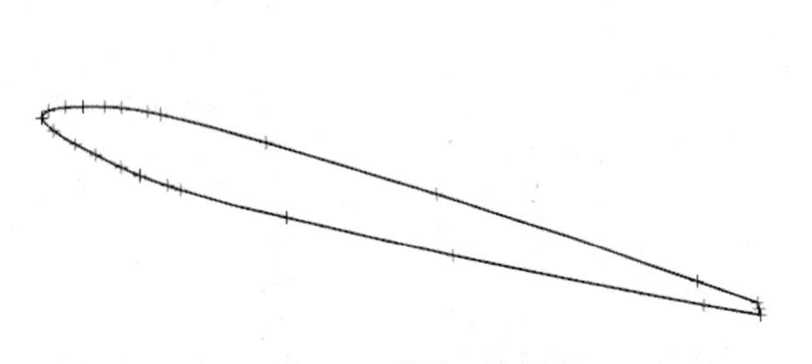

图 7-45 曲线 1 的创建

Note

7. 绘制点 1

单击“主页”选项卡“特征”面组上的“点”按钮十，弹出“点”对话框，分别创建表 7-24 中所示的各点。

表 7-24　样条坐标点

点	坐　标	点	坐　标
点 1	1650，1319，-45186	点 7	1650，1104，-41396
点 2	1650，1233，-44262	点 8	1650，1131，-41263
点 3	1650，1148，-43321	点 9	1650，1184，-41071
点 4	1650，1103，-42671	点 10	1650，1250，-40919
点 5	1650，1077，-41879	点 11	1650，1332，-40870
点 6	1650，1080，-41634	点 12	1650，1332，-45186

同上面的步骤创建曲线 2，以点 12 为坐标原点，如图 7-46 所示。

8. 连结曲线

（1）选择“菜单”→“插入”→“来自曲线集的曲线”→“连结”命令，弹出“连结曲线”对话框。依次选择组成曲线 1 的样条曲线和直线，并在对话框中设置选项，选择输入曲线“隐藏”，其他按系统默认设置，单击“应用”按钮，完成连结操作。

（2）同上步骤完成曲线 2 中的样条曲线和直线的连结操作。

9. 创建曲面 1

单击“曲面”选项卡“曲面”面组上的“通过曲线组”按钮，弹出“通过曲线组”对话框。选择曲线 1，单击鼠标中键，选择曲线 2，单击鼠标中键，单击“确定”按钮，完成曲面实体的创建，如图 7-47 所示。

10. 重置坐标系

选择“菜单”→“格式”→WCS→“定向”命令，弹出 CSYS 对话框。选择“绝对 CSYS”类型，单击“确定”按钮，将坐标系返回绝对坐标系。显示机身和机翼，生成的模型如图 7-48 所示。

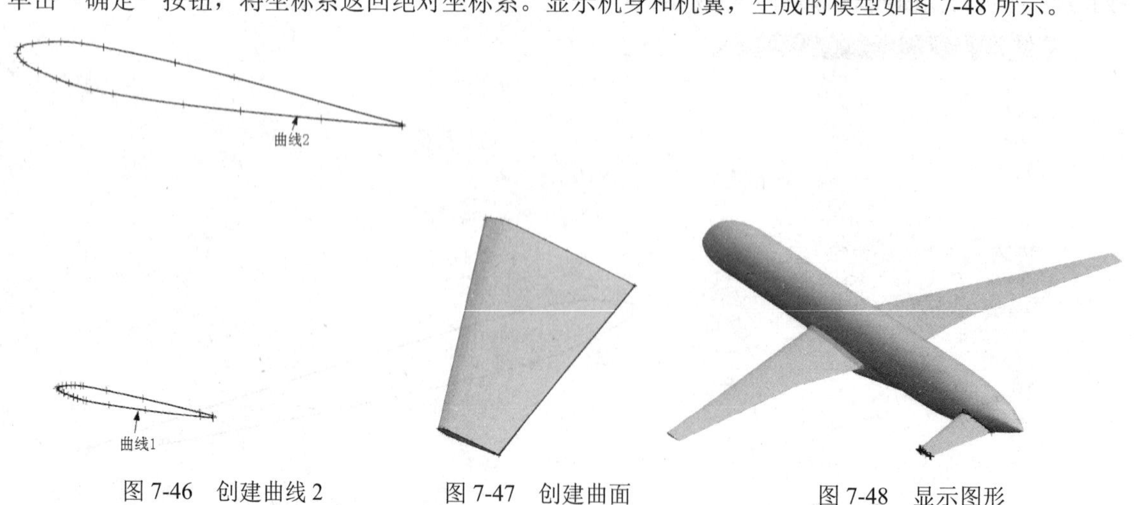

图 7-46　创建曲线 2　　图 7-47　创建曲面　　图 7-48　显示图形

11. 创建拉伸 1

单击“主页”选项卡“特征”面组上的“拉伸”按钮，弹出如图 7-49 所示的“拉伸”对话框。选择曲线 2 为拉伸曲线。单击“矢量”按钮，弹出如图 7-50 所示的“矢量”对话框，在“指定出发点”中选择曲线 1 的点 13，“指定目标点”选择曲线 2 的点 12，单击“确定”按钮，返回“拉伸”对话框。设置结束距离为 1000，单击“确定”按钮，完成拉伸操作，生成的模型如图 7-51 所示。

图 7-49 “拉伸”对话框

图 7-50 “矢量”对话框

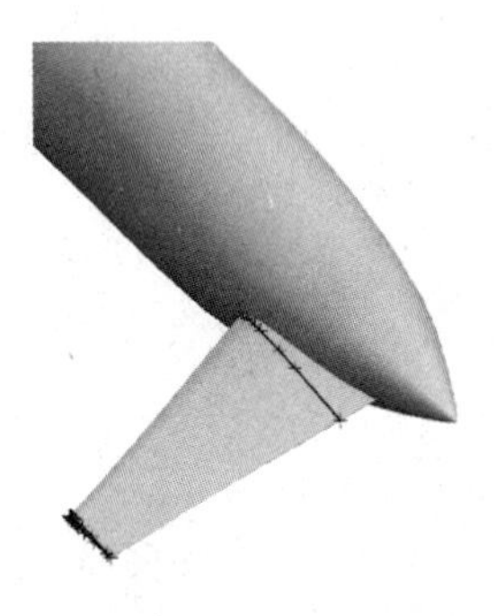

图 7-51 拉伸体

12. 镜像特征

单击“主页”选项卡“特征”面组上的“镜像特征”按钮，弹出如图 7-52 所示的“镜像特征”对话框。选择曲面实体和拉伸特征为镜像特征。在“刨”下拉列表框中选择“新平面”选项，在“指定平面”下拉列表框中选择 YC-ZC 平面，单击“确定”按钮，完成镜像特征操作，生成如图 7-53 所示的模型。

图 7-52 “镜像特征”对话框

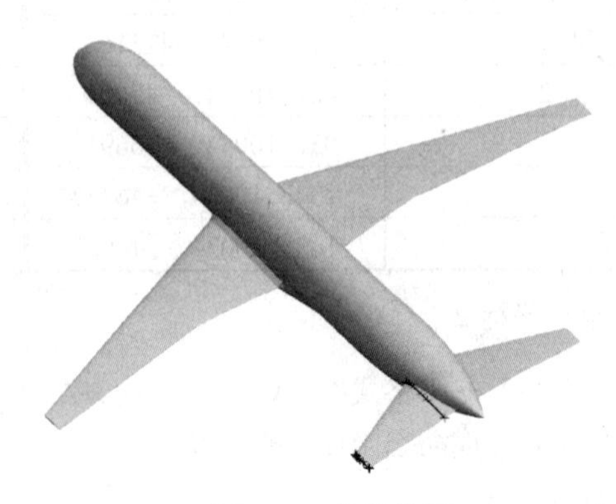

图 7-53 镜像特征

Note

13. 合并操作

单击“主页”选项卡“特征”面组上的“合并”按钮，弹出“合并”对话框。依次选择两尾翼与机身。单击“确定”按钮，将两尾翼与机身进行布尔合并操作。

14. 边倒圆

隐藏曲线和点。单击“主页”选项卡“特征”面组上的“边倒圆”按钮，弹出如图7-54所示的“边倒圆”对话框。设置半径为500，选择如图7-55所示的尾翼与机身结合部分进行倒圆。单击“确定”按钮，创建倒圆角，结果如图7-56所示。

图7-54 “边倒圆”对话框

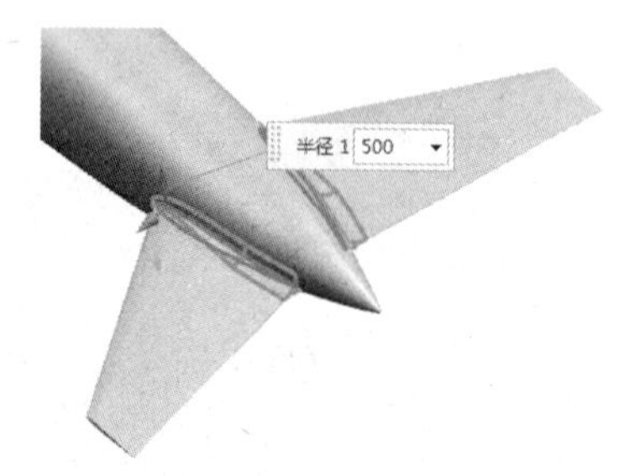

图7-55 选择倒圆角边

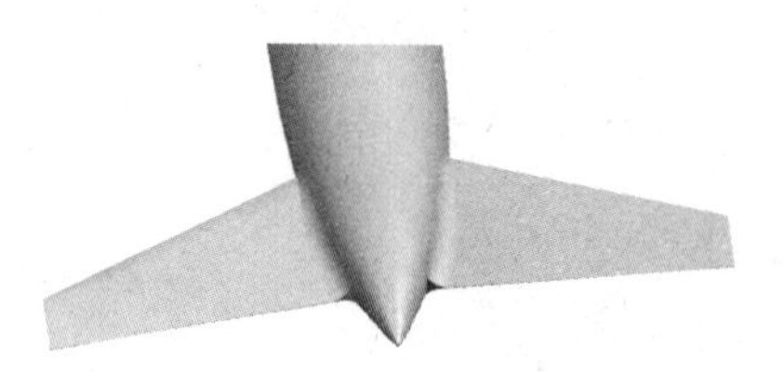

图7-56 倒圆角

15. 创建曲线2

隐藏机身和机翼。单击“主页”选项卡“特征”面组上的“点”按钮十，弹出“点”对话框，分别创建表7-25中所示的各点。

表7-25 坐标点

点	坐　标	点	坐　标
点1	0，10034，-47316	点6	178，10034，-45432
点2	46，10034，-47004	点7	175，10034，-45275
点3	93，10034，-46691	点8	163，10034，-45117
点4	134，10034，-46377	点9	123，10034，-44965
点5	162，10034，-46063	点10	0，10034，-44880

16. 移动坐标2

选择“菜单”→“格式”→WCS→“动态”命令，用鼠标选择点10为动态坐标系的系统原点，单击鼠标中键，完成动态坐标系的设置。

17. 镜像点2

选择“菜单”→“编辑”→“变换”命令，弹出“变换”对话框。选择点1到点9各点，单击“确

定”按钮，弹出如图 7-57 所示的“变换”对话框。单击“通过一平面镜像”按钮，弹出如图 7-58 所示的“刨”对话框，选择“YC-ZC 平面”类型，单击“确定”按钮。弹出如图 7-59 所示的“变换”对话框，单击“复制”按钮，完成变换操作。

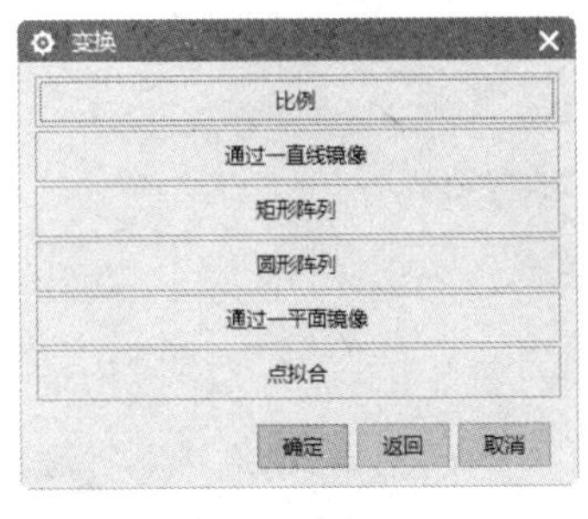

图 7-57　“变换”对话框

图 7-58　“刨”对话框

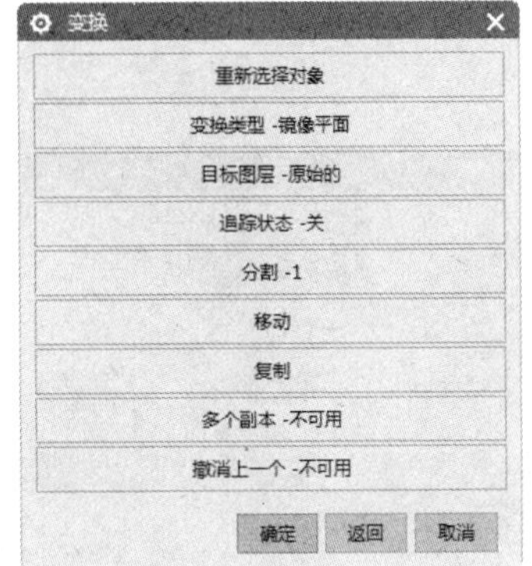

图 7-59　“变换”对话框

18. 绘制样条曲线 2

单击“曲线”选项卡“曲线”面组上的“艺术样条”按钮，弹出“艺术样条”对话框。选择“通过点”类型，选中“封闭”复选框，连接所有点，绘制样条曲线，如图 7-60 所示。

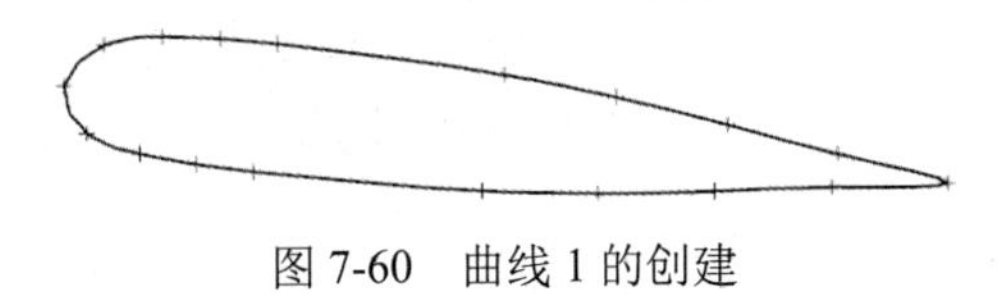

图 7-60　曲线 1 的创建

19. 绘制点 2

将坐标系返回绝对坐标系。单击“主页”选项卡“特征”面组上的“点”按钮＋，弹出“点”对话框，分别创建表 7-26 中所示的各点。

表 7-26　坐标点

点	坐　标	点	坐　标
点 1	0，2942，-44567	点 7	200，2942，-38079
点 2	126，2942，-43492	点 8	178，2942，-36860
点 3	203，2942，-42411	点 9	147，2942，-36252
点 4	234，2942，-41328	点 10	97，2942，-36056
点 5	234，2942，-40245	点 11	0，2942，-35973
点 6	219，2942，-39162		

20. 移动坐标 3

选择“菜单”→“格式”→WCS→“动态”命令，用鼠标选择点 11 为动态坐标系的系统原点，单击鼠标中键，完成动态坐标系的设置。

21. 镜像点 3

选择“菜单”→“编辑”→“变换”命令，弹出“变换”对话框。选择点 1 到点 10 各点，单击

"确定"按钮，弹出如图7-61所示的"变换"对话框。单击"通过一平面镜像"按钮，弹出如图7-62所示的"平面"对话框，选择"YC-ZC平面"类型，单击"确定"按钮。弹出如图7-63所示的"变换"对话框，单击"复制"按钮，完成变换操作。

Note

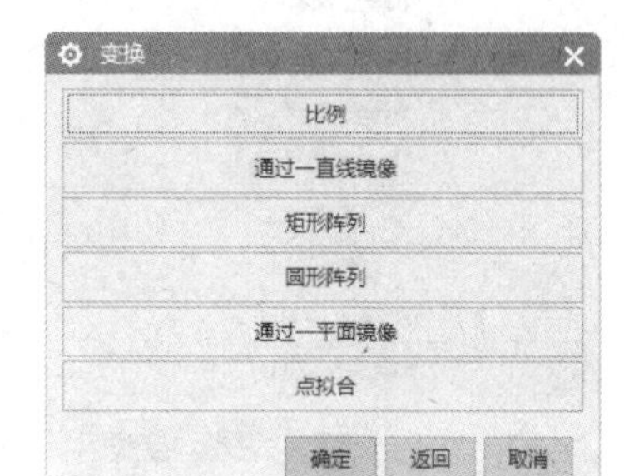

图7-61 "变换"对话框

图7-62 "平面"对话框

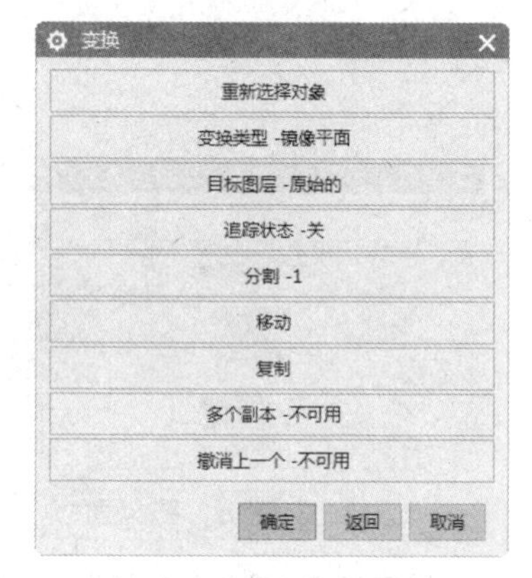

图7-63 "变换"对话框

22. 绘制样条曲线3

（1）单击"曲线"选项卡"曲线"面组上的"艺术样条"按钮，弹出"艺术样条"对话框。选择"通过点"类型，选中"封闭"复选框，连接点，分别绘制样条曲线，如图7-64所示。

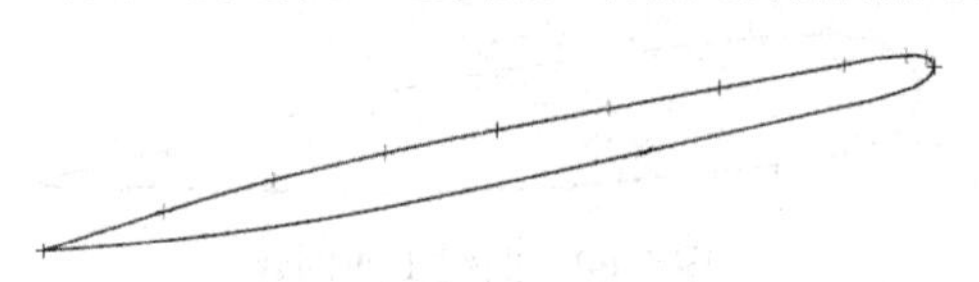

图7-64 创建曲线2

（2）将坐标系返回绝对坐标系。

23. 创建点

单击"主页"选项卡"特征"面组上的"点"按钮十，弹出"点"对话框，分别创建表7-27中所示各点。

表7-27 坐标点

点	坐　标	点	坐　标
点1	0，10034，−44880	点4	0，3419，−38230
点2	0，8451，−43314	点5	0，3149，−37460
点3	0，3868，−38779	点6	0，2942，−35973

24. 绘制样条曲线4

单击"曲线"选项卡"曲线"面组上的"艺术样条"按钮，弹出"艺术样条"对话框。选择"通过点"类型，取消选中"封闭"复选框，连接表7-27中的点，分别绘制样条曲线3。

25. 绘制直线2

选择"菜单"→"插入"→"曲线"→"直线"命令，弹出如图7-65所示的"直线"对话框。设置"起点选项"和"终点选项"分别为"点"，输入起点（0，10034，−47316）、终点（0，2942，

-44567），单击“确定”按钮，创建直线，如图7-66所示。

26．创建曲面2

单击“曲面”选项卡“曲面”面组上的“通过曲线网格”按钮，弹出“通过曲线网格”对话框。选择曲线1、曲线2为主曲线，选择样条曲线3和直线段为交叉曲线，单击“确定”按钮，完成网格操作，生成如图7-67所示的模型。

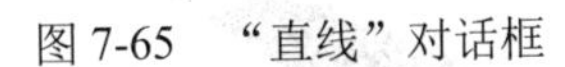

图7-65 “直线”对话框

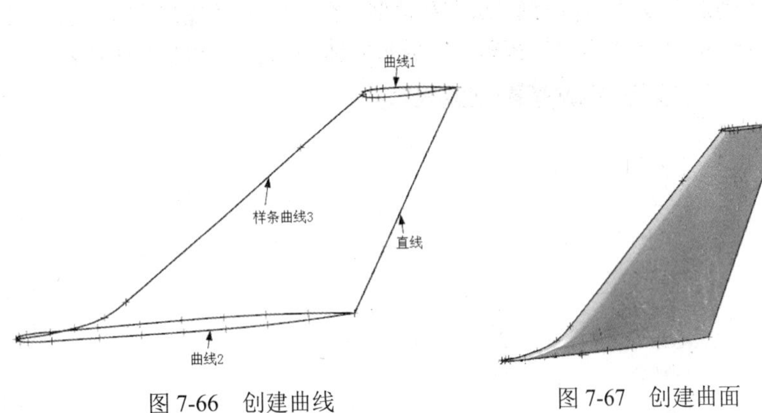

图7-66 创建曲线

图7-67 创建曲面

27．创建拉伸2

单击“主页”选项卡“特征”面组上的“拉伸”按钮，弹出如图7-68所示的“拉伸”对话框。选择曲线2为拉伸曲线，在“指定矢量”下拉列表框中选择“曲线/轴矢量”选项，选择直线为矢量方向，设置结束距离为1000。在“布尔”下拉列表框中选择“求和”选项，单击“确定”按钮，完成拉伸操作。显示机身和机翼，生成的模型如图7-69所示。

图7-68 “拉伸”对话框

图7-69 拉伸体

Note

7.1.4 发动机

利用"旋转""长方体""凸台""拔模""边倒圆"等命令创建发动机。

1. 创建长方体

隐藏曲线和点。单击"主页"选项卡"特征"面组上的"块"按钮，弹出"块"对话框，如图7-70所示。选择"原点和边长"类型，在"点"对话框中输入长方体的起点（6088，-900，-24941），单击"确定"按钮。返回到"块"对话框，在"长度""宽度""高度"下拉列表框中分别输入433、1200和7839，单击"确定"按钮，完成长方体的创建，如图7-71所示。

图7-70 "块"对话框

图7-71 创建长方体

2. 创建倒斜角

（1）单击"主页"选项卡"特征"面组上的"倒斜角"按钮，弹出如图7-72所示的"倒斜角"对话框。设置"横截面"为"非对称"，"距离1"为850，"距离2"为4700。选择如图7-73所示的长方体的前端面的下边，单击"应用"按钮，完成倒斜角1的操作。

图7-72 "倒斜角"对话框

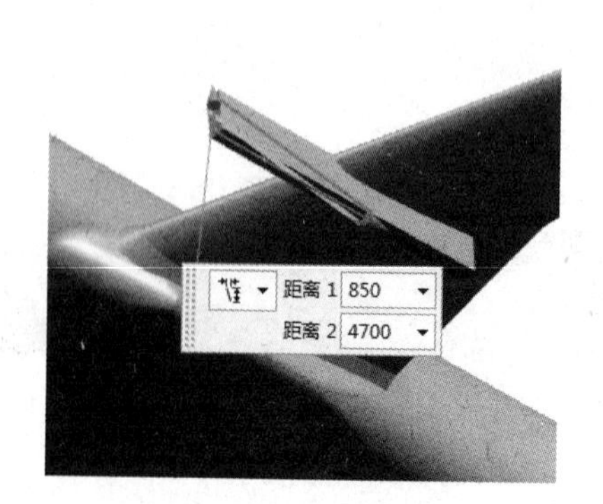

图7-73 选择倒斜角边

（2）同步骤（1），分别在"距离 1"和"距离 2"下拉列表框中输入 1200 和 1000，选择如图 7-74 所示的长方体的后端面的下边，单击"确定"按钮，完成倒斜角 2 的操作，生成的模型如图 7-75 所示。

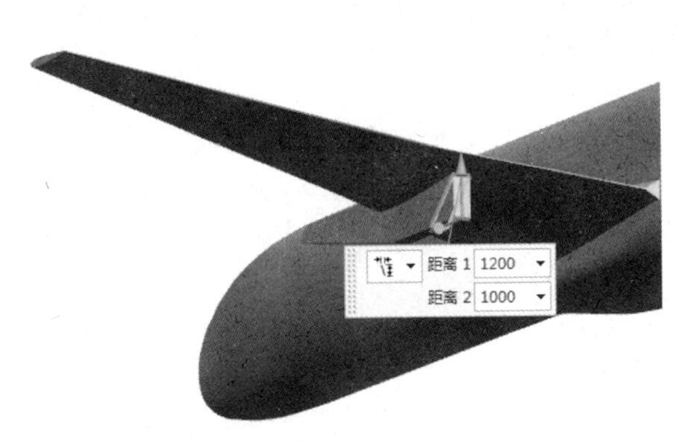

图 7-74　选择倒斜角边

图 7-75　倒斜角

3. 绘制点

单击"主页"选项卡"特征"面组上的"点"按钮十，弹出"点"对话框，分别创建如表 7-28 所示的各点。

表 7-28　坐标点

点	坐　　标	点	坐　　标
点 1	6340，−2241，−16631	点 5	6451，−2337，−20277
点 2	6346，−2356，−16818	点 6	6342，−1048，−16699
点 3	6384，−2520，−18066	点 7	6451，−1248，−20277
点 4	6420，−2490，−19256		

4. 绘制样条曲线

单击"曲线"选项卡"曲线"面组上的"艺术样条"按钮，弹出"艺术样条"对话框。选择"通过点"类型，连接表 7-28 中的点 1 到点 5，绘制样条曲线。

5. 绘制直线

选择"菜单"→"插入"→"曲线"→"直线"命令，弹出"直线"对话框。设置"起点选项"和"终点选项"分别为"点"，捕捉点 6 和点 7，单击"确定"按钮，创建直线，如图 7-76 所示。

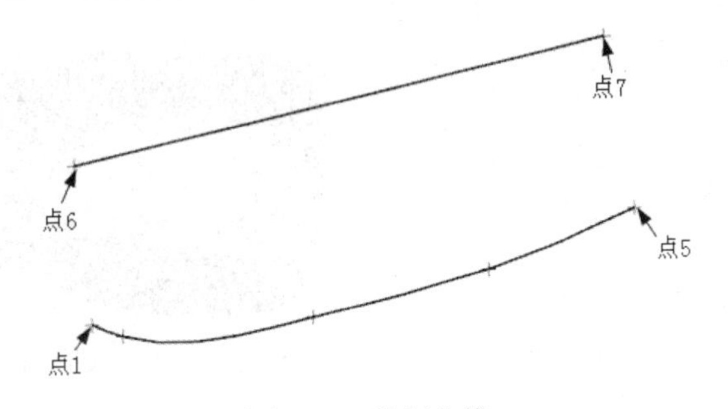

图 7-76　绘制曲线

Note

6. 创建旋转

单击“主页”选项卡“特征”面组上的“旋转”按钮，弹出“旋转”对话框，如图 7-77 所示。选择图 7-77 所示样条曲线为截面曲线，选择直线段为回转轴，并设置开始角度和结束角度分别为 0 和 360，单击“确定”按钮。完成旋转操作，生成的模型如图 7-78 所示。

图 7-77 “旋转”对话框

图 7-78 旋转体

7. 创建凸台

单击“主页”选项卡“特征”面组上的“凸台”按钮，弹出“凸台”对话框，如图 7-79 所示。在“直径”和“高度”下拉列表框中分别输入 1720 和 2322，选择步骤 6 创建的回转体的后端面为凸台放置面，单击“确定”按钮。弹出“定位“对话框，单击“点到点”按钮。选择放置面的圆弧中心，弹出“设置圆弧的位置”对话框，单击“圆弧中心”按钮，单击“确定”按钮。完成凸台的创建，生成如图 7-80 所示的模型。

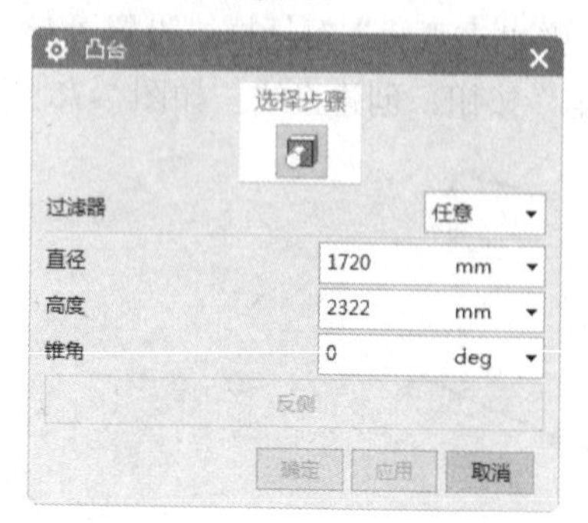

图 7-79 “凸台”对话框

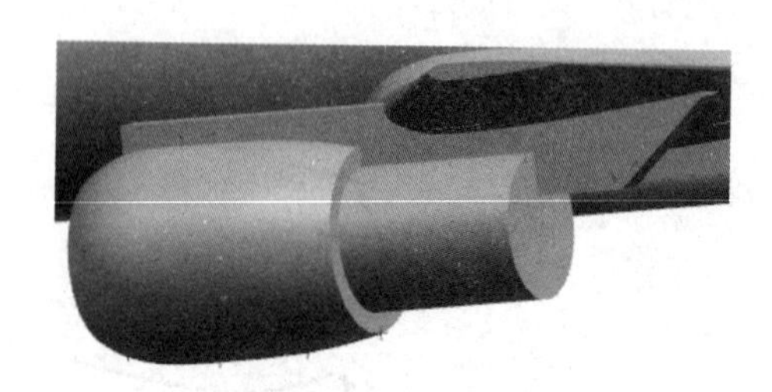

图 7-80 创建凸台

8. 拔模操作

单击“主页”选项卡“特征”面组上的“拔模”按钮，弹出“拔模”对话框，设置如图 7-81 所示。在“指定矢量”下拉列表框中选择 ZC 轴为拔模矢量方向，选择旋转体的底面为固定平面，选择凸台的圆柱面位要拔模的面，输入拔模角度为 12，如图 7-82 所示。单击“确定”按钮，完成拔模体的操作，如图 7-83 所示。

图 7-81　“拔模”对话框

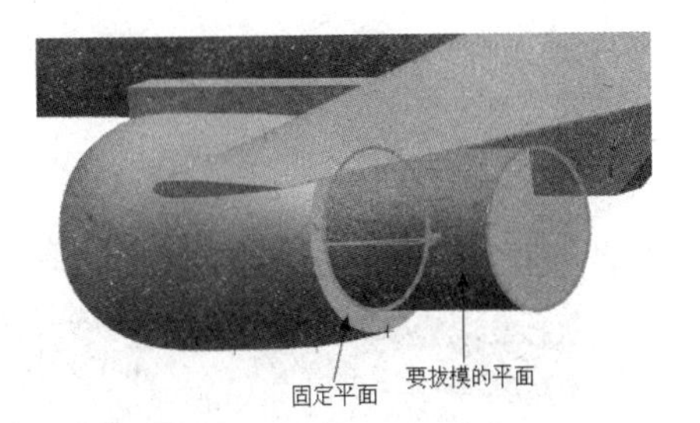

图 7-82　拔模示意图

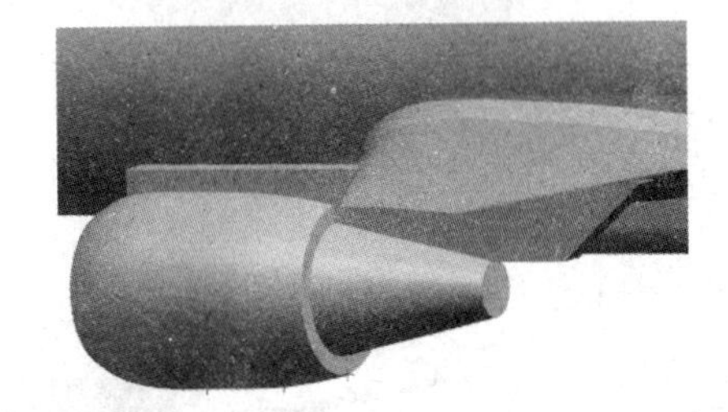

图 7-83　拔模体

9. 倒圆角

单击“主页”选项卡“特征”面组上的“边倒圆”按钮，弹出如图 7-84 所示的“边倒圆”对话框。设置半径为 500，选择如图 7-85 所示的旋转体两边进行倒圆。单击“确定”按钮，完成倒圆角，如图 7-86 所示。

图 7-84　“边倒圆”对话框

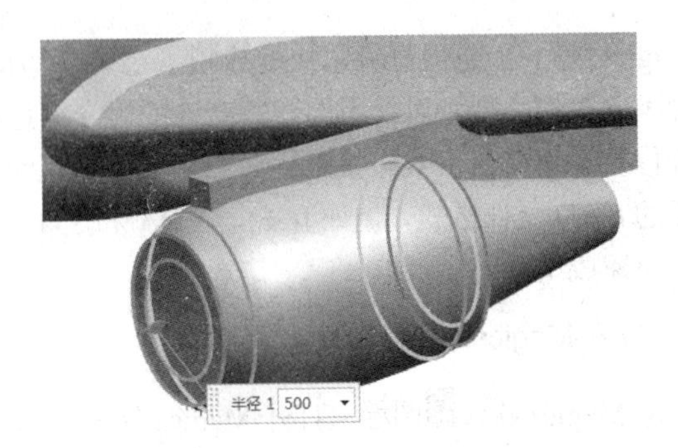

图 7-85　选择倒圆边

Note

10. 镜像特征

单击“主页”选项卡“特征”面组上“更多”库下的“镜像特征”按钮，弹出如图 7-87 所示的“镜像特征”对话框。在视图中选择长方体特征、旋转体特征和凸台特征为要镜像的特征。在“指定平面”下拉列表框中选择 YC-ZC 平面，单击“确定”按钮，完成镜像特征操作，生成如图 7-88 所示的模型。

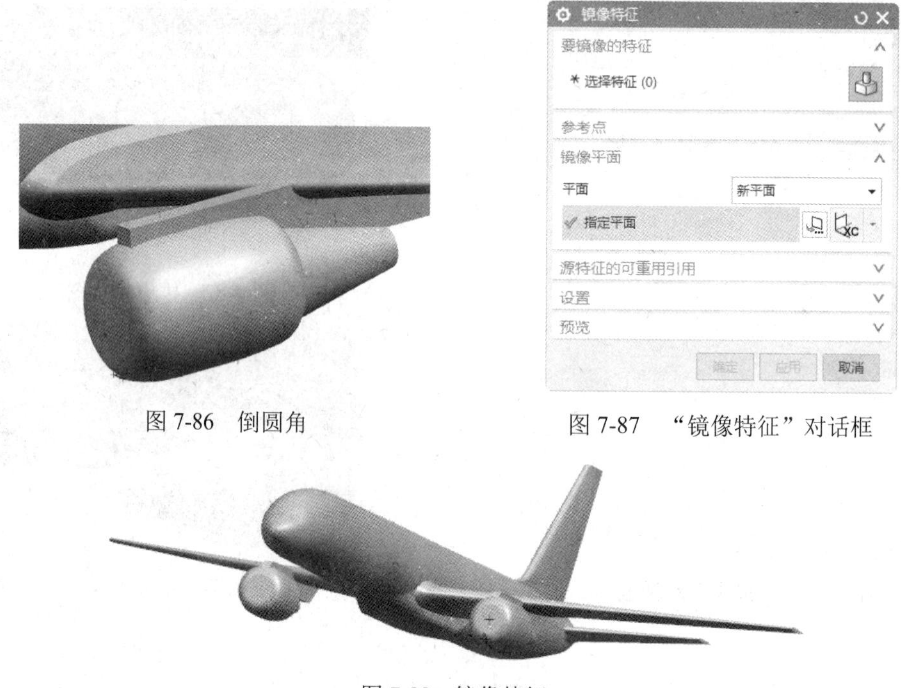

图 7-86　倒圆角

图 7-87　“镜像特征”对话框

图 7-88　镜像特征

提示： 因为打印软件只能打印 $100\times100\times100mm^3$，所以要把模型按比例缩小到 $100\times100\times100mm^3$ 以内。

7.2 打印模型

Magics 是一个能很好满足快速成型工艺要求和特点的软件，该软件可提供在一个表面上同时生成几种不同支撑类型，以及不同支撑结构的组合支撑类型，并可以快速地对含有各种错误的 STL 文件进行修复，使文件格式转换过程中产生的损坏三角面片得以修复。除此之外，Magics 软件兼容所有主要的 CAD 文件格式，例如 IGES、VDA 和 STL，结合 STL 修改器，Magics 可以让用户输出任何文件给快速成型系统。

1. 打开 Magics 软件

双击 Magics 软件图标，打开 Magics 软件界面，如图 7-89 所示。

图 7-89　Magics 软件界面

知识点——Magics 软件界面

Magics 软件界面中各部分简单介绍如下。

（1）主菜单：软件的各项具体操作命令。

（2）主工具栏：可对模型进行加载、保存、打印、撤销等操作。

（3）快捷工具栏：可快速调出工具、修复、视图、标记、机器平台、切片、RM 切片、Streamics 和生成支撑所对应的工具条，右击该工具栏，可选择关闭不需要的工具栏。

（4）工具页：可选择视图、零件、注释、测量和修复工具页，并根据模型的操作要求选择工具页中具体的参数。

（5）视图窗口：显示当前对模型操作结果。

（6）状态栏：显示正在进行的操作。

2. 基本操作

（1）加载新零件。选择主菜单中的“文件”→“加载新零件”命令，弹出如图 7-90 所示的“加载新零件”对话框，选择相应零件后，单击“打开”按钮即可加载零件，或者单击主工具栏上的“导入零件”按钮，也可以加载新零件。

注意： Magics 软件除了支持*.stl 类型文件，还支持很多其他格式的文件，可根据自己需求选择相应类型文件，本书主要以*.stl 类型文件为例进行介绍。

首先选中 feiji 文件，然后单击“打开”按钮，打开文件，如图 7-91 所示。

（2）载入平台。Magics 中的平台是指一个虚拟的加工机器，用户可根据自己的快速成型设备选择适合于自己的平台。

Note

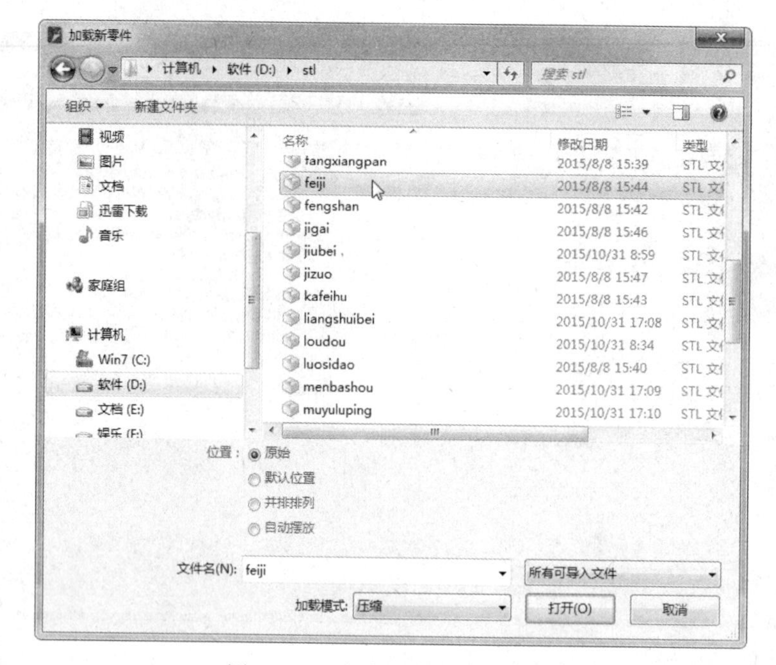

图 7-90 “加载新零件”对话框

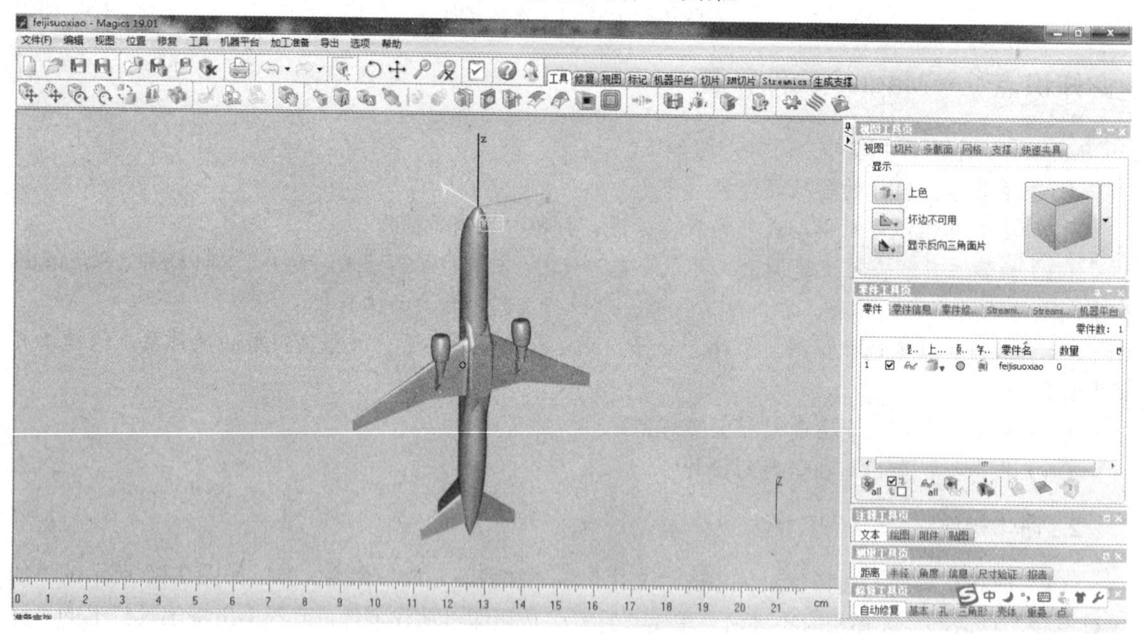

图 7-91 打开 feiji 模型

① 添加机器。选择主菜单中的“机器平台”→“机器库”命令，弹出“添加机器”对话框，如图 7-92 所示。

单击 mm-settings 选项，根据自己的机器类型选择相应类型，单击中间的“添加”按钮，将其加入到我的机器中，本书以 Object Eden 250 为例，如图 7-93 所示。

单击“关闭”按钮，弹出“机器库”对话框，选中 Object Eden 250 选项，单击“关闭”按钮，退出“添加机器”对话框，单击“添加机器”按钮可继续添加相应机器，如图 7-94 所示，如果想在

每次启动软件后就存在机器平台，可选中相应机器并将其添加到收藏夹。

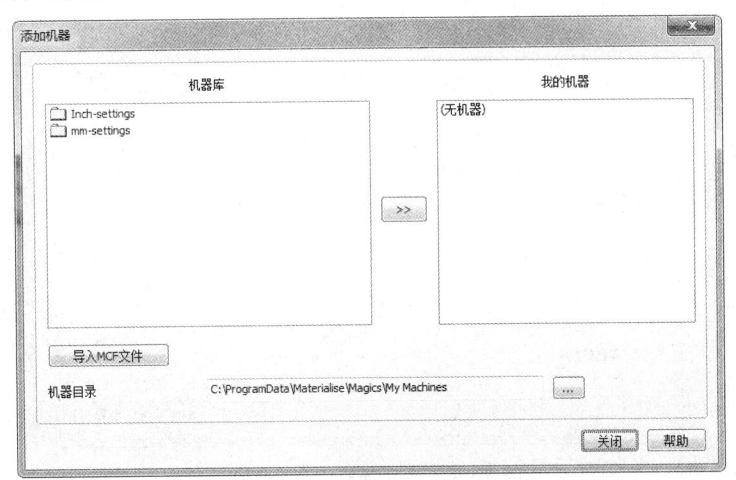

图 7-92 “添加机器”对话框

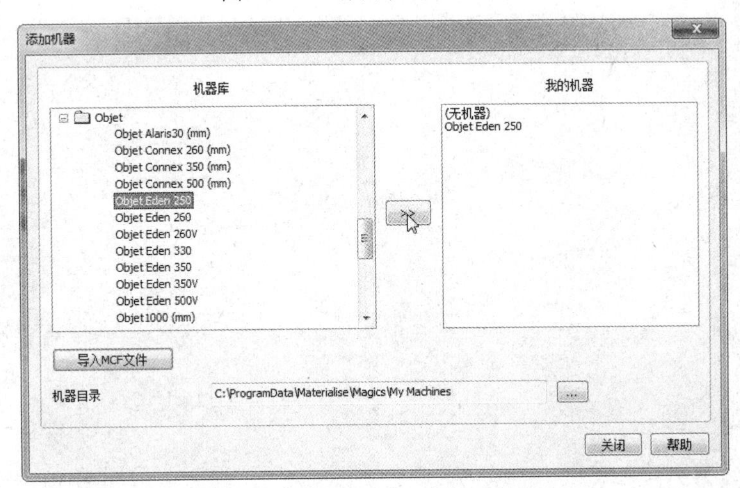

图 7-93 添加机器 Object Eden 250

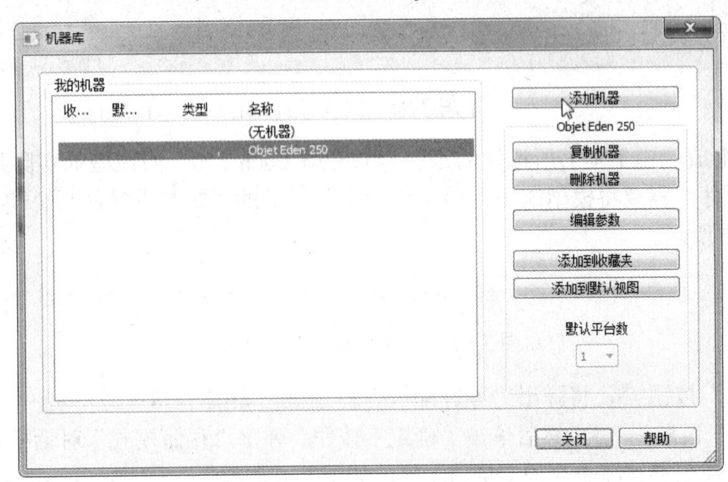

图 7-94 在机器库中选择机器

Note

② 生成平台。选择主菜单中的“机器平台”→“从设计者视图创建平台”命令，弹出“选择机器”对话框，选择相应机器，如图 7-95 所示，单击“确认”按钮，则完成生成平台，如图 7-96 所示。

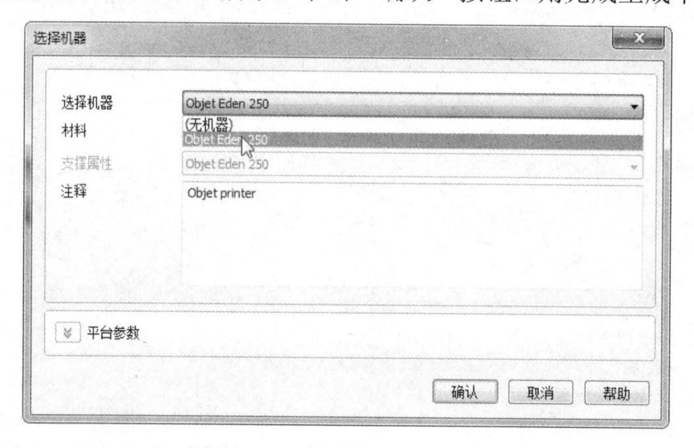

图 7-95 “选择机器”对话框

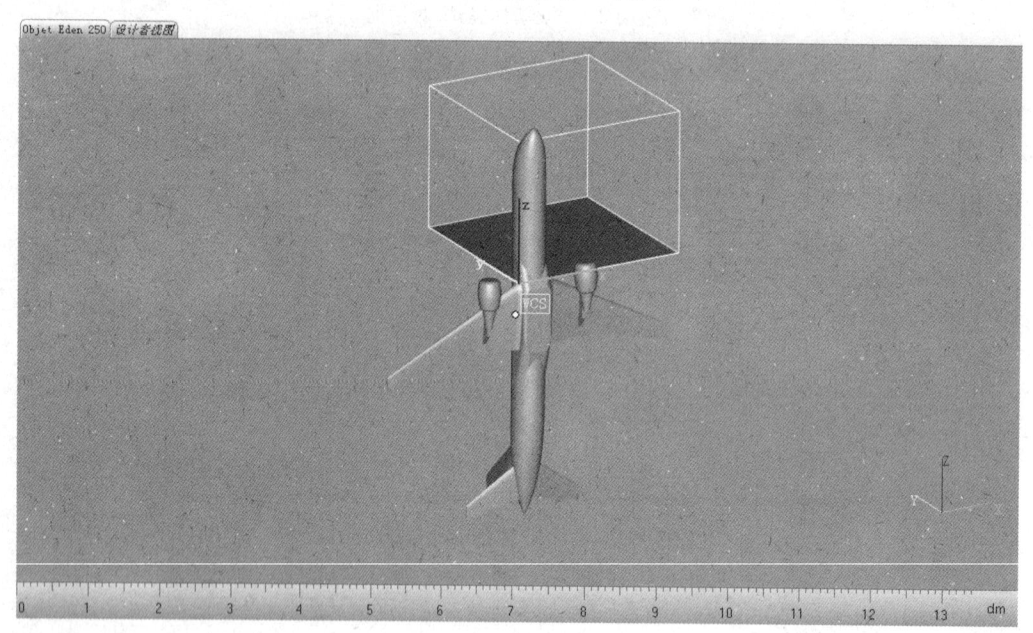

图 7-96 生成平台

（3）模型的缩放。由于本书所选择的平台为 Object Eden 250，而模型的实际尺寸已经超过平台所能打印的最大尺寸，需要将模型缩小。单击快捷工具栏上的“工具”按钮后，将出现“模型编辑”工具栏，如图 7-97 所示。

图 7-97 “模型编辑”工具栏

单击“重缩放”按钮，将弹出“零件缩放”对话框，如图 7-98 所示，选中“统一缩放”复选框，将“缩放系数”设置为 0.3，然后单击“确定”按钮，弹出“存储模式”对话框，如图 7-99 所示，单击“是”按钮，模型将被缩小至原来的 0.3 倍，如图 7-100 所示。

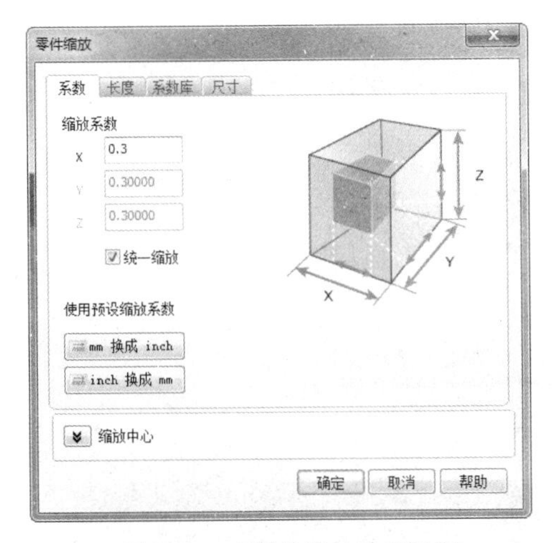

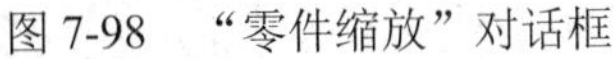

图 7-98　“零件缩放”对话框

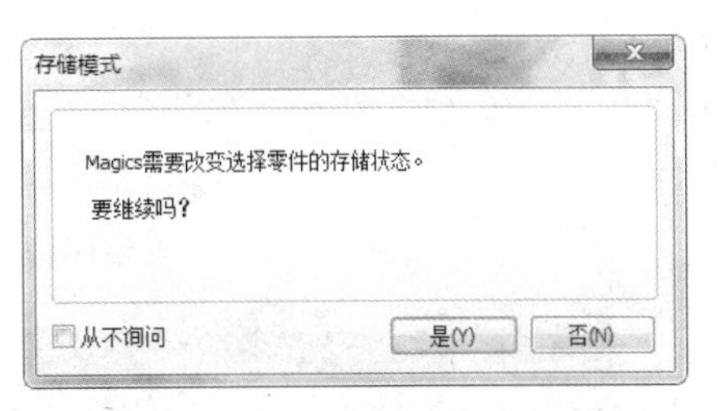

图 7-99　“存储模式”对话框

图 7-100　模型缩小 0.3 倍

3. 模型的放置

模型的放置方向将决定着支撑的生成方向，而生成支撑会对表面质量带来影响，在立体光固化中尤为明显，模型加工完成后，需要对与支撑面相接触的模型底面进行打磨，所以在满足加工质量的前提要求下，应合理选择模型的摆放方向，以便尽量减少后期对模型底面的打磨工作。

（1）模型的旋转。为减少支撑，需要将模型旋转至合适位置。单击“旋转零件”按钮，弹出“旋转零件”对话框，将 X 轴所对应数值设置为 90，也就是绕 X 轴旋转 90°，如图 7-101 所示，单击“确定”按钮，模型旋转完毕，如图 7-102 所示。

（2）模型在平台中的摆放。用户可根据自己的要求，单击“移动和摆放”按钮，然后移动和旋转零件到自己想要放置的位置，也可单击“自动摆放”按钮，将出现“自动摆放”对话框，选中“平台中心”单选按钮，如图 7-103 所示，可将模型摆放在平台中心，如图 7-104 所示。

Note

图 7-101 “旋转零件”对话框

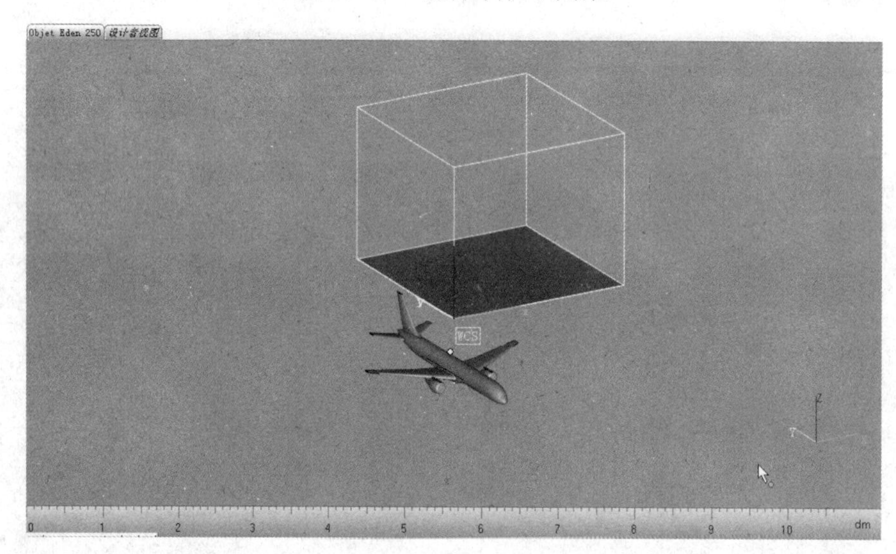

图 7-102 模型绕 X 轴旋转 90°

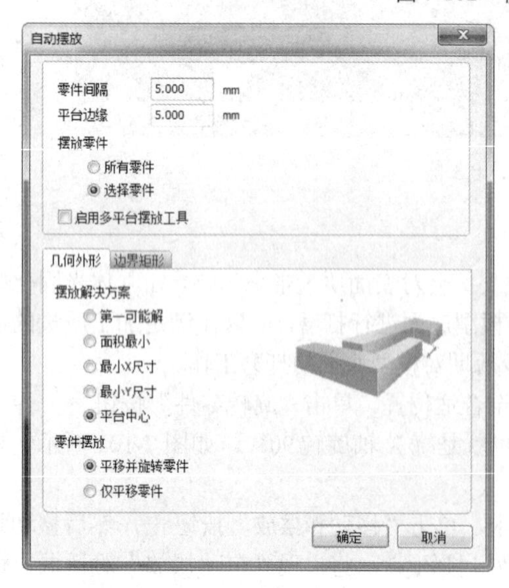

图 7-103 “自动摆放”对话框

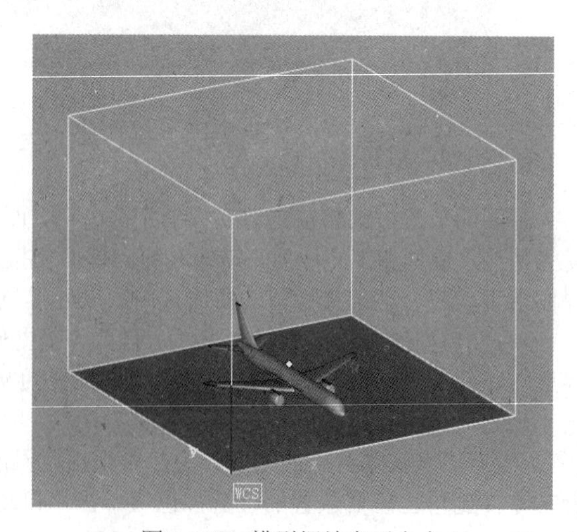

图 7-104 模型摆放在平台中心

4. 生成模型支撑

根据相应机器，设置机器属性后，单击快捷工具栏上的“生成支撑”按钮，即可生成模型对应的支撑，如图 7-105 所示。

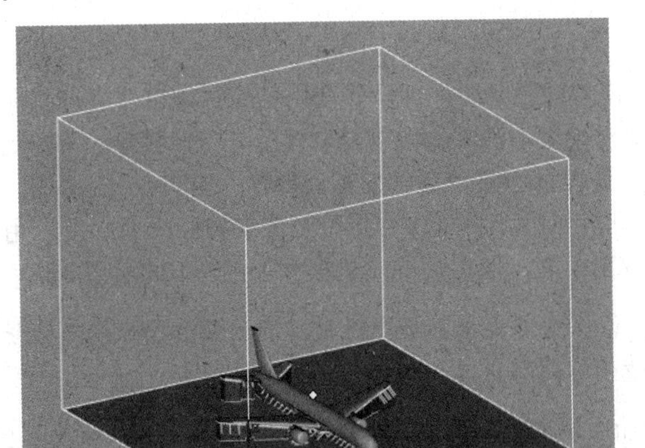

图 7-105　生成模型支撑

5. 输出模型

按照上述步骤操作后，单击主工具栏中的“退出支撑生成模式”按钮，将弹出“平台文件”对话框，单击“是”按钮，则保存支撑并退出生成支撑界面，如图 7-106 所示。

单击快捷工具栏中的“切片”按钮，对所有零件进行切片后输出，弹出“切片属性”对话框，如图 7-107 所示。

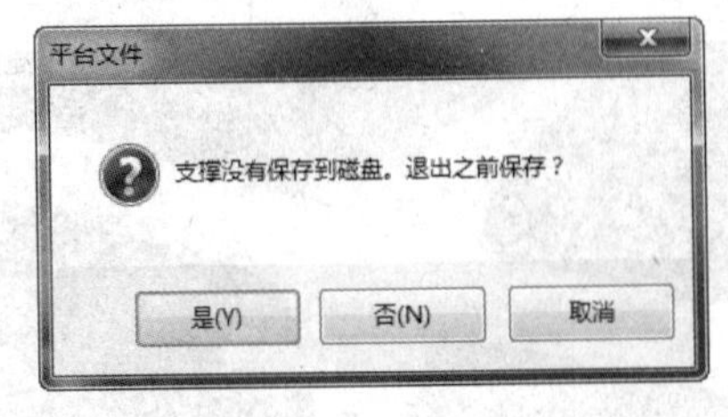

图 7-106　“平台文件”对话框

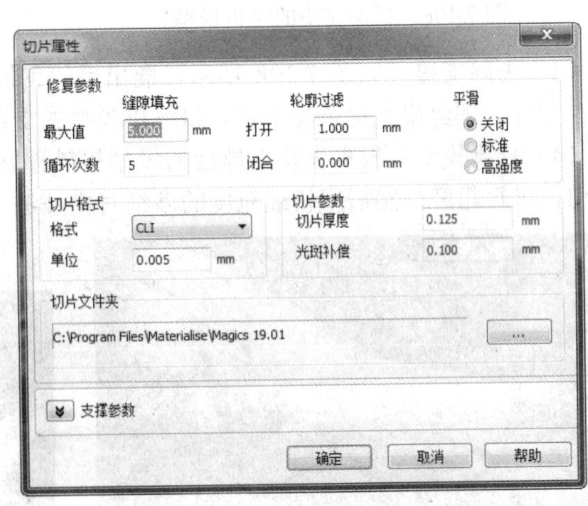

图 7-107　“切片属性”对话框

按图 7-107 所示设定相应属性数值，切片格式选择为 SLC 模式，支撑参数格式同样选择 SLC 格式，选择需要保存的切片文件夹，就可以将切片后的模型文件输出。将输出的模型导入到相应机器中，便可以开始打印。

Note

7.3 处理打印模型

使用 Magics 软件对模型进行分层处理，并使用相应打印机器进行打印，打印完毕后需要将模型从打印平台中取下，然后对模型清洗并去除支撑，模型与支撑接触的部分还需要进行打磨处理等，才能得到理想的打印模型。处理打印模型有以下 4 个步骤：

（1）取出模型。打印完毕后，将工作台调整至液态树脂平面之上，用平铲等工具将模型底部与平台底部撬开，以便于取出模型。取出后的飞机模型如图 7-108 所示。

注意：取出模型时，请注意不要损坏模型比较薄弱的地方，如果不方便撬动模型，可适当去除部分支撑，以便于顺利取出飞机模型。

（2）清洗模型。打印完毕模型的表面需要使用酒精等溶剂将其清洗，以防止影响模型表面质量。将适量酒精倒入盆内，用毛刷将飞机模型表面残留的液态树脂进行清洗，如图 7-109 所示。

图 7-108　打印完毕的飞机模型

图 7-109　清洗飞机模型

（3）去除支撑。如图 7-108 所示，取出后的飞机模型存在一些打印过程中生成的支撑，使用尖嘴钳、刀片、钢丝钳、镊子等工具，将飞机模型的支撑去除，如图 7-110 所示。

（4）打磨模型。根据去除支撑后的模型粗糙程度，可先用锉刀、粗砂纸等工具对支撑与模型接触的部位进行粗磨，然后用较细粒度的砂纸对模型进一步打磨。处理后的飞机模型如图 7-111 所示。

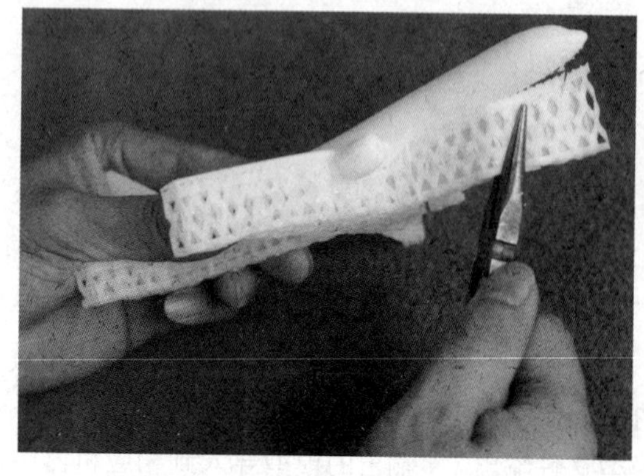
图 7-110　去除飞机模型的支撑

图 7-111　处理后的飞机模型

第 8 章

减速器

减速器是工程机械中广泛运用的机械装置，它是由封闭在箱体内的啮合传动组成，并且用以改变扭矩、转速和运转方向的独立装置。本章主要介绍减速器各个零件的建模和3D模型的打印，读者可以将3D打印出来的零件模型装配成减速器。

任务驱动&项目案例

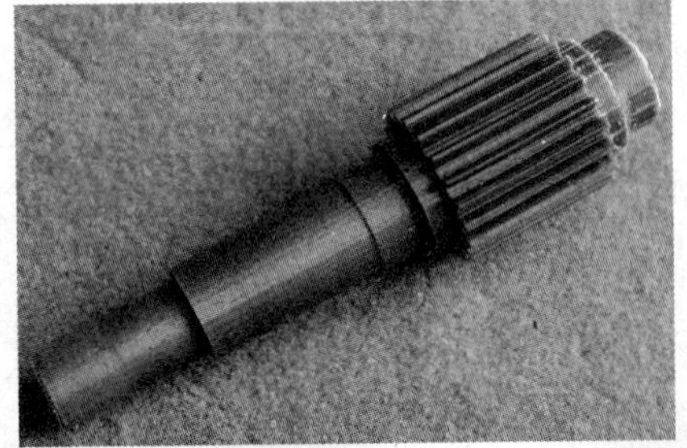

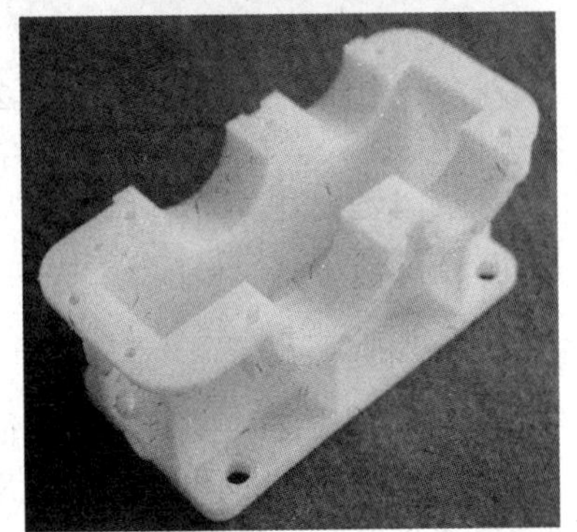

8.1 传 动 轴

首先利用UG软件创建传动轴模型，再利用Magics软件打印传动轴的3D模型，最后对打印出来的传动轴模型进行清洗、去除支撑和毛刺处理，流程图如图8-1所示。

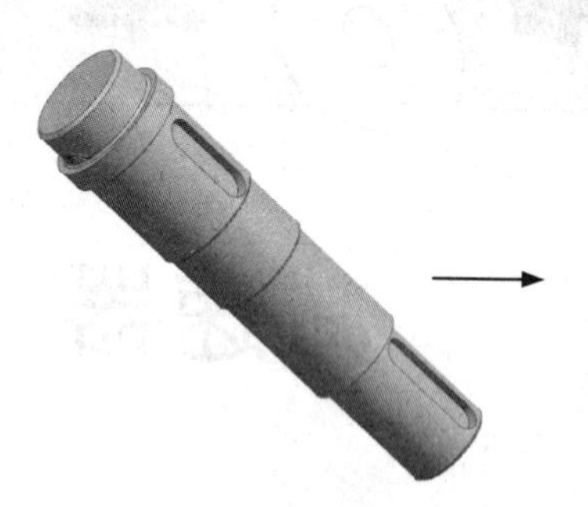

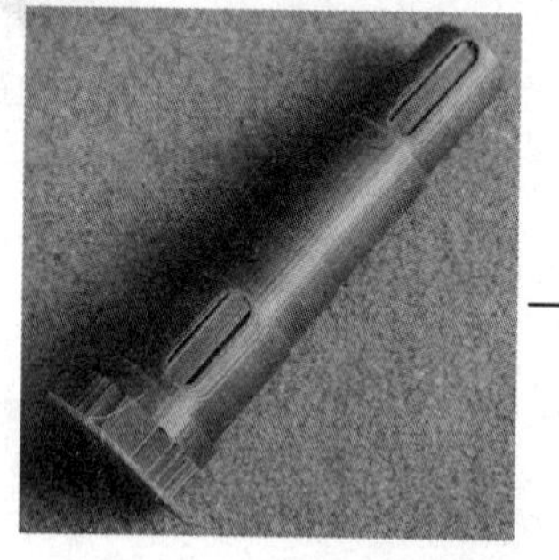

图8-1 传动轴模型创建流程图

8.1.1 创建模型

首先利用“圆柱体”和“凸台”工具创建传动轴的基本形状。然后利用“键槽”工具创建出键槽，并利用“倒斜角”和“边倒圆”工具创建倒角与圆角。最后利用“孔”和“螺纹”工具创建简单孔、沉头孔和螺纹。

1. 创建新文件

单击“主页”选项卡“标准”面组中的“新建”按钮，选择模型类型，创建新部件，文件名为chuandongzhou，进入建立模型模块。

2. 创建圆柱体模型

单击“主页”选项卡“特征”面组中的“圆柱”按钮，系统打开“圆柱”对话框，如图8-2所示。在“指定矢量”下拉列表框中选择XC轴方向作为圆柱的轴向。设置“直径”为55，“高度”为21。设置坐标原点作为圆柱体的中心。生成的圆柱体如图8-3所示。

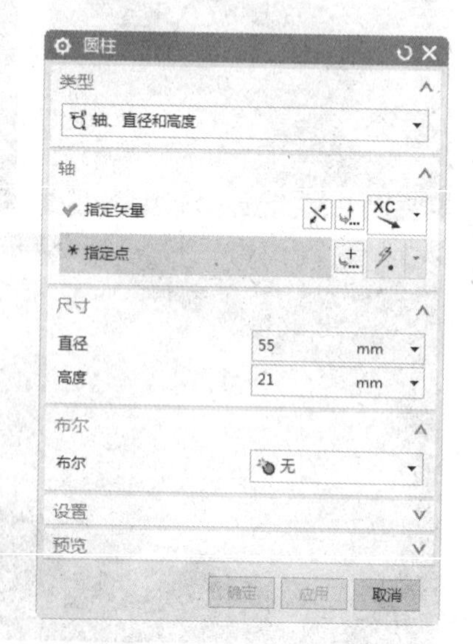

图8-2 “圆柱”对话框

3. 创建凸台

（1）单击“主页”选项卡“特征”面组中的“凸台”按钮，系统打开如图8-4所示的“凸台”对话框。设置凸台的“直径”为65，“高度”为12，“锥角”为0。选择圆柱体右侧表面为凸台的放置面，单击“确定”按钮。系统打开如图8-5所示的“定位”对话框，选择“点落在点上”的定位方法，选择圆柱体圆弧边为目标对象，弹出“设置圆弧的

位置”对话框，单击“圆弧中心”按钮，完成凸台的创建，如图 8-6 所示。

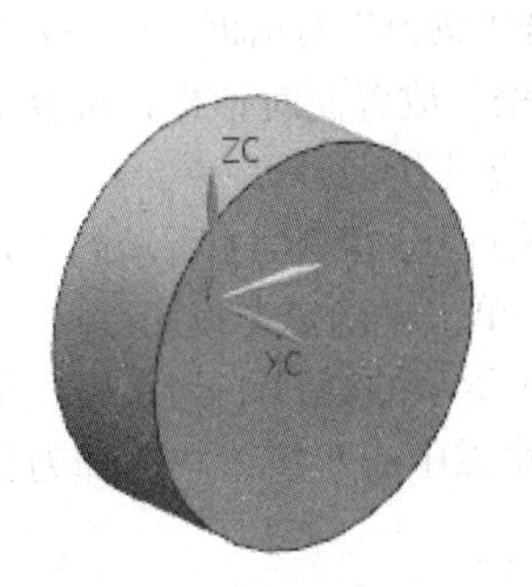

图 8-3　完成的圆柱体

图 8-4　“凸台”对话框

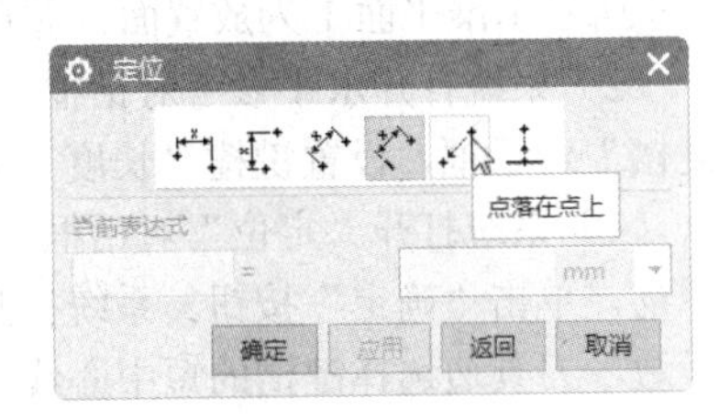

图 8-5　“定位”对话框

注意： 定位也可以采用如下方法：选取圆柱体的右侧表面的圆弧边缘，在如图 8-6 所示图形中选择“圆弧中心”也可以将圆台和圆柱体的轴线对齐。

（2）重复上述建立凸台的步骤，生成轴的其他部分，参数如图 8-7 所示。

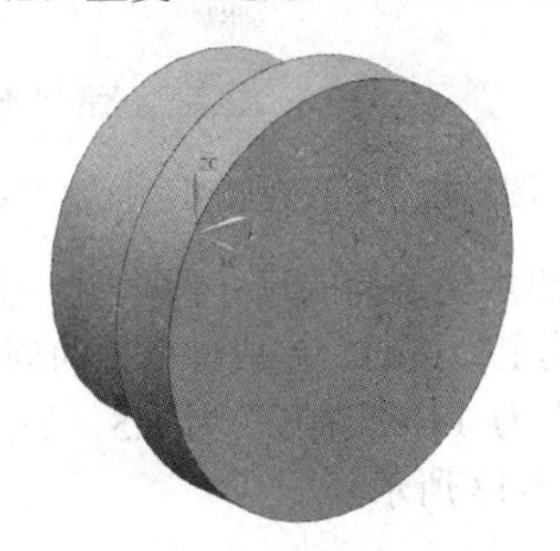

图 8-6　完成的凸台

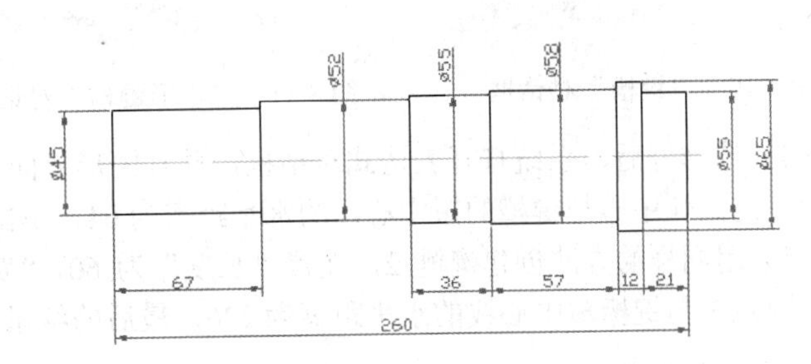

图 8-7　轴的参数

4. 创建基准平面

（1）单击“主页”选项卡“特征”面组中的“基准平面”按钮，系统打开如图 8-8 所示的“基准平面”对话框。选择“相切”选项，在实体中选择圆柱面。在“基准平面”对话框中，单击“应用”按钮创建基准平面 1。

（2）同理，创建基准直线 2 和其圆柱面相切的基准平面 2，该基准面为如图 8-9 所示的基准平面 2。

图 8-8　“基准平面”对话框

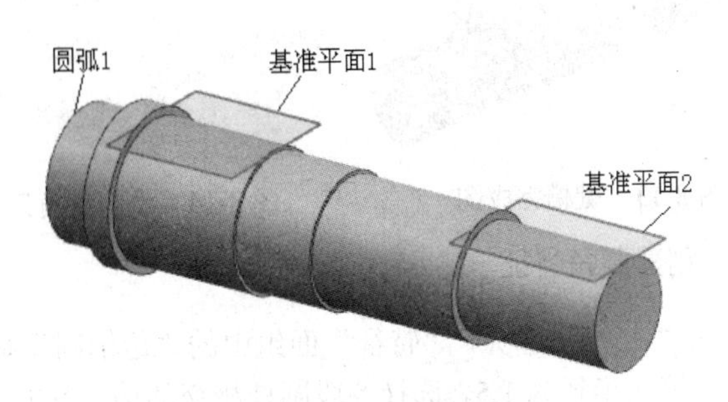

图 8-9　基准平面图

Note

5. 创建键槽

（1）单击“主页”选项卡“特征”面组上的“键槽”按钮，系统打开“键槽”对话框，如图8-10所示。选中“矩形槽”单选按钮，单击“确定”按钮。系统打开“矩形键槽”放置面对话框，选择如图8-9所示基准平面1为放置面，并在随后系统打开的对话框中接受默认边设置。

（2）系统打开水平参考对话框，选择轴上任意一段圆柱面即可。系统打开如图8-11所示的“矩形键槽”对话框，设置键槽“长度”为50，“宽度”为16，“深度”为6，单击“确定”按钮。

（3）系统打开“定位”对话框。选择“水平”定位，选择如图8-9所示的圆弧1为水平定位参照物，单击“确定”按钮。系统打开如图8-12所示的对话框，单击“圆弧中心”按钮。选择刀具参考边，刀具边选择键槽的短中心线。

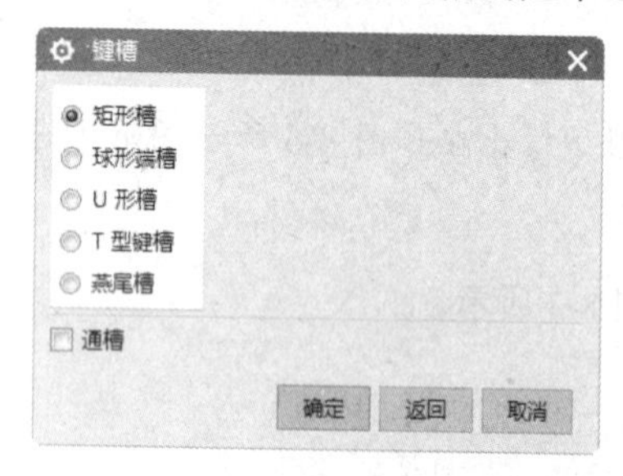

图8-10 “键槽”对话框

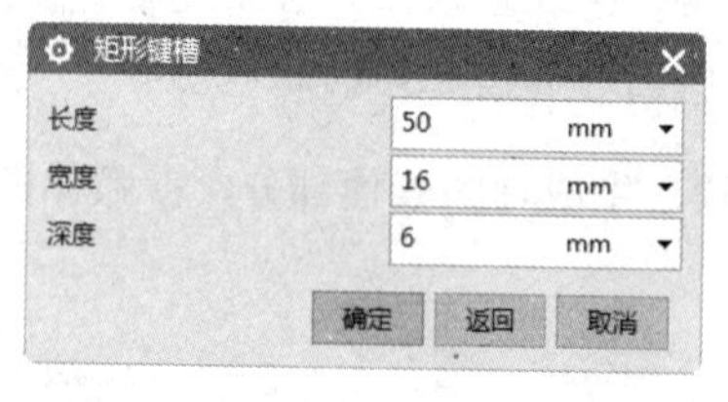

图8-11 “矩形键槽”对话框

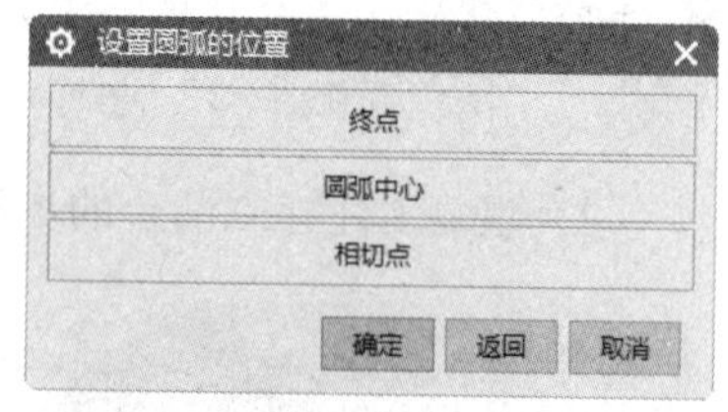

图8-12 “设置圆弧的位置”对话框

（4）选择好后，系统打开表达式对话框，并且图形界面中给出水平方向的尺寸预览图，在该对话框中设定圆弧中心与键槽的短中心线的水平距离为64，单击“确定”按钮，完成键槽1的创建。

（5）用同样的方法创建键槽2，设置“长度”为60，“宽度”为14，“深度”为5.5，如图8-9所示的圆弧1与键槽短中心线的水平距离为226，最后的结果如图8-13所示。

6. 创建倒斜角

单击“主页”选项卡“特征”面组中的“倒斜角”按钮，系统打开如图8-14所示的“倒斜角”对话框，选择“对称”类型，选择轴两端面的边为倒角边，设置倒角的“距离”为2，单击“确定”按钮完成倒角，如图8-15所示。

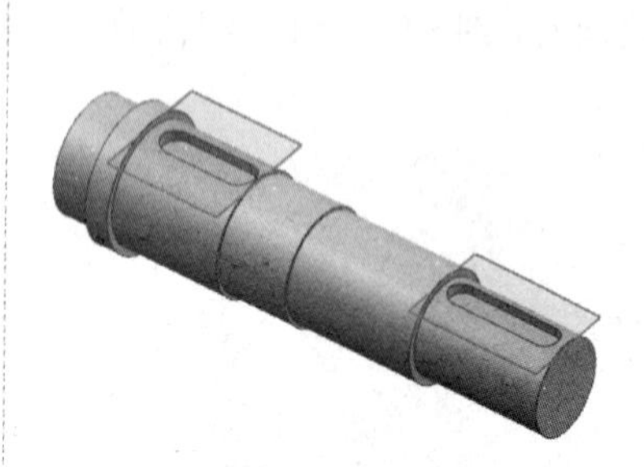

图8-13 键槽完成图

图8-14 “倒斜角”对话框

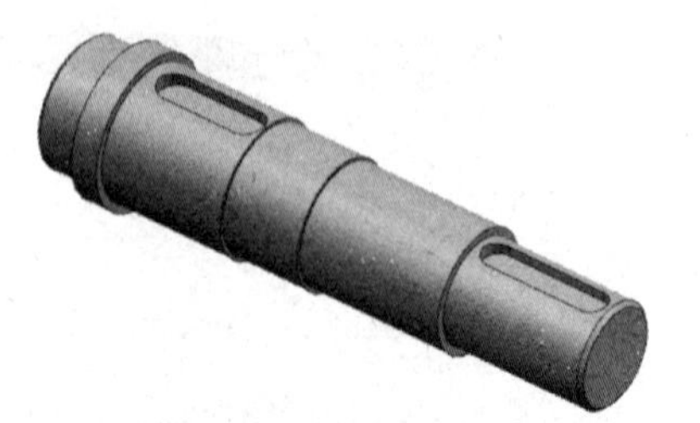

图8-15 倒角完成图

7. 创建圆角特征

单击“主页”选项卡“特征”面组中的“边倒圆”按钮，系统打开如图8-16所示的“边倒圆”对话框。输入半径为1.5，选择各段圆柱相交的边，单击“确定”按钮即可完成倒圆角，结果如图8-17所示。

8. 创建简单孔特征

单击“主页”选项卡“特征”面组中的“孔”按钮，系统打开“孔”对话框，如图 8-18 所示。选择“简单孔”形状，设定孔的“直径”为 6，“深度”为 12，“顶锥角”为 118。单击“绘制截面”按钮，选择轴右端面为孔的放置面，创建如图 8-19 所示的点，完成草图后返回到“孔”对话框，单击“确定”按钮，完成孔的创建，如图 8-20 所示。

图 8-16 “边倒圆”对话框

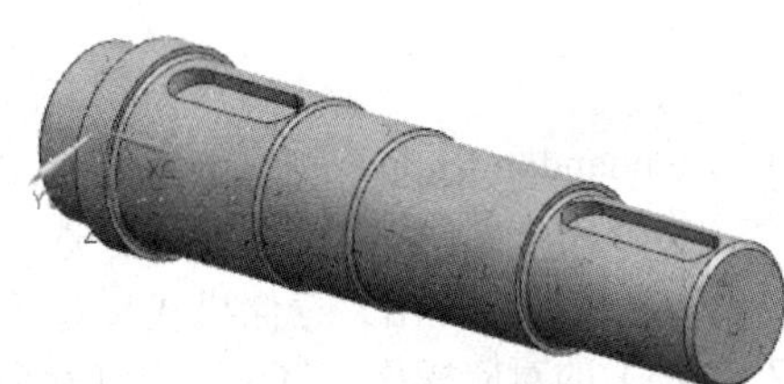

图 8-17 边倒圆完成图

图 8-18 “孔”对话框

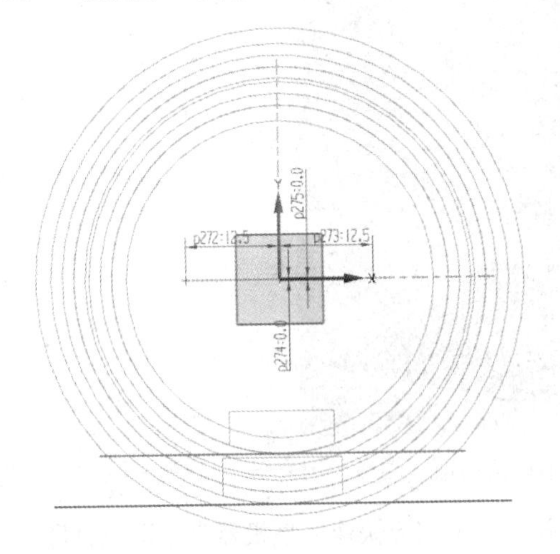

图 8-19 “孔”定位尺寸

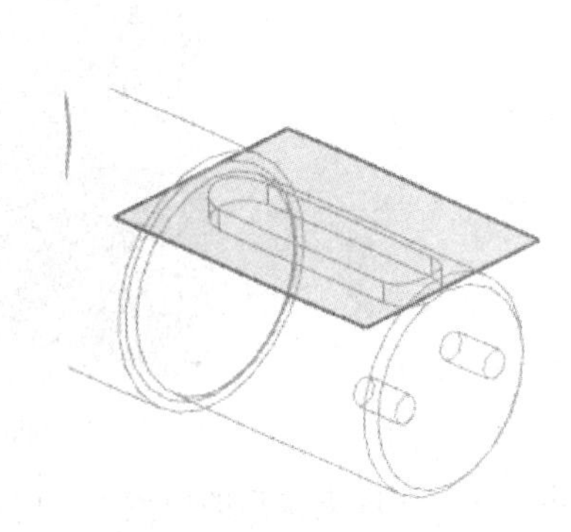

图 8-20 创建孔

9. 创建螺纹特征

单击“主页”选项卡“特征”面组“更多”库“设计特征”库中的“螺纹”按钮，系统打开“螺纹”对话框。选择螺纹类型为“符号”，然后选择刚刚创建的孔作为螺纹放置面，接受系统默认设置创建螺纹，如图 8-21 所示。

Note

10. 创建埋头孔特征

单击“主页”选项卡“特征”面组中的“孔”按钮，系统打开“孔”对话框，如图 8-18 所示。选择“埋头孔”成形，设定孔的埋头直径为 8，埋头角度为 82，“直径”为 4，“深度”为 12，“顶锥角”为 118。捕捉最左端圆弧圆心为孔位置，单击“确定”按钮，完成孔的创建，如图 8-22 所示。

通过剖视图可以看到创建的两个螺孔和定位孔，如图 8-23 所示。

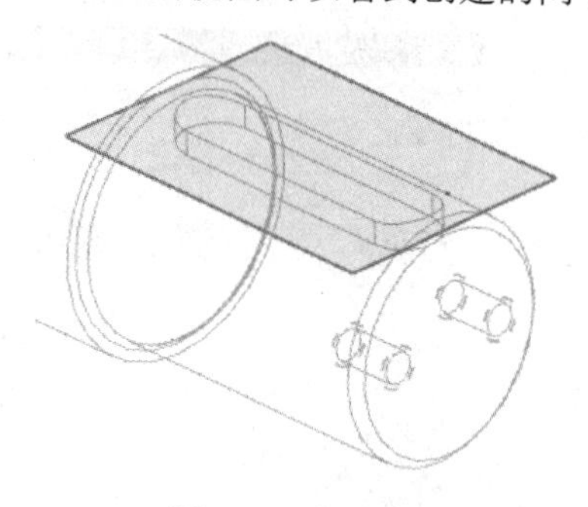

图 8-21　创建螺纹

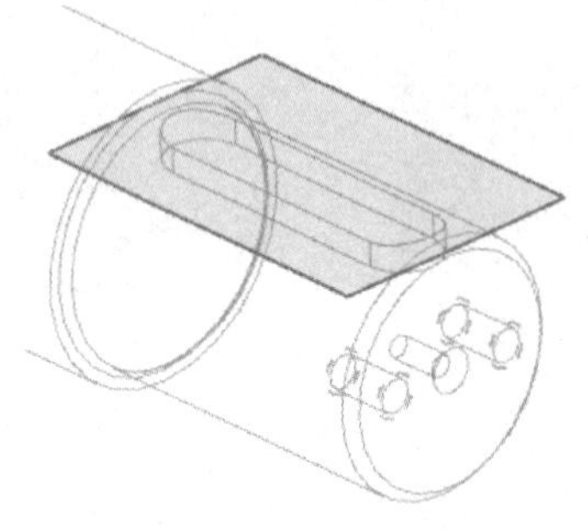
图 8-22　创建埋头孔

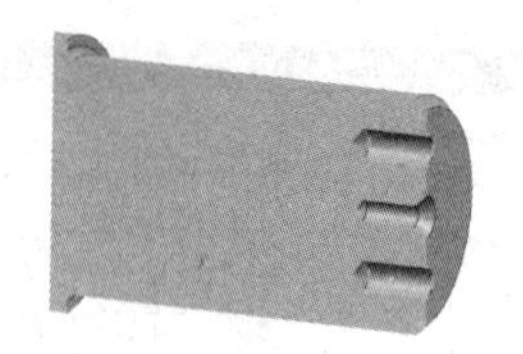
图 8-23　螺孔和定位孔

8.1.2　打印模型

根据 7.2 节操作步骤 2 载入模型 chuandongzhou，发现该模型较大，已经超过本书所选择机器的打印范围，单击“重缩放”按钮，将弹出“零件缩放”对话框，选中“统一缩放”复选框，将“缩放系数”设置为 0.5，然后单击“确定”按钮，弹出“存储模式”对话框，单击“是”按钮，模型将被缩小至原来的 0.5 倍。按步骤 2 中（3）的对应操作，将模型合理摆放至平台中心，如图 8-24 所示。

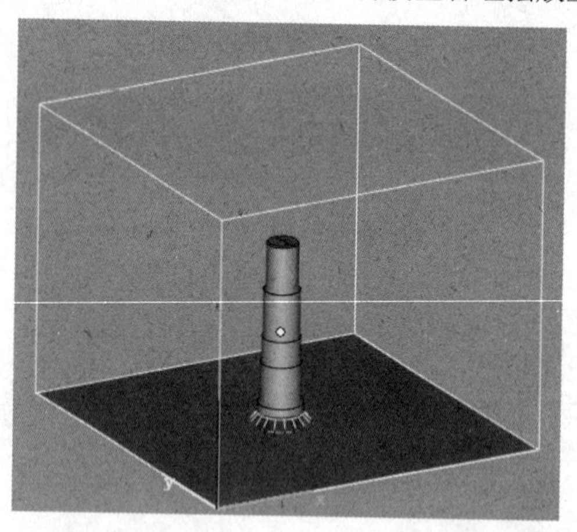
图 8-24　缩小后传动轴

按步骤 3 对生成支撑后的模型进行切片处理，并导入至相应快速成型机器中，即可打印。

8.1.3　处理打印模型

处理打印模型有以下 4 个步骤：

（1）取出模型。打印完毕后，将工作台调整至液态树脂平面之上，用平铲等工具将模型底部与平台底部撬开，以便于取出模型。取出后的传动轴模型如图 8-25 所示。

（2）清洗模型。打印完毕模型的表面需要使用酒精等溶剂将其清洗，以防止影响模型表面质量。将适量酒精倒入盆内，用毛刷将传动轴模型表面残留的液态树脂进行清洗。

（3）去除支撑。如图 8-25 所示，取出后的传动轴模型存在一些打印过程中生成的支撑，使用尖嘴钳、刀片、钢丝钳、镊子等工具，将传动轴模型的支撑去除。

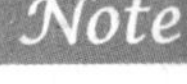

（4）打磨模型。根据去掉支撑后的模型粗糙程度，可先用锉刀、粗砂纸等工具对支撑与模型接触的部位进行粗磨，然后用较细粒度的砂纸对模型进一步打磨。处理后的传动轴模型如图 8-26 所示。

图 8-25　打印完毕的传动轴模型

图 8-26　处理后的传动轴模型

8.2　齿　轮　轴

首先利用 UG 软件创建齿轮轴模型，再利用 Magics 软件打印齿轮轴的 3D 模型，最后对打印出来的齿轮轴模型进行清洗、去除支撑和毛刺处理，流程图如图 8-27 所示。

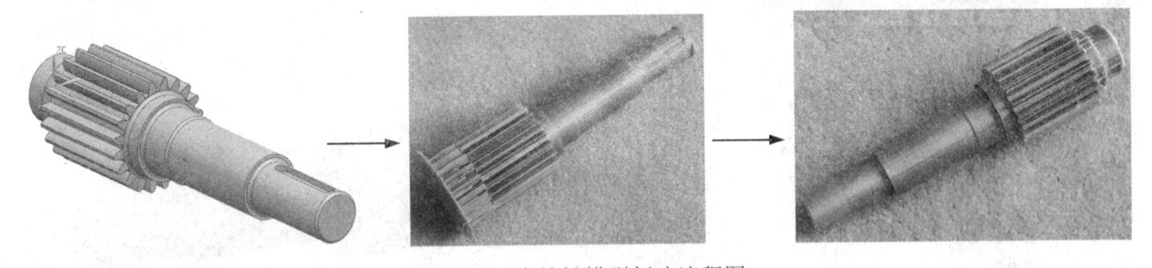

图 8-27　齿轮轴模型创建流程图

8.2.1　创建模型

采用旋转草图轮廓的方法生成齿轮轴的阶梯轴部分，首先绘制草图，然后利用拉伸体设计特征来创建齿轮齿槽，将创建的齿槽通过圆周阵列生成齿形，最后添加边圆角和倒角特征。

1. 新建文件

单击“主页”选项卡“标准”面组中的“新建”按钮，选择模型类型，创建新部件，文件名为 chilunzhou，进入建立模型模块。

Note

2. 绘制草图 1

选择“菜单”→“插入”→“在任务环境中绘制草图”命令，系统弹出“创建草图”对话框。绘制如图 8-28 所示的草图。单击“主页”选项卡中的“完成”按钮，退出草图模式，进入建模模式。

图 8-28　绘制草图

3. 创建主体

单击“主页”选项卡“特征”面组上的“旋转”按钮，系统弹出“旋转”对话框，如图 8-29 所示。选择整个草图作为旋转体截面线串。选择 XC 轴作为旋转体的旋转轴，保持默认的坐标（0，0，0）作为旋转中心基点。设置旋转的开始角度为 0，结束角度为 360。单击“确定”按钮，生成最终的旋转体如图 8-30 所示。

4. 创建基准平面

单击“主页”选项卡“特征”面组上的“基准平面”按钮，弹出“基准平面”对话框，选择“相切”类型，单击如图 8-30 所示的第 7 段圆柱面。单击“确定”按钮，生成与所选圆柱面相切的基准平面，如图 8-31 所示。

图 8-29　“旋转”对话框

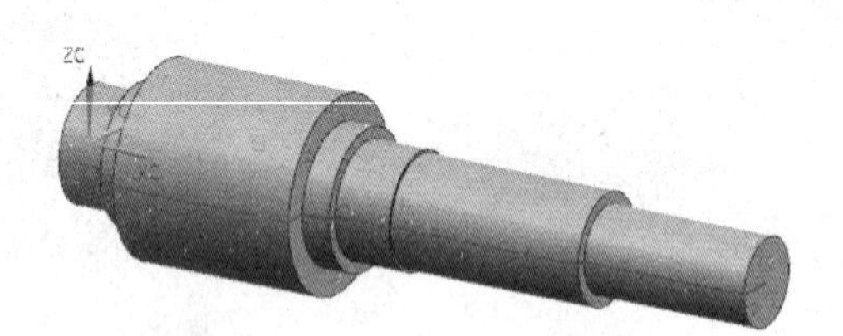

图 8-30　生成第 7 段圆柱面

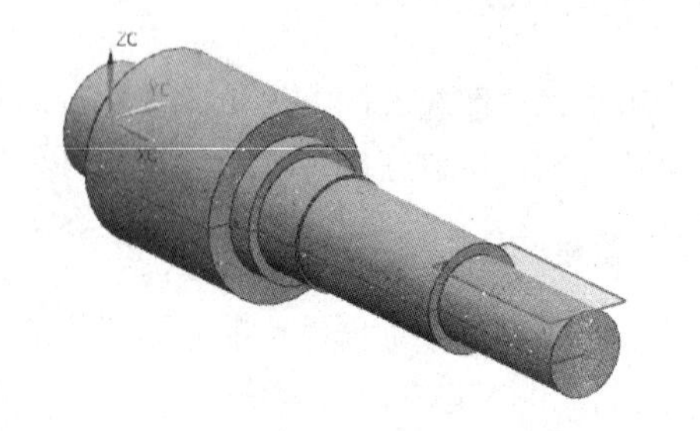

图 8-31　生成与所选圆柱面相切的基准平面

5. 创建键槽

单击“主页”选项卡“特征”面组上的“键槽”按钮，系统弹出“键槽”对话框，如图 8-32 所示。选择“矩形槽”类型，选择与第 7 段圆柱相切的基准面作为键槽的放置面，如图 8-33 所示，选择第 7 段圆柱面为水平参考，如图 8-34 所示。

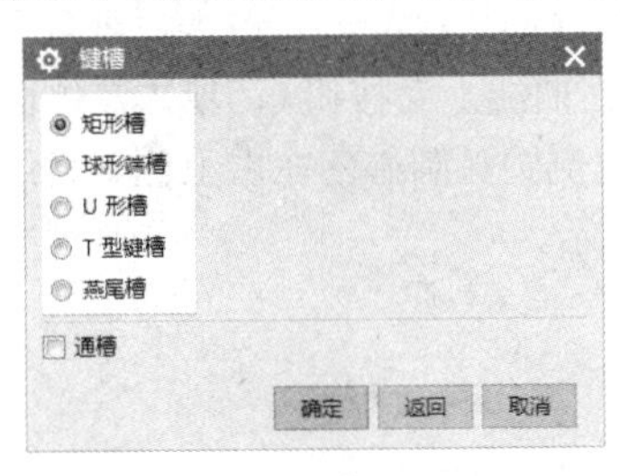

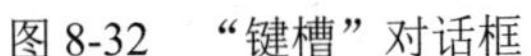

图 8-32　“键槽”对话框

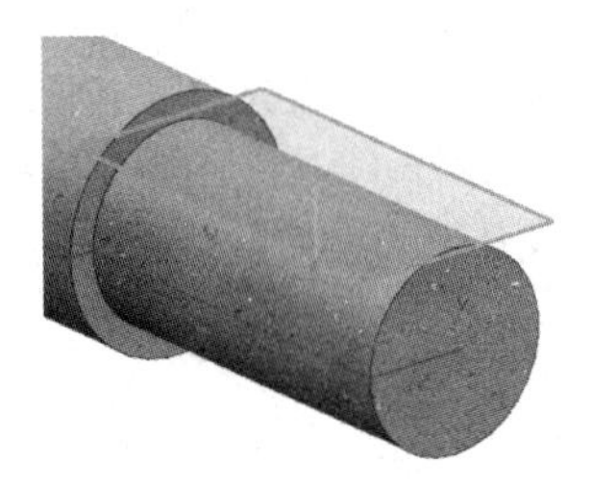

图 8-33　指定键槽的放置面

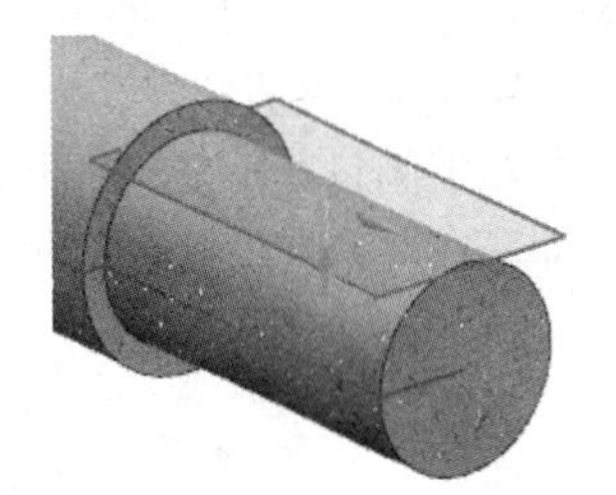

图 8-34　指定键槽的长度方向

系统弹出如图 8-35 所示的“矩形键槽”参数设置对话框，设置键槽的“长度”为 50，“宽度”为 8，“深度”为 4，最后单击“确定”按钮。

系统弹出“定位”对话框，单击“水平”按钮，弹出“水平”对话框。选择如图 8-36 所示的圆弧，弹出“设置圆弧位置”对话框，单击“圆弧中心”按钮，再选择键槽短中心线，弹出“创建表达式”对话框，设置尺寸为 32，并生成最终的矩形键槽，如图 8-37 所示。

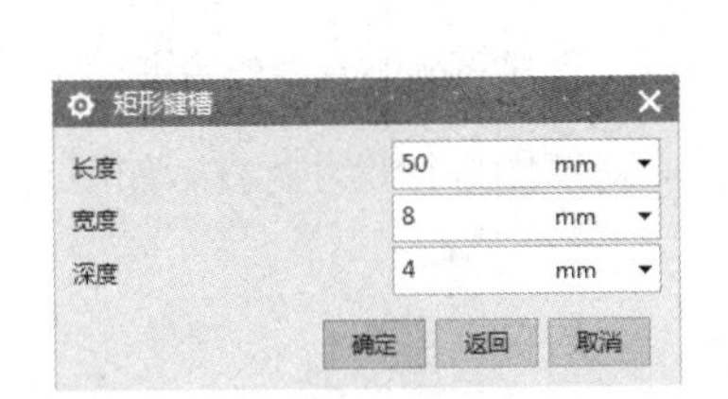

图 8-35　“矩形键槽”参数设置对话框

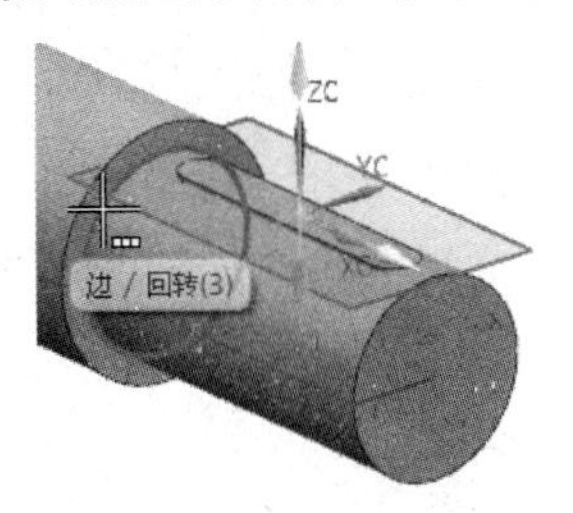

图 8-36　选择圆弧

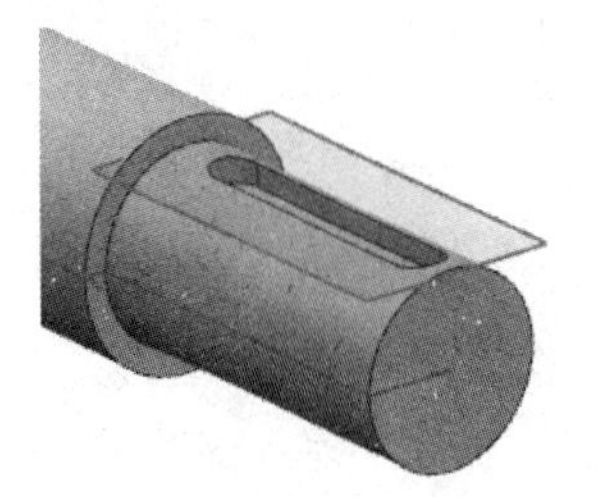

图 8-37　最终的矩形键槽

6. 绘制草图 2

（1）选择“菜单”→“插入”→“在任务环境中绘制草图”命令，系统弹出“创建草图”对话框，如图 8-38 所示。单击第 3 段圆柱端面作为草图平面，如图 8-39 所示。

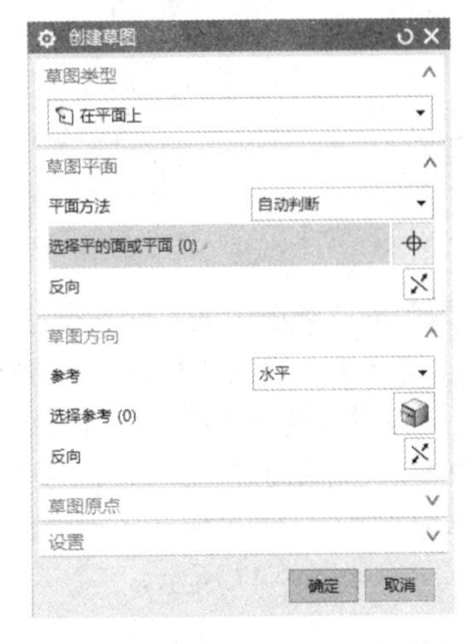

图 8-38　“创建草图”对话框

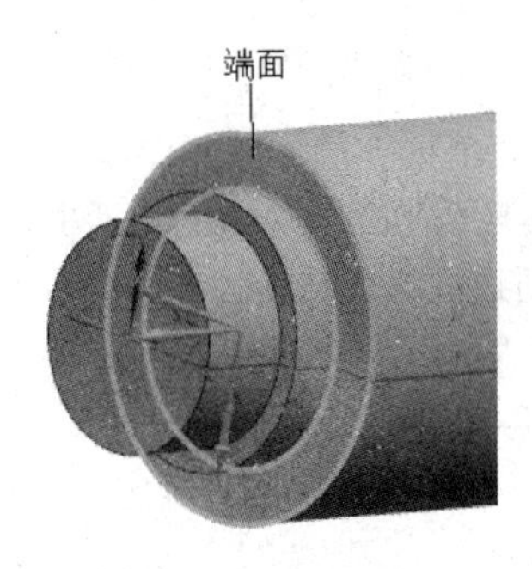

图 8-39　指定草图平面

Note

（2）单击“主页”选项卡“曲线”面组中的“轮廓”按钮，绘制草图轮廓，如图 8-40 所示。

（3）单击“主页”选项卡“约束”面组中的“几何约束”按钮，弹出“几何约束”对话框，单击“点在曲线上”按钮，单击第一条圆弧右端点（从上至下）和竖直直线，使圆弧右端点落在直线上。用同样方法使第 2 条和第 3 条圆弧右端点落在直线上。单击其中的“同心”按钮◎，单击上下排列的 3 条圆弧和如图 8-41 所示的最大圆柱底面边缘，使 3 条圆弧与最大圆柱底面边缘同心。单击“垂直”按钮，单击两条斜直线段，使两条直线段相互垂直。单击其中的“点在曲线上”按钮，单击左侧圆弧圆心和左下侧斜直线段，使圆弧圆心落在斜直线段上。用同样方法使左侧圆弧圆心落在右上侧斜直线段上。即落在两条直线段的交点上。完成几何约束后的草图如图 8-42 所示。

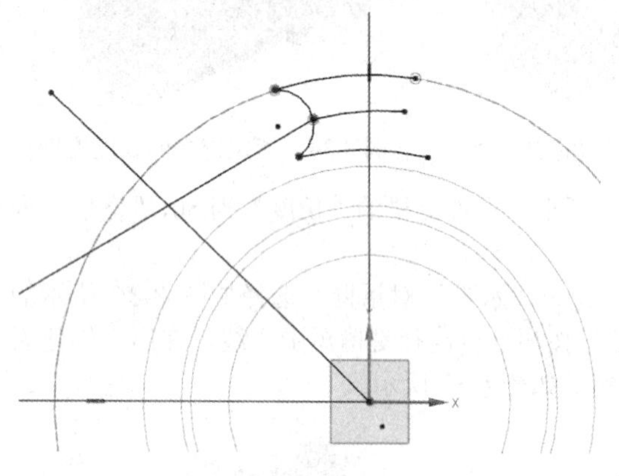

图 8-40　草图轮廓尺寸

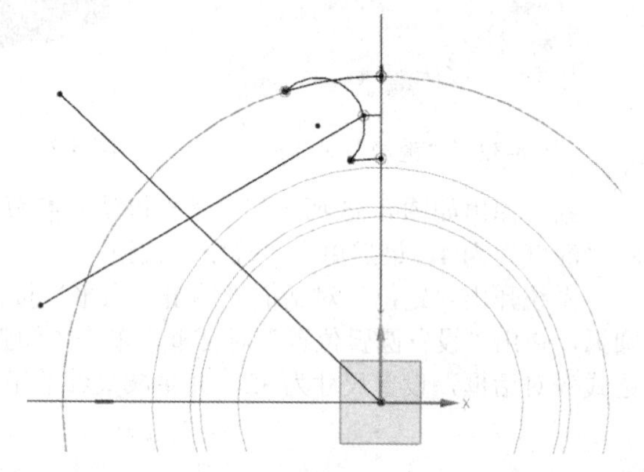

图 8-41　设置圆弧与直线的约束

（4）单击“主页”选项卡“约束”面组中的“快速尺寸”按钮，对草图进行尺寸标注，如图 8-43 所示。草图完全约束。

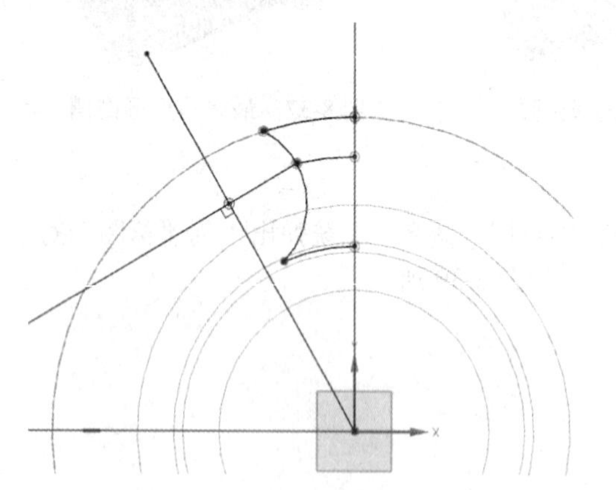

图 8-42　完成几何约束后的草图

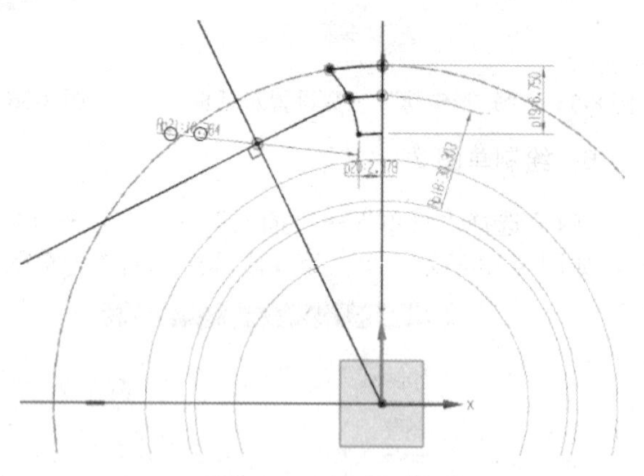

图 8-43　添加尺寸约束

（5）单击“主页”选项卡“曲线”面组上“约束工具”下拉菜单中的“转换至/自参考对像”按钮，弹出“转换至/自参考对象”对话框，如图 8-44 所示。选择第 2 段圆弧和两条斜直线段，单击“确定”按钮，将所选的线段转换为参考线，如图 8-45 所示，转换以后的参考线已变为虚线段。

（6）单击“主页”选项卡“曲线”面组“曲线”库中的“镜像曲线”按钮，弹出“镜像曲线”对话框，如图 8-46 所示。单击通过 YC 轴线的直线作为镜像中心。单击所有未被转化为参考线的草图线段作为镜像几何体。单击“确定”按钮，生成镜像草图，如图 8-47 所示。

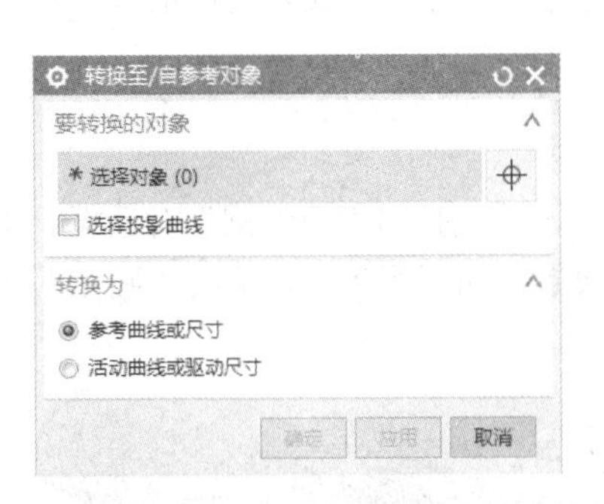

图 8-44　“转换至/自参考对象”对话框

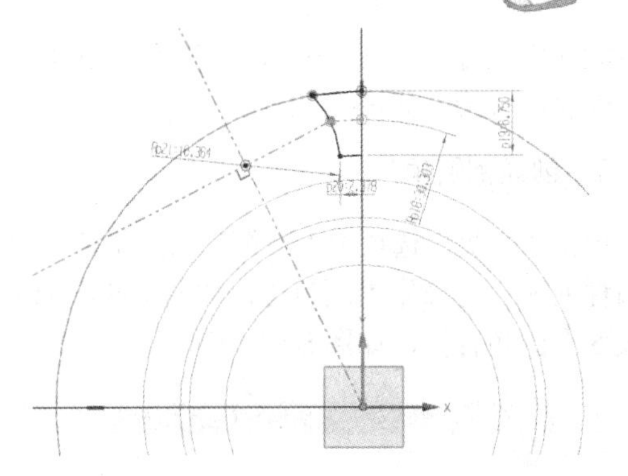

图 8-45　将第二段圆弧和两条斜直线段转变为参考线

图 8-46　“镜像曲线”对话框

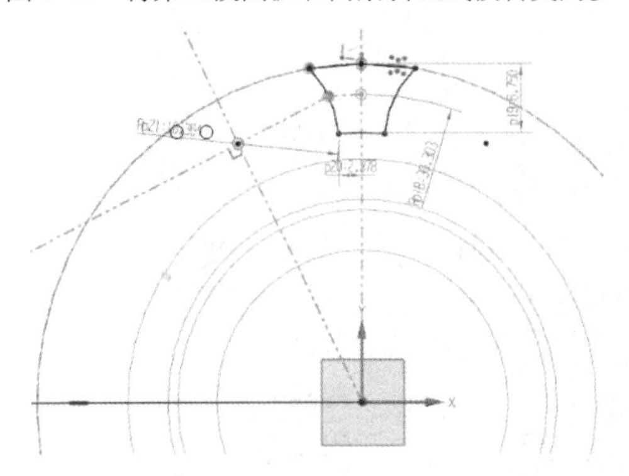

图 8-47　生成的镜像草图

（7）单击“主页”选项卡“草图”面组中的“完成”按钮，退出草图模式，进入建模模式。

7. 创建齿槽

单击“主页”选项卡“特征”面组上的“拉伸”按钮，系统弹出“拉伸”对话框。选择齿廓草图作为拉伸截面线串，如图 8-48 所示。以 XC 轴作为拉伸方向。在“布尔”下拉列表框中选择“求差”选项。在“限制”选项卡下，设置“结束”为“直至延伸部分”。单击第 5 段圆柱上底面作为拉伸裁剪面，如图 8-49 所示。单击“确定”按钮，生成齿轮轴一个齿槽，如图 8-50 所示。

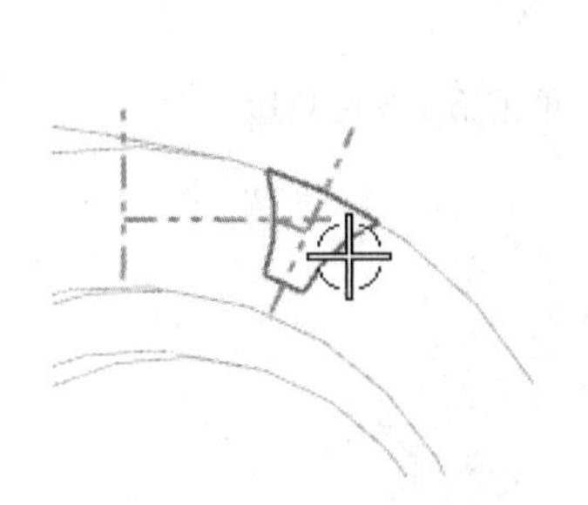

图 8-48　选择齿廓草图

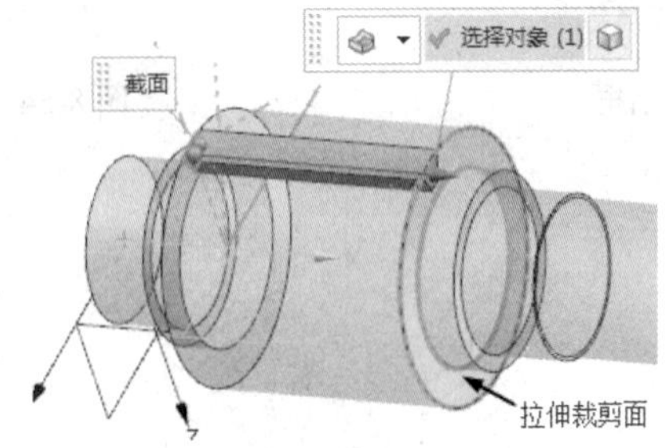

图 8-49　拉伸裁剪面

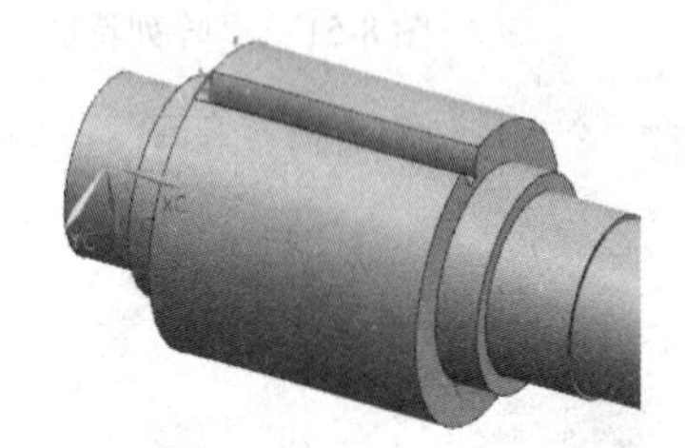

图 8-50　生成齿轮轴的一个齿槽

8. 阵列齿槽

选择“菜单”→“插入”→“关联复制”→“阵列特征”命令，系统弹出如图 8-51 所示的“阵列特征”对话框。选择“圆形”阵列选项。选择步骤 7 生成的齿槽为要阵列的对象。设置“数量”为 20，“节距角”为 18，以 XC 轴作为圆形阵列中心轴，单击“点”按钮，系统弹出“点”对话框，

保持默认的坐标（0，0，0）作为阵列中心轴基点。单击“确定”按钮，生成阵列齿槽，并形成最终的齿轮轴的齿形，如图 8-52 所示。

Note

9. 创建倒圆角

单击“主页”选项卡“特征”面组中的“边倒圆”按钮，系统弹出“边倒圆”对话框。单击各段圆柱的相交边缘作为圆角边，如图 8-53～图 8-58 所示。设置圆角半径为 2。单击“确定”按钮，生成 6 个圆角特征，如图 8-59 所示。

图 8-51 “阵列特征”对话框

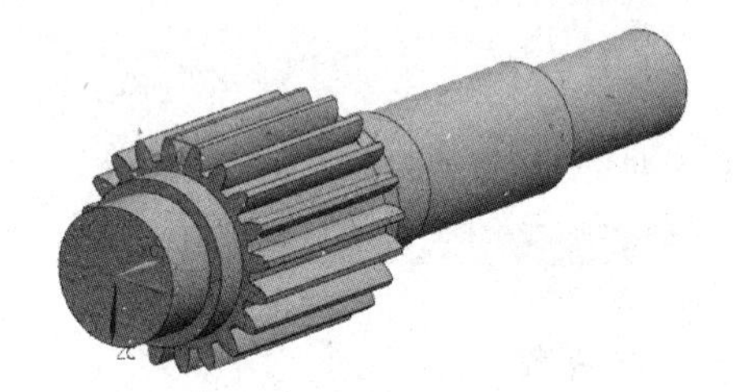

图 8-52 齿轮轴的齿形

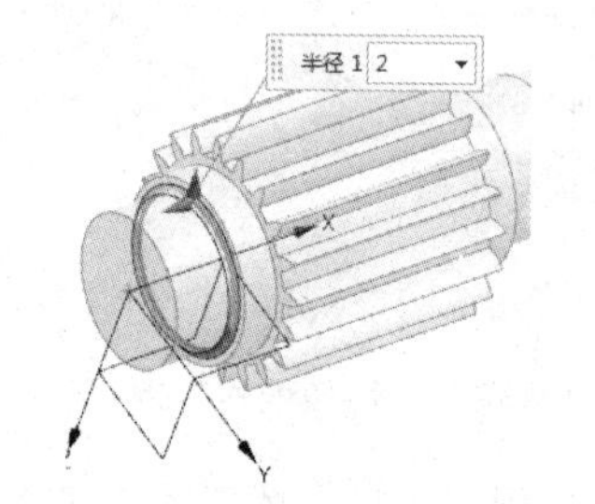

图 8-53 单击第 1 条圆角边

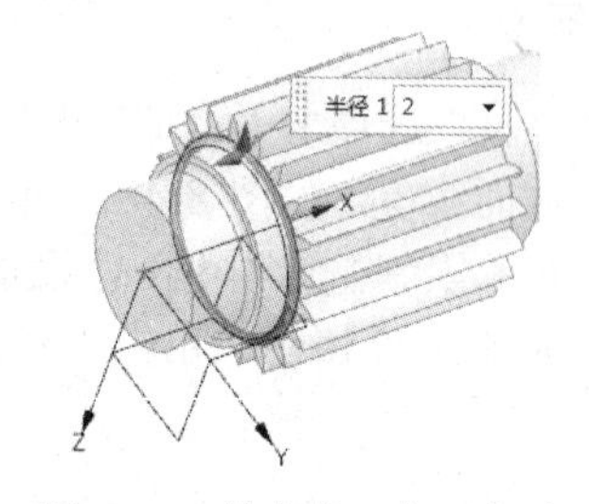

图 8-54 单击第 2 条圆角边

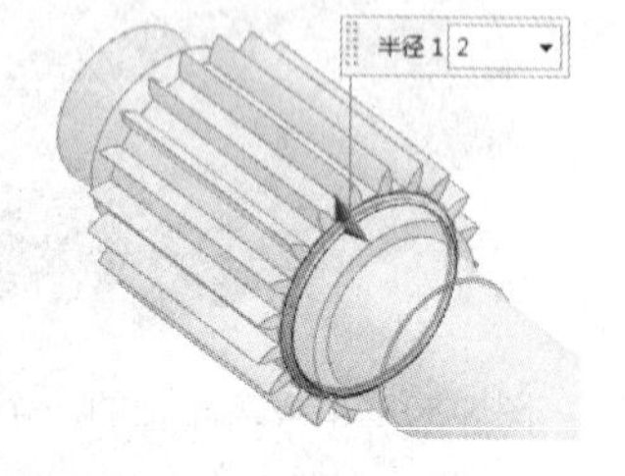

图 8-55 单击第 3 条圆角边

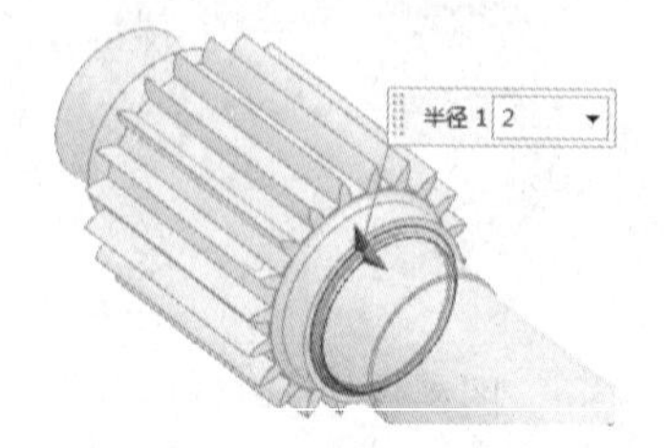

图 8-56 单击第 4 条圆角边

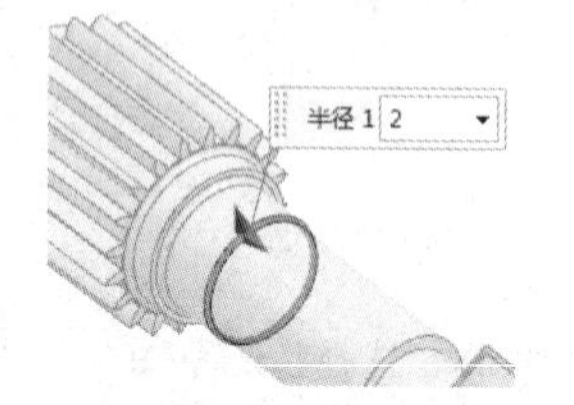

图 8-57 单击第 5 条圆角边

10. 创建倒斜角特征

单击“主页”选项卡“特征”面组中的“倒斜角”按钮，系统弹出“倒斜角”对话框。单击如图 8-60 和图 8-61 所示的两条倒角边。设置倒角对称值为 1.5。单击“确定”按钮，生成最终的轴，

如图 8-62 所示。

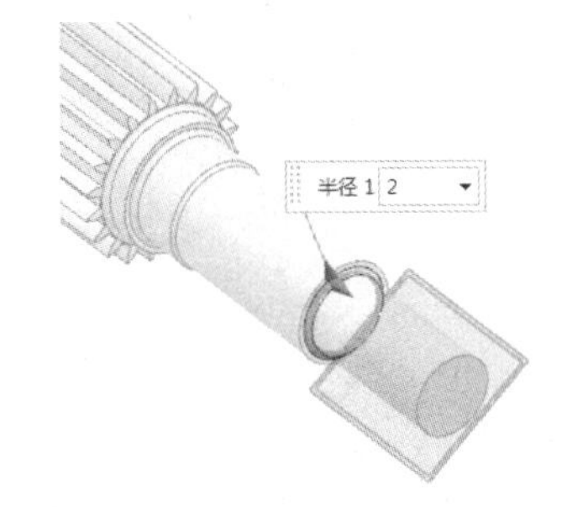

图 8-58　单击第 6 条圆角边

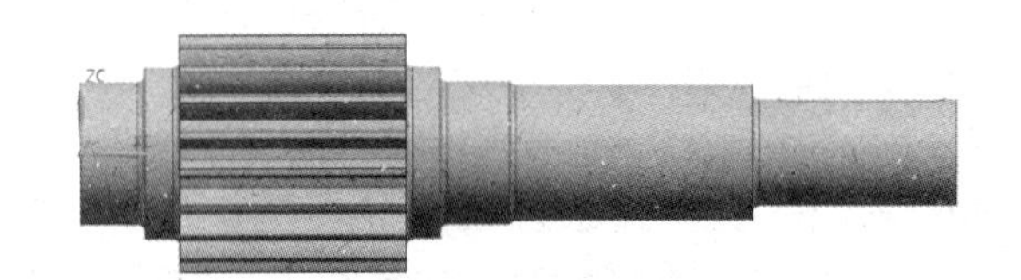

图 8-59　生成的 6 个圆角特征

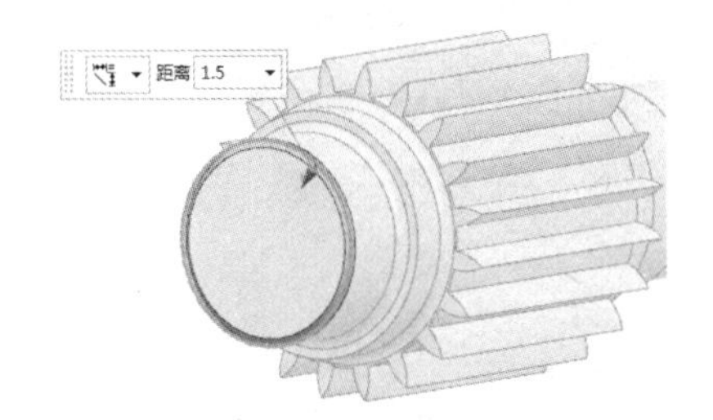

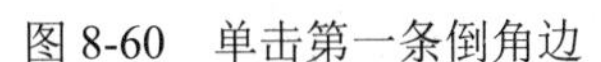

图 8-60　单击第一条倒角边

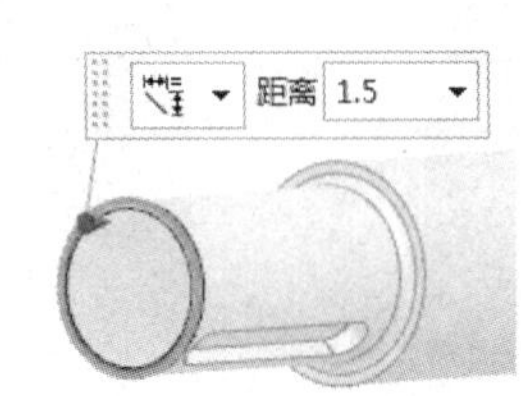

图 8-61　单击第二条倒角边

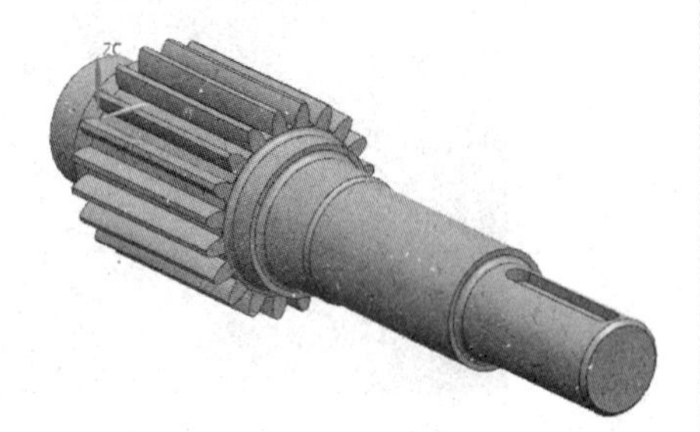

图 8-62　生成最终的轴

8.2.2　打印模型

根据 7.2 节操作步骤 2 载入模型 chilunzhou，发现该模型较大，已经超过本书所选择机器的打印范围，单击“重缩放”按钮，将出现“零件缩放”对话框，选中“统一缩放”复选框，将“缩放系数”设置为 0.5，然后单击“确定”按钮，出现“存储模式”对话框，单击“是”按钮，模型将被缩小至原来的 0.5 倍。然后单击“旋转零件”按钮，弹出“旋转零件”对话框，将 Y 轴所对应数值设置为 270，也就是绕 Y 轴旋转 270°，单击“确定”按钮，模型旋转完毕。继续按步骤 2 中（3）的对应操作，将模型合理摆放至平台中心，并生成相应支撑，如图 8-63 所示。

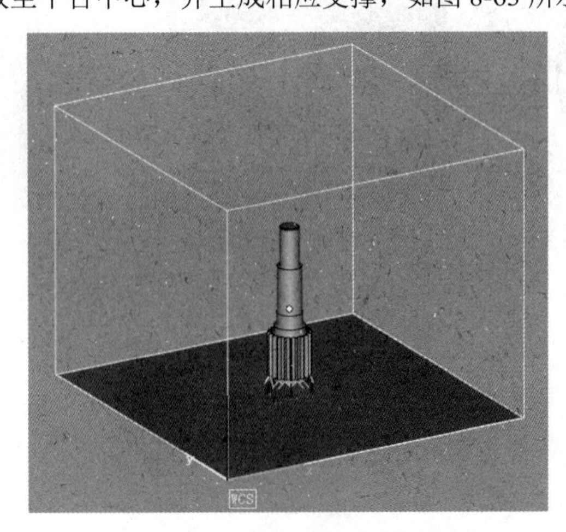

图 8-63　缩小后的齿轮轴

按步骤 3 对生成支撑后的模型进行切片处理，并导入至相应快速成型机器中，即可打印。

8.2.3 处理打印模型

Note

处理打印模型有以下4个步骤：

（1）取出模型。取出后的齿轮轴模型如图8-64所示。

（2）清洗模型。

（3）去除支撑。

（4）打磨模型。打磨处理后的齿轮轴模型如图8-65所示。

图8-64 打印完毕的齿轮轴模型

图8-65 处理后的齿轮轴模型

8.3 大 齿 轮

首先利用UG软件创建大齿轮模型，再利用Magics软件打印大齿轮的3D模型，最后对打印出来的大齿轮模型进行清洗、去除支撑和毛刺处理，流程图如图8-66所示。

图8-66 大齿轮模型创建流程图

8.3.1 创建模型

通过拉伸草图曲线建立齿轮主体，制作思路为：绘制草图曲线；通过拉伸和布尔操作建立齿轮主体，通过拉伸操作建立单个齿槽，建立长方体并与齿轮主体进行布尔操作建立键槽。

1. 创建新文件

单击快速访问工具栏中的“新建”按钮，打开“新建”对话框。在“模板”列表中选择“模型”选项，输入名称为dachilun，单击“确定”按钮，进入建模环境。

2. 创建齿轮基体

（1）选择“菜单”→“GC 工具箱”→“齿轮建模”→“柱齿轮”命令，打开如图 8-67 所示的“渐开线圆柱齿轮建模”对话框。

（2）选中“创建齿轮”单选按钮，单击“确定”按钮，打开如图 8-68 所示的“渐开线圆柱齿轮类型”对话框。选中“直齿轮”“外啮合齿轮”“滚齿”单选按钮，单击“确定”按钮。

（3）打开如图 8-69 所示的“渐开线圆柱齿轮参数”对话框。在“标准齿轮”选项卡中设置“名称”“模数”“牙数”“齿宽”“压力角”分别为 dachilun、3、80、60 和 20，单击“确定”按钮。

图 8-67 “渐开线圆柱齿轮建模”对话框

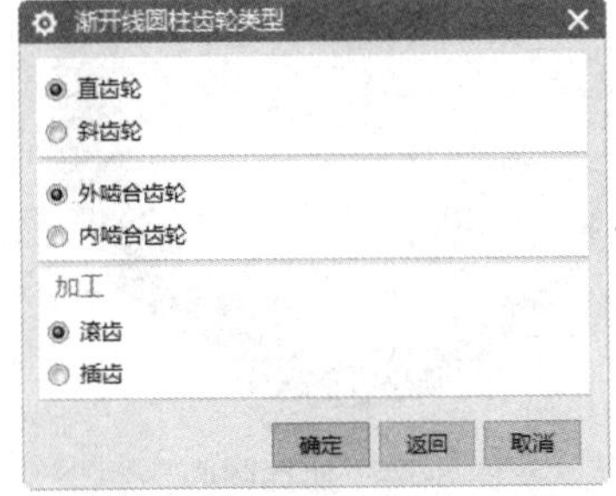

图 8-68 “渐开线圆柱齿轮类型”对话框

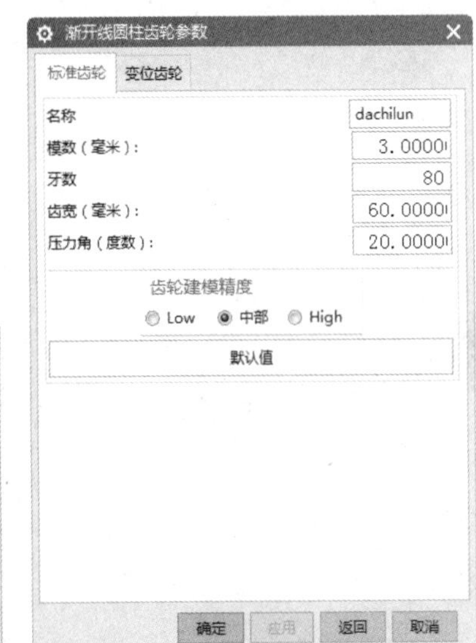

图 8-69 “渐开线圆柱齿轮参数”对话框

（4）打开如图 8-70 所示的“矢量”对话框。选择“ZC 轴”类型，单击“确定”按钮，打开如图 8-71 所示的“点”对话框。输入坐标点为（0，0，0），单击“确定”按钮，生成圆柱齿轮，如图 8-72 所示。

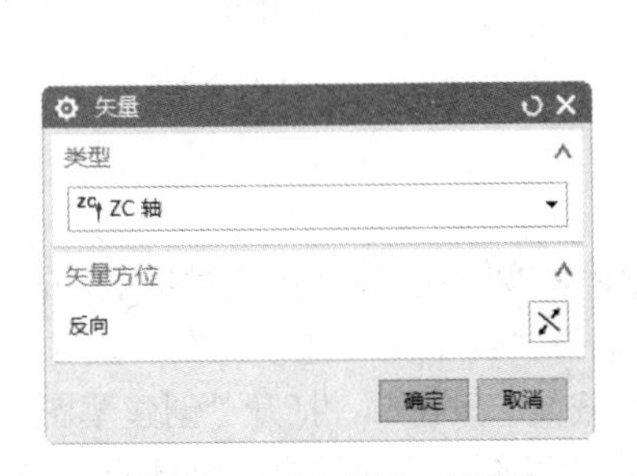

图 8-70 “矢量”对话框

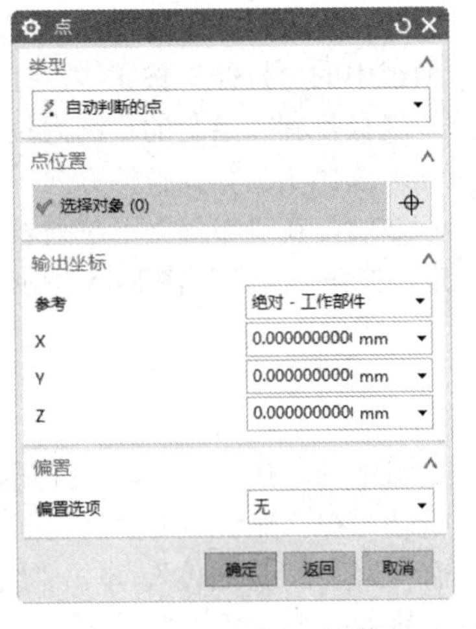

图 8-71 “点”对话框

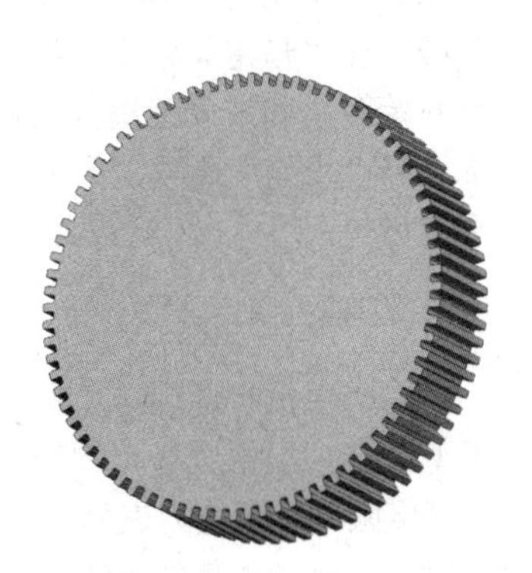

图 8-72 创建圆柱直齿轮

Note

3. 创建孔 1

单击“主页”选项卡“特征”面组中的“孔”按钮，打开如图 8-73 所示的“孔”对话框。选择“简单孔”成形，设置“直径”和“深度限制”分别为 58 和“贯通体”。捕捉如图 8-74 所示的齿根圆圆心为孔位置，单击“确定”按钮，完成孔的创建，如图 8-75 所示。

图 8-73 “孔”对话框

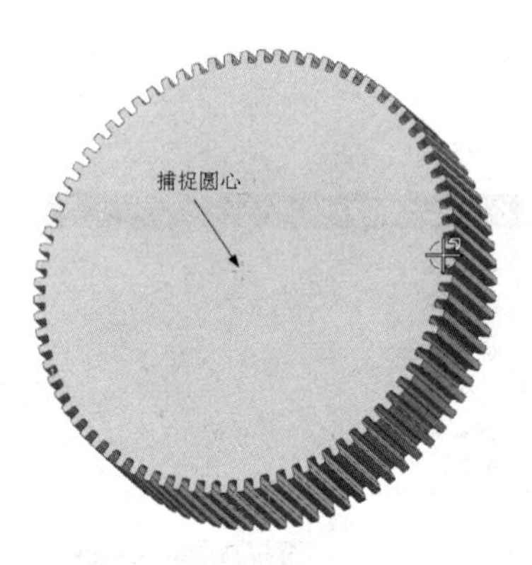

图 8-74 捕捉圆心

图 8-75 创建孔

4. 绘制草图

单击“主页”选项卡“直接草图”面组中的“草图”按钮，进入草图绘制界面，选择圆柱齿轮的外表面为工作平面绘制草图。绘制后的草图如图 8-76 所示。

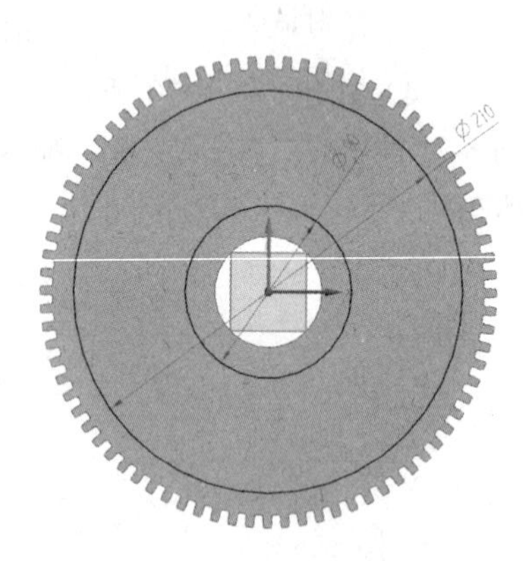

图 8-76 绘制草图

5. 创建轴孔

单击“主页”选项卡“特征”面组中的“拉伸”按钮，打开如图 8-77 所示的“拉伸”对话框。选择步骤 4 绘制的草图为拉伸曲线，在“指定矢量”下拉列表框中选择 ZC 轴为拉伸方向，设置开始距离和结束距离分别为 0 和 22.5，在“布尔”下拉列表框中选择“求差”选项，单击“确定”按钮，生成如图 8-78 所示的圆柱齿轮。

6. 创建孔 2

单击“主页”选项卡“特征”面组中的“孔”按钮，打开如图 8-79 所示的“孔”对话框。在“类型”选项组中选择“常规孔”选项，在“形状”下拉列表框中选择“简单孔”选项，在“直径”和“深度限制”下拉列表框中分别输入 35 和“贯通体”。单击“绘制截面”按钮，打开“创建草图”对话框，选择长方体的上表面为孔放置面，进入草图绘制环境。打开“草图点”对话框，创建点，如图 8-80 所示。单击“完成”按钮，草图绘制完毕。返回到“孔”对话框，单击“确定”按钮，完

成孔的创建，如图 8-81 所示。

图 8-77　“拉伸”对话框

图 8-78　创建轴孔

图 8-79　“孔”对话框

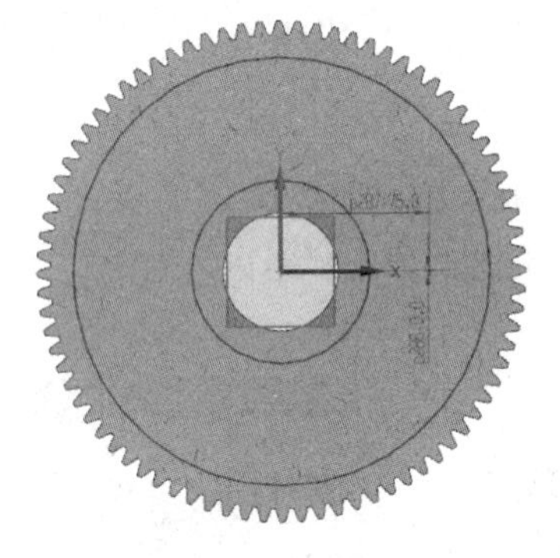

图 8-80　绘制草图

图 8-81　创建孔

7. 阵列孔特征

选择“菜单”→“插入”→“关联复制”→“阵列特征”命令，打开如图 8-82 所示的“阵列特征”对话框。选择步骤 6 创建的简单孔为阵列的特征。在“布局”下拉列表框中选择“圆形”选项，在“指定矢量”下拉列表框中选择 ZC 轴为旋转轴，指定坐标原点为旋转点。在“间距”下拉列表框中选择“数量和节距”选项，设置“数量”和“节距角”分别为 6 和 60，单击“确定”按钮，如图 8-83 所示。

8. 边倒圆

单击“主页”选项卡“特征”面组中的“边倒圆”按钮，打开如图 8-84 所示的“边倒圆”对话框。设置圆角半径为 3，选择如图 8-85 所示的边线，单击“确定”按钮，结果如图 8-86 所示。

Note

图 8-82 “阵列特征”对话框

图 8-83 创建轴孔

图 8-84 “边倒圆”对话框

9. 创建倒角

单击“主页”选项卡“特征”面组中的“倒斜角”按钮，打开如图 8-87 所示的“倒斜角”对话框。设置“横截面”为“对称”，选择如图 8-88 所示的倒角边，设置“距离”为 2.5。单击“确定”按钮，生成倒角特征，如图 8-89 所示。

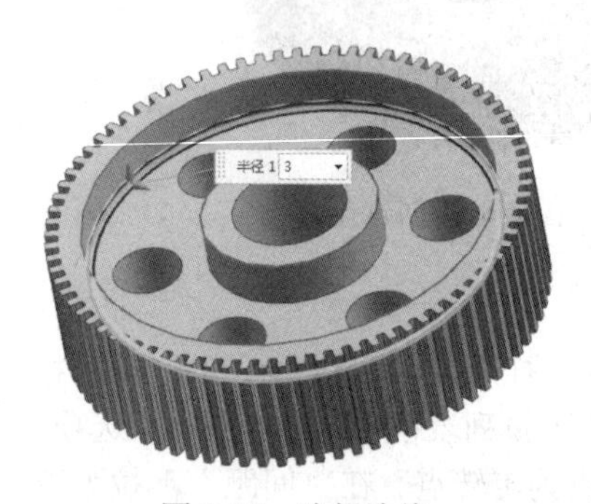

图 8-85 选择边线

图 8-86 边倒圆

图 8-87 “倒斜角”对话框

10. 镜像特征

单击“主页”选项卡“特征”面组中“更多”库下的“镜像特征”按钮，打开如图 8-90 所示的“镜像特征”对话框。在设计树中选择拉伸特征，边倒圆和倒斜角为镜像特征。在“刨”下拉列表框中选择“新平面”选项，在“指定平面”下拉列表框中选择“XC-YC 平面”，设置“距离”为 30，如图 8-91 所示，单击“确定”按钮，镜像特征，如图 8-92 所示。

图 8-88 选择倒角边

图 8-89 生成倒角特征

图 8-90 “镜像特征”对话框

11. 创建基准平面

（1）单击“主页”选项卡“特征”面组中的“基准平面”按钮，打开如图 8-93 所示的“基准平面”对话框。选择“YC-ZC 平面”类型，设置偏置值为 33.3，单击“应用”按钮，生成与所选基准面平行的基准平面。

图 8-91 选择平面

图 8-92 镜像特征

图 8-93 “基准平面”对话框

（2）选择“YC-ZC 平面”类型，设置偏置值为 0，单击“应用”按钮。

（3）选择“XC-ZC 平面”类型，设置偏置值为 0，单击“应用”按钮。

（4）选择“XC-YC 平面”类型，设置偏置值为 0，单击“确定”按钮，结果如图 8-94 所示。

12. 创建腔体

（1）选择“菜单”→“插入”→“设计特征”→“腔体”命令，或单击“主页”选项卡“特征”面组中的“腔体”按钮，打开如图 8-95 所示的“腔体”对话框。单击“矩形”按钮，打开“矩形腔体”放置面对话框，选择步骤 11 中的（1）创建的基准平面作为腔体的放置面。单击“接受默认侧”按钮，使腔体的生成方向与默认方向相反，打开“水平参考”对话框。单击 XC-ZC 基准平面作为水平参考，打开“矩形腔体”参数对话框，如图 8-96 所示。

（2）在对话框中设置腔体的“长度”为 60、“宽度”为 16、“深度”为 30，其他参数保持默认值，单击“确定”按钮。

（3）打开“定位”对话框。选择“垂直”定位方式，选择 XC-ZC 基准平面和腔体的长中心线，输入距离为 0。选择 XC-YC 基准平面和腔体的短中心线，输入距离为 30。生成最终的键槽，如图 8-97 所示。

图 8-94　基准平面

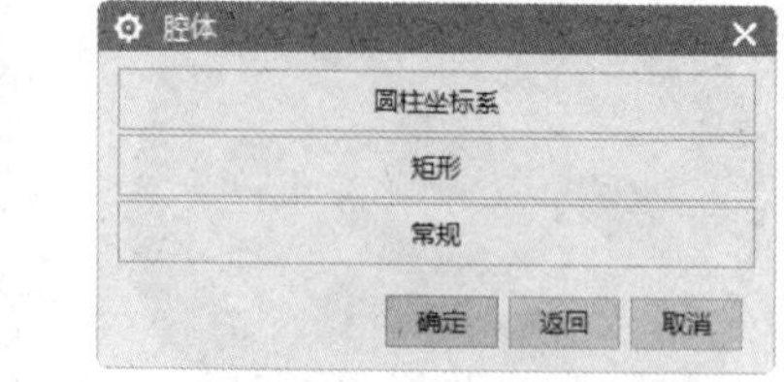

图 8-95　“腔体”对话框

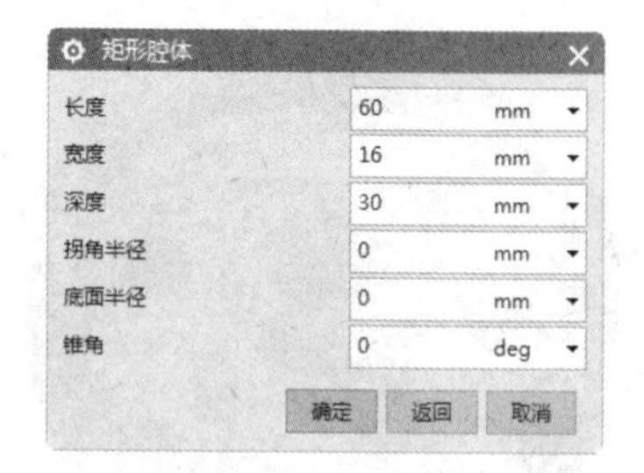

图 8-96　“矩形腔体”参数对话框

13. 隐藏基准平面和草图

选择“菜单”→“编辑”→“显示和隐藏”→“隐藏”命令，打开“类选择”对话框，单击“类型过滤器”按钮，打开“根据类型选择”对话框，选择“草图”和“基准”选项，单击“确定”按钮。返回到“类选择”对话框，单击“全选”按钮，单击“确定”按钮，隐藏视图中所有的草图和基准，结果如图 8-98 所示。

图 8-97　生成的键槽

图 8-98　隐藏基准平面和草图

8.3.2　打印模型

根据 7.2 节操作步骤 2 载入模型 dachilun，发现该模型较大，已经超过本书所选择机器的打印范围，单击“重缩放”按钮，弹出“零件缩放”对话框，选中“统一缩放”复选框，将“缩放系数”设置为 0.5，然后单击“确定”按钮，出现“存储模式”对话框，单击“是”按钮，模型将被缩小至原来的 0.5 倍。按步骤 2 中（3）的对应操作，将模型合理摆放至平台中心，如图 8-99 所示。

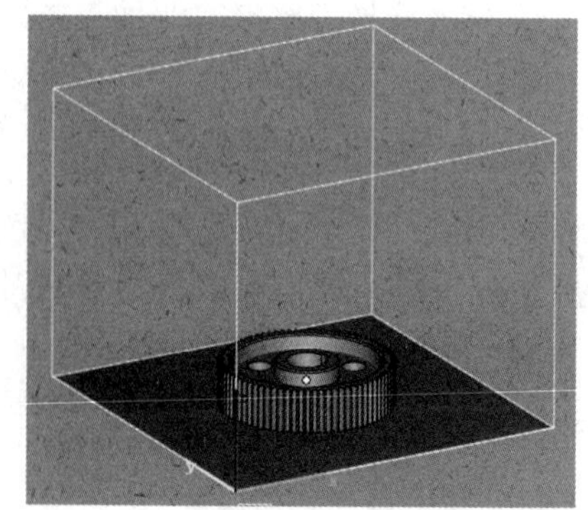

图 8-99　缩小后大齿轮

按步骤 3 对生成支撑后的模型进行切片处理，并导入至相应快速成型机器中，即可打印。

8.3.3　处理打印模型

处理打印模型有以下 4 个步骤：

（1）取出模型。取出后的大齿轮模型如图 8-100 所示。

（2）清洗模型。

（3）去除支撑。

（4）打磨模型。打磨处理后的大齿轮模型如图 8-101 所示。

图 8-100 打印完毕的大齿轮模型

图 8-101 处理后的大齿轮模型

8.4 机 盖

首先利用 UG 软件创建机盖模型，再利用 Magics 软件打印机盖的 3D 模型，最后对打印出来的机盖模型进行清洗、去除支撑和毛刺处理，流程图如图 8-102 所示。

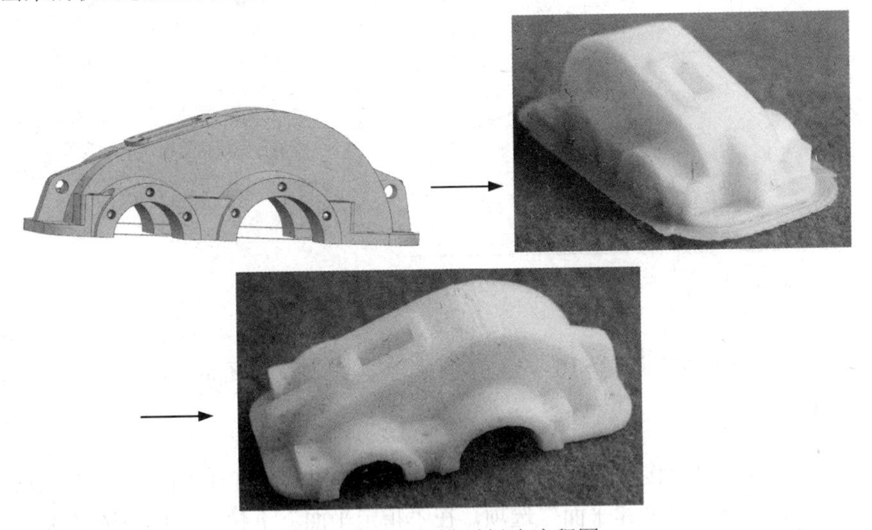

图 8-102 机盖模型创建流程图

8.4.1 创建模型

减速器机盖是减速器零件中外形比较复杂的部件，其上分布各种槽、孔、凸台、拔模面。利用“草图”命令绘制草图，在草图模式中主要是绘制带有约束关系的二维图形。利用草图创建参数化的截面，然后利用“拉伸”工具创建拉伸体，并利用“变换”和“抽壳”等工具绘制机盖的细部，然后利用“边倒圆”工具创建圆角。

1. 创建新文件

单击快速访问工具栏中的“新建”按钮，打开“新建”对话框。在“模板”列表中选择“模型”

选项，输入名称为jigai，单击“确定”按钮，进入建模环境。

2. 绘制草图1

单击“主页”选项卡“直接草图”面组上的“草图”按钮，打开“创建草图”对话框。在“平面方法”下拉列表框中选择“创建平面”选项，在“指定平面”下拉列表框中选择XC-YC平面为草图绘制平面，单击“确定”按钮，进入草图绘制界面。绘制如图8-103所示的草图。

3. 拉伸草图1

单击“主页”选项卡“特征”面组上的“拉伸”按钮，打开如图8-104所示的“拉伸”对话框。选择草图绘制的曲线为拉伸曲线。在“指定矢量”下拉列表框中选择ZC轴作为拉伸方向，设置结束距离为51，其他均为0，单击“确定”按钮，完成拉伸。生成如图8-105所示的实体模型。

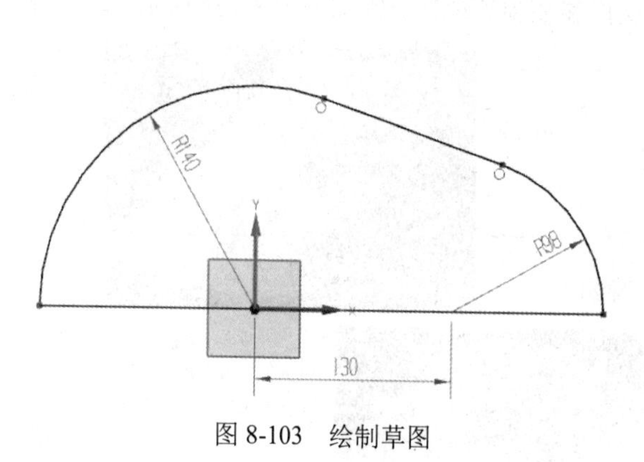

图8-103 绘制草图

图8-104 “拉伸”对话框

4. 绘制草图2

单击“主页”选项卡“直接草图”面组上的“草图”按钮，打开“创建草图”对话框。在“平面方法”下拉列表框中选择“创建平面”选项，在“指定平面”下拉列表框中选择XC-YC平面为草图绘制平面，单击“确定”按钮，进入草图绘制界面。绘制如图8-106所示的草图。

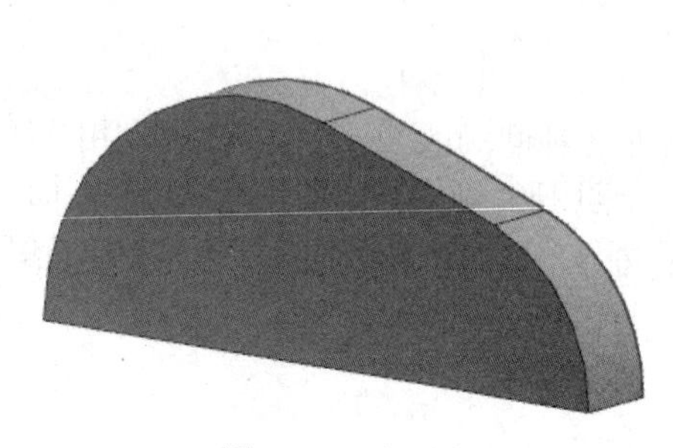

图8-105 拉伸体

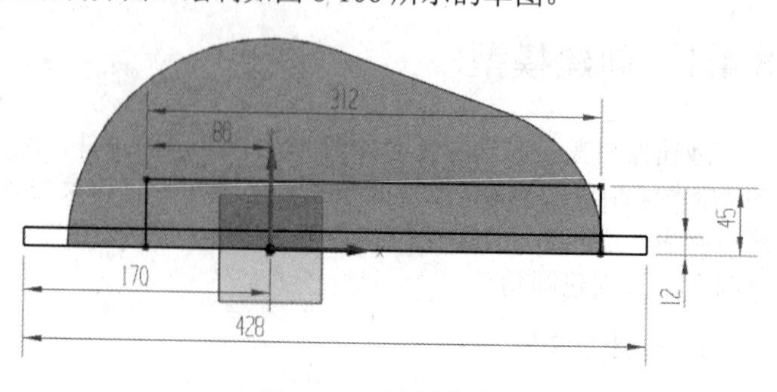

图8-106 绘制草图

5. 拉伸草图 2

（1）单击“主页”选项卡“特征”面组上的“拉伸”按钮，打开“拉伸”对话框。选择草图中高度为 45 的矩形为拉伸曲线。在“指定矢量”下拉列表框中选择 ZC 轴作为拉伸方向，设置开始距离为 51，结束距离为 91，并在“布尔”下拉列表框中选择“求和”选项，单击“应用”按钮，生成如图 8-107 所示的实体模型。

（2）同步骤（1），选择高度为 12 的矩形为拉伸曲线，设置开始距离为 0，结束距离为 91，并在“布尔”下拉列表框中选择“求和”选项，单击“确定”按钮，得到如图 8-108 所示的实体。

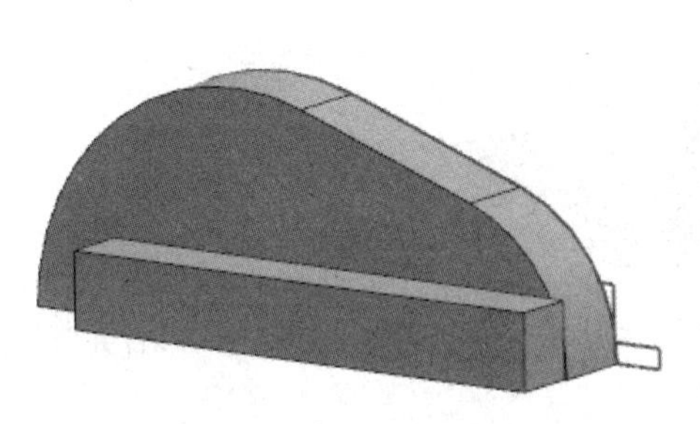

图 8-107　创建实体

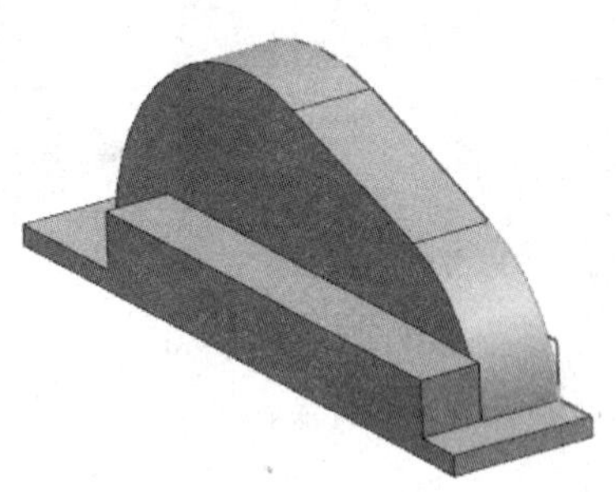

图 8-108　创建实体

6. 镜像体

选择“菜单”→“编辑”→“变换”命令，打开“变换”对话框，如图 8-109 所示。在如图 8-109 所示的对话框中单击“全选”按钮，单击“确定”按钮，系统打开如图 8-110 所示的“变换”对话框。单击“通过一平面镜像”按钮，系统打开“平面”对话框，在“类型”下拉列表框中选择 XC-YC 平面，其他选项如图 8-111 所示。单击“确定”按钮，系统打开如图 8-112 所示的“变换”对话框。单击“复制”按钮，然后单击“确定”按钮，得到实体如图 8-113 所示。

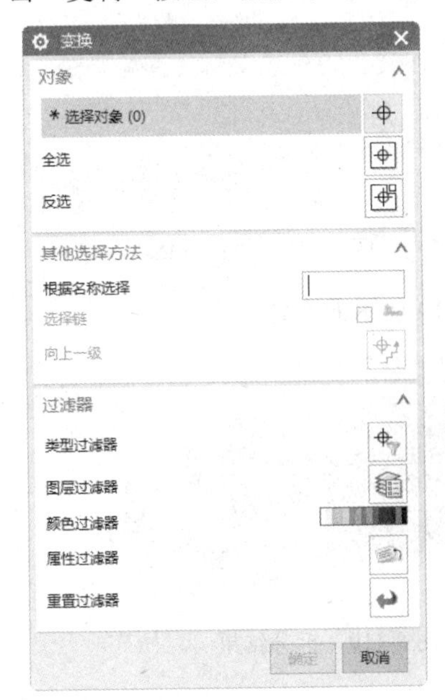

图 8-109　“变换”对话框 1

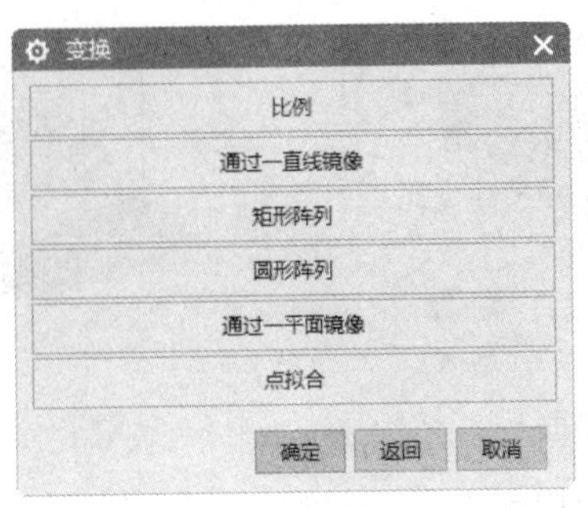

图 8-110　“变换”对话框 2

图 8-111　“平面”对话框

Note

7. 合并操作 1

单击“主页”选项卡“特征”面组上的“合并”按钮，系统打开“合并”对话框，如图 8-114 所示。选择布尔求和的实体，如图 8-115 所示。单击“确定”按钮，得到如图 8-116 所示的运算结果。

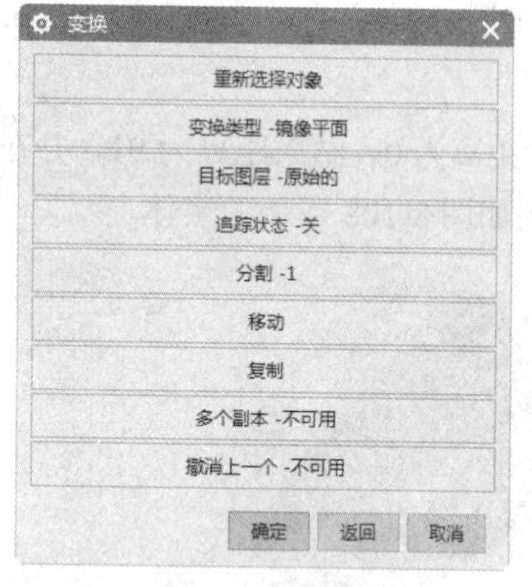

图 8-112 “变换”对话框 3

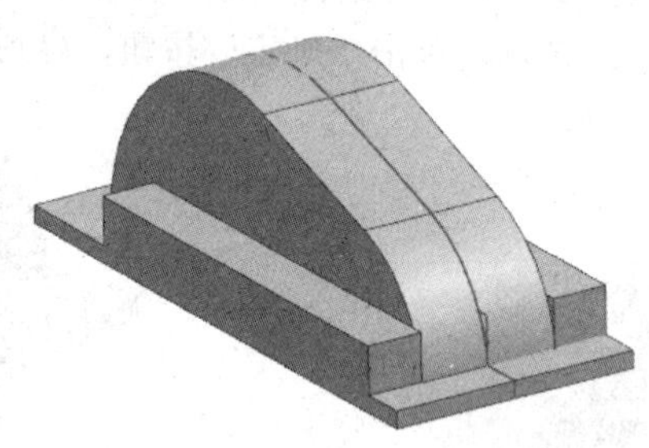

图 8-113 创建实体

图 8-114 “合并”对话框

8. 拆分

（1）单击“主页”选项卡“特征”面组上的“拆分体”按钮，系统打开“拆分体”对话框，如图 8-117 所示。选择实体全部为拆分对象。单击“指定平面”按钮，选择机盖突起部分的一侧平面为基准面，如图 8-118 所示的阴影部分，将箱体中间部分分离出来。单击“确定”按钮，完成拆分。

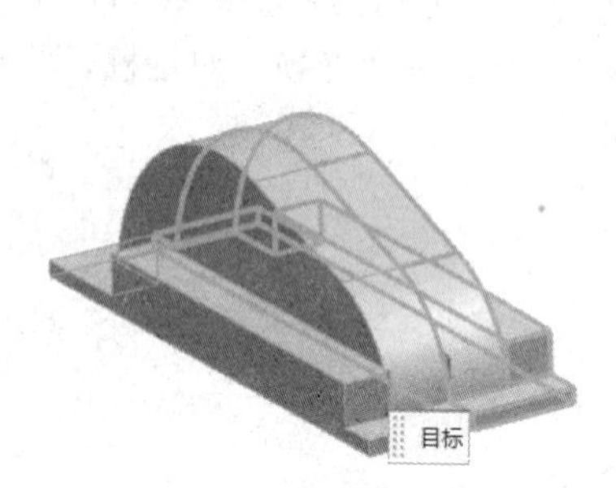

图 8-115 选择布尔运算的实体

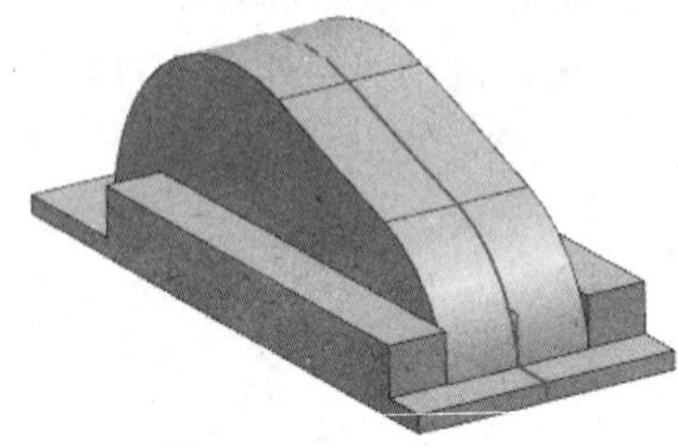

图 8-116 运算结果

拆分体
目标
选择体 (1)
工具
工具选项 新建平面
指定平面
设置
预览
确定 应用 取消

图 8-117 “拆分体”对话框

（2）按步骤（1）方法选择另一对称平面拆分，得到如图 8-119 所示的实体。

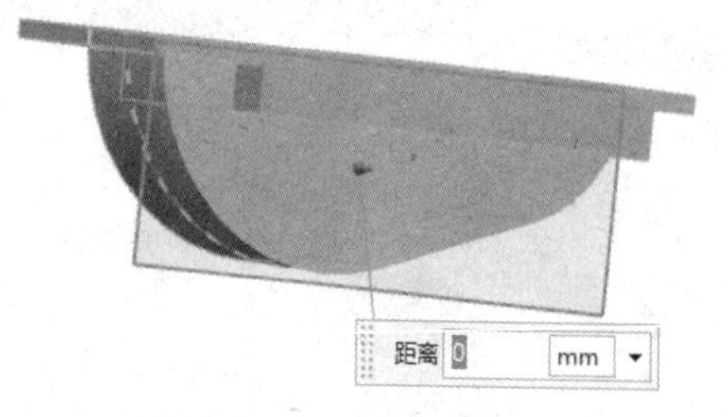

图 8-118 设置基准平面

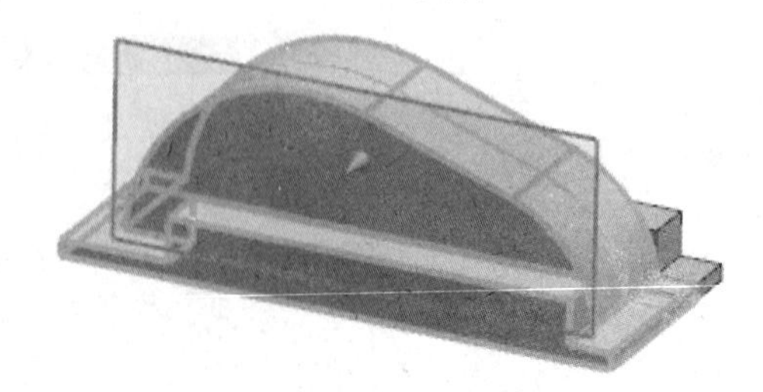

图 8-119 拆分结果

（3）选择如图 8-120 所示的阴影部分，再进行拆分。方法如上所述，基准面选为如图 8-121 所示的阴影平面，偏置设置为-30。

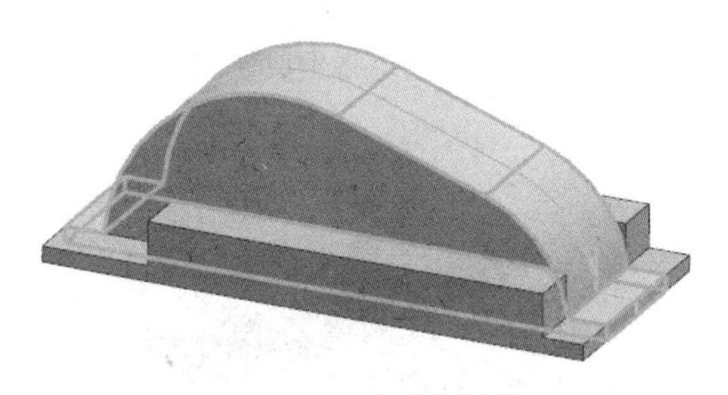

图 8-120　选择分割体

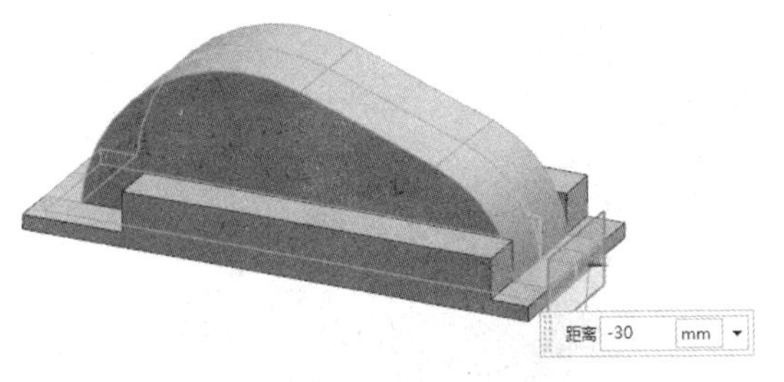

图 8-121　设定基准平面

（4）按上述方法将如图 8-122 所示的阴影部分继续拆分，选择如图 8-122 所示的阴影部分为基准面，偏置设置为-30，获得如图 8-123 所示的实体。

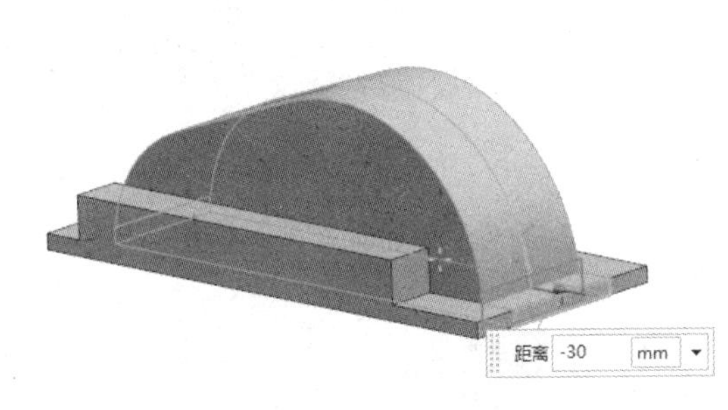

图 8-122　设定基准面

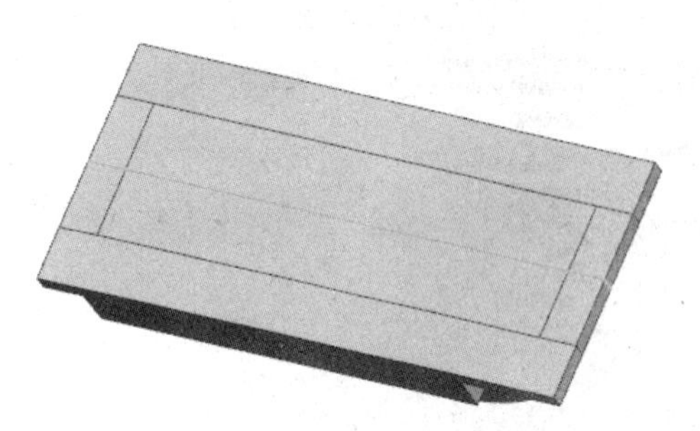

图 8-123　切割实体

知识点——拆分体

该选项使用面、基准平面或其他几何体分割一个或多个目标体。

“拆分体”对话框中的选项说明如下。

（1）选择体：选择要拆分的体。

（2）“工具选项”下拉列表。

☑　面或平面：指定现有平面或面作为拆分平面。

☑　新建平面：创建新的拆分平面。

☑　拉伸：拉伸现有曲线或绘制曲线来创建工具体。

☑　回转：旋转现有曲线或绘制曲线来创建工具体。

（3）保留压印边：以标记目标体与工具之间的交线。

9. 抽壳

单击“主页”选项卡“特征”面组上的“抽壳”按钮，系统打开如图 8-124 所示的“抽壳”对话框。选择“移除面，然后抽壳”类型。选择如图 8-125 所示的端面作为抽壳面。在“厚度”下拉列表框中输入参数值 8，单击“确定”按钮。得到如图 8-126 所示的抽壳特征。

图 8-124　“抽壳”对话框

10. 圆角

单击“主页”选项卡“特征”面组上的“边倒圆”按钮，系统打开“边倒圆”对话框，如图 8-127 所示。选择如图 8-128

所示的边为圆角边。在“半径”文本框中输入 6。单击“确定”按钮，系统将生成如图 8-129 所示的圆角。

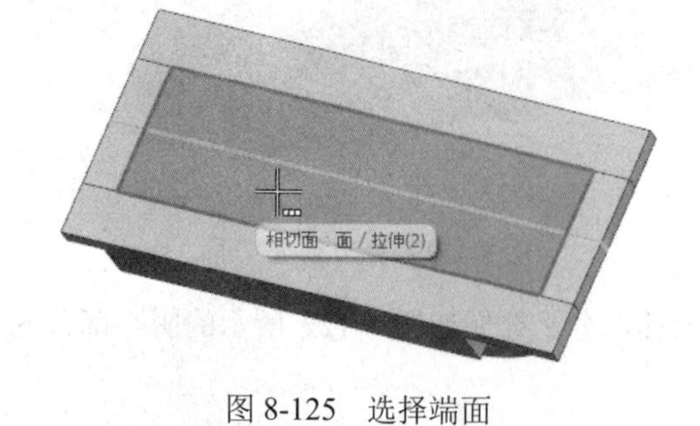

图 8-125 选择端面

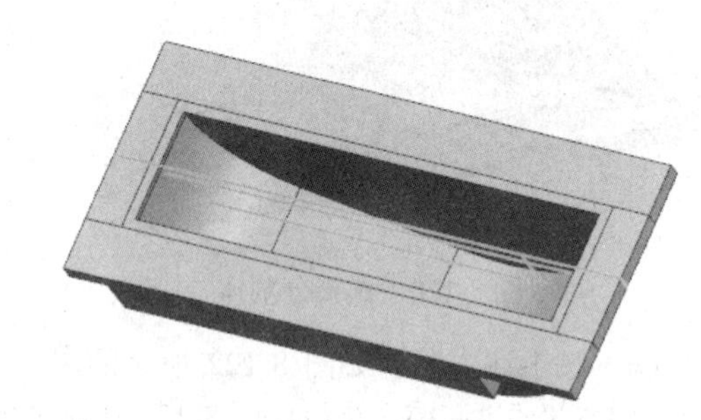

图 8-126 抽壳特征

图 8-127 “边倒圆”对话框

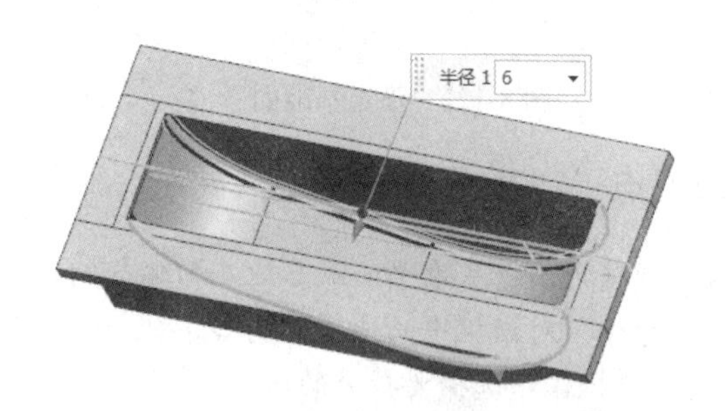

图 8-128 创建边缘圆角

11. 绘制草图 3

单击“主页”选项卡“直接草图”面组上的“草图”按钮，打开“创建草图”对话框。在“平面方法”下拉列表框中选择“创建平面”选项，在“指定平面”下拉列表框中选择 XC-YC 平面为草图绘制平面，单击“确定”按钮，进入草图绘制界面。绘制如图 8-130 所示的草图。

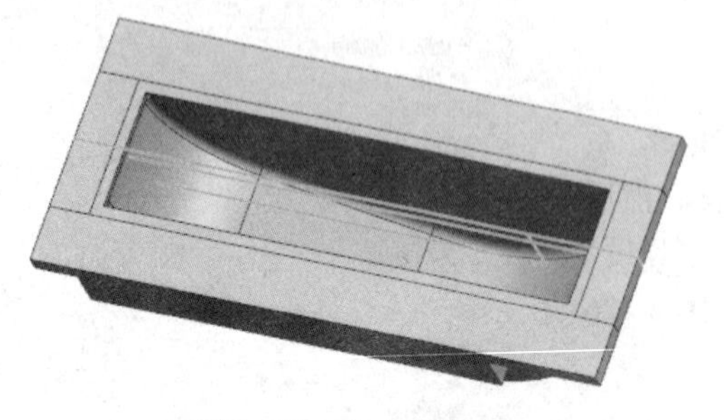

图 8-129 生成的圆角

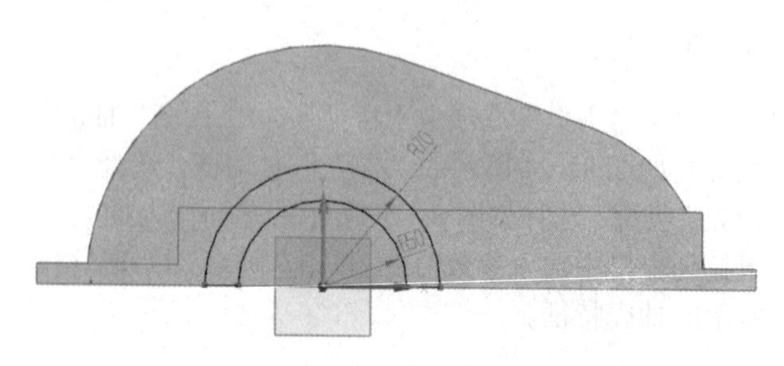

图 8-130 绘制草图

12. 拉伸凸台

单击“主页”选项卡“特征”面组上的“拉伸”按钮，打开如图 8-131 所示的“拉伸”对话框。

选择草图绘制后的圆环为拉伸曲线。在“指定矢量”下拉列表框中选择ZC轴作为拉伸方向，设置开始距离为51，结束距离为98，单击“确定”按钮，得到如图8-132所示的实体。

13. 镜像凸台

选择“菜单”→“编辑”→“变换”命令，打开“变换”对话框。在对话框提示下选择拉伸得到的轴承面为镜像对象。系统打开“变换”对话框，单击“通过一平面镜像”按钮。系统打开“平面”对话框，在“类型”下拉列表框中选择XC-YC平面，单击“确定”按钮。系统打开“变换”对话框，单击“复制”按钮，然后单击“确定”按钮，得到实体如图8-133所示。

图8-131 “拉伸”对话框

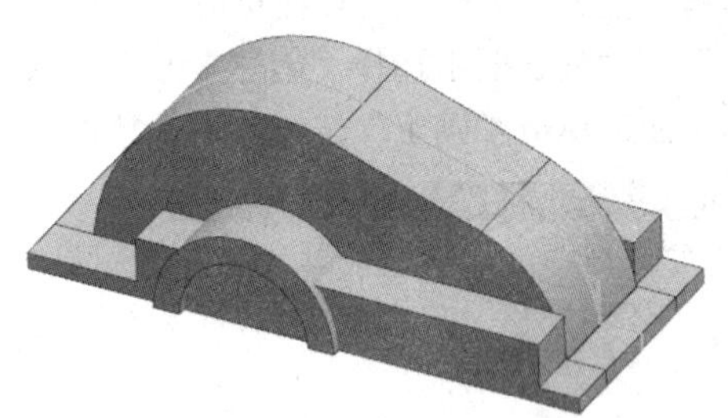

图8-132 创建实体

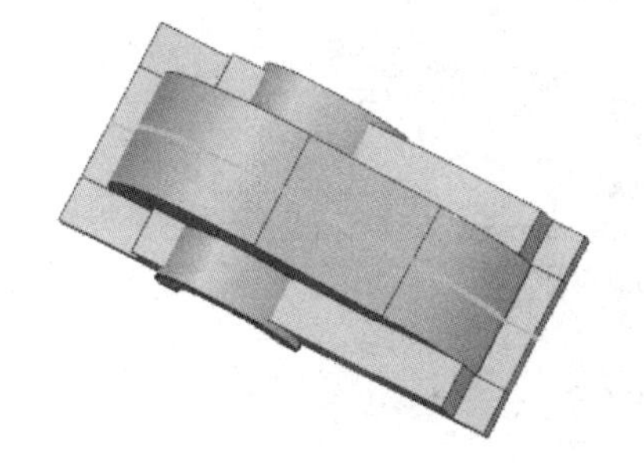

图8-133 镜像结果

14. 合并操作2

单击“主页”选项卡“特征”面组上的“合并”按钮，系统打开“合并”对话框。选择视图中所有实体，单击“确定”按钮，得到如图8-134所示的运算结果图形。

15. 绘制草图4

单击“主页”选项卡“直接草图”面组上的“草图”按钮，打开“创建草图”对话框。在“平面方法”下拉列表框中选择“创建平面”选项，在“指定平面”下拉列表框中选择XC-YC平面为草图绘制平面，单击“确定”按钮，进入草图绘制界面。绘制如图8-135所示的草图。

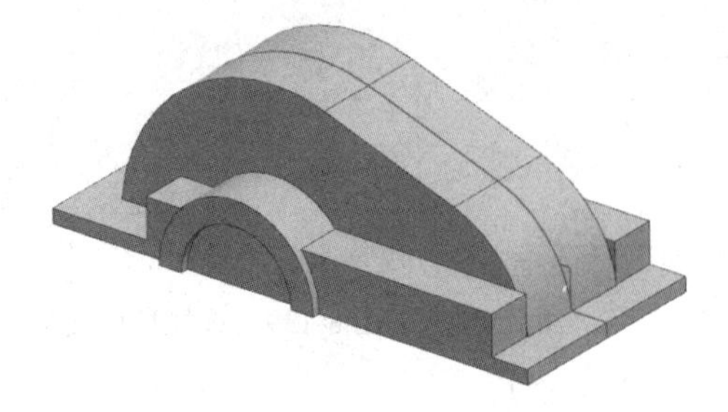

图8-134 合并

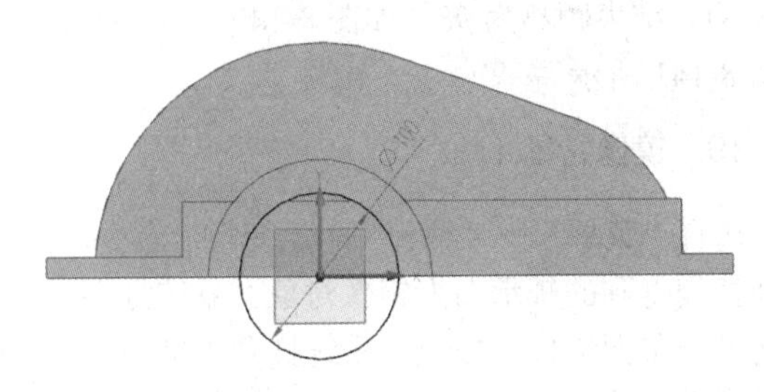

图8-135 绘制草图

16. 拉伸体 1

单击“主页”选项卡“特征”面组上的“拉伸”按钮，打开如图 8-136 所示的“拉伸”对话框。选择草图绘制后的圆环为拉伸曲线。在“指定矢量”下拉列表框中选择 ZC 轴作为拉伸方向，设置开始距离为 100，结束距离为-100，与实体进行“布尔求差”运算，单击“确定”按钮，得到如图 8-137 所示的实体。

17. 绘制草图 5

单击“主页”选项卡“直接草图”面组上的“草图”按钮，打开“创建草图”对话框。在“平面方法”下拉列表框中选择“创建平面”选项，在“指定平面”下拉列表框中选择 XC-YC 平面为草图绘制平面，单击“确定”按钮，进入草图绘制界面。绘制如图 8-138 所示的草图。

图 8-136 “拉伸”对话框

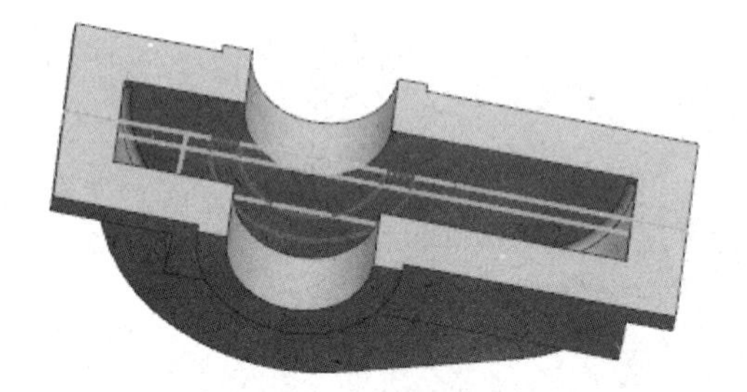

图 8-137 拉伸实体

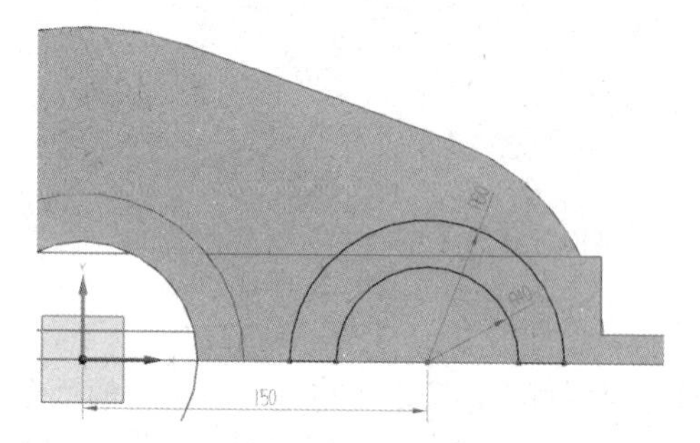

图 8-138 绘制草图

18. 创建拉伸

单击“主页”选项卡“特征”面组上的“拉伸”按钮，打开“拉伸”对话框。选择草图绘制后的圆环图为拉伸曲线，如图 8-139 所示。在“指定矢量”下拉列表框中选择 ZC 轴作为拉伸方向，设置开始距离为 51，结束距离为 98，如图 8-140 所示。单击“确定”按钮，结果如图 8-141 所示。

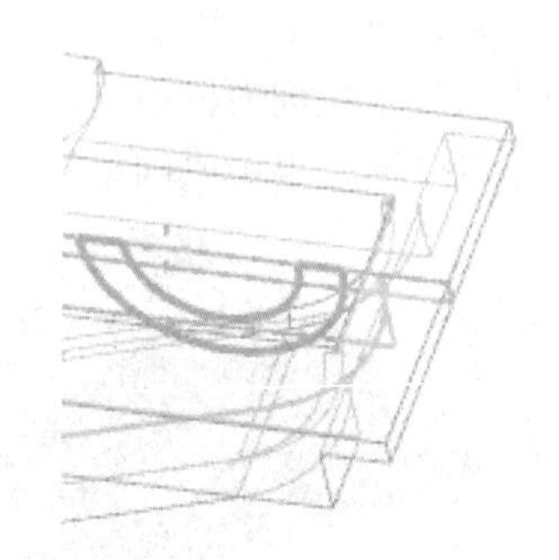

图 8-139 选择拉伸曲线

19. 镜像特征 1

选择“菜单”→“编辑”→“变换”命令，打开“变换”对话框。选择拉伸得到的轴承面为镜像对象。系统打开“变换”对话框，单击“通过一平面镜像”按钮。系统打开“平面”对话框，在“类型”下拉列表框中选择 XC-YC 平面，单击“确定”按钮。系统打开“变换”对话框，单击“复制”按钮，

然后单击“确定”按钮，得到实体如图 8-142 所示。

图 8-140 “拉伸”对话框

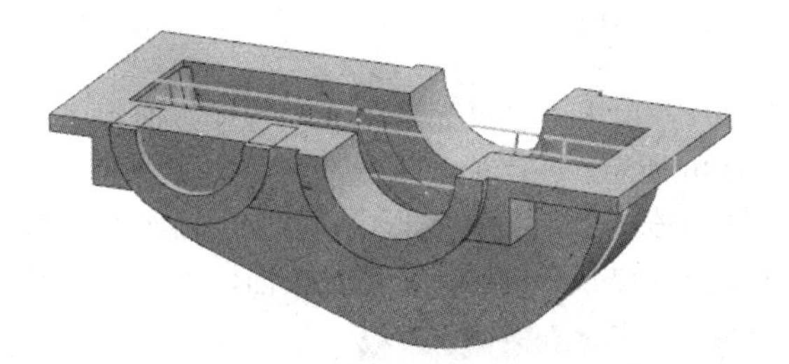

图 8-141 创建实体

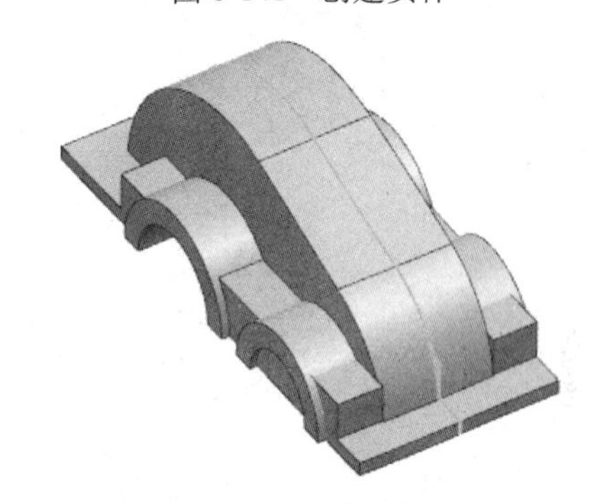

图 8-142 镜像结果

20. 合并操作 3

单击“主页”选项卡“特征”面组上的“合并”按钮，系统打开“合并”对话框，选择布尔合并的实体，单击“确定”按钮。

21. 绘制草图 6

单击“主页”选项卡“直接草图”面组上的“草图”按钮，打开“创建草图”对话框。在“平面方法”下拉列表框中选择“创建平面”选项，在“指定平面”下拉列表框中选择 XC-YC 平面为草图绘制平面，单击“确定”按钮，进入草图绘制界面。绘制如图 8-143 所示的草图。

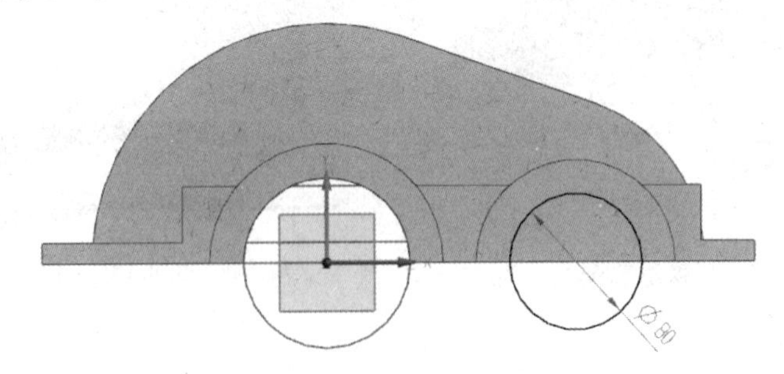

图 8-143 绘制草图

22. 创建拉伸体

单击“主页”选项卡“特征”面组上的“拉伸”按钮，打开如图 8-144 所示的“拉伸”对话框。选择草图绘制后的圆环为拉伸曲线。在“指定矢量”下拉列表框中选择 ZC 轴作为拉伸方向，设置开始距离为 100，结束距离为-100，与实体进行“布尔求差”运算，单击“确定”按钮，得到如图 8-145

所示的实体。

23. 创建拔模

Note

（1）单击“主页”选项卡“特征”面组上的“拔模”按钮，系统打开“拔模”对话框，如图 8-146 所示。在“类型”选项组中选择“从平面或曲面”类型。在“角度”下拉列表框中输入 6，在“指定矢量”下拉列表框中选择 ZC 轴作为拔模方向。选择如图 8-147 所示的端面为固定平面，选择如图 8-147 所示的轴承孔的拔模面，单击“应用”按钮。

图 8-144 “拉伸”对话框

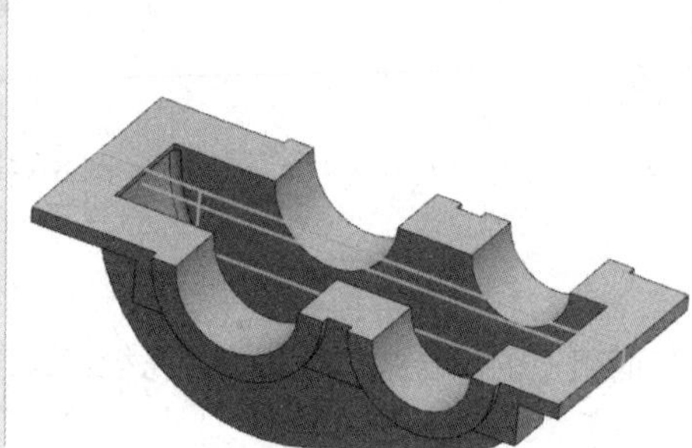

图 8-145 拉伸后实体

图 8-146 “拔模”对话框

（2）按如上方法做另一方向的轴承面的拔模角度选择为 6°。最后获得如图 8-148 所示的实体。

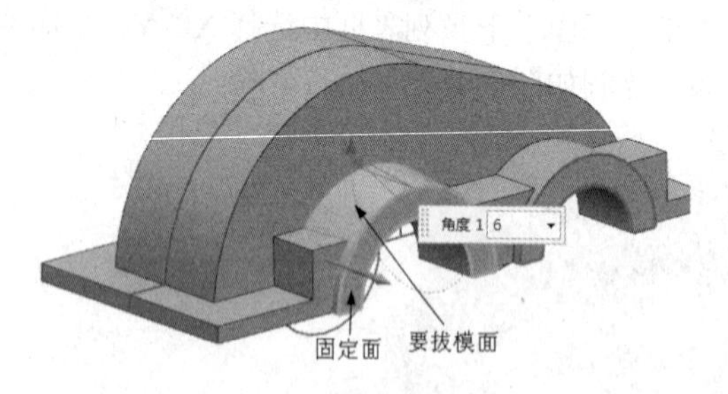

图 8-147 拔模示意图

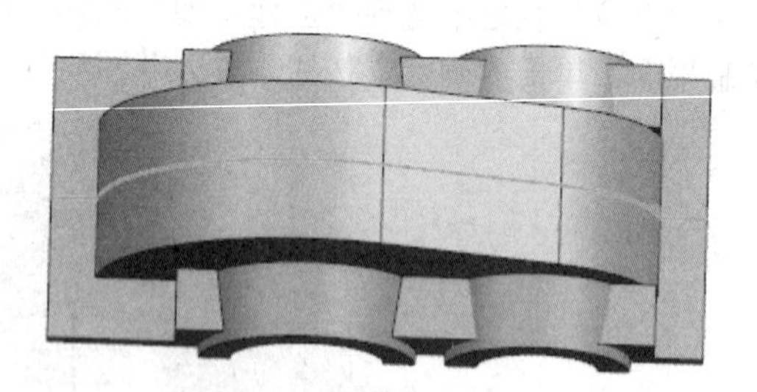

图 8-148 拔模结果

24. 创建油标孔突台

（1）单击“主页”选项卡“特征”面组上的“垫块”按钮，系统打开“垫块”对话框，如图 8-149 所示。单击“矩形”按钮，系统打开“矩形垫块”对话框，如图 8-150 所示。单击“实体面”按钮，系统打开“选择对像”对话框，如图 8-151 所示。选择如图 8-152 所示的平面。

（2）系统打开“水平参考”对话框，如图 8-153 所示，单击“终点”按钮。选择所选平面的一边，如图 8-154 所示的光标所在位置，单击“确定”按钮。

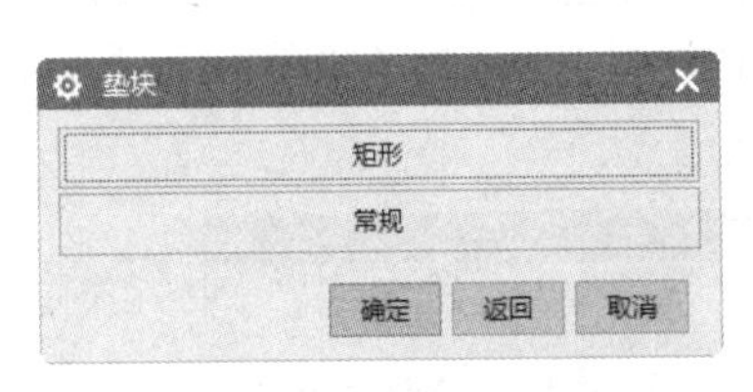

图 8-149　“垫块”对话框

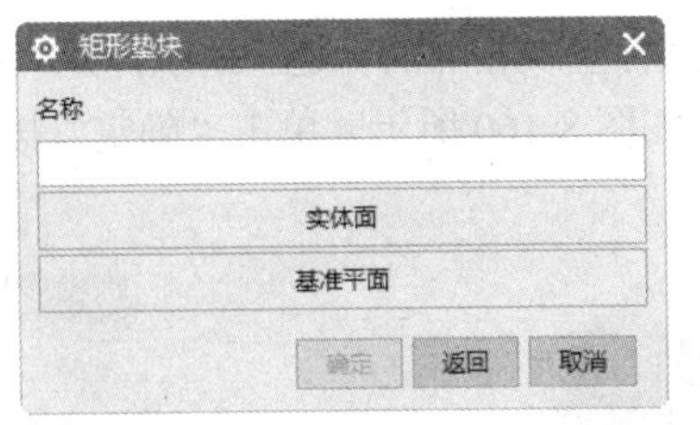

图 8-150　“矩形垫块”对话框

图 8-151　“选择对像”对话框

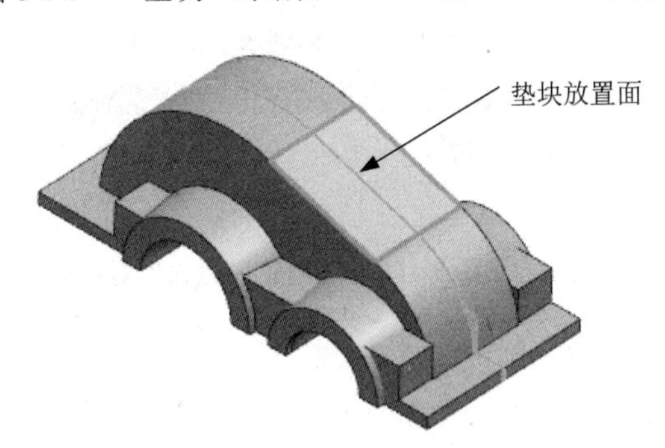

图 8-152　选择平面

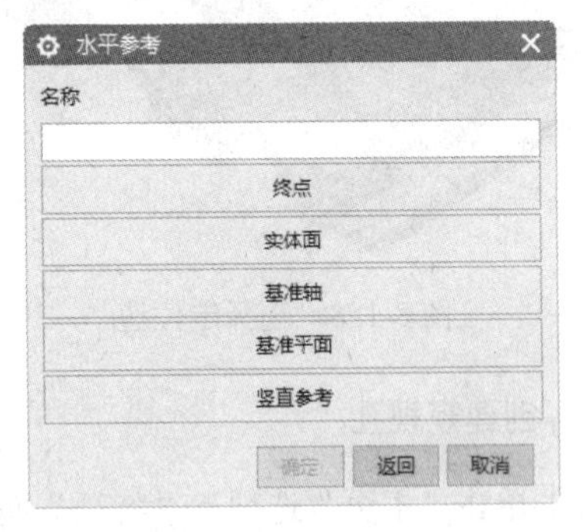

图 8-153　“水平参考”对话框

（3）系统打开“矩形垫块”对话框，如图 8-155 所示。设置“长度”为 100、“宽度”为 65、“高度”为 5，其他选项设置为 0。单击“确定”按钮，得到如图 8-156 所示的垫块。系统打开“定位”对话框，如图 8-157 所示。单击按钮，选择凸台的一条边，并选择突台相邻的一边，如图 8-158 所示。

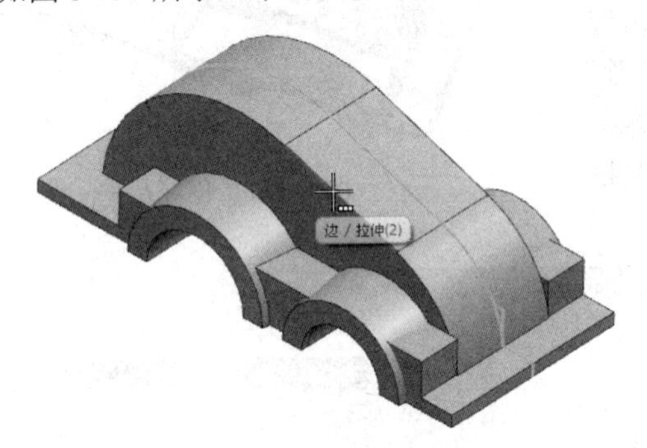

图 8-154　选择端点

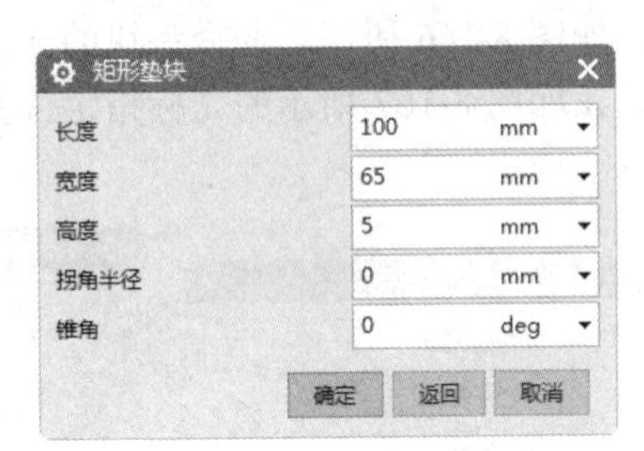

图 8-155　“矩形垫块”对话框

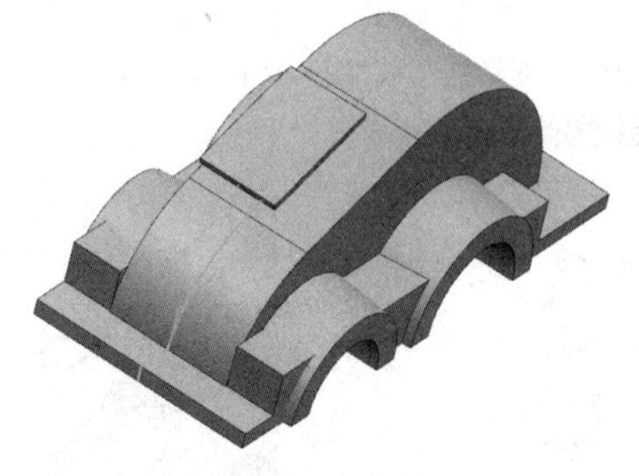

图 8-156　垫块

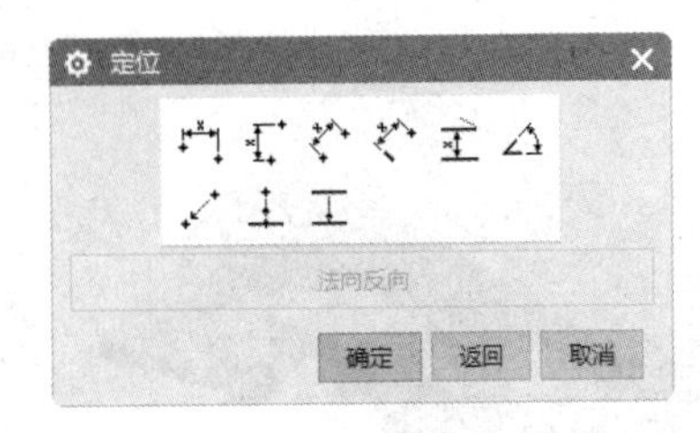

图 8-157　“定位”对话框

（4）系统打开“创建表达式”对话框，如图 8-159 所示。在表达式的文本框中输入 18.5。单击“确

定”按钮。选择垫块的另一边，再选择垫块相邻的一边。系统打开“创建表达式”对话框，如图 8-160 所示。在表达式的文本框中输入 10，如图 8-160 所示。单击“确定”按钮，得到实体模型如图 8-161 所示。

Note

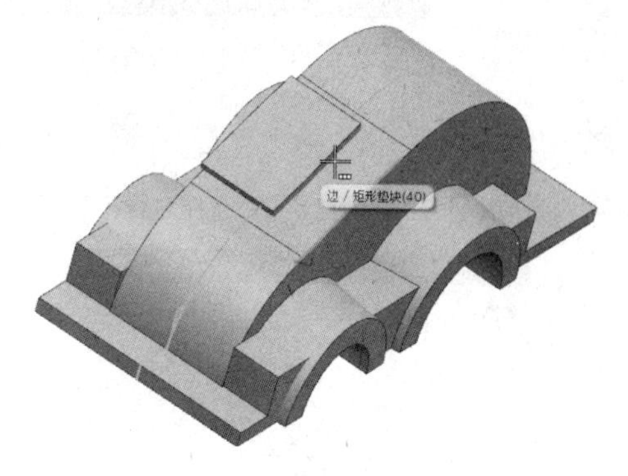

图 8-158 选择定位边

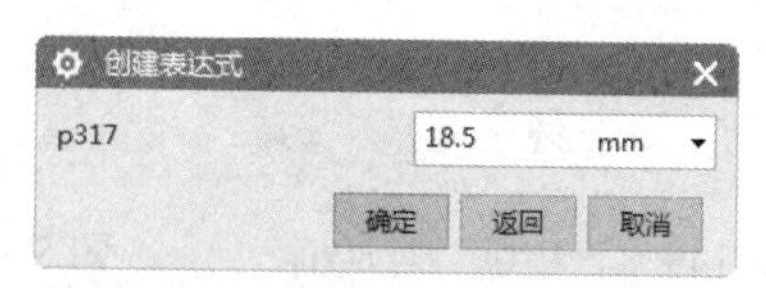

图 8-159 “创建表达式”对话框 1

图 8-160 “创建表达式”对话框

25. 创建窥视孔

（1）单击“主页”选项卡“特征”面组上的“腔体”按钮，系统打开“腔体”对话框，如图 8-162 所示。单击“矩形”按钮，系统打开“矩形腔体”对话框，如图 8-163 所示，单击“实体面”按钮。

（2）系统打开“选择对象”对话框，如图 8-164 所示。选择如图 8-165 所示的平面为放置面。单击选择物体对话框的“确定”按钮。系统打开“水平参考”对话框，如图 8-166 所示。选择垫块的一个侧面为参考平面，在如图 8-167 所示的光标指定位置单击鼠标左键。

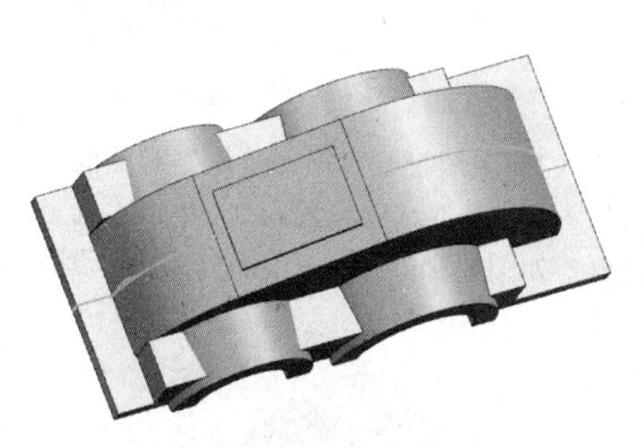

图 8-161 创建垫块

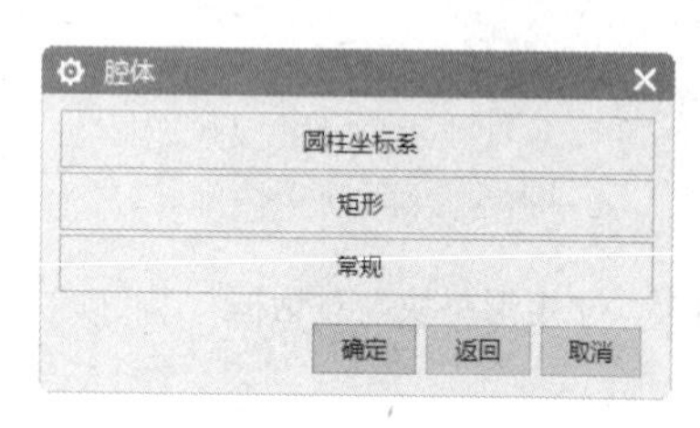

图 8-162 “腔体”对话框

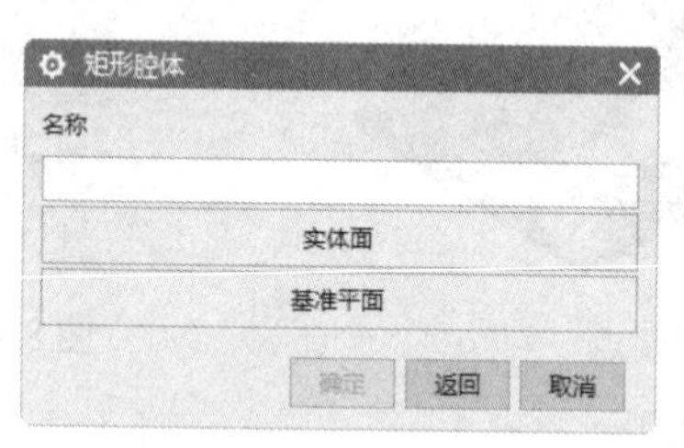

图 8-163 “矩形腔体”对话框

图 8-164 “选择对象”对话框

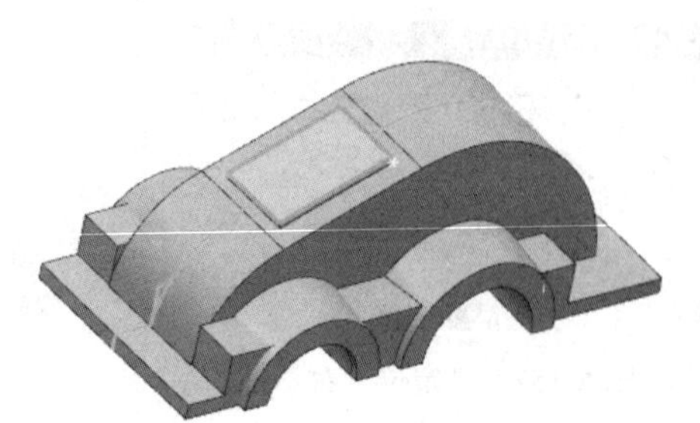

图 8-165 选择平面

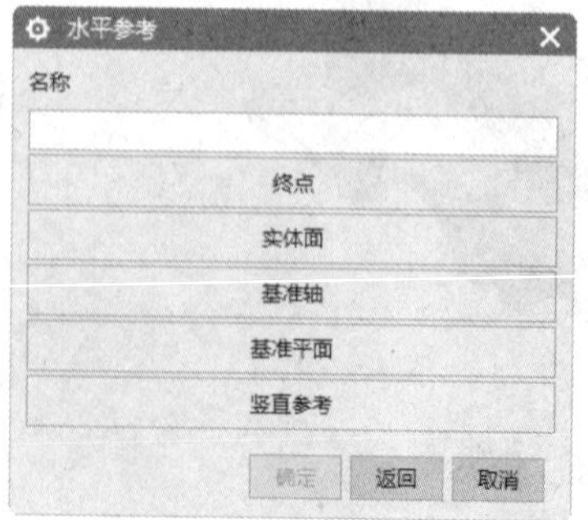

图 8-166 “水平参考”对话框

图 8-167 选择边

（3）系统打开“矩形腔体”对话框，如图 8-168 所示。设置矩形腔体的长度、宽度、深度、拐角半径、底半径和锥角，单击“确定”按钮，系统打开“定位”对话框，如图 8-169 所示。选择垂直选项，单击按钮。

（4）选择突台侧面一边，如图 8-170 所示的位置，单击鼠标左键。选择孔的另一边如图 8-171 所示的位置单击鼠标左键。打开“创建表达式”对话框，在对话框中输入距离为 15，如图 8-172 所示。对另外一边进行定位，垂直距离为 15，结果如图 8-173 所示。

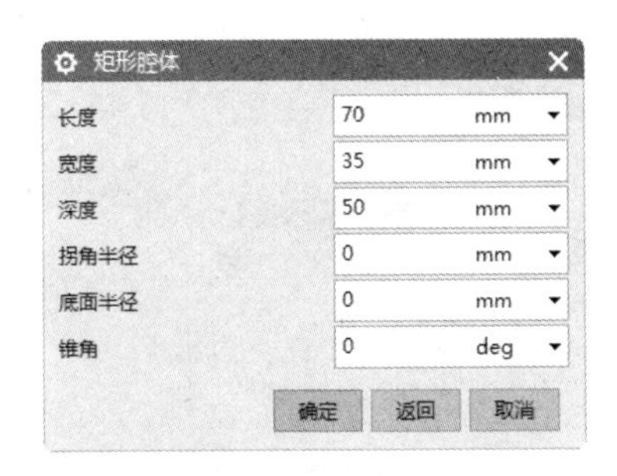

图 8-168　“矩形腔体”对话框

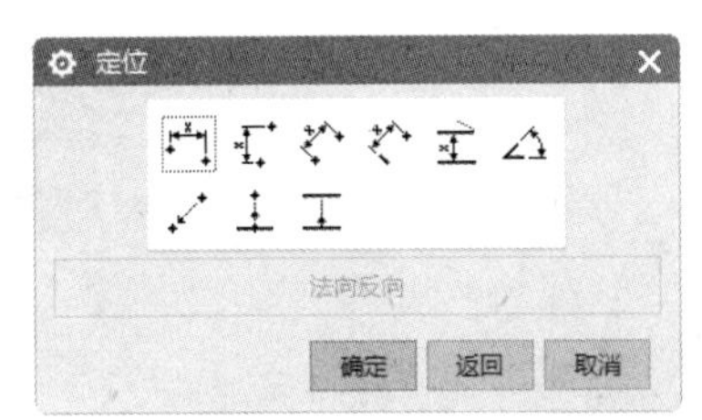

图 8-169　“定位”对话框

图 8-170　选择边 1

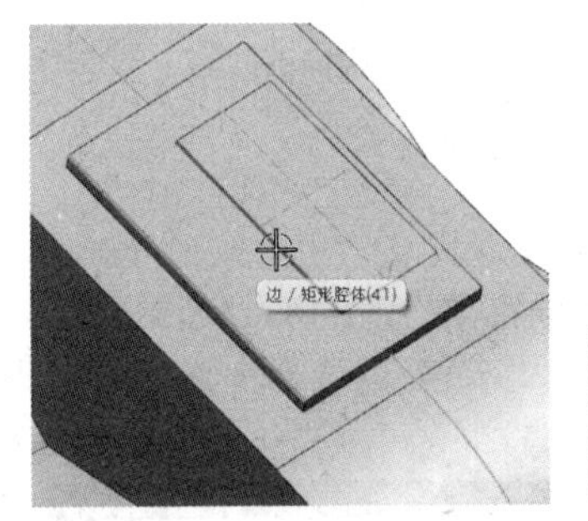

图 8-171　选择边 2

图 8-172　“创建表达式”对话框

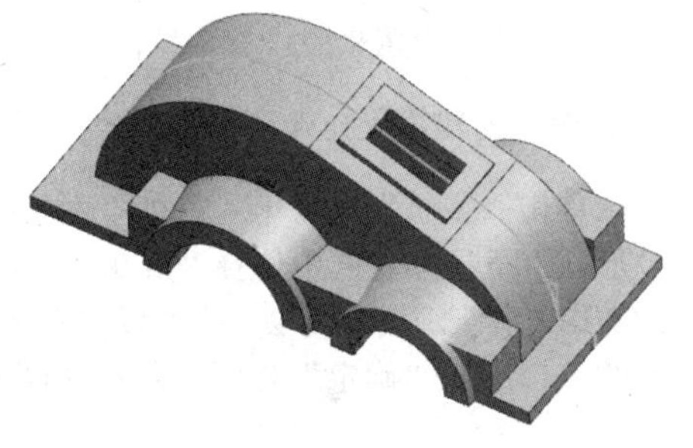

图 8-173　创建窥视孔

26. 绘制草图 7

单击“主页”选项卡“直接草图”面组上的“草图”按钮，打开“创建草图”对话框。在“平面方法”下拉列表框中选择“创建平面”选项，在“指定平面”下拉列表框中选择 XC-YC 平面为草图绘制平面，单击“确定”按钮，进入草图绘制界面。绘制如图 8-174 所示的草图。

27. 拉伸体 2

单击“主页”选项卡“特征”面组上的“拉伸”按钮，打开如图 8-175 所示的“拉伸”对话框。选择草图绘制的曲线为拉伸曲线，在“指定矢量”下拉列表框中选择 ZC 轴作为拉伸方向，并设置开始距离为-10，结束距离为 10，在“布尔”下拉列表框中选择“求和”选项，单击“确定”按钮，得到如图 8-176 所示的实体。

28. 定义孔的圆心

选择“菜单”→“插入”→“基准/点”→“点”命令，系统打开“点”对话框，如图 8-177 所示。定义 6 个点的坐标分别为（−70，45，−73）、（−70，45，73）、（80，45，73）、（80，45，−73）、（210，45，−73）、（210，45，73），获得 6 个孔的圆心。

Note

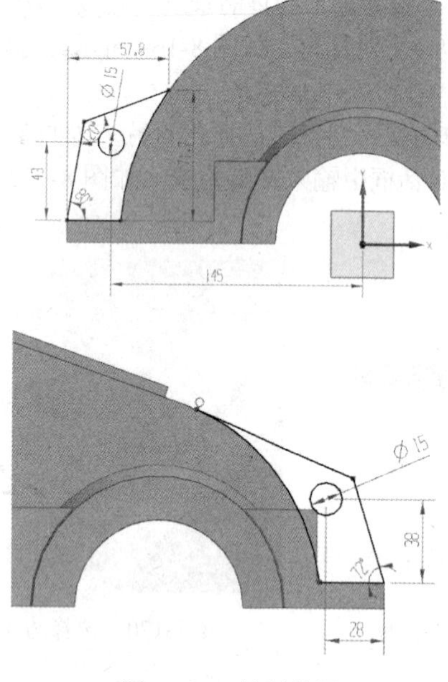

图 8-174　绘制草图

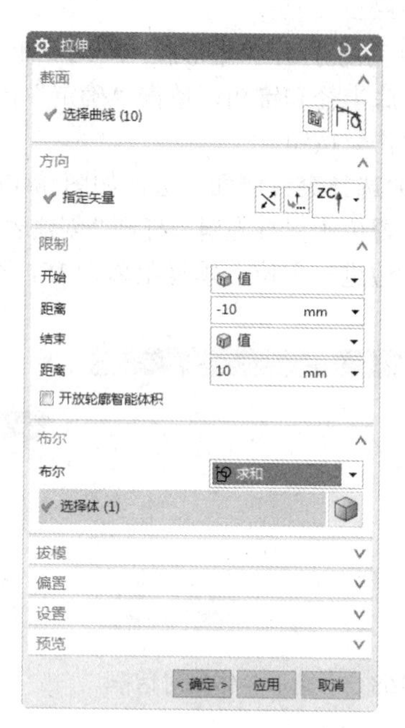

图 8-175　“拉伸”对话框

29. 创建简单孔 1

单击“主页”选项卡“特征”面组上的“孔”按钮，打开如图 8-178 所示的“孔”对话框。在“形状”下拉列表框中选择“沉头孔”选项。设定孔的“直径”为 13，“顶锥角”为 118，“沉头直径”为 30，“沉头深度”为 2，此处设置孔的“深度”为 50，布尔运算设置为“求差”。选择步骤 28 所定义的点，单击“确定”按钮，获得如图 8-179 所示的孔。

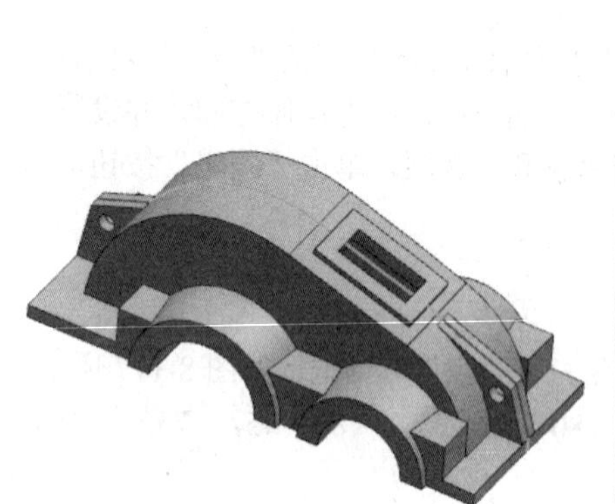

图 8-176　创建实体

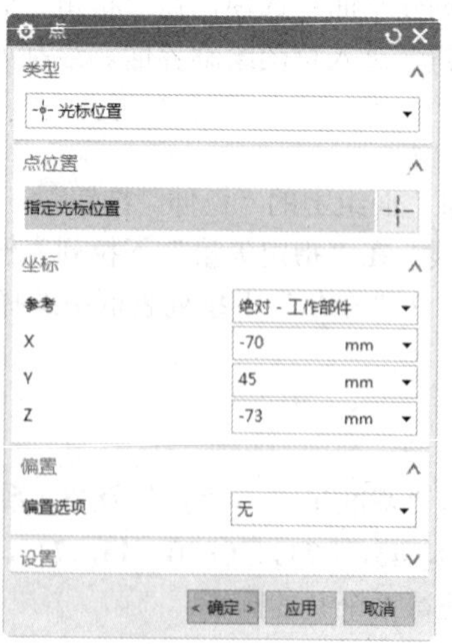

图 8-177　创建点

图 8-178　“孔”对话框

Note

30. 创建点 1

选择“菜单”→“插入”→“基准/点”→“点”命令，系统打开“点”对话框，分别输入（−156，12，−35）和（−156，12，35）两个点。

31. 创建沉头孔

单击“主页”选项卡“特征”面组上的“孔”按钮，系统打开“孔”对话框，如图 8-180 所示。在“形状”下拉列表框中选择“沉头孔”选项。设定孔的“直径”为 11，“顶锥角”为 118，“沉头直径”为 24，“沉头深度”为 2。因为要建立一个通孔，此处设置孔的“深度”为 50。选择步骤 30 所定义的点，单击“确定”按钮，获得如图 8-181 所示的孔。

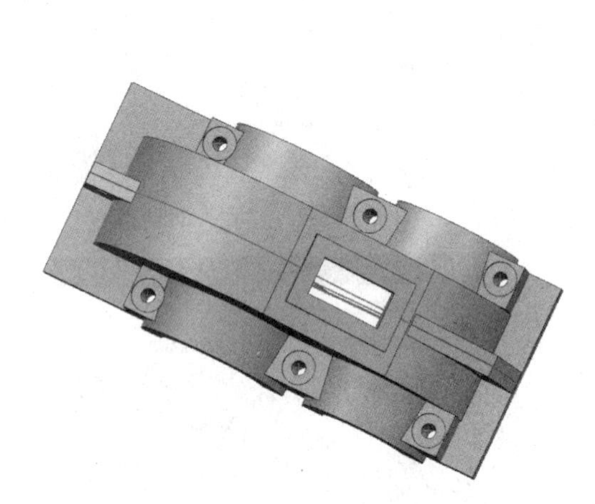

图 8-179　创建孔

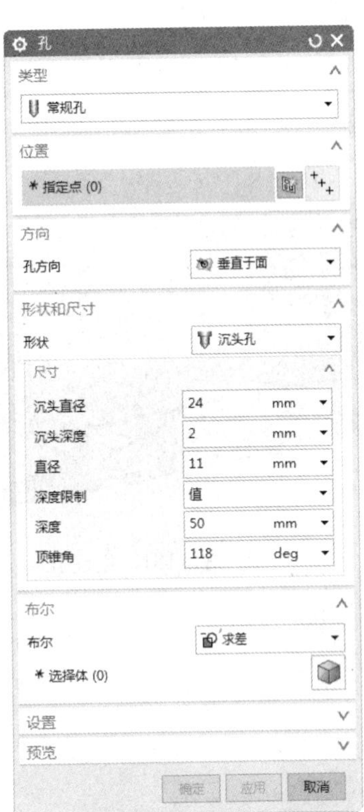

图 8-180　“孔”对话框

32. 创建点 2

选择“菜单”→“插入”→“基准/点”→“点”命令，系统打开“点”对话框，分别输入（−110，12，−65）和（244，12，35）两个点。

33. 创建简单孔 2

单击“主页”选项卡“特征”面组上的“孔”按钮，系统打开“孔”对话框，如图 8-182 所示。在“形状”下拉列表框中选择“简单孔”选项。设定孔的“直径”为 8，“顶锥角”为 118，此处设置孔的“深度”为 50。选择步骤 32 所定义的点，获得如图 8-183 所示的孔。

34. 倒圆角

（1）单击“主页”选项卡“特征”面组上的“边倒圆”按钮，系统打开“边倒圆”对话框，

Note

如图 8-184 所示。在该对话框中输入半径为 44。选择底座的 4 条边，如图 8-185 所示进行圆角操作，单击“应用”按钮。

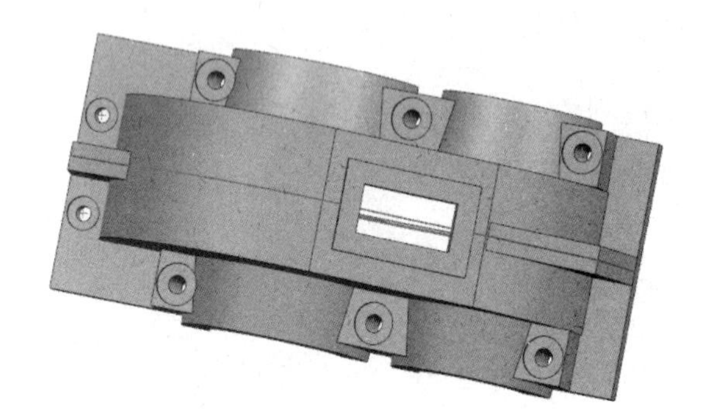

图 8-181　创建孔

图 8-182　“孔”对话框

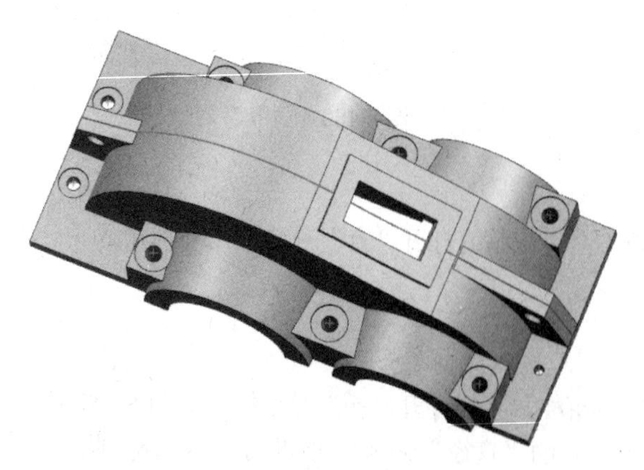

图 8-183　创建孔

图 8-184　“边倒圆”对话框

（2）选择如图 8-186 所示的凸台的边进行圆角操作，圆角半径为 5，单击“应用”按钮。

（3）选择如图 8-187 所示的吊耳的边进行圆角操作，圆角半径为 18，单击“应用”按钮。

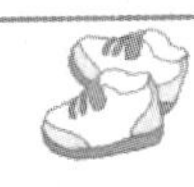

图 8-185　选择边

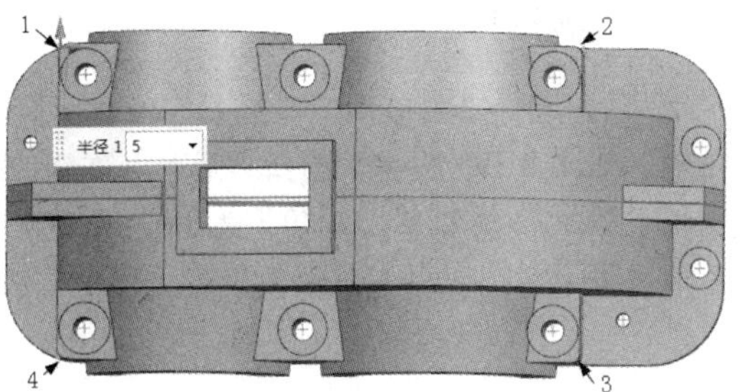

图 8-186　选择边

（4）选择如图 8-188 所示的窥视孔的边进行圆角操作，圆角半径参数设置为 15，单击“应用”按钮。

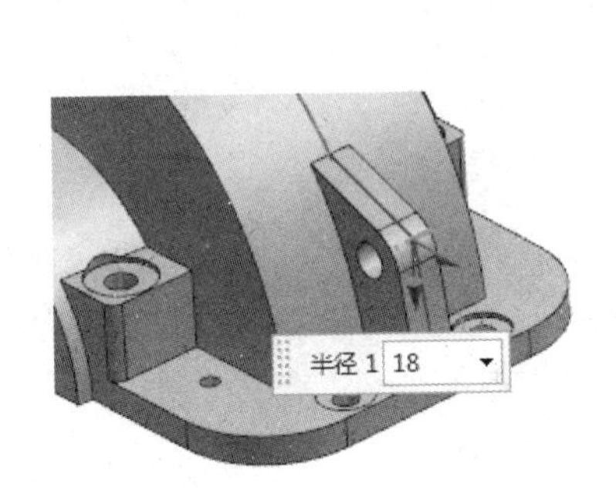

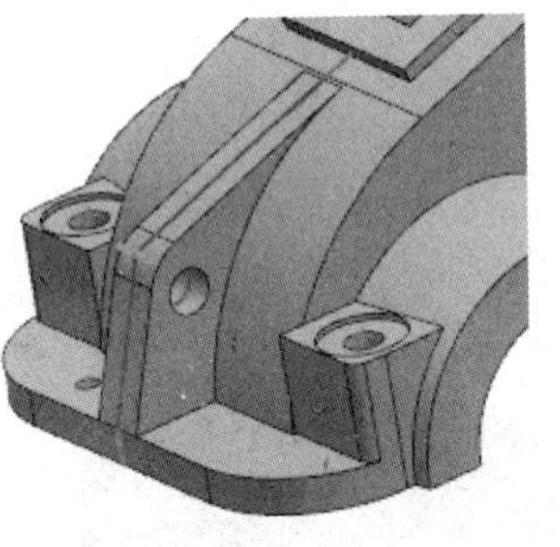

图 8-187　选择边

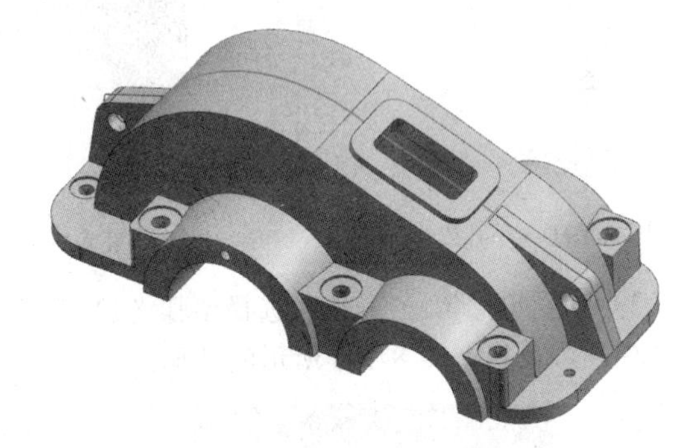

图 8-188　选择边

（5）选择如图 8-189 所示的窥视孔内孔的边进行圆角操作，圆角半径为 5，单击“确定”按钮，获得如图 8-190 所示的模型。

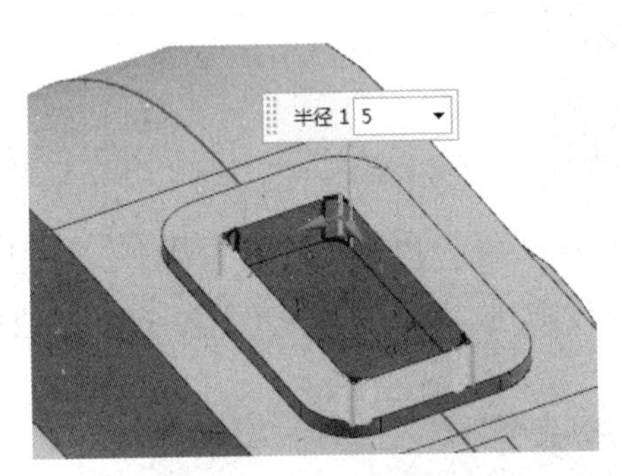

图 8-189　选择边

图 8-190　生成模型

35. 创建点 3

选择“菜单”→“插入”→“基准/点”→“点”命令，系统打开“点”对话框，输入坐标（0，60，98）定义点坐标。

36. 创建简单孔 3

单击“主页”选项卡“特征”面组上的“孔”按钮，系统打开“孔”对话框，如图 8-191 所示。在“形状”下拉列表框中选择“简单孔”选项。设定孔的“直径”为 8，“顶锥角”为 118，此处设置孔的“深度”为 15。选取步骤 35 定义的点，单击“确定”按钮，获得如图 8-192 所示的孔。

37. 阵列孔

（1）选择“菜单”→“插入”→“关联复制”→“阵列特征”命令，系统打开“阵列特征”对话框，如图8-193所示。选择“圆形”阵列选项。选择步骤36创建的孔的特征为要形成阵列的特征，设置“数量”为2，“节距角”为60，指定矢量选择ZC轴，单击“点”按钮，系统打开“点”对话框，定义坐标原点为基点，单击“确定”按钮。单击“确定”按钮，获得如图8-194所示的实体。

图8-191 “孔”对话框

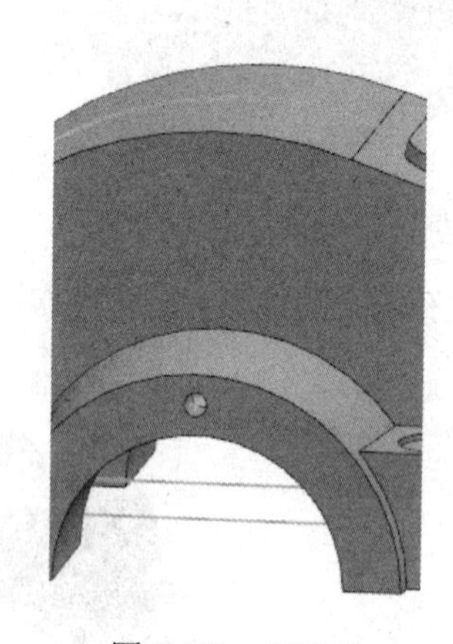

图8-192 创建孔

图8-193 “阵列特征”对话框

（2）重复步骤（1）操作，选择步骤（1）选择的孔继续阵列，设置“节距角”为-60。其他步骤中参数相同，获得如图8-195所示的外形。

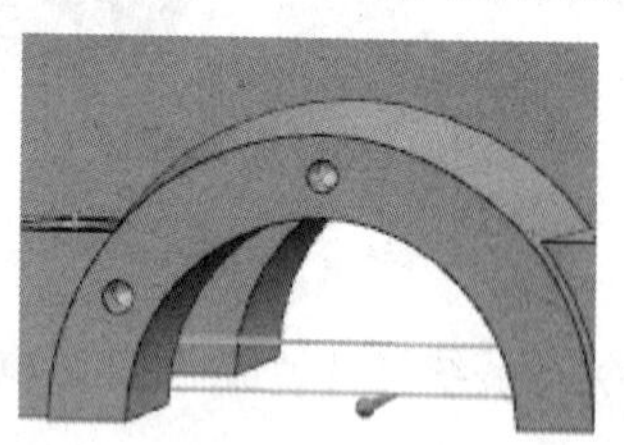

图8-194 点构造器

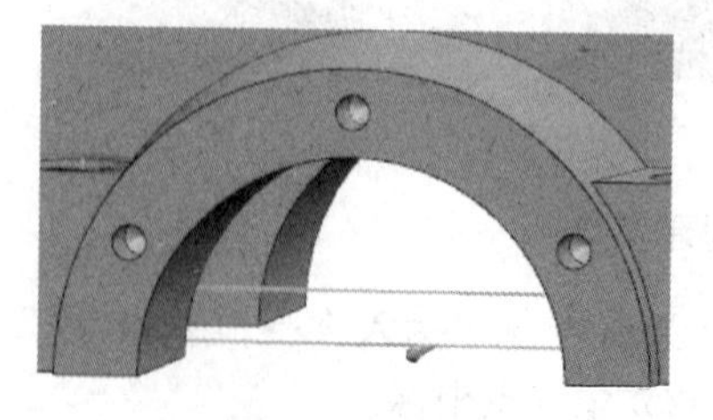

图8-195 点构造器

38. 创建点4

选择“菜单”→“插入”→“基准/点”→“点”命令，系统打开“点”对话框，定义点的坐标为（150，50，98）。

39. 创建孔 1

（1）单击“主页”选项卡“特征”面组上的“孔”按钮，系统打开如图 8-196 所示的“孔”对话框。选择的类型为“简单孔”。设定孔的“直径”为 8，“顶锥角”为 118，此处设置孔的“深度”为 15。选取步骤 38 创建的点为孔位置，单击“确定”按钮，获得如图 8-197 所示的孔。

（2）按步骤（1）中介绍的方法进行圆形阵列，在“点”对话框中定义基点为（150，0，0），其他参数相同，获得如图 8-198 所示的外形。

图 8-196　“孔”对话框

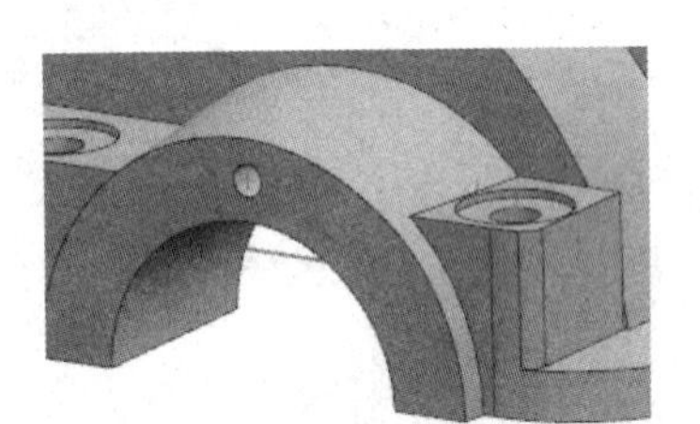

图 8-197　创建孔

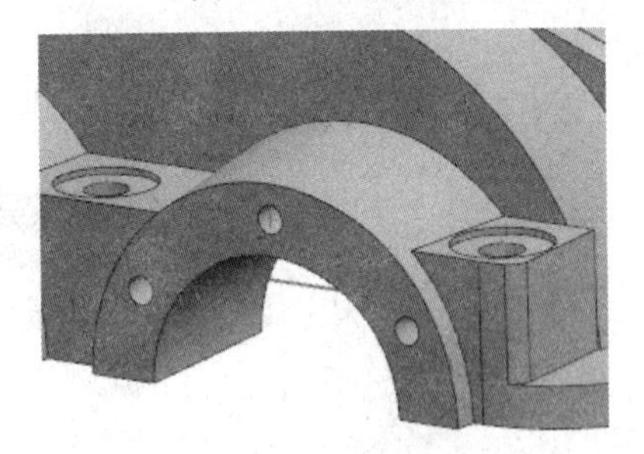

图 8-198　创建实体

40. 创建孔 2

单击“主页”选项卡“特征”面组上的“孔”按钮，系统打开如图 8-199 所示的“孔”对话框。在“形状”下拉列表框中选择“简单孔”选项，设定孔的“直径”为 6，“顶锥角”为 118。此处设置孔的“深度”为 50。单击“绘制截面”按钮，打开“创建草图”对话框，选择长方体的上表面为孔放置面，如图 8-200 所示，进入草图绘制环境。打开“草图点”对话框，创建如图 8-201 所示的点。单击“完成”按钮，草图绘制完毕。返回到“孔”对话框，捕捉绘制的两个点，单击“确定”按钮，完成孔的创建，如图 8-202 所示。

41. 镜像特征 2

单击“主页”选项卡“特征”面组上“更多”库下的“镜像特征”按钮，系统打开“镜像特征”对话框，如图 8-203 所示。选择步骤 40 创建的两个孔。将“平面”选项设置为“新平面”，指定平面选择 XC-YC 平面为镜像面。单击“确定”按钮，获得如图 8-204 所示的实体。

Note

图 8-199 “孔”对话框

图 8-200 选择平面

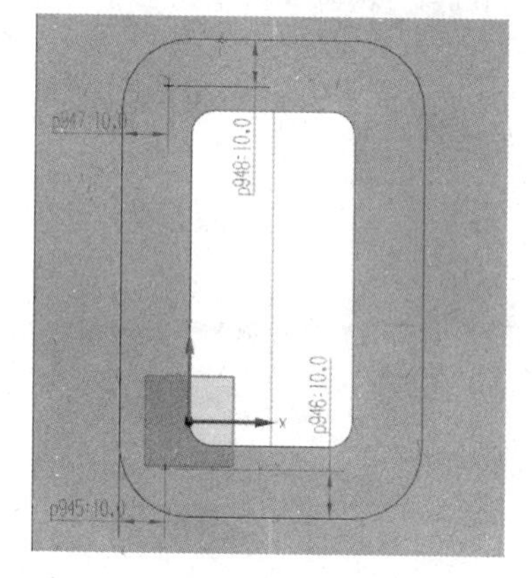

图 8-201 孔的位置尺寸

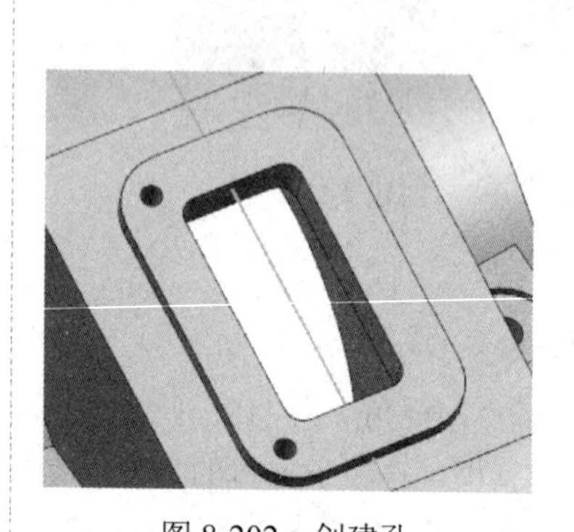

图 8-202 创建孔

图 8-203 “镜像特征”对话框

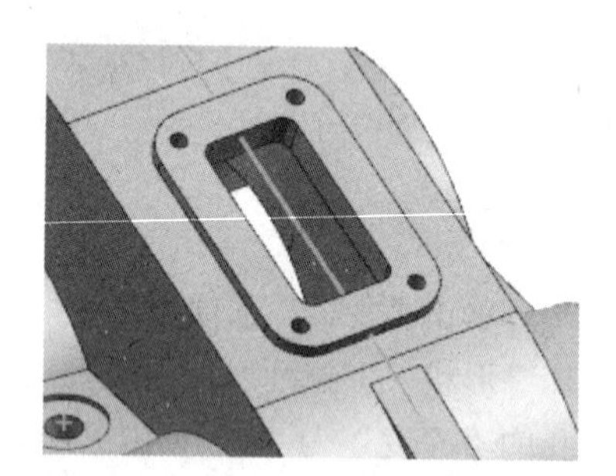

图 8-204 创建实体

42. 创建螺纹

（1）单击“主页”选项卡“特征”面组上的“螺纹”按钮，系统打开“螺纹”对话框。在“螺纹类型”栏中选中“详细”单选按钮，如图 8-205 所示。选择如图 8-206 所示的孔的内表面，单击“确定”按钮获得螺纹孔。

（2）按上述方法，选择轴承孔端面和土台上的孔的内表面，获得如图 8-207 所示的螺纹孔。

（3）同上操作，创建另一轴承端面的螺纹孔，结果如图 8-208 所示。

图 8-205　“螺纹”对话框

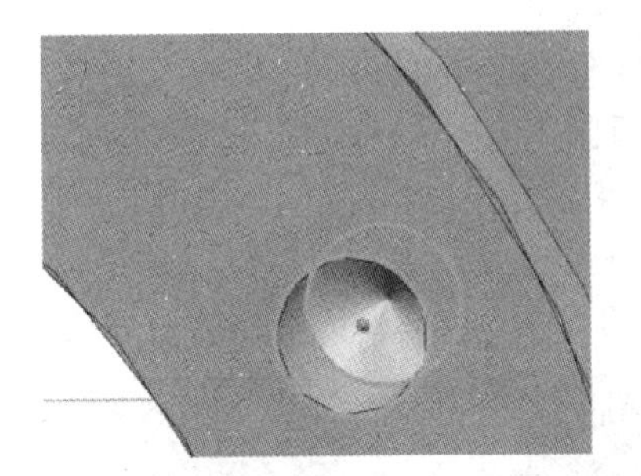

图 8-206　选择内表面

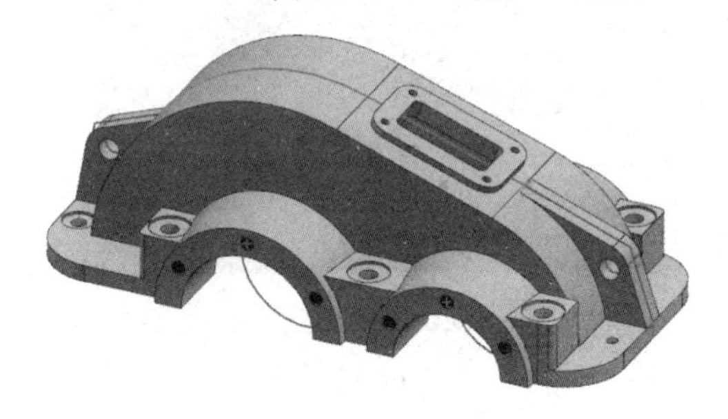

图 8-207　创建螺纹孔

图 8-208　镜像螺纹孔

8.4.2　打印模型

根据 7.2 节操作步骤 2 载入模型 jigai，发现该模型较大，已经超过本书所选择机器的打印范围，单击“重缩放”按钮，弹出“零件缩放”对话框，选中“统一缩放”复选框，将“缩放系数”设置为 0.5，然后单击“确定”按钮，弹出“存储模式”对话框，单击“是”按钮，模型将被缩小至原来的 0.5 倍。按步骤 2 中（3）的对应操作，将模型绕 X 轴旋转 90°，合理摆放至平台中心，如图 8-209 所示。

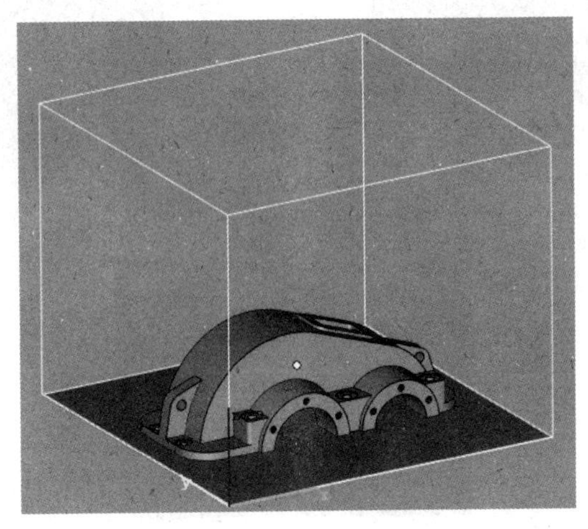

图 8-209　缩小后的机盖

按步骤 3 对生成支撑后的模型进行切片处理，并导入至相应快速成型机器中，即可打印。

8.4.3　处理打印模型

Note

处理打印模型有以下 4 个步骤：

（1）取出模型。取出后的机盖模型如图 8-210 所示。

（2）清洗模型。

（3）去除支撑。

（4）打磨模型。打磨处理后的机盖模型如图 8-211 所示。

图 8-210　打印完毕的机盖模型

图 8-211　处理后的机盖模型

8.5　机　　座

扫码看视频

8.5　机座

首先利用 UG 软件创建机座模型，再利用 Magics 软件打印机座的 3D 模型，最后对打印出来的机座模型进行清洗、去除支撑和毛刺处理，流程图如图 8-212 所示。

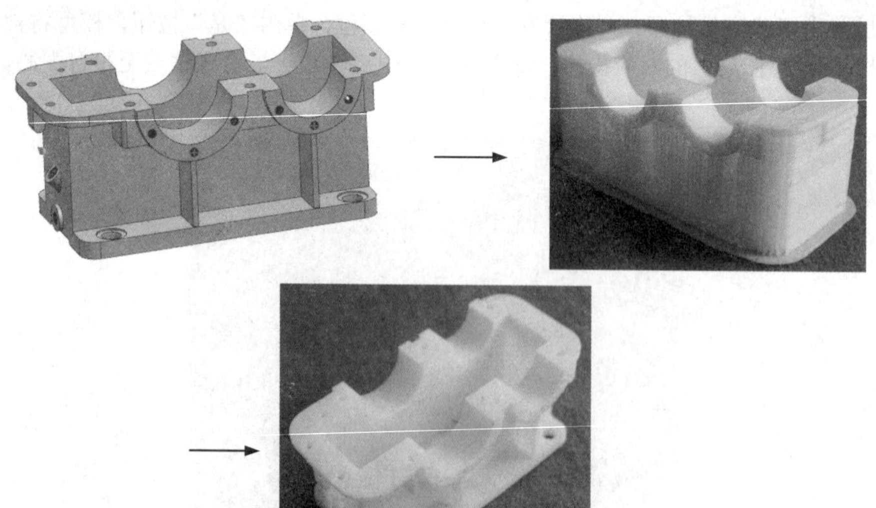

图 8-212　机座模型创建流程图

8.5.1 创建模型

减速器机座是减速器零件中外形比较复杂的部件，其上分布各种槽、孔、凸台、拔模面。在草图模式中主要是绘制带有约束关系的二维图形。利用草图创建参数化的截面，通过对平面造型的拉伸，旋转得到相应的参数化实体模型，即可得到减速器机座。

1. 新建文件

单击快速访问工具栏中的“新建”按钮，打开“新建”对话框。在“模板”列表中选择“模型”选项，输入名称为jizuo，单击“确定”按钮，进入建模环境。

2. 创建草图1

选择“菜单”→“插入”→“在任务环境中绘制草图”命令，系统打开“创建草图”对话框，单击“确定”按钮。进入草图绘制界面，绘制如图8-213所示的草图。单击“主页”选项卡“草图”组中的“完成”按钮，退出草图模式，进入建模模式。

3. 创建拉伸特征1

单击“主页”选项卡“特征”面组中的“拉伸”按钮，系统打开“拉伸”对话框，如图8-214所示。选择步骤2绘制的曲线为拉伸曲线。在“指定矢量”下拉列表框中选择ZC轴作为拉伸方向。设置结束距离为51，其他均为0。单击“确定”按钮完成拉伸，生成如图8-215所示的实体。

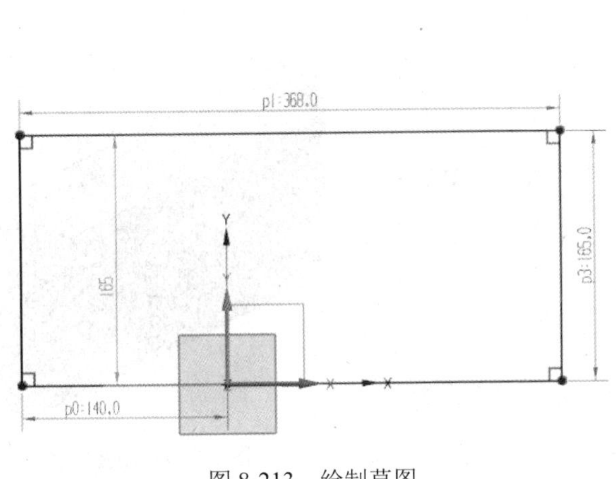

图8-213 绘制草图

图8-214 “拉伸”对话框

4. 创建草图2

（1）选择“菜单”→“插入”→“在任务环境中绘制草图”命令，系统打开“创建草图”对话框，设置“平面方法”为“自动判断”，单击“确定”按钮，进入草图模式。单击“主页”选项卡“曲

Note

线”面组中的“矩形”按钮□，系统打开“矩形”对话框，选择创建方式为按 2 点，在文本框中输入起点坐标为（-170，0）并按 Enter 键。在文本框中设定宽度、高度为（428，12），并按 Enter 键建立矩形。

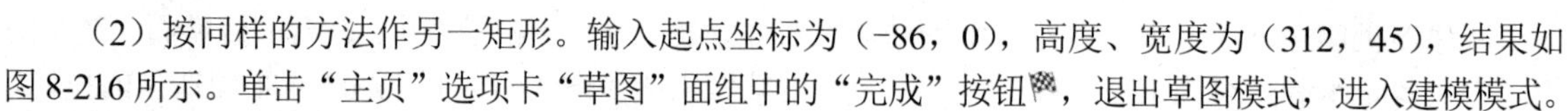

（2）按同样的方法作另一矩形。输入起点坐标为（-86，0），高度、宽度为（312，45），结果如图 8-216 所示。单击“主页”选项卡“草图”面组中的“完成”按钮，退出草图模式，进入建模模式。

Note

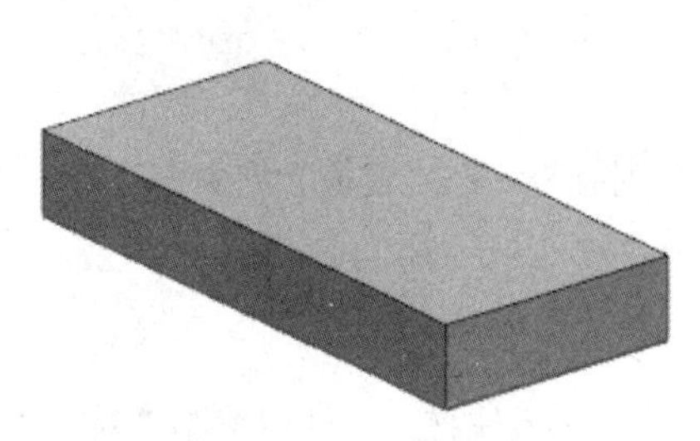

图 8-215　拉伸外形

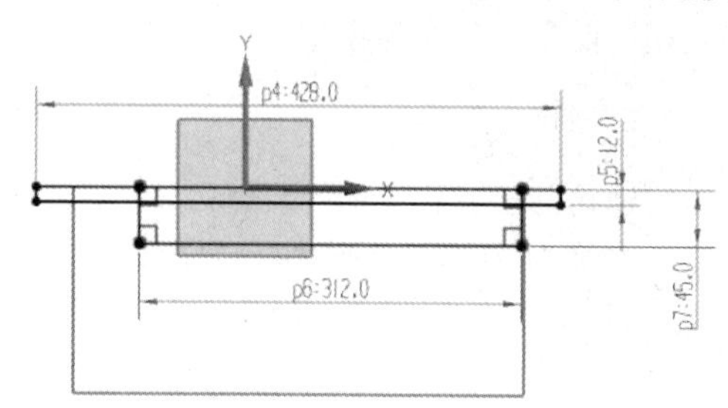

图 8-216　绘制矩形

5. 创建拉伸特征 2

单击“主页”选项卡“特征”面组中的“拉伸”按钮，系统打开“拉伸”对话框。选择步骤 4 绘制的草图为拉伸曲线，如图 8-217 所示。在“指定矢量”下拉列表框中选择 ZC 轴作为拉伸方向，并设置开始距离为 51，结束距离为 91，如图 8-218 所示，单击“确定”按钮得到实体，如图 8-219 所示。

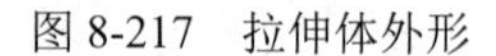

图 8-217　拉伸体外形

图 8-218　“拉伸”对话框

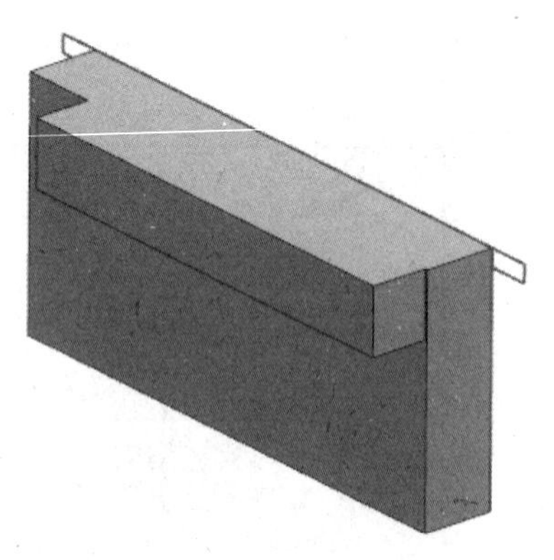

图 8-219　创建实体

6. 创建拉伸特征 3

单击“主页”选项卡“特征”面组中的“拉伸”按钮，系统打开“拉伸”对话框，选择高度为 12 的矩形为拉伸截面，在“指定矢量”下拉列表框中选择 ZC 轴作为拉伸方向。设置开始距离为 0，结束距离为 91，如图 8-220 所示，单击“确定”按钮，得到如图 8-221 所示的实体。

7. 创建镜像变换特征

选择"菜单"→"编辑"→"变换"命令，系统打开"变换"对话框，单击"全选"按钮，系统打开"变换"对话框，单击"通过一平面镜像"按钮，系统打开"刨"对话框，选择XC-YC平面即法线方向为ZC，其他选项按如图8-222所示设置，单击"确定"按钮。系统打开"变换"对话框，单击"复制"按钮，然后单击"取消"按钮，得到如图8-223所示的实体。

图8-220 "拉伸"对话框

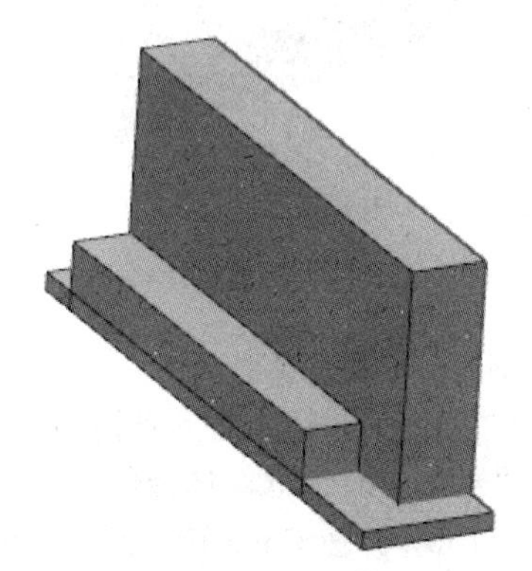

图8-221 创建实体

图8-222 "平面"对话框

8. 创建合并特征

选择"菜单"→"插入"→"组合"→"合并"命令，系统打开"合并"对话框，选择所有实体进行合并。单击"确定"按钮，得到如图8-224所示的运算结果。

9. 创建拆分体特征

（1）单击"主页"选项卡"特征"面组"更多"库中的"拆分体"按钮，系统打开"拆分体"对话框。全部为拆分对象。选择机座一侧平面为工具面，将箱体中间部分分离出来，单击完成分割。

（2）用以上方法选择其他平面切割，将中间部分从整体中分离出来，得到如图8-225所示的实体。

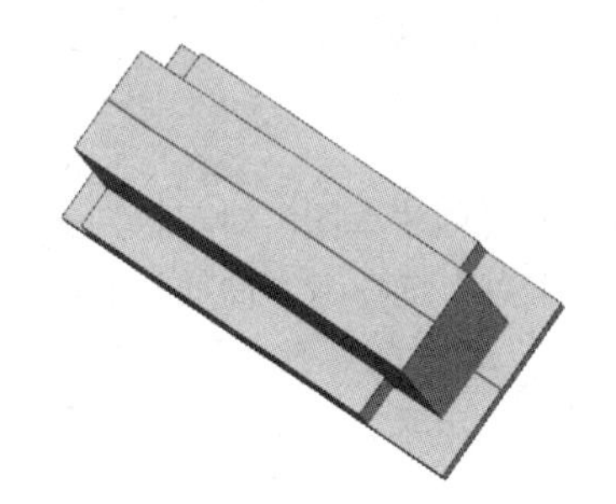

图8-223 创建实体

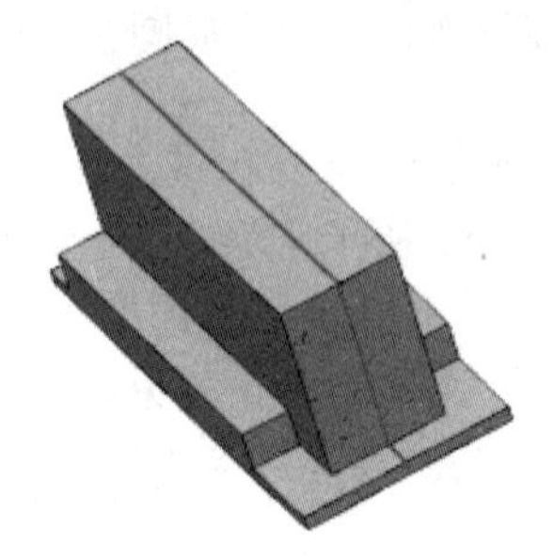

图8-224 运算结果

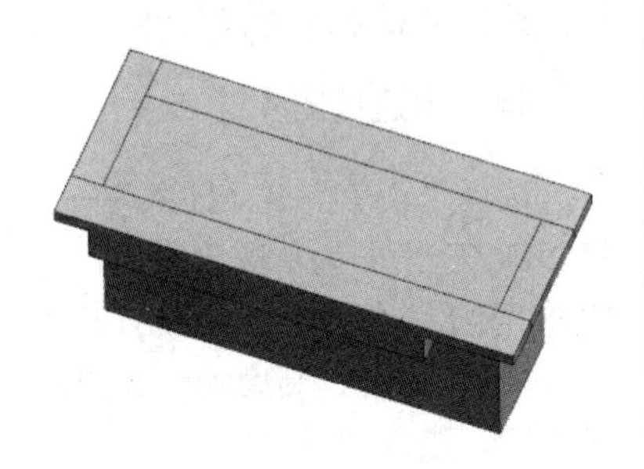

图8-225 拆分结果

Note

10. 抽壳

单击“主页”选项卡“特征”面组中的“抽壳”按钮，系统打开“抽壳”对话框，如图 8-226 所示。选择“移除面，然后抽壳”类型，选择如图 8-227 所示的端面作为抽壳面。在“厚度”下拉列表框中输入 8，抽壳公差采用默认数值，单击“确定”按钮，得到如图 8-228 所示的抽壳特征。

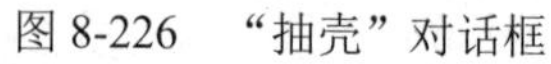
图 8-226 “抽壳”对话框

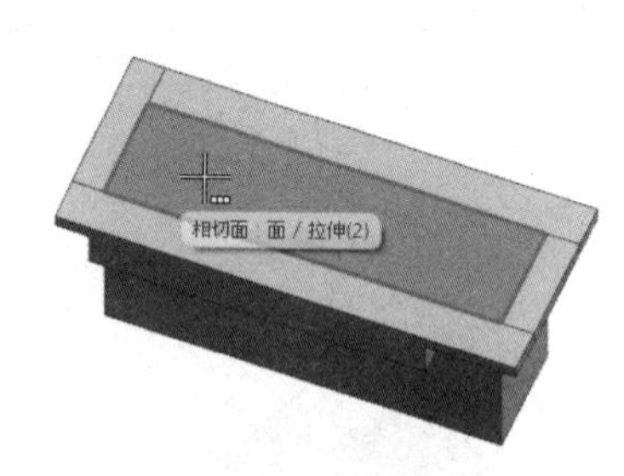

图 8-227 选择面

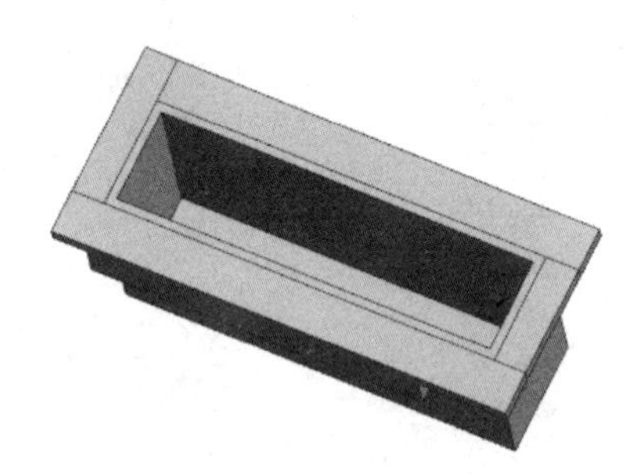

图 8-228 抽壳特征

11. 创建草图 3

选择“菜单”→“插入”→“在任务环境中绘制草图”命令，打开“创建草图”对话框，在“平面方法”中选择“自动判断”，单击“确定”按钮，进入草图模式。单击“主页”选项卡“曲线”面组中的“矩形”按钮□，系统打开“矩形”对话框，选择创建方式为“按 2 点”，系统出现文本框，在该文本框中输入起点坐标（-140，-150）并按 Enter 键，系统出现文本框，在该文本框中设定宽度、高度为（368，20），并按 Enter 键建立矩形。单击“主页”选项卡“草图”面组中的“完成”按钮，退出草图模式，进入建模模式。

12. 创建拉伸特征 4

单击“主页”选项卡“特征”面组中的“拉伸”按钮，系统打开“拉伸”对话框，选择步骤 11 绘制的草图为拉伸曲线。在“指定矢量”下拉列表框中选择 ZC 轴作为拉伸方向，设置开始距离为 -95，结束距离为 95，单击“确定”按钮。

13. 合并运算

选择“菜单”→“插入”→“组合”→“合并”命令，系统打开“合并”对话框，如图 8-229 所示。选择所有实体进行合并。单击“确定”按钮，得到如图 8-230 所示的运算结果。

14. 创建草图 4

选择“菜单”→“插入”→“在任务环境中绘制草图”命令，系统打开“创建草图”对话框，选择 YC-ZC 平面为草图绘制面，单击“确定”按钮进入草图模式。单击“主页”选项卡“曲线”面组中的“矩形”按钮□，系统打开“矩形”对话框，选择创建方式为“按 2 点”，输入起点坐标为（-170，35），设定宽度、高度为（5，70），单击“主页”选项卡“草图”面组中的“完成”按钮，退出草图模式，进入建模模式。

15. 创建拉伸特征 5

单击“主页”选项卡“特征”面组中的“拉伸”按钮，系统打开如图 8-231 所示的“拉伸”对话框。选择步骤 14 创建的草图为拉伸曲线。在“指定矢量”下拉列表框中选择 XC 轴作为拉伸方向，设置开始距离为-228，结束距离为 228，单击“确定”按钮，得到如图 8-232 所示的实体。

图 8-229　“合并”对话框

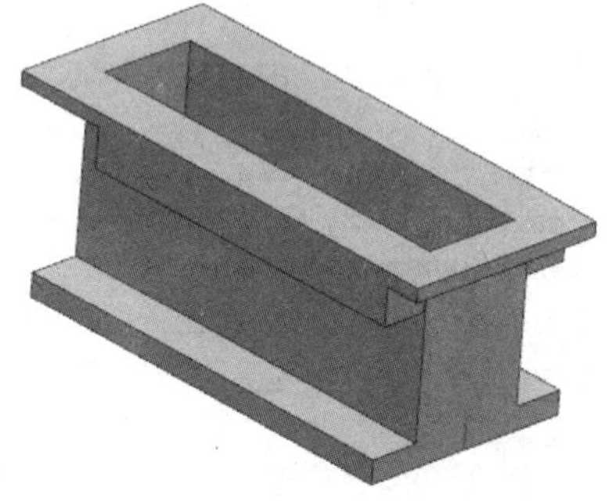

图 8-230　合并实体

图 8-231　“拉伸”对话框

16. 创建求差特征

选择“菜单”→“插入”→“组合”→“减去”命令，系统打开“求差”对话框，如图 8-233 所示。减去步骤 15 中拉伸得到的实体。单击“确定”按钮，得到如图 8-234 所示的运算结果。

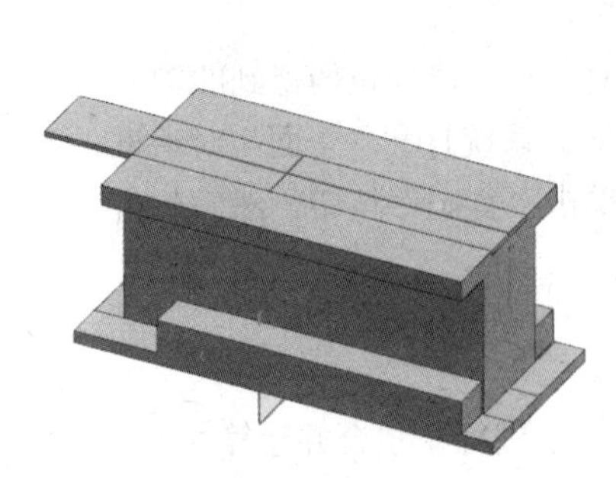

图 8-232　创建实体

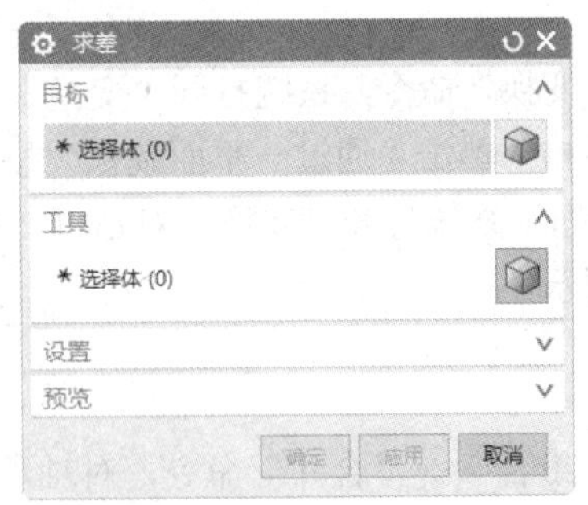

图 8-233　“求差”对话框

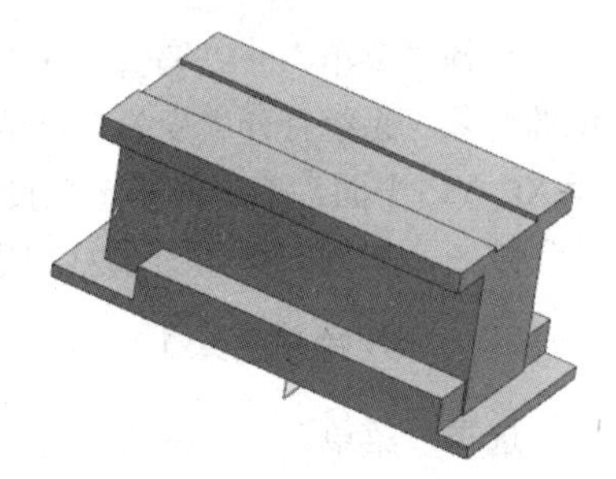

图 8-234　选择布尔运算的实体

注意： 所选择的实体必须有相交的部分，否则，不能进行相减操作。这时系统会提示操作错误，警告工具实体与目标实体没有相交的部分，而且目标实体与工具实体的边缘不能重合。

17. 创建草图 5

选择“菜单”→“插入”→“在任务环境中绘制草图”命令，打开“创建草图”对话框，“平面方法”选择为“自动判断”，单击“确定”按钮，进入草图模式。绘制如图 8-235 所示的草图。单击“主页”选项卡“草图”面组中的“完成”按钮，退出草图模式，进入建模模式。

Note

18. 创建拉伸特征 6

单击“主页”选项卡“特征”面组中的“拉伸”按钮，系统打开如图 8-236 所示的“拉伸”对话框。选择步骤 17 创建的草图为拉伸曲线。在“指定矢量”下拉列表框中选择 ZC 轴作为拉伸方向，设置开始距离为 51，结束距离为 98。单击“确定”按钮，结果如图 8-237 所示。

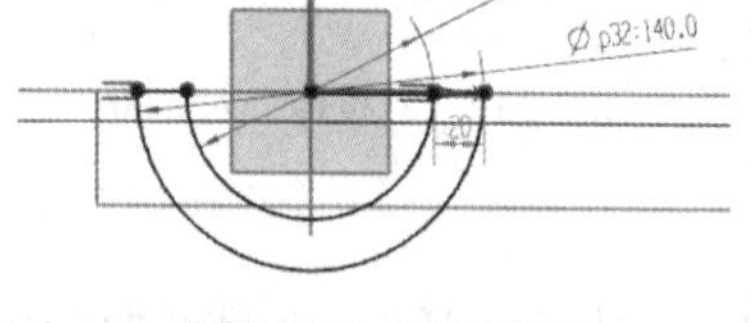

图 8-235 绘制草图

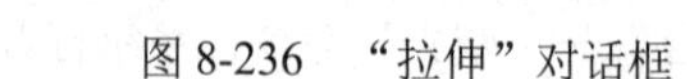
图 8-236 “拉伸”对话框

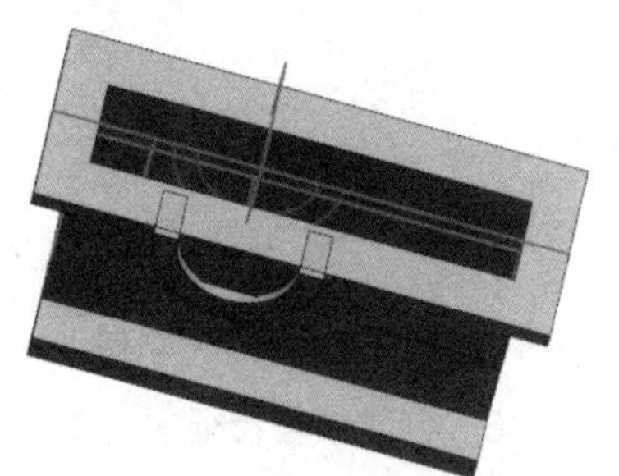

图 8-237 创建实体

19. 创建变换特征 1

选择“菜单”→“编辑”→“变换”命令，系统打开“变换”对话框。选择拉伸得到的轴承面为镜像对象。系统打开“变换”对话框，单击“通过一平面镜像”按钮。系统打开“平面”对话框，选择 XC-YC 平面，单击“确定”按钮。系统打开“变换”对话框，单击“复制”按钮，然后单击“取消”按钮，得到实体如图 8-238 所示。

20. 创建合并运算 1

选择“菜单”→“插入”→“组合”→“合并”命令，对轴承凸台进行布尔合并运算。

21. 创建草图 6

选择“菜单”→“插入”→“在任务环境中绘制草图”命令，打开“创建草图”对话框，“平面方法”选择为“自动判断”，单击“确定”按钮，进入草图模式。在坐标原点处绘制直径为 100 的圆，如图 8-239 所示。单击“主页”选项卡“草图”面组中的“完成”按钮，退出草图模式，进入建模模式。

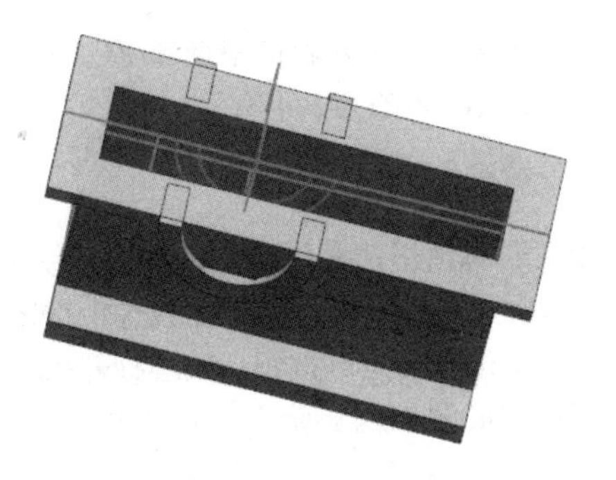

图 8-238　镜像结果

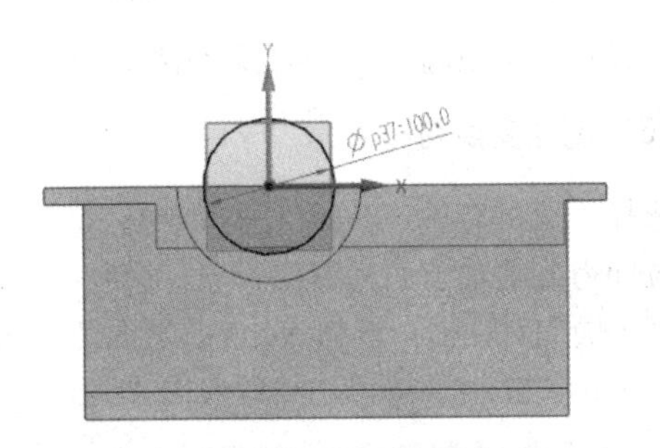

图 8-239　创建圆

22. 创建拉伸特征 7

单击“主页”选项卡“特征”面组中的“拉伸”按钮，系统打开如图 8-240 所示的“拉伸”对话框。选择草图绘制后的圆环为拉伸曲线。在“指定矢量”下拉列表框中选择 ZC 轴作为拉伸方向，设置开始距离为 100，结束距离为-100，与实体进行布尔求差运算，单击“确定”按钮，得到如图 8-241 所示的实体。

23. 创建草图 7

选择“菜单”→“插入”→“在任务环境中绘制草图”命令，打开“创建草图”对话框，“平面方法”选择为“自动判断”，单击“确定”按钮，进入草图模式。绘制如图 8-242 所示的草图，圆心坐标为（150，0）。单击“主页”选项卡“草图”面组中的“完成”按钮，退出草图模式，进入建模模式。

图 8-240　“拉伸”对话框

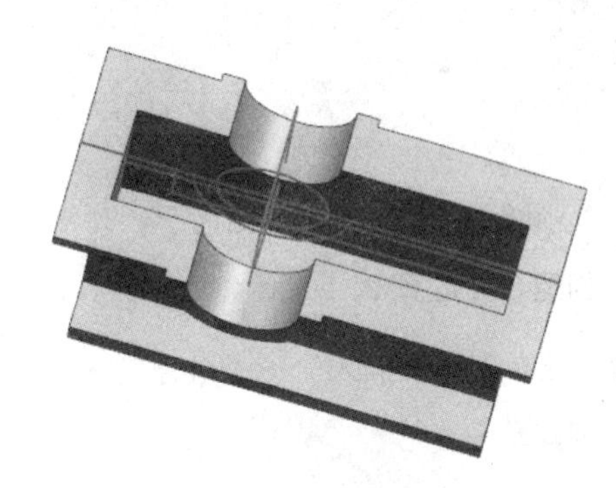

图 8-241　拉伸实体

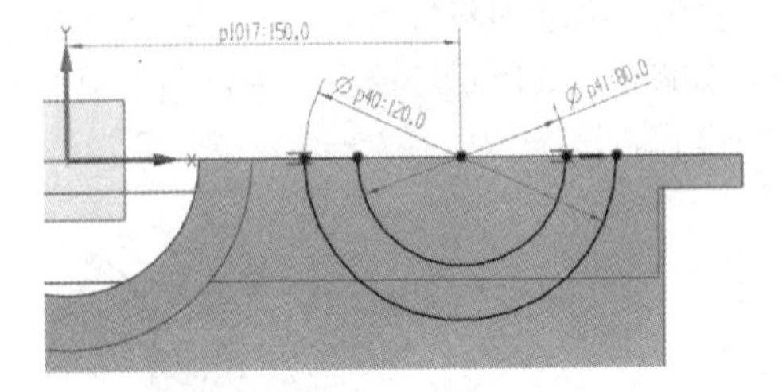

图 8-242　修剪圆环

24. 创建拉伸特征 8

单击“主页”选项卡“特征”面组中的“拉伸”按钮，系统打开如图 8-243 所示的“拉伸”对话框。选择步骤 23 创建的草图圆环为拉伸曲线。在“指定矢量”下拉列表框中选择 ZC 轴作为拉伸方向。设置开始距离为 51，结束距离为 98，单击“确定”按钮，如图 8-244 所示。

25. 创建变换特征 2

选择“菜单”→“编辑”→“变换”命令，打开“变换”对话框，利用该对话框进行镜像变换。选择拉伸得到的轴承面为镜像对象，系统打开“变换”对话框，单击“通过一平面镜像”按钮。系统打开“平面”对话框，选择 XC-YC 平面即法线方向为 ZC，单击“确定”按钮。系统打开“变换”对话框，单击“复制”按钮，然后单击“确定”按钮，得到实体如图 8-245 所示。

图 8-243 “拉伸”对话框

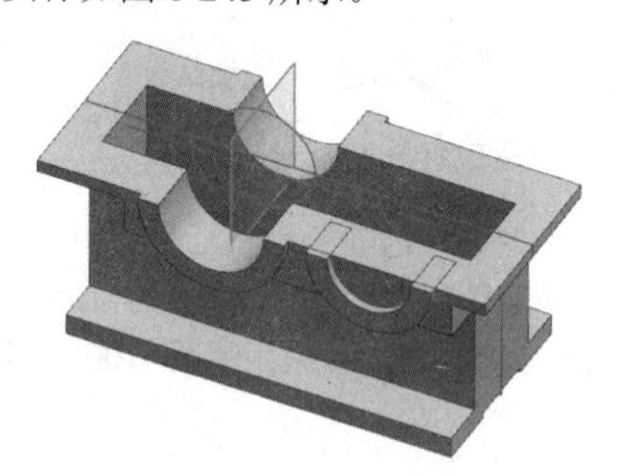

图 8-244 创建实体

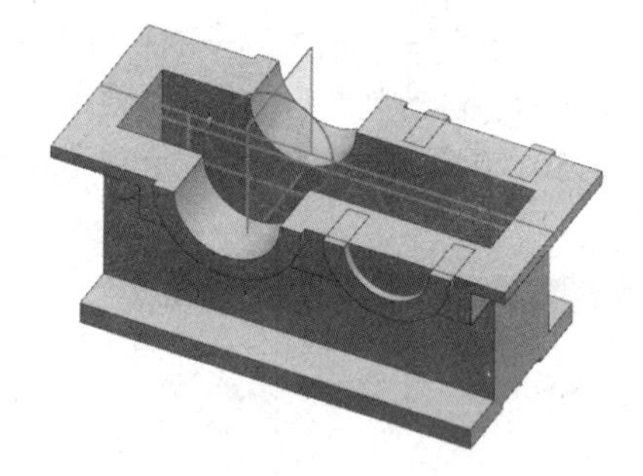

图 8-245 镜像结果

26. 创建合并运算 2

选择“菜单”→“插入”→“组合”→“合并”命令，对小轴承凸台进行布尔合并运算。

27. 创建草图 8

选择“菜单”→“插入”→“在任务环境中绘制草图”命令，打开“创建草图”对话框，“平面方法”选择为“自动判断”，单击“确定”按钮，进入草图模式。在坐标点（150，0）处绘制直径为 80 的圆，如图 8-246 所示。单击“主页”选项卡“草图”面组中的“完成”按钮，退出草图模式，进入建模模式。

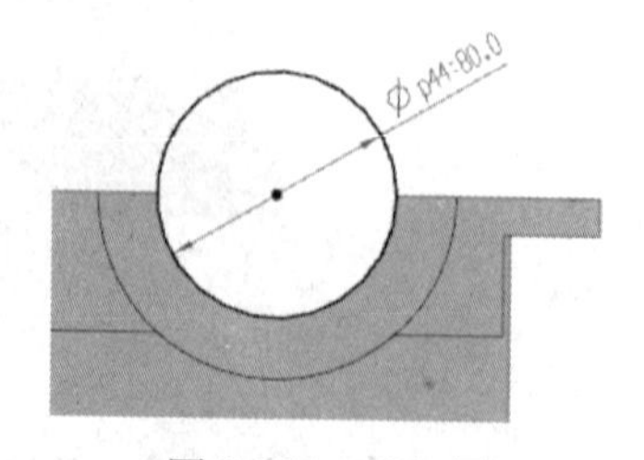

图 8-246 插入圆

28. 创建拉伸特征 9

单击“主页”选项卡“特征”面组中的“拉伸”按钮，系统打开如图 8-247 所示的“拉伸”对话框。选择草图绘制后的圆环为拉伸曲线。在“指定矢量”下拉列表框中选择 ZC 轴作为拉伸方向，设置开始距离为 100，结束距离为-100，与实体进行“布尔求差”运算，单击“确定”按钮，得到如图 8-248 所示的实体。

29. 创建草图 9

选择“菜单”→“插入”→“在任务环境中绘制草图”命令，系统打开“创建草图”对话框，“平面方法”选择为“自动判断”，单击“确定”按钮，进入草图模式。绘制如图 8-249 所示的草图。单击“主页”选项卡“草图”面组中的“完成”按钮，退出草图模式，进入建模模式。

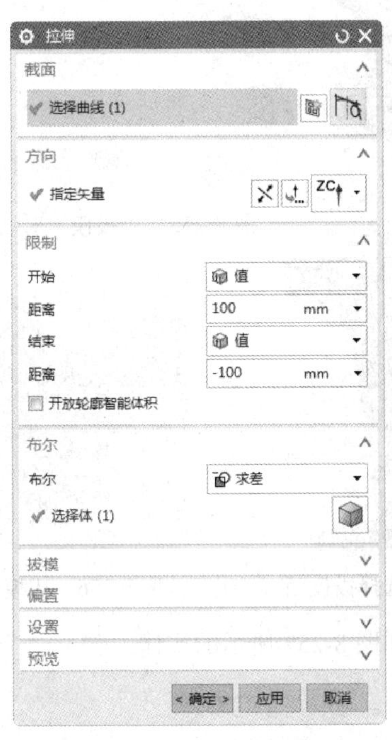

图 8-247　“拉伸”对话框

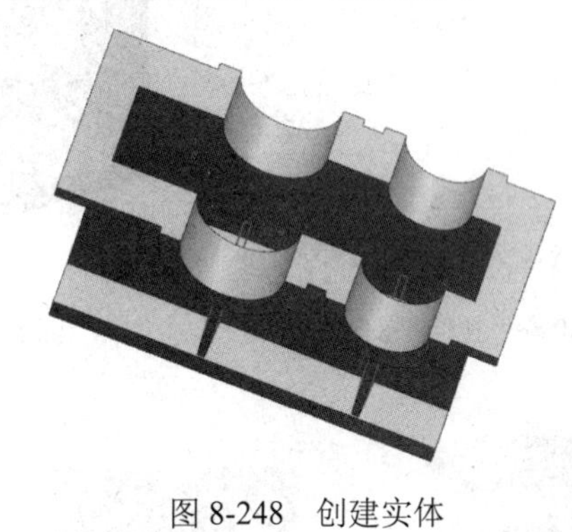

图 8-248　创建实体

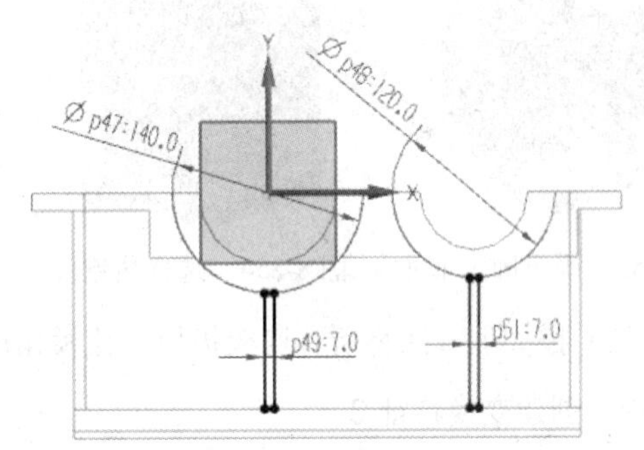

图 8-249　修剪图形

30. 创建拉伸特征 10

单击“主页”选项卡“特征”面组中的“拉伸”按钮，系统打开如图 8-250 所示的“拉伸”对话框。选择步骤 29 创建的草图为拉伸曲线，在“指定矢量”下拉列表框中选择 ZC 轴作为拉伸方向，设置开始距离为 51，结束距离为 93，单击“确定”按钮，如图 8-251 所示。

31. 创建拔模特征 1

（1）单击“主页”选项卡“特征”面组中的“拔模”按钮，系统打开“拔模”对话框，如图 8-252 所示。选择“从平面或曲面”类型，输入角度为 3，在“指定矢量”下拉列表框中选择 ZC 轴作为拔模方向。选择如图 8-253 所示面上的一点，确定固定面。选择如图 8-254 和图 8-255 所示的拔模面。单击“确定”按钮，得到如图 8-256 所示的结果。

图 8-250　“拉伸”对话框

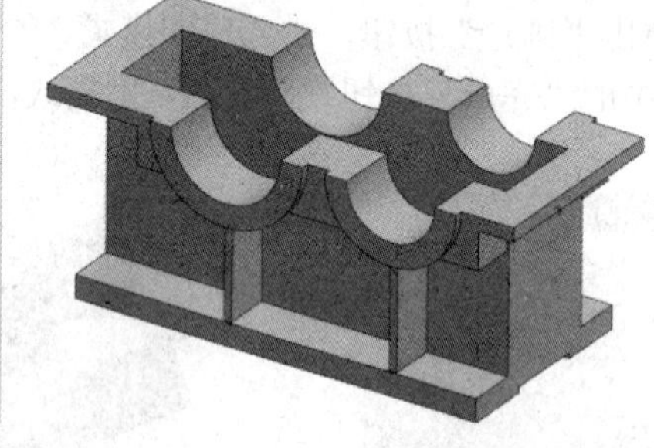

图 8-251　创建实体

图 8-252　“拔模”对话框

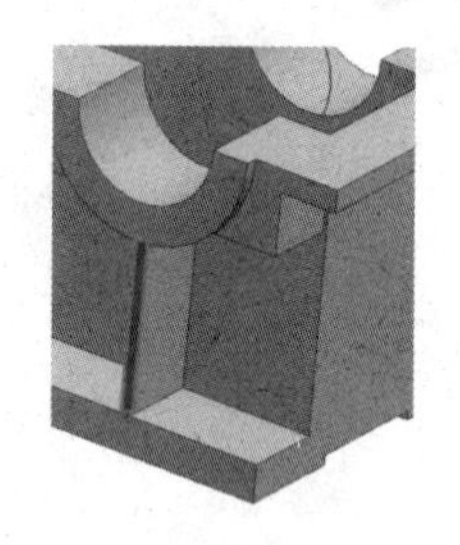

图 8-253　确定固定平面

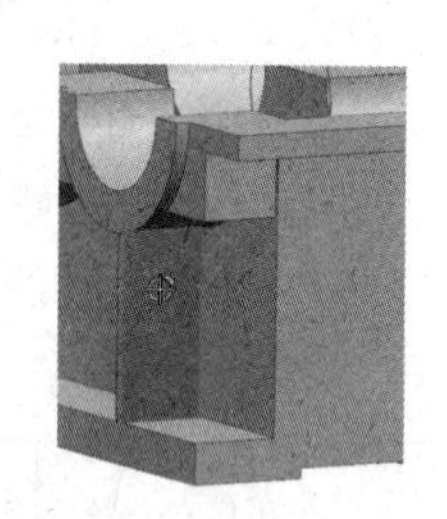

图 8-254　选择拔锥面

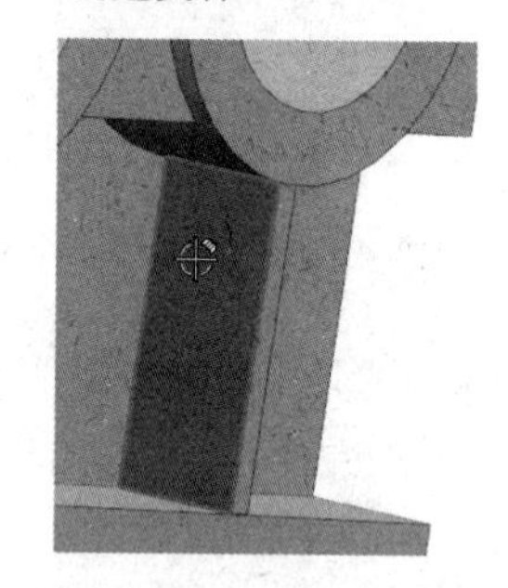

图 8-255　选择拔模面

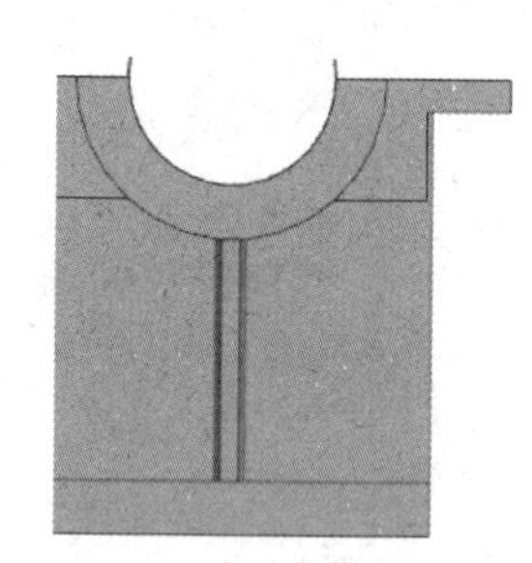

图 8-256　拔模结果

（2）按如上方法将所有筋板拔模，拔模角度为 3，获得如图 8-257 所示的实体。

32. 创建变换特征 3

选择“菜单”→“编辑”→“变换”命令，打开“变换”对话框，选择步骤 31 获得的两个筋板。系统打开“变换”对话框，单击“通过一平面镜像”按钮。系统打开“平面”对话框，选择 XC-YC 平面即法线方向为 ZC，单击“确定”按钮。系统打开“变换”对话框，单击“复制”按钮，然后单击“确定”按钮，得到实体如图 8-258 所示。

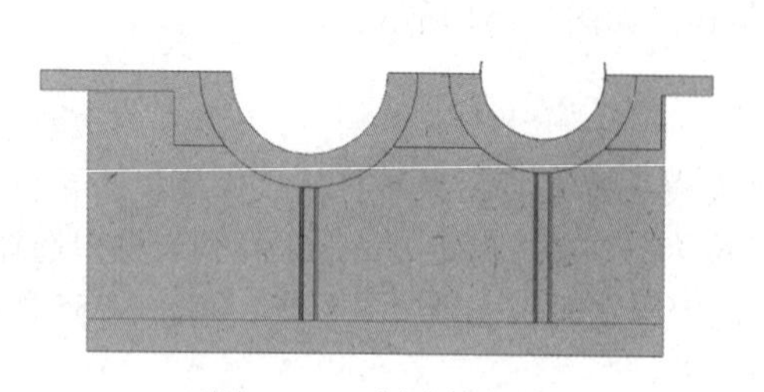

图 8-257　创建的筋板

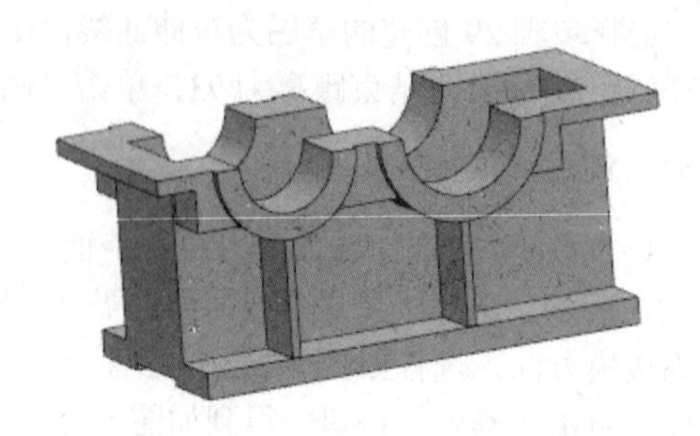

图 8-258　创建实体

Note

33. 创建拔模特征 2

（1）单击“主页”选项卡“特征”面组中的“拔模”按钮，系统打开“拔模”对话框，选择“从平面或曲面”类型，输入角度为 6，在“指定矢量”下拉列表框中选择 ZC 轴作为拔模方向，选择如图 8-259 所示面上的一点，确定固定平面，选择如图 8-260 所示的轴承孔的拔模面。

（2）按如上方法将另一方向的轴承孔拔模，拔模角度为-6。最后获得如图 8-261 所示的实体。按如上方法将小轴承面孔拔模，参数相同。

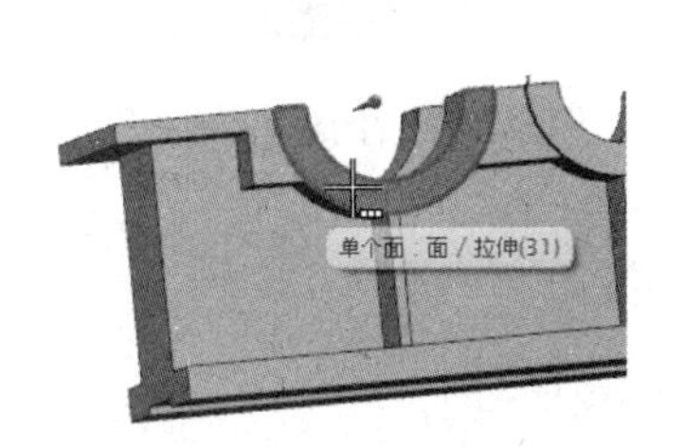

图 8-259　确定固定平面

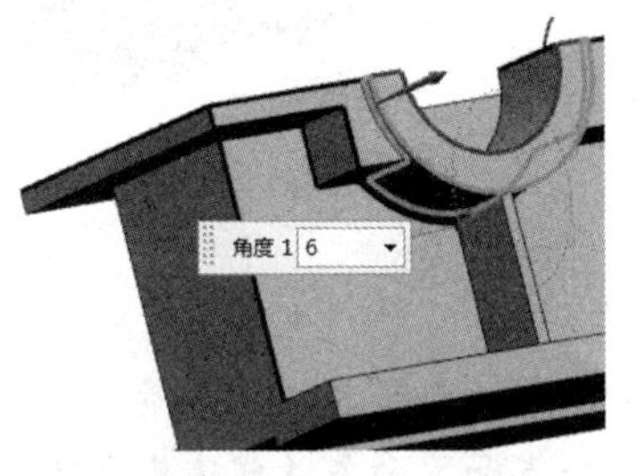

图 8-260　选择拔模

图 8-261　创建的轴承孔拔模面

34. 建立求和运算

选择“菜单”→“插入”→“组合”→“合并”命令，对肋板进行布尔合并运算。

35. 创建基准平面

单击“主页”选项卡“特征”面组中的“基准平面”按钮，打开“基准平面”对话框。选择“按某一距离”类型，在视图中选择如图 8-262 所示的平面。在“距离”文本框中输入参数值 0，单击“确定”按钮，生成如图 8-263 所示的基准平面。

36. 创建直线

单击“曲线”选项卡“更多”库中的“基本曲线”按钮，系统打开“基本曲线”对话框，单击“直线”按钮，在“点方法”下拉列表框中选择“点构造器”选项，打开“点”对话框，分别输入两个端点的坐标为（-140，-90，-51）和（-140，-90，51），连续单击“确定”按钮，获得的线段如图 8-264 所示。

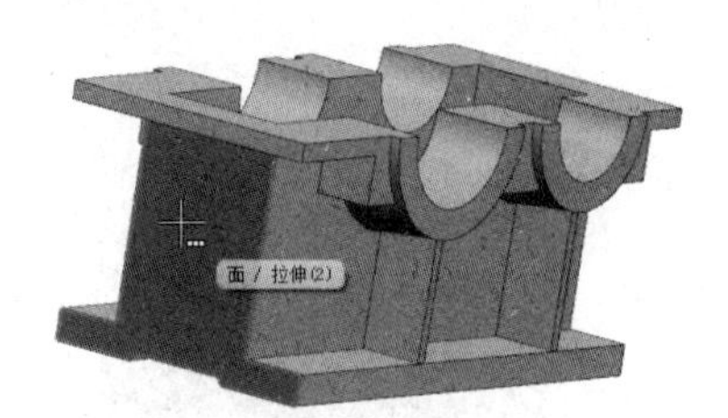

图 8-262　选择平面

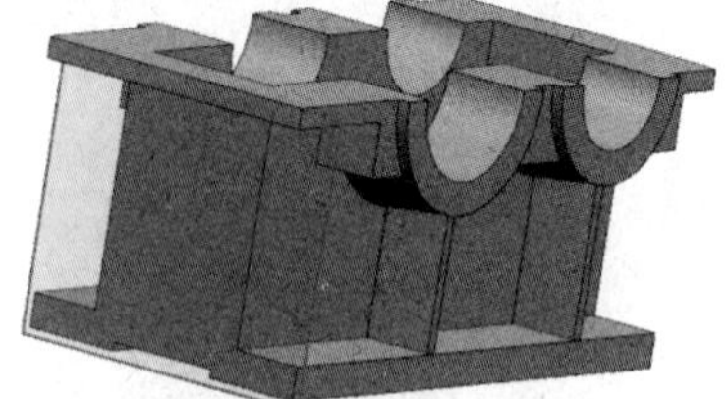

图 8-263　生成基准平面

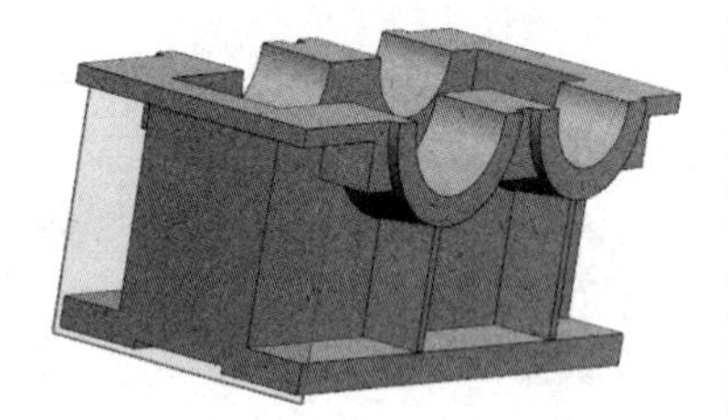

图 8-264　获得线段

37. 创建基准轴

单击“主页”选项卡“特征”面组中的“基准轴”按钮，系统打开如图 8-265 所示的“基准轴”对话框，设置“类型”为“两点”，依次选择第 2 点和第 1 点，结果如图 8-266 所示。单击“确定”按钮，系统生成如图 8-267 所示的基准轴，此轴通过线段。

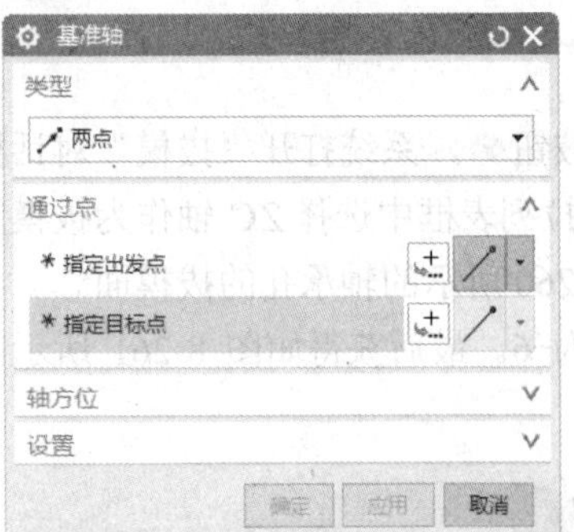

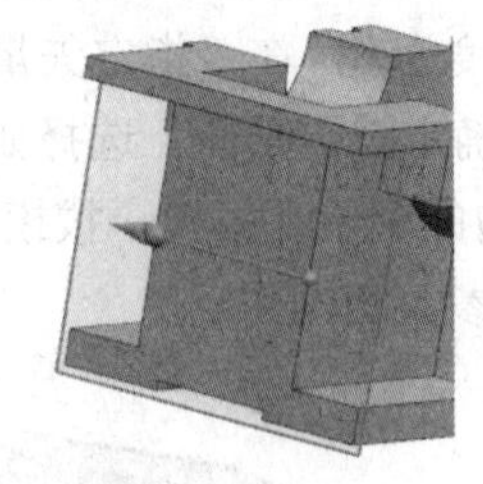

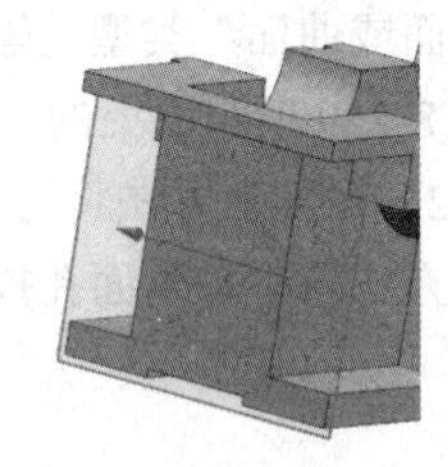

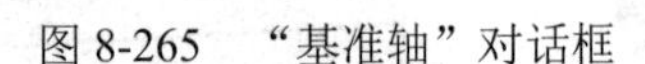
图 8-265 “基准轴”对话框

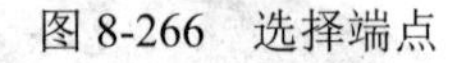
图 8-266 选择端点

图 8-267 生成基准轴

知识点——基准轴

（1）自动判断：将按照选中的矢量关系来构造新矢量。

（2）点和方向：通过选择一个点和方向矢量创建基准轴。

（3）两点：通过选择两个点来创建基准轴。

（4）曲线上矢量：通过选择曲线和该曲线上的点创建基准轴。

（5）曲面/面轴：通过选择曲面和曲面上的轴创建基准轴。

（6）交点：通过选择两相交对像的交点来创建基准轴。

（7）XC YC ZC：可以分别选择和 XC 轴、YC 轴、ZC 轴相平行的方向构造矢量。

38. 创建倾斜平面

单击“主页”选项卡“特征”面组中的“基准平面”按钮，打开“基准平面”对话框。选择“成一角度”类型，将其设置为 135，如图 8-268 所示，选择如图 8-269 所示的基准平面为平面参考。选择如图 8-270 所示的基准轴为通过轴，若基准平面不是图 8-270 所示情况，可再次单击基准轴。单击“确定”按钮，获得如图 8-271 所示的倾斜平面。

图 8-268 “基准平面”对话框

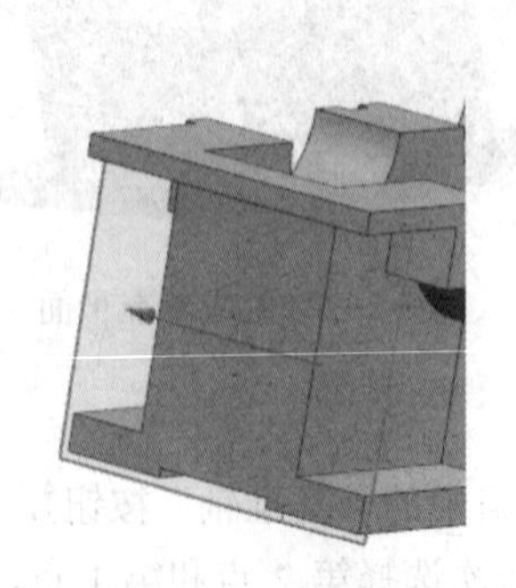

图 8-269 选择基准平面

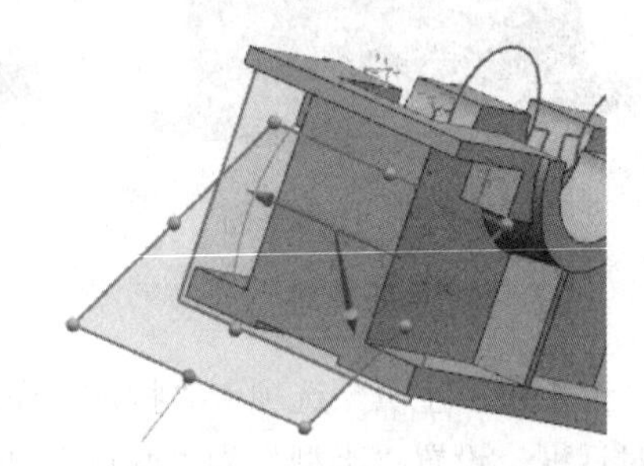

图 8-270 选择基准轴

39. 创建油标孔突台

（1）单击“主页”选项卡“特征”面组上的“垫块”按钮，系统打开“垫块”对话框，单击“矩形”按钮。系统打开“矩形垫块”对话框，单击“基准平面”选项。

（2）选择步骤38得到的倾斜基准面为垫块放置面，如图8-272所示。系统打开“选择方向”对话框，选择“反向默认侧”选项，得到如图8-273所示的实体。

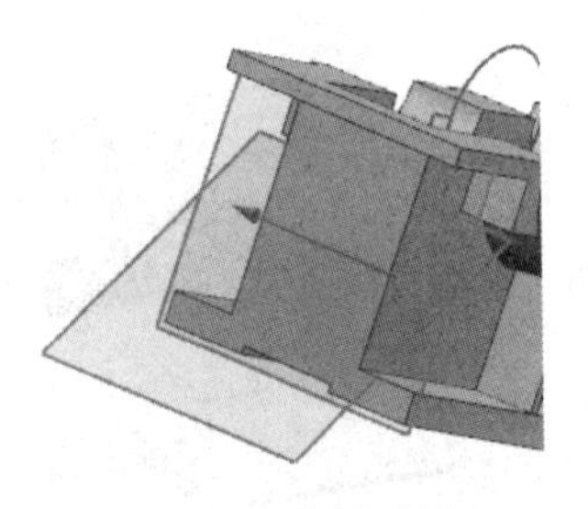

图8-271 获得平面

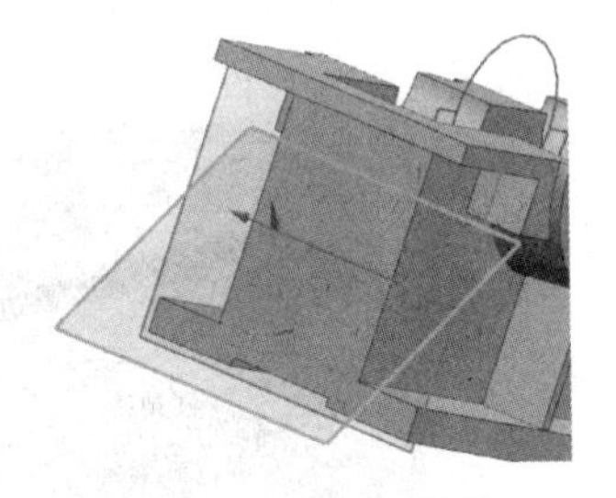

图8-272 选择平面

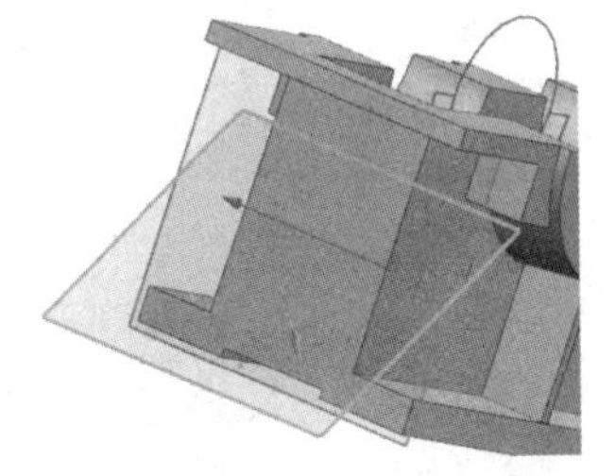

图8-273 创建实体

（3）系统打开“水平参考”对话框，选择如图8-274所示的基准轴为水平参考，系统打开“矩形垫块”参数对话框，如图8-275所示。设置“长度”为26、“宽度”为42、“高度”为20、其他选项为0，单击“确定”按钮。

（4）系统打开“定位”对话框，单击“垂直”按钮，选择基准轴和垫块的短中心线，打开“创建表达式”对话框，输入距离为0，单击“确定”按钮，得到如图8-276所示的凸台。

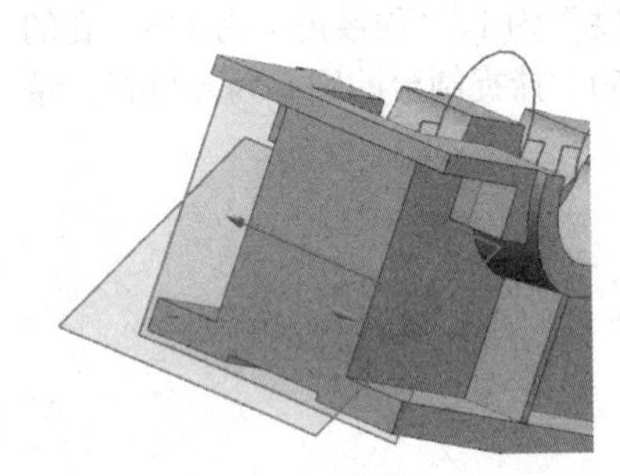

图8-274 创建实体

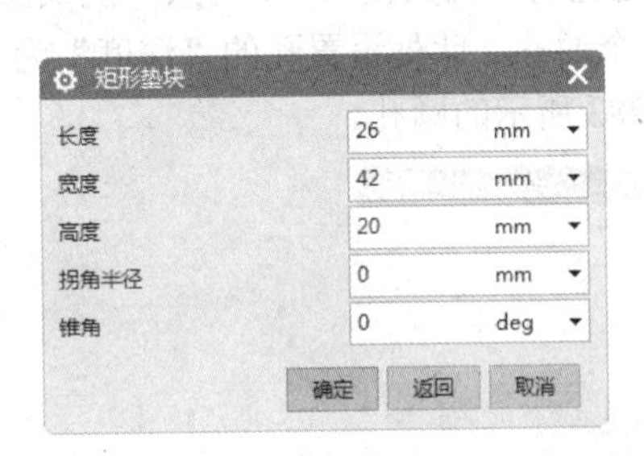

图8-275 “矩形垫块”参数对话框

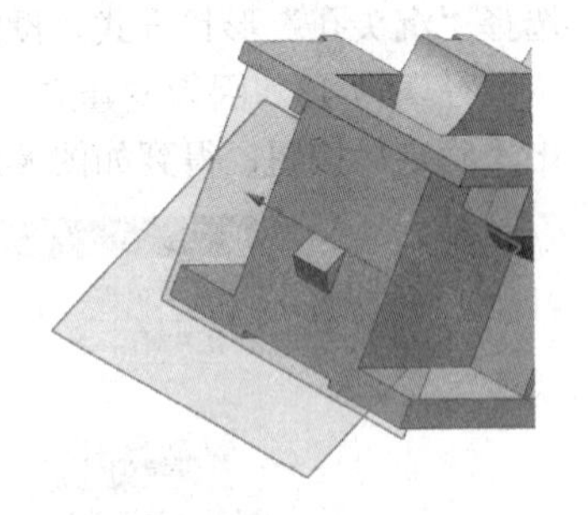

图8-276 创建凸台

40. 绘制圆角特征

单击“主页”选项卡“特征”面组中的“边倒圆”按钮，系统打开“边倒圆”对话框，输入半径为13，选择凸台边，如图8-277所示，单击“确定”按钮，得到如图8-278所示的圆角结果。

图8-277 选择边

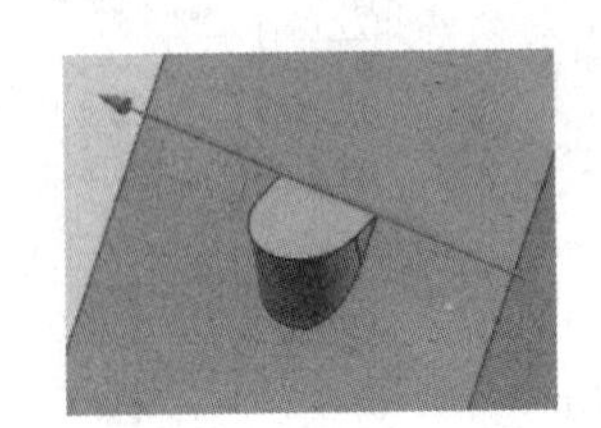

图8-278 圆角外形

41. 创建长方体特征

单击“主页”选项卡“特征”面组上的“块”按钮，系统打开“块”对话框，如图8-279所示。

Note

选择如图8-280所示的两对角点，创建长方体。布尔运算设置为“求差”，单击“块”对话框中的“确定”按钮，结果如图8-281所示。

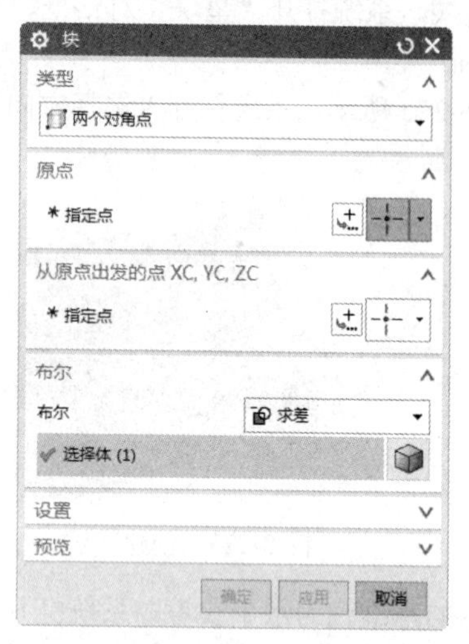

图8-279　“块”对话框

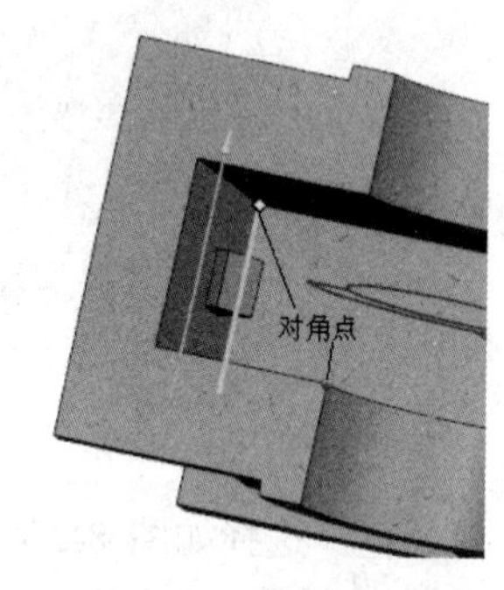

图8-280　选择两对角点

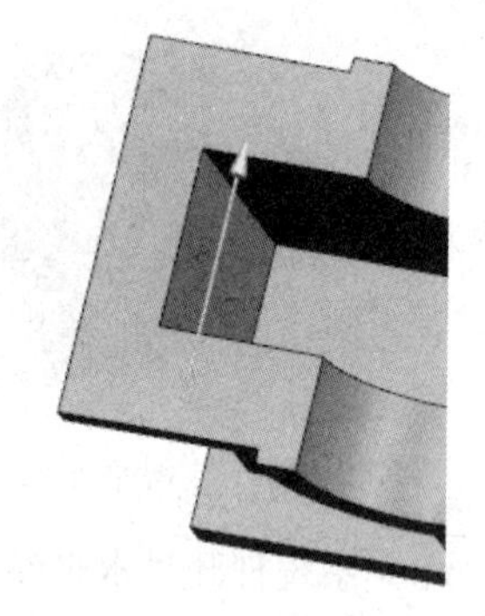

图8-281　差集结果

42. 创建油标孔

单击“主页”选项卡“特征”面组上的“孔”按钮，系统打开“孔”对话框，如图8-282所示。选择“沉头孔”形状方式。设定孔的“沉头直径”为15、“沉头深度”为1、“顶锥角”为118、孔的“直径”为13。因为要建立一个通孔，此处设置孔的“深度”为50。捕捉圆台的圆心为孔位置，单击“确定”按钮，得到如图8-283所示的圆孔。

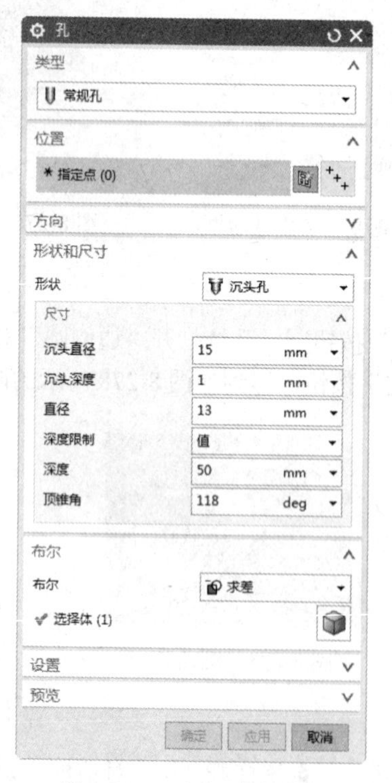

图8-282　“孔”对话框

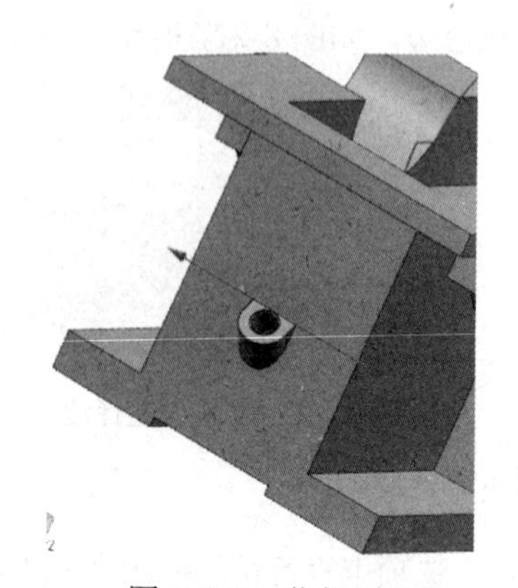

图8-283　获得圆孔

43. 创建螺纹特征 1

单击“主页”选项卡“特征”面组上的“螺纹”按钮，系统打开“螺纹”对话框。选择“详细”标签，选择沉孔内表面为螺纹放置面。选择如图 8-284 所示孔的内表面，在如图 8-285 所示对话框中设置“大径”为 15、“长度”为 12、“螺距”为 1.25、“角度”为 60、“旋转”为“右旋”。单击“确定”按钮，得到如图 8-286 所示的螺纹孔。

图 8-284　选择孔内表面

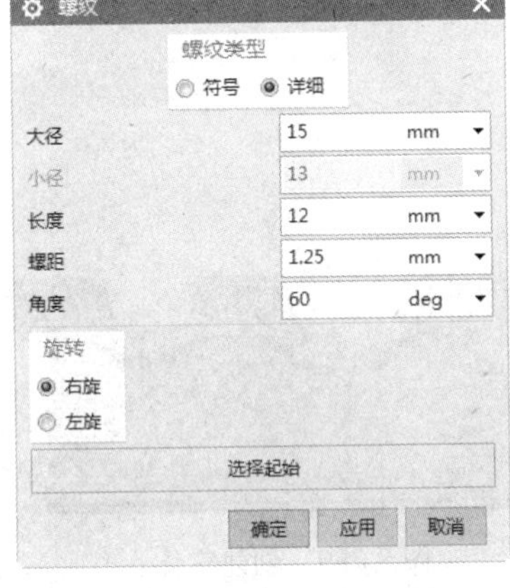

图 8-285　“螺纹”对话框

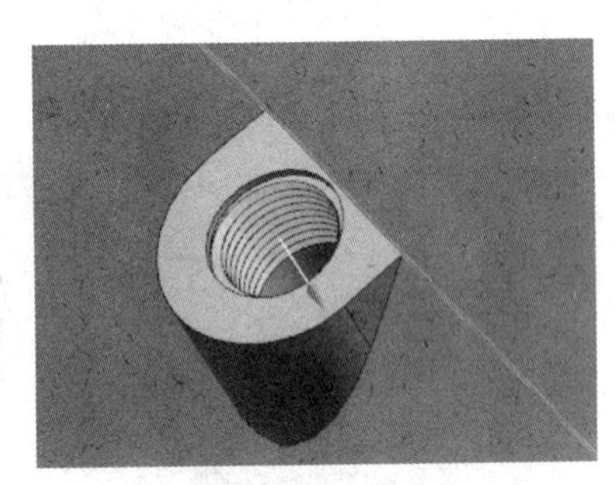

图 8-286　获得螺纹孔

44. 创建草图 10

选择“菜单”→“插入”→“在任务环境中绘制草图”命令，打开“创建草图”对话框，“平面方法”选择为“自动判断”，单击“确定”按钮，进入草图模式。绘制如图 8-287 所示的草图。单击“主页”选项卡“草图”面组中的“完成草图”按钮，退出草图模式，进入建模模式。

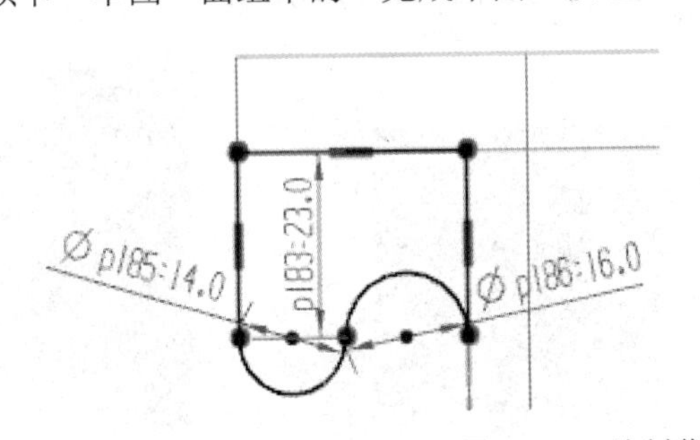

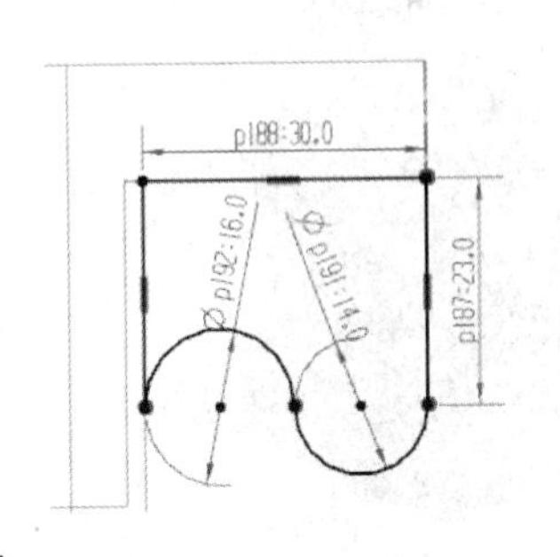

图 8-287　绘制草图

45. 创建拉伸特征 11

单击“主页”选项卡“特征”面组中的“拉伸”按钮，系统打开如图 8-288 所示的“拉伸”对话框，选择前面绘制的草图为拉伸曲线，在“指定矢量”下拉列表框中选择 ZC 轴作为拉伸方向，设置开始距离为-10，结束距离为 10，单击“确定”按钮，得到如图 8-289 所示的实体。

46. 创建点 1

选择“菜单”→“插入”→“基准/点”→“点”命令，系统打开“点”对话框，如图 8-290 所示。定义点的坐标，单击“确定”按钮。

Note

图 8-288 “拉伸”对话框

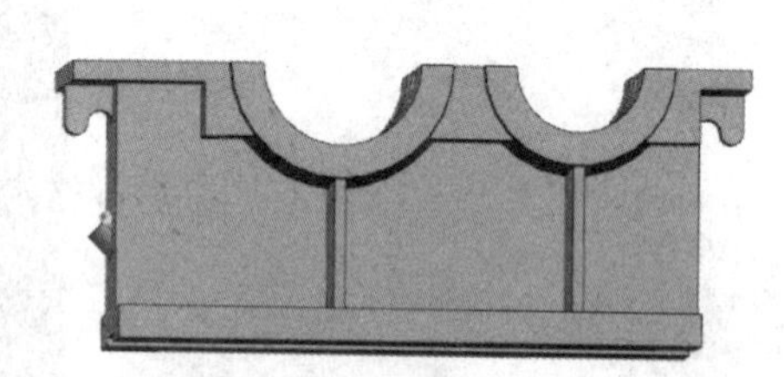

图 8-289 创建实体

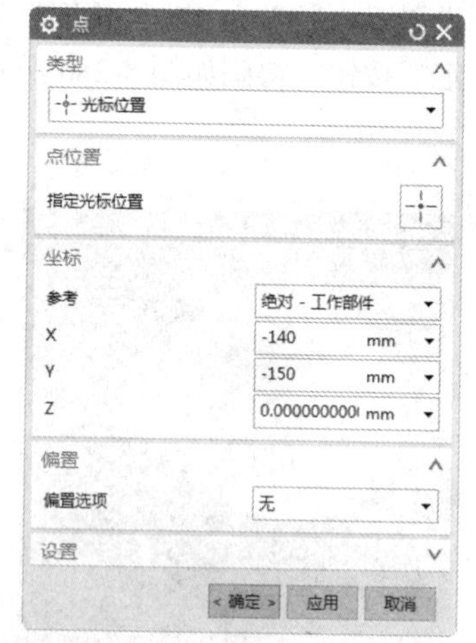

图 8-290 “点”对话框

47. 创建凸台特征

单击“主页”选项卡“特征”面组上的“凸台”按钮，系统打开“凸台”对话框，设置“直径”为 30、“高度”为 5、“锥角”为 0。选择如图 8-291 所示的平面为凸台放置，单击“确定”按钮。系统打开“定位”对话框，单击“点落在点上”按钮，系统打开“点落在点上”对话框。选择插入的点为圆心，如图 8-292 所示，单击“确定”按钮，获得如图 8-293 所示的凸台。

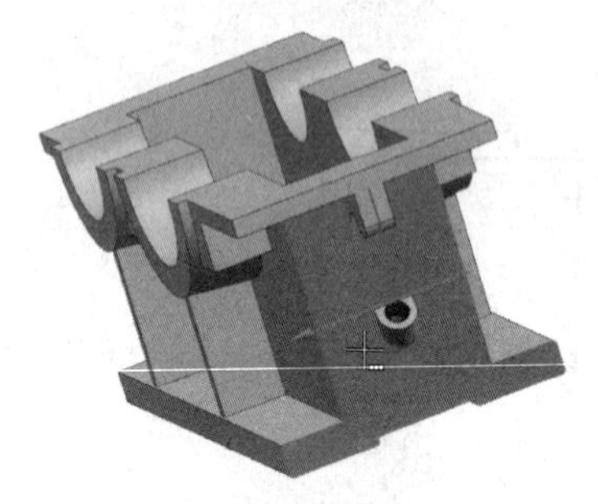

图 8-291 选择平面

图 8-292 选择圆心

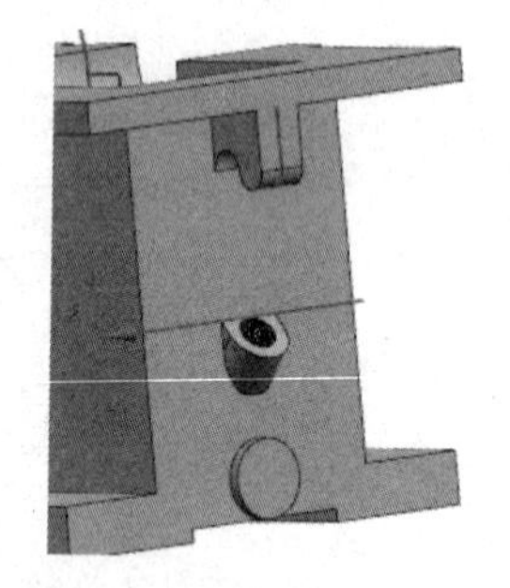

图 8-293 凸台外形图

48. 创建简单孔 1

单击“主页”选项卡“特征”面组上的“孔”按钮，系统打开“孔”对话框，如图 8-294 所示。选择“简单孔”形状方式。设定孔的“直径”为 14、“深度”为 50、“顶锥角”为 118。捕捉步骤 47 创建的凸台外表面圆心为孔位置。单击“确定”按钮，获得如图 8-295 所示的孔。

49. 创建螺纹特征 2

单击“主页”选项卡“特征”面组上的“螺纹”按钮，系统打开“螺纹”对话框。选择如图 8-296 所示孔的内表面，设置“螺距”为 1.25、“长度”为 12，如图 8-297 所示。单击“确定”按钮，获得如图 8-298 所示的实体。

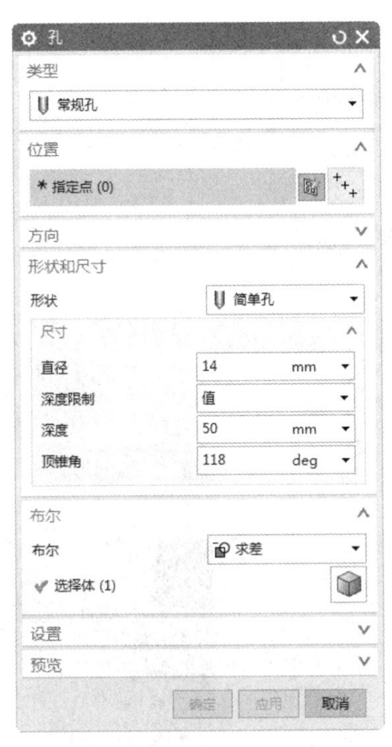

图 8-294 “孔”对话框

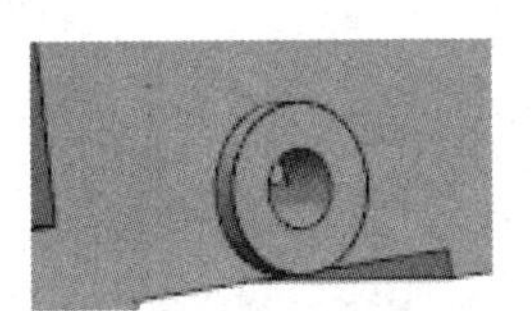

图 8-295 创建孔

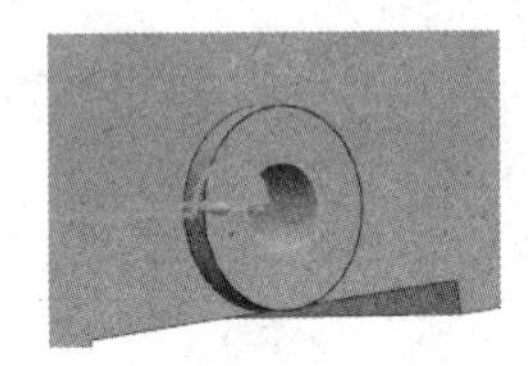

图 8-296 选择内表面

图 8-297 “螺纹”对话框

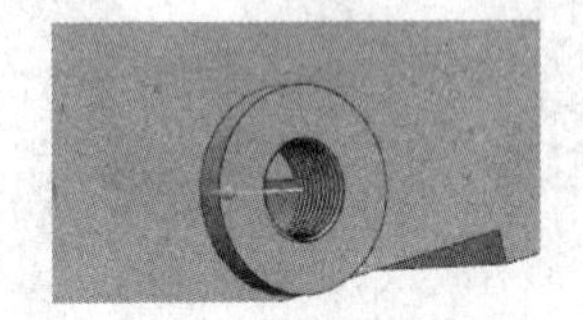

图 8-298 创建的油标孔

50. 定义孔的圆心

选择“菜单”→“插入”→“基准/点”→“点”命令，系统打开“点”对话框。分别定义点的坐标为（−70，0，−73）、（−70，0，73）、（80，0，73）、（80，0，−73）、（210，0，73）和（210，0，−73）。

51. 创建简单孔 2

单击“主页”选项卡“特征”面组上的“孔”按钮，系统打开“孔”对话框，如图 8-299 所示。选择“简单孔”形状。设定孔的“直径”为 13，“深度”为 50，“顶锥角”为 118。选择步骤 50 绘制的点，单击“确定”按钮，获得如图 8-300 所示的孔。

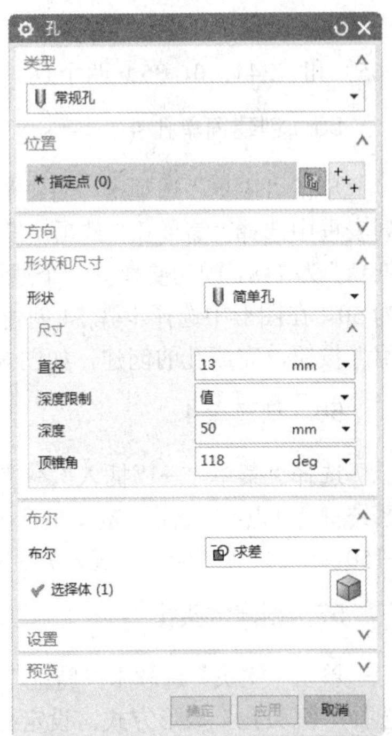

图 8-299 “孔”对话框

52. 创建点 2

选择“菜单”→“插入”→“基准/点”→“点”命令，系统打开“点”对话框，定义（−156，0，−35）和（−156，0，35）两个点。

53. 创建简单孔 3

单击“主页”选项卡“特征”面组上的“孔”按钮，系统打开“孔”对话框，如图 8-301 所示。选择“简单孔”形状方式。设定孔的“直径”为 11、“深度”为 50、“顶锥角”为 118。选择步骤 52 绘制的点，单击“确定”按钮，获得如图 8-302 所

Note

示的孔。

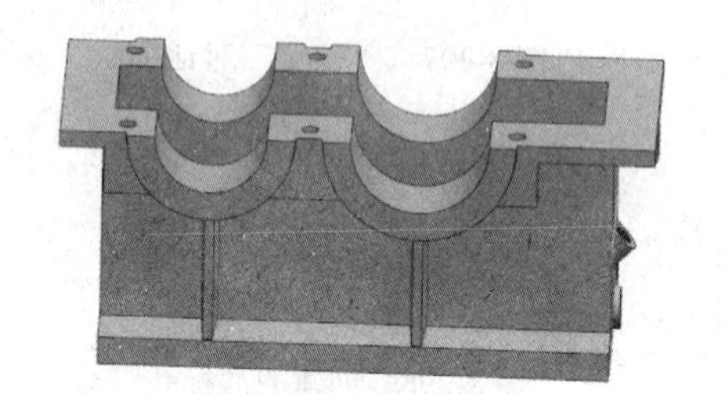

图 8-300　创建孔

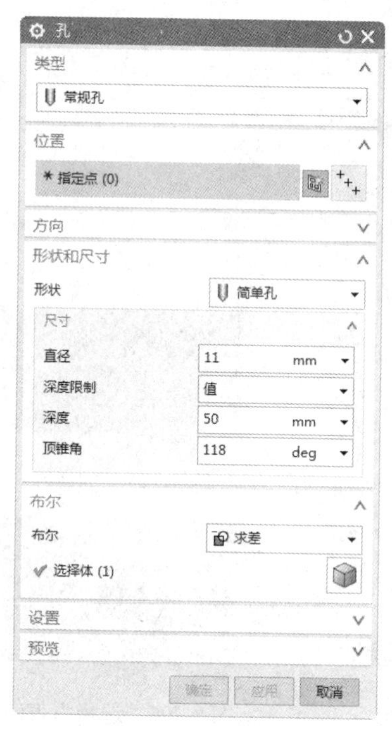

图 8-301　“孔”对话框

图 8-302　创建孔

54. 创建点 3

选择“菜单”→“插入”→“基准/点”→“点”命令，系统打开“点”对话框，定义（-110，0，-65）和（244，0，35）两个点。

55. 创建简单孔 4

单击“主页”选项卡“特征”面组上的“孔”按钮，系统打开“孔”对话框，在“形状”下拉列表框中选择“简单孔”选项。设定孔的“直径”为 8，“顶锥角”为 118，因为要建立一个通孔，此处设置孔的“深度”为 50。在图形中选择步骤 54 创建的点为孔位置，单击“应用”按钮，完成孔的创建，如图 8-303 所示。

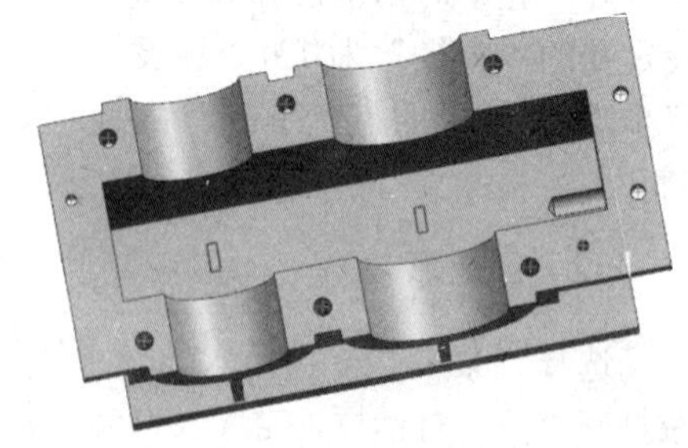

图 8-303　创建孔

56. 创建点 4

选择“菜单”→“插入”→“基准/点”→“点”命令，系统打开“点”对话框，定义坐标为（200，-150，75）、（200，-150，-75）、（-100，-150，75）和（-100，-150，-75）。

57. 创建沉头孔

单击“主页”选项卡“特征”面组上的“孔”按钮，系统打开“孔”对话框，如图 8-304 所示。选择“沉头孔”成形方式。设定孔的“直径”为 24、“深度”为 50、“顶锥角”为 118、“沉头直径”为 36、“沉头深度”为 2。选择步骤 56 创建的点为孔位置，单击“确定”按钮，完成孔的创建，如图 8-305 所示。

Note

58. 创建圆角

（1）单击“主页”选项卡“特征”面组中的“边倒圆”按钮，系统打开“边倒圆”对话框，如图 8-306 所示。设置半径为 20。选择底座的 4 条边进行圆角操作。单击“确定”按钮，得到如图 8-307 所示的圆角结果。

图 8-304　“孔”对话框

图 8-305　创建孔

图 8-306　“边倒圆”对话框

（2）使用同样的方法继续进行圆角操作，选择上端面的边进行圆角。圆角半径设置为 44，单击“确定”按钮，获得如图 8-308 所示的模型。

（3）重复上述命令继续进行圆角操作，选择凸台的边进行圆角。圆角半径设置为 5，如图 8-309 所示。单击“确定”按钮，获得如图 8-310 所示的模型。

图 8-307　圆角结果

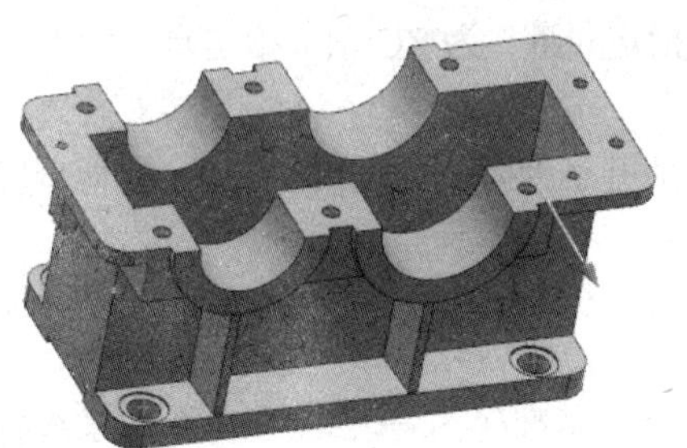

图 8-308　圆角结果图

图 8-309　“边倒圆”对话框

Note

59. 创建点 5

选择“菜单”→“插入”→“基准/点”→“点”命令，系统打开“点”对话框，定义点的坐标为（0，-60，98）。

60. 创建简单孔 5

单击“主页”选项卡“特征”面组上的“孔”按钮，系统打开“孔”对话框，如图 8-311 所示。选择“简单孔”形状方式。设定孔的“直径”为 8、“顶锥角”为 118、“深度”为 15。捕捉步骤 59 创建的点为孔位置，单击“确定”按钮，完成孔的创建，如图 8-312 所示。

图 8-310　圆角结果图

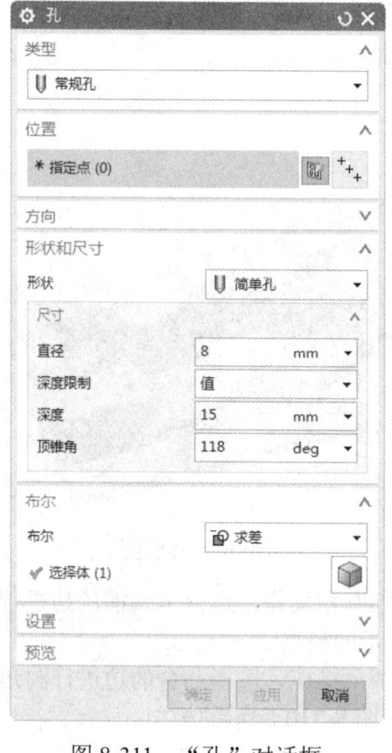

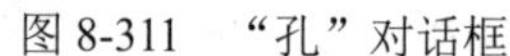

图 8-311　“孔”对话框

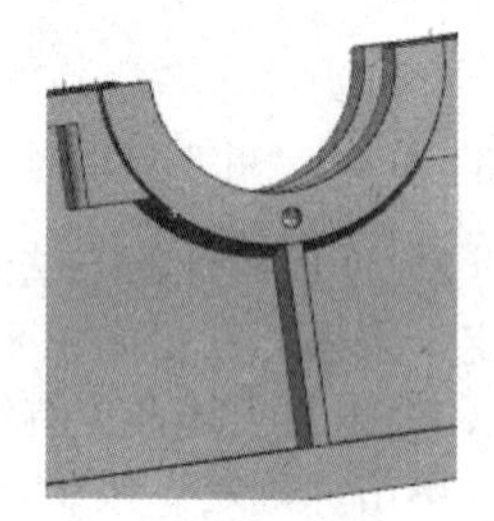

图 8-312　创建孔

61. 创建阵列特征

（1）选择“菜单”→“插入”→“关联复制”→“阵列特征”命令，系统打开“阵列特征”对话框，如图 8-313 所示。选择“圆形”阵列选项，选择步骤 60 创建的简单孔为阵列特征。设置“数量”为 2、“节距角”为 60。“指定矢量”为 ZC 轴，指定点，输入点坐标为（0，0，0）。单击“确定”按钮，结果如图 8-314 所示。

（2）选择步骤（1）创建的孔继续阵列，角度为-60。其他步骤中参数相同。获得如图 8-315 所示的外形。

62. 创建点 6

选择“菜单”→“插入”→“基准/点”→“点”命令，系统打开“点”对话框，定义点的坐标为（150，-50，98）。

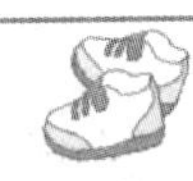

Note

63. 创建简单孔 6

单击“主页”选项卡“特征”面组上的“孔”按钮，系统打开“孔”对话框，如图 8-316 所示。选择“简单孔”成形方式。设定孔的“直径”为 8、“顶锥角”为 118、“深度”为 15。选择步骤 62 创建的点，单击“确定”按钮，完成孔的创建，如图 8-317 所示。

图 8-313　“阵列特征”对话框

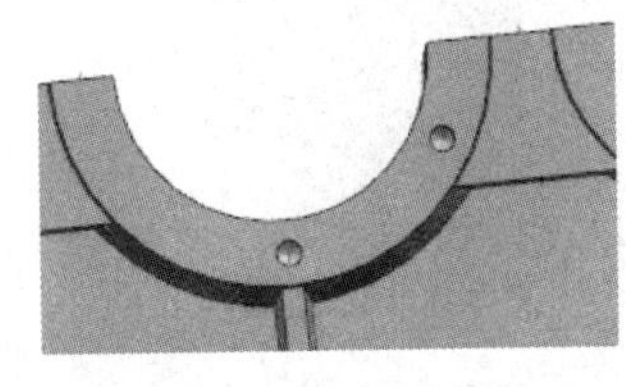

图 8-314　阵列孔

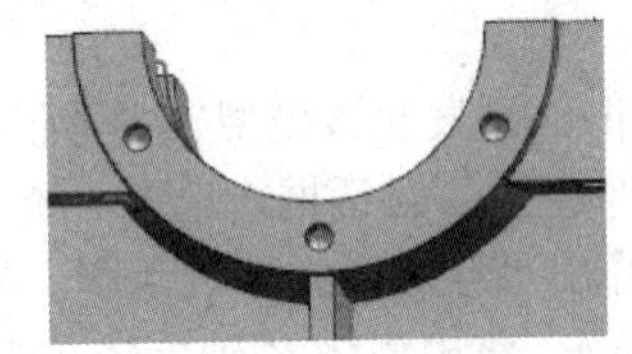

图 8-315　创建孔

图 8-316　“孔”对话框

64. 阵列孔特征

按步骤 60 中介绍的方法进行圆周阵列，在“点”对话框中，旋转轴指定点为（150，0，0），其他参数相同，获得如图 8-318 所示的外形。

65. 创建镜像特征

单击“主页”选项卡“特征”面组“更多”库中的“镜像特征”按钮，系统打开“镜像特征”对话框，如图 8-319 所示。选择步骤 62 所创建的孔以及孔的阵列特征为要镜像的特征。选择 XC-YC 平面为镜像平面。单击“确定”按钮，结果如图 8-320 所示。

66. 创建螺纹特征 3

（1）单击“主页”选项卡“特征”面组上的“螺纹”按钮，系统打开“螺纹”对话框。选择如图 8-321 所示的孔内表面，单击“确定”按钮获得螺纹孔。

（2）选择所有孔的内表面，按上述方法，获得如图 8-322 所示的螺纹孔。

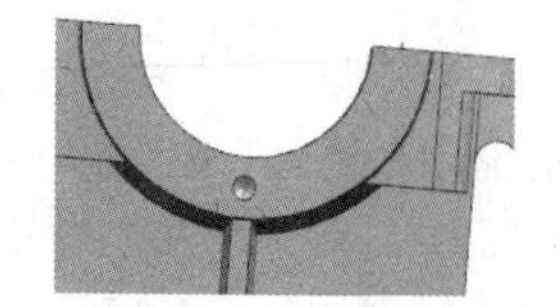

图 8-317　创建孔

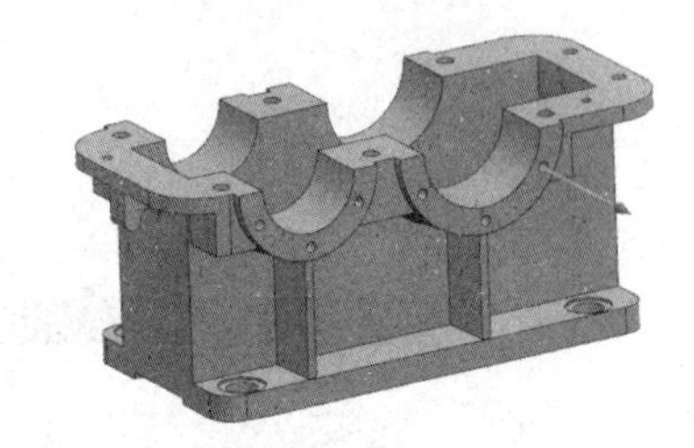

图 8-318　创建实体

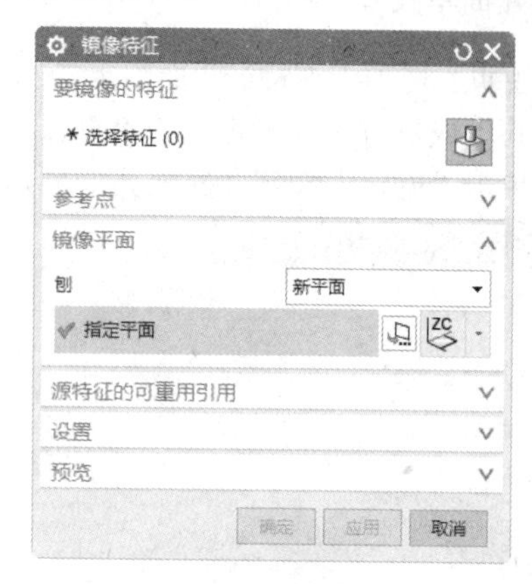

图 8-319　“镜像特征”对话框

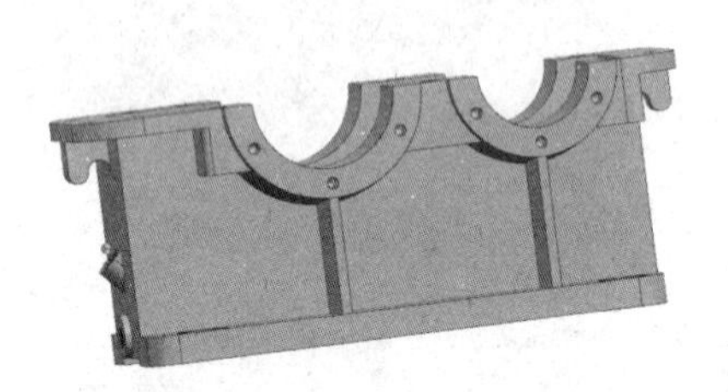

图 8-320　镜像特征结果

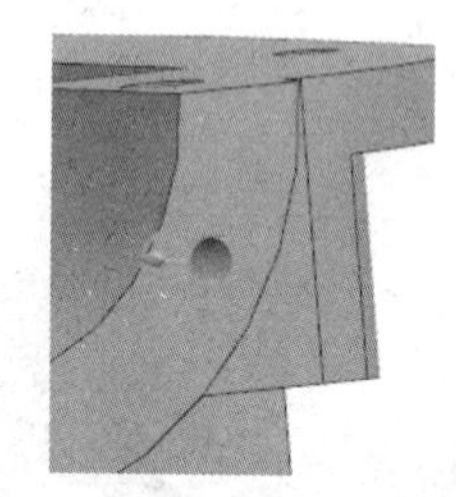

图 8-321　选择内表面

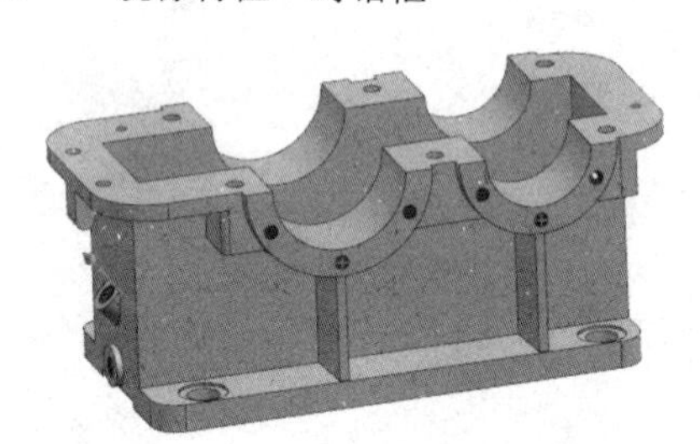

图 8-322　创建螺纹孔

8.5.2　打印模型

根据 7.2 节操作步骤 2 载入模型 jizuo，发现该模型较大，已经超过本书所选择机器的打印范围，单击“重缩放”按钮，将弹出“零件缩放”对话框，选中“统一缩放”复选框，将“缩放系数”设置为 0.5，然后单击“确定”按钮，弹出“存储模式”对话框，单击“是”按钮，模型将被缩小至原来的 0.5 倍。按步骤 2 中（3）的对应操作，将模型绕 X 轴旋转 90°，合理摆放至平台中心，如图 8-323 所示。

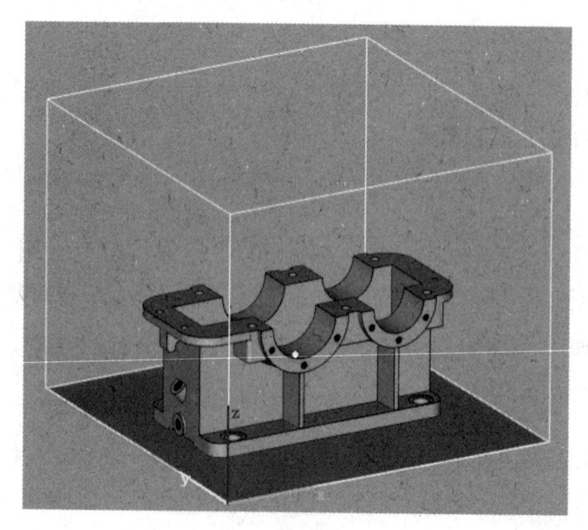

图 8-323　缩小后 jizuo

按步骤 3 对生成支撑后的模型进行切片处理，并导入至相应快速成型机器中，即可打印。

8.5.3　处理打印模型

处理打印模型有以下 4 个步骤：

（1）取出模型。取出后的机座模型如图 8-324 所示。

（2）清洗模型。

（3）去除支撑。

（4）打磨模型。打磨处理后的机座模型如图 8-325 所示。

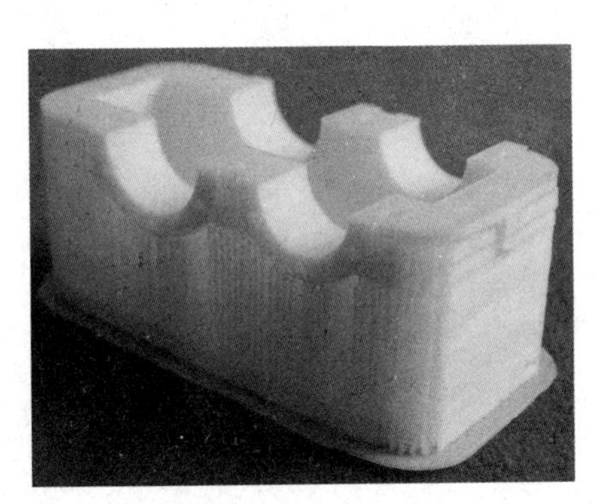

图 8-324　打印完毕的机座模型

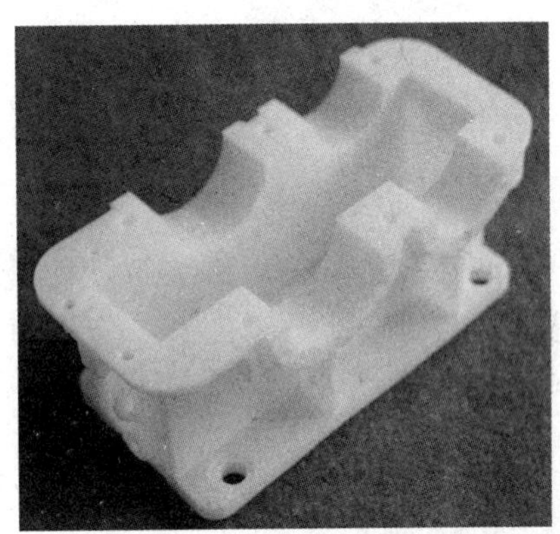

图 8-325　处理后的机座模型